华章  精品

第**3**版

# 深入理解
# Java
# 虚拟机

## JVM高级特性与最佳实践

Understanding the JVM

Advanced Features and Best Practices, Third Edition

周志明 著

机械工业出版社

China Machine Press

图书在版编目（CIP）数据

深入理解 Java 虚拟机：JVM 高级特性与最佳实践 / 周志明著 . —3 版 . —北京：机械工业出版社，2019.11（2022.11 重印）

（华章原创精品）

ISBN 978-7-111-64124-7

I. 深…　II. 周…　III. JAVA 语言 – 程序设计　IV. TP312.8

中国版本图书馆 CIP 数据核字（2019）第 242422 号

# 深入理解 Java 虚拟机

## JVM 高级特性与最佳实践　第 3 版

出版发行：机械工业出版社（北京市西城区百万庄大街 22 号　邮政编码：100037）

责任编辑：李　艺　　　　　　　　　　　责任校对：殷　虹

印　　刷：三河市宏达印刷有限公司　　　版　　次：2022 年 11 月第 3 版第 12 次印刷

开　　本：186mm×240mm　1/16　　　　印　　张：33.75

书　　号：ISBN 978-7-111-64124-7　　　定　　价：129.00 元

客服电话：（010）88361066　68326294

　　Java 是目前用户最多、使用范围最广的软件开发技术，Java 的技术体系主要由支撑 Java 程序运行的虚拟机、提供各开发领域接口支持的 Java 类库、Java 编程语言及许许多多的第三方 Java 框架（如 Spring、MyBatis 等）构成。在国内，有关 Java 类库 API、Java 语言语法及第三方框架的技术资料和书籍非常丰富，相比而言，有关 Java 虚拟机的资料却显得异常贫乏。

　　这种状况很大程度上是由 Java 开发技术本身的一个重要优点导致的：在虚拟机层面隐藏了底层技术的复杂性以及机器与操作系统的差异性。运行程序的物理机千差万别，而 Java 虚拟机则在千差万别的物理机上面建立了统一的运行平台，实现了在任意一台 Java 虚拟机上编译的程序，都能在任何其他 Java 虚拟机上正常运行。这一极大的优势使得 Java 应用的开发比传统 C/C++ 应用的开发更高效快捷，程序员可以把主要精力放在具体业务逻辑，而不是放在保障物理硬件的兼容性上。通常情况下，一个程序员只要了解了必要的 Java 类库 API、Java 语法，学习适当的第三方开发框架，就已经基本满足日常开发的需要了。虚拟机会在用户不知不觉中完成对硬件平台的兼容及对内存等资源的管理工作。因此，了解虚拟机的运作并不是普通开发人员必备的，或者说首要学习的知识。

　　然而，凡事都具备两面性。随着 Java 技术的不断发展，它已被应用于越来越多的领域之中。其中一些领域，如互联网、能源、金融、通信等，对程序的性能、稳定性和扩展性方面会有极高的要求。一段程序很可能在 10 个人同时使用时完全正常，但是在 10 000 个人同时使用时就会缓慢、死锁甚至崩溃。毫无疑问，要满足 10 000 个人同时使用，需要更高性能的物理硬件，但是在绝大多数情况下，提升硬件性能无法等比例提升程序的运行性能和并发能力，甚至有可能对程序运行状况没有任何改善。这里面有 Java 虚拟机的原因：为了达到"所有硬件提供一致的虚拟平台"的目的，牺牲了一些硬件相关的性能特性。更重要的是人为原因：如果开发人员不了解虚拟机诸多技术特性的运行原理，就无法写出最适合虚拟机运行和自优化的代码。

　　其实，目前商用的高性能 Java 虚拟机都提供了相当多的优化参数和调节手段，用于满足应用程序在实际生产环境中对性能和稳定性的要求。如果只是为了入门学习，让程序在自己的机器上正常工作，那么这些特性可以说是可有可无的；但是，如果用于生产开发，尤其是大规模的、企业级的生产开发，就迫切需要开发人员中至少有一部分人对虚拟机的特性及调节方法具有很清晰的认识。所以在 Java 开发体系中，对架构师、系统调优师、高级程序员等角色的需求一直都非常大。学习虚拟机中各种自动运作特性的原理也成为 Java 程序员成长路上最终必然会接触到的一课。通过本书，读者可以以一个相对轻松的方式学到虚拟机的运作原理。

## 本书面向的读者

（1）使用 Java 技术体系的中、高级开发人员

Java 虚拟机作为中、高级开发人员修炼的必要知识，有着较高的学习门槛，本书可作为学习虚拟机的教材。

（2）系统调优师

系统调优师是最近几年才兴起并迅速流行起来的职业，本书中的大量案例、代码和调优实战将会对系统调优师的日常工作有直接的参考作用。

（3）系统架构师

保障系统的性能、并发和伸缩等能力是系统架构师的主要职责之一，而这部分与虚拟机的运作密不可分，本书可以作为他们制定应用系统底层框架的参考资料。

## 如何阅读本书

本书一共分为五个部分：走近 Java、自动内存管理、虚拟机执行子系统、程序编译与代码优化、高效并发。各个部分之间基本上是互相独立的，没有必然的前后依赖关系，读者可以从任何一个感兴趣的专题开始阅读，但是每个部分各个章节间则有先后顺序。

这里并没有假定所有读者都在 Java 领域具备特别专业的技术水平，因此会在保证逻辑完整、描述准确的前提下，尽量用通俗的语言和案例去讲述虚拟机中与开发关系最为密切的内容。但是，本书毕竟是在探讨虚拟机的工作原理，不可避免地需要读者有一定的技术基础，而且本书的读者定位是中、高级程序员群体，对于一些常用的开发框架、Java 类库 API 和 Java 语法等基础知识点，将假设读者已有所了解。

本书介绍的 Java 虚拟机并不局限于某一个特定发行商或者某一款特定虚拟机，只是由于 OracleJDK/OpenJDK 在市场占有率上的绝对优势，其中的 HotSpot 虚拟机不可避免地成为本书主要分析、讲解的对象，书中在涉及 Java 虚拟机自身实现相关的内容时，大多将以 HotSpot 虚拟机为目标对象来进行讲解。但撰写本书的意图并不是去做 HotSpot 的源码导读或者解析，书中所讲述的内容多为 Java 虚拟机的通用原理，即使读者使用了 HotSpot 之外的其他 Java 虚拟机实现，也会有所收获。

最后，非常希望读者能跟随本书的讲解，把与实践相关的内容亲自验证一遍，其中用到的代码清单可以从华章图书的网站（http://www.hzbook.com/）上下载。

## 语言约定

开始阅读本书之前，在语言和技术上先与读者建立如下约定：

- ❏ JDK 从 1.5 版本开始，其官方的正式文档与宣传材料中的发行版本号启用了 JDK 5、6、7……的新命名方式；从 2018 年 3 月发布的 JDK 10 起，JDK 的开发版本号（如 java -version）也放弃了以前 1.x 的命名形式，改为按发布的日期时间命名。本书为了行文一致，所有场合统一采用发行版本号来指代所述的 JDK 版本。
- ❏ 由于版面原因，本书中的许多示例代码都没有遵循最优的程序编写风格，如使用的流没有关闭流、直接使用 System.out 输出日志等，请读者在阅读时注意这一点。
- ❏ 本书讲解中涉及 JDK 7 以前 HotSpot 虚拟机、JRockit 虚拟机、WebLogic 服务器等产品的所有者时，仍然会使用 BEA 和 Sun 公司的名称，而不是 Oracle。实际上 BEA 和 Sun 分别于 2008 年和 2010 年被 Oracle 公司收购，现在已经不存在这两个商标了，但是它们毫无疑问都是在 Java 领域中做出过卓越贡献的、值得程序员们纪念的先驱企业。
- ❏ 本书第 3 版撰写于 2019 年中期，此时 JDK 13 已有了技术预览版（Early Access），但尚未正式发布。本书中所有的讲解、讨论都是基于这个时间点的 Java 技术的，但并不针对特定的 JDK 版本。如涉及 JDK 新版本中加入的功能，或在不同版本中有所变化的特性，笔者都会明确指出 JDK 的版本号，或专门阐述各个版本间的差异。

## 内容特色与更新

本书的第 2 版成文于 2011 至 2012 年间，出版于 2013 年，撰写时是基于早期版本的 JDK 7，彼时正值 Oracle 全面替代 Sun 公司领导 Java 技术发展的起点。经过将近十年的时间，今天 JDK 版本已经发展到了 JDK 12 及预览版的 JDK 13，整个 Java 技术体系一改 Sun 时代的迟缓作风，出现了许多激烈的变革，也涌现了不少令人欣喜的新变化、新风潮。我在撰写本书第 3 版时，期望能把这些新的变化融合到已有的知识框架中，修改第 2 版中读者反馈的问题，提升叙述的准确性与可读性，这些期望中的更新使得本书字数从原有的 24 万增加到 35 万。因此，在前言部分，笔者针对每章列举出主要更新的内容，以便阅读过第 2 版的读者可以快速定位，获取到新的知识。当然，如果你尚有余暇，不妨从头阅读一次本书，相信会有与阅读第 2 版时不一样的体验和收获。

### 第一部分　走近 Java

本书的第一部分为后文的研究和讲解建立了良好的基础。虽然了解 Java 技术的来龙去脉，以及编译自己的 OpenJDK 对于读者理解 Java 虚拟机并不是必须的，但是这些准备过程可以为走近 Java 技术和 Java 虚拟机提供良好的引导。第一部分只有第 1 章：

第 1 章　介绍了 Java 技术体系过去、现在的情况以及未来的发展趋势，并在实践中介绍了如何自己编译一个 OpenJDK 12。

**第 3 版更新**：续写了 Java 技术发展史，这几年 Java 世界着实发生了很多值得记录的大事件；完全重写了第 2 版对未来 Java 的展望预测，当时畅想的 Java 新发展新变化全部如约而至，是时候把聚光灯交给下一个十年的 Java 了；OpenJDK 开发、编译也发生过不小的变动，本次更新将 OpenJDK 编译的版本提升到 12。

### 第二部分　自动内存管理

因为程序员把控制内存的权力交给了 Java 虚拟机，所以可以在编码的时候享受自动内存管理的诸多优势，不过也正因为这个原因，一旦出现内存泄漏和溢出方面的问题，如果不了解虚拟机是怎样使用内存的，那排查错误将会成为一项异常艰难的工作。第二部分包括第 2～5 章：

第 2 章　介绍了虚拟机中内存是如何划分的，哪部分区域、什么样的代码和操作可能导致内存溢出异常，并讲解了各个区域出现内存溢出异常的常见原因。

**第 3 版更新**：Java 运行期数据区域是虚拟机的基础结构，尽管 JDK 版本在快速发展，这块内容仍然保持了相对的稳定，主要的变化是 JDK 8 时期的永久代的落幕和元空间的登场；除此以外，本章着重修正了第 2 版中对 Java 虚拟机栈描述的含糊与偏差之处，还更新了部分测试代码，避免因 JDK 版本更迭导致与书中不一样的结果。

第 3 章　介绍了垃圾收集的算法和 HotSpot 虚拟机中提供的几款垃圾收集器的特点及运作原理。通过代码实例验证了 Java 虚拟机中自动内存分配及回收的主要规则。

**第 3 版更新**：由于撰写第 2 版时 JDK 7 刚刚发布，G1 收集器尚无实践数据可查，书中对此讲述得比较含糊，本次更新完全重写了这部分内容，并重点增加了 JDK 11、12 中新出现的 ZGC 和 Shenandoah 两款低延迟全并发收集器的详细原理解析，这是垃圾收集器未来的发展方向。对其他与收集器相关的更新，如统一收集器接口、Epsilon 等也都做了对应介绍。此外，针对 HotSpot 中收集器实现的几个关键技术点，如解决跨代引用的记忆集与卡表、解决并发标记的增量更新和原始快照算法，还有内存读、写屏障等技术都增加了专门的小节来进行介绍，以便帮读者在后续深入阅读 HotSpot 设计与源码时打下良好的理论基础。

第 4 章　介绍了随 JDK 发布的基础命令行工具与可视化的故障处理工具的使用方法。

**第 3 版更新**：Java 虚拟机的各种监控、管理等辅助工具的功能日益强大，几乎每个版本在这些工具的数量、功能上都会或多或少有所变化，除了将第 2 版涉及的工具的变化依照 JDK 版本进行升级外，本章还新增了对 JDK 9 中加入的 JHSDB 的使用讲解，并增加了对 JFR 和 JMC 的工作原理和使用方法的介绍，以及对部分 JDK 外部的工具（如 JIT Watch）的简要介绍。

第 5 章　分享了几个比较有代表性的实际案例，还准备了一个所有开发人员都能"亲身实战"的练习，希望读者能通过实践来获得故障处理和调优的经验。

**第 3 版更新**：对案例部分进行了更新和增补，着重补充了与前 3 章新增内容相对应的问题处理案例。不过对实战部分，软件版本的落后并未影响笔者要表达的内容，原有的实战目前仍具有相同的实战价值，在第 3 版里笔者也并未刻意将 Eclipse 和 HotSpot 升级后重写一次。

### 第三部分　虚拟机执行子系统

执行子系统是虚拟机中必不可少的组成部分，了解了虚拟机如何执行程序，才能更好地理解怎样才能写出优秀的代码。第三部分包括第 6～9 章：

第 6 章　讲解了 Class 文件结构中的各个组成部分，以及每个部分的定义、数据结构和使用方法，以实战的方式演示了 Class 的数据是如何存储和访问的。

**第 3 版更新**：笔者认为本章内容更适合以"技术手册"的形式存在，即适合查阅多于适合阅读，但因为 Class 文件格式是虚拟机的基础知识，所以尽管枯燥却无法回避。本次更新将 Class 文件格式的版本跟进到了 JDK 12，《Java 虚拟机规范》对 Class 文件格式进行的增强也会在本章中反映，内容相对琐碎。例如，为了实现 JDK 9 的 Java 模块化系统，属性表中新增了 Module、ModulePackages、ModuleMain-Class 三项新属性，常量池中加入了 CONSTANT_Module_info 和 CONSTANT_Package_info 两个常量。为了实现 JDK 11 新增的嵌套类（Java 中的内部类）访问控制的 API，属性表中又增加了 NestHost 和 NestMembers 两项属性。为进一步加强动态语言支持，CONSTANT_Dynamic_info 常量也在 JDK 11 期间加入常量池……

第 7 章　介绍了类加载过程的"加载""验证""准备""解析"和"初始化"五个阶段中虚拟机分别进行了哪些动作，还介绍了类加载器的工作原理及其对虚拟机的意义。

**第 3 版更新**：随着 Class 文件格式的发展，类加载的各个过程都发生了一些细节性变动，本章将会按照 JDK 12 版本的《Java 虚拟机规范》的标准来同步更新这些内容。此外，在 JDK 9 时引入了 Java 模块化系统，这是近年来 Java 技术的一次重要升级，也是对类加载部分影响巨大的一项变革，在本章将加入专门的小节对其进行讲述。

第 8 章　分析了虚拟机在执行代码时，如何找到正确的方法、如何执行方法内的字节码，以及执行代码时涉及的内存结构。

**!** **第 3 版更新**：本章讲述的是 Java 虚拟机执行子系统的概念模型，这部分属于相对稳定的内容，变化不大，本次主要更新了 Java 虚拟机对动态类型语言支持的增强。

第 9 章　通过几个类加载及执行子系统的案例，介绍了使用类加载器和处理字节码的一些值得欣赏和借鉴的思路，并通过一个实战练习加深读者对前面理论知识的理解。

**!** **第 3 版更新**：原有章节所涉及的案例中，程序、类库、工具的版本已经较为陈旧，本次更新对这些案例涉及的版本进行了升级，以反映在模块化、Lambda 表达式、动态语言等新技术出现后它们的相应变化。

### 第四部分　程序编译与代码优化

Java 程序从源码编译成字节码，再从字节码编译成本地机器码的这两个过程，从整体来看其实等同于一个传统编译器所执行的编译前端、后端过程。第四部分包括第 10～11 章：

第 10 章　分析了 Java 语言中泛型、主动装箱拆箱、条件编译等多种语法糖的前因后果，并实战练习了如何使用插入式注解处理器来完成一个检查程序命名规范的编译器插件。

**!** **第 3 版更新**：对第 2 版介绍泛型的小节进行了全文重写，描述了不同语言里泛型实现的方式、Java 泛型出现的历史背景和使用类型擦除来实现泛型所带来的一些限制，并介绍了未来可能会在 Java 中出现的值类型等内容。

第 11 章　讲解了虚拟机的热点探测方法、HotSpot 的即时编译器、编译触发条件，以及如何从虚拟机外部观察和分析即时编译的数据和结果，还选择了几种常见的编译期优化技术进行讲解。

**!** **第 3 版更新**：专门增加了介绍提前编译器的章节；由于 HotSpot 中新的 Graal 编译器的加入，书中除了同步增加 Graal 编译器、JVMCI 接口等内容，为了使读者可以在 HotSpot 编译器上进行实战练习，在本书第 3 版中还新增了许多编译器的实战内容。

### 第五部分　高效并发

Java 语言和虚拟机提供了原生的、完善的多线程支持，使得它天生就适合开发多线程并发的应用程序。不过我们不能期望系统来完成所有与并发相关的处理，了解并发的内幕也是成为一位高级程序员不可缺少的课程。第五部分包括第 12～13 章：

第 12 章　讲解了虚拟机 Java 内存模型的结构及操作，以及原子性、可见性和有序性在 Java 内存模型中的体现；介绍了先行发生原则的规则及使用，以及线程在 Java 语言之中是如何实现的；还提前介绍了目前仍然在实验室状态的 Java 协程的相关内容。

**!** **第 3 版更新**：重写了原有的对 Java 内存模型部分过时和过于晦涩的描述，增加了面向 Java 未来基于协程的新并发模型的介绍。

第 13 章　介绍了线程安全所涉及的概念和分类、同步实现的方式及虚拟机的底层运作原理，并且介绍了虚拟机实现高效并发所做的一系列锁优化措施。

 **第 3 版更新**：本章主体内容并没有过多变化，但对不少细节进行了修饰，对一些读者疑问较多的地方进行了补充讲解。

## 参考资料

本书名为"深入理解 Java 虚拟机"，但要想真的深入理解虚拟机，仅凭一本书肯定是远远不够的，读者可以通过以下方式查找到更多关于 Java 虚拟机方面的资料。笔者在写作此书的时候，也从下面这些参考资料中得到过很大的帮助。

### 1. 书籍

❏《Java 虚拟机规范》

要学习虚拟机，《Java 虚拟机规范》无论如何都是必须读的。这本书的概念和细节描述与 Sun 的早期虚拟机（Sun Classic 虚拟机）高度吻合，随着技术的发展，高性能虚拟机真正的细节实现方式已经渐渐与虚拟机规范所描述的方式差距越来越大，如果只能选择一本参考书来了解 Java 虚拟机，那必然是这本书。

❏《Java 语言规范》

虽然 Java 虚拟机并不是 Java 语言专有的，但是了解 Java 语言的各种细节规定对虚拟机的行为也是很有帮助的，它与《Java 虚拟机规范》一样都是 Oracle 官方直接出版的书籍，而且这本书还是由 Java 之父 James Gosling 亲自执笔撰写。

❏《垃圾回收算法手册：自动内存管理的艺术》

2016 年 3 月由机械工业出版社引进翻译，这是一本真正的教科书式的学术著作，是垃圾收集技术领域中的唯一必读的书籍。该书从硬件与软件的发展给垃圾回收所带来的新挑战出发，探讨了这些挑战给高性能垃圾回收器的设计者与实现者所带来的影响，涵盖了并行垃圾回收、增量式垃圾回收、并发垃圾回收以及实时垃圾回收，描述各种算法与概念。唯一缺点是由于过于专业，所以显得比较晦涩，不适合作为入门书籍使用。

❏《Virtual Machines：Versatile Platforms for Systems and Processes》

这是一本虚拟化技术的百科全书，帮助读者理解"虚拟机"一词到底指代什么，有什么不同类型，大概有哪些实现方法等。此书并不直接针对 Java 虚拟机，出版于2005 年，而且国内并没有中文版，但即使有这些因素限制，仍然推荐读者阅读此书以建立对虚拟机的全局性观念。

❏《Java 性能优化权威指南》

此书是"The Java"系列（该系列中最出名的《Effective Java》许多人都读过）图书中最新的一本，但也有一定的历史了。2011 年 10 月出版，2014 年 3 月由人民邮电出版社引进翻译。这本书并非全部都围绕 Java 虚拟机展开（只有第 3、4、7 章直接与 Java 虚拟机相关），而是从操作系统到基于 Java 的上层程序性能度量和调优进行全面介绍。其中涉及 Java 虚拟机的内容具备一定深度和很好的可实践性。

### 2. 网站资源

❑ 高级语言虚拟机圈子：http://hllvm.group.iteye.com/。

里面有一些关于虚拟机的讨论，并不只限于 Java 虚拟机，包括了所有针对高级语言虚拟机（High-Level Language Virtual Machine）的讨论，不过该网站针对 Java 虚拟机的讨论还是绝对的主流。圈主 RednaxelaFX（莫枢）的博客（http://rednaxelafx.iteye.com/）是另外一个非常有价值的虚拟机及编译原理等资料的分享园地。

❑ HotSpot Internals：https://wiki.openjdk.java.net/display/HotSpot/Main。

这是一个关于 OpenJDK 的 Wiki 网站，许多文章都由 JDK 的开发团队编写，更新很慢，但是有很大的参考价值。

❑ The HotSpot Group：http://openjdk.java.net/groups/hotspot/。

HotSpot 组群，里面有关于虚拟机开发、编译器、垃圾收集和运行时四个邮件组，包含了关于 HotSpot 虚拟机最新的讨论。

# 联系作者

在本书交稿的时候，我并没有想象中那样兴奋或放松，写作之时那种"战战兢兢、如履薄冰"的感觉依然萦绕在心头。在每一章、每一节落笔之时，我都在考虑如何才能把各个知识点更有条理地讲述出来，都在担心会不会由于自己理解有偏差而误导了大家。囿于我的写作水平和写作时间，书中难免存在不妥之处，所以大家如有任何意见或建议，欢迎到本工程地址（https://github.com/fenixsoft/jvm_book）与我联系。相信写书与写程序一样，作品一定都是不完美的，因为不完美，我们才有不断追求完美的动力。

# *Acknowledgements* 致　　谢

首先要感谢我的家人，在本书写作期间全靠他们对我的悉心照顾，才让我能够全身心地投入到写作之中，而无后顾之忧。

其次要感谢本书第1、2版的读者们，因你们的支持，让本书成为国内畅销的原创编程书籍之一，累计印刷36次，销量超过30万册；因你们的反馈，让我能够在新版中修正前两版里若干不成熟、不完整，乃至不正确的地方。

同时要感谢我的工作单位远光软件，公司为我提供了宝贵的工作、学习和实践的环境，书中的许多知识点都来自于工作实践；也感谢与我一起工作的同事们，非常荣幸能与你们一起在这个富有激情的团队中共同奋斗。

还要专门感谢莫枢（@RednaxelaFX），我认为他是国内对高级语言虚拟机知识普及最有贡献的几个人之一。尤其感谢他在百忙之中抽空审阅本书，提出了许多宝贵的建议和意见。

最后，感谢机械工业出版社的编辑，本书能够顺利出版，离不开他们的敬业精神和一丝不苟的工作态度。

周志明

# 目　录 *Contents*

# 走近 Java

■ 第 1 章　走近 Java

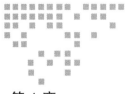

# 走近 Java

世界上并没有完美的程序，但我们并不因此而沮丧，因为写程序本来就是一个不断追求完美的过程。

## 1.1 概述

Java 不仅仅是一门编程语言，它还是一个由一系列计算机软件和规范组成的技术体系，这个技术体系提供了完整的用于软件开发和跨平台部署的支持环境，并广泛应用于嵌入式系统、移动终端、企业服务器、大型机等多种场合，如图 1-1 所示。时至今日，Java 技术体系已经吸引了 600 多万软件开发者，这是全球最大的软件开发团队。使用 Java 的设备已经超过了 45 亿，其中包括 8 亿多台个人计算机、21 亿部移动电话及其他手持设备、35 亿个智能卡，以及大量机顶盒、导航系统和其他设备<sup>⊖</sup>。

Java 能获得如此广泛的认可，除了它拥有一门结构严谨、面向对象的编程语言之外，还有许多不可忽视的优点：它摆脱了硬件平台的束缚，实现了"一次编写，到处运行"的理想；它提供了一种相对安全的内存管理和访问机制，避免了绝大部分内存泄漏和指针越界问题；它实现了热点代码检测和运行时编译及优化，这使得 Java 应用能随着运行时间的增长而获得更高的性能；它有一套完善的应用程序接口，还有无

图 1-1　Java 技术的广泛应用

---

　⊖　这些数据是 Java 的广告词，它们来源于：http://www.java.com/zh_CN/about/。

数来自商业机构和开源社区的第三方类库来帮助用户实现各种各样的功能……Java 带来的这些好处，让软件的开发效率得到了极大的提升。作为一名 Java 程序员，在编写程序时除了尽情发挥 Java 的各种优势外，还会情不自禁地想去了解和思考一下 Java 技术体系中这些优秀的技术特性是如何出现及怎样实现的。认识这些技术运行的本质，是自己思考"程序这样写好不好"的必要基础与前提。当我们在使用一门技术时，不再依赖书本和他人就能得到这些问题的答案，那才算升华到了"不惑"的境界。

　　本书将会与读者一起分析 Java 技术体系中那些最基础、最重要特性的实现原理。在本章中，笔者将重点讲述 Java 技术体系所囊括的内容，以及 Java 的历史、现状和未来的发展趋势。

## 1.2　Java 技术体系

　　从广义上讲，Kotlin、Clojure、JRuby、Groovy 等运行于 Java 虚拟机上的编程语言及其相关的程序都属于 Java 技术体系中的一员。如果仅从传统意义上来看，JCP 官方[⊖]所定义的 Java 技术体系包括了以下几个组成部分：

- ❏ Java 程序设计语言
- ❏ 各种硬件平台上的 Java 虚拟机实现
- ❏ Class 文件格式
- ❏ Java 类库 API
- ❏ 来自商业机构和开源社区的第三方 Java 类库

　　我们可以把 Java 程序设计语言、Java 虚拟机、Java 类库这三部分统称为 JDK（Java Development Kit），JDK 是用于支持 Java 程序开发的最小环境，本书中为行文方便，在不产生歧义的地方常以 JDK 来代指整个 Java 技术体系[⊖]。可以把 Java 类库 API 中的 Java SE API 子集[⊜]和 Java 虚拟机这两部分统称为 JRE（Java Runtime Environment），JRE 是支持 Java 程序运行的标准环境。图 1-2 展示了 Java 技术体系所包括的内容，以及 JDK 和 JRE 所涵盖的范围。

　　以上是根据 Java 各个组成部分的功能来进行划分，如果按照技术所服务的领域来划分，或者按照技术关注的重点业务来划分的话，那 Java 技术体系可以分为以下四条主要的产品线：

- ❏ **Java Card**：支持 Java 小程序（Applets）运行在小内存设备（如智能卡）上的平台。

---

⊖　JCP：Java Community Process，就是人们常说的"Java 社区"，这是一个由业界多家技术巨头组成的社区组织，用于定义和发展 Java 的技术规范。

⊖　本书将以 OpenJDK/OracleJDK 中的 HotSpot 虚拟机为主脉络进行讲述，这是目前业界占统治地位的 JDK 和虚拟机，但它们并非唯一的选择，当本书中涉及其他厂商的 JDK 和其他 Java 虚拟机的内容时，笔者会指明上下文中 JDK 的全称。

⊜　Java SE API 范围：https://docs.oracle.com/en/java/javase/12/docs/api/index.html。

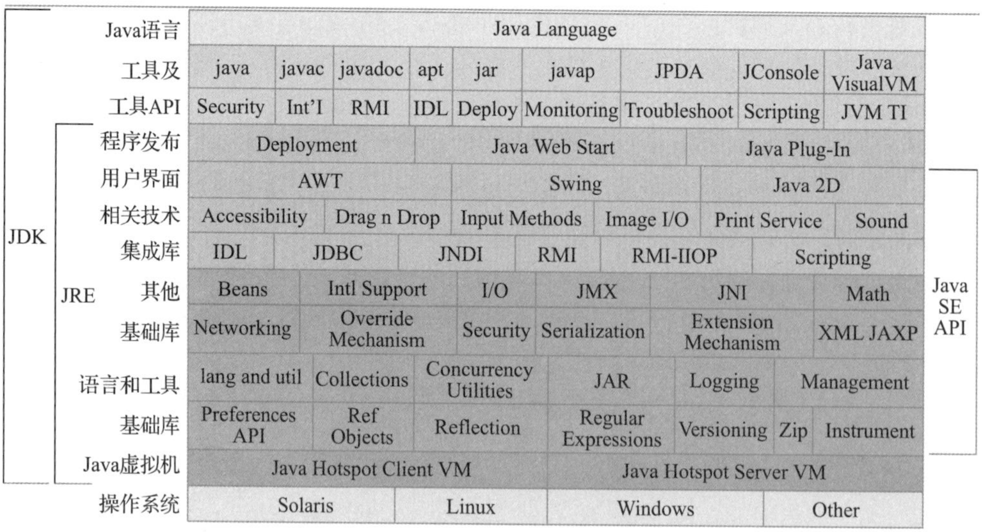

| Java语言 | Java Language | | | | | | | | |
|---|---|---|---|---|---|---|---|---|---|
| 工具及 | java | javac | javadoc | apt | jar | javap | JPDA | JConsole | Java VisualVM |
| 工具API | Security | Int'l | RMI | IDL | Deploy | Monitoring | Troubleshoot | Scripting | JVM TI |
| 程序发布 | Deployment | | | Java Web Start | | | Java Plug-In | | |
| 用户界面 | AWT | | | Swing | | | Java 2D | | |
| 相关技术 | Accessibility | | Drag n Drop | | Input Methods | | Image I/O | Print Service | Sound |
| 集成库 | IDL | | JDBC | | JNDI | RMI | | RMI-IIOP | Scripting |
| 其他 | Beans | | Intl Support | | I/O | JMX | | JNI | Math |
| 基础库 | Networking | | Override Mechanism | | Security | Serialization | | Extension Mechanism | XML JAXP |
| 语言和工具 | lang and util | | Collections | Concurrency Utilities | | | JAR | Logging | Management |
| 基础库 | Preferences API | | Ref Objects | Reflection | | Regular Expressions | | Versioning | Zip | Instrument |
| Java虚拟机 | Java Hotspot Client VM | | | | Java Hotspot Server VM | | | | |
| 操作系统 | Solaris | | Linux | | Windows | | | Other | |

图 1-2　Java 技术体系所包括的内容

❑ Java ME（Micro Edition）：支持 Java 程序运行在移动终端（手机、PDA）上的平台，对 Java API 有所精简，并加入了移动终端的针对性支持，这条产品线在 JDK 6 以前被称为 J2ME。有一点读者请勿混淆，现在在智能手机上非常流行的、主要使用 Java 语言开发程序的 Android 并不属于 Java ME。

❑ Java SE（Standard Edition）：支持面向桌面级应用（如 Windows 下的应用程序）的 Java 平台，提供了完整的 Java 核心 API，这条产品线在 JDK 6 以前被称为 J2SE。

❑ Java EE（Enterprise Edition）：支持使用多层架构的企业应用（如 ERP、MIS、CRM 应用）的 Java 平台，除了提供 Java SE API 外，还对其做了大量有针对性的扩充⊖，并提供了相关的部署支持，这条产品线在 JDK 6 以前被称为 J2EE，在 JDK 10 以后被 Oracle 放弃，捐献给 Eclipse 基金会管理，此后被称为 Jakarta EE。

## 1.3　Java 发展史

从 Java 的第一个版本诞生到现在已经有二十余年的时间，白驹过隙，沧海桑田，转眼已过了四分之一个世纪，在图 1-3 所示的时间线里，我们看到 JDK 的版本已经发展到了 JDK 13。这二十多年里诞生过无数与 Java 相关的产品、技术与标准。现在让我们走入时间隧道，从孕育 Java 语言的时代开始，再来回顾一下 Java 的发展轨迹和历史变迁。

1991 年 4 月，由 James Gosling 博士领导的绿色计划（Green Project）开始启动，此计划最初的目标是开发一种能够在各种消费性电子产品（如机顶盒、冰箱、收音机等）上运

---

⊖　这些扩展一般以 javax.* 作为包名，而以 java.* 为包名的包都是 Java SE API 的核心包，但由于历史原因，一部分曾经是扩展包的 API 后来进入了核心包中，因此核心包中也包含了不少 javax.* 开头的包名。

行的程序架构。这个计划的产品就是 Java 语言的前身：Oak（得名于 James Gosling 办公室外的一棵橡树）。Oak 当时在消费品市场上并不算成功，但随着 1995 年互联网潮流的兴起，Oak 迅速找到了最适合自己发展的市场定位并蜕变成为 Java 语言。

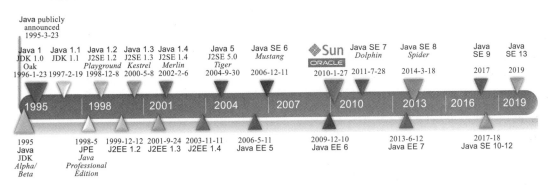

图 1-3　Java 技术发展的时间线

1995 年 5 月 23 日，Oak 语言改名为 Java，并且在 SunWorld 大会上正式发布 Java 1.0 版本。Java 语言第一次提出了 "Write Once，Run Anywhere" 的口号。

1996 年 1 月 23 日，JDK 1.0 发布，Java 语言有了第一个正式版本的运行环境。JDK 1.0 提供了一个纯解释执行的 Java 虚拟机实现（Sun Classic VM）。JDK 1.0 版本的代表技术包括：Java 虚拟机、Applet、AWT 等。

1996 年 4 月，十个最主要的操作系统和计算机供应商声明将在其产品中嵌入 Java 技术。同年 9 月，已有大约 8.3 万个网页应用了 Java 技术来制作。在 1996 年 5 月底，Sun 于美国旧金山举行了首届 JavaOne 大会，从此 JavaOne 成为全世界数百万 Java 语言开发者每年一度的技术盛会。

1997 年 2 月 19 日，Sun 公司发布了 JDK 1.1，Java 里许多最基础的技术支撑点（如 JDBC 等）都是在 JDK 1.1 版本中提出的，JDK 1.1 版的技术代表有：JAR 文件格式、JDBC、JavaBeans、RMI 等。Java 语言的语法也有了一定的增强，如内部类（Inner Class）和反射（Reflection）都是在这时候出现的。

直到 1999 年 4 月 8 日，JDK 1.1 一共发布了 1.1.0 至 1.1.8 这 9 个版本。从 1.1.4 以后，每个 JDK 版本都有一个属于自己的名字（工程代号），分别为：JDK 1.1.4 - Sparkler（宝石）、JDK 1.1.5 - Pumpkin（南瓜）、JDK 1.1.6 - Abigail（阿比盖尔，女子名）、JDK 1.1.7 - Brutus（布鲁图，古罗马政治家和将军）和 JDK 1.1.8 - Chelsea（切尔西，城市名）。

1998 年 12 月 4 日，JDK 迎来了一个里程碑式的重要版本：工程代号为 Playground（竞技场）的 JDK 1.2，Sun 在这个版本中把 Java 技术体系拆分为三个方向，分别是面向桌面应用开发的 J2SE（Java 2 Platform，Standard Edition）、面向企业级开发的 J2EE（Java 2 Platform，Enterprise Edition）和面向手机等移动终端开发的 J2ME（Java 2 Platform，Micro Edition）。在这个版本中出现的代表性技术非常多，如 EJB、Java Plug-in、Java IDL、Swing

等，并且这个版本中Java虚拟机第一次内置了JIT（Just In Time）即时编译器（JDK 1.2中曾并存过三个虚拟机，Classic VM、HotSpot VM和Exact VM，其中Exact VM只在Solaris平台出现过；后面两款虚拟机都是内置了JIT即时编译器的，而之前版本所带的Classic VM只能以外挂的形式使用即时编译器）。在语言和API层面上，Java添加了strictfp关键字，Java类库添加了现在Java编码之中极为常用的一系列Collections集合类等。在1999年3月和7月，分别有JDK 1.2.1和JDK 1.2.2两个小升级版本发布。

1999年4月27日，HotSpot虚拟机诞生。HotSpot最初由一家名为"Longview Technologies"的小公司开发，由于HotSpot的优异表现，这家公司在1997年被Sun公司收购。HotSpot虚拟机刚发布时是作为JDK 1.2的附加程序提供的，后来它成为JDK 1.3及之后所有JDK版本的默认Java虚拟机。

2000年5月8日，工程代号为Kestrel（美洲红隼）的JDK 1.3发布。相对于JDK 1.2，JDK 1.3的改进主要体现在Java类库上（如数学运算和新的Timer API等），JNDI服务从JDK 1.3开始被作为一项平台级服务提供（以前JNDI仅仅是一项扩展服务），使用CORBA IIOP来实现RMI的通信协议，等等。这个版本还对Java 2D做了很多改进，提供了大量新的Java 2D API，并且新添加了JavaSound类库。JDK 1.3有1个修正版本JDK 1.3.1，工程代号为Ladybird（瓢虫），于2001年5月17日发布。

自从JDK 1.3开始，Sun公司维持着稳定的研发节奏：大约每隔两年发布一个JDK的主版本，以动物命名，期间发布的各个修正版本则以昆虫作为工程代号。

2002年2月13日，JDK 1.4发布，工程代号为Merlin（灰背隼）。JDK 1.4是标志着Java真正走向成熟的一个版本，Compaq、Fujitsu、SAS、Symbian、IBM等著名公司都有参与功能规划，甚至实现自己独立发行的JDK 1.4。哪怕是在近二十年后的今天，仍然有一些主流应用能直接运行在JDK 1.4之上，或者继续发布能运行在1.4上的版本。JDK 1.4同样带来了很多新的技术特性，如正则表达式、异常链、NIO、日志类、XML解析器和XSLT转换器，等等。JDK 1.4有两个后续修正版：2002年9月16日发布的工程代号为Grasshopper（蚱蜢）的JDK 1.4.1与2003年6月26日发布的工程代号为Mantis（螳螂）的JDK 1.4.2。

2002年前后还发生了一件与Java没有直接关系，但事实上对Java的发展进程影响很大的事件，就是微软的.NET Framework发布。这个无论是技术实现还是目标用户上都与Java有很多相近之处的技术平台给Java带来了很多讨论、比较与竞争，.NET平台和Java平台之间声势浩大的孰优孰劣的论战到今天为止都仍然没有完全平息。

2004年9月30日，JDK 5发布，工程代号为Tiger（老虎）。Sun公司从这个版本开始放弃了谦逊的"JDK 1.x"的命名方式，将产品版本号修改成了"JDK x"⊖。从JDK 1.2

---

⊖　Java从1.5版本开始，官方在正式文档与宣传上已经不再使用类似"JDK 1.5"的命名，只有程序员内部使用的开发版本号（Developer Version，例如java -version的输出）中才继续沿用1.5、1.6、1.7这样的版本号，而公开版本号（Product Version）则是改为JDK 5.0、JDK 6、JDK 7的命名方式，JDK 5.0中".0"的后缀从JDK 6起也被移除掉，本书为了行文统一，同样以JDK 5来指代JDK 5.0。

以来，Java 在语法层面上的变动一直很小，而 JDK 5 在 Java 语法易用性上做出了非常大的改进。如：自动装箱、泛型、动态注解、枚举、可变长参数、遍历循环（foreach 循环）等语法特性都是在 JDK 5 中加入的。在虚拟机和 API 层面上，这个版本改进了 Java 的内存模型（Java Memory Model，JMM）、提供了 java.util.concurrent 并发包等。另外，JDK 5 是官方声明可以支持 Windows 9x 操作系统的最后一个 JDK 版本。

2006 年 12 月 11 日，JDK 6 发布，工程代号为 Mustang（野马）。在这个版本中，Sun 公司终结了从 JDK 1.2 开始已经有八年历史的 J2EE、J2SE、J2ME 的产品线命名方式，启用 Java EE 6、Java SE 6、Java ME 6 的新命名来代替。JDK 6 的改进包括：提供初步的动态语言支持（通过内置 Mozilla JavaScript Rhino 引擎实现）、提供编译期注解处理器和微型 HTTP 服务器 API，等等。同时，这个版本对 Java 虚拟机内部做了大量改进，包括锁与同步、垃圾收集、类加载等方面的实现都有相当多的改动。

在 2006 年 11 月 13 日的 JavaOne 大会上，Sun 公司宣布计划要把 Java 开源，在随后的一年多时间内，它陆续地将 JDK 的各个部分在 GPL v2（GNU General Public License v2）协议下公开了源码，并建立了 OpenJDK 组织对这些源码进行独立管理。除了极少量的产权代码（Encumbered Code，这部分代码所有权不属于 Sun 公司，Sun 本身也无权进行开源处理）外，OpenJDK 几乎拥有了当时 SunJDK 7 的全部代码，OpenJDK 的质量主管曾经表示在 JDK 7 中，SunJDK 和 OpenJDK 除了代码文件头的版权注释之外，代码几乎是完全一样的，所以 OpenJDK 7 与 SunJDK 7 本质上就是同一套代码库出来的产品。

JDK 6 发布以后，由于代码复杂性的增加、Java 开源、开发 JavaFX、世界经济危机及 Oracle 对 Sun 的收购案等原因，Sun 公司在发展 Java 以外的事情上耗费了太多精力和资源，JDK 的更新没有能够继续维持两年发布一个主版本的研发速度，这导致了 JDK 6 的生命周期异常的长，一共发布了 211 个更新升级补丁，最后的版本为 Java SE 6 Update 211，于 2018 年 10 月 18 日发布。

2009 年 2 月 19 日，工程代号为 Dolphin（海豚）的 JDK 7 完成了其第一个里程碑版本。按照 JDK 7 最初的功能规划，一共会设置十个里程碑。最后一个里程碑版本原计划定于 2010 年 9 月 9 日结束，但由于各种原因，JDK 7 最终无法按计划完成。

从 JDK 7 最原始的功能清单来看，它本应是一个包含许多重要改进的 JDK 版本，其中规划的子项目都为 Java 业界翘首以盼，包括：

❏ Lambda 项目：支持 Lambda 表达式，支持函数式编程。

❏ Jigsaw 项目：虚拟机层面的模块化支持。

❏ 动态语言支持：Java 是静态语言，为其他运行在 Java 虚拟机上的动态语言提供支持。

❏ Garbage-First 收集器。

❏ Coin 项目：Java 语法细节进化。

令人惋惜的是，在 JDK 7 开发期间，Sun 公司相继在技术竞争和商业竞争中陷入泥潭，公司的股票市值跌至仅有高峰时期的 3%，已无力推动 JDK 7 的研发工作按计划继续进行。

为了尽快结束 JDK 7 长期跳票的问题，Oracle 收购 Sun 公司后随即宣布马上实行"B 计划"，大幅裁剪了 JDK 7 预定目标，以保证 JDK 7 的正式版能够于 2011 年 7 月 28 日准时发布。"B 计划"的主要措施是把不能按时完成的 Lambda 项目、Jigsaw 项目和 Coin 项目的部分改进延迟到 JDK 8 之中。最终，JDK 7 包含的改进有：提供新的 G1 收集器（G1 在发布时依然处于 Experimental 状态，直至 2012 年 4 月的 Update 4 中才正式商用）、加强对非 Java 语言的调用支持（JSR-292，这项特性在到 JDK 11 还有改动）、可并行的类加载架构等。

Oracle 公司接手了 JDK 开发工作以后，迅速展现出了完全不同于 Sun 时期的、极具商业化的处事风格。面对 Java 中使用最广泛而又一直免费的 Java SE 产品线，Oracle 很快定义了一套新的 Java SE Support ⊖ 产品计划，把 JDK 的更新支持作为一项商业服务。JDK 7 发布前 80 个更新仍然免费面向所有用户提供，但后续的其他更新包，用户 ⊜ 只能从"将 Java SE 升级到 Java SE Support"与"将 JDK 7 升级到最新版本"两个选项里挑一个。JDK 7 计划维护至 2022 年，迄今（面向付费用户）已发布了超过两百个更新补丁，最新版本为 JDK 7 Update 221。

对于 JDK 7，还有一点值得提起的是，从 JDK 7 Update 4 起，Java SE 的核心功能正式开始为 Mac OS X 操作系统提供支持，并在 JDK 7 Update 6 中达到所有功能与 Mac OS X 完全兼容的程度；同时，JDK 7 Update 6 还对 ARM 指令集架构提供了支持。至此，官方提供的 JDK 可以运行于 Windows（不含 Windows 9x）、Linux、Solaris 和 Mac OS X 操作系统上，支持 ARM、x86、x86-64 和 SPARC 指令集架构，JDK 7 也是可以支持 Windows XP 操作系统的最后一个版本 ⊜。

2009 年 4 月 20 日，Oracle 宣布正式以 74 亿美元的价格收购市值曾超过 2000 亿美元的 Sun 公司，传奇的 Sun Microsystems 从此落幕成为历史，Java 商标正式划归 Oracle 所有（Java 语言本身并不属于哪间公司所有，它由 JCP 组织进行管理，尽管在 JCP 中 Sun 及后来的 Oracle 的话语权很大）。由于此前 Oracle 已经收购了另外一家大型的中间件企业 BEA 公司，当完成对 Sun 公司的收购之后，Oracle 分别从 BEA 和 Sun 手中取得了世界三大商用虚拟机的其中两个：JRockit 和 HotSpot。当时 Oracle 宣布要在未来一至两年的时间内，把这两个优秀的 Java 虚拟机合二为一 ⓭。两者合并的结果只能说差强人意，JRockit 的监控工具 Java Mission Control 被移植到了 HotSpot，作为收费功能提供给购买了 Java SE Advanced 产品计划的用户，其他功能由于两者架构的差异性明显，HotSpot 能够直接借鉴融合的功能寥寥无几 ⓮。

JDK 8 的第一个正式版本原定于 2013 年 9 月发布，最终还是跳票到了 2014 年 3 月

---

⊖ 除了 Java SE Support 外，还有面向独立软件提供商的 Java SE Advanced & Suite 产品线，差别是后者带有 JMC 等监控工具，详细内容可以参见本书第 4 章。

⊜ 特指商业用户，个人使用仍然是可以免费获得这些更新包的。

⊜ 这是官方的声明，而事实上直到 JDK 8 Update 21 之前在 Windows XP 上仍可正常运行。

㉿ "HotRockit"项目的相关介绍：http://hirt.se/presentations/WhatToExpect.ppt。

⓮ 除了 JMC 和 JFR，HotSpot 用本地内存代替永久代实现方法区，支持本地内存使用情况追踪（NMT）等功能是从 JRockit 借鉴过来的。

18 日，尽管仍然是没有赶上正点，但比起 JDK 7 那种以年作为计时单位、直接把公司跳崩的研发状况已是大有改善。为了保证日后 JDK 研发能更顺利地进行，从 JDK 8 开始，Oracle 启用 JEP（JDK Enhancement Proposals）来定义和管理纳入新版 JDK 发布范围的功能特性。JDK 8 提供了那些曾在 JDK 7 中规划过，但最终未能在 JDK 7 中完成的功能，主要包括：

- ❑ JEP 126：对 Lambda 表达式的支持，这让 Java 语言拥有了流畅的函数式表达能力。
- ❑ JEP 104：内置 Nashorn JavaScript 引擎的支持。
- ❑ JEP 150：新的时间、日期 API。
- ❑ JEP 122：彻底移除 HotSpot 的永久代。
- ❑ ……

"B 计划"中原本说好的会在 JDK 8 提供的 Jigsaw 模块化功能再次被延期到了 JDK 9，不得不说，即使放到整个 Java 发展史里看，Jigsaw 都能算是天字第一号的大坑。Java 的模块化系统本身面临的技术挑战就很艰巨，从微软的 DLL 技术开始，到 Java 自己的 JAR，再到 .NET 的 Assembly，工程庞大起来都无一例外会陷入"模块地狱"⊖的困境之中，而 Jigsaw 面临的更大困难是厂商之间以标准话语权为目的，以技术为"找茬"手段的激烈竞争。

原本 JDK 9 是计划在 2016 年发布的，但在 2016 年伊始，Oracle 就宣布 JDK 9 肯定要延期至 2017 年，后来又连续经过了两次短时间的跳票，最终到 2017 年 9 月 21 日才得以艰难面世。后两次跳票的原因是以 IBM 和 RedHat 为首⊜的十三家企业在 JCP 执行委员会上联手否决了 Oracle 提出的 Jigsaw 作为 Java 模块化规范进入 JDK 9 发布范围的提案⊜。凭良心说，Java 确实有模块化的刚需，不论是 JDK 自身（例如拆分出 Java SE Embedded 这样规模较小的产品）抑或是 Java 应用都需要用到模块化。这方面 IBM 本身就是各大 Java 发行厂商中做得最好的，它不仅让自家的 JDK 实现了高度模块化，还带头成立了 OSGi 联盟，制订了 Java 框架层面模块化的事实标准，所以它当然会想把 OSGi 推到 Java 规范里去争个"名份"，而不是被 Jigsaw 革掉"性命"。可是 Oracle 对此没有丝毫退让，不惜向 JCP 发去公开信⊗，直言如果提案最后无法通过，那 Oracle 将摒弃 JSR 专家组，独立发展带 Jigsaw 的 Java 版本，Java 顿时面临如 Python 2 与 Python 3 那般分裂的危机。

不论如何，经过前后六轮投票，经历桌上桌下的斗争与妥协，Java 没有分裂，JDK 9 总算是带着 Jigsaw 最终发布了，除了 Jigsaw 外，JDK 9 还增强了若干工具（JS Shell、JLink、JHSDB 等），整顿了 HotSpot 各个模块各自为战的日志系统，支持 HTTP 2 客户端 API 等 91 个 JEP。

JDK 9 发布后，Oracle 随即宣布 Java 将会以持续交付的形式和更加敏捷的研发节奏向

---

⊖　来自于以前的"DLL Hell"，如果读者不清楚什么是模块地狱的话，打开你计算机的 windows 目录或者 windows\system32 目录就明白了。

⊜　其实就是以 IBM 为首，IBM 一直与 RedHat 有密切合作，2018 年 IBM 以 340 亿美元天价收购了 RedHat。

⊜　投票记录：https://jcp.org/en/jsr/results?id=5959。

⊗　公开信：https://www.infoq.cn/article/2017/05/jigsaw-open-letter。

前推进，以后 JDK 将会在每年的 3 月和 9 月各发布一个大版本<sup>⊖</sup>，目的就是为避免众多功能特性被集中捆绑到一个 JDK 版本上而引发交付风险。这次改革确实从根源上解决了跳票问题，但也为 Java 的用户和发行商带来了颇大的压力，不仅程序员感慨"Java 新版本还没开始用就已经过时了"，Oracle 自己对着一堆 JDK 版本分支也在挠头，不知道该如何维护更新，该如何提供技术支持。Oracle 的解决方案是顺理成章地终结掉"每个 JDK 版本最少维护三年"的优良传统，从此以后，每六个 JDK 大版本中才会被划出一个长期支持（Long Term Support，LTS）版，只有 LTS 版的 JDK 能够获得为期三年的支持和更新，普通版的 JDK 就只有短短六个月的生命周期。JDK 8 和 JDK 11 会是 LTS 版，再下一个就到 2021 年发布的 JDK 17 了。

2018 年 3 月 20 日，JDK 10 如期发布，这版本的主要研发目标是内部重构，诸如统一源仓库、统一垃圾收集器接口、统一即时编译器接口（JVMCI 在 JDK 9 已经有了，这里是引入新的 Graal 即时编译器）等，这些都将会是对未来 Java 发展大有裨益的改进，但对普通用户来说 JDK 10 的新特性就显得乏善可陈，毕竟它只包含了 12 个 JEP，而且其中只有本地类型推断这一个编码端可见的改进。尽管 JDK 10 可见的改进有限，但 2018 这一年 Java 圈丝毫不缺乏谈资，相继发生了几件与"金钱"相关的历史性大事件。

首先是 2018 年 3 月 27 日，Android 的 Java 侵权案有了最终判决，法庭裁定 Google 赔偿 Oracle 合计 88 亿美元，要知道 2009 年 Oracle 收购 Sun 也就只花了 74 亿，收购完成后随即就用 Sun 的专利把 Google 告上了法庭，经过 Oracle 法务部的几轮神操作，一场官司的赔偿让收购 Sun 公司等同免费。对此事 Java 技术圈多数吃瓜群众是站在 Google 这边的，认为 Oracle 这样做是自绝 Java 的发展前景，毕竟当年 Android 刚刚起步的时候可是 Sun 向 Google 抛去的橄榄枝，Android 的流行也巩固了 Java"第一编程语言"的行业地位。摒弃对企业的好恶情感，就事论事，Google 采用 Java 的语法和 API 类库，开发出来的程序却不能运行在其他 Java 虚拟机之上，这事情无论怎样都是有违 Java 技术的精神原旨的，也肯定违反了 Java 的使用协议<sup>⊜</sup>。如果说 Oracle 控告 Google"不厚道"，那当年微软用 J++ 做了同样的事情（借用语法和 API，但程序不兼容标准 Java 虚拟机），被 Sun 告到登报道歉，一边赔款一边割地，声明放弃 J++ 语言和 Windows 平台上的内置虚拟机，这又该找谁说理去？

按常理说 Java 刚给 Oracle 赚了 88 亿美金，该颇为受宠才对，可 Oracle 是典型只谈利益不讲情怀的公司，InfoWorld 披露的一封 Oracle 高管邮件表明<sup>⊜</sup>，Java 体系中被认为无法盈利也没有太多战略前景的部分会逐渐被"按计划报废"（Planned Obsolescence）。这事的第一刀落下是在 2018 年 3 月，Oracle 正式宣告 Java EE 成为历史名词。虽然 Java SE、Java EE 和 Java ME 三条产品线里确实只有 Java SE 称得上成功，但 Java EE 毕竟无比辉煌过，

---

⊖ 也改掉了在开发版号中 1.7、1.8 的命名，从 JDK 10 后将是年份加月份作为开发版本号，譬如 18.3，即表示 2018 年 3 月的大版本。

⊜ Oracle 与 Google 的官司主要焦点在于 Java API 的版权问题，而不在程序是否能运行在标准 Java 虚拟机上。

⊜ 资料来源：https://www.infoworld.com/article/2987529/insider-oracle-lost-interest-in-java.html。

现在其中还持有着 JDBC、JMS、Servlet 等使用极为广泛的基础组件，然而 Oracle 仍选择把它"扫地出门"，所有权直接赠送给 Eclipse 基金会，唯一的条件是以后不准再使用"Java"这个商标<sup>○</sup>，所以取而代之的将是 Jakarta EE。

2018 年 10 月，JavaOne 2018 在旧金山举行，此前没有人想过这会是最后一届 JavaOne 大会，这个在 1996 年伴随着 Java 一同诞生、成长的开发者年度盛会，竟是 Oracle 下一个裁撤的对象<sup>○</sup>，此外还有 Java Mission Control 的开发团队，也在 2018 年 6 月被 Oracle 解散。

2018 年 9 月 25 日，JDK 11 发布，这是一个 LTS 版本的 JDK，包含 17 个 JEP，其中有 ZGC 这样的革命性的垃圾收集器出现，也有把 JDK 10 中的类型推断加入 Lambda 语法这种可见的改进，但都比不过它发布时爆出来的谣言轰动："Java 要开始收费啦！"

随着 JDK 11 发布，Oracle 同时调整了 JDK 的授权许可证，里面包含了好几个动作。首先，Oracle 从 JDK 11 起把以前的商业特性<sup>○</sup>全部开源给 OpenJDK，这样 OpenJDK 11 和 OracleJDK 11 的代码和功能，在本质上就是完全相同的（官方原文是 Essentially Identical）<sup>四</sup>。然后，Oracle 宣布以后将会同时发行两个 JDK：一个是以 GPLv2+CE 协议下由 Oracle 发行的 OpenJDK（本书后面章节称其为 Oracle OpenJDK），另一个是在新的 OTN 协议下发行的传统的 OracleJDK，这两个 JDK 共享绝大部分源码，在功能上是几乎一样的<sup>五</sup>，核心差异是前者可以免费在开发、测试或生产环境中使用，但是只有半年时间的更新支持；后者个人依然可以免费使用，但若在生产环境中商用就必须付费，可以有三年时间的更新支持。如果说由此能得出"Java 要收费"的结论，那是纯属标题党，最多只能说 Oracle 在迫使商业用户要么不断升级 JDK 的版本，要么就去购买商业支持<sup>六</sup>。

2019 年 2 月，在 JDK 12 发布前夕，Oracle 果然如之前宣布那样在六个月之后就放弃了对上一个版本 OpenJDK 的维护，RedHat 同时从 Oracle 手上接过 OpenJDK 8 和 OpenJDK 11 的管理权利和维护职责<sup>七</sup>。Oracle 不愿意在旧版本上继续耗费资源，而 RedHat 或者说它背后的 IBM 又乐意扩大自己在 Java 社区的影响力，这是一笔双赢的交易。RedHat 代替 Oracle 成为 JDK 历史版本的维护者，应该有利于 Java 的持续稳定，但从技术发展角度来看，这并不能为 Oracle 领导 Java 社区的局面带来根本性的改变，毕竟要添加新的或实验性的功能，仅会针对 Java 的最新版本，而不会在旧版本上动手。

---

○ 最大的争议点是 Oracle 要求包名中不能出现 java 字样，导致一堆 javax.* 开头的包一旦修改或添加新代码，就必须重新命名，这将让用到它们的代码都受到影响。资料来源：https://www.infoq.cn/article/2018/02/from-javaee-to-jakartaee。

○ Java One 大会从 2019 年起停办，合并入 Oracle CodeOne 大会中。

○ 需要使用 +XX:+UnlockCommercialFeatures 解锁的特性，包括 JMC、JFR、NMT、AppCDS 和 ZGC 等。

四 资料来源：https://blogs.oracle.com/java-platform-group/oracle-jdk-releases-for-java-11-and-later。

五 JDK 11 中仅有的微小差别是 OpenJDK 少了几个 Module（如 JavaFX），且不提供安装包，以压缩包形式发行。但在 JDK 12 又产生了新的分歧，OpenJDK 的 Shenandoah 垃圾收集器被排除在 OracleJDK 之外，详见第 4 章的相关内容。

六 这里的商业支持不限定于 Oracle 公司，如 Azul ZingJDK、AdoptOpenJDK 等都能提供商业支持。

七 Red Hat 此前已经是 OpenJDK 6（自 2013 年起）和 OpenJDK 7（自 2015 年起）的维护者。

2019 年 3 月 20 日，JDK 12 发布，只包含 8 个 JEP，其中主要有 Switch 表达式、Java 微测试套件（JMH）等新功能，最引人注目的特性无疑是加入了由 RedHat 领导开发的 Shenandoah 垃圾收集器。Shenandoah 作为首个由非 Oracle 开发的垃圾收集器，其目标又与 Oracle 在 JDK 11 中发布的 ZGC 几乎完全一致，两者天生就存在竞争。Oracle 马上用实际 行动抵制了这个新收集器，在 JDK 11 发布时才说应尽可能保证 OracleJDK 和 OpenJDK 的 兼容一致，转眼就在 OracleJDK 12 里把 Shenandoah 的代码通过条件编译强行剔除掉，使 其成为历史上唯一进入了 OpenJDK 发布清单，但在 OracleJDK 中无法使用的功能。

Oracle 收购 Sun 是 Java 发展历史上一道明显的分界线。在 Sun 掌舵的前十几年里，Java 获得巨大成功，同时也渐渐显露出来语言演进的缓慢与社区决策的老朽；而在 Oracle 主导 Java 后，引起竞争的同时也带来新的活力，Java 发展的速度要显著高于 Sun 时代。Java 的 未来是继续向前、再攀高峰，还是由盛转衰、锋芒挫缩，你我拭目以待。

Java 面临的危机挑战前所未有的艰巨，属于 Java 的未来也从未如此充满想象与可能。

## 1.4　Java 虚拟机家族

上一节我们以 JDK 版本演进过程为线索，回顾了 Java 技术的发展历史，体会过其中企 业与技术的成败兴衰，现在，我们将聚焦到本书的主题"Java 虚拟机"。许多 Java 程序员 都会潜意识地把 Java 虚拟机与 OracleJDK 的 HotSpot 虚拟机等同看待，也许还有一些程序 员会注意到 BEA JRockit 和 IBM J9 虚拟机，但绝大多数人对 Java 虚拟机的认识就仅限于此 了。从 1996 年初 Sun 发布的 JDK 1.0 中包含的 Sun Classic 虚拟机到今天，曾经涌现、湮灭 过许多或经典，或优秀，或有特色，或有争议的虚拟机实现，在这一节中，我们仍先把代 码与技术放下，一起来回顾 Java 虚拟机家族的发展轨迹和历史变迁。

### 1.4.1　虚拟机始祖：Sun Classic/Exact VM

以今天的视角来看，Sun Classic 虚拟机的技术已经相当原始，这款虚拟机的使命也早已 终结。但仅凭它"世界上第一款商用 Java 虚拟机"的头衔，就足够有令历史记住它的理由。

1996 年 1 月 23 日，Sun 发布 JDK 1.0，Java 语言首次拥有了商用的正式运行环境，这 个 JDK 中所带的虚拟机就是 Classic VM。这款虚拟机只能使用纯解释器方式来执行 Java 代 码，如果要使用即时编译器那就必须进行外挂，但是假如外挂了即时编译器的话，即时编 译器就会完全接管虚拟机的执行系统，解释器便不能再工作了。在 JDK 1.2 及之前，用户 用 Classic 虚拟机执行 java -version 命令，将会看到类似下面这行的输出：

```
java version "1.2.2"
Classic VM (build JDK-1.2.2-001, green threads, sunwjit)
```

其中的"sunwjit"（Sun Workshop JIT）就是 Sun 提供的外挂编译器，其他类似的外挂 编译器还有 Symantec JIT 和 shuJIT 等。由于解释器和编译器不能配合工作，这就意味着如果要使用编译执行，编译器就不得不对每一个方法、每一行代码都进行编译，而无论它们执行的频率是否具有编译的价值。基于程序响应时间的压力，这些编译器根本不敢应用编译耗时稍高的优化技术，因此这个阶段的虚拟机虽然用了即时编译器输出本地代码，其执行效率也和传统的 C/C++ 程序有很大差距，"Java 语言很慢"的印象就是在这阶段开始在用户心中树立起来的。

　　Sun 的虚拟机团队努力去解决 Classic 虚拟机所面临的各种问题，提升运行效率，在 JDK 1.2 时，曾在 Solaris 平台上发布过一款名为 Exact VM 的虚拟机，它的编译执行系统已经具备现代高性能虚拟机雏形，如热点探测、两级即时编译器、编译器与解释器混合工作模式等。

　　Exact VM 因它使用准确式内存管理（Exact Memory Management，也可以叫 Non-Conservative/Accurate Memory Management）而得名。准确式内存管理是指虚拟机可以知道内存中某个位置的数据具体是什么类型。譬如内存中有一个 32bit 的整数 123456，虚拟机将有能力分辨出它到底是一个指向了 123456 的内存地址的引用类型还是一个数值为 123456 的整数，准确分辨出哪些内存是引用类型，这也是在垃圾收集时准确判断堆上的数据是否还可能被使用的前提。由于使用了准确式内存管理，Exact VM 可以抛弃掉以前 Classic VM 基于句柄（Handle）的对象查找方式（原因是垃圾收集后对象将可能会被移动位置，如果地址为 123456 的对象移动到 654321，在没有明确信息表明内存中哪些数据是引用类型的前提下，那虚拟机肯定是不敢把内存中所有为 123456 的值改成 654321 的，所以要使用句柄来保持引用值的稳定），这样每次定位对象都少了一次间接查找的开销，显著提升执行性能。

　　虽然 Exact VM 的技术相对 Classic VM 来说先进了许多，但是它的命运显得十分英雄气短，在商业应用上只存在了很短暂的时间就被外部引进的 HotSpot VM 所取代，甚至还没有来得及发布 Windows 和 Linux 平台下的商用版本。而 Classic VM 的生命周期则相对要长不少，它在 JDK 1.2 之前是 JDK 中唯一的虚拟机，在 JDK 1.2 时，它与 HotSpot VM 并存，但默认是使用 Classic VM（用户可用 java -hotspot 参数切换至 HotSpot VM），而在 JDK 1.3 时，HotSpot VM 成为默认虚拟机，它仍作为虚拟机的"备用选择"发布（使用 java -classic 参数切换），直到 JDK 1.4 的时候，Classic VM 才完全退出商用虚拟机的历史舞台，与 Exact VM 一起进入了 Sun Labs Research VM 之中。

## 1.4.2　武林盟主：HotSpot VM

　　相信所有 Java 程序员都听说过 HotSpot 虚拟机，它是 Sun/OracleJDK 和 OpenJDK 中的默认 Java 虚拟机，也是目前使用范围最广的 Java 虚拟机。但不一定所有人都知道的是，这个在今天看起来"血统纯正"的虚拟机在最初并非由 Sun 公司所开发，而是由一家名为"Longview Technologies"的小公司设计；甚至这个虚拟机最初并非是为 Java 语言而研发的，它来源于 Strongtalk 虚拟机，而这款虚拟机中相当多的技术又是来源于一款为支持 Self 语言实现"达到 C 语言 50% 以上的执行效率"的目标而设计的 Self 虚拟机，最终甚至可以追溯到 20 世纪 80 年代中期开发的 Berkeley Smalltalk 上。Sun 公司注意到这款虚拟机在即时编译等多个方面有着优秀的理念和实际成果，在 1997 年收购了 Longview Technologies 公司，从而获得了 HotSpot 虚拟机。

HotSpot 既继承了 Sun 之前两款商用虚拟机的优点（如前面提到的准确式内存管理），也有许多自己新的技术优势，如它名称中的 HotSpot 指的就是它的热点代码探测技术（这里的描写带有"历史由胜利者书写"的味道，其实 HotSpot 与 Exact 虚拟机基本上是同时期的独立产品，HotSpot 出现得还稍早一些，一开始 HotSpot 就是基于准确式内存管理的，而 Exact VM 之中也有与 HotSpot 几乎一样的热点探测技术，为了 Exact VM 和 HotSpot VM 哪个该成为 Sun 主要支持的虚拟机，在 Sun 公司内部还争吵过一场，HotSpot 击败 Exact 并不能算技术上的胜利），HotSpot 虚拟机的热点代码探测能力可以通过执行计数器找出最具有编译价值的代码，然后通知即时编译器以方法为单位进行编译。如果一个方法被频繁调用，或方法中有效循环次数很多，将会分别触发标准即时编译和栈上替换编译（On-Stack Replacement，OSR）行为 ⊖。通过编译器与解释器恰当地协同工作，可以在最优化的程序响应时间与最佳执行性能中取得平衡，而且无须等待本地代码输出才能执行程序，即时编译的时间压力也相对减小，这样有助于引入更复杂的代码优化技术，输出质量更高的本地代码。

2006 年，Sun 陆续将 SunJDK 的各个部分在 GPLv2 协议下开放了源码，形成了 OpenJDK 项目，其中当然也包括 HotSpot 虚拟机。HotSpot 从此成为 Sun/OracleJDK 和 OpenJDK 两个实现极度接近的 JDK 项目的共同虚拟机。Oracle 收购 Sun 以后，建立了 HotRockit 项目来把原来 BEA JRockit 中的优秀特性融合到 HotSpot 之中。到了 2014 年的 JDK 8 时期，里面的 HotSpot 就已是两者融合的结果，HotSpot 在这个过程里移除掉永久代，吸收了 JRockit 的 Java Mission Control 监控工具等功能。

得益于 Sun/OracleJDK 在 Java 应用中的统治地位，HotSpot 理所当然地成为全世界使用最广泛的 Java 虚拟机，是虚拟机家族中毫无争议的"武林盟主"。

### 1.4.3 小家碧玉：Mobile/Embedded VM

Sun/Oracle 公司所研发的虚拟机可不仅包含前面介绍到的服务器、桌面领域的商用虚拟机，面对移动和嵌入式市场，也有专门的 Java 虚拟机产品。

由于 Java ME 产品线的发展相对 Java SE 来说并不那么成功，所以 Java ME 中的 Java 虚拟机相比 HotSpot 要低调得多。Oracle 公司在 Java ME 这条产品线上的虚拟机名为 CDC-HI（C Virtual Machine，CVM）和 CLDC-HI（Monty VM）。其中 CDC/CLDC 全称是 Connected（Limited）Device Configuration，这是一组在 JSR-139 及 JSR-218 规范中进行定义的 Java API 子集，这组规范希望能够在手机、电子书、PDA 等移动设备上建立统一的 Java 编程接口，

---

⊖ 在本书第 11 章会专门讲解即时编译的内容。

CDC-HI VM 和 CLDC-HI VM 就是 JSR-139 及 JSR-218 规范的参考实现，后面的 HI 则是 HotSpot Implementation 的缩写，但它们并不是由 HotSpot 直接裁剪而来，只是借鉴过其中一些技术，并没有血缘关系，充其量能叫有所渊源。

Java ME 中的 Java 虚拟机现在处于比较尴尬的位置，所面临的局面远不如服务器和桌面领域乐观，它最大的一块市场——智能手机已被 Android 和 iOS 二分天下<sup>⊖</sup>，现在 CDC 在智能手机上略微有点声音的产品是 Oracle ADF Mobile，原本它提出的卖点是智能手机上的跨平台（"Developing with Java on iOS and Android"），不过用 Java 在 Android 上开发应用还要再安装个 CDC 虚拟机，这事情听着就觉得别扭，有多此一举的嫌疑，在 iOS 上倒确实还有一些人在用。

而在嵌入式设备上，Java ME Embedded 又面临着自家 Java SE Embedded（eJDK）的直接竞争和侵蚀，主打高端的 CDC-HI 经过多年来的扩充，在核心部分其实已经跟 Java SE 非常接近，能用 Java SE 的地方大家自然就不愿意用 Java ME，所以市场在快速萎缩，Oracle 也基本上砍掉了 CDC-HI 的所有项目，把它们都划归到了 Java SE Embedded 下。Java SE Embedded 里带的 Java 虚拟机当然还是 HotSpot，但这是为了适应嵌入式环境专门定制裁剪的版本，尽可能在支持完整的 Java SE 功能的前提下向着减少内存消耗的方向优化，譬如只留下了客户端编译器（C1），去掉了服务端编译器（C2）；只保留 Serial/Serial Old 垃圾收集器，去掉了其他收集器等。

面向更低端设备的 CLDC-HI 倒是在智能控制器、传感器等领域还算能维持自己的一片市场，现在也还在继续发展，但前途并不乐观。目前 CLDC 中活得最好的产品反而是原本早该被 CLDC-HI 淘汰的 KVM，国内的老人手机和出口到经济欠发达国家的功能手机（Feature Phone）还在广泛使用这种更加简单、资源消耗也更小的上一代 Java ME 虚拟机。

### 1.4.4　天下第二：BEA JRockit/IBM J9 VM

前面三节介绍的都是由 Sun/Oracle 公司研发的 Java 虚拟机，历史上除了 Sun/Oracle 公司以外，也有其他组织、公司开发过虚拟机的实现。如果说 HotSpot 是天下第一的武林盟主，那曾经与 HotSpot 并称"三大商业 Java 虚拟机"的另外两位，毫无疑问就该是天下第二了，它们分别是 BEA System 公司的 JRockit 与 IBM 公司的 IBM J9。

JRockit 虚拟机曾经号称是"世界上速度最快的 Java 虚拟机"（广告词，IBM J9 虚拟机也这样宣传过，总体上三大虚拟机的性能是交替上升的），它是 BEA 在 2002 年从 Appeal Virtual Machines 公司收购获得的 Java 虚拟机。BEA 将其发展为一款专门为服务器硬件和服务端应用场景高度优化的虚拟机，由于专注于服务端应用，它可以不太关注于程序启动速度，因此 JRockit 内部不包含解释器实现，全部代码都靠即时编译器编译后执行。除此之

---

⊖　严格来说这种提法并不十分准确，笔者写下这段文字时（2019 年），在中国，传音手机的出货量超过小米、OPPO、VIVO 等智能手机巨头，仅次于华为（含荣耀品牌）排行全国第二。传音手机做的是功能机，销售市场主要在非洲，上面仍然用着 Java ME 的 KVM。

外，JRockit 的垃圾收集器和 Java Mission Control 故障处理套件等部分的实现，在当时众多的 Java 虚拟机中也处于领先水平。JRockit 随着 BEA 被 Oracle 收购，现已不再继续发展，永远停留在 R28 版本，这是 JDK 6 版 JRockit 的代号。

IBM J9 虚拟机并不是 IBM 公司唯一的 Java 虚拟机，不过目前 IBM 主力发展无疑就是 J9。J9 这个名字最初只是内部开发代号而已，开始选定的正式名称是"IBM Technology for Java Virtual Machine"，简称 IT4J，但这个名字太拗口，接受程度远不如 J9。J9 虚拟机最初是由 IBM Ottawa 实验室的一个 SmallTalk 虚拟机项目扩展而来，当时这个虚拟机有一个 Bug 是因为 8KB 常量值定义错误引起，工程师们花了很长时间终于发现并解决了这个错误，此后这个版本的虚拟机就被称为 K8，后来由其扩展而来、支持 Java 语言的虚拟机就被命名为 J9。与 BEA JRockit 只专注于服务端应用不同，IBM J9 虚拟机的市场定位与 HotSpot 比较接近<sup>⊖</sup>，它是一款在设计上全面考虑服务端、桌面应用，再到嵌入式的多用途虚拟机，开发 J9 的目的是作为 IBM 公司各种 Java 产品的执行平台，在和 IBM 产品（如 IBM WebSphere 等）搭配以及在 IBM AIX 和 z/OS 这些平台上部署 Java 应用。

IBM J9 直至今天仍旧非常活跃，IBM J9 虚拟机的职责分离与模块化做得比 HotSpot 更优秀，由 J9 虚拟机中抽象封装出来的核心组件库（包括垃圾收集器、即时编译器、诊断监控子系统等）就单独构成了 IBM OMR 项目，可以在其他语言平台如 Ruby、Python 中快速组装成相应的功能。从 2016 年起，IBM 逐步将 OMR 项目和 J9 虚拟机进行开源，完全开源后便将它们捐献给了 Eclipse 基金会管理，并重新命名为 Eclipse OMR 和 OpenJ9 <sup>⊖</sup>。如果为了学习虚拟机技术而去阅读源码，更加模块化的 OpenJ9 代码其实是比 HotSpot 更好的选择。如果为了使用 Java 虚拟机时多一种选择，那可以通过 AdoptOpenJDK 来获得采用 OpenJ9 搭配上 OpenJDK 其他类库组成的完整 JDK。

除 BEA 和 IBM 公司外，其他一些大公司也号称有自己的专属 JDK 和虚拟机，但是它们要么是通过从 Sun/Oracle 公司购买版权的方式获得的（如 HP、SAP 等），要么是基于 OpenJDK 项目改进而来的（如阿里巴巴、Twitter 等），都并非自己独立开发。

### 1.4.5　软硬合璧：BEA Liquid VM/Azul VM

我们平时所提及的"高性能 Java 虚拟机"一般是指 HotSpot、JRockit、J9 这类在通用硬件平台上运行的商用虚拟机，但其实还有一类与特定硬件平台绑定、软硬件配合工作的专有虚拟机，往往能够实现更高的执行性能，或提供某些特殊的功能特性。这类专有虚拟机的代表是 BEA Liquid VM 和 Azul VM。

---

⊖　严格来说，J9 能够支持的市场定位比 HotSpot 更加广泛，J9 最初是为嵌入式领域设计的，后来逐渐扩展为 IBM 所有平台共用的虚拟机，嵌入式、桌面、服务器端都用它，而 HotSpot 在嵌入式领域使用的是 CDC/CLDC 以及 Java SE Embedded，这也从侧面体现了 J9 的模块化和通用性做得非常好。

⊖　尽管 OpenJ9 名称上看起来与 OpenJDK 类似，但它只是一个单独的 Java 虚拟机，不包括 JDK 中的其他内容，实际应该与 HotSpot 相对应。

Liquid VM 也被称为 JRockit VE（Virtual Edition，VE），它是 BEA 公司开发的可以直接运行在自家 Hypervisor 系统上的 JRockit 虚拟机的虚拟化版本，Liquid VM 不需要操作系统的支持，或者说它自己本身实现了一个专用操作系统的必要功能，如线程调度、文件系统、网络支持等。由虚拟机越过通用操作系统直接控制硬件可以获得很多好处，如在线程调度时，不需要再进行内核态 / 用户态的切换，这样可以最大限度地发挥硬件的能力，提升 Java 程序的执行性能。随着 JRockit 虚拟机终止开发，Liquid VM 项目也已经停止了。

Azul VM 是 Azul Systems 公司在 HotSpot 基础上进行大量改进，运行于 Azul Systems 公司的专有硬件 Vega 系统上的 Java 虚拟机，每个 Azul VM 实例都可以管理至少数十个 CPU 和数百 GB 的内存的硬件资源，并提供在巨大内存范围内停顿时间可控的垃圾收集器（即业内赫赫有名的 PGC 和 C4 收集器），为专有硬件优化的线程调度等优秀特性。2010 年起，Azul 公司的重心逐渐开始从硬件转向软件，发布了自己的 Zing 虚拟机，可以在通用 x86 平台上提供接近于 Vega 系统的性能和一致的功能特性。

随着虚拟机技术的不断发展，Java 虚拟机变得越来越强大的同时也越来越复杂，要推动在专有硬件上的 Java 虚拟机升级发展，难以直接借助开源社区的力量，往往需要耗费更高昂的成本，在商业上的缺陷使得专有虚拟机逐渐没落，Azul Systems 公司最终也放弃了 Vega 产品线，把全部精力投入到 Zing 和 Zulu 产品线中。

Zing 虚拟机是一个从 HotSpot 某旧版代码分支基础上独立出来重新开发的高性能 Java 虚拟机，它可以运行在通用的 Linux/x86-64 平台上。Azul 公司为它编写了新的垃圾收集器，也修改了 HotSpot 内的许多实现细节，在要求低延迟、快速预热等场景中，Zing VM 都要比 HotSpot 表现得更好。Zing 的 PGC、C4 收集器可以轻易支持 TB 级别的 Java 堆内存，而且保证暂停时间仍然可以维持在不超过 10 毫秒的范围里，HotSpot 要一直到 JDK 11 和 JDK 12 的 ZGC 及 Shenandoah 收集器才达到了相同的目标，而且目前效果仍然远不如 C4。Zing 的 ReadyNow! 功能可以利用之前运行时收集到的性能监控数据，引导虚拟机在启动后快速达到稳定的高性能水平，减少启动后从解释执行到即时编译的等待时间。Zing 自带的 ZVision/ZVRobot 功能可以方便用户监控 Java 虚拟机的运行状态，从找出代码热点到对象分配监控、锁竞争监控等。Zing 能让普通用户无须了解垃圾收集等底层调优，就可以使得 Java 应用享有低延迟、快速预热、易于监控的功能，这是 Zing 的核心价值和卖点，很多 Java 应用都可以通过长期努力在应用、框架层面优化来提升性能，但使用 Zing 的话就可以把精力更多集中在业务方面。

## 1.4.6 挑战者：Apache Harmony/Google Android Dalvik VM

这节介绍的 Harmony 虚拟机（准确地说是 Harmony 里的 DRLVM）和 Dalvik 虚拟机只能称作"虚拟机"，而不能称作"Java 虚拟机"，但是这两款虚拟机以及背后所代表的技术体系曾经对 Java 世界产生了非常大的影响和挑战，当时甚至有悲观的人认为成熟的 Java 生态系统都有分裂和崩溃的可能。

Apache Harmony 是一个 Apache 软件基金会旗下以 Apache License 协议开源的实际兼容于 JDK 5 和 JDK 6 的 Java 程序运行平台，它含有自己的虚拟机和 Java 类库 API，用户可以在上面运行 Eclipse、Tomcat、Maven 等常用的 Java 程序。但是，它并没有通过 TCK 认证，所以我们不得不用一长串冗长拗口的语言来介绍它，而不能用一句 "Apache 的 JDK"或者 "Apache 的 Java 虚拟机" 来直接代指。

如果一个公司要宣称自己的运行平台 "兼容于 Java 技术体系"，那该运行平台就必须要通过 TCK（Technology Compatibility Kit）的兼容性测试，Apache 基金会曾要求当时的 Sun 公司提供 TCK 的使用授权，但是一直遭到各种理由的拖延和搪塞，直到 Oracle 收购了 Sun 公司之后，双方关系越闹越僵，最终导致 Apache 基金会愤然退出 JCP 组织，这是 Java 社区有史以来最严重的分裂事件之一。

当 Sun 公司把自家的 JDK 开源形成 OpenJDK 项目之后，Apache Harmony 开源的优势被极大地抵消，以至于连 Harmony 项目的最大参与者 IBM 公司也宣布辞去 Harmony 项目管理主席的职位，转而参与 OpenJDK 的开发。虽然 Harmony 没有真正地被大规模商业运用过，但是它的许多代码（主要是 Java 类库部分的代码）被吸纳进 IBM 的 JDK 7 实现以及 Google Android SDK 之中，尤其是对 Android 的发展起了很大推动作用。

说到 Android，这个时下最热门的移动数码设备平台在最近十年所取得的成果已经远远超越了 Java ME 在过去二十多年所获得的成果，Android 让 Java 语言真正走进了移动数码设备领域，只是走得并非 Sun 公司原本想象的那一条路。

Dalvik 虚拟机曾经是 Android 平台的核心组成部分之一，它的名字来源于冰岛一个名为 Dalvik 的小渔村。Dalvik 虚拟机并不是一个 Java 虚拟机，它没有遵循《Java 虚拟机规范》，不能直接执行 Java 的 Class 文件，使用寄存器架构而不是 Java 虚拟机中常见的栈架构。但是它与 Java 却又有着千丝万缕的联系，它执行的 DEX（Dalvik Executable）文件可以通过 Class 文件转化而来，使用 Java 语法编写应用程序，可以直接使用绝大部分的 Java API 等。在 Android 发展的早期，Dalvik 虚拟机随着 Android 的成功迅速流行，在 Android 2.2 中开始提供即时编译器实现，执行性能又有了进一步提高。不过到了 Android 4.4 时代，支持提前编译（Ahead of Time Compilation，AOT）的 ART 虚拟机迅速崛起，在当时性能还不算特别强大的移动设备上，提前编译要比即时编译更容易获得高性能，所以在 Android 5.0 里 ART 就全面代替了 Dalvik 虚拟机。

## 1.4.7　没有成功，但并非失败：Microsoft JVM 及其他

在 Java 虚拟机二十几年的发展历程中，除去上面介绍的那些被大规模商业应用过的 Java 虚拟机外，还有许多虚拟机是不为人知地默默沉寂，或者曾经绚丽过但最终夭折湮灭的。我们以其中 Microsoft 公司的 Java 虚拟机为代表来介绍一下。

在 Java 语言诞生的初期（1996 年～1998 年，以 JDK1.2 发布之前为分界），它的主要应用之一是在浏览器中运行 Java Applets 程序，微软为了在 Internet Explorer 3 浏览器中支持

Java Applets 应用而开发了自己的 Java 虚拟机，虽然这款虚拟机只有 Windows 平台的版本，"一次编译，到处运行"根本无从谈起，但却是当时 Windows 系统下性能最好的 Java 虚拟机，它在 1997 年和 1998 年连续获得了《 PC Magazine 》杂志的"编辑选择奖"。但是好景不长，在 1997 年 10 月，Sun 公司正式以侵犯商标、不正当竞争等罪名控告微软，在随后对微软公司的垄断调查之中，这款虚拟机也曾作为证据之一被呈送法庭。官司的结果是微软向 Sun 公司（最终微软因垄断赔偿给 Sun 公司的总金额高达 10 亿美元）赔偿 2000 万美金，承诺终止其 Java 虚拟机的发展，并逐步在产品中移除 Java 虚拟机相关功能。而最令人感到讽刺的是，到后来在 Windows XP SP3 中 Java 虚拟机被完全抹去的时候，Sun 公司却又到处登报希望微软不要这样做⊖。Windows XP 高级产品经理 Jim Cullinan 称："我们花费了三年的时间和 Sun 公司打官司，当时他们试图阻止我们在 Windows 中支持 Java，现在我们这样做了，可他们又在抱怨，这太具有讽刺意味了。"

我们试想一下，如果当年 Sun 公司没有起诉微软公司，微软继续保持着对 Java 技术的热情，那 Java 的世界会变得更好还是更坏？ .NET 技术是否还会发展起来？

## 1.4.8　百家争鸣

还有一些 Java 虚拟机天生就注定不会应用在主流领域，或者不是单纯为了用于生产，甚至在设计之初就没有抱着商用的目的，仅仅是用于研究、验证某种技术和观点，又或者是作为一些规范的标准实现。这些虚拟机对于大多数不从事相关领域开发的 Java 程序员来说可能比较陌生，笔者列举几款较为有影响的：

❑ KVM ⊖

　KVM 中的 K 是"Kilobyte"的意思，它强调简单、轻量、高度可移植，但是运行速度比较慢。在 Android、iOS 等智能手机操作系统出现前曾经在手机平台上得到非常广泛应用。

❑ Java Card VM

　JCVM 是 Java 虚拟机很小的一个子集，裁减了许多模块但通常支持绝大多数的常用加密算法。JCVM 必须精简到能放入智能卡、SIM 卡、银行信用卡、借记卡内，负责对 Java Applet 程序进行解释执行。

❑ Squawk VM

　Squawk VM 是由 Sun 开发，运行于 Sun SPOT（Sun Small Programmable Object Technology，一种手持的 Wi-Fi 设备），也曾经运用于 Java Card。这是一个 Java 代码比重

---

⊖　Sun 公司在《纽约时报》《圣约瑟商业新闻》和《华尔街周刊》上刊登了整页的广告，在广告词中 Sun 公司号召消费者"要求微软公司继续在其 Windows XP 系统包括 Java 平台"。

⊖　这里把 Java ME 里面的虚拟机列为"少数派"是从大多数 Java 程序员的了解程度出发的，从虚拟机部署数量来讲，Java ME 远比 Java SE、Java EE 的虚拟机多，毕竟服务器应用是无法在数量上和移动、嵌入式设备比较的。

很高的嵌入式虚拟机实现，其中诸如类加载器、字节码验证器、垃圾收集器、解释器、编译器和线程调度都是用 Java 语言完成的，仅仅靠 C 语言来编写设备 I/O 和必要的本地代码。

❑ JavaInJava

JavaInJava 是 Sun 公司在 1997 年～1998 年间所研发的一个实验室性质的虚拟机，从名字就可以看出，它试图以 Java 语言来实现 Java 语言本身的运行环境，既所谓的"元循环"（Meta-Circular，是指使用语言自身来实现其运行环境）虚拟机。它必须运行在另外一个宿主虚拟机之上，内部没有即时编译器，代码只能以解释模式执行。在上世纪末主流原生的 Java 虚拟机都未能很好解决性能问题的时代，开发这种项目，其执行速度大家可想而知，不过通过元循环证明一门语言可以自举，是具有它的研究价值的。

❑ Maxine VM

Maxine VM 和上面的 JavaInJava 非常相似，它也是一个几乎全部以 Java 代码实现（只有用于启动 Java 虚拟机的加载器使用 C 语言编写）的元循环 Java 虚拟机。这个项目于 2005 年开始，到现在仍然在发展之中，比起 JavaInJava，Maxine VM 的执行效率就显得靠谱得多，它有先进的即时编译器和垃圾收集器，可在宿主模式或独立模式下执行，其执行效率已经接近 HotSpot 虚拟机 Client 模式的水平。后来有了从 C1X 编译器演进而来的 Graal 编译器的支持，就更加如虎添翼，执行效率有了进一步飞跃。Graal 编译器现在已经是 HotSpot 的默认组件，是未来代替 HotSpot 中服务端编译器的希望。

❑ Jikes RVM

Jikes RVM 是 IBM 开发的专门用来研究 Java 虚拟机实现技术的项目。曾用名为 Jalapeño。与 JavaInJava 和 Maxine 一样，它也是一个元循环虚拟机。

❑ IKVM.NET

这是一个基于微软 .NET 框架实现的 Java 虚拟机，并借助 Mono 获得一定的跨平台能力。IKVM.NET 的目标第一眼看起来的确很奇怪，可能在某些特殊情况下，在 .NET 上使用某些流行的 Java 库也许真的不算是伪需求？IKVM.NET 可以将 Class 文件编译成 .NET Assembly，在任意的 CLI 上运行。

其他在本文中没有介绍到的 Java 虚拟机还有许多，笔者将自己所知的列举如下：

❑ JamVM：http://jamvm.sourceforge.net/

❑ CacaoVM：http://www.cacaovm.org/

❑ SableVM：http://www.sablevm.org/

❑ Kaffe：http://www.kaffe.org/

❑ Jelatine JVM：http://jelatine.sourceforge.net/

❑ NanoVM：http://www.harbaum.org/till/nanovm/index.shtml

❏ MRP：https://github.com/codehaus/mrp

❏ Moxie JVM：http://moxie.sourceforge.net/

# 1.5　展望 Java 技术的未来

本书第 1、2 版中的"展望 Java 技术的未来"分别成文于 2011 年和 2013 年，将近十年时间已经过去，当时畅想的 Java 新发展新变化全部如约而至，这部分内容已不再有"展望"的价值。笔者在更新第 3 版时重写了本节全部内容，并把第 2 版的"展望"的原文挪到附录之中。倘若 Java 的未来依旧灿烂精彩，倘若下一个十年本书还更新第 4、第 5 版，亦希望届时能在附录中回首今日，去回溯哪些预测成为现实，哪些改进中途夭折。

如 1.3 节结尾所言，今天的 Java 正处于机遇与挑战并存的时期，Java 未来能否继续壮大发展，某种程度上取决于如何应对当下已出现的挑战，本文将按照这个脉络来组织，向读者介绍现在仍处于 Oracle Labs 中的 Graal VM、Valhalla、Amber、Loom、Panama 等面向未来的研究项目。

## 1.5.1　无语言倾向

网上每隔一段时间就能见到几条"未来 X 语言将会取代 Java"的新闻，此处"X"可以用 Kotlin、Golang、Dart、JavaScript、Python 等各种编程语言来代入。这大概就是长期占据编程语言榜单第一位⊖的烦恼，天下第一总避免不了挑战者相伴。

如果 Java 有拟人化的思维，它应该从来没有惧怕过被哪一门语言所取代，Java "天下第一"的底气不在于语法多么先进好用，而是来自它庞大的用户群和极其成熟的软件生态，这在朝夕之间难以撼动。不过，既然有那么多新、旧编程语言的兴起躁动，说明必然有其需求动力所在，譬如互联网之于 JavaScript、人工智能之于 Python，微服务风潮之于 Golang 等。大家都清楚不太可能有哪门语言能在每一个领域都尽占优势，Java 已是距离这个目标最接近的选项，但若"天下第一"还要百尺竿头更进一步的话，似乎就只能忘掉 Java 语言本身，踏入无招胜有招的境界。

2018 年 4 月，Oracle Labs 新公开了一项黑科技：Graal VM，如图 1-4 所示，从它的口号 "Run Programs Faster Anywhere" 就能感觉到一颗蓬勃的野心，这句话显然是与 1995 年 Java 刚诞生时的 "Write Once，Run Anywhere" 在遥相呼应。

Graal VM 被官方称为 "Universal VM" 和 "Polyglot VM"，这是一个在 HotSpot 虚拟机基础上增强而成的跨语言全栈虚拟机，可以作为"任何语言"的运行平台使用，这里"任何语言"包括了 Java、Scala、Groovy、Kotlin 等基于 Java 虚拟机之上的语言，还包括了 C、C++、Rust 等基于 LLVM 的语言，同时支持其他像 JavaScript、Ruby、Python 和 R 语言等。

---

⊖　参见 TIOBE 编程语言排行榜：https://www.tiobe.com/tiobe-index/。

Graal VM 可以无额外开销地混合使用这些编程语言，支持不同语言中混用对方的接口和对象，也能够支持这些语言使用已经编写好的本地库文件。

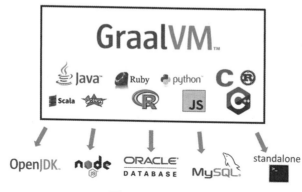

图 1-4　Graal VM

Graal VM 的基本工作原理是将这些语言的源代码（例如 JavaScript）或源代码编译后的中间格式（例如 LLVM 字节码）通过解释器转换为能被 Graal VM 接受的中间表示（Intermediate Representation，IR），譬如设计一个解释器专门对 LLVM 输出的字节码进行转换来支持 C 和 C++ 语言，这个过程称为程序特化（Specialized，也常被称为 Partial Evaluation）。Graal VM 提供了 Truffle 工具集来快速构建面向一种新语言的解释器，并用它构建了一个称为 Sulong 的高性能 LLVM 字节码解释器。

从更严格的角度来看，Graal VM 才是真正意义上与物理计算机相对应的高级语言虚拟机，理由是它与物理硬件的指令集一样，做到了只与机器特性相关而不与某种高级语言特性相关。Oracle Labs 的研究总监 Thomas Wuerthinger 在接受 InfoQ 采访时谈到："随着 GraalVM 1.0 的发布，我们已经证明了拥有高性能的多语言虚拟机是可能的，并且实现这个目标的最佳方式不是通过类似 Java 虚拟机和微软 CLR 那样带有语言特性的字节码⊖。"对于一些本来就不以速度见长的语言运行环境，由于 Graal VM 本身能够对输入的中间表示进行自动优化，在运行时还能进行即时编译优化，因此使用 Graal VM 实现往往能够获得比原生编译器更优秀的执行效率，譬如 Graal.js 要优于 Node.js ⊜，Graal.Python 要优于 CPtyhon ⊝，TruffleRuby 要优于 Ruby MRI，FastR 要优于 R 语言等。

对 Java 而言，Graal VM 本来就是在 HotSpot 基础上诞生的，天生就可作为一套完整的符合 Java SE 8 标准的 Java 虚拟机来使用。它和标准的 HotSpot 的差异主要在即时编译器上，其执行效率、编译质量目前与标准版的 HotSpot 相比也是互有胜负。但现在 Oracle Labs 和

---

⊖　资料来源：https://www.infoq.com/news/2018/04/oracle-graalvm-v1/。

⊜　Graal.js 能否比 Node.js 更快目前为止还存在很大争议，Node.js 背靠 Google 的 V8 引擎、执行性能优异，要超越绝非易事。

⊝　Python 的运行环境 PyPy 其实做了与 Graal VM 差不多的工作，只是仅针对 Python 而没有为其他高级语言提供解释器。

美国大学里面的研究院所做的最新即时编译技术的研究全部都迁移至基于 Graal VM 之上进行了，其发展潜力令人期待。如果 Java 语言或者 HotSpot 虚拟机真的有被取代的一天，那从现在看来 Graal VM 是希望最大的一个候选项，这场革命很可能会在 Java 使用者没有明显感觉的情况下悄然而来，Java 世界所有的软件生态都没有发生丝毫变化，但天下第一的位置已经悄然更迭。

## 1.5.2　新一代即时编译器

对需要长时间运行的应用来说，由于经过充分预热，热点代码会被 HotSpot 的探测机制准确定位捕获，并将其编译为物理硬件可直接执行的机器码，在这类应用中 Java 的运行效率很大程度上取决于即时编译器所输出的代码质量。

HotSpot 虚拟机中含有两个即时编译器，分别是编译耗时短但输出代码优化程度较低的客户端编译器（简称为 C1）以及编译耗时长但输出代码优化质量也更高的服务端编译器（简称为 C2），通常它们会在分层编译机制下与解释器互相配合来共同构成 HotSpot 虚拟机的执行子系统（这部分具体内容将在本书第 11 章展开讲解）。

自 JDK 10 起，HotSpot 中又加入了一个全新的即时编译器：Graal 编译器，看名字就可以联想到它是来自于前一节提到的 Graal VM。Graal 编译器是以 C2 编译器替代者的身份登场的。C2 的历史已经非常长了，可以追溯到 Cliff Click 大神读博士期间的作品，这个由 C++ 写成的编译器尽管目前依然效果拔群，但已经复杂到连 Cliff Click 本人都不愿意继续维护的程度。而 Graal 编译器本身就是由 Java 语言写成，实现时又刻意与 C2 采用了同一种名为"Sea-of-Nodes"的高级中间表示（High IR）形式，使其能够更容易借鉴 C2 的优点。Graal 编译器比 C2 编译器晚了足足二十年面世，有着极其充沛的后发优势，在保持输出相近质量的编译代码的同时，开发效率和扩展性上都要显著优于 C2 编译器，这决定了 C2 编译器中优秀的代码优化技术可以轻易地移植到 Graal 编译器上，但是反过来 Graal 编译器中行之有效的优化在 C2 编译器里实现起来则异常艰难。这种情况下，Graal 的编译效果短短几年间迅速追平了 C2，甚至某些测试项中开始逐渐反超 C2 编译器。Graal 能够做比 C2 更加复杂的优化，如"部分逃逸分析"（Partial Escape Analysis），也拥有比 C2 更容易使用激进预测性优化（Aggressive Speculative Optimization）的策略，支持自定义的预测性假设等。

今天的 Graal 编译器尚且年幼，还未经过足够多的实践验证，所以仍然带着"实验状态"的标签，需要用开关参数去激活[⊖]，这让笔者不禁联想起 JDK 1.3 时代，HotSpot 虚拟机刚刚横空出世时的场景，同样也是需要用开关激活，也是作为 Classic 虚拟机的替代品的一段历史。

Graal 编译器未来的前途可期，作为 Java 虚拟机执行代码的最新引擎，它的持续改进，会同时为 HotSpot 与 Graal VM 注入更快更强的驱动力。

---

　　⊖　使用 -XX:+UnlockExperimentalVMOptions -XX:+UseJVMCICompiler 参数来启用 Graal 编译器。

### 1.5.3 向 Native 迈进

对不需要长时间运行的，或者小型化的应用而言，Java（而不是指 Java ME）天生就带有一些劣势，这里并不只是指跑个 HelloWorld 也需要百多兆的 JRE 之类的问题，更重要的是指近几年在从大型单体应用架构向小型微服务应用架构发展的技术潮流下，Java 表现出来的不适应。

在微服务架构的视角下，应用拆分后，单个微服务很可能就不再需要面对数十、数百 GB 乃至 TB 的内存，有了高可用的服务集群，也无须追求单个服务要 7×24 小时不间断地运行，它们随时可以中断和更新；但相应地，Java 的启动时间相对较长，需要预热才能达到最高性能等特点就显得相悖于这样的应用场景。在无服务架构中，矛盾则可能会更加突出，比起服务，一个函数的规模通常会更小，执行时间会更短，当前最热门的无服务运行环境 AWS Lambda 所允许的最长运行时间仅有 15 分钟。

一直把软件服务作为重点领域的 Java 自然不可能对此视而不见，在最新的几个 JDK 版本的功能清单中，已经陆续推出了跨进程的、可以面向用户程序的类型信息共享（Application Class Data Sharing，AppCDS，允许把加载解析后的类型信息缓存起来，从而提升下次启动速度，原本 CDS 只支持 Java 标准库，在 JDK 10 时的 AppCDS 开始支持用户的程序代码）、无操作的垃圾收集器（Epsilon，只做内存分配而不做回收的收集器，对于运行完就退出的应用十分合适）等改善措施。而酝酿中的一个更彻底的解决方案，是逐步开始对提前编译（Ahead of Time Compilation，AOT）提供支持。

提前编译是相对于即时编译的概念，提前编译能带来的最大好处是 Java 虚拟机加载这些已经预编译成二进制库之后就能够直接调用，而无须再等待即时编译器在运行时将其编译成二进制机器码。理论上，提前编译可以减少即时编译带来的预热时间，减少 Java 应用长期给人带来的"第一次运行慢"的不良体验，可以放心地进行很多全程序的分析行为，可以使用时间压力更大的优化措施[⊖]。

但是提前编译的坏处也很明显，它破坏了 Java "一次编写，到处运行"的承诺，必须为每个不同的硬件、操作系统去编译对应的发行包；也显著降低了 Java 链接过程的动态性，必须要求加载的代码在编译期就是全部已知的，而不能在运行期才确定，否则就只能舍弃掉已经提前编译好的版本，退回到原来的即时编译执行状态。

早在 JDK 9 时期，Java 就提供了实验性的 Jaotc 命令来进行提前编译，不过多数人试用过后都颇感失望，大家原本期望的是类似于 Excelsior JET 那样的编译过后能生成本地代码完全脱离 Java 虚拟机运行的解决方案，但 Jaotc 其实仅仅是代替即时编译的一部分作用而已，仍需要运行于 HotSpot 之上。

直到 Substrate VM 出现，才算是满足了人们心中对 Java 提前编译的全部期待。Substrate

---

⊖ 由于 AOT 编译没有运行时的监控信息，很多由运行信息统计进行向导的优化措施不能使用，所以尽管没有编译时间的压力，效果也不一定就比 JIT 更好。

VM 是在 Graal VM 0.20 版本里新出现的一个极小型的运行时环境，包括了独立的异常处理、同步调度、线程管理、内存管理（垃圾收集）和 JNI 访问等组件，目标是代替 HotSpot 用来支持提前编译后的程序执行。它还包含了一个本地镜像的构造器（Native Image Generator），用于为用户程序建立基于 Substrate VM 的本地运行时镜像。这个构造器采用指针分析（Points-To Analysis）技术，从用户提供的程序入口出发，搜索所有可达的代码。在搜索的同时，它还将执行初始化代码，并在最终生成可执行文件时，将已初始化的堆保存至一个堆快照之中。这样一来，Substrate VM 就可以直接从目标程序开始运行，而无须重复进行 Java 虚拟机的初始化过程。但相应地，原理上也决定了 Substrate VM 必须要求目标程序是完全封闭的，即不能动态加载其他编译期不可知的代码和类库。基于这个假设，Substrate VM 才能探索整个编译空间，并通过静态分析推算出所有虚方法调用的目标方法。

　　Substrate VM 带来的好处是能显著降低内存占用及启动时间，由于 HotSpot 本身就会有一定的内存消耗（通常约几十 MB），这对最低也从几 GB 内存起步的大型单体应用来说并不算什么，但在微服务下就是一笔不可忽视的成本。根据 Oracle 官方给出的测试数据，运行在 Substrate VM 上的小规模应用，其内存占用和启动时间与运行在 HotSpot 上相比有 5 倍到 50 倍的下降，具体结果如图 1-5 和图 1-6 所示。

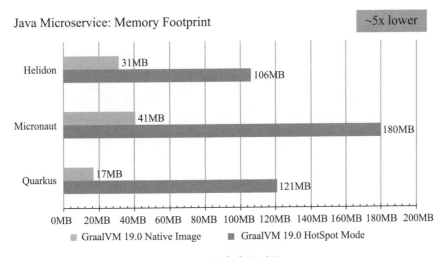

图 1-5　内存占用对比

　　Substrate VM 补全了 Graal VM "Run Programs Faster Anywhere" 愿景蓝图里的最后一块拼图，让 Graal VM 支持其他语言时不会有重量级的运行负担。譬如运行 JavaScript 代码，Node.js 的 V8 引擎执行效率非常高，但即使是最简单的 HelloWorld，它也要使用约 20MB 的内存，而运行在 Substrate VM 上的 Graal.js，跑一个 HelloWorld 则只需要 4.2MB 内存，且运行速度与 V8 持平。Substrate VM 的轻量特性，使得它十分适合嵌入其他系统，譬如 Oracle 自家的数据库就已经开始使用这种方式支持用不同的语言代替 PL/SQL 来编写存储过程<sup>⊖</sup>。在本书第 11 章还会再详细讨论提前编译的相关内容。

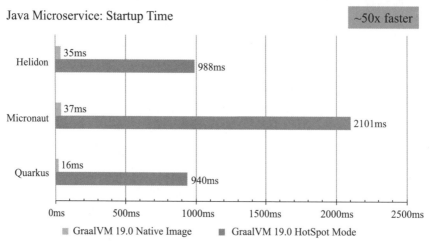

图 1-6  启动时间对比

### 1.5.4  灵活的胖子

即使 HotSpot 最初设计时考虑得再长远，大概也不会想到这个虚拟机将在未来的二十年内一直保持长盛不衰。这二十年间有无数改进和功能被不断地添加到 HotSpot 的源代码上，致使它成长为今天这样的庞然大物。

HotSpot 的定位是面向各种不同应用场景的全功能 Java 虚拟机<sup>⊜</sup>，这是一个极高的要求，仿佛是让一个胖子能拥有敏捷的身手一样的矛盾。如果是持续跟踪近几年 OpenJDK 的代码变化的人，相信都感觉到了 HotSpot 开发团队正在持续地重构着 HotSpot 的架构，让它具有模块化的能力和足够的开放性。模块化<sup>⊝</sup>方面原本是 HotSpot 的弱项，监控、执行、编译、内存管理等多个子系统的代码相互纠缠。而 IBM 的 J9 就一直做得就非常好，面向 Java ME 的 J9 虚拟机与面向 Java EE 的 J9 虚拟机可以是完全由同一套代码库编译出来的产品，只有编译时选择的模块配置有所差别。

现在，HotSpot 虚拟机也有了与 J9 类似的能力，能够在编译时指定一系列特性开关，让编译输出的 HotSpot 虚拟机可以裁剪成不同的功能，譬如支持哪些编译器，支持哪些收集器，是否支持 JFR、AOT、CDS、NMT 等都可以选择。能够实现这些功能特性的组合拆分，反映到源代码不仅仅是条件编译，更关键的是接口与实现的分离。

---

⊖  Oracle Database MLE，从 Oracle 12c 开始支持，详见 https://oracle.github.io/oracle-db-mle。

⊜  定位 J9 做到了，HotSpot 实际上并未做到，譬如在 Java ME 中的虚拟机就不是 HotSpot，而是 CDC-HI / CLDC-HI。

⊝  这里指虚拟机本身的模块化，与 Jigsaw 无关。

早期（JDK 1.4 时代及之前）的 HotSpot 虚拟机为了提供监控、调试等不会在《Java 虚拟机规范》中约定的内部功能和数据，就曾开放过 Java 虚拟机信息监控接口（Java Virtual Machine Profiler Interface，JVMPI）与 Java 虚拟机调试接口（Java Virtual Machine Debug Interface，JVMDI）供运维和性能监控、IDE 等外部工具使用。到了 JDK 5 时期，又抽象出了层次更高的 Java 虚拟机工具接口（Java Virtual Machine Tool Interface，JVMTI）来为所有 Java 虚拟机相关的工具提供本地编程接口集合，到 JDK 6 时 JVMTI 就完全整合代替了 JVMPI 和 JVMDI 的作用。

在 JDK 9 时期，HotSpot 虚拟机开放了 Java 语言级别的编译器接口<sup>⊖</sup>（Java Virtual Machine Compiler Interface，JVMCI），使得在 Java 虚拟机外部增加、替换即时编译器成为可能，这个改进实现起来并不费劲，但比起之前 JVMPI、JVMDI 和 JVMTI 却是更深层次的开放，它为不侵入 HotSpot 代码而增加或修改 HotSpot 虚拟机的固有功能逻辑提供了可行性。Graal 编译器就是通过这个接口植入到 HotSpot 之中。

到了 JDK 10，HotSpot 又重构了 Java 虚拟机的垃圾收集器接口<sup>⊖</sup>（Java Virtual Machine Garbage Interface），统一了其内部各款垃圾收集器的公共行为。有了这个接口，才可能存在日后（今天尚未）某个版本中的 CMS 收集器退役，和 JDK 12 中 Shenandoah 这样由 Oracle 以外其他厂商领导开发的垃圾收集器进入 HotSpot 中的事情。如果未来这个接口完全开放的话，甚至有可能会出现其他独立于 HotSpot 的垃圾收集器实现。

经过一系列的重构与开放，HotSpot 虚拟机逐渐从时间的侵蚀中挣脱出来，虽然代码复杂度还在增长，体积仍在变大，但其架构并未老朽，而是拥有了越来越多的开放性和扩展性，使得 HotSpot 成为一个能够联动外部功能，能够应对各种场景，能够学会十八般武艺的身手灵活敏捷的"胖子"。

## 1.5.5  语言语法持续增强

笔者将语言的功能特性和语法放到最后来讲，因为它是相对最不重要的改进点，毕竟连 JavaScript 这种"反人类"的语法都能获得如此巨大的成功，而比 Java 语法先进优雅得多的挑战者 C# 现在已经"江湖日下"，成了末路英雄<sup>⊜</sup>。

但一门语言的功能、语法又是影响语言生产力和效率的重要因素，很多语言特性和语法糖不论有没有，程序也照样能写，但即使只是可有可无的语法糖，也是直接影响语言使用者的幸福感程度的关键指标。JDK 7 的 Coins 项目结束以后，Java 社区又创建了另外一个新的语言特性改进项目 Amber，JDK 10 至 13 里面提供的新语法改进基本都来自于这个项

---

⊖ 并不是指内部代码上统一 C1、C2 的编译器接口，而是特指会开放给外部的、使用 Java 语言实现的编译器接口。

⊖ 这个接口目前只在 HotSpot 内部使用，并未对外开放，所以也就没有 JVMGI 的提法。

⊜ 笔者个人观点，读者请勿从"反人类""江湖日下"这些词语中挑起语言战争。毕竟"PHP 是世界上最好的语言"（梗）。

目，譬如：

- ❑ JEP 286：Local-Variable Type Inference，在 JDK 10 中提供，本地类型变量推断。
- ❑ JEP 323：Local-Variable Syntax for Lambda Parameters，在 JDK 11 中提供，JEP 286 的加强，使它可以用在 Lambda 中。
- ❑ JEP 325：Switch Expressions，在 JDK 13 中提供，实现 switch 语句的表达式支持。
- ❑ JEP 335：Text Blocks，在 JDK 13 中提供，支持文本块功能，可以节省拼接 HTML、SQL 等场景里大量的 "+" 操作。

还有一些是仍然处于草稿状态或者暂未列入发布范围的 JEP，可供我们窥探未来 Java 语法的变化，譬如：

- ❑ JEP 301：Enhanced Enums，允许常量类绑定数据类型，携带额外的信息。
- ❑ JEP 302：Lambda Leftovers，用下划线来表示 Lambda 中的匿名参数。
- ❑ JEP 305：Pattern Matching for instanceof，用 instanceof 判断过的类型，在条件分支里面可以不需要做强类型转换就能直接使用。

除语法糖以外，语言的功能也在持续改进之中，以下几个项目是目前比较明确的，也是受到较多关注的功能改进计划：

- ❑ Project Loom：现在的 Java 做并发处理的最小调度单位是线程，Java 线程的调度是直接由操作系统内核提供的（这方面的内容可见本书第 12 章），会有核心态、用户态的切换开销。而很多其他语言都提供了更加轻量级的、由软件自身进行调度的用户线程（曾经非常早期的 Java 也有绿色线程），譬如 Golang 的 Groutine、D 语言的 Fiber 等。Loom 项目就准备提供一套与目前 Thread 类 API 非常接近的 Fiber 实现。
- ❑ Project Valhalla：提供值类型和基本类型的泛型支持，并提供明确的不可变类型和非引用类型的声明。值类型的作用和价值在本书第 10 章会专门讨论，而不可变类型在并发编程中能带来很多好处，没有数据竞争风险带来了更好的性能。一些语言（如 Scala）就有明确的不可变类型声明，而 Java 中只能在定义类时将全部字段声明为 final 来间接实现。基本类型的范型支持是指在泛型中引用基本数据类型不需要自动装箱和拆箱，避免性能损耗。
- ❑ Project Panama：目的是消弭 Java 虚拟机与本地代码之间的界线。现在 Java 代码可以通过 JNI 来调用本地代码，这点在与硬件交互频繁的场合尤其常用（譬如 Android）。但是 JNI 的调用方式充其量只能说是达到能用的标准而已，使用起来仍相当烦琐，频繁执行的性能开销也非常高昂，Panama 项目的目标就是提供更好的方式让 Java 代码与本地代码进行调用和传输数据。

随着 Java 每半年更新一次的节奏，新版本的 Java 中会出现越来越多其他语言里已有的优秀特性，相信博采众长的 Java，还能继续保持现在的勃勃生机相当长时间。

## 1.6　实战：自己编译 JDK

想要窥探 Java 虚拟机内部的实现原理，最直接的一条路径就是编译一套自己的 JDK，通过阅读和跟踪调试 JDK 源码来了解 Java 技术体系的运作，虽然这样门槛会比阅读资料更高一点，但肯定也会比阅读各种文章、书籍来得更加贴近本质。此外，Java 类库里的很多底层方法都是 Native 的，在了解这些方法的运作过程，或对 JDK 进行 Hack（根据需要进行定制微调）的时候，都需要有能自行编译、调试虚拟机代码的能力。

现在网络上有不少开源的 JDK 实现可以供我们选择，但毫无疑问 OpenJDK 是使用得最广泛的 JDK，我们也将选择 OpenJDK 来进行这次编译实战。

### 1.6.1　获取源码

编译源码之前，我们要先明确 OpenJDK 和 OracleJDK 之间、OpenJDK 的各个不同版本之间存在什么联系，这有助于确定接下来编译要使用的 JDK 版本和源码分支，也有助于理解我们编译出来的 JDK 与 Oracle 官方提供的 JDK 有什么差异。

从前面介绍的 Java 发展史中我们已经知道 OpenJDK 是 Sun 公司在 2006 年年末把 Java 开源而形成的项目，这里的"开源"是通常意义上的源码开放形式，即源码是可被复用的，例如 OracleJDK、Oracle OpenJDK、AdoptOpenJDK、Azul Zulu、SAP SapMachine、Amazon Corretto、IcedTea、UltraViolet 等都是从 OpenJDK 源码衍生出的发行版。但如果仅从"开源"字面意义（开放可阅读的源码）上讲的话，其实 Sun 公司自 JDK 5 时代起就曾经以 JRL（Java Research License）的形式公开过 Java 的源码，主要是开放给研究人员阅读使用，这种 JRL 许可证的开放源码一直持续到 JDK 6 Update 23 才因 OpenJDK 项目日渐成熟而终止。如果拿 OpenJDK 中的源码跟对应版本的 JRL 许可证形式开放的 Sun/OracleJDK 源码互相比较的话，会发现除了文件头的版权注释之外，其余代码几乎都是相同的，只有少量涉及引用第三方的代码存在差异，如字体栅格化渲染，这部分内容 OracleJDK 采用了商业实现，源码版权不属于 Oracle 自己，所以也无权开源，而 OpenJDK 中使用的是同样开源的 FreeType 代替。

当然，笔者说的"代码相同"必须建立在两者共有的组件基础之上，OpenJDK 中的源码仓库只包含了标准 Java SE 的源代码，而一些额外的模块，典型的如 JavaFX，虽然后来也是被 Oracle 开源并放到 OpenJDK 组织进行管理（OpenJFX 项目），但是它是存放在独立的源码仓库中，因此 OracleJDK 的安装包中会包含 JavaFX 这种独立的模块，而用 OpenJDK 的话则需要单独下载安装。

此外，在 JDK 11 以前，OracleJDK 中还会存在一些 OpenJDK 没有的、闭源的功能，即 OracleJDK 的"商业特性"。例如 JDK 8 起从 JRockit 移植改造而来的 Java Flight Recorder 和 Java Mission Control 组件、JDK 10 中的应用类型共享功能（AppCDS）和 JDK 11 中的 ZGC 收集器，这些功能在 JDK 11 时才全部开源到了 OpenJDK 中。到了这个阶段，我们已经可以认为 OpenJDK 与 OracleJDK 代码实质上<sup>⊖</sup>已达到完全一致的程度。

根据 Oracle 的项目发布经理 Joe Darcy 在 OSCON 大会上对两者关系的介绍<sup>⊜</sup>也证实了 OpenJDK 和 OracleJDK 在程序上是非常接近的，两者共用了绝大部分相同的代码（如图 1-7 所示，注意图中的英文提示了两者共同代码的占比要远高于图形上看到的比例），所以我们编译的 OpenJDK，基本上可以认为性能、功能和执行逻辑上都和官方的 OracleJDK 是一致的。

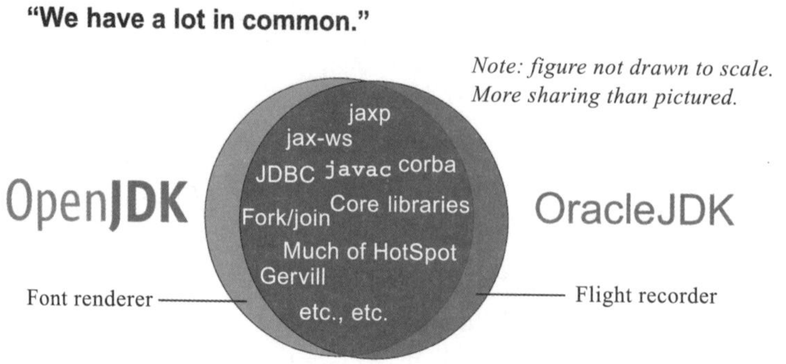

**"We have a lot in common."**

*Note: figure not drawn to scale.*
*More sharing than pictured.*

OpenJDK — jaxp / jax-ws / JDBC javac corba / Core libraries / Fork/join / Much of HotSpot / Gervill / etc., etc. — OracleJDK

Font renderer — Flight recorder

图 1-7　OpenJDK 和 OracleJDK 之间的关系

下面再来看一下 OpenJDK 内部不同版本之间的关系，在 OpenJDK 接收 Sun 公司移交的 JDK 源码时，Java 正处于 JDK 6 时代的初期，JDK 6 Update 1 才刚刚发布不久，JDK 7 则完全是处于研发状态的半成品。OpenJDK 的第一个版本就是来自于当时 Sun 公司正在开发的 JDK 7，考虑到 OpenJDK 7 的状况在当时完全不足以支持实际的生产部署，因此又在 OpenJDK 7 Build 22 的基础上建立了一条新的 OpenJDK 6 分支，剥离掉所有 JDK 7 新功能的代码，形成一个可以通过 TCK 6 测试的独立分支，先把 OpenJDK 6 发布出去给公众使用。等到 OpenJDK 7 达到了可正式对外发布的状态之后，就从 OpenJDK 7 的主分支延伸出用于研发下一代 Java 版本的 OpenJDK 8 以及用于发布更新补丁的 OpenJDK 7 Update 两条子分支，按照开发习惯，新的功能或 Bug 修复通常是在最新分支上进行的，当功能或修复在最新分支上稳定之后会同步到其他老版本的维护分支上。后续的 JDK 8 和 JDK 9 都重复延续着类似的研发流程。通过图 1-8（依然是从 Joe Darcy 的 OSCON 演示稿截取的图片）可以比较清楚地理解不同版本分支之间的关系。

到了 JDK 10 及以后的版本，在组织上出现了一些新变化，此时全部开发工作统一归属到 JDK 和 JDK Updates 两条主分支上，主分支不再带版本号，在内部再用子分支来区分具体的 JDK 版本。OpenJDK 不同版本的源码都可以在它们的主页（http://openjdk.java.net/）

---

⊖　严格来说，这里"实质上"可以理解为除去一些版权信息（如 java -version 的输出）、除去针对 Oracle 自身特殊硬件平台的适配、除去 JDK 12 中 OracleJDK 排除了 Shenandoah 这类特意设置的差异之外是一致的。

⊜　全文地址：https://blogs.oracle.com/darcy/resource/OSCON/oscon2011_OpenJDKState.pdf。

上找到，在本次编译实践中，笔者选用的版本是 OpenJDK 12。

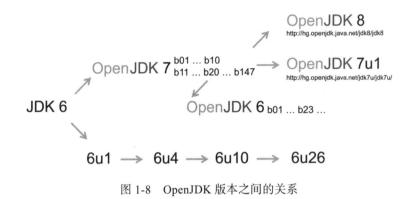

图 1-8　OpenJDK 版本之间的关系

　　获取 OpenJDK 源码有两种方式。一是通过 Mercurial 代码版本管理工具从 Repository 中直接取得源码（Repository 地址：https://hg.openjdk.java.net/jdk/jdk12），获取过程如以下命令所示：

```
hg clone https://hg.openjdk.java.net/jdk/jdk12
```

　　这是直接取得 OpenJDK 源码的方式，从版本管理中看变更轨迹也能够更精确地了解到 Java 代码发生的变化，但弊端是在中国访问的速度实在太慢，虽然代码总量只有几百 MB，无奈文件数量将近十万，而且仓库没有国内的 CDN 节点。以笔者的网络状况，不科学上网的话，全部复制到本地需要耗费数小时时间。另外，考虑到 Mercurial 远不如 Git 常用，甚至普及程度还不如 SVN、ClearCase 以及更古老的 CVS 等版本控制工具，对于大多数读者，笔者建议采用第二种方式，即直接在仓库中打包出源码压缩包，再进行下载。

　　读者可以直接访问准备下载的 JDK 版本的仓库页面（譬如本例中 OpenJDK 12 的页面为 https://hg.openjdk.java.net/jdk/jdk12/），然后点击左边菜单中的“Browse”，将显示如图 1-9 的源码根目录页面。

　　此时点击左边的“zip”链接即可下载当前版本打包好的源码，到本地直接解压即可。在国内使用这种方式下载比起从 Mercurial 复制一堆零散文件要快非常多。笔者下载的 OpenJDK 12 源码包大小为 171MB，解压之后约为 579MB。

## 1.6.2　系统需求

　　如果可能，笔者建议尽量在 Linux 或者 MacOS 上构建 OpenJDK，这两个系统在准备构建工具链和依赖项上要比在 Windows 或 Solaris 平台上要容易许多，本篇实践中笔者将以 Ubuntu 18.04 LTS 为平台进行构建。如果读者确实有在 Windows 平台上完成编译的需求，或需要编译较老版本的 OpenJDK，可参考本书附录 A，这篇附录是本书第 1 版中介绍如何在 Windows 下编译 OpenJDK 6 的实践例子，虽然里面的部分内容已经过时了（例如安装 Plug 部分），但对 Windows 上构建安装环境和较老版本的 OpenJDK 编译还是有一定参考意义的，所以笔者并没有把它删除掉，而是挪到附录之中。

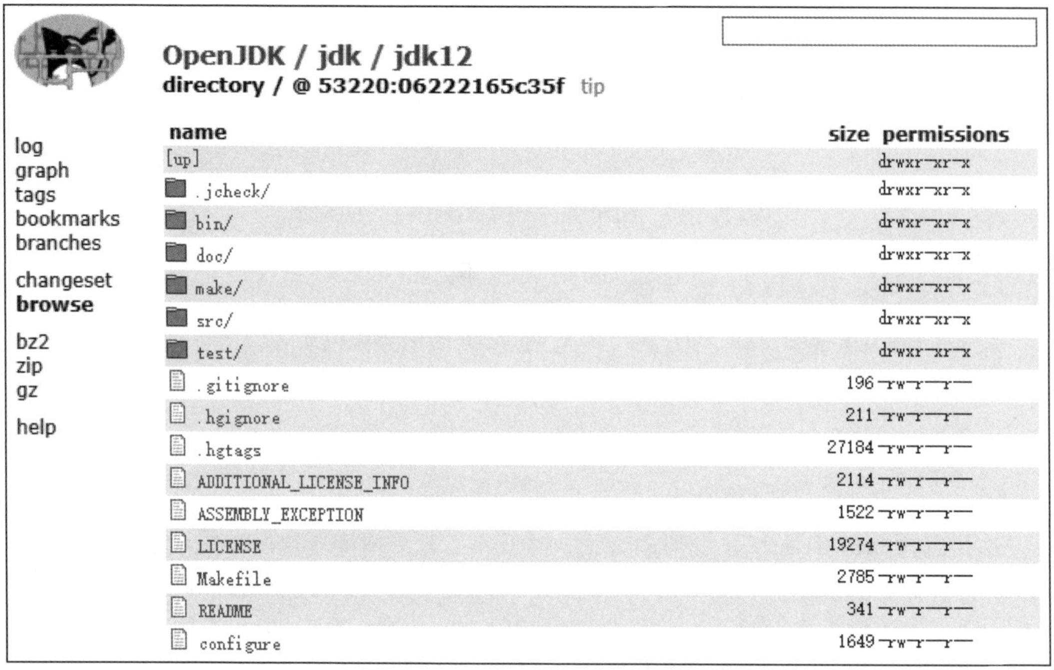
OpenJDK / jdk / jdk12
directory / @ 53220:06222165c35f tip
log
graph
tags
bookmarks
branches
changeset
browse
bz2
zip
gz
help
name
size permissions
[up] drwxr-xr-x
.jcheck/ drwxr-xr-x
bin/ drwxr-xr-x
doc/ drwxr-xr-x
make/ drwxr-xr-x
src/ drwxr-xr-x
test/ drwxr-xr-x
.gitignore 196 -rw-r--r--
.hgignore 211 -rw-r--r--
.hgtags 27184 -rw-r--r--
ADDITIONAL_LICENSE_INFO 2114 -rw-r--r--
ASSEMBLY_EXCEPTION 1522 -rw-r--r--
LICENSE 19274 -rw-r--r--
Makefile 2785 -rw-r--r--
README 341 -rw-r--r--
configure 1649 -rw-r--r--

图 1-9　JDK 12 的根目录

无论在什么平台下进行编译，都建议读者认真阅读一遍源码中的 doc/ building.html 文档，编译过程中需要注意的细节较多，如果读者是第一次编译 OpenJDK，那有可能会在一些小问题上耗费许多时间。在本次编译中采用的是 64 位操作系统，默认参数下编译出来的也是 64 位的 OpenJDK，如果需要编译 32 位版本，笔者同样推荐在 64 位的操作系统上进行，理由是编译过程可以使用更大内存（32 位系统受 4G 内存限制），通过编译参数（--with-target-bits=32）来指定需要生成 32 位编译结果即可。在官方文档上要求编译 OpenJDK 至少需要 2～4GB 的内存空间（CPU 核心数越多，需要的内存越大），而且至少要 6～8GB 的空闲磁盘空间，不要看 OpenJDK 源码的大小只有不到 600MB，要完成编译，过程中会产生大量的中间文件，并且编译出不同优化级别（Product、FastDebug、SlowDebug）的 HotSpot 虚拟机可能要重复生成这些中间文件，这都会占用大量磁盘空间。

对系统环境的最后一点建议是，所有的文件，包括源码和依赖项目，都不要放在包含中文的目录里面，这样做不是一定会产生不可解决的问题，只是没有必要给自己找麻烦。

### 1.6.3　构建编译环境

在 MacOS ⊖ 和 Linux 上构建 OpenJDK 编译环境相对简单，对于 MacOS，需要 MacOS X 10.13 版本以上，并安装好最新版本的 XCode 和 Command Line Tools for XCode（在 Apple Developer 网站 ⊖ 上可以免费下载），这两个 SDK 提供了 OpenJDK 所需的 CLang 编译器以及 Makefile 中用到的其他外部命令。

对于 Linux 系统，要准备的依赖与 MacOS 类似，在 MacOS 中 CLang 编译器来源于 XCode SDK，而 Ubuntu 里用户可以自行选择安装 GCC 或 CLang 来进行编译，但必须确保最低的版本为 GCC 4.8 或者 CLang 3.2 以上，官方推荐使用 GCC 7.8 或者 CLang 9.1 来完成编译。在 Ubuntu 系统上安装 GCC 的命令为：

```
sudo apt-get install build-essential
```

在编译过程中需要依赖 FreeType、CUPS 等若干第三方库，OpenJDK 全部的依赖库已在表 1-1 中列出，读者可执行相应的安装命令完成安装。

**表 1-1　OpenJDK 编译依赖库**

| 工　具 | 库　名　称 | 安　装　命　令 |
| --- | --- | --- |
| FreeType | The FreeType Project | sudo apt-get install libfreetype6-dev |
| CUPS | Common UNIX Printing System | sudo apt-get install libcups2-dev. |
| X11 | X Window System | sudo apt-get install libx11-dev libxext-dev libxrender-dev libxrandr-dev libxtst-dev libxt-dev. |
| ALSA | Advanced Linux Sound Architecture | sudo apt-get install libasound2-dev. |
| libffi | Portable Foreign Function Interface Library | sudo apt-get install libffi-dev. |
| Autoconf | Extensible Package of M4 Macros | sudo apt-get install autoconf. |

最后，假设要编译大版本号为 N 的 JDK，我们还要另外准备一个大版本号至少为 N-1 的、已经编译好的 JDK，这是因为 OpenJDK 由多个部分（HotSpot、JDK 类库、JAXWS、JAXP……）构成，其中一部分（HotSpot）代码使用 C、C++ 编写，而更多的代码则是使用 Java 语言来实现，因此编译这些 Java 代码就需要用到另一个编译期可用的 JDK，官方称这个 JDK 为"Bootstrap JDK"。编译 OpenJDK 12 时，Bootstrap JDK 必须使用 JDK 11 及之后的版本。在 Ubuntu 中使用以下命令安装 OpenJDK 11：

```
sudo apt-get install openjdk-11-jdk
```

---

⊖　注意，在 OpenJDK 7u4 和之后的版本才能编译出 MacOS 系统下的 JDK 包，之前的版本虽然在源码和编译脚本中也包含了 MacOS 目录，但是尚未完善。
⊖　https://developer.apple.com/。

## 1.6.4 进行编译

需要下载的编译环境和依赖项目都齐备后，我们就可以按照默认配置来开始编译了，但通常我们编译 OpenJDK 的目的都不仅仅是为了得到在自己机器中诞生的编译成品，而是带着调试、定制化等需求，这样就必须了解 OpenJDK 提供的编译参数才行，这些参数可以使用"bash configure --help"命令查询到，笔者对它们中最有用的部分简要说明如下：

❏ --with-debug-level=<level>：设置编译的级别，可选值为 release、fastdebug、slowde-bug，越往后进行的优化措施就越少，带的调试信息就越多。还有一些虚拟机调试参数必须在特定模式下才可以使用。默认值为 release。

❏ --enable-debug：等效于 --with-debug-level=fastdebug。

❏ --with-native-debug-symbols=<method>：确定调试符号信息的编译方式，可选值为 none、internal、external、zipped。

❏ --with-version-string=<string>：设置编译 JDK 的版本号，譬如 java -version 的输出就会显示该信息。这个参数还有 --with-version-<part>=<value> 的形式，其中 part 可以是 pre、opt、build、major、minor、security、patch 之一，用于设置版本号的某一个部分。

❏ --with-jvm-variants=<variant>[,<variant>...]：编译特定模式（Variants）的 HotSpot 虚拟机，可以多个模式并存，可选值为 server、client、minimal、core、zero、custom。

❏ --with-jvm-features=<feature>[,<feature>...]：针对 --with-jvm-variants=custom 时的自定义虚拟机特性列表（Features），可以多个特性并存，由于可选值较多，请参见 help 命令输出。

❏ --with-target-bits=<bits>：指明要编译 32 位还是 64 位的 Java 虚拟机，在 64 位机器上也可以通过交叉编译生成 32 位的虚拟机。

❏ --with-<lib>=<path>：用于指明依赖包的具体路径，通常使用在安装了多个不同版本的 Bootstrap JDK 和依赖包的情况。其中 lib 的可选值包括 boot-jdk、freetype、cups、x、alsa、libffi、jtreg、libjpeg、giflib、libpng、lcms、zlib。

❏ --with-extra-<flagtype>=<flags>：用于设定 C、C++ 和 Java 代码编译时的额外编译器参数，其中 flagtype 可选值为 cflags、cxxflags、ldflags，分别代表 C、C++ 和 Java 代码的参数。

❏ --with-conf-name=<name>：指定编译配置名称，OpenJDK 支持使用不同的配置进行编译，默认会根据编译的操作系统、指令集架构、调试级别自动生成一个配置名称，譬如"linux-x86_64-server-release"，如果在这些信息都相同的情况下保存不同的编译参数配置，就需要使用这个参数来自定义配置名称。

以上是 configure 命令的部分参数，其他未介绍到的可以使用"bash configure --help"

来查看，所有参数均通过以下形式使用：

```
bash configure [options]
```

譬如，编译 FastDebug 版、仅含 Server 模式的 HotSpot 虚拟机，命令应为：

```
bash configure --enable-debug --with-jvm-variants=server
```

configure 命令承担了依赖项检查、参数配置和构建输出目录结构等多项职责，如果编译过程中需要的工具链或者依赖项有缺失，命令执行后将会得到明确的提示，并且给出该依赖的安装命令，这比编译旧版 OpenJDK 时的"make sanity"检查要友好得多，譬如以下例子所示：

```
configure: error: Could not find fontconfig! You might be able to fix this by
    running 'sudo apt-get install libfontconfig1-dev'.
configure exiting with result code 1
```

如果一切顺利的话，就会收到配置成功的提示，并且输出调试级别，Java 虚拟机的模式、特性，使用的编译器版本等配置摘要信息，如下所示：

```
A new configuration has been successfully created in
/home/icyfenix/develop/java/jdk12/build/linux-x86_64-server-release
using default settings.

Configuration summary:
* Debug level:    release
* HS debug level: product
* JVM variants:   server
* JVM features:    server: 'aot cds cmsgc compiler1 compiler2 epsilongc g1gc
    graal jfr jni-check jvmci jvmti management nmt parallelgc serialgc services
    shenandoahgc vm-structs zgc'
* OpenJDK target: OS: linux, CPU architecture: x86, address length: 64
* Version string: 12-internal+0-adhoc.icyfenix.jdk12 (12-internal)

Tools summary:
* Boot JDK:       openjdk version "11.0.3" 2019-04-16 OpenJDK Runtime Environment
    (build 11.0.3+7-Ubuntu-1ubuntu218.04.1) OpenJDK 64-Bit Server VM (build
    11.0.3+7-Ubuntu-1ubuntu218.04.1, mixed mode, sharing)  (at /usr/lib/jvm/java-
    11-openjdk-amd64)
* Toolchain:      gcc (GNU Compiler Collection)
* C Compiler:     Version 7.4.0 (at /usr/bin/gcc)
* C++ Compiler:   Version 7.4.0 (at /usr/bin/g++)

Build performance summary:
* Cores to use:   4
* Memory limit:   7976 MB
```

在 configure 命令以及后面的 make 命令的执行过程中，会在"build/配置名称"目录下产生如下目录结构。不常使用 C/C++ 的读者要特别注意，如果多次编译，或者目录结构成功产生后又再次修改了配置，必须先使用"make clean"和"make dist-clean"命令清理目录，才能确保新的配置生效。编译产生的目录结构以及用途如下所示：

```
buildtools/: 用于生成、存放编译过程中用到的工具
hotspot/: HotSpot虚拟机编译的中间文件
images/: 使用make *-image产生的镜像存放在这里
jdk/: 编译后产生的JDK就放在这里
support/: 存放编译时产生的中间文件
test-results/: 存放编译后的自动化测试结果
configure-support/: 这三个目录是存放执行configure、make和test的临时文件
make-support/
test-support/
```

依赖检查通过后便可以输入"make images"执行整个 OpenJDK 编译了，这里"images"是"product-images"编译目标（Target）的简写别名，这个目标的作用是编译出整个 JDK 镜像，除了"product-images"以外，其他编译目标还有：

```
hotspot: 只编译HotSpot虚拟机
hotspot-<variant>: 只编译特定模式的HotSpot虚拟机
docs-image: 产生JDK的文档镜像
test-image: 产生JDK的测试镜像
all-images: 相当于连续调用product、docs、test三个编译目标
bootcycle-images: 编译两次JDK，其中第二次使用第一次的编译结果作为Bootstrap JDK
clean: 清理make命令产生的临时文件
dist-clean: 清理make和configure命令产生的临时文件
```

笔者使用 Oracle VM VirtualBox 虚拟机，启动 4 条编译线程，8GB 内存，全量编译整个 OpenJDK 12 大概需近 15 分钟时间，如果之前已经全量编译过，只是修改了少量文件的话，增量编译可以在数十秒内完成。编译完成之后，进入 OpenJDK 源码的"build/配置名称/jdk"目录下就可以看到 OpenJDK 的完整编译结果了，把它复制到 JAVA_HOME 目录，就可以作为一个完整的 JDK 来使用，如果没有人为设置过 JDK 开发版本的话，这个 JDK 的开发版本号里默认会带上编译的机器名，如下所示：

```
> ./java -version
openjdk version "12-internal" 2019-03-19
OpenJDK Runtime Environment (build 12-internal+0-adhoc.icyfenix.jdk12)
OpenJDK 64-Bit Server VM (build 12-internal+0-adhoc.icyfenix.jdk12, mixed mode)
```

## 1.6.5 在 IDE 工具中进行源码调试

我们在阅读 OpenJDK 源码的过程中，肯定会运行和跟踪调试程序来帮助理解。现在我们已学会了如何编译一个可调试版本 HotSpot 虚拟机，并禁用优化，带有符号信息，这样的编译结果已经可以直接使用 GDB 在命令行中进行调试了。据笔者所知，不少对 Java 虚拟机研发接触比较多的开发人员确实就是使用 GDB 和 VIM 编辑器来开发、修改 HotSpot

源码的，不过相信大多数读者都还是更倾向于在 IDE 环境而不是纯文本下阅读、跟踪 HotSpot 源码。为此，本节将会讲解如何在 IDE 中进行 HotSpot 源码调试。

在本次实战里，笔者采用的 IDE 是 JetBrains 的 CLion 2019.1，读者可以在 JetBrains 网站⊖上直接下载并免费使用 30 天，如果希望使用其他 IDE，譬如 Eclipse CDT 或者 Net-Beans，可以参考本书第 2 版中相同章节的内容，为节省篇幅笔者就没有把它放到附录中了。

CLion 安装后，新建一个项目，选择 "New CMake Project from Sources"，在源码文件夹中填入 OpenJDK 源码根目录，此时，CLion 已经自动选择好了需要导入的源码，如图 1-10 所示。点击 OK 按钮就会导入源码并自动创建好 CMakeLists.txt 文件。

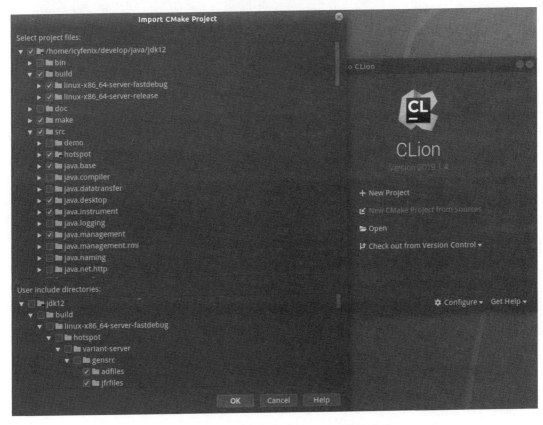

图 1-10　在 CLion 中创建 HotSpot 项目（1）

这份自动生成的 CMakeLists.txt 并不能直接使用，OpenJDK 本身也没有为任何 IDE 提供支持，但如果只是为了能够在 CLion 中跟踪、阅读源码，而不需要修改重新编译的话，那直接在 Run/Debug Configurations 中增加一个 CMake Application，然后 Executable 选择我们刚才编译出来的 FastDebug 或者 SlowDebug 版的 java 命令，运行参数加上 -version 或

---

　　⊖　官网地址：https://www.jetbrains.com/clion/。

者某个 Class 文件的路径，再把 Before launch 里面的 Build 去掉，就可以开始运行调试了，如图 1-11 所示。

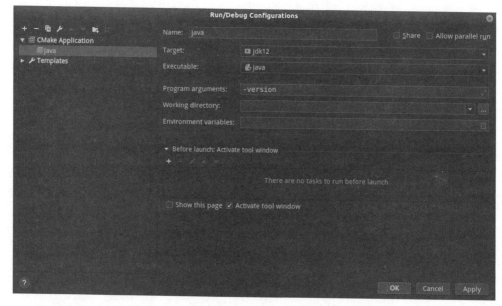

图 1-11　在 CLion 中创建 HotSpot 项目（2）

不过如果读者需要在 CLion 中修改源码，并重新编译产生新的 JDK，又或者不想阅读时看见一堆头文件缺失提示的话，那还是需要把 CMakeLists.txt 修好，在 GitHub 上已经有现成的⊖参考，读者可以直接下载，内容较多，篇幅所限，笔者就不在本文中列出了。

读者在调试 Java 代码执行时，如果要跟踪具体 Java 代码在虚拟机中是如何执行的，一开始可能会觉得有些无处入手，因为目前 HotSpot 在主流的操作系统上，都采用模板解释器来执行字节码，它与即时编译器一样，最终执行的汇编代码都是运行期间产生的，无法直接设置断点，所以 HotSpot 增加了以下参数来方便开发人员调试解释器：

```
-XX:+TraceBytecodes -XX:StopInterpreterAt=<n>
```

这组参数的作用是当遇到序号为 <n> 的字节码指令时，便会中断程序执行，进入断点调试。调试解释器部分代码时，把这两个参数加到 java 命令的参数后面即可。

完成以上配置之后，一个可修改、编译、调试的 HotSpot 工程就完全建立起来了，Hot-Spot 虚拟机启动器的执行入口是 java.c 的 JavaMain() 方法，读者可以设置断点单步跟踪，如图 1-12 所示。

---

⊖ https://github.com/ojdkbuild/ojdkbuild/blob/master/src/java-12-openjdk/CMakeLists.txt。

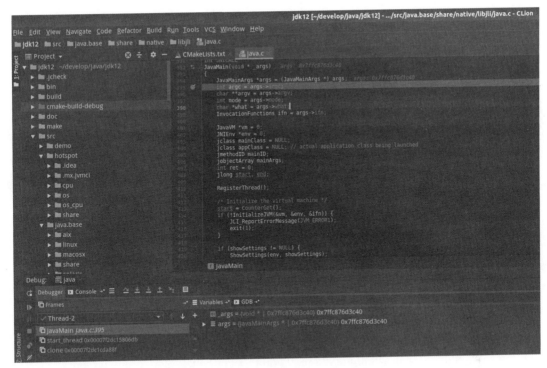

图 1-12　在 CLion 中创建 HotSpot 项目（3）

## 1.7　本章小结

本章介绍了 Java 技术体系的过去、现在和未来的发展趋势，并在实践中介绍了如何自己编译一个 OpenJDK 12。作为全书的引言部分，本章建立了后文研究所必需的环境。在了解 Java 技术的来龙去脉后，后面章节将分为四部分去介绍 Java 在"自动内存管理""Class 文件结构与执行引擎""编译器优化"及"多线程并发"方面的实现原理。

第二部分 *Part 2*

# 自动内存管理

# Java 内存区域与内存溢出异常

Java 与 C++ 之间有一堵由内存动态分配和垃圾收集技术所围成的高墙，墙外面的人想进去，墙里面的人却想出来。

## 2.1 概述

对于从事 C、C++ 程序开发的开发人员来说，在内存管理领域，他们既是拥有最高权力的"皇帝"，又是从事最基础工作的劳动人民——既拥有每一个对象的"所有权"，又担负着每一个对象生命从开始到终结的维护责任。

对于 Java 程序员来说，在虚拟机自动内存管理机制的帮助下，不再需要为每一个 new 操作去写配对的 delete/free 代码，不容易出现内存泄漏和内存溢出问题，看起来由虚拟机管理内存一切都很美好。不过，也正是因为 Java 程序员把控制内存的权力交给了 Java 虚拟机，一旦出现内存泄漏和溢出方面的问题，如果不了解虚拟机是怎样使用内存的，那排查错误、修正问题将会成为一项异常艰难的工作。

本章是第二部分的第 1 章，笔者将从概念上介绍 Java 虚拟机内存的各个区域，讲解这些区域的作用、服务对象以及其中可能产生的问题，这也是翻越虚拟机内存管理这堵围墙的第一步。

## 2.2 运行时数据区域

Java 虚拟机在执行 Java 程序的过程中会把它所管理的内存划分为若干个不同的数据区域。这些区域有各自的用途，以及创建和销毁的时间，有的区域随着虚拟机进程的启动而一直存在，有些区域则是依赖用户线程的启动和结束而建立和销毁。根据《Java 虚拟机规范》的规定，Java 虚拟机所管理的内存将会包括以下几个运行时数据区域，如图 2-1 所示。

## 2.2.1　程序计数器

　　程序计数器（Program Counter Register）是一块较小的内存空间，它可以看作是当前线程所执行的字节码的行号指示器。在 Java 虚拟机的概念模型里<sup>⊖</sup>，字节码解释器工作时就是通过改变这个计数器的值来选取下一条需要执行的字节码指令，它是程序控制流的指示器，分支、循环、跳转、异常处理、线程恢复等基础功能都需要依赖这个计数器来完成。

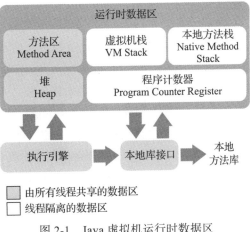

图 2-1　Java 虚拟机运行时数据区

　　由于 Java 虚拟机的多线程是通过线程轮流切换、分配处理器执行时间的方式来实现的，在任何一个确定的时刻，一个处理器（对于多核处理器来说是一个内核）都只会执行一条线程中的指令。因此，为了线程切换后能恢复到正确的执行位置，每条线程都需要有一个独立的程序计数器，各条线程之间计数器互不影响，独立存储，我们称这类内存区域为"线程私有"的内存。

　　如果线程正在执行的是一个 Java 方法，这个计数器记录的是正在执行的虚拟机字节码指令的地址；如果正在执行的是本地（Native）方法，这个计数器值则应为空（Undefined）。此内存区域是唯一一个在《Java 虚拟机规范》中没有规定任何 OutOfMemoryError 情况的区域。

## 2.2.2　Java 虚拟机栈

　　与程序计数器一样，Java 虚拟机栈（Java Virtual Machine Stack）也是线程私有的，它的生命周期与线程相同。虚拟机栈描述的是 Java 方法执行的线程内存模型：每个方法被执行的时候，Java 虚拟机都会同步创建一个栈帧<sup>⊖</sup>（Stack Frame）用于存储局部变量表、操作数栈、动态连接、方法出口等信息。每一个方法被调用直至执行完毕的过程，就对应着一个栈帧在虚拟机栈中从入栈到出栈的过程。

　　经常有人把 Java 内存区域笼统地划分为堆内存（Heap）和栈内存（Stack），这种划分方式直接继承自传统的 C、C++ 程序的内存布局结构，在 Java 语言里就显得有些粗糙了，实际的内存区域划分要比这更复杂。不过这种划分方式的流行也间接说明了程序员最关注的、

---

　　⊖　"概念模型"这个词会经常被提及，它代表了所有虚拟机的统一外观，但各款具体的 Java 虚拟机并不一定要完全照着概念模型的定义来进行设计，可能会通过一些更高效率的等价方式去实现它。

　　⊖　栈帧是方法运行期很重要的基础数据结构，在本书的第 8 章中还会对帧进行详细讲解。

与对象内存分配关系最密切的区域是"堆"和"栈"两块。其中,"堆"在稍后笔者会专门讲述,而"栈"通常就是指这里讲的虚拟机栈,或者更多的情况下只是指虚拟机栈中局部变量表部分。

局部变量表存放了编译期可知的各种 Java 虚拟机基本数据类型(boolean、byte、char、short、int、float、long、double)、对象引用(reference 类型,它并不等同于对象本身,可能是一个指向对象起始地址的引用指针,也可能是指向一个代表对象的句柄或者其他与此对象相关的位置)和 returnAddress 类型(指向了一条字节码指令的地址)。

这些数据类型在局部变量表中的存储空间以局部变量槽(Slot)来表示,其中 64 位长度的 long 和 double 类型的数据会占用两个变量槽,其余的数据类型只占用一个。局部变量表所需的内存空间在编译期间完成分配,当进入一个方法时,这个方法需要在栈帧中分配多大的局部变量空间是完全确定的,在方法运行期间不会改变局部变量表的大小。请读者注意,这里说的"大小"是指变量槽的数量,虚拟机真正使用多大的内存空间(譬如按照 1 个变量槽占用 32 个比特、64 个比特,或者更多)来实现一个变量槽,这是完全由具体的虚拟机实现自行决定的事情。

在《Java 虚拟机规范》中,对这个内存区域规定了两类异常状况:如果线程请求的栈深度大于虚拟机所允许的深度,将抛出 StackOverflowError 异常;如果 Java 虚拟机栈容量可以动态扩展⊖,当栈扩展时无法申请到足够的内存会抛出 OutOfMemoryError 异常。

### 2.2.3　本地方法栈

本地方法栈(Native Method Stacks)与虚拟机栈所发挥的作用是非常相似的,其区别只是虚拟机栈为虚拟机执行 Java 方法(也就是字节码)服务,而本地方法栈则是为虚拟机使用到的本地(Native)方法服务。

《Java 虚拟机规范》对本地方法栈中方法使用的语言、使用方式与数据结构并没有任何强制规定,因此具体的虚拟机可以根据需要自由实现它,甚至有的 Java 虚拟机(譬如 Hot-Spot 虚拟机)直接就把本地方法栈和虚拟机栈合二为一。与虚拟机栈一样,本地方法栈也会在栈深度溢出或者栈扩展失败时分别抛出 StackOverflowError 和 OutOfMemoryError 异常。

### 2.2.4　Java 堆

对于 Java 应用程序来说,Java 堆(Java Heap)是虚拟机所管理的内存中最大的一块。Java 堆是被所有线程共享的一块内存区域,在虚拟机启动时创建。此内存区域的唯一目的就是存放对象实例,Java 世界里"几乎"所有的对象实例都在这里分配内存。在《Java 虚

---

⊖　HotSpot 虚拟机的栈容量是不可以动态扩展的,以前的 Classic 虚拟机倒是可以。所以在 HotSpot 虚拟机上不会由于虚拟机栈无法扩展而导致 OutOfMemoryError 异常——只要线程申请栈空间成功了就不会有 OOM,但是如果申请时就失败,仍然是会出现 OOM 异常的,后面的实战中笔者也演示了这种情况。本书第 2 版时这里的描述是有误的,请阅读过第 2 版的读者特别注意。

拟机规范》中对 Java 堆的描述是："所有的对象实例以及数组都应当在堆上分配⊖"，而这里笔者写的"几乎"是指从实现角度来看，随着 Java 语言的发展，现在已经能看到些许迹象表明日后可能出现值类型的支持，即使只考虑现在，由于即时编译技术的进步，尤其是逃逸分析技术的日渐强大，栈上分配、标量替换⊜优化手段已经导致一些微妙的变化悄然发生，所以说 Java 对象实例都分配在堆上也渐渐变得不是那么绝对了。

　　Java 堆是垃圾收集器管理的内存区域，因此一些资料中它也被称作"GC 堆"（Garbage Collected Heap，幸好国内没翻译成"垃圾堆"）。从回收内存的角度看，由于现代垃圾收集器大部分都是基于分代收集理论设计的，所以 Java 堆中经常会出现"新生代""老年代""永久代""Eden 空间""From Survivor 空间""To Survivor 空间"等名词，这些概念在本书后续章节中还会反复登场亮相，在这里笔者想先说明的是这些区域划分仅仅是一部分垃圾收集器的共同特性或者说设计风格而已，而非某个 Java 虚拟机具体实现的固有内存布局，更不是《Java 虚拟机规范》里对 Java 堆的进一步细致划分。不少资料上经常写着类似于"Java 虚拟机的堆内存分为新生代、老年代、永久代、Eden、Survivor……"这样的内容。在十年之前（以 G1 收集器的出现为分界），作为业界绝对主流的 HotSpot 虚拟机，它内部的垃圾收集器全部都基于"经典分代"⊕来设计，需要新生代、老年代收集器搭配才能工作，在这种背景下，上述说法还算是不会产生太大歧义。但是到了今天，垃圾收集器技术与十年前已不可同日而语，HotSpot 里面也出现了不采用分代设计的新垃圾收集器，再按照上面的提法就有很多需要商榷的地方了。

　　如果从分配内存的角度看，所有线程共享的 Java 堆中可以划分出多个线程私有的分配缓冲区（Thread Local Allocation Buffer，TLAB），以提升对象分配时的效率。不过无论从什么角度，无论如何划分，都不会改变 Java 堆中存储内容的共性，无论是哪个区域，存储的都只能是对象的实例，将 Java 堆细分的目的只是为了更好地回收内存，或者更快地分配内存。在本章中，我们仅仅针对内存区域的作用进行讨论，Java 堆中的上述各个区域的分配、回收等细节将会是下一章的主题。

　　根据《Java 虚拟机规范》的规定，Java 堆可以处于物理上不连续的内存空间中，但在逻辑上它应该被视为连续的，这点就像我们用磁盘空间去存储文件一样，并不要求每个文件都连续存放。但对于大对象（典型的如数组对象），多数虚拟机实现出于实现简单、存储高效的考虑，很可能会要求连续的内存空间。

　　Java 堆既可以被实现成固定大小的，也可以是可扩展的，不过当前主流的 Java 虚拟机都是按照可扩展来实现的（通过参数 -Xmx 和 -Xms 设定）。如果在 Java 堆中没有内存完成

---

⊖　《Java 虚拟机规范》中的原文：The heap is the runtime data area from which memory for all class instances and arrays is allocated。

⊜　逃逸分析与标量替换的相关内容，请参见第 11 章的相关内容。

⊕　指新生代（其中又包含一个 Eden 和两个 Survivor）、老年代这种划分，源自 UC Berkeley 在 20 世纪 80 年代中期开发的 Berkeley Smalltalk。历史上有多款虚拟机采用了这种设计，包括 HotSpot 和它的前身 Self 和 Strongtalk 虚拟机（见第 1 章），原始论文是：https://dl.acm.org/citation.cfm?id=808261。

实例分配，并且堆也无法再扩展时，Java 虚拟机将会抛出 OutOfMemoryError 异常。

## 2.2.5 方法区

方法区（Method Area）与 Java 堆一样，是各个线程共享的内存区域，它用于存储已被虚拟机加载的类型信息、常量、静态变量、即时编译器编译后的代码缓存等数据。虽然《Java 虚拟机规范》中把方法区描述为堆的一个逻辑部分，但是它却有一个别名叫作"非堆"（Non-Heap），目的是与 Java 堆区分开来。

说到方法区，不得不提一下"永久代"这个概念，尤其是在 JDK 8 以前，许多 Java 程序员都习惯在 HotSpot 虚拟机上开发、部署程序，很多人都更愿意把方法区称呼为"永久代"（Permanent Generation），或将两者混为一谈。本质上这两者并不是等价的，因为仅仅是当时的 HotSpot 虚拟机设计团队选择把收集器的分代设计扩展至方法区，或者说使用永久代来实现方法区而已，这样使得 HotSpot 的垃圾收集器能够像管理 Java 堆一样管理这部分内存，省去专门为方法区编写内存管理代码的工作。但是对于其他虚拟机实现，譬如 BEA JRockit、IBM J9 等来说，是不存在永久代的概念的。原则上如何实现方法区属于虚拟机实现细节，不受《Java 虚拟机规范》管束，并不要求统一。但现在回头来看，当年使用永久代来实现方法区的决定并不是一个好主意，这种设计导致了 Java 应用更容易遇到内存溢出的问题（永久代有 -XX:MaxPermSize 的上限，即使不设置也有默认大小，而 J9 和 JRockit 只要没有触碰到进程可用内存的上限，例如 32 位系统中的 4GB 限制，就不会出问题），而且有极少数方法（例如 String::intern()）会因永久代的原因而导致不同虚拟机下有不同的表现。当 Oracle 收购 BEA 获得了 JRockit 的所有权后，准备把 JRockit 中的优秀功能，譬如 Java Mission Control 管理工具，移植到 HotSpot 虚拟机时，但因为两者对方法区实现的差异而面临诸多困难。考虑到 HotSpot 未来的发展，在 JDK 6 的时候 HotSpot 开发团队就有放弃永久代，逐步改为采用本地内存（Native Memory）来实现方法区的计划了[⊖]，到了 JDK 7 的 HotSpot，已经把原本放在永久代的字符串常量池、静态变量等移至 Java 堆中，在 4.3.1 节会通过实验验证这一点，而到了 JDK 8，终于完全废弃了永久代的概念，改用与 JRockit、J9 一样在本地内存中实现的元空间（Meta-space）来代替，把 JDK 7 中永久代还剩余的内容（主要是类型信息）全部移到元空间中。

《Java 虚拟机规范》对方法区的约束是非常宽松的，除了和 Java 堆一样不需要连续的内存和可以选择固定大小或者可扩展外，甚至还可以选择不实现垃圾收集。相对而言，垃圾收集行为在这个区域的确是比较少出现的，但并非数据进入了方法区就如永久代的名字一样"永久"存在了。这区域的内存回收目标主要是针对常量池的回收和对类型的卸载，一般来说这个区域的回收效果比较难令人满意，尤其是类型的卸载，条件相当苛刻，但是这部分区域的回收有时又确实是必要的。以前 Sun 公司的 Bug 列表中，曾出现过的若干个严重的 Bug 就是由于低版本的 HotSpot 虚拟机对此区域未完全回收而导致内存泄漏。

---

⊖  JEP 122-Remove the Permanent Generation：http://openjdk.java.net/jeps/122。

根据《 Java 虚拟机规范》的规定，如果方法区无法满足新的内存分配需求时，将抛出 OutOfMemoryError 异常。

## 2.2.6　运行时常量池

运行时常量池（Runtime Constant Pool）是方法区的一部分。Class 文件中除了有类的版本、字段、方法、接口等描述信息外，还有一项信息是常量池表（Constant Pool Table），用于存放编译期生成的各种字面量与符号引用，这部分内容将在类加载后存放到方法区的运行时常量池中。

Java 虚拟机对于 Class 文件每一部分（自然也包括常量池）的格式都有严格规定，如每一个字节用于存储哪种数据都必须符合规范上的要求才会被虚拟机认可、加载和执行，但对于运行时常量池，《 Java 虚拟机规范》并没有做任何细节的要求，不同提供商实现的虚拟机可以按照自己的需要来实现这个内存区域，不过一般来说，除了保存 Class 文件中描述的符号引用外，还会把由符号引用翻译出来的直接引用也存储在运行时常量池中⊖。

运行时常量池相对于 Class 文件常量池的另外一个重要特征是具备动态性，Java 语言并不要求常量一定只有编译期才能产生，也就是说，并非预置入 Class 文件中常量池的内容才能进入方法区运行时常量池，运行期间也可以将新的常量放入池中，这种特性被开发人员利用得比较多的便是 String 类的 intern() 方法。

既然运行时常量池是方法区的一部分，自然受到方法区内存的限制，当常量池无法再申请到内存时会抛出 OutOfMemoryError 异常。

## 2.2.7　直接内存

直接内存（Direct Memory）并不是虚拟机运行时数据区的一部分，也不是《 Java 虚拟机规范》中定义的内存区域。但是这部分内存也被频繁地使用，而且也可能导致 OutOfMemoryError 异常出现，所以我们放到这里一起讲解。

在 JDK 1.4 中新加入了 NIO（New Input/Output）类，引入了一种基于通道（Channel）与缓冲区（Buffer）的 I/O 方式，它可以使用 Native 函数库直接分配堆外内存，然后通过一个存储在 Java 堆里面的 DirectByteBuffer 对象作为这块内存的引用进行操作。这样能在一些场景中显著提高性能，因为避免了在 Java 堆和 Native 堆中来回复制数据。

显然，本机直接内存的分配不会受到 Java 堆大小的限制，但是，既然是内存，则肯定还是会受到本机总内存（包括物理内存、SWAP 分区或者分页文件）大小以及处理器寻址空间的限制，一般服务器管理员配置虚拟机参数时，会根据实际内存去设置 -Xmx 等参数信息，但经常忽略掉直接内存，使得各个内存区域总和大于物理内存限制（包括物理的和操作系统级的限制），从而导致动态扩展时出现 OutOfMemoryError 异常。

---

　⊖　关于 Class 文件格式、符号引用等概念可参见第 6 章。

## 2.3 HotSpot 虚拟机对象探秘

介绍完 Java 虚拟机的运行时数据区域之后，我们大致明白了 Java 虚拟机内存模型的概况，相信读者了解过内存中放了什么，也许就会更进一步想了解这些虚拟机内存中数据的其他细节，譬如它们是如何创建、如何布局以及如何访问的。对于这样涉及细节的问题，必须把讨论范围限定在具体的虚拟机和集中在某一个内存区域上才有意义。基于实用优先的原则，笔者以最常用的虚拟机 HotSpot 和最常用的内存区域 Java 堆为例，深入探讨一下 HotSpot 虚拟机在 Java 堆中对象分配、布局和访问的全过程。

### 2.3.1 对象的创建

Java 是一门面向对象的编程语言，Java 程序运行过程中每时每刻都有对象被创建出来。在语言层面上，创建对象通常（例外：复制、反序列化）仅仅是一个 new 关键字而已，而在虚拟机中，对象（文中讨论的对象限于普通 Java 对象，不包括数组和 Class 对象等）的创建又是怎样一个过程呢？

当 Java 虚拟机遇到一条字节码 new 指令时，首先将去检查这个指令的参数是否能在常量池中定位到一个类的符号引用，并且检查这个符号引用代表的类是否已被加载、解析和初始化过。如果没有，那必须先执行相应的类加载过程，本书第 7 章将探讨这部分细节。

在类加载检查通过后，接下来虚拟机将为新生对象分配内存。对象所需内存的大小在类加载完成后便可完全确定（如何确定将在 2.3.2 节中介绍），为对象分配空间的任务实际上便等同于把一块确定大小的内存块从 Java 堆中划分出来。假设 Java 堆中内存是绝对规整的，所有被使用过的内存都被放在一边，空闲的内存被放在另一边，中间放着一个指针作为分界点的指示器，那所分配内存就仅仅是把那个指针向空闲空间方向挪动一段与对象大小相等的距离，这种分配方式称为"指针碰撞"（Bump The Pointer）。但如果 Java 堆中的内存并不是规整的，已被使用的内存和空闲的内存相互交错在一起，那就没有办法简单地进行指针碰撞了，虚拟机就必须维护一个列表，记录上哪些内存块是可用的，在分配的时候从列表中找到一块足够大的空间划分给对象实例，并更新列表上的记录，这种分配方式称为"空闲列表"（Free List）。选择哪种分配方式由 Java 堆是否规整决定，而 Java 堆是否规整又由所采用的垃圾收集器是否带有空间压缩整理（Compact）的能力决定。因此，当使用 Serial、ParNew 等带压缩整理过程的收集器时，系统采用的分配算法是指针碰撞，既简单又高效；而当使用 CMS 这种基于清除（Sweep）算法的收集器时，理论上⊖就只能采用较为复杂的空闲列表来分配内存。

除如何划分可用空间之外，还有另外一个需要考虑的问题：对象创建在虚拟机中是非

---

⊖　强调"理论上"是因为在 CMS 的实现里面，为了能在多数情况下分配得更快，设计了一个叫作 Linear Allocation Buffer 的分配缓冲区，通过空闲列表拿到一大块分配缓冲区之后，在它里面仍然可以使用指针碰撞方式来分配。

常频繁的行为，即使仅仅修改一个指针所指向的位置，在并发情况下也并不是线程安全的，可能出现正在给对象 A 分配内存，指针还没来得及修改，对象 B 又同时使用了原来的指针来分配内存的情况。解决这个问题有两种可选方案：一种是对分配内存空间的动作进行同步处理——实际上虚拟机是采用 CAS 配上失败重试的方式保证更新操作的原子性；另外一种是把内存分配的动作按照线程划分在不同的空间之中进行，即每个线程在 Java 堆中预先分配一小块内存，称为本地线程分配缓冲（Thread Local Allocation Buffer，TLAB），哪个线程要分配内存，就在哪个线程的本地缓冲区中分配，只有本地缓冲区用完了，分配新的缓存区时才需要同步锁定。虚拟机是否使用 TLAB，可以通过 -XX:+/-UseTLAB 参数来设定。

内存分配完成之后，虚拟机必须将分配到的内存空间（但不包括对象头）都初始化为零值，如果使用了 TLAB 的话，这一项工作也可以提前至 TLAB 分配时顺便进行。这步操作保证了对象的实例字段在 Java 代码中可以不赋初始值就直接使用，使程序能访问到这些字段的数据类型所对应的零值。

接下来，Java 虚拟机还要对对象进行必要的设置，例如这个对象是哪个类的实例、如何才能找到类的元数据信息、对象的哈希码（实际上对象的哈希码会延后到真正调用 Object::hashCode() 方法时才计算）、对象的 GC 分代年龄等信息。这些信息存放在对象的对象头（Object Header）之中。根据虚拟机当前运行状态的不同，如是否启用偏向锁等，对象头会有不同的设置方式。关于对象头的具体内容，稍后会详细介绍。

在上面工作都完成之后，从虚拟机的视角来看，一个新的对象已经产生了。但是从 Java 程序的视角看来，对象创建才刚刚开始——构造函数，即 Class 文件中的 <init>() 方法还没有执行，所有的字段都为默认的零值，对象需要的其他资源和状态信息也还没有按照预定的意图构造好。一般来说（由字节码流中 new 指令后面是否跟随 invokespecial 指令所决定，Java 编译器会在遇到 new 关键字的地方同时生成这两条字节码指令，但如果直接通过其他方式产生的则不一定如此），new 指令之后会接着执行 <init>() 方法，按照程序员的意愿对对象进行初始化，这样一个真正可用的对象才算完全被构造出来。

下面代码清单 2-1 是 HotSpot 虚拟机字节码解释器（bytecodeInterpreter.cpp）中的代码片段。这个解释器实现很少有机会实际使用，大部分平台上都使用模板解释器；当代码通过即时编译器执行时差异就更大了。不过这段代码（以及笔者添加的注释）用于了解 HotSpot 的运作过程是没有什么问题的。

代码清单 2-1　HotSpot 解释器代码片段

```
// 确保常量池中存放的是已解释的类
if (!constants->tag_at(index).is_unresolved_klass()) {
    // 断言确保是klassOop和instanceKlassOop（这部分下一节介绍）
    oop entry = (klassOop) *constants->obj_at_addr(index);
    assert(entry->is_klass(), "Should be resolved klass");
    klassOop k_entry = (klassOop) entry;
    assert(k_entry->klass_part()->oop_is_instance(), "Should be instanceKlass");
    instanceKlass* ik = (instanceKlass*) k_entry->klass_part();
```

```
        // 确保对象所属类型已经经过初始化阶段
    if ( ik->is_initialized() && ik->can_be_fastpath_allocated() ) {
        // 取对象长度
        size_t obj_size = ik->size_helper();
        oop result = NULL;
        // 记录是否需要将对象所有字段置零值
        bool need_zero = !ZeroTLAB;
        // 是否在TLAB中分配对象
        if (UseTLAB) {
            result = (oop) THREAD->tlab().allocate(obj_size);
        }
        if (result == NULL) {
            need_zero = true;
            // 直接在eden中分配对象
retry:
            HeapWord* compare_to = *Universe::heap()->top_addr();
            HeapWord* new_top = compare_to + obj_size;
            // cmpxchg是x86中的CAS指令，这里是一个C++方法，通过CAS方式分配空间，并发失败的
            //   话，转到retry中重试直至成功分配为止
            if (new_top <= *Universe::heap()->end_addr()) {
                if (Atomic::cmpxchg_ptr(new_top, Universe::heap()->top_addr(),
                    compare_to) != compare_to) {
                    goto retry;
                }
                result = (oop) compare_to;
            }
        }
        if (result != NULL) {
            // 如果需要，为对象初始化零值
            if (need_zero ) {
                HeapWord* to_zero = (HeapWord*) result + sizeof(oopDesc) / oopSize;
                obj_size -= sizeof(oopDesc) / oopSize;
                if (obj_size > 0 ) {
                    memset(to_zero, 0, obj_size * HeapWordSize);
                }
            }
            // 根据是否启用偏向锁，设置对象头信息
            if (UseBiasedLocking) {
                result->set_mark(ik->prototype_header());
            } else {
                result->set_mark(markOopDesc::prototype());
            }
            result->set_klass_gap(0);
            result->set_klass(k_entry);
            // 将对象引用入栈，继续执行下一条指令
            SET_STACK_OBJECT(result, 0);
            UPDATE_PC_AND_TOS_AND_CONTINUE(3, 1);
        }
    }
}
```

## 2.3.2　对象的内存布局

在 HotSpot 虚拟机里，对象在堆内存中的存储布局可以划分为三个部分：对象头（Header）、实例数据（Instance Data）和对齐填充（Padding）。

HotSpot 虚拟机对象的对象头部分包括两类信息。第一类是用于存储对象自身的运行时数据，如哈希码（HashCode）、GC 分代年龄、锁状态标志、线程持有的锁、偏向线程 ID、偏向时间戳等，这部分数据的长度在 32 位和 64 位的虚拟机（未开启压缩指针）中分别为 32 个比特和 64 个比特，官方称它为 "Mark Word"。对象需要存储的运行时数据很多，其实已经超出了 32、64 位 Bitmap 结构所能记录的最大限度，但对象头里的信息是与对象自身定义的数据无关的额外存储成本，考虑到虚拟机的空间效率，Mark Word 被设计成一个有着动态定义的数据结构，以便在极小的空间内存储尽量多的数据，根据对象的状态复用自己的存储空间。例如在 32 位的 HotSpot 虚拟机中，如对象未被同步锁锁定的状态下，Mark Word 的 32 个比特存储空间中的 25 个比特用于存储对象哈希码，4 个比特用于存储对象分代年龄，2 个比特用于存储锁标志位，1 个比特固定为 0，在其他状态（轻量级锁定、重量级锁定、GC 标记、可偏向）<sup>⊖</sup>下对象的存储内容如表 2-1 所示。

表 2-1　HotSpot 虚拟机对象头 Mark Word

| 存 储 内 容 | 标 志 位 | 状 态 |
| --- | --- | --- |
| 对象哈希码、对象分代年龄 | 01 | 未锁定 |
| 指向锁记录的指针 | 00 | 轻量级锁定 |
| 指向重量级锁的指针 | 10 | 膨胀（重量级锁定） |
| 空，不需要记录信息 | 11 | GC 标记 |
| 偏向线程 ID、偏向时间戳、对象分代年龄 | 01 | 可偏向 |

对象头的另外一部分是类型指针，即对象指向它的类型元数据的指针，Java 虚拟机通过这个指针来确定该对象是哪个类的实例。并不是所有的虚拟机实现都必须在对象数据上保留类型指针，换句话说，查找对象的元数据信息并不一定要经过对象本身，这点我们会在下一节具体讨论。此外，如果对象是一个 Java 数组，那在对象头中还必须有一块用于记录数组长度的数据，因为虚拟机可以通过普通 Java 对象的元数据信息确定 Java 对象的大小，但是如果数组的长度是不确定的，将无法通过元数据中的信息推断出数组的大小。

代码清单 2-2 为 HotSpot 虚拟机代表 Mark Word 中的代码（markOop.hpp）注释片段，它描述了 32 位虚拟机 Mark Word 的存储布局：

代码清单 2-2　markOop.hpp 片段

```
// Bit-format of an object header (most significant first, big endian layout below):
//
```

---

⊖　关于轻量级锁、重量级锁等信息，可参见本书第 13 章的相关内容。

```
//   32 bits:
//   --------
//   hash:25 ------------>| age:4    biased_lock:1 lock:2 (normal object)
//   JavaThread*:23 epoch:2 age:4    biased_lock:1 lock:2 (biased object)
//   size:32 -------------------------------------->| (CMS free block)
//   PromotedObject*:29 ---------->| promo_bits:3 ----->| (CMS promoted object)
```

接下来实例数据部分是对象真正存储的有效信息，即我们在程序代码里面所定义的各种类型的字段内容，无论是从父类继承下来的，还是在子类中定义的字段都必须记录起来。这部分的存储顺序会受到虚拟机分配策略参数（-XX:FieldsAllocationStyle 参数）和字段在 Java 源码中定义顺序的影响。HotSpot 虚拟机默认的分配顺序为 longs/doubles、ints、shorts/chars、bytes/booleans、oops（Ordinary Object Pointers，OOPs），从以上默认的分配策略中可以看到，相同宽度的字段总是被分配到一起存放，在满足这个前提条件的情况下，在父类中定义的变量会出现在子类之前。如果 HotSpot 虚拟机的 +XX:CompactFields 参数值为 true（默认就为 true），那子类之中较窄的变量也允许插入父类变量的空隙之中，以节省出一点点空间。

对象的第三部分是对齐填充，这并不是必然存在的，也没有特别的含义，它仅仅起着占位符的作用。由于 HotSpot 虚拟机的自动内存管理系统要求对象起始地址必须是 8 字节的整数倍，换句话说就是任何对象的大小都必须是 8 字节的整数倍。对象头部分已经被精心设计成正好是 8 字节的倍数（1 倍或者 2 倍），因此，如果对象实例数据部分没有对齐的话，就需要通过对齐填充来补全。

## 2.3.3 对象的访问定位

创建对象自然是为了后续使用该对象，我们的 Java 程序会通过栈上的 reference 数据来操作堆上的具体对象。由于 reference 类型在《Java 虚拟机规范》里面只规定了它是一个指向对象的引用，并没有定义这个引用应该通过什么方式去定位、访问到堆中对象的具体位置，所以对象访问方式也是由虚拟机实现而定的，主流的访问方式主要有使用句柄和直接指针两种：

❑ 如果使用句柄访问的话，Java 堆中将可能会划分出一块内存来作为句柄池，reference 中存储的就是对象的句柄地址，而句柄中包含了对象实例数据与类型数据各自具体的地址信息，其结构如图 2-2 所示。

❑ 如果使用直接指针访问的话，Java 堆中对象的内存布局就必须考虑如何放置访问类型数据的相关信息，reference 中存储的直接就是对象地址，如果只是访问对象本身的话，就不需要多一次间接访问的开销，如图 2-3 所示。

这两种对象访问方式各有优势，使用句柄来访问的最大好处就是 reference 中存储的是稳定句柄地址，在对象被移动（垃圾收集时移动对象是非常普遍的行为）时只会改变句柄中的实例数据指针，而 reference 本身不需要被修改。

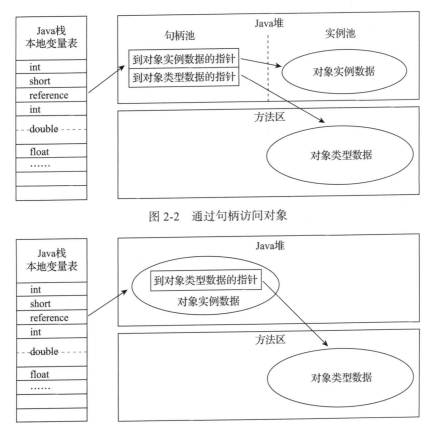

图 2-2　通过句柄访问对象

图 2-3　通过直接指针访问对象

　　使用直接指针来访问最大的好处就是速度更快，它节省了一次指针定位的时间开销，由于对象访问在 Java 中非常频繁，因此这类开销积少成多也是一项极为可观的执行成本，就本书讨论的主要虚拟机 HotSpot 而言，它主要使用第二种方式进行对象访问（有例外情况，如果使用了 Shenandoah 收集器的话也会有一次额外的转发，具体可参见第 3 章），但从整个软件开发的范围来看，在各种语言、框架中使用句柄来访问的情况也十分常见。

## 2.4　实战：OutOfMemoryError 异常

　　在《Java 虚拟机规范》的规定里，除了程序计数器外，虚拟机内存的其他几个运行时区域都有发生 OutOfMemoryError（下文称 OOM）异常的可能，本节将通过若干实例来验证异常实际发生的代码场景（代码清单 2-3～2-9），并且将初步介绍若干最基本的与自动内存管理子系统相关的 HotSpot 虚拟机参数。

　　本节实战的目的有两个：第一，通过代码验证《Java 虚拟机规范》中描述的各个运行时区域储存的内容；第二，希望读者在工作中遇到实际的内存溢出异常时，能根据异常的提示信息迅速得知是哪个区域的内存溢出，知道怎样的代码可能会导致这些区域内存溢出，以及出现这些异常后该如何处理。

本节代码清单开头都注释了执行时需要设置的虚拟机启动参数（注释中"VM Args"后面跟着的参数），这些参数对实验的结果有直接影响，请读者调试代码的时候不要忽略掉。如果读者使用控制台命令来执行程序，那直接跟在 Java 命令之后书写就可以。如果读者使用 Eclipse，则可以参考图 2-4 在 Debug/Run 页签中的设置，其他 IDE 工具均有类似的设置。

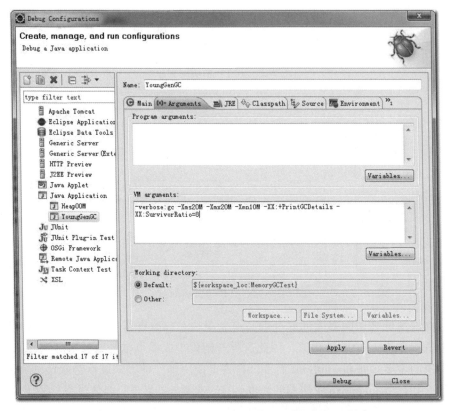

图 2-4　在 Eclipse 的 Debug 页签中设置虚拟机参数

本节所列的代码均由笔者在基于 OpenJDK 7 中的 HotSpot 虚拟机上进行过实际测试，如无特殊说明，对其他 OpenJDK 版本也应当适用。不过读者需意识到内存溢出异常与虚拟机本身的实现细节密切相关，并非全是 Java 语言中约定的公共行为。因此，不同发行商、不同版本的 Java 虚拟机，其需要的参数和程序运行的结果都很可能会有所差别。

## 2.4.1　Java 堆溢出

Java 堆用于储存对象实例，我们只要不断地创建对象，并且保证 GC Roots 到对象之间有可达路径来避免垃圾回收机制清除这些对象，那么随着对象数量的增加，总容量触及最大堆的容量限制后就会产生内存溢出异常。

　　代码清单 2-3 中限制 Java 堆的大小为 20MB，不可扩展（将堆的最小值 -Xms 参数与最大值 -Xmx 参数设置为一样即可避免堆自动扩展），通过参数 -XX:+HeapDumpOnOutOfMemoryError 可以让虚拟机在出现内存溢出异常的时候 Dump 出当前的内存堆转储快照以便进行事后分析<sup>⊖</sup>。

代码清单 2-3　Java 堆内存溢出异常测试

```
/**
 * VM Args: -Xms20m -Xmx20m -XX:+HeapDumpOnOutOfMemoryError
 * @author zzm
 */
public class HeapOOM {

    static class OOMObject {
    }

    public static void main(String[] args) {
        List<OOMObject> list = new ArrayList<OOMObject>();

        while (true) {
            list.add(new OOMObject());
        }
    }
}
```

运行结果：

```
java.lang.OutOfMemoryError: Java heap space
Dumping heap to java_pid3404.hprof ...
Heap dump file created [22045981 bytes in 0.663 secs]
```

　　Java 堆内存的 OutOfMemoryError 异常是实际应用中最常见的内存溢出异常情况。出现 Java 堆内存溢出时，异常堆栈信息 "java.lang.OutOfMemoryError" 会跟随进一步提示 "Java heap space"。

　　要解决这个内存区域的异常，常规的处理方法是首先通过内存映像分析工具（如 Eclipse Memory Analyzer）对 Dump 出来的堆转储快照进行分析。第一步首先应确认内存中导致 OOM 的对象是否是必要的，也就是要先分清楚到底是出现了内存泄漏（Memory Leak）还是内存溢出（Memory Overflow）。图 2-5 显示了使用 Eclipse Memory Analyzer 打开的堆转储快照文件。

　　如果是内存泄漏，可进一步通过工具查看泄漏对象到 GC Roots 的引用链，找到泄漏对象是通过怎样的引用路径、与哪些 GC Roots 相关联，才导致垃圾收集器无法回收它们，根

---

　　⊖　关于堆转储快照文件分析方面的内容，可参见第 4 章。

据泄漏对象的类型信息以及它到 GC Roots 引用链的信息，一般可以比较准确地定位到这些对象创建的位置，进而找出产生内存泄漏的代码的具体位置。

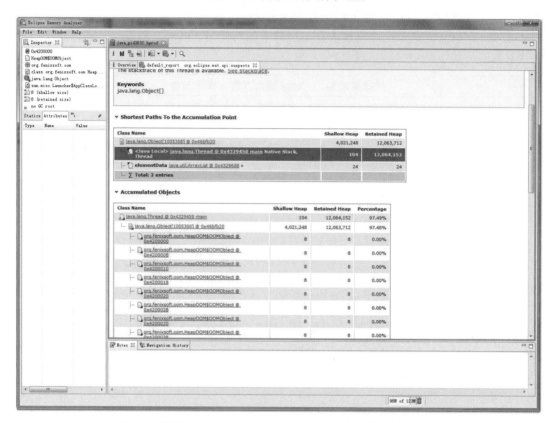

图 2-5　使用 Eclipse Memory Analyzer 打开的堆转储快照文件

如果不是内存泄漏，换句话说就是内存中的对象确实都是必须存活的，那就应当检查 Java 虚拟机的堆参数（-Xmx 与 -Xms）设置，与机器的内存对比，看看是否还有向上调整的空间。再从代码上检查是否存在某些对象生命周期过长、持有状态时间过长、存储结构设计不合理等情况，尽量减少程序运行期的内存消耗。

以上是处理 Java 堆内存问题的简略思路，处理这些问题所需的知识、工具与经验是后面三章的主题，后面我们将会针对具体的虚拟机实现、具体的垃圾收集器和具体的案例来进行分析，这里就先暂不展开。

## 2.4.2　虚拟机栈和本地方法栈溢出

由于 HotSpot 虚拟机中并不区分虚拟机栈和本地方法栈，因此对于 HotSpot 来说，-Xoss 参数（设置本地方法栈大小）虽然存在，但实际上是没有任何效果的，栈容量只能由 -Xss 参数来设定。关于虚拟机栈和本地方法栈，在《Java 虚拟机规范》中描述了两种异常：

1）如果线程请求的栈深度大于虚拟机所允许的最大深度，将抛出 StackOverflowError 异常。

2）如果虚拟机的栈内存允许动态扩展，当扩展栈容量无法申请到足够的内存时，将抛出 OutOfMemoryError 异常。

《Java 虚拟机规范》明确允许 Java 虚拟机实现自行选择是否支持栈的动态扩展，而 HotSpot 虚拟机的选择是不支持扩展，所以除非在创建线程申请内存时就因无法获得足够内存而出现 OutOfMemoryError 异常，否则在线程运行时是不会因为扩展而导致内存溢出的，只会因为栈容量无法容纳新的栈帧而导致 StackOverflowError 异常。

为了验证这点，我们可以做两个实验，先将实验范围限制在单线程中操作，尝试下面两种行为是否能让 HotSpot 虚拟机产生 OutOfMemoryError 异常：

❑ 使用 -Xss 参数减少栈内存容量。

　　结果：抛出 StackOverflowError 异常，异常出现时输出的堆栈深度相应缩小。

❑ 定义了大量的本地变量，增大此方法帧中本地变量表的长度。

　　结果：抛出 StackOverflowError 异常，异常出现时输出的堆栈深度相应缩小。

首先，对第一种情况进行测试，具体如代码清单 2-4 所示。

**代码清单 2-4　虚拟机栈和本地方法栈测试（作为第 1 点测试程序）**

```java
/**
 * VM Args: -Xss128k
 * @author zzm
 */
public class JavaVMStackSOF {

    private int stackLength = 1;

    public void stackLeak() {
        stackLength++;
        stackLeak();
    }

    public static void main(String[] args) throws Throwable {
        JavaVMStackSOF oom = new JavaVMStackSOF();
        try {
            oom.stackLeak();
        } catch (Throwable e) {
            System.out.println("stack length:" + oom.stackLength);
            throw e;
        }
    }
}
```

运行结果：

```
stack length:2402
Exception in thread "main" java.lang.StackOverflowError
    at org.fenixsoft.oom.JavaVMStackSOF.stackLeak(JavaVMStackSOF.java:20)
    at org.fenixsoft.oom.JavaVMStackSOF.stackLeak(JavaVMStackSOF.java:21)
    at org.fenixsoft.oom.JavaVMStackSOF.stackLeak(JavaVMStackSOF.java:21)
……后续异常堆栈信息省略
```

对于不同版本的 Java 虚拟机和不同的操作系统，栈容量最小值可能会有所限制，这主要取决于操作系统内存分页大小。譬如上述方法中的参数 -Xss128k 可以正常用于 32 位 Windows 系统下的 JDK 6，但是如果用于 64 位 Windows 系统下的 JDK 11，则会提示栈容量最小不能低于 180K，而在 Linux 下这个值则可能是 228K，如果低于这个最小限制，HotSpot 虚拟器启动时会给出如下提示：

```
The Java thread stack size specified is too small. Specify at least 228k
```

我们继续验证第二种情况，这次代码就显得有些"丑陋"了，为了多占局部变量表空间，笔者不得不定义一长串变量，具体如代码清单 2-5 所示。

**代码清单 2-5　虚拟机栈和本地方法栈测试（作为第 2 点测试程序）**

```
/**
 * @author zzm
 */
public class JavaVMStackSOF {
    private static int stackLength = 0;

    public static void stackLeak() {
        long unused1, unused2, unused3, unused4, unused5,
                unused6, unused7, unused8, unused9, unused10,
                unused11, unused12, unused13, unused14, unused15,
                unused16, unused17, unused18, unused19, unused20,
                unused21, unused22, unused23, unused24, unused25,
                unused26, unused27, unused28, unused29, unused30,
                unused31, unused32, unused33, unused34, unused35,
                unused36, unused37, unused38, unused39, unused40,
                unused41, unused42, unused43, unused44, unused45,
                unused46, unused47, unused48, unused49, unused50,
                unused51, unused52, unused53, unused54, unused55,
                unused56, unused57, unused58, unused59, unused60,
                unused61, unused62, unused63, unused64, unused65,
                unused66, unused67, unused68, unused69, unused70,
                unused71, unused72, unused73, unused74, unused75,
                unused76, unused77, unused78, unused79, unused80,
                unused81, unused82, unused83, unused84, unused85,
                unused86, unused87, unused88, unused89, unused90,
                unused91, unused92, unused93, unused94, unused95,
                unused96, unused97, unused98, unused99, unused100;

        stackLength ++;
```

```
        stackLeak();

        unused1 = unused2 = unused3 = unused4 = unused5 =
        unused6 = unused7 = unused8 = unused9 = unused10 =
        unused11 = unused12 = unused13 = unused14 = unused15 =
        unused16 = unused17 = unused18 = unused19 = unused20 =
        unused21 = unused22 = unused23 = unused24 = unused25 =
        unused26 = unused27 = unused28 = unused29 = unused30 =
        unused31 = unused32 = unused33 = unused34 = unused35 =
        unused36 = unused37 = unused38 = unused39 = unused40 =
        unused41 = unused42 = unused43 = unused44 = unused45 =
        unused46 = unused47 = unused48 = unused49 = unused50 =
        unused51 = unused52 = unused53 = unused54 = unused55 =
        unused56 = unused57 = unused58 = unused59 = unused60 =
        unused61 = unused62 = unused63 = unused64 = unused65 =
        unused66 = unused67 = unused68 = unused69 = unused70 =
        unused71 = unused72 = unused73 = unused74 = unused75 =
        unused76 = unused77 = unused78 = unused79 = unused80 =
        unused81 = unused82 = unused83 = unused84 = unused85 =
        unused86 = unused87 = unused88 = unused89 = unused90 =
        unused91 = unused92 = unused93 = unused94 = unused95 =
        unused96 = unused97 = unused98 = unused99 = unused100 = 0;
    }

    public static void main(String[] args) {
        try {
            stackLeak();
        }catch (Error e){
            System.out.println("stack length:" + stackLength);
            throw e;
        }
    }
}
```

运行结果：

```
stack length:5675
Exception in thread "main" java.lang.StackOverflowError
    at org.fenixsoft.oom.JavaVMStackSOF.stackLeak(JavaVMStackSOF.java:27)
    at org.fenixsoft.oom.JavaVMStackSOF.stackLeak(JavaVMStackSOF.java:28)
    at org.fenixsoft.oom.JavaVMStackSOF.stackLeak(JavaVMStackSOF.java:28)
……后续异常堆栈信息省略
```

实验结果表明：无论是由于栈帧太大还是虚拟机栈容量太小，当新的栈帧内存无法分配的时候，HotSpot 虚拟机抛出的都是 StackOverflowError 异常。可是如果在允许动态扩展栈容量大小的虚拟机上，相同代码则会导致不一样的情况。譬如远古时代的 Classic 虚拟机，这款虚拟机可以支持动态扩展栈内存的容量，在 Windows 上的 JDK 1.0.2 运行代码清单 2-5 的话（如果这时候要调整栈容量就应该改用 -oss 参数了），得到的结果是：

```
stack length:3716
java.lang.OutOfMemoryError
    at org.fenixsoft.oom.JavaVMStackSOF.stackLeak(JavaVMStackSOF.java:27)
    at org.fenixsoft.oom.JavaVMStackSOF.stackLeak(JavaVMStackSOF.java:28)
    at org.fenixsoft.oom.JavaVMStackSOF.stackLeak(JavaVMStackSOF.java:28)
……后续异常堆栈信息省略
```

可见相同的代码在 Classic 虚拟机中成功产生了 OutOfMemoryError 而不是 StackOver-flowError 异常。如果测试时不限于单线程，通过不断建立线程的方式，在 HotSpot 上也是可以产生内存溢出异常的，具体如代码清单 2-6 所示。但是这样产生的内存溢出异常和栈空间是否足够并不存在任何直接的关系，主要取决于操作系统本身的内存使用状态。甚至可以说，在这种情况下，给每个线程的栈分配的内存越大，反而越容易产生内存溢出异常。

原因其实不难理解，操作系统分配给每个进程的内存是有限制的，譬如 32 位 Windows 的单个进程最大内存限制为 2GB。HotSpot 虚拟机提供了参数可以控制 Java 堆和方法区这两部分的内存的最大值，那剩余的内存即为 2GB（操作系统限制）减去最大堆容量，再减去最大方法区容量，由于程序计数器消耗内存很小，可以忽略掉，如果把直接内存和虚拟机进程本身耗费的内存也去掉的话，剩下的内存就由虚拟机栈和本地方法栈来分配了。因此为每个线程分配到的栈内存越大，可以建立的线程数量自然就越少，建立线程时就越容易把剩下的内存耗尽，代码清单 2-6 演示了这种情况。

**代码清单 2-6　创建线程导致内存溢出异常**

```java
/**
 * VM Args: -Xss2M （这时候不妨设大些,请在32位系统下运行）
 * @author zzm
 */
public class JavaVMStackOOM {

    private void dontStop() {
        while (true) {
        }
    }

    public void stackLeakByThread() {
        while (true) {
            Thread thread = new Thread(new Runnable() {
                @Override
                public void run() {
                    dontStop();
                }
            });
            thread.start();
        }
    }

    public static void main(String[] args) throws Throwable {
```

```
        JavaVMStackOOM oom = new JavaVMStackOOM();
        oom.stackLeakByThread();
    }
}
```

> 🔖 **注意**　重点提示一下，如果读者要尝试运行上面这段代码，记得要先保存当前的工作，由于在 Windows 平台的虚拟机中，Java 的线程是映射到操作系统的内核线程上[⊖]，无限制地创建线程会对操作系统带来很大压力，上述代码执行时有很高的风险，可能会由于创建线程数量过多而导致操作系统假死。

在 32 位操作系统下的运行结果：

```
Exception in thread "main" java.lang.OutOfMemoryError: unable to create native thread
```

出现 StackOverflowError 异常时，会有明确错误堆栈可供分析，相对而言比较容易定位到问题所在。如果使用 HotSpot 虚拟机默认参数，栈深度在大多数情况下（因为每个方法压入栈的帧大小并不是一样的，所以只能说大多数情况下）到达 1000~2000 是完全没有问题，对于正常的方法调用（包括不能做尾递归优化的递归调用），这个深度应该完全够用了。但是，如果是建立过多线程导致的内存溢出，在不能减少线程数量或者更换 64 位虚拟机的情况下，就只能通过减少最大堆和减少栈容量来换取更多的线程。这种通过"减少内存"的手段来解决内存溢出的方式，如果没有这方面处理经验，一般比较难以想到，这一点读者需要在开发 32 位系统的多线程应用时注意。也是由于这种问题较为隐蔽，从 JDK 7 起，以上提示信息中"unable to create native thread"后面，虚拟机会特别注明原因可能是"possibly out of memory or process/resource limits reached"。

## 2.4.3　方法区和运行时常量池溢出

由于运行时常量池是方法区的一部分，所以这两个区域的溢出测试可以放到一起进行。前面曾经提到 HotSpot 从 JDK 7 开始逐步"去永久代"的计划，并在 JDK 8 中完全使用元空间来代替永久代的背景故事，在此我们就以测试代码来观察一下，使用"永久代"还是"元空间"来实现方法区，对程序有什么实际的影响。

String::intern() 是一个本地方法，它的作用是如果字符串常量池中已经包含一个等于此 String 对象的字符串，则返回代表池中这个字符串的 String 对象的引用；否则，会将此 String 对象包含的字符串添加到常量池中，并且返回此 String 对象的引用。在 JDK 6 或更早之前的 HotSpot 虚拟机中，常量池都是分配在永久代中，我们可以通过 -XX:PermSize 和 -XX:MaxPermSize 限制永久代的大小，即可间接限制其中常量池的容量，具体实现如代码清单 2-7 所示，请读者测试时首先以 JDK 6 来运行代码。

---

⊖　关于虚拟机线程实现方面的内容可以参考本书第 12 章。

**代码清单 2-7　运行时常量池导致的内存溢出异常**

```
/**
 * VM Args: -XX:PermSize=6M -XX:MaxPermSize=6M
 * @author zzm
 */
public class RuntimeConstantPoolOOM {

    public static void main(String[] args) {
        // 使用Set保持着常量池引用，避免Full GC回收常量池行为
        Set<String> set = new HashSet<String>();
        // 在short范围内足以让6MB的PermSize产生OOM了
        short i = 0;
        while (true) {
            set.add(String.valueOf(i++).intern());
        }
    }
}
```

运行结果：

```
Exception in thread "main" java.lang.OutOfMemoryError: PermGen space
    at java.lang.String.intern(Native Method)
    at org.fenixsoft.oom.RuntimeConstantPoolOOM.main(RuntimeConstantPoolOOM.java: 18)
```

从运行结果中可以看到，运行时常量池溢出时，在 OutOfMemoryError 异常后面跟随的提示信息是"PermGen space"，说明运行时常量池的确是属于方法区（即 JDK 6 的 HotSpot 虚拟机中的永久代）的一部分。

而使用 JDK 7 或更高版本的 JDK 来运行这段程序并不会得到相同的结果，无论是在 JDK 7 中继续使用 -XX:MaxPermSize 参数或者在 JDK 8 及以上版本使用 -XX:MaxMeta-spaceSize 参数把方法区容量同样限制在 6MB，也都不会重现 JDK 6 中的溢出异常，循环将一直进行下去，永不停歇[⊖]。出现这种变化，是因为自 JDK 7 起，原本存放在永久代的字符串常量池被移至 Java 堆之中，所以在 JDK 7 及以上版本，限制方法区的容量对该测试用例来说是毫无意义的。这时候使用 -Xmx 参数限制最大堆到 6MB 就能够看到以下两种运行结果之一，具体取决于哪里的对象分配时产生了溢出：

```
// OOM异常一：
Exception in thread "main" java.lang.OutOfMemoryError: Java heap space
    at java.base/java.lang.Integer.toString(Integer.java:440)
    at java.base/java.lang.String.valueOf(String.java:3058)
    at RuntimeConstantPoolOOM.main(RuntimeConstantPoolOOM.java:12)

// OOM异常二：
Exception in thread "main" java.lang.OutOfMemoryError: Java heap space
```

---

⊖　正常情况下是永不停歇的，如果机器内存紧张到连几 MB 的 Java 堆都挤不出来的这种极端情况就不讨论了。

```
    at java.base/java.util.HashMap.resize(HashMap.java:699)
    at java.base/java.util.HashMap.putVal(HashMap.java:658)
    at java.base/java.util.HashMap.put(HashMap.java:607)
    at java.base/java.util.HashSet.add(HashSet.java:220)
    at RuntimeConstantPoolOOM.main(RuntimeConstantPoolOOM.java from InputFile-
        Object:14)
```

关于这个字符串常量池的实现在哪里出现问题，还可以引申出一些更有意思的影响，具体见代码清单 2-8 所示。

代码清单 2-8　String.intern() 返回引用的测试

```java
public class RuntimeConstantPoolOOM {

    public static void main(String[] args) {
        String str1 = new StringBuilder("计算机").append("软件").toString();
        System.out.println(str1.intern() == str1);

        String str2 = new StringBuilder("ja").append("va").toString();
        System.out.println(str2.intern() == str2);
    }
}
```

这段代码在 JDK 6 中运行，会得到两个 false，而在 JDK 7 中运行，会得到一个 true 和一个 false。产生差异的原因是，在 JDK 6 中，intern() 方法会把首次遇到的字符串实例复制到永久代的字符串常量池中存储，返回的也是永久代里面这个字符串实例的引用，而由 StringBuilder 创建的字符串对象实例在 Java 堆上，所以必然不可能是同一个引用，结果将返回 false。

而 JDK 7（以及部分其他虚拟机，例如 JRockit）的 intern() 方法实现就不需要再拷贝字符串的实例到永久代了，既然字符串常量池已经移到 Java 堆中，那只需要在常量池里记录一下首次出现的实例引用即可，因此 intern() 返回的引用和由 StringBuilder 创建的那个字符串实例就是同一个。而对 str2 比较返回 false，这是因为 "java" ⊖ 这个字符串在执行 String-Builder.toString() 之前就已经出现过了，字符串常量池中已经有它的引用，不符合 intern() 方法要求 "首次遇到" 的原则，"计算机软件" 这个字符串则是首次出现的，因此结果返回 true。

我们再来看看方法区的其他部分的内容，方法区的主要职责是用于存放类型的相关信息，如类名、访问修饰符、常量池、字段描述、方法描述等。对于这部分区域的测试，基本的思路是运行时产生大量的类去填满方法区，直到溢出为止。虽然直接使用 Java SE API 也可以动态产生类（如反射时的 GeneratedConstructorAccessor 和动态代理等），但在本次实

---

⊖　它是在加载 sun.misc.Version 这个类的时候进入常量池的。本书第 2 版并未解释 java 这个字符串此前是哪里出现的，所以被批评 "挖坑不填了"（无奈地摊手）。如读者感兴趣是如何找出来的，可参考 Red-naxelaFX 的知乎回答（https://www.zhihu.com/question/51102308/answer/124441115）。

验中操作起来比较麻烦。在代码清单 2-9 里笔者借助了 CGLib <sup>⊖</sup>直接操作字节码运行时生成了大量的动态类。

值得特别注意的是，我们在这个例子中模拟的场景并非纯粹是一个实验，类似这样的代码确实可能会出现在实际应用中：当前的很多主流框架，如 Spring、Hibernate 对类进行增强时，都会使用到 CGLib 这类字节码技术，当增强的类越多，就需要越大的方法区以保证动态生成的新类型可以载入内存。另外，很多运行于 Java 虚拟机上的动态语言（例如 Groovy 等）通常都会持续创建新类型来支撑语言的动态性，随着这类动态语言的流行，与代码清单 2-9 相似的溢出场景也越来越容易遇到。

代码清单 2-9　借助 CGLib 使得方法区出现内存溢出异常

```
/**
 * VM Args: -XX:PermSize=10M -XX:MaxPermSize=10M
 * @author zzm
 */
public class JavaMethodAreaOOM {

    public static void main(String[] args) {
        while (true) {
            Enhancer enhancer = new Enhancer();
            enhancer.setSuperclass(OOMObject.class);
            enhancer.setUseCache(false);
            enhancer.setCallback(new MethodInterceptor() {
                public Object intercept(Object obj, Method method, Object[] args,
                    MethodProxy proxy) throws Throwable {
                    return proxy.invokeSuper(obj, args);
                }
            });
            enhancer.create();
        }
    }

    static class OOMObject {
    }
}
```

在 JDK 7 中的运行结果：

```
Caused by: java.lang.OutOfMemoryError: PermGen space
    at java.lang.ClassLoader.defineClass1(Native Method)
    at java.lang.ClassLoader.defineClassCond(ClassLoader.java:632)
    at java.lang.ClassLoader.defineClass(ClassLoader.java:616)
    ... 8 more
```

方法区溢出也是一种常见的内存溢出异常，一个类如果要被垃圾收集器回收，要达成

---

⊖ CGLib 开源项目：http://cglib.sourceforge.net/。

的条件是比较苛刻的。在经常运行时生成大量动态类的应用场景里，就应该特别关注这些类的回收状况。这类场景除了之前提到的程序使用了 CGLib 字节码增强和动态语言外，常见的还有：大量 JSP 或动态产生 JSP 文件的应用（JSP 第一次运行时需要编译为 Java 类）、基于 OSGi 的应用（即使是同一个类文件，被不同的加载器加载也会视为不同的类）等。

在 JDK 8 以后，永久代便完全退出了历史舞台，元空间作为其替代者登场。在默认设置下，前面列举的那些正常的动态创建新类型的测试用例已经很难再迫使虚拟机产生方法区的溢出异常了。不过为了让使用者有预防实际应用里出现类似于代码清单 2-9 那样的破坏性的操作，HotSpot 还是提供了一些参数作为元空间的防御措施，主要包括：

- ❏ -XX:MaxMetaspaceSize：设置元空间最大值，默认是 -1，即不限制，或者说只受限于本地内存大小。
- ❏ -XX:MetaspaceSize：指定元空间的初始空间大小，以字节为单位，达到该值就会触发垃圾收集进行类型卸载，同时收集器会对该值进行调整：如果释放了大量的空间，就适当降低该值；如果释放了很少的空间，那么在不超过 -XX:MaxMetaspaceSize（如果设置了的话）的情况下，适当提高该值。
- ❏ -XX:MinMetaspaceFreeRatio：作用是在垃圾收集之后控制最小的元空间剩余容量的百分比，可减少因为元空间不足导致的垃圾收集的频率。类似的还有 -XX:Max-MetaspaceFreeRatio，用于控制最大的元空间剩余容量的百分比。

## 2.4.4　本机直接内存溢出

直接内存（Direct Memory）的容量大小可通过 -XX:MaxDirectMemorySize 参数来指定，如果不去指定，则默认与 Java 堆最大值（由 -Xmx 指定）一致，代码清单 2-10 越过了 DirectByteBuffer 类直接通过反射获取 Unsafe 实例进行内存分配（Unsafe 类的 getUnsafe() 方法指定只有引导类加载器才会返回实例，体现了设计者希望只有虚拟机标准类库里面的类才能使用 Unsafe 的功能，在 JDK 10 时才将 Unsafe 的部分功能通过 VarHandle 开放给外部使用），因为虽然使用 DirectByteBuffer 分配内存也会抛出内存溢出异常，但它抛出异常时并没有真正向操作系统申请分配内存，而是通过计算得知内存无法分配就会在代码里手动抛出溢出异常，真正申请分配内存的方法是 Unsafe::allocateMemory()。

**代码清单 2-10　使用 unsafe 分配本机内存**

```
/**
 * VM Args: -Xmx20M -XX:MaxDirectMemorySize=10M
 * @author zzm
 */
public class DirectMemoryOOM {

    private static final int _1MB = 1024 * 1024;

    public static void main(String[] args) throws Exception {
```

```
        Field unsafeField = Unsafe.class.getDeclaredFields()[0];
        unsafeField.setAccessible(true);
        Unsafe unsafe = (Unsafe) unsafeField.get(null);
        while (true) {
            unsafe.allocateMemory(_1MB);
        }
    }
}
```

运行结果：

```
Exception in thread "main" java.lang.OutOfMemoryError
    at sun.misc.Unsafe.allocateMemory(Native Method)
    at org.fenixsoft.oom.DMOOM.main(DMOOM.java:20)
```

由直接内存导致的内存溢出，一个明显的特征是在 Heap Dump 文件中不会看见有什么明显的异常情况，如果读者发现内存溢出之后产生的 Dump 文件很小，而程序中又直接或间接使用了 DirectMemory（典型的间接使用就是 NIO），那就可以考虑重点检查一下直接内存方面的原因了。

## 2.5　本章小结

到此为止，我们明白了虚拟机里面的内存是如何划分的，哪部分区域、什么样的代码和操作可能导致内存溢出异常。虽然 Java 有垃圾收集机制，但内存溢出异常离我们并不遥远，本章只是讲解了各个区域出现内存溢出异常的原因，下一章将详细讲解 Java 垃圾收集机制为了避免出现内存溢出异常都做了哪些努力。

# 垃圾收集器与内存分配策略

Java 与 C++ 之间有一堵由内存动态分配和垃圾收集技术所围成的高墙，墙外面的人想进去，墙里面的人却想出来。

## 3.1　概述

说起垃圾收集（Garbage Collection，下文简称 GC），有不少人把这项技术当作 Java 语言的伴生产物。事实上，垃圾收集的历史远远比 Java 久远，在 1960 年诞生于麻省理工学院的 Lisp 是第一门开始使用内存动态分配和垃圾收集技术的语言。当 Lisp 还在胚胎时期时，其作者 John McCarthy 就思考过垃圾收集需要完成的三件事情：

❑ 哪些内存需要回收？

❑ 什么时候回收？

❑ 如何回收？

经过半个世纪的发展，今天的内存动态分配与内存回收技术已经相当成熟，一切看起来都进入了"自动化"时代，那为什么我们还要去了解垃圾收集和内存分配？答案很简单：当需要排查各种内存溢出、内存泄漏问题时，当垃圾收集成为系统达到更高并发量的瓶颈时，我们就必须对这些"自动化"的技术实施必要的监控和调节。

把时间从大半个世纪以前拨回到现在，舞台也回到我们熟悉的 Java 语言。第 2 章介绍了 Java 内存运行时区域的各个部分，其中程序计数器、虚拟机栈、本地方法栈 3 个区域随线程而生，随线程而灭，栈中的栈帧随着方法的进入和退出而有条不紊地执行着出栈和入栈操作。每一个栈帧中分配多少内存基本上是在类结构确定下来时就已知的（尽管在运行期会由即时编译器进行一些优化，但在基于概念模型的讨论里，大体上可以认为是编译期可知的），因此这几个区域的内存分配和回收都具备确定性，在这几个区域内就不需要过多考虑如何回收的问题，当方法结束或者线程结束时，内存自然就跟随着回收了。

而 Java 堆和方法区这两个区域则有着很显著的不确定性：一个接口的多个实现类需要的内存可能会不一样，一个方法所执行的不同条件分支所需要的内存也可能不一样，只有处于运行期间，我们才能知道程序究竟会创建哪些对象，创建多少个对象，这部分内存的分配和回收是动态的。垃圾收集器所关注的正是这部分内存该如何管理，本文后续讨论中的"内存"分配与回收也仅仅特指这一部分内存。

## 3.2　对象已死？

在堆里面存放着 Java 世界中几乎所有的对象实例，垃圾收集器在对堆进行回收前，第一件事情就是要确定这些对象之中哪些还"存活"着，哪些已经"死去"（"死去"即不可能再被任何途径使用的对象）了。

### 3.2.1　引用计数算法

很多教科书判断对象是否存活的算法是这样的：在对象中添加一个引用计数器，每当有一个地方引用它时，计数器值就加一；当引用失效时，计数器值就减一；任何时刻计数器为零的对象就是不可能再被使用的。笔者面试过很多应届生和一些有多年工作经验的开发人员，他们对于这个问题给予的都是这个答案。

客观地说，引用计数算法（Reference Counting）虽然占用了一些额外的内存空间来进行计数，但它的原理简单，判定效率也很高，在大多数情况下它都是一个不错的算法。也有一些比较著名的应用案例，例如微软 COM（Component Object Model）技术、使用ActionScript 3 的 FlashPlayer、Python 语言以及在游戏脚本领域得到许多应用的 Squirrel 中都使用了引用计数算法进行内存管理。但是，在 Java 领域，至少主流的 Java 虚拟机里面都没有选用引用计数算法来管理内存，主要原因是，这个看似简单的算法有很多例外情况要考虑，必须要配合大量额外处理才能保证正确地工作，譬如单纯的引用计数就很难解决对象之间相互循环引用的问题。

举个简单的例子，请看代码清单 3-1 中的 testGC() 方法：对象 objA 和 objB 都有字段instance，赋值令 objA.instance = objB 及 objB.instance = objA，除此之外，这两个对象再无任何引用，实际上这两个对象已经不可能再被访问，但是它们因为互相引用着对方，导致它们的引用计数都不为零，引用计数算法也就无法回收它们。

**代码清单 3-1　引用计数算法的缺陷**

```
/**
 * testGC()方法执行后，objA和objB会不会被GC呢？
 * @author zzm
```

```
 */
public class ReferenceCountingGC {

    public Object instance = null;

    private static final int _1MB = 1024 * 1024;

    /**
     * 这个成员属性的唯一意义就是占点内存, 以便能在GC日志中看清楚是否有回收过
     */
    private byte[] bigSize = new byte[2 * _1MB];

    public static void testGC() {
        ReferenceCountingGC objA = new ReferenceCountingGC();
        ReferenceCountingGC objB = new ReferenceCountingGC();
        objA.instance = objB;
        objB.instance = objA;

        objA = null;
        objB = null;

        // 假设在这行发生GC, objA和objB是否能被回收?
        System.gc();
    }
}
```

运行结果:

```
[Full GC (System) [Tenured: 0K->210K(10240K), 0.0149142 secs] 4603K->210K(19456K),
    [Perm : 2999K->2999K(21248K)], 0.0150007 secs] [Times: user=0.01 sys=0.00,
    real=0.02 secs]
Heap
    def new generation   total 9216K, used 82K [0x00000000055e0000, 0x0000000005fe0000,
        0x0000000005fe0000)
    Eden space 8192K,    1% used [0x00000000055e0000, 0x00000000055f4850,
        0x0000000005de0000)
    from space 1024K,    0% used [0x0000000005de0000, 0x0000000005de0000,
        0x0000000005ee0000)
    to   space 1024K,    0% used [0x0000000005ee0000, 0x0000000005ee0000,
        0x0000000005fe0000)
    tenured generation   total 10240K, used 210K [0x0000000005fe0000,
        0x00000000069e0000, 0x00000000069e0000)
    the space 10240K,    2% used [0x0000000005fe0000, 0x0000000006014a18,
        0x0000000006014c00, 0x00000000069e0000)
    compacting perm gen  total 21248K, used 3016K [0x00000000069e0000,
        0x0000000007ea0000, 0x000000000bde0000)
    the space 21248K,   14% used [0x00000000069e0000, 0x0000000006cd2398,
        0x0000000006cd2400, 0x0000000007ea0000)
    No shared spaces configured.
```

从运行结果中可以清楚看到内存回收日志中包含"4603K->210K",意味着虚拟机并没有因为这两个对象互相引用就放弃回收它们,这也从侧面说明了 Java 虚拟机并不是通过引用计数算法来判断对象是否存活的。

### 3.2.2 可达性分析算法

当前主流的商用程序语言(Java、C#,上溯至前面提到的古老的 Lisp)的内存管理子系统,都是通过可达性分析(Reachability Analysis)算法来判定对象是否存活的。这个算法的基本思路就是通过一系列称为"GC Roots"的根对象作为起始节点集,从这些节点开始,根据引用关系向下搜索,搜索过程所走过的路径称为"引用链"(Reference Chain),如果某个对象到 GC Roots 间没有任何引用链相连,或者用图论的话来说就是从 GC Roots 到这个对象不可达时,则证明此对象是不可能再被使用的。

如图 3-1 所示,对象 object 5、object 6、object 7 虽然互有关联,但是它们到 GC Roots 是不可达的,因此它们将会被判定为可回收的对象。

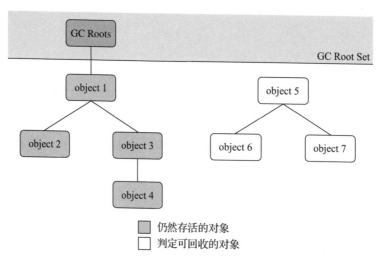

图 3-1   利用可达性分析算法判定对象是否可回收

在 Java 技术体系里面,固定可作为 GC Roots 的对象包括以下几种:
- ❑ 在虚拟机栈(栈帧中的本地变量表)中引用的对象,譬如当前正在运行的方法所使用到的参数、局部变量、临时变量等。
- ❑ 在方法区中类静态属性引用的对象,譬如 Java 类的引用类型静态变量。
- ❑ 在方法区中常量引用的对象,譬如字符串常量池(String Table)里的引用。
- ❑ 在本地方法栈中 JNI(即通常所说的 Native 方法)引用的对象。
- ❑ Java 虚拟机内部的引用,如基本数据类型对应的 Class 对象,一些常驻的异常对象(比如 NullPointExcepiton、OutOfMemoryError)等,还有系统类加载器。

❑ 所有被同步锁（synchronized 关键字）持有的对象。

❑ 反映 Java 虚拟机内部情况的 JMXBean、JVMTI 中注册的回调、本地代码缓存等。

除了这些固定的 GC Roots 集合以外，根据用户所选用的垃圾收集器以及当前回收的内存区域不同，还可以有其他对象"临时性"地加入，共同构成完整 GC Roots 集合。譬如后文将会提到的分代收集和局部回收（Partial GC），如果只针对 Java 堆中某一块区域发起垃圾收集时（如最典型的只针对新生代的垃圾收集），必须考虑到内存区域是虚拟机自己的实现细节（在用户视角里任何内存区域都是不可见的），更不是孤立封闭的，所以某个区域里的对象完全有可能被位于堆中其他区域的对象所引用，这时候就需要将这些关联区域的对象也一并加入 GC Roots 集合中去，才能保证可达性分析的正确性。

目前最新的几款垃圾收集器<sup>⊖</sup>无一例外都具备了局部回收的特征，为了避免 GC Roots 包含过多对象而过度膨胀，它们在实现上也做出了各种优化处理。关于这些概念、优化技巧以及各种不同收集器实现等内容，都将在本章后续内容中一一介绍。

### 3.2.3 再谈引用

无论是通过引用计数算法判断对象的引用数量，还是通过可达性分析算法判断对象是否引用链可达，判定对象是否存活都和"引用"离不开关系。在 JDK 1.2 版之前，Java 里面的引用是很传统的定义：如果 reference 类型的数据中存储的数值代表的是另外一块内存的起始地址，就称该 reference 数据是代表某块内存、某个对象的引用。这种定义并没有什么不对，只是现在看来有些过于狭隘了，一个对象在这种定义下只有"被引用"或者"未被引用"两种状态，对于描述一些"食之无味，弃之可惜"的对象就显得无能为力。譬如我们希望能描述一类对象：当内存空间还足够时，能保留在内存之中，如果内存空间在进行垃圾收集后仍然非常紧张，那就可以抛弃这些对象——很多系统的缓存功能都符合这样的应用场景。

在 JDK 1.2 版之后，Java 对引用的概念进行了扩充，将引用分为强引用（Strongly Reference）、软引用（Soft Reference）、弱引用（Weak Reference）和虚引用（Phantom Reference）4 种，这 4 种引用强度依次逐渐减弱。

❑ 强引用是最传统的"引用"的定义，是指在程序代码之中普遍存在的引用赋值，即类似"Object obj = new Object()"这种引用关系。无论任何情况下，只要强引用关系还存在，垃圾收集器就永远不会回收掉被引用的对象。

❑ 软引用是用来描述一些还有用，但非必须的对象。只被软引用关联着的对象，在系统将要发生内存溢出异常前，会把这些对象列进回收范围之中进行第二次回收，如果这次回收还没有足够的内存，才会抛出内存溢出异常。在 JDK 1.2 版之后提供了 SoftReference 类来实现软引用。

❑ 弱引用也是用来描述那些非必须对象，但是它的强度比软引用更弱一些，被弱引

---

⊖ 如 OpenJDK 中的 G1、Shenandoah、ZGC 以及 Azul 的 PGC、C4 这些收集器。

用关联的对象只能生存到下一次垃圾收集发生为止。当垃圾收集器开始工作，无论当前内存是否足够，都会回收掉只被弱引用关联的对象。在 JDK 1.2 版之后提供了 WeakReference 类来实现弱引用。

❏ 虚引用也称为"幽灵引用"或者"幻影引用"，它是最弱的一种引用关系。一个对象是否有虚引用的存在，完全不会对其生存时间构成影响，也无法通过虚引用来取得一个对象实例。为一个对象设置虚引用关联的唯一目的只是为了能在这个对象被收集器回收时收到一个系统通知。在 JDK 1.2 版之后提供了 PhantomReference 类来实现虚引用。

## 3.2.4　生存还是死亡？

即使在可达性分析算法中判定为不可达的对象，也不是"非死不可"的，这时候它们暂时还处于"缓刑"阶段，要真正宣告一个对象死亡，最多会经历两次标记过程：如果对象在进行可达性分析后发现没有与 GC Roots 相连接的引用链，那它将会被第一次标记，随后进行一次筛选，筛选的条件是此对象是否有必要执行 finalize() 方法。假如对象没有覆盖 finalize() 方法，或者 finalize() 方法已经被虚拟机调用过，那么虚拟机将这两种情况都视为"没有必要执行"。

如果这个对象被判定为确有必要执行 finalize() 方法，那么该对象将会被放置在一个名为 F-Queue 的队列之中，并在稍后由一条由虚拟机自动建立的、低调度优先级的 Finalizer 线程去执行它们的 finalize() 方法。这里所说的"执行"是指虚拟机会触发这个方法开始运行，但并不承诺一定会等待它运行结束。这样做的原因是，如果某个对象的 finalize() 方法执行缓慢，或者更极端地发生了死循环，将很可能导致 F-Queue 队列中的其他对象永久处于等待，甚至导致整个内存回收子系统的崩溃。finalize() 方法是对象逃脱死亡命运的最后一次机会，稍后收集器将对 F-Queue 中的对象进行第二次小规模的标记，如果对象要在 finalize() 中成功拯救自己——只要重新与引用链上的任何一个对象建立关联即可，譬如把自己（this 关键字）赋值给某个类变量或者对象的成员变量，那在第二次标记时它将被移出"即将回收"的集合；如果对象这时候还没有逃脱，那基本上它就真的要被回收了。从代码清单 3-2 中我们可以看到一个对象的 finalize() 被执行，但是它仍然可以存活。

**代码清单 3-2　一次对象自我拯救的演示**

```
/**
 * 此代码演示了两点:
 * 1.对象可以在被GC时自我拯救。
 * 2.这种自救的机会只有一次，因为一个对象的finalize()方法最多只会被系统自动调用一次
 * @author zzm
 */
public class FinalizeEscapeGC {

    public static FinalizeEscapeGC SAVE_HOOK = null;
```

```
    public void isAlive() {
        System.out.println("yes, i am still alive :)");
    }

    @Override
    protected void finalize() throws Throwable {
        super.finalize();
        System.out.println("finalize method executed!");
        FinalizeEscapeGC.SAVE_HOOK = this;
    }

    public static void main(String[] args) throws Throwable {
        SAVE_HOOK = new FinalizeEscapeGC();

        //对象第一次成功拯救自己
        SAVE_HOOK = null;
        System.gc();
        // 因为Finalizer方法优先级很低，暂停0.5秒，以等待它
        Thread.sleep(500);
        if (SAVE_HOOK != null) {
            SAVE_HOOK.isAlive();
        } else {
            System.out.println("no, i am dead :(");
        }

        // 下面这段代码与上面的完全相同，但是这次自救却失败了
        SAVE_HOOK = null;
        System.gc();
        // 因为Finalizer方法优先级很低，暂停0.5秒，以等待它
        Thread.sleep(500);
        if (SAVE_HOOK != null) {
            SAVE_HOOK.isAlive();
        } else {
            System.out.println("no, i am dead :(");
        }
    }
}
```

运行结果：

```
finalize method executed!
yes, i am still alive :)
no, i am dead :(
```

从代码清单 3-2 的运行结果可以看到，SAVE_HOOK 对象的 finalize() 方法确实被垃圾收集器触发过，并且在被收集前成功逃脱了。

另外一个值得注意的地方就是，代码中有两段完全一样的代码片段，执行结果却是一次逃脱成功，一次失败了。这是因为任何一个对象的 finalize() 方法都只会被系统自动调用一次，如果对象面临下一次回收，它的 finalize() 方法不会被再次执行，因此第二段代码的

自救行动失败了。

还有一点需要特别说明，上面关于对象死亡时 finalize() 方法的描述可能带点悲情的艺术加工，笔者并不鼓励大家使用这个方法来拯救对象。相反，笔者建议大家尽量避免使用它，因为它并不能等同于 C 和 C++ 语言中的析构函数，而是 Java 刚诞生时为了使传统 C、C++ 程序员更容易接受 Java 所做出的一项妥协。它的运行代价高昂，不确定性大，无法保证各个对象的调用顺序，如今已被官方明确声明为不推荐使用的语法。有些教材中描述它适合做"关闭外部资源"之类的清理性工作，这完全是对 finalize() 方法用途的一种自我安慰。finalize() 能做的所有工作，使用 try-finally 或者其他方式都可以做得更好、更及时，所以笔者建议大家完全可以忘掉 Java 语言里面的这个方法。

### 3.2.5 回收方法区

有些人认为方法区（如 HotSpot 虚拟机中的元空间或者永久代）是没有垃圾收集行为的，《Java 虚拟机规范》中提到过可以不要求虚拟机在方法区中实现垃圾收集，事实上也确实有未实现或未能完整实现方法区类型卸载的收集器存在（如 JDK 11 时期的 ZGC 收集器就不支持类卸载），方法区垃圾收集的"性价比"通常也是比较低的：在 Java 堆中，尤其是在新生代中，对常规应用进行一次垃圾收集通常可以回收 70% 至 99% 的内存空间，相比之下，方法区回收困于苛刻的判定条件，其区域垃圾收集的回收成果往往远低于此。

方法区的垃圾收集主要回收两部分内容：废弃的常量和不再使用的类型。回收废弃常量与回收 Java 堆中的对象非常类似。举个常量池中字面量回收的例子，假如一个字符串"java"曾经进入常量池中，但是当前系统又没有任何一个字符串对象的值是"java"，换句话说，已经没有任何字符串对象引用常量池中的"java"常量，且虚拟机中也没有其他地方引用这个字面量。如果在这时发生内存回收，而且垃圾收集器判断确有必要的话，这个"java"常量就将会被系统清理出常量池。常量池中其他类（接口）、方法、字段的符号引用也与此类似。

判定一个常量是否"废弃"还是相对简单，而要判定一个类型是否属于"不再被使用的类"的条件就比较苛刻了。需要同时满足下面三个条件：

❑ 该类所有的实例都已经被回收，也就是 Java 堆中不存在该类及其任何派生子类的实例。

❑ 加载该类的类加载器已经被回收，这个条件除非是经过精心设计的可替换类加载器的场景，如 OSGi、JSP 的重加载等，否则通常是很难达成的。

❑ 该类对应的 java.lang.Class 对象没有在任何地方被引用，无法在任何地方通过反射访问该类的方法。

Java 虚拟机被允许对满足上述三个条件的无用类进行回收，这里说的仅仅是"被允许"，而并不是和对象一样，没有引用了就必然会回收。关于是否要对类型进行回收，HotSpot 虚拟机提供了 -Xnoclassgc 参数进行控制，还可以使用 -verbose:class 以及 -XX:+TraceClass-

Loading、-XX:+TraceClassUnLoading 查看类加载和卸载信息，其中 -verbose:class 和 -XX:+TraceClassLoading 可以在 Product 版的虚拟机中使用，-XX:+TraceClassUnLoading 参数需要 FastDebug 版⊖的虚拟机支持。

在大量使用反射、动态代理、CGLib 等字节码框架，动态生成 JSP 以及 OSGi 这类频繁自定义类加载器的场景中，通常都需要 Java 虚拟机具备类型卸载的能力，以保证不会对方法区造成过大的内存压力。

## 3.3 垃圾收集算法

垃圾收集算法的实现涉及大量的程序细节，且各个平台的虚拟机操作内存的方法都有差异，在本节中我们暂不过多讨论算法实现，只重点介绍分代收集理论和几种算法思想及其发展过程。如果读者对其中的理论细节感兴趣，推荐阅读 Richard Jones 撰写的《垃圾回收算法手册》⊜的第 2～4 章的相关内容。

从如何判定对象消亡的角度出发，垃圾收集算法可以划分为"引用计数式垃圾收集"（Reference Counting GC）和"追踪式垃圾收集"（Tracing GC）两大类，这两类也常被称作"直接垃圾收集"和"间接垃圾收集"。由于引用计数式垃圾收集算法在本书讨论到的主流 Java 虚拟机中均未涉及，所以我们暂不把它作为正文主要内容来讲解，本节介绍的所有算法均属于追踪式垃圾收集的范畴。

### 3.3.1 分代收集理论

当前商业虚拟机的垃圾收集器，大多数都遵循了"分代收集"（Generational Collection）⊜的理论进行设计，分代收集名为理论，实质是一套符合大多数程序运行实际情况的经验法则，它建立在两个分代假说之上：

1）弱分代假说（Weak Generational Hypothesis）：绝大多数对象都是朝生夕灭的。

2）强分代假说（Strong Generational Hypothesis）：熬过越多次垃圾收集过程的对象就越难以消亡。

这两个分代假说共同奠定了多款常用的垃圾收集器的一致的设计原则：收集器应该将 Java 堆划分出不同的区域，然后将回收对象依据其年龄（年龄即对象熬过垃圾收集过程的次数）分配到不同的区域之中存储。显而易见，如果一个区域中大多数对象都是朝生夕灭，难以熬过垃圾收集过程的话，那么把它们集中放在一起，每次回收时只关注如何保留少量

---

⊖ Product 版、FastDebug 版 HotSpot 虚拟机的差别可参见前文 1.6 节。

⊜ 原著名为《The Garbage Collection Handbook》，2011 年出版，中文版在 2016 年由机械工业出版社翻译引进国内。

⊜ 值得注意的是，分代收集理论也有其缺陷，最新出现（或在实验中）的几款垃圾收集器都展现出了面向全区域收集设计的思想，或者可以支持全区域不分代的收集的工作模式。

存活而不是去标记那些大量将要被回收的对象，就能以较低代价回收到大量的空间；如果剩下的都是难以消亡的对象，那把它们集中放在一块，虚拟机便可以使用较低的频率来回收这个区域，这就同时兼顾了垃圾收集的时间开销和内存的空间有效利用。

在 Java 堆划分出不同的区域之后，垃圾收集器才可以每次只回收其中某一个或者某些部分的区域——因而才有了"Minor GC""Major GC""Full GC"这样的回收类型的划分；也才能够针对不同的区域安排与里面存储对象存亡特征相匹配的垃圾收集算法——因而发展出了"标记 – 复制算法""标记 – 清除算法""标记 – 整理算法"等针对性的垃圾收集算法。这里笔者提前提及了一些新的名词，它们都是本章的重要角色，稍后都会逐一登场，现在读者只需要知道，这一切的出现都始于分代收集理论。

把分代收集理论具体放到现在的商用 Java 虚拟机里，设计者一般至少会把 Java 堆划分为新生代（Young Generation）和老年代（Old Generation）两个区域⊖。顾名思义，在新生代中，每次垃圾收集时都发现有大批对象死去，而每次回收后存活的少量对象，将会逐步晋升到老年代中存放。如果读者有兴趣阅读 HotSpot 虚拟机源码的话，会发现里面存在着一些名为"*Generation"的实现，如"DefNewGeneration"和"ParNewGeneration"等，这些就是 HotSpot 的"分代式垃圾收集器框架"。原本 HotSpot 鼓励开发者尽量在这个框架内开发新的垃圾收集器，但除了最早期的两组四款收集器之外，后来的开发者并没有继续遵循。导致此事的原因有很多，最根本的是分代收集理论仍在不断发展之中，如何实现也有许多细节可以改进，被既定的代码框架约束反而不便。其实我们只要仔细思考一下，也很容易发现分代收集并非只是简单划分一下内存区域那么容易，它至少存在一个明显的困难：对象不是孤立的，对象之间会存在跨代引用。

假如要现在进行一次只局限于新生代区域内的收集（Minor GC），但新生代中的对象是完全有可能被老年代所引用的，为了找出该区域中的存活对象，不得不在固定的 GC Roots之外，再额外遍历整个老年代中所有对象来确保可达性分析结果的正确性，反过来也是一样⊜。遍历整个老年代所有对象的方案虽然理论上可行，但无疑会为内存回收带来很大的性能负担。为了解决这个问题，就需要对分代收集理论添加第三条经验法则：

3）跨代引用假说（Intergenerational Reference Hypothesis）：跨代引用相对于同代引用来说仅占极少数。

这其实是可根据前两条假说逻辑推理得出的隐含推论：存在互相引用关系的两个对象，是应该倾向于同时生存或者同时消亡的。举个例子，如果某个新生代对象存在跨代引用，由于老年代对象难以消亡，该引用会使得新生代对象在收集时同样得以存活，进而在年龄增长之后晋升到老年代中，这时跨代引用也随即被消除了。

---

⊖ 新生代（Young）、老年代（Old）是 HotSpot 虚拟机，也是现在业界主流的命名方式。在 IBM J9 虚拟机中对应称为婴儿区（Nursery）和长存区（Tenured），名字不同但其含义是一样的。

⊜ 通常能单独发生收集行为的只是新生代，所以这里"反过来"的情况只是理论上允许，实际上除了 CMS收集器，其他都不存在只针对老年代的收集。

依据这条假说，我们就不应再为了少量的跨代引用去扫描整个老年代，也不必浪费空间专门记录每一个对象是否存在及存在哪些跨代引用，只需在新生代上建立一个全局的数据结构（该结构被称为"记忆集"，Remembered Set），这个结构把老年代划分成若干小块，标识出老年代的哪一块内存会存在跨代引用。此后当发生 Minor GC 时，只有包含了跨代引用的小块内存里的对象才会被加入到 GC Roots 进行扫描。虽然这种方法需要在对象改变引用关系（如将自己或者某个属性赋值）时维护记录数据的正确性，会增加一些运行时的开销，但比起收集时扫描整个老年代来说仍然是划算的。

---

📢 注意　刚才我们已经提到了"Minor GC"，后续文中还会出现其他针对不同分代的类似名词，为避免读者产生混淆，在这里统一定义：

❏ 部分收集（Partial GC）：指目标不是完整收集整个 Java 堆的垃圾收集，其中又分为：

　　○ 新生代收集（Minor GC/Young GC）：指目标只是新生代的垃圾收集。

　　○ 老年代收集（Major GC/Old GC）：指目标只是老年代的垃圾收集。目前只有 CMS 收集器会有单独收集老年代的行为。另外请注意"Major GC"这个说法现在有点混淆，在不同资料上常有不同所指，读者需按上下文区分到底是指老年代的收集还是整堆收集。

　　○ 混合收集（Mixed GC）：指目标是收集整个新生代以及部分老年代的垃圾收集。目前只有 G1 收集器会有这种行为。

❏ 整堆收集（Full GC）：收集整个 Java 堆和方法区的垃圾收集。

---

## 3.3.2　标记 – 清除算法

最早出现也是最基础的垃圾收集算法是"标记 – 清除"（Mark-Sweep）算法，在 1960 年由 Lisp 之父 John McCarthy 所提出。如它的名字一样，算法分为"标记"和"清除"两个阶段：首先标记出所有需要回收的对象，在标记完成后，统一回收掉所有被标记的对象，也可以反过来，标记存活的对象，统一回收所有未被标记的对象。标记过程就是对象是否属于垃圾的判定过程，这在前一节讲述垃圾对象标记判定算法时其实已经介绍过了。

之所以说它是最基础的收集算法，是因为后续的收集算法大多都是以标记 – 清除算法为基础，对其缺点进行改进而得到的。它的主要缺点有两个：第一个是执行效率不稳定，如果 Java 堆中包含大量对象，而且其中大部分是需要被回收的，这时必须进行大量标记和清除的动作，导致标记和清除两个过程的执行效率都随对象数量增长而降低；第二个是内存空间的碎片化问题，标记、清除之后会产生大量不连续的内存碎片，空间碎片太多可能会导致当以后在程序运行过程中需要分配较大对象时无法找到足够的连续内存而不得不提前触发另一次垃圾收集动作。标记 – 清除算法的执行过程如图 3-2 所示。

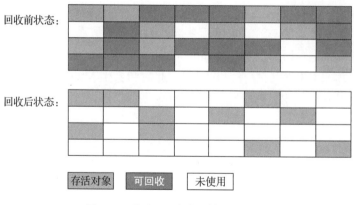

图 3-2 "标记 – 清除"算法示意图

### 3.3.3 标记 – 复制算法

标记 – 复制算法常被简称为复制算法。为了解决标记 – 清除算法面对大量可回收对象时执行效率低的问题，1969 年 Fenichel 提出了一种称为"半区复制"（Semispace Copying）的垃圾收集算法，它将可用内存按容量划分为大小相等的两块，每次只使用其中的一块。当这一块的内存用完了，就将还存活着的对象复制到另外一块上面，然后再把已使用过的内存空间一次清理掉。如果内存中多数对象都是存活的，这种算法将会产生大量的内存间复制的开销，但对于多数对象都是可回收的情况，算法需要复制的就是占少数的存活对象，而且每次都是针对整个半区进行内存回收，分配内存时也就不用考虑有空间碎片的复杂情况，只要移动堆顶指针，按顺序分配即可。这样实现简单，运行高效，不过其缺陷也显而易见，这种复制回收算法的代价是将可用内存缩小为了原来的一半，空间浪费未免太多了一点。标记 – 复制算法的执行过程如图 3-3 所示。

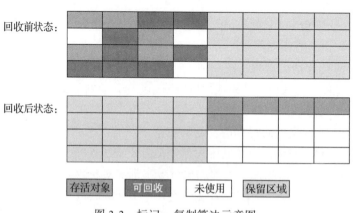

图 3-3 标记 – 复制算法示意图

现在的商用 Java 虚拟机大多都优先采用了这种收集算法去回收新生代，IBM 公司曾有一项专门研究对新生代"朝生夕灭"的特点做了更量化的诠释——新生代中的对象有 98%熬不过第一轮收集。因此并不需要按照 1∶1 的比例来划分新生代的内存空间。

在 1989 年，Andrew Appel 针对具备"朝生夕灭"特点的对象，提出了一种更优化的半区复制分代策略，现在称为"Appel 式回收"。HotSpot 虚拟机的 Serial、ParNew 等新生代收集器均采用了这种策略来设计新生代的内存布局⊖。Appel 式回收的具体做法是把新生代分为一块较大的 Eden 空间和两块较小的 Survivor 空间，每次分配内存只使用 Eden 和其中一块 Survivor。发生垃圾收集时，将 Eden 和 Survivor 中仍然存活的对象一次性复制到另外一块 Survivor 空间上，然后直接清理掉 Eden 和已用过的那块 Survivor 空间。HotSpot 虚拟机默认 Eden 和 Survivor 的大小比例是 8∶1，也即每次新生代中可用内存空间为整个新生代容量的 90%（Eden 的 80% 加上一个 Survivor 的 10%），只有一个 Survivor 空间，即 10% 的新生代是会被"浪费"的。当然，98% 的对象可被回收仅仅是"普通场景"下测得的数据，任何人都没有办法百分百保证每次回收都只有不多于 10% 的对象存活，因此 Appel 式回收还有一个充当罕见情况的"逃生门"的安全设计，当 Survivor 空间不足以容纳一次 Minor GC 之后存活的对象时，就需要依赖其他内存区域（实际上大多就是老年代）进行分配担保（Handle Promotion）。

内存的分配担保好比我们去银行借款，如果我们信誉很好，在 98% 的情况下都能按时偿还，于是银行可能会默认我们下一次也能按时按量地偿还贷款，只需要有一个担保人能保证如果我不能还款时，可以从他的账户扣钱，那银行就认为没有什么风险了。内存的分配担保也一样，如果另外一块 Survivor 空间没有足够空间存放上一次新生代收集下来的存活对象，这些对象便将通过分配担保机制直接进入老年代，这对虚拟机来说就是安全的。关于对新生代进行分配担保的内容，在稍后的 3.8.5 节介绍垃圾收集器执行规则时还会再进行讲解。

### 3.3.4　标记 – 整理算法

标记 – 复制算法在对象存活率较高时就要进行较多的复制操作，效率将会降低。更关键的是，如果不想浪费 50% 的空间，就需要有额外的空间进行分配担保，以应对被使用的内存中所有对象都 100% 存活的极端情况，所以在老年代一般不能直接选用这种算法。

针对老年代对象的存亡特征，1974 年 Edward Lueders 提出了另外一种有针对性的"标记 – 整理"（Mark-Compact）算法，其中的标记过程仍然与"标记 – 清除"算法一样，但后续步骤不是直接对可回收对象进行清理，而是让所有存活的对象都向内存空间一端移动，然后直接清理掉边界以外的内存，"标记 – 整理"算法的示意图如图 3-4 所示。

标记 – 清除算法与标记 – 整理算法的本质差异在于前者是一种非移动式的回收算法，而后者是移动式的。是否移动回收后的存活对象是一项优缺点并存的风险决策：

---

⊖　这里需要说明一下，HotSpot 中的这种分代方式从最初就是这种布局，和 IBM 的研究并没有什么实际关系。这里笔者列举 IBM 的研究只是为了说明这种分代布局的意义所在。

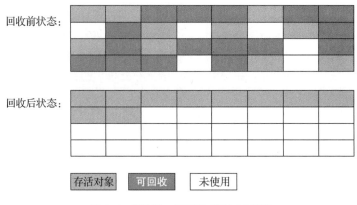

回收前状态：

回收后状态：

存活对象　　可回收　　未使用

图 3-4 "标记 – 整理"算法示意图

　　如果移动存活对象，尤其是在老年代这种每次回收都有大量对象存活区域，移动存活对象并更新所有引用这些对象的地方将会是一种极为负重的操作，而且这种对象移动操作必须全程暂停用户应用程序才能进行⊖，这就更加让使用者不得不小心翼翼地权衡其弊端了，像这样的停顿被最初的虚拟机设计者形象地描述为"Stop The World"⊖。

　　但如果跟标记 – 清除算法那样完全不考虑移动和整理存活对象的话，弥散于堆中的存活对象导致的空间碎片化问题就只能依赖更为复杂的内存分配器和内存访问器来解决。譬如通过"分区空闲分配链表"来解决内存分配问题（计算机硬盘存储大文件就不要求物理连续的磁盘空间，能够在碎片化的硬盘上存储和访问就是通过硬盘分区表实现的）。内存的访问是用户程序最频繁的操作，甚至都没有之一，假如在这个环节上增加了额外的负担，势必会直接影响应用程序的吞吐量。

　　基于以上两点，是否移动对象都存在弊端，移动则内存回收时会更复杂，不移动则内存分配时会更复杂。从垃圾收集的停顿时间来看，不移动对象停顿时间会更短，甚至可以不需要停顿，但是从整个程序的吞吐量来看，移动对象会更划算。此语境中，吞吐量的实质是赋值器（Mutator，可以理解为使用垃圾收集的用户程序，本书为便于理解，多数地方用"用户程序"或"用户线程"代替）与收集器的效率总和。即使不移动对象会使得收集器的效率提升一些，但因内存分配和访问相比垃圾收集频率要高得多，这部分的耗时增加，总吞吐量仍然是下降的。HotSpot 虚拟机里面关注吞吐量的 Parallel Old 收集器是基于标记 – 整理算法的，而关注延迟的 CMS 收集器则是基于标记 – 清除算法的，这也从侧面印证这点。

　　另外，还有一种"和稀泥式"解决方案可以不在内存分配和访问上增加太大额外负担，

---

　　⊖　最新的 ZGC 和 Shenandoah 收集器使用读屏障（Read Barrier）技术实现了整理过程与用户线程的并发执行，稍后将会介绍这种收集器的工作原理。

　　⊖　通常标记 – 清除算法也是需要停顿用户线程来标记、清理可回收对象的，只是停顿时间相对而言要来得短而已。

做法是让虚拟机平时多数时间都采用标记 – 清除算法，暂时容忍内存碎片的存在，直到内存空间的碎片化程度已经大到影响对象分配时，再采用标记 – 整理算法收集一次，以获得规整的内存空间。前面提到的基于标记 – 清除算法的 CMS 收集器面临空间碎片过多时采用的就是这种处理办法。

## 3.4　HotSpot 的算法细节实现

3.2、3.3 节从理论原理上介绍了常见的对象存活判定算法和垃圾收集算法，Java 虚拟机实现这些算法时，必须对算法的执行效率有严格的考量，才能保证虚拟机高效运行。本章设置这部分内容主要是为了稍后介绍各款垃圾收集器时做前置知识铺垫，如果读者对这部分内容感到枯燥或者疑惑，不妨先跳过去，等后续遇到要使用它们的实际场景、实际问题时再结合问题，重新翻阅和理解。

### 3.4.1　根节点枚举

我们以可达性分析算法中从 GC Roots 集合找引用链这个操作作为介绍虚拟机高效实现的第一个例子。固定可作为 GC Roots 的节点主要在全局性的引用（例如常量或类静态属性）与执行上下文（例如栈帧中的本地变量表）中，尽管目标明确，但查找过程要做到高效并非一件容易的事情，现在 Java 应用越做越庞大，光是方法区的大小就常有数百上千兆，里面的类、常量等更是恒河沙数，若要逐个检查以这里为起源的引用肯定得消耗不少时间。

迄今为止，所有收集器在根节点枚举这一步骤时都是必须暂停用户线程的，因此毫无疑问根节点枚举与之前提及的整理内存碎片一样会面临相似的 "Stop The World" 的困扰。现在可达性分析算法耗时最长的查找引用链的过程已经可以做到与用户线程一起并发（具体见 3.4.6 节），但根节点枚举始终还是必须在一个能保障一致性的快照中才得以进行——这里 "一致性" 的意思是整个枚举期间执行子系统看起来就像被冻结在某个时间点上，不会出现分析过程中，根节点集合的对象引用关系还在不断变化的情况，若这点不能满足的话，分析结果准确性也就无法保证。这是导致垃圾收集过程必须停顿所有用户线程的其中一个重要原因，即使是号称停顿时间可控，或者（几乎）不会发生停顿的 CMS、G1、ZGC 等收集器，枚举根节点时也是必须要停顿的。

由于目前主流 Java 虚拟机使用的都是准确式垃圾收集（这个概念在第 1 章介绍 Exact VM 相对于 Classic VM 的改进时介绍过），所以当用户线程停顿下来之后，其实并不需要一个不漏地检查完所有执行上下文和全局的引用位置，虚拟机应当是有办法直接得到哪些地方存放着对象引用的。在 HotSpot 的解决方案里，是使用一组称为 OopMap 的数据结构来达到这个目的。一旦类加载动作完成的时候，HotSpot 就会把对象内什么偏移量上是什么类型的数据计算出来，在即时编译（见第 11 章）过程中，也会在特定的位置记录下栈里和寄存器里哪些位置是引用。这样收集器在扫描时就可以直接得知这些信息了，并不需要真正一个不漏地从方法区等 GC Roots 开始查找。

下面代码清单 3-3 是 HotSpot 虚拟机客户端模式下生成的一段 String::hashCode() 方法的本地代码，可以看到在 0x026eb7a9 处的 call 指令有 OopMap 记录，它指明了 EBX 寄存器和栈中偏移量为 16 的内存区域中各有一个普通对象指针（Ordinary Object Pointer，OOP）的引用，有效范围为从 call 指令开始直到 0x026eb730（指令流的起始位置）+142（OopMap 记录的偏移量）=0x026eb7be，即 hlt 指令为止。

代码清单 3-3　String.hashCode() 方法编译后的本地代码

```
[Verified Entry Point]
0x026eb730: mov     %eax,-0x8000(%esp)
............
;; ImplicitNullCheckStub slow case
0x026eb7a9: call    0x026e83e0      ; OopMap{ebx=Oop [16]=Oop off=142}
                                    ; *caload
                                    ; - java.lang.String::hashCode@48 (line 1489)
                                    ;   {runtime_call}
    0x026eb7ae: push    $0x83c5c18  ;   {external_word}
    0x026eb7b3: call    0x026eb7b8
    0x026eb7b8: pusha
    0x026eb7b9: call    0x0822bec0  ;   {runtime_call}
    0x026eb7be: hlt
```

### 3.4.2　安全点

在 OopMap 的协助下，HotSpot 可以快速准确地完成 GC Roots 枚举，但一个很现实的问题随之而来：可能导致引用关系变化，或者说导致 OopMap 内容变化的指令非常多，如果为每一条指令都生成对应的 OopMap，那将会需要大量的额外存储空间，这样垃圾收集伴随而来的空间成本就会变得无法忍受的高昂。

实际上 HotSpot 也的确没有为每条指令都生成 OopMap，前面已经提到，只是在"特定的位置"记录了这些信息，这些位置被称为安全点（Safepoint）。有了安全点的设定，也就决定了用户程序执行时并非在代码指令流的任意位置都能够停顿下来开始垃圾收集，而是强制要求必须执行到达安全点后才能够暂停。因此，安全点的选定既不能太少以至于让收集器等待时间过长，也不能太过频繁以至于过分增大运行时的内存负荷。安全点位置的选取基本上是以"是否具有让程序长时间执行的特征"为标准进行选定的，因为每条指令执行的时间都非常短暂，程序不太可能因为指令流长度太长这样的原因而长时间执行，"长时间执行"的最明显特征就是指令序列的复用，例如方法调用、循环跳转、异常跳转等都属于指令序列复用，所以只有具有这些功能的指令才会产生安全点。

对于安全点，另外一个需要考虑的问题是，如何在垃圾收集发生时让所有线程（这里其实不包括执行 JNI 调用的线程）都跑到最近的安全点，然后停顿下来。这里有两种方案可供选择：抢先式中断（Preemptive Suspension）和主动式中断（Voluntary Suspension），抢先式中断不需要线程的执行代码主动去配合，在垃圾收集发生时，系统首先把所有用户线程全部中断，如果发现有用户线程中断的地方不在安全点上，就恢复这条线程执行，让它一会再重新中断，直到跑到安全点上。现在几乎没有虚拟机实现采用抢先式中断来暂停线程响应 GC 事件。

　　而主动式中断的思想是当垃圾收集需要中断线程的时候，不直接对线程操作，仅仅简单地设置一个标志位，各个线程执行过程时会不停地主动去轮询这个标志，一旦发现中断标志为真时就自己在最近的安全点上主动中断挂起。轮询标志的地方和安全点是重合的，另外还要加上所有创建对象和其他需要在 Java 堆上分配内存的地方，这是为了检查是否即将要发生垃圾收集，避免没有足够内存分配新对象。

　　由于轮询操作在代码中会频繁出现，这要求它必须足够高效。HotSpot 使用内存保护陷阱的方式，把轮询操作精简至只有一条汇编指令的程度。下面代码清单 3-4 中的 test 指令就是 HotSpot 生成的轮询指令，当需要暂停用户线程时，虚拟机把 0x160100 的内存页设置为不可读，那线程执行到 test 指令时就会产生一个自陷异常信号，然后在预先注册的异常处理器中挂起线程实现等待，这样仅通过一条汇编指令便完成安全点轮询和触发线程中断了。

代码清单 3-4　轮询指令

```
0x01b6d627: call    0x01b2b210          ; OopMap{[60]=Oop off=460}
                                        ; *invokeinterface size
                                        ; - Client1::main@113 (line 23)
                                        ;   {virtual_call}
0x01b6d62c: nop                         ; OopMap{[60]=Oop off=461}
                                        ; *if_icmplt
                                        ; - Client1::main@118 (line 23)
0x01b6d62d: test    %eax,0x160100       ;   {poll}
0x01b6d633: mov     0x50(%esp),%esi
0x01b6d637: cmp     %eax,%esi
```

### 3.4.3　安全区域

　　使用安全点的设计似乎已经完美解决如何停顿用户线程，让虚拟机进入垃圾回收状态的问题了，但实际情况却并不一定。安全点机制保证了程序执行时，在不太长的时间内就会遇到可进入垃圾收集过程的安全点。但是，程序"不执行"的时候呢？所谓的程序不执行就是没有分配处理器时间，典型的场景便是用户线程处于 Sleep 状态或者 Blocked 状态，这时候线程无法响应虚拟机的中断请求，不能再走到安全的地方去中断挂起自己，虚拟机也显然不可能持续等待线程重新被激活分配处理器时间。对于这种情况，就必须引入安全区域（Safe Region）来解决。

　　安全区域是指能够确保在某一段代码片段之中，引用关系不会发生变化，因此，在这个区域中任意地方开始垃圾收集都是安全的。我们也可以把安全区域看作被扩展拉伸了的安全点。

当用户线程执行到安全区域里面的代码时，首先会标识自己已经进入了安全区域，那样当这段时间里虚拟机要发起垃圾收集时就不必去管这些已声明自己在安全区域内的线程了。当线程要离开安全区域时，它要检查虚拟机是否已经完成了根节点枚举（或者垃圾收集过程中其他需要暂停用户线程的阶段），如果完成了，那线程就当作没事发生过，继续执行；否则它就必须一直等待，直到收到可以离开安全区域的信号为止。

### 3.4.4　记忆集与卡表

讲解分代收集理论的时候，提到了为解决对象跨代引用所带来的问题，垃圾收集器在新生代中建立了名为记忆集（Remembered Set）的数据结构，用以避免把整个老年代加进GC Roots 扫描范围。事实上并不只是新生代、老年代之间才有跨代引用的问题，所有涉及部分区域收集（Partial GC）行为的垃圾收集器，典型的如 G1、ZGC 和 Shenandoah 收集器，都会面临相同的问题，因此我们有必要进一步理清记忆集的原理和实现方式，以便在后续章节里介绍几款最新的收集器相关知识时能更好地理解。

记忆集是一种用于记录从非收集区域指向收集区域的指针集合的抽象数据结构。如果我们不考虑效率和成本的话，最简单的实现可以用非收集区域中所有含跨代引用的对象数组来实现这个数据结构，如代码清单 3-5 所示：

**代码清单 3-5　以对象指针来实现记忆集的伪代码**

```
Class RememberedSet {
    Object[] set[OBJECT_INTERGENERATIONAL_REFERENCE_SIZE];
}
```

这种记录全部含跨代引用对象的实现方案，无论是空间占用还是维护成本都相当高昂。而在垃圾收集的场景中，收集器只需要通过记忆集判断出某一块非收集区域是否存在有指向了收集区域的指针就可以了，并不需要了解这些跨代指针的全部细节。那设计者在实现记忆集的时候，便可以选择更为粗犷的记录粒度来节省记忆集的存储和维护成本，下面列举了一些可供选择（当然也可以选择这个范围以外的）的记录精度：

- ❑ **字长精度**：每个记录精确到一个机器字长（就是处理器的寻址位数，如常见的 32 位或 64 位，这个精度决定了机器访问物理内存地址的指针长度），该字包含跨代指针。
- ❑ **对象精度**：每个记录精确到一个对象，该对象里有字段含有跨代指针。
- ❑ **卡精度**：每个记录精确到一块内存区域，该区域内有对象含有跨代指针。

其中，第三种"卡精度"所指的是用一种称为"卡表"（Card Table）的方式去实现记忆集<sup>⊖</sup>，这也是目前最常用的一种记忆集实现形式，一些资料中甚至直接把它和记忆集混为一谈。前面定义中提到记忆集其实是一种"抽象"的数据结构，抽象的意思是只定义了记忆集的行为意图，并没有定义其行为的具体实现。卡表就是记忆集的一种具体实现，它定义

---

⊖　由 Antony Hosking 在 1993 年发表的论文《Remembered sets can also play cards》中提出。

了记忆集的记录精度、与堆内存的映射关系等。关于卡表与记忆集的关系，读者不妨按照
Java 语言中 HashMap 与 Map 的关系来类比理解。

　　卡表最简单的形式可以只是一个字节数组<sup>⊖</sup>，而 HotSpot 虚拟机确实也是这样做的。以
下这行代码是 HotSpot 默认的卡表标记逻辑<sup>⊜</sup>：

```
CARD_TABLE [this address >> 9] = 1;
```

　　字节数组 CARD_TABLE 的每一个元素都对应着其标识的内存区域中一块特定大小的
内存块，这个内存块被称作"卡页"（Card Page）。一般来说，卡页大小都是以 2 的 N 次幂
的字节数，通过上面代码可以看出 HotSpot 中使用的卡页是 2 的 9 次幂，即 512 字节（地
址右移 9 位，相当于用地址除以 512）。那如果卡表标识
内存区域的起始地址是 0x0000 的话，数组 CARD_TABLE
的第 0、1、2 号元素，分别对应了地址范围为 0x0000～
0x01FF、0x0200～0x03FF、0x0400～0x05FF 的卡页内存
块<sup>⊜</sup>，如图 3-5 所示。

　　一个卡页的内存中通常包含不止一个对象，只要卡
页内有一个（或更多）对象的字段存在着跨代指针，那就
将对应卡表的数组元素的值标识为 1，称为这个元素变脏
（Dirty），没有则标识为 0。在垃圾收集发生时，只要筛选
出卡表中变脏的元素，就能轻易得出哪些卡页内存块中包
含跨代指针，把它们加入 GC Roots 中一并扫描。

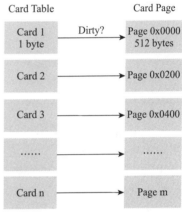

图 3-5　卡表与卡页对应示意图

### 3.4.5　写屏障

　　我们已经解决了如何使用记忆集来缩减 GC Roots 扫描范围的问题，但还没有解决卡表
元素如何维护的问题，例如它们何时变脏、谁来把它们变脏等。

　　卡表元素何时变脏的答案是很明确的——有其他分代区域中对象引用了本区域对象时，
其对应的卡表元素就应该变脏，变脏时间点原则上应该发生在引用类型字段赋值的那一刻。
但问题是如何变脏，即如何在对象赋值的那一刻去更新维护卡表呢？假如是解释执行的字
节码，那相对好处理，虚拟机负责每条字节码指令的执行，有充分的介入空间；但在编译
执行的场景中呢？经过即时编译后的代码已经是纯粹的机器指令流了，这就必须找到一个
在机器码层面的手段，把维护卡表的动作放到每一个赋值操作之中。

---

　　⊖　之所以使用 byte 数组而不是 bit 数组主要是速度上的考量，现代计算机硬件都是最小按字节寻址的，没
　　　　有直接存储一个 bit 的指令，所以要用 bit 的话就不得不多消耗几条 shift+mask 指令。具体可见 HotSpot
　　　　应用写屏障实现记忆集的原始论文《A Fast Write Barrier for Generational Garbage Collectors》（http://
　　　　www.hoelzle.org/publications/write-barrier.pdf）。

　　⊜　引用来源为 http://psy-lob-saw.blogspot.com/2014/10/the-jvm-write-barrier-card-marking.html。

　　⊜　十六进制数 200、400 分别为十进制的 512、1024，这 3 个内存块是从 0 开始、512 字节容量的相邻区域。

在 HotSpot 虚拟机里是通过写屏障（Write Barrier）技术维护卡表状态的。先请读者注意将这里提到的"写屏障"，以及后面在低延迟收集器中会提到的"读屏障"与解决并发乱序执行问题中的"内存屏障"<sup>⊖</sup>区分开来，避免混淆。写屏障可以看作在虚拟机层面对"引用类型字段赋值"这个动作的 AOP 切面<sup>⊜</sup>，在引用对象赋值时会产生一个环形（Around）通知，供程序执行额外的动作，也就是说赋值的前后都在写屏障的覆盖范畴内。在赋值前的部分的写屏障叫作写前屏障（Pre-Write Barrier），在赋值后的则叫作写后屏障（Post-Write Barrier）。HotSpot 虚拟机的许多收集器中都有使用到写屏障，但直至 G1 收集器出现之前，其他收集器都只用到了写后屏障。下面这段代码清单 3-6 是一段更新卡表状态的简化逻辑：

**代码清单 3-6　写后屏障更新卡表**

```
void oop_field_store(oop* field, oop new_value) {
    // 引用字段赋值操作
    *field = new_value;
    // 写后屏障，在这里完成卡表状态更新
    post_write_barrier(field, new_value);
}
```

应用写屏障后，虚拟机就会为所有赋值操作生成相应的指令，一旦收集器在写屏障中增加了更新卡表操作，无论更新的是不是老年代对新生代对象的引用，每次只要对引用进行更新，就会产生额外的开销，不过这个开销与 Minor GC 时扫描整个老年代的代价相比还是低得多的。

除了写屏障的开销外，卡表在高并发场景下还面临着"伪共享"（False Sharing）问题。伪共享是处理并发底层细节时一种经常需要考虑的问题，现代中央处理器的缓存系统中是以缓存行（Cache Line）为单位存储的，当多线程修改互相独立的变量时，如果这些变量恰好共享同一个缓存行，就会彼此影响（写回、无效化或者同步）而导致性能降低，这就是伪共享问题。

假设处理器的缓存行大小为 64 字节，由于一个卡表元素占 1 个字节，64 个卡表元素将共享同一个缓存行。这 64 个卡表元素对应的卡页总的内存为 32KB（64×512 字节），也就是说如果不同线程更新的对象正好处于这 32KB 的内存区域内，就会导致更新卡表时正好写入同一个缓存行而影响性能。为了避免伪共享问题，一种简单的解决方案是不采用无条件的写屏障，而是先检查卡表标记，只有当该卡表元素未被标记过时才将其标记为变脏，即将卡表更新的逻辑变为以下代码所示：

---

⊖ 这个语境上的内存屏障（Memory Barrier）的目的是为了指令不因编译优化、CPU 执行优化等原因而导致乱序执行，它也是可以细分为仅确保读操作顺序正确性和仅确保写操作顺序正确性的内存屏障的。关于并发问题中内存屏障的介绍，可以参考本书第 12 章中关于 volatile 型变量的讲解。

⊜ AOP 为 Aspect Oriented Programming 的缩写，意为面向切面编程，通过预编译方式和运行期动态代理实现程序功能的统一维护的一种技术。后面提到的"环形通知"也是 AOP 中的概念，使用过 Spring 的读者应该都了解这些基础概念。

```
if (CARD_TABLE [this address >> 9] != 1)
    CARD_TABLE [this address >> 9] = 1;
```

在 JDK 7 之后，HotSpot 虚拟机增加了一个新的参数 -XX:+UseCondCardMark，用来决定是否开启卡表更新的条件判断。开启会增加一次额外判断的开销，但能够避免伪共享问题，两者各有性能损耗，是否打开要根据应用实际运行情况来进行测试权衡。

## 3.4.6　并发的可达性分析

在 3.2 节中曾经提到了当前主流编程语言的垃圾收集器基本上都是依靠可达性分析算法来判定对象是否存活的，可达性分析算法理论上要求全过程都基于一个能保障一致性的快照中才能够进行分析，这意味着必须全程冻结用户线程的运行。在根节点枚举（见 3.4.1 节）这个步骤中，由于 GC Roots 相比起整个 Java 堆中全部的对象毕竟还算是极少数，且在各种优化技巧（如 OopMap）的加持下，它带来的停顿已经是非常短暂且相对固定（不随堆容量而增长）的了。可从 GC Roots 再继续往下遍历对象图，这一步骤的停顿时间就必定会与 Java 堆容量直接成正比例关系了：堆越大，存储的对象越多，对象图结构越复杂，要标记更多对象而产生的停顿时间自然就更长，这听起来是理所当然的事情。

要知道包含"标记"阶段是所有追踪式垃圾收集算法的共同特征，如果这个阶段会随着堆变大而等比例增加停顿时间，其影响就会波及几乎所有的垃圾收集器，同理可知，如果能够削减这部分停顿时间的话，那收益也将会是系统性的。

想解决或者降低用户线程的停顿，就要先搞清楚为什么必须在一个能保障一致性的快照上才能进行对象图的遍历？为了能解释清楚这个问题，我们引入三色标记（Tri-color Marking）⊖作为工具来辅助推导，把遍历对象图过程中遇到的对象，按照"是否访问过"这个条件标记成以下三种颜色：

- ❑ **白色**：表示对象尚未被垃圾收集器访问过。显然在可达性分析刚刚开始的阶段，所有的对象都是白色的，若在分析结束的阶段，仍然是白色的对象，即代表不可达。
- ❑ **黑色**：表示对象已经被垃圾收集器访问过，且这个对象的所有引用都已经扫描过。黑色的对象代表已经扫描过，它是安全存活的，如果有其他对象引用指向了黑色对象，无须重新扫描一遍。黑色对象不可能直接（不经过灰色对象）指向某个白色对象。
- ❑ **灰色**：表示对象已经被垃圾收集器访问过，但这个对象上至少存在一个引用还没有被扫描过。

关于可达性分析的扫描过程，读者不妨发挥一下想象力，把它看作对象图上一股以灰色为波峰的波纹从黑向白推进的过程，如果用户线程此时是冻结的，只有收集器线程在工作，那不会有任何问题。但如果用户线程与收集器是并发工作呢？收集器在对象图上标记颜色，同时用户线程在修改引用关系——即修改对象图的结构，这样可能出现两种后果。一

---

⊖　三色标记的介绍可参见 https://en.wikipedia.org/wiki/Tracing_garbage_collection#Tri-color_marking。

种是把原本消亡的对象错误标记为存活，这不是好事，但其实是可以容忍的，只不过产生了一点逃过本次收集的浮动垃圾而已，下次收集清理掉就好。另一种是把原本存活的对象错误标记为已消亡，这就是非常致命的后果了，程序肯定会因此发生错误，下面表 3-1 演示了这样的致命错误具体是如何产生的。

表 3-1　并发出现"对象消失"问题的示意[⊖]

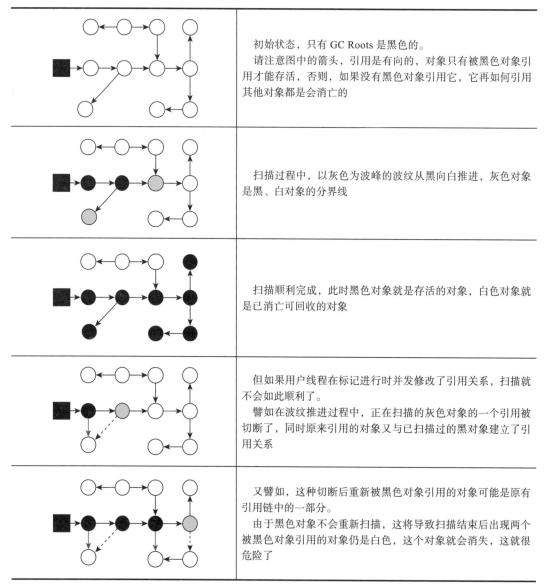

| | |
|---|---|
| | 初始状态，只有 GC Roots 是黑色的。<br>请注意图中的箭头，引用是有向的，对象只有被黑色对象引用才能存活，否则，如果没有黑色对象引用它，它再如何引用其他对象都是会消亡的 |
| | 扫描过程中，以灰色为波峰的波纹从黑向白推进，灰色对象是黑、白对象的分界线 |
| | 扫描顺利完成，此时黑色对象就是存活的对象，白色对象就是已消亡可回收的对象 |
| | 但如果用户线程在标记进行时并发修改了引用关系，扫描就不会如此顺利了。<br>譬如在波纹推进过程中，正在扫描的灰色对象的一个引用被切断了，同时原来引用的对象又与已扫描过的黑对象建立了引用关系 |
| | 又譬如，这种切断后重新被黑色对象引用的对象可能是原有引用链中的一部分。<br>由于黑色对象不会重新扫描，这将导致扫描结束后出现两个被黑色对象引用的对象仍是白色，这个对象就会消失，这就很危险了 |

⊖　此例子中的图片引用了 Aleksey Shipilev 在 DEVOXX 2017 上的主题演讲：《 Shenandoah GC Part I: The Garbage Collector That Could 》。

Wilson 于 1994 年在理论上证明了，当且仅当以下两个条件同时满足时，会产生"对象消失"的问题，即原本应该是黑色的对象被误标为白色：

❑ 赋值器插入了一条或多条从黑色对象到白色对象的新引用；

❑ 赋值器删除了全部从灰色对象到该白色对象的直接或间接引用。

因此，我们要解决并发扫描时的对象消失问题，只需破坏这两个条件的任意一个即可。由此分别产生了两种解决方案：增量更新（Incremental Update）和原始快照（Snapshot At The Beginning，SATB）。

增量更新要破坏的是第一个条件，当黑色对象插入新的指向白色对象的引用关系时，就将这个新插入的引用记录下来，等并发扫描结束之后，再将这些记录过的引用关系中的黑色对象为根，重新扫描一次。这可以简化理解为，黑色对象一旦新插入了指向白色对象的引用之后，它就变回灰色对象了。

原始快照要破坏的是第二个条件，当灰色对象要删除指向白色对象的引用关系时，就将这个要删除的引用记录下来，在并发扫描结束之后，再将这些记录过的引用关系中的灰色对象为根，重新扫描一次。这也可以简化理解为，无论引用关系删除与否，都会按照刚刚开始扫描那一刻的对象图快照来进行搜索。

以上无论是对引用关系记录的插入还是删除，虚拟机的记录操作都是通过写屏障实现的。在 HotSpot 虚拟机中，增量更新和原始快照这两种解决方案都有实际应用，譬如，CMS 是基于增量更新来做并发标记的，G1、Shenandoah 则是用原始快照来实现。

到这里，笔者简要介绍了 HotSpot 虚拟机如何发起内存回收、如何加速内存回收，以及如何保证回收正确性等问题，但是虚拟机如何具体地进行内存回收动作仍然未涉及。因为内存回收如何进行是由虚拟机所采用哪一款垃圾收集器所决定的，而通常虚拟机中往往有多种垃圾收集器，下面笔者将逐一介绍 HotSpot 虚拟机中出现过的垃圾收集器。

## 3.5　经典垃圾收集器

如果说收集算法是内存回收的方法论，那垃圾收集器就是内存回收的实践者。《Java 虚拟机规范》中对垃圾收集器应该如何实现并没有做出任何规定，因此不同的厂商、不同版本的虚拟机所包含的垃圾收集器都可能会有很大差别，不同的虚拟机一般也都会提供各种参数供用户根据自己的应用特点和要求组合出各个内存分代所使用的收集器。

本节标题中"经典"二字并非情怀，它其实是讨论范围的限定语，这里讨论的是在 JDK 7 Update 4 之后（在这个版本中正式提供了商用的 G1 收集器，此前 G1 仍处于实验状态）、JDK 11 正式发布之前，OracleJDK 中的 HotSpot 虚拟机⊖所包含的全部可用的垃圾收集器。使用"经典"二字是为了与几款目前仍处于实验状态，但执行效果上有革命性改进

---

⊖　这里专门强调了 OracleJDK 是因为要把 OpenJDK，尤其是 OpenJDK-Shenandoah-JDK8 这种 Backports 项目排除在外，在本书故事的时间线里，Shenandoah 要到 OpenJDK 12 才会登场，请读者耐心等待。

的高性能低延迟收集器区分开来，这些经典的收集器尽管已经算不上是最先进的技术，但它们曾在实践中千锤百炼，足够成熟，基本上可认为是现在到未来两、三年内，能够在商用生产环境上放心使用的全部垃圾收集器了。各款经典收集器之间的关系如图 3-6 所示。

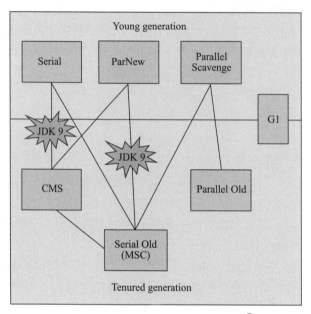

图 3-6　HotSpot 虚拟机的垃圾收集器⊖

　　图 3-6 展示了七种作用于不同分代的收集器，如果两个收集器之间存在连线，就说明它们可以搭配使用⊖，图中收集器所处的区域，则表示它是属于新生代收集器抑或是老年代收集器。接下来笔者将逐一介绍这些收集器的目标、特性、原理和使用场景，并重点分析 CMS 和 G1 这两款相对复杂而又广泛使用的收集器，深入了解它们的部分运作细节。

　　在介绍这些收集器各自的特性之前，让我们先来明确一个观点：虽然我们会对各个收集器进行比较，但并非为了挑选一个最好的收集器出来，虽然垃圾收集器的技术在不断进步，但直到现在还没有最好的收集器出现，更加不存在"万能"的收集器，所以我们选择的只是对具体应用最合适的收集器。这点不需要多加论述就能证明：如果有一种放之四海皆准、任何场景下都适用的完美收集器存在，HotSpot 虚拟机完全没必要实现那么多种不同的收集器了。

### 3.5.1　Serial 收集器

　　Serial 收集器是最基础、历史最悠久的收集器，曾经（在 JDK 1.3.1 之前）是 HotSpot

---

　　⊖　图片来源：https://blogs.oracle.com/jonthecollector/our_collectors。
　　⊖　这个关系不是一成不变的，由于维护和兼容性测试的成本，在 JDK 8 时将 Serial + CMS、ParNew + Serial Old 这两个组合声明为废弃（JEP 173），并在 JDK 9 中完全取消了这些组合的支持（JEP 214）。

虚拟机新生代收集器的唯一选择。大家只看名字就能够猜到，这个收集器是一个单线程工作的收集器，但它的"单线程"的意义并不仅仅是说明它只会使用一个处理器或一条收集线程去完成垃圾收集工作，更重要的是强调在它进行垃圾收集时，必须暂停其他所有工作线程，直到它收集结束。"Stop The World"这个词语也许听起来很酷，但这项工作是由虚拟机在后台自动发起和自动完成的，在用户不可知、不可控的情况下把用户的正常工作的线程全部停掉，这对很多应用来说都是不能接受的。读者不妨试想一下，要是你的电脑每运行一个小时就会暂停响应五分钟，你会有什么样的心情？图 3-7 示意了 Serial/Serial Old 收集器的运行过程。

图 3-7　Serial/Serial Old 收集器运行示意图

对于"Stop The World"带给用户的恶劣体验，早期 HotSpot 虚拟机的设计者们表示完全理解，但也同时表示非常委屈："你妈妈在给你打扫房间的时候，肯定也会让你老老实实地在椅子上或者房间外待着，如果她一边打扫，你一边乱扔纸屑，这房间还能打扫完？"这确实是一个合情合理的矛盾，虽然垃圾收集这项工作听起来和打扫房间属于一个工种，但实际上肯定还要比打扫房间复杂得多！

从 JDK 1.3 开始，一直到现在最新的 JDK 13，HotSpot 虚拟机开发团队为消除或者降低用户线程因垃圾收集而导致停顿的努力一直持续进行着，从 Serial 收集器到 Parallel 收集器，再到 Concurrent Mark Sweep（CMS）和 Garbage First（G1）收集器，最终至现在垃圾收集器的最前沿成果 Shenandoah 和 ZGC 等，我们看到了一个个越来越构思精巧，越来越优秀，也越来越复杂的垃圾收集器不断涌现，用户线程的停顿时间在持续缩短，但是仍然没有办法彻底消除（这里不去讨论 RTSJ 中的收集器），探索更优秀垃圾收集器的工作仍在继续。

写到这里，笔者似乎已经把 Serial 收集器描述成一个最早出现，但目前已经老而无用，食之无味，弃之可惜的"鸡肋"了，但事实上，迄今为止，它依然是 HotSpot 虚拟机运行在客户端模式下的默认新生代收集器，有着优于其他收集器的地方，那就是简单而高效（与其他收集器的单线程相比），对于内存资源受限的环境，它是所有收集器里额外内存消耗（Memory Footprint）⊖最小的；对于单核处理器或处理器核心数较少的环境来说，Serial 收集器由于没有线程交互的开销，专心做垃圾收集自然可以获得最高的单线程收集效率。在

---

⊖　Memory Footprint：内存占用，此语境中指为保证垃圾收集能够顺利高效地进行而存储的额外信息。

用户桌面的应用场景以及近年来流行的部分微服务应用中，分配给虚拟机管理的内存一般来说并不会特别大，收集几十兆甚至一两百兆的新生代（仅仅是指新生代使用的内存，桌面应用甚少超过这个容量），垃圾收集的停顿时间完全可以控制在十几、几十毫秒，最多一百多毫秒以内，只要不是频繁发生收集，这点停顿时间对许多用户来说是完全可以接受的。所以，Serial 收集器对于运行在客户端模式下的虚拟机来说是一个很好的选择。

### 3.5.2　ParNew 收集器

ParNew 收集器实质上是 Serial 收集器的多线程并行版本，除了同时使用多条线程进行垃圾收集之外，其余的行为包括 Serial 收集器可用的所有控制参数（例如：-XX:SurvivorRatio、-XX:PretenureSizeThreshold、-XX:HandlePromotionFailure 等）、收集算法、Stop The World、对象分配规则、回收策略等都与 Serial 收集器完全一致，在实现上这两种收集器也共用了相当多的代码。ParNew 收集器的工作过程如图 3-8 所示。

图 3-8　ParNew/Serial Old 收集器运行示意图

ParNew 收集器除了支持多线程并行收集之外，其他与 Serial 收集器相比并没有太多创新之处，但它却是不少运行在服务端模式下的 HotSpot 虚拟机，尤其是 JDK 7 之前的遗留系统中首选的新生代收集器，其中有一个与功能、性能无关但其实很重要的原因是：除了 Serial 收集器外，目前只有它能与 CMS 收集器配合工作。

在 JDK 5 发布时，HotSpot 推出了一款在强交互应用中几乎可称为具有划时代意义的垃圾收集器——CMS 收集器。这款收集器是 HotSpot 虚拟机中第一款真正意义上支持并发的垃圾收集器，它首次实现了让垃圾收集线程与用户线程（基本上）同时工作。

遗憾的是，CMS 作为老年代的收集器，却无法与 JDK 1.4.0 中已经存在的新生代收集器 Parallel Scavenge 配合工作⊖，所以在 JDK 5 中使用 CMS 来收集老年代的时候，新生代只能选择 ParNew 或者 Serial 收集器中的一个。ParNew 收集器是激活 CMS 后（使用 -XX:+UseConcMarkSweepGC 选项）的默认新生代收集器，也可以使用 -XX:+/-UseParNewGC 选项来强制指定或者禁用它。

---

⊖　除了一个面向低延迟一个面向高吞吐量的目标不一致外，技术上的原因是 Parallel Scavenge 收集器及后
　　面提到的 G1 收集器等都没有使用 HotSpot 中原本设计的垃圾收集器的分代框架，而选择另外独立实现。
　　Serial、ParNew 收集器则共用了这部分的框架代码，详细可参考：https://blogs.oracle.com/jonthecollector/
　　our_collectors。

可以说直到 CMS 的出现才巩固了 ParNew 的地位，但成也萧何败也萧何，随着垃圾收集器技术的不断改进，更先进的 G1 收集器带着 CMS 继承者和替代者的光环登场。G1 是一个面向全堆的收集器，不再需要其他新生代收集器的配合工作。所以自 JDK 9 开始，ParNew 加 CMS 收集器的组合就不再是官方推荐的服务端模式下的收集器解决方案了。官方希望它能完全被 G1 所取代，甚至还取消了 ParNew 加 Serial Old 以及 Serial 加 CMS 这两组收集器组合的支持（其实原本也很少人这样使用），并直接取消了 -XX:+UseParNewGC 参数，这意味着 ParNew 和 CMS 从此只能互相搭配使用，再也没有其他收集器能够和它们配合了。读者也可以理解为从此以后，ParNew 合并入 CMS，成为它专门处理新生代的组成部分。ParNew 可以说是 HotSpot 虚拟机中第一款退出历史舞台的垃圾收集器。

ParNew 收集器在单核心处理器的环境中绝对不会有比 Serial 收集器更好的效果，甚至由于存在线程交互的开销，该收集器在通过超线程（Hyper-Threading）技术实现的伪双核处理器环境中都不能百分之百保证超越 Serial 收集器。当然，随着可以被使用的处理器核心数量的增加，ParNew 对于垃圾收集时系统资源的高效利用还是很有好处的。它默认开启的收集线程数与处理器核心数量相同，在处理器核心非常多（譬如 32 个，现在 CPU 都是多核加超线程设计，服务器达到或超过 32 个逻辑核心的情况非常普遍）的环境中，可以使用 -XX:ParallelGCThreads 参数来限制垃圾收集的线程数。

 注意　从 ParNew 收集器开始，后面还将会接触到若干款涉及"并发"和"并行"概念的收集器。在大家可能产生疑惑之前，有必要先解释清楚这两个名词。并行和并发都是并发编程中的专业名词，在谈论垃圾收集器的上下文语境中，它们可以理解为：

❏ 并行（Parallel）：并行描述的是多条垃圾收集器线程之间的关系，说明同一时间有多条这样的线程在协同工作，通常默认此时用户线程是处于等待状态。

❏ 并发（Concurrent）：并发描述的是垃圾收集器线程与用户线程之间的关系，说明同一时间垃圾收集器线程与用户线程都在运行。由于用户线程并未被冻结，所以程序仍然能响应服务请求，但由于垃圾收集器线程占用了一部分系统资源，此时应用程序的处理的吞吐量将受到一定影响。

### 3.5.3　Parallel Scavenge 收集器

Parallel Scavenge 收集器也是一款新生代收集器，它同样是基于标记 – 复制算法实现的收集器，也是能够并行收集的多线程收集器……Parallel Scavenge 的诸多特性从表面上看和 ParNew 非常相似，那它有什么特别之处呢？

Parallel Scavenge 收集器的特点是它的关注点与其他收集器不同，CMS 等收集器的关注点是尽可能地缩短垃圾收集时用户线程的停顿时间，而 Parallel Scavenge 收集器的目标则是达到一个可控制的吞吐量（Throughput）。所谓吞吐量就是处理器用于运行用户代码的时间与处理器总消耗时间的比值，即：

$$吞吐量＝\frac{运行用户代码时间}{运行用户代码时间＋运行垃圾收集时间}$$

如果虚拟机完成某个任务，用户代码加上垃圾收集总共耗费了 100 分钟，其中垃圾收集花掉 1 分钟，那吞吐量就是 99%。停顿时间越短就越适合需要与用户交互或需要保证服务响应质量的程序，良好的响应速度能提升用户体验；而高吞吐量则可以最高效率地利用处理器资源，尽快完成程序的运算任务，主要适合在后台运算而不需要太多交互的分析任务。

Parallel Scavenge 收集器提供了两个参数用于精确控制吞吐量，分别是控制最大垃圾收集停顿时间的 -XX:MaxGCPauseMillis 参数以及直接设置吞吐量大小的 -XX:GCTimeRatio 参数。

-XX:MaxGCPauseMillis 参数允许的值是一个大于 0 的毫秒数，收集器将尽力保证内存回收花费的时间不超过用户设定值。不过大家不要异想天开地认为如果把这个参数的值设置得更小一点就能使得系统的垃圾收集速度变得更快，垃圾收集停顿时间缩短是以牺牲吞吐量和新生代空间为代价换取的：系统把新生代调得小一些，收集 300MB 新生代肯定比收集 500MB 快，但这也直接导致垃圾收集发生得更频繁，原来 10 秒收集一次、每次停顿 100 毫秒，现在变成 5 秒收集一次、每次停顿 70 毫秒。停顿时间的确在下降，但吞吐量也降下来了。

-XX:GCTimeRatio 参数的值应设置为一个正整数，表示用户期望虚拟机消耗在 GC 上的时间不超过程序运行时间的 $1/(1+N)$。默认值为 99，含义是尽可能保证应用程序执行的时间为收集器执行时间的 99 倍，也即收集器的时间消耗不超过总运行时间的 1%。

由于与吞吐量关系密切，Parallel Scavenge 收集器也经常被称作"吞吐量优先收集器"。除上述两个参数之外，Parallel Scavenge 收集器还有一个参数 -XX:+UseAdaptiveSizePolicy 值得我们关注。这是一个开关参数，当这个参数被激活之后，就不需要人工指定新生代的大小（-Xmn）、Eden 与 Survivor 区的比例（-XX:SurvivorRatio）、晋升老年代对象大小（-XX:PretenureSizeThreshold）等细节参数了，虚拟机会根据当前系统的运行情况收集性能监控信息，动态调整这些参数以提供最合适的停顿时间或者最大的吞吐量。这种调节方式称为垃圾收集的自适应的调节策略（GC Ergonomics）⊖。如果读者对于收集器运作不太了解，手工优化存在困难的话，使用 Parallel Scavenge 收集器配合自适应调节策略，把内存管理的调优任务交给虚拟机去完成也许是一个很不错的选择。只需要把基本的内存数据设置好（如 -Xmx 设置最大堆），然后使用 -XX:MaxGCPauseMillis 参数（更关注最大停顿时间）或 -XX:GCTimeRatio（更关注吞吐量）参数给虚拟机设立一个优化目标，那具体细节参数的调节工作就由虚拟机完成了。自适应调节策略也是 Parallel Scavenge 收集器区别于 ParNew 收集器的一个重要特性。

### 3.5.4　Serial Old 收集器

Serial Old 是 Serial 收集器的老年代版本，它同样是一个单线程收集器，使用标记 - 整

---

⊖　官方介绍：http://download.oracle.com/javase/1.5.0/docs/guide/vm/gc-ergonomics.html。

理算法。这个收集器的主要意义也是供客户端模式下的 HotSpot 虚拟机使用。如果在服务端模式下，它也可能有两种用途：一种是在 JDK 5 以及之前的版本中与 Parallel Scavenge 收集器搭配使用<sup>⊖</sup>，另外一种就是作为 CMS 收集器发生失败时的后备预案，在并发收集发生 Concurrent Mode Failure 时使用。这两点都将在后面的内容中继续讲解。Serial Old 收集器的工作过程如图 3-9 所示。

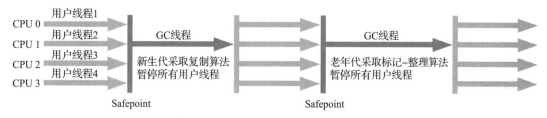

图 3-9　Serial/Serial Old 收集器运行示意图

### 3.5.5　Parallel Old 收集器

Parallel Old 是 Parallel Scavenge 收集器的老年代版本，支持多线程并行收集，基于标记–整理算法实现。这个收集器是直到 JDK 6 时才开始提供的，在此之前，新生代的 Parallel Scavenge 收集器一直处于相当尴尬的状态，原因是如果新生代选择了 Parallel Scavenge 收集器，老年代除了 Serial Old（PS MarkSweep）收集器以外别无选择，其他表现良好的老年代收集器，如 CMS 无法与它配合工作。由于老年代 Serial Old 收集器在服务端应用性能上的"拖累"，使用 Parallel Scavenge 收集器也未必能在整体上获得吞吐量最大化的效果。同样，由于单线程的老年代收集中无法充分利用服务器多处理器的并行处理能力，在老年代内存空间很大而且硬件规格比较高级的运行环境中，这种组合的总吞吐量甚至不一定比 ParNew 加 CMS 的组合来得优秀。

直到 Parallel Old 收集器出现后，"吞吐量优先"收集器终于有了比较名副其实的搭配组合，在注重吞吐量或者处理器资源较为稀缺的场合，都可以优先考虑 Parallel Scavenge 加 Parallel Old 收集器这个组合。Parallel Old 收集器的工作过程如图 3-10 所示。

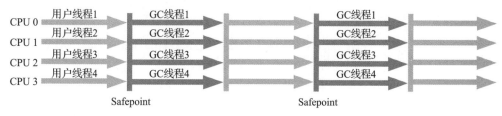

图 3-10　Parallel Scavenge/Parallel Old 收集器运行示意图

---

⊖ 需要说明一下，Parallel Scavenge 收集器架构中本身有 PS MarkSweep 收集器来进行老年代收集，并非直接调用 Serial Old 收集器，但是这个 PS MarkSweep 收集器与 Serial Old 的实现几乎是一样的，所以在官方的许多资料中都是直接以 Serial Old 代替 PS MarkSweep 进行讲解，这里笔者也采用这种方式。

### 3.5.6　CMS 收集器

CMS（Concurrent Mark Sweep）收集器是一种以获取最短回收停顿时间为目标的收集器。目前很大一部分的 Java 应用集中在互联网网站或者基于浏览器的 B/S 系统的服务端上，这类应用通常都会较为关注服务的响应速度，希望系统停顿时间尽可能短，以给用户带来良好的交互体验。CMS 收集器就非常符合这类应用的需求。

从名字（包含"Mark Sweep"）上就可以看出 CMS 收集器是基于标记 – 清除算法实现的，它的运作过程相对于前面几种收集器来说要更复杂一些，整个过程分为四个步骤，包括：

1）初始标记（CMS initial mark）

2）并发标记（CMS concurrent mark）

3）重新标记（CMS remark）

4）并发清除（CMS concurrent sweep）

其中初始标记、重新标记这两个步骤仍然需要"Stop The World"。初始标记仅仅只是标记一下 GC Roots 能直接关联到的对象，速度很快；并发标记阶段就是从 GC Roots 的直接关联对象开始遍历整个对象图的过程，这个过程耗时较长但是不需要停顿用户线程，可以与垃圾收集线程一起并发运行；而重新标记阶段则是为了修正并发标记期间，因用户程序继续运作而导致标记产生变动的那一部分对象的标记记录（详见 3.4.6 节中关于增量更新的讲解），这个阶段的停顿时间通常会比初始标记阶段稍长一些，但也远比并发标记阶段的时间短；最后是并发清除阶段，清理删除掉标记阶段判断的已经死亡的对象，由于不需要移动存活对象，所以这个阶段也是可以与用户线程同时并发的。

由于在整个过程中耗时最长的并发标记和并发清除阶段中，垃圾收集器线程都可以与用户线程一起工作，所以从总体上来说，CMS 收集器的内存回收过程是与用户线程一起并发执行的。通过图 3-11 可以比较清楚地看到 CMS 收集器的运作步骤中并发和需要停顿的阶段。

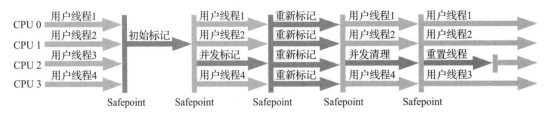

图 3-11　Concurrent Mark Sweep 收集器运行示意图

CMS 是一款优秀的收集器，它最主要的优点在名字上已经体现出来：并发收集、低停顿，一些官方公开文档里面也称之为"并发低停顿收集器"（Concurrent Low Pause Collector）。CMS 收集器是 HotSpot 虚拟机追求低停顿的第一次成功尝试，但是它还远达不到完美的程度，至少有以下三个明显的缺点：

首先，CMS 收集器对处理器资源非常敏感。事实上，面向并发设计的程序都对处理器资源比较敏感。在并发阶段，它虽然不会导致用户线程停顿，但却会因为占用了一部分线程（或者说处理器的计算能力）而导致应用程序变慢，降低总吞吐量。CMS 默认启动的回收线程数是（处理器核心数量 +3）/4，也就是说，如果处理器核心数在四个或以上，并发回收时垃圾收集线程只占用不少于 25% 的处理器运算资源，并且会随着处理器核心数量的增加而下降。但是当处理器核心数量不足四个时，CMS 对用户程序的影响就可能变得很大。如果应用本来的处理器负载就很高，还要分出一半的运算能力去执行收集器线程，就可能导致用户程序的执行速度忽然大幅降低。为了缓解这种情况，虚拟机提供了一种称为"增量式并发收集器"（Incremental Concurrent Mark Sweep/i-CMS）的 CMS 收集器变种，所做的事情和以前单核处理器年代 PC 机操作系统靠抢占式多任务来模拟多核并行多任务的思想一样，是在并发标记、清理的时候让收集器线程、用户线程交替运行，尽量减少垃圾收集线程的独占资源的时间，这样整个垃圾收集的过程会更长，但对用户程序的影响就会显得较少一些，直观感受是速度变慢的时间更多了，但速度下降幅度就没有那么明显。实践证明增量式的 CMS 收集器效果很一般，从 JDK 7 开始，i-CMS 模式已经被声明为"deprecated"，即已过时不再提倡用户使用，到 JDK 9 发布后 i-CMS 模式被完全废弃。

然后，由于 CMS 收集器无法处理"浮动垃圾"（Floating Garbage），有可能出现"Concurrent Mode Failure"失败进而导致另一次完全"Stop The World"的 Full GC 的产生。在 CMS 的并发标记和并发清理阶段，用户线程是还在继续运行的，程序在运行自然就还会伴随有新的垃圾对象不断产生，但这一部分垃圾对象是出现在标记过程结束以后，CMS 无法在当次收集中处理掉它们，只好留待下一次垃圾收集时再清理掉。这一部分垃圾就称为"浮动垃圾"。同样也是由于在垃圾收集阶段用户线程还需要持续运行，那就还需要预留足够内存空间提供给用户线程使用，因此 CMS 收集器不能像其他收集器那样等待到老年代几乎完全被填满了再进行收集，必须预留一部分空间供并发收集时的程序运作使用。在 JDK 5 的默认设置下，CMS 收集器当老年代使用了 68% 的空间后就会被激活，这是一个偏保守的设置，如果在实际应用中老年代增长并不是太快，可以适当调高参数 -XX:CMSInitiatingOccu-pancyFraction 的值来提高 CMS 的触发百分比，降低内存回收频率，获取更好的性能。到了 JDK 6 时，CMS 收集器的启动阈值就已经默认提升至 92%。但这又会更容易面临另一种风险：要是 CMS 运行期间预留的内存无法满足程序分配新对象的需要，就会出现一次"并发失败"（Concurrent Mode Failure），这时候虚拟机将不得不启动后备预案：冻结用户线程的执行，临时启用 Serial Old 收集器来重新进行老年代的垃圾收集，但这样停顿时间就很长了。所以参数 -XX:CMSInitiatingOccupancyFraction 设置得太高将会很容易导致大量的并发失败产生，性能反而降低，用户应在生产环境中根据实际应用情况来权衡设置。

还有最后一个缺点，在本节的开头曾提到，CMS 是一款基于"标记–清除"算法实现的收集器，如果读者对前面这部分介绍还有印象的话，就可能想到这意味着收集结束时会有大量空间碎片产生。空间碎片过多时，将会给大对象分配带来很大麻烦，往往会出现老年代还有很多剩余空间，但就是无法找到足够大的连续空间来分配当前对象，而不得不提前触发一次 Full GC 的情况。为了解决这个问题，CMS 收集器提供了一个 -XX:+UseCMS-CompactAtFullCollection 开关参数（默认是开启的，此参数从 JDK 9 开始废弃），用于在CMS 收集器不得不进行 Full GC 时开启内存碎片的合并整理过程，由于这个内存整理必须移动存活对象，（在 Shenandoah 和 ZGC 出现前）是无法并发的。这样空间碎片问题是解决了，但停顿时间又会变长，因此虚拟机设计者们还提供了另外一个参数 -XX: CMSFullGCsBefore-Compaction（此参数从 JDK 9 开始废弃），这个参数的作用是要求 CMS 收集器在执行过若干次（数量由参数值决定）不整理空间的 Full GC 之后，下一次进入 Full GC 前会先进行碎片整理（默认值为 0，表示每次进入 Full GC 时都进行碎片整理）。

### 3.5.7　Garbage First 收集器

Garbage First（简称 G1）收集器是垃圾收集器技术发展历史上的里程碑式的成果，它开创了收集器面向局部收集的设计思路和基于 Region 的内存布局形式。早在 JDK 7 刚刚确立项目目标、Oracle 公司制定的 JDK 7 RoadMap 里面，G1 收集器就被视作 JDK 7 中HotSpot 虚拟机的一项重要进化特征。从 JDK 6 Update 14 开始就有 Early Access 版本的 G1收集器供开发人员实验和试用，但由此开始 G1 收集器的"实验状态"（Experimental）持续了数年时间，直至 JDK 7 Update 4，Oracle 才认为它达到足够成熟的商用程度，移除了"Experimental"的标识；到了 JDK 8 Update 40 的时候，G1 提供并发的类卸载的支持，补全了其计划功能的最后一块拼图。这个版本以后的 G1 收集器才被 Oracle 官方称为"全功能的垃圾收集器"（Fully-Featured Garbage Collector）。

G1 是一款主要面向服务端应用的垃圾收集器。HotSpot 开发团队最初赋予它的期望是（在比较长期的）未来可以替换掉 JDK 5 中发布的 CMS 收集器。现在这个期望目标已经实现过半了，JDK 9 发布之日，G1 宣告取代 Parallel Scavenge 加 Parallel Old 组合，成为服务端模式下的默认垃圾收集器，而 CMS 则沦落至被声明为不推荐使用（Deprecate）的收集器<sup>⊖</sup>。如果对 JDK 9 及以上版本的 HotSpot 虚拟机使用参数 -XX:+UseConcMarkSweepGC来开启 CMS 收集器的话，用户会收到一个警告信息，提示 CMS 未来将会被废弃：

```
Java HotSpot(TM) 64-Bit Server VM warning: Option UseConcMarkSweepGC was
deprecated in version 9.0 and will likely be removed in a future release.
```

但作为一款曾被广泛运用过的收集器，经过多个版本的开发迭代后，CMS（以及之前几款收集器）的代码与 HotSpot 的内存管理、执行、编译、监控等子系统都有千丝万缕的联

---

　　⊖　JEP 291: Deprecate the Concurrent Mark Sweep (CMS) Garbage Collector。

系，这是历史原因导致的，并不符合职责分离的设计原则。为此，规划 JDK 10 功能目标时，HotSpot 虚拟机提出了"统一垃圾收集器接口"<sup>⊖</sup>，将内存回收的"行为"与"实现"进行分离，CMS 以及其他收集器都重构成基于这套接口的一种实现。以此为基础，日后要移除或者加入某一款收集器，都会变得容易许多，风险也可以控制，这算是在为 CMS 退出历史舞台铺下最后的道路了。

作为 CMS 收集器的替代者和继承人，设计者们希望做出一款能够建立起"停顿预测模型"（Pause Prediction Model）的收集器，停顿预测模型的意思是能够支持指定在一个长度为 M 毫秒的时间片段内，消耗在垃圾收集上的时间大概率不超过 N 毫秒这样的目标，这几乎已经是实时 Java（RTSJ）的中软实时垃圾收集器特征了。

那具体要怎么做才能实现这个目标呢？首先要有一个思想上的改变，在 G1 收集器出现之前的所有其他收集器，包括 CMS 在内，垃圾收集的目标范围要么是整个新生代（Minor GC），要么就是整个老年代（Major GC），再要么就是整个 Java 堆（Full GC）。而 G1 跳出了这个樊笼，它可以面向堆内存任何部分来组成回收集（Collection Set，一般简称 CSet）进行回收，衡量标准不再是它属于哪个分代，而是哪块内存中存放的垃圾数量最多，回收收益最大，这就是 G1 收集器的 Mixed GC 模式。

G1 开创的基于 Region 的堆内存布局是它能够实现这个目标的关键。虽然 G1 也仍是遵循分代收集理论设计的，但其堆内存的布局与其他收集器有非常明显的差异：G1 不再坚持固定大小以及固定数量的分代区域划分，而是把连续的 Java 堆划分为多个大小相等的独立区域（Region），每一个 Region 都可以根据需要，扮演新生代的 Eden 空间、Survivor 空间，或者老年代空间。收集器能够对扮演不同角色的 Region 采用不同的策略去处理，这样无论是新创建的对象还是已经存活了一段时间、熬过多次收集的旧对象都能获取很好的收集效果。

Region 中还有一类特殊的 Humongous 区域，专门用来存储大对象。G1 认为只要大小超过了一个 Region 容量一半的对象即可判定为大对象。每个 Region 的大小可以通过参数 -XX:G1HeapRegionSize 设定，取值范围为 1MB～32MB，且应为 2 的 N 次幂。而对于那些超过了整个 Region 容量的超级大对象，将会被存放在 N 个连续的 Humongous Region 之中，G1 的大多数行为都把 Humongous Region 作为老年代的一部分来进行看待，如图 3-12 所示。

虽然 G1 仍然保留新生代和老年代的概念，但新生代和老年代不再是固定的了，它们都是一系列区域（不需要连续）的动态集合。G1 收集器之所以能建立可预测的停顿时间模型，是因为它将 Region 作为单次回收的最小单元，即每次收集到的内存空间都是 Region 大小的整数倍，这样可以有计划地避免在整个 Java 堆中进行全区域的垃圾收集。更具体的处理思路是让 G1 收集器去跟踪各个 Region 里面的垃圾堆积的"价值"大小，价值即回收所获得的空间大小以及回收所需时间的经验值，然后在后台维护一个优先级列表，每次根据用

---

⊖　JEP 304：Garbage Collector Interface。

户设定允许的收集停顿时间（使用参数 -XX:MaxGCPauseMillis 指定，默认值是 200 毫秒），
优先处理回收价值收益最大的那些 Region，这也就是"Garbage First"名字的由来。这种
使用 Region 划分内存空间，以及具有优先级的区域回收方式，保证了 G1 收集器在有限的
时间内获取尽可能高的收集效率。

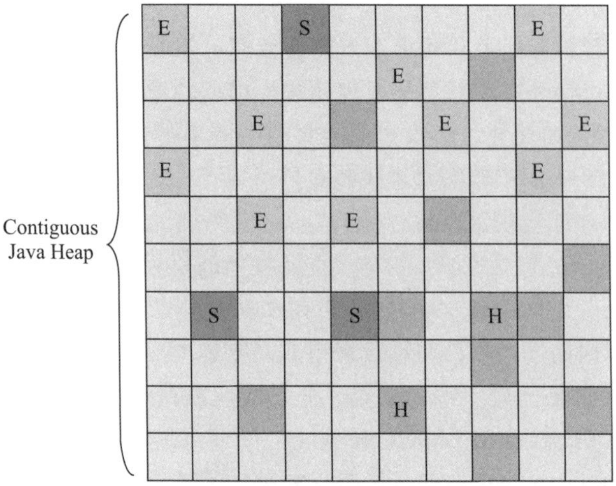

图 3-12　G1 收集器 Region 分区示意图⊖

　　G1 将堆内存"化整为零"的"解题思路"，看起来似乎没有太多令人惊讶之处，也完
全不难理解，但其中的实现细节可是远远没有想象中那么简单，否则就不会从 2004 年 Sun
实验室发表第一篇关于 G1 的论文后一直拖到 2012 年 4 月 JDK 7 Update 4 发布，用将近 10
年时间才倒腾出能够商用的 G1 收集器来。G1 收集器至少有（不限于）以下这些关键的细
节问题需要妥善解决：

❑ 譬如，将 Java 堆分成多个独立 Region 后，Region 里面存在的跨 Region 引用对象
如何解决？解决的思路我们已经知道（见 3.3.1 节和 3.4.4 节）：使用记忆集避免全
堆作为 GC Roots 扫描，但在 G1 收集器上记忆集的应用其实要复杂很多，它的每个
Region 都维护有自己的记忆集，这些记忆集会记录下别的 Region 指向自己的指针，
并标记这些指针分别在哪些卡页的范围之内。G1 的记忆集在存储结构的本质上是一
种哈希表，Key 是别的 Region 的起始地址，Value 是一个集合，里面存储的元素是
卡表的索引号。这种"双向"的卡表结构（卡表是"我指向谁"，这种结构还记录了
"谁指向我"）比原来的卡表实现起来更复杂，同时由于 Region 数量比传统收集器的
分代数量明显要多得多，因此 G1 收集器要比其他的传统垃圾收集器有着更高的内
存占用负担。根据经验，G1 至少要耗费大约相当于 Java 堆容量 10% 至 20% 的额外
内存来维持收集器工作。

---

⊖　图片来源：https://www.infoq.com/articles/G1-One-Garbage-Collector-To-Rule-Them-All。

❑ 譬如，在并发标记阶段如何保证收集线程与用户线程互不干扰地运行？这里首先要解决的是用户线程改变对象引用关系时，必须保证其不能打破原本的对象图结构，导致标记结果出现错误，该问题的解决办法笔者已经抽出独立小节来讲解过（见 3.4.6 节）：CMS 收集器采用增量更新算法实现，而 G1 收集器则是通过原始快照（SATB）算法来实现的。此外，垃圾收集对用户线程的影响还体现在回收过程中新创建对象的内存分配上，程序要继续运行就肯定会持续有新对象被创建，G1 为每一个 Region 设计了两个名为 TAMS（Top at Mark Start）的指针，把 Region 中的一部分空间划分出来用于并发回收过程中的新对象分配，并发回收时新分配的对象地址都必须要在这两个指针位置以上。G1 收集器默认在这个地址以上的对象是被隐式标记过的，即默认它们是存活的，不纳入回收范围。与 CMS 中的"Concurrent Mode Failure"失败会导致 Full GC 类似，如果内存回收的速度赶不上内存分配的速度，G1 收集器也要被迫冻结用户线程执行，导致 Full GC 而产生长时间"Stop The World"。

❑ 譬如，怎样建立起可靠的停顿预测模型？用户通过 -XX:MaxGCPauseMillis 参数指定的停顿时间只意味着垃圾收集发生之前的期望值，但 G1 收集器要怎么做才能满足用户的期望呢？G1 收集器的停顿预测模型是以衰减均值（Decaying Average）为理论基础来实现的，在垃圾收集过程中，G1 收集器会记录每个 Region 的回收耗时、每个 Region 记忆集里的脏卡数量等各个可测量的步骤花费的成本，并分析得出平均值、标准偏差、置信度等统计信息。这里强调的"衰减平均值"是指它会比普通的平均值更容易受到新数据的影响，平均值代表整体平均状态，但衰减平均值更准确地代表"最近的"平均状态。换句话说，Region 的统计状态越新越能决定其回收的价值。然后通过这些信息预测现在开始回收的话，由哪些 Region 组成回收集才可以在不超过期望停顿时间的约束下获得最高的收益。

如果我们不去计算用户线程运行过程中的动作（如使用写屏障维护记忆集的操作），G1 收集器的运作过程大致可划分为以下四个步骤：

❑ **初始标记**（Initial Marking）：仅仅只是标记一下 GC Roots 能直接关联到的对象，并且修改 TAMS 指针的值，让下一阶段用户线程并发运行时，能正确地在可用的 Region 中分配新对象。这个阶段需要停顿线程，但耗时很短，而且是借用进行 Minor GC 的时候同步完成的，所以 G1 收集器在这个阶段实际并没有额外的停顿。

❑ **并发标记**（Concurrent Marking）：从 GC Root 开始对堆中对象进行可达性分析，递归扫描整个堆里的对象图，找出要回收的对象，这阶段耗时较长，但可与用户程序并发执行。当对象图扫描完成以后，还要重新处理 SATB 记录下的在并发时有引用变动的对象。

❑ **最终标记**（Final Marking）：对用户线程做另一个短暂的暂停，用于处理并发阶段结束后仍遗留下来的最后那少量的 SATB 记录。

❑ **筛选回收**（Live Data Counting and Evacuation）：负责更新 Region 的统计数据，对各个 Region 的回收价值和成本进行排序，根据用户所期望的停顿时间来制定回收计划，可以自由选择任意多个 Region 构成回收集，然后把决定回收的那一部分 Region 的存活对象复制到空的 Region 中，再清理掉整个旧 Region 的全部空间。这里的操作涉及存活对象的移动，是必须暂停用户线程，由多条收集器线程并行完成的。

从上述阶段的描述可以看出，G1 收集器除了并发标记外，其余阶段也是要完全暂停用户线程的，换言之，它并非纯粹地追求低延迟，官方给它设定的目标是在延迟可控的情况下获得尽可能高的吞吐量，所以才能担当起"全功能收集器"的重任与期望[⊖]。

从 Oracle 官方透露出来的信息可获知，回收阶段（Evacuation）其实本也有想过设计成与用户程序一起并发执行，但这件事情做起来比较复杂，考虑到 G1 只是回收一部分 Region，停顿时间是用户可控制的，所以并不迫切去实现，而选择把这个特性放到了 G1 之后出现的低延迟垃圾收集器（即 ZGC）中。另外，还考虑到 G1 不是仅仅面向低延迟，停顿用户线程能够最大幅度提高垃圾收集效率，为了保证吞吐量所以才选择了完全暂停用户线程的实现方案。通过图 3-13 可以比较清楚地看到 G1 收集器的运作步骤中并发和需要停顿的阶段。

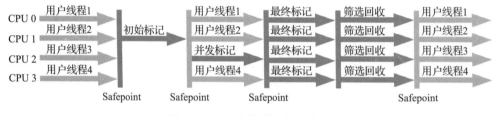

图 3-13　G1 收集器运行示意图

毫无疑问，可以由用户指定期望的停顿时间是 G1 收集器很强大的一个功能，设置不同的期望停顿时间，可使得 G1 在不同应用场景中取得关注吞吐量和关注延迟之间的最佳平衡。不过，这里设置的"期望值"必须是符合实际的，不能异想天开，毕竟 G1 是要冻结用户线程来复制对象的，这个停顿时间再怎么低也得有个限度。它默认的停顿目标为两百毫秒，一般来说，回收阶段占到几十到一百甚至接近两百毫秒都很正常，但如果我们把停顿时间调得非常低，譬如设置为二十毫秒，很可能出现的结果就是由于停顿目标时间太短，导致每次选出来的回收集只占堆内存很小的一部分，收集器收集的速度逐渐跟不上分配器分配的速度，导致垃圾慢慢堆积。很可能一开始收集器还能从空闲的堆内存中获得一些喘息的时间，但应用运行时间一长就不行了，最终占满堆引发 Full GC 反而降低性能，所以通常把期望停顿时间设置为一两百毫秒或者两三百毫秒会是比较合理的。

---

⊖ 原文是：It meets garbage collection pause time goals with a high probability, while achieving high throughput。

从 G1 开始，最先进的垃圾收集器的设计导向都不约而同地变为追求能够应付应用的内存分配速率（Allocation Rate），而不追求一次把整个 Java 堆全部清理干净。这样，应用在分配，同时收集器在收集，只要收集的速度能跟得上对象分配的速度，那一切就能运作得很完美。这种新的收集器设计思路从工程实现上看是从 G1 开始兴起的，所以说 G1 是收集器技术发展的一个里程碑。

G1 收集器常会被拿来与 CMS 收集器互相比较，毕竟它们都非常关注停顿时间的控制，官方资料[⊖]中将它们两个并称为 "The Mostly Concurrent Collectors"。在未来，G1 收集器最终还是要取代 CMS 的，而当下它们两者并存的时间里，分个高低优劣就无可避免。

相比 CMS，G1 的优点有很多，暂且不论可以指定最大停顿时间、分 Region 的内存布局、按收益动态确定回收集这些创新性设计带来的红利，单从最传统的算法理论上看，G1 也更有发展潜力。与 CMS 的"标记－清除"算法不同，G1 从整体来看是基于"标记－整理"算法实现的收集器，但从局部（两个 Region 之间）上看又是基于"标记－复制"算法实现，无论如何，这两种算法都意味着 G1 运作期间不会产生内存空间碎片，垃圾收集完成之后能提供规整的可用内存。这种特性有利于程序长时间运行，在程序为大对象分配内存时不容易因无法找到连续内存空间而提前触发下一次收集。

不过，G1 相对于 CMS 仍然不是占全方位、压倒性优势的，从它出现几年仍不能在所有应用场景中代替 CMS 就可以得知这个结论。比起 CMS，G1 的弱项也可以列举出不少，如在用户程序运行过程中，G1 无论是为了垃圾收集产生的内存占用（Footprint）还是程序运行时的额外执行负载（Overload）都要比 CMS 要高。

就内存占用来说，虽然 G1 和 CMS 都使用卡表来处理跨代指针，但 G1 的卡表实现更为复杂，而且堆中每个 Region，无论扮演的是新生代还是老年代角色，都必须有一份卡表，这导致 G1 的记忆集（和其他内存消耗）可能会占整个堆容量的 20% 乃至更多的内存空间；相比起来 CMS 的卡表就相当简单，只有唯一一份，而且只需要处理老年代到新生代的引用，反过来则不需要，由于新生代的对象具有朝生夕灭的不稳定性，引用变化频繁，能省下这个区域的维护开销是很划算的[⊖]。

在执行负载的角度上，同样由于两个收集器各自的细节实现特点导致了用户程序运行时的负载会有不同，譬如它们都使用到写屏障，CMS 用写后屏障来更新维护卡表；而 G1 除了使用写后屏障来进行同样的（由于 G1 的卡表结构复杂，其实是更烦琐的）卡表维护操作外，为了实现原始快照搜索（SATB）算法，还需要使用写前屏障来跟踪并发时的指针变化情况。相比起增量更新算法，原始快照搜索能够减少并发标记和重新标记阶段的消耗，避免 CMS 那样在最终标记阶段停顿时间过长的缺点，但是在用户程序运行过程中确实会产生由跟踪引用变化带来的额外负担。由于 G1 对写屏障的复杂操作要比 CMS 消耗更多的运

---

　⊖　资料来源：https://docs.oracle.com/en/java/javase/11/gctuning/available-collectors.html。

　⊖　代价就是当 CMS 发生 Old GC 时（所有收集器中只有 CMS 有针对老年代的 Old GC），要把整个新生代作为 GC Roots 来进行扫描。

算资源，所以 CMS 的写屏障实现是直接的同步操作，而 G1 就不得不将其实现为类似于消息队列的结构，把写前屏障和写后屏障中要做的事情都放到队列里，然后再异步处理。

以上的优缺点对比仅仅是针对 G1 和 CMS 两款垃圾收集器单独某方面的实现细节的定性分析，通常我们说哪款收集器要更好、要好上多少，往往是针对具体场景才能做的定量比较。按照笔者的实践经验，目前在小内存应用上 CMS 的表现大概率仍然要会优于 G1，而在大内存应用上 G1 则大多能发挥其优势，这个优劣势的 Java 堆容量平衡点通常在 6GB 至 8GB 之间，当然，以上这些也仅是经验之谈，不同应用需要量体裁衣地实际测试才能得出最合适的结论，随着 HotSpot 的开发者对 G1 的不断优化，也会让对比结果继续向 G1 倾斜。

## 3.6　低延迟垃圾收集器

HotSpot 的垃圾收集器从 Serial 发展到 CMS 再到 G1，经历了逾二十年时间，经过了数百上千万台服务器上的应用实践，已经被淬炼得相当成熟了，不过它们距离"完美"还是很遥远。怎样的收集器才算是"完美"呢？这听起来像是一道主观题，其实不然，完美难以实现，但是我们确实可以把它客观描述出来。

衡量垃圾收集器的三项最重要的指标是：内存占用（Footprint）、吞吐量（Throughput）和延迟（Latency），三者共同构成了一个"不可能三角⊖"。三者总体的表现会随技术进步而越来越好，但是要在这三个方面同时具有卓越表现的"完美"收集器是极其困难甚至是不可能的，一款优秀的收集器通常最多可以同时达成其中的两项。

在内存占用、吞吐量和延迟这三项指标里，延迟的重要性日益凸显，越发备受关注。其原因是随着计算机硬件的发展、性能的提升，我们越来越能容忍收集器多占用一点点内存；硬件性能增长，对软件系统的处理能力是有直接助益的，硬件的规格和性能越高，也有助于降低收集器运行时对应用程序的影响，换句话说，吞吐量会更高。但对延迟则不是这样，硬件规格提升，准确地说是内存的扩大，对延迟反而会带来负面的效果，这点也是很符合直观思维的：虚拟机要回收完整的 1TB 的堆内存，毫无疑问要比回收 1GB 的堆内存耗费更多时间。由此，我们就不难理解为何延迟会成为垃圾收集器最被重视的性能指标了。现在我们来观察一下现在已接触过的垃圾收集器的停顿状况，如图 3-14 所示。

图 3-14 中浅色阶段表示必须挂起用户线程，深色表示收集器线程与用户线程是并发工作的。由图 3-14 可见，在 CMS 和 G1 之前的全部收集器，其工作的所有步骤都会产生"Stop The World"式的停顿；CMS 和 G1 分别使用增量更新和原始快照（见 3.4.6 节）技术，实现了标记阶段的并发，不会因管理的堆内存变大，要标记的对象变多而导致停顿时间随之增长。但是对于标记阶段之后的处理，仍未得到妥善解决。CMS 使用标记 – 清除算法，虽然避免了整理阶段收集器带来的停顿，但是清除算法不论如何优化改进，在设计原理上避免不了空间碎片的产生，随着空间碎片不断淤积最终依然逃不过"Stop The World"的命

---

⊖ 不可能三角：https://zh.wikipedia.org/wiki/ 三元悖论。

运。G1 虽然可以按更小的粒度进行回收，从而抑制整理阶段出现时间过长的停顿，但毕竟也还是要暂停的。

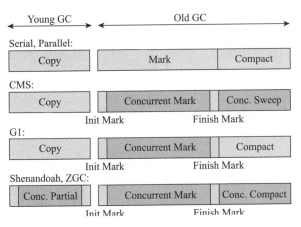

图 3-14　各款收集器的并发情况

读者肯定也从图 3-14 中注意到了，最后的两款收集器，Shenandoah 和 ZGC，几乎整个工作过程全部都是并发的，只有初始标记、最终标记这些阶段有短暂的停顿，这部分停顿的时间基本上是固定的，与堆的容量、堆中对象的数量没有正比例关系。实际上，它们都可以在任意可管理的（譬如现在 ZGC 只能管理 4TB 以内的堆）堆容量下，实现垃圾收集的停顿都不超过十毫秒这种以前听起来是天方夜谭、匪夷所思的目标。这两款目前仍处于实验状态的收集器，被官方命名为"低延迟垃圾收集器"（Low-Latency Garbage Collector 或者 Low-Pause-Time Garbage Collector）。

### 3.6.1　Shenandoah 收集器

在本书所出现的众多垃圾收集器里，Shenandoah 大概是最"孤独"的一个。现代社会竞争激烈，连一个公司里不同团队之间都存在"部门墙"，那 Shenandoah 作为第一款不由 Oracle（包括以前的 Sun）公司的虚拟机团队所领导开发的 HotSpot 垃圾收集器，不可避免地会受到一些来自"官方"的排挤。在笔者撰写这部分内容时<sup>⊖</sup>，Oracle 仍明确拒绝在 OracleJDK 12 中支持 Shenandoah 收集器，并执意在打包 OracleJDK 时通过条件编译完全排除掉了 Shenandoah 的代码，换句话说，Shenandoah 是一款只有 OpenJDK 才会包含，而 OracleJDK 里反而不存在的收集器，"免费开源版"比"收费商业版"功能更多，这是相对罕见的状况<sup>⊜</sup>。如果读者的项目要求用到 Oracle 商业支持的话，就不得不把 Shenandoah 排

---

⊖ 这部分内容的撰写时间是 2019 年 5 月，以后的版本中双方博弈可能存在变数。相关内容可参见：https:// bugs.openjdk.java.net/browse/JDK-8215030。

⊜ 这里主要是调侃，OpenJDK 和 OracleJDK 之间的关系并不仅仅是收费和免费的问题，详情可参见本书第 1 章。

除在选择范围之外了。

最初 Shenandoah 是由 RedHat 公司独立发展的新型收集器项目，在 2014 年 RedHat 把 Shenandoah 贡献给了 OpenJDK，并推动它成为 OpenJDK 12 的正式特性之一，也就是后来的 JEP 189。这个项目的目标是实现一种能在任何堆内存大小下都可以把垃圾收集的停顿时间限制在十毫秒以内的垃圾收集器，该目标意味着相比 CMS 和 G1，Shenandoah 不仅要进行并发的垃圾标记，还要并发地进行对象清理后的整理动作。

从代码历史渊源上讲，比起稍后要介绍的有着 Oracle 正朔血统的 ZGC，Shenandoah 反而更像是 G1 的下一代继承者，它们两者有着相似的堆内存布局，在初始标记、并发标记等许多阶段的处理思路上都高度一致，甚至还直接共享了一部分实现代码，这使得部分对 G1 的打磨改进和 Bug 修改会同时反映在 Shenandoah 之上，而由于 Shenandoah 加入所带来的一些新特性，也有部分会出现在 G1 收集器中，譬如在并发失败后作为"逃生门"的 Full GC[⊖]，G1 就是由于合并了 Shenandoah 的代码才获得多线程 Full GC 的支持。

那 Shenandoah 相比起 G1 又有什么改进呢？虽然 Shenandoah 也是使用基于 Region 的堆内存布局，同样有着用于存放大对象的 Humongous Region，默认的回收策略也同样是优先处理回收价值最大的 Region……但在管理堆内存方面，它与 G1 至少有三个明显的不同之处，最重要的当然是支持并发的整理算法，G1 的回收阶段是可以多线程并行的，但却不能与用户线程并发，这点作为 Shenandoah 最核心的功能稍后笔者会着重讲解。其次，Shenandoah（目前）是默认不使用分代收集的，换言之，不会有专门的新生代 Region 或者老年代 Region 的存在，没有实现分代，并不是说分代对 Shenandoah 没有价值，这更多是出于性价比的权衡，基于工作量上的考虑而将其放到优先级较低的位置上。最后，Shenandoah 摒弃了在 G1 中耗费大量内存和计算资源去维护的记忆集，改用名为"连接矩阵"（Connection Matrix）的全局数据结构来记录跨 Region 的引用关系，降低了处理跨代指针时的记忆集维护消耗，也降低了伪共享问题（见 3.4.5 节）的发生概率。连接矩阵可以简单理解为一张二维表格，如果 Region N 有对象指向 Region M，就在表格的 N 行 M 列中打上一个标记，如图 3-15 所示，如果 Region 5 中的对象 Baz 引用了 Region 3 的 Foo，Foo 又引用了 Region 1 的 Bar，那连接矩阵中的 5 行 3 列、3 行 1 列就应该被打上标记。在回收时通过这张表格就可以得出哪些 Region 之间产生了跨 Region 的引用。

Shenandoah 收集器的工作过程大致可以划分为以下九个阶段（此处以 Shenandoah 在 2016 年发表的原始论文[⊖]进行介绍。在最新版本的 Shenandoah 2.0 中，进一步强化了"部分收集"的特性，初始标记之前还有 Initial Partial、Concurrent Partial 和 Final Partial 阶段，它们可以不太严谨地理解为对应于以前分代收集中的 Minor GC 的工作）：

---

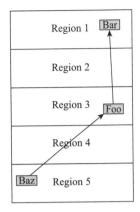

图 3-15　Shenandoah 收集器的连接矩阵示意图

❑ **初始标记**（Initial Marking）：与 G1 一样，首先标记与 GC Roots 直接关联的对象，这个阶段仍是"Stop The World"的，但停顿时间与堆大小无关，只与 GC Roots 的数量相关。

❑ **并发标记**（Concurrent Marking）：与 G1 一样，遍历对象图，标记出全部可达的对象，这个阶段是与用户线程一起并发的，时间长短取决于堆中存活对象的数量以及对象图的结构复杂程度。

❑ **最终标记**（Final Marking）：与 G1 一样，处理剩余的 SATB 扫描，并在这个阶段统计出回收价值最高的 Region，将这些 Region 构成一组回收集（Collection Set）。最终标记阶段也会有一小段短暂的停顿。

❑ **并发清理**（Concurrent Cleanup）：这个阶段用于清理那些整个区域内连一个存活对象都没有找到的 Region（这类 Region 被称为 Immediate Garbage Region）。

❑ **并发回收**（Concurrent Evacuation）：并发回收阶段是 Shenandoah 与之前 HotSpot 中其他收集器的核心差异。在这个阶段，Shenandoah 要把回收集里面的存活对象先复制一份到其他未被使用的 Region 之中。复制对象这件事情如果将用户线程冻结起来再做那是相当简单的，但如果两者必须要同时并发进行的话，就变得复杂起来了。其困难点是在移动对象的同时，用户线程仍然可能不停对被移动的对象进行读写访问，移动对象是一次性的行为，但移动之后整个内存中所有指向该对象的引用都还是旧对象的地址，这是很难一瞬间全部改变过来的。对于并发回收阶段遇到的这些困难，Shenandoah 将会通过读屏障和被称为"Brooks Pointers"的转发指针来解决（讲解完 Shenandoah 整个工作过程之后笔者还要再回头介绍它）。并发回收阶段运行的时间长短取决于回收集的大小。

❑ **初始引用更新**（Initial Update Reference）：并发回收阶段复制对象结束后，还需要把堆中所有指向旧对象的引用修正到复制后的新地址，这个操作称为引用更新。引用更新的初始化阶段实际上并未做什么具体的处理，设立这个阶段只是为了建立一个线程集合点，确保所有并发回收阶段中进行的收集器线程都已完成分配给它们的对象移动任务而已。初始引用更新时间很短，会产生一个非常短暂的停顿。

❏ **并发引用更新**（Concurrent Update Reference）：真正开始进行引用更新操作，这个阶段是与用户线程一起并发的，时间长短取决于内存中涉及的引用数量的多少。并发引用更新与并发标记不同，它不再需要沿着对象图来搜索，只需要按照内存物理地址的顺序，线性地搜索出引用类型，把旧值改为新值即可。

❏ **最终引用更新**（Final Update Reference）：解决了堆中的引用更新后，还要修正存在于 GC Roots 中的引用。这个阶段是 Shenandoah 的最后一次停顿，停顿时间只与 GC Roots 的数量相关。

❏ **并发清理**（Concurrent Cleanup）：经过并发回收和引用更新之后，整个回收集中所有的 Region 已再无存活对象，这些 Region 都变成 Immediate Garbage Regions 了，最后再调用一次并发清理过程来回收这些 Region 的内存空间，供以后新对象分配使用。

以上对 Shenandoah 收集器这九个阶段的工作过程的描述可能拆分得略为琐碎，读者只要抓住其中三个最重要的并发阶段（并发标记、并发回收、并发引用更新），就能比较容易理清 Shenandoah 是如何运作的了。图 3-16 ⊖中黄色的区域代表的是被选入回收集的 Region，绿色部分就代表还存活的对象，蓝色就是用户线程可以用来分配对象的内存 Region 了。图 3-16 中不仅展示了 Shenandoah 三个并发阶段的工作过程，还能形象地表示出并发标记阶段如何找出回收对象确定回收集，并发回收阶段如何移动回收集中的存活对象，并发引用更新阶段如何将指向回收集中存活对象的所有引用全部修正，此后回收集便不存在任何引用可达的存活对象了。

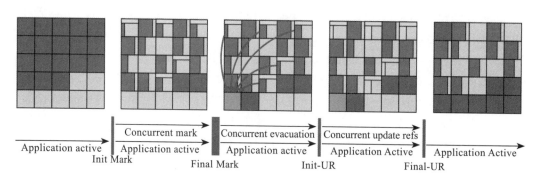

图 3-16　Shenandoah 收集器的工作过程

学习了 Shenandoah 收集器的工作过程，我们再来聊一下 Shenandoah 用以支持并发整理的核心概念——Brooks Pointer。"Brooks"是一个人的名字。1984 年，Rodney A. Brooks

---

⊖ 此例子中的图片引用了 Aleksey Shipilev 在 DEVOXX 2017 上的主题演讲：《Shenandoah GC Part I: The Garbage Collector That Could》，地址为 https://shipilev.net/talks/devoxx-Nov2017-shenandoah.pdf。因本书是黑白印刷，颜色可能难以分辨，读者可以下载原文查看。

在论文《Trading Data Space for Reduced Time and Code Space in Real-Time Garbage Collection on Stock Hardware》中提出了使用转发指针（Forwarding Pointer，也常被称为 Indirection Pointer）来实现对象移动与用户程序并发的一种解决方案。此前，要做类似的并发操作，通常是在被移动对象原有的内存上设置保护陷阱（Memory Protection Trap），一旦用户程序访问到归属于旧对象的内存空间就会产生自陷中断，进入预设好的异常处理器中，再由其中的代码逻辑把访问转发到复制后的新对象上。虽然确实能够实现对象移动与用户线程并发，但是如果没有操作系统层面的直接支持，这种方案将导致用户态频繁切换到核心态⊖，代价是非常大的，不能频繁使用⊖。

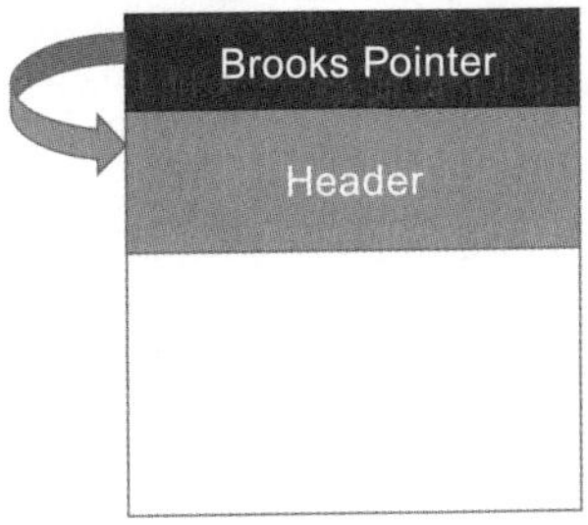

图 3-17　Brooks Pointers 示意图（一）

　　Brooks 提出的新方案不需要用到内存保护陷阱，而是在原有对象布局结构的最前面统一增加一个新的引用字段，在正常不处于并发移动的情况下，该引用指向对象自己，如图 3-17 所示。

　　从结构上来看，Brooks 提出的转发指针与某些早期 Java 虚拟机使用过的句柄定位（关于对象定位详见第 2 章）有一些相似之处，两者都是一种间接性的对象访问方式，差别是句柄通常会统一存储在专门的句柄池中，而转发指针是分散存放在每一个对象头前面。

　　有了转发指针之后，有何收益暂且不论，所有间接对象访问技术的缺点都是相同的，也是非常显著的——每次对象访问会带来一次额外的转向开销，尽管这个开销已经被优化到只有一行汇编指令的程度，譬如以下所示：

```
mov r13,QWORD PTR [r12+r14*8-0x8]
```

　　不过，毕竟对象定位会被频繁使用到，这仍是一笔不可忽视的执行成本，只是它比起内存保护陷阱的方案已经好了很多。转发指针加入后带来的收益自然是当对象拥有了一份新的副本时，只需要修改一处指针的值，即旧对象上转发指针的引用位置，使其指向新对象，便可将所有对该对象的访问转发到新的副本上。这样只要旧对象的内存仍然存在，未被清理掉，虚拟机内存中所有通过旧引用地址访问的代码便仍可用，都会被自动转发到新对象上继续工作，如图 3-18 所示。

　　需要注意，Brooks 形式的转发指针在设计上决定了它是必然会出现多线程竞争问题的，如果收集器线程与用户线程发生的只是并发读取，那无论读到旧对象还是新对象上的字段，返回的结果都应该是一样的，这个场景还可以有一些"偷懒"的处理余地；但如果发生的是并发写入，就一定必须保证写操作只能发生在新复制的对象上，而不是写入旧对象的内

---

⊖　用户态、核心态是一种操作系统内核模式，具体见：https://zh.wikipedia.org/wiki/ 核心态。

⊖　但如果能有来自操作系统内核的支持的话，就不是没有办法解决，业界公认最优秀的 Azul C4 收集器就使用了这种方案。

存中。读者不妨设想以下三件事情并发进行时的场景：

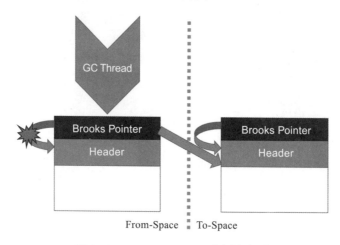

图 3-18　Brooks Pointers 示意图（二）

1）收集器线程复制了新的对象副本；

2）用户线程更新对象的某个字段；

3）收集器线程更新转发指针的引用值为新副本地址。

如果不做任何保护措施，让事件 2 在事件 1、事件 3 之间发生的话，将导致的结果就是用户线程对对象的变更发生在旧对象上，所以这里必须针对转发指针的访问操作采取同步措施，让收集器线程或者用户线程对转发指针的访问只有其中之一能够成功，另外一个必须等待，避免两者交替进行。实际上 Shenandoah 收集器是通过比较并交换（Compare And Swap，CAS）操作<sup>⊖</sup>来保证并发时对象的访问正确性的。

转发指针另一点必须注意的是执行频率的问题，尽管通过对象头上的 Brooks Pointer 来保证并发时原对象与复制对象的访问一致性，这件事情只从原理上看是不复杂的，但是"对象访问"这四个字的分量是非常重的，对于一门面向对象的编程语言来说，对象的读取、写入，对象的比较，为对象计算哈希值，用对象加锁等，这些操作都属于对象访问的范畴，它们在代码中比比皆是，要覆盖全部对象访问操作，Shenandoah 不得不同时设置读、写屏障去拦截。

之前介绍其他收集器时，或者是用于维护卡表，或者是用于实现并发标记，写屏障已被使用多次，累积了不少的处理任务了，这些写屏障有相当一部分在 Shenandoah 收集器中依然要被使用到。除此以外，为了实现 Brooks Pointer，Shenandoah 在读、写屏障中都加入了额外的转发处理，尤其是使用读屏障的代价，这是比写屏障更大的。代码里对象读取的出现频率要比对象写入的频率高出很多，读屏障数量自然也要比写屏障多得多，所以读屏障的

---

⊖　关于临界区、锁、CAS 等概念，是计算机体系的基础知识，如果读者对此不了解的话，可以参考第 13 章中的相关介绍。

使用必须更加谨慎，不允许任何的重量级操作。Shenandoah 是本书中第一款使用到读屏障的收集器，它的开发者也意识到数量庞大的读屏障带来的性能开销会是 Shenandoah 被诟病的关键点之一⊖，所以计划在 JDK 13 中将 Shenandoah 的内存屏障模型改进为基于引用访问屏障（Load Reference Barrier）⊜的实现，所谓"引用访问屏障"是指内存屏障只拦截对象中数据类型为引用类型的读写操作，而不去管原生数据类型等其他非引用字段的读写，这能够省去大量对原生类型、对象比较、对象加锁等场景中设置内存屏障所带来的消耗。

最后来谈谈 Shenandoah 在实际应用中的性能表现，Shenandoah 的开发团队或者其他第三方测试者在网上都公布了一系列测试，结果各有差异。笔者在此选择展示了一份 RedHat 官方在 2016 年所发表的 Shenandoah 实现论文中给出的应用实测数据，测试内容是使用 ElasticSearch 对 200GB 的维基百科数据进行索引⊜，如表 3-2 所示。从结果来看，应该说 2016 年做该测试时的 Shenandoah 并没有完全达成预定目标，停顿时间比其他几款收集器确实有了质的飞跃，但也并未实现最大停顿时间控制在十毫秒以内的目标，而吞吐量方面则出现了很明显的下降，其总运行时间是所有测试收集器中最长的。读者可以从这个官方的测试结果来对 Shenandoah 的弱项（高运行负担使得吞吐量下降）和强项（低延迟时间）建立量化的概念，并对比一下稍后介绍的 ZGC 的测试结果。

表 3-2　Shenandoah 在实际应用中的测试数据

| 收集器 | 运行时间 | 总停顿 | 最大停顿 | 平均停顿 |
|---|---|---|---|---|
| Shenandoah | 387.602s | 320ms | 89.79ms | 53.01ms |
| G1 | 312.052s | 11.7s | 1.24s | 450.12ms |
| CMS | 285.264s | 12.78s | 4.39s | 852.26ms |
| Parallel Scavenge | 260.092s | 6.59s | 3.04s | 823.75ms |

Shenandoah 收集器作为第一款由非 Oracle 开发的垃圾收集器，一开始就预计到了缺乏 Oracle 公司那样富有经验的研发团队可能会遇到很多困难。所以 Shenandoah 采取了"小步快跑"的策略，将最终目标进行拆分，分别形成 Shenandoah 1.0、2.0、3.0……这样的小版本计划，在每个版本中迭代改进，现在已经可以看到 Shenandoah 的性能在日益改善，逐步接近"Low-Pause"的目标。此外，RedHat 也积极拓展 Shenandoah 的使用范围，将其 Backport 到 JDK 11 甚至是 JDK 8 之上，让更多不方便升级 JDK 版本的应用也能够享受到垃圾收集器技术发展的最前沿成果。

---

⊖　Roman Kennke（JEP 189 的 Owner）：It resolves one major point of criticism against Shenandoah, that is their expensive primitive read-barriers。

⊜　资料来源：https://rkennke.wordpress.com/2019/05/15/shenandoah-gc-in-jdk13-part-i-load-reference-barriers/。

⊜　该论文是以 2014~2015 年间最初版本的 Shenandoah 为测试对象，在 2017 年，Christine Flood 在 Java-One 的演讲中，进行了相同测试，Shenandoah 的运行时间已经优化到 335 秒。相信在读者阅读到这段文字时，Shenandoah 的实际表现在多数应用中均会优于结果中反映的水平。

### 3.6.2 ZGC 收集器

ZGC（"Z"并非什么专业名词的缩写，这款收集器的名字就叫作 Z Garbage Collector）是一款在 JDK 11 中新加入的具有实验性质⊖的低延迟垃圾收集器，是由 Oracle 公司研发的。2018 年 Oracle 创建了 JEP 333 将 ZGC 提交给 OpenJDK，推动其进入 OpenJDK 11 的发布清单之中。

ZGC 和 Shenandoah 的目标是高度相似的，都希望在尽可能对吞吐量影响不太大的前提下⊖，实现在任意堆内存大小下都可以把垃圾收集的停顿时间限制在十毫秒以内的低延迟。但是 ZGC 和 Shenandoah 的实现思路又是差异显著的，如果说 RedHat 公司开发的 Shenandoah 像是 Oracle 的 G1 收集器的实际继承者的话，那 Oracle 公司开发的 ZGC 就更像是 Azul System 公司独步天下的 PGC（Pauseless GC）和 C4（Concurrent Continuously Compacting Collector）收集器的同胞兄弟。

早在 2005 年，运行在 Azul VM 上的 PGC 就已经实现了标记和整理阶段都全程与用户线程并发运行的垃圾收集，而运行在 Zing VM 上的 C4 收集器是 PGC 继续演进的产物，主要增加了分代收集支持，大幅提升了收集器能够承受的对象分配速度。无论从算法还是实现原理上来讲，PGC 和 C4 肯定算是一脉相承的，而 ZGC 虽然并非 Azul 公司的产品，但也应视为这条脉络上的另一个节点，因为 ZGC 几乎所有的关键技术上，与 PGC 和 C4 都只存在术语称谓上的差别，实质内容几乎是一模一样的。相信到这里读者应该已经对 Java 虚拟机收集器常见的专业术语都有所了解了，如果不避讳专业术语的话，我们可以给 ZGC 下一个这样的定义来概括它的主要特征：ZGC 收集器是一款基于 Region 内存布局的，（暂时）不设分代的，使用了读屏障、染色指针和内存多重映射等技术来实现可并发的标记 – 整理算法的，以低延迟为首要目标的一款垃圾收集器。接下来，笔者将逐项来介绍 ZGC 的这些技术特点。

首先从 ZGC 的内存布局说起。与 Shenandoah 和 G1 一样，ZGC 也采用基于 Region 的堆内存布局，但与它们不同的是，ZGC 的 Region（在一些官方资料中将它称为 Page 或者 ZPage，本章为行文一致继续称为 Region）具有动态性——动态创建和销毁，以及动态的区域容量大小。在 x64 硬件平台下，ZGC 的 Region 可以具有如图 3-19 所示的大、中、小三类容量：

❑ 小型 Region（Small Region）：容量固定为 2MB，用于放置小于 256KB 的小对象。

---

⊖ 这里的"实验性质"特指 ZGC 目前尚未具备全部商用收集器应有的特征，如暂不提供全平台的支持（目前仅支持 Linux/x86-64），暂不支持类卸载（JDK 11 时不支持，JDK 12 的 ZGC 已经支持），暂不支持新的 Graal 编译器配合工作等，但这些局限主要是人力资源与工作量上的限制，可能读者在阅读到这部分内容的时候已经有了新的变化。

⊖ 在 JEP 333 中把 ZGC 的"吞吐量下降不大"明确量化为相比起使用 G1 收集器，吞吐量下降不超过 15%。不过根据 Oracle 公开的现阶段 SPECjbb 2015 测试结果来看，ZGC 在这方面要比 Shenandoah 优秀得多，测得的吞吐量居然比 G1 还高，甚至已经接近了 Parallel Scavenge 的成绩。

- ❑ 中型 Region（Medium Region）：容量固定为 32MB，用于放置大于等于 256KB 但小于 4MB 的对象。
- ❑ 大型 Region（Large Region）：容量不固定，可以动态变化，但必须为 2MB 的整数倍，用于放置 4MB 或以上的大对象。每个大型 Region 中只会存放一个大对象，这也预示着虽然名字叫作"大型 Region"，但它的实际容量完全有可能小于中型 Region，最小容量可低至 4MB。大型 Region 在 ZGC 的实现中是不会被重分配（重分配是 ZGC 的一种处理动作，用于复制对象的收集器阶段，稍后会介绍到）的，因为复制一个大对象的代价非常高昂。

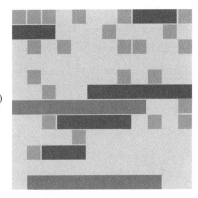

图 3-19　ZGC 的堆内存布局

接下来是 ZGC 的核心问题——并发整理算法的实现。Shenandoah 使用转发指针和读屏障来实现并发整理，ZGC 虽然同样用到了读屏障，但用的却是一条与 Shenandoah 完全不同，更加复杂精巧的解题思路。

ZGC 收集器有一个标志性的设计是它采用的染色指针技术（Colored Pointer，其他类似的技术中可能将它称为 Tag Pointer 或者 Version Pointer）。从前，如果我们要在对象上存储一些额外的、只供收集器或者虚拟机本身使用的数据，通常会在对象头中增加额外的存储字段（详见 2.3.2 节的内容），如对象的哈希码、分代年龄、锁记录等就是这样存储的。这种记录方式在有对象访问的场景下是很自然流畅的，不会有什么额外负担。但如果对象存在被移动过的可能性，即不能保证对象访问能够成功呢？又或者有一些根本就不会去访问对象，但又希望得知该对象的某些信息的应用场景呢？能不能从指针或者与对象内存无关的地方得到这些信息，譬如是否能够看出来对象被移动过？这样的要求并非不合理的刁难，先不去说并发移动对象可能带来的可访问性问题，此前我们就遇到过这样的要求——追踪式收集算法的标记阶段就可能存在只跟指针打交道而不必涉及指针所引用的对象本身的场景。例如对象标记的过程中需要给对象打上三色标记（见 3.4.6 节），这些标记本质上就只和对象的引用有关，而与对象本身无关——某个对象只有它的引用关系能决定它存活与否，对象上其他所有的属性都不能够影响它的存活判定结果。HotSpot 虚拟机的几种收集器有不同的标记实现方案，有的把标记直接记录在对象头上（如 Serial 收集器），有的把标记记录在与对象相互独立的数据结构上（如 G1、Shenandoah 使用了一种相当于堆内存的 1/64 大小的，称为 BitMap 的结构来记录标记信息），而 ZGC 的染色指针是最直接的、最纯粹的，它直接把标记信息记在引用对象的指针上，这时，与其说可达性分析是遍历对象图来标记对象，还不如说是遍历"引用图"来标记"引用"了。

染色指针是一种直接将少量额外的信息存储在指针上的技术，可是为什么指针本身也可以存储额外信息呢？在 64 位系统中，理论可以访问的内存高达 16EB（2 的 64 次幂）字节⊖。实际上，基于需求（用不到那么多内存）、性能（地址越宽在做地址转换时需要的页表级数越多）和成本（消耗更多晶体管）的考虑，在 AMD64 架构⊜中只支持到 52 位（4PB）的地址总线和 48 位（256TB）的虚拟地址空间，所以目前 64 位的硬件实际能够支持的最大内存只有 256TB。此外，操作系统一侧也还会施加自己的约束，64 位的 Linux 则分别支持 47 位（128TB）的进程虚拟地址空间和 46 位（64TB）的物理地址空间，64 位的 Windows 系统甚至只支持 44 位（16TB）的物理地址空间。

尽管 Linux 下 64 位指针的高 18 位不能用来寻址，但剩余的 46 位指针所能支持的 64TB 内存在今天仍然能够充分满足大型服务器的需要。鉴于此，ZGC 的染色指针技术继续盯上了这剩下的 46 位指针宽度，将其高 4 位提取出来存储四个标志信息。通过这些标志位，虚拟机可以直接从指针中看到其引用对象的三色标记状态、是否进入了重分配集（即被移动过）、是否只能通过 finalize() 方法才能被访问到，如图 3-20 所示。当然，由于这些标志位进一步压缩了原本就只有 46 位的地址空间，也直接导致 ZGC 能够管理的内存不可以超过 4TB（2 的 42 次幂）⊜。

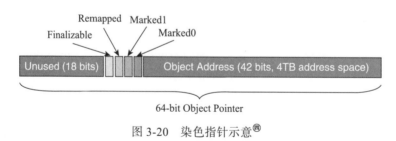

图 3-20　染色指针示意⊛

虽然染色指针有 4TB 的内存限制，不能支持 32 位平台，不能支持压缩指针（-XX:+

---

⊖　1EB=1024PB，1PB=1024TB。

⊜　AMD64 这个名字的意思不是指只有 AMD 的处理器使用，它就是现在主流的 x86-64 架构，由于 Intel Itanium 的失败，现行的 64 位标准是由 AMD 公司率先制定的，Intel 通过交叉授权获得该标准的授权，所以叫作 AMD64。

⊜　JDK 13 计划是要扩展到最大支持 16TB 的，本章撰写时 JDK 13 尚未正式发布，还没有明确可靠的信息，所以这里按照 ZGC 目前的状态来介绍。

⊛　此图片以及后续关于 ZGC 执行阶段的几张图片，均来自 Per Liden 在 Jfokus VM 2018 大会上的演讲：《The Z Garbage Collector：Low Latency GC for OpenJDK》。

UseCompressedOops）等诸多约束，但它带来的收益也是非常可观的，在 JEP 333 的描述页[⊖]中，ZGC 的设计者 Per Liden 在"描述"小节里花了全文过半的篇幅来陈述染色指针的三大优势：

- □ 染色指针可以使得一旦某个 Region 的存活对象被移走之后，这个 Region 立即就能够被释放和重用掉，而不必等待整个堆中所有指向该 Region 的引用都被修正后才能清理。这点相比起 Shenandoah 是一个颇大的优势，使得理论上只要还有一个空闲 Region，ZGC 就能完成收集，而 Shenandoah 需要等到引用更新阶段结束以后才能释放回收集中的 Region，这意味着堆中几乎所有对象都存活的极端情况，需要 1∶1 复制对象到新 Region 的话，就必须要有一半的空闲 Region 来完成收集。至于为什么染色指针能够导致这样的结果，笔者将在后续解释其"自愈"特性的时候进行解释。

- □ 染色指针可以大幅减少在垃圾收集过程中内存屏障的使用数量，设置内存屏障，尤其是写屏障的目的通常是为了记录对象引用的变动情况，如果将这些信息直接维护在指针中，显然就可以省去一些专门的记录操作。实际上，到目前为止 ZGC 都并未使用任何写屏障，只使用了读屏障（一部分是染色指针的功劳，一部分是 ZGC 现在还不支持分代收集，天然就没有跨代引用的问题）。内存屏障对程序运行时性能的损耗在前面章节中已经讲解过，能够省去一部分的内存屏障，显然对程序运行效率是大有裨益的，所以 ZGC 对吞吐量的影响也相对较低。

- □ 染色指针可以作为一种可扩展的存储结构用来记录更多与对象标记、重定位过程相关的数据，以便日后进一步提高性能。现在 Linux 下的 64 位指针还有前 18 位并未使用，它们虽然不能用来寻址，却可以通过其他手段用于信息记录。如果开发了这 18 位，既可以腾出已用的 4 个标志位，将 ZGC 可支持的最大堆内存从 4TB 拓展到 64TB，也可以利用其余位置再存储更多的标志，譬如存储一些追踪信息来让垃圾收集器在移动对象时能将低频次使用的对象移动到不常访问的内存区域。

不过，要顺利应用染色指针有一个必须解决的前置问题：Java 虚拟机作为一个普普通通的进程，这样随意重新定义内存中某些指针的其中几位，操作系统是否支持？处理器是否支持？这是很现实的问题，无论中间过程如何，程序代码最终都要转换为机器指令流交付给处理器去执行，处理器可不会管指令流中的指针哪部分存的是标志位，哪部分才是真正的寻址地址，只会把整个指针都视作一个内存地址来对待。这个问题在 Solaris/SPARC 平台上比较容易解决，因为 SPARC 硬件层面本身就支持虚拟地址掩码，设置之后其机器指令直接就可以忽略掉染色指针中的标志位。但在 x86-64 平台上并没有提供类似的黑科技，ZGC 设计者就只能采取其他的补救措施了，这里面的解决方案要涉及虚拟内存映射技术，让我们先来复习一下这个 x86 计算机体系中的经典设计。

---

⊖　页面地址：https://openjdk.java.net/jeps/333。

在远古时代的 x86 计算机系统里面，所有进程都是共用同一块物理内存空间的，这样会导致不同进程之间的内存无法相互隔离，当一个进程污染了别的进程内存后，就只能对整个系统进行复位后才能得以恢复。为了解决这个问题，从 Intel 80386 处理器开始，提供了"保护模式"用于隔离进程。在保护模式下，386 处理器的全部 32 条地址寻址线都有效，进程可访问最高也可达 4GB 的内存空间，但此时已不同于之前实模式下的物理内存寻址了，处理器会使用分页管理机制把线性地址空间和物理地址空间分别划分为大小相同的块，这样的内存块被称为"页"（Page）。通过在线性虚拟空间的页与物理地址空间的页之间建立的映射表，分页管理机制会进行线性地址到物理地址空间的映射，完成线性地址到物理地址的转换<sup>⊖</sup>。如果读者对计算机结构体系了解不多的话，不妨设想这样一个场景来类比：假如你要去"中山一路 3 号"这个地址拜访一位朋友，根据你所处城市的不同，譬如在广州或者在上海，是能够通过这个"相同的地址"定位到两个完全独立的物理位置的，这时地址与物理位置是一对多关系映射。

不同层次的虚拟内存到物理内存的转换关系可以在硬件层面、操作系统层面或者软件进程层面实现，如何完成地址转换，是一对一、多对一还是一对多的映射，也可以根据实际需要来设计。Linux/x86-64 平台上的 ZGC 使用了多重映射（Multi-Mapping）将多个不同的虚拟内存地址映射到同一个物理内存地址上，这是一种多对一映射，意味着 ZGC 在虚拟内存中看到的地址空间要比实际的堆内存容量来得更大。把染色指针中的标志位看作是地址的分段符，那只要将这些不同的地址段都映射到同一个物理内存空间，经过多重映射转换后，就可以使用染色指针正常进行寻址了，效果如图 3-21 所示。

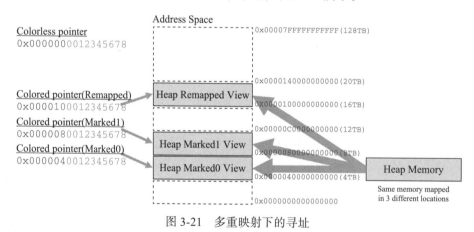

图 3-21　多重映射下的寻址

在某些场景下，多重映射技术确实可能会带来一些诸如复制大对象时会更容易这样的额外好处，可从根源上讲，ZGC 的多重映射只是它采用染色指针技术的伴生产物，并不是

---

⊖　实际上现代的 x86 操作系统中的虚拟地址是操作系统加硬件两级翻译的，在进程中访问的逻辑地址要通过 MMU 中的分段单元翻译为线性地址，然后再通过分页单元翻译成物理地址。这部分并非本书所关注的话题，读者简单了解即可。

专门为了实现其他某种特性需求而去做的。

接下来，我们来学习 ZGC 收集器是如何工作的。ZGC 的运作过程大致可划分为以下四个大的阶段。全部四个阶段都是可以并发执行的，仅是两个阶段中间会存在短暂的停顿小阶段，这些小阶段，譬如初始化 GC Root 直接关联对象的 Mark Start，与之前 G1 和 Shenandoah 的 Initial Mark 阶段并没有什么差异，笔者就不再单独解释了。ZGC 的运作过程具体如图 3-22 所示。

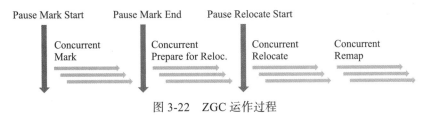

图 3-22　ZGC 运作过程

□ **并发标记**（Concurrent Mark）：与 G1、Shenandoah 一样，并发标记是遍历对象图做可达性分析的阶段，前后也要经过类似于 G1、Shenandoah 的初始标记、最终标记（尽管 ZGC 中的名字不叫这些）的短暂停顿，而且这些停顿阶段所做的事情在目标上也是相类似的。与 G1、Shenandoah 不同的是，ZGC 的标记是在指针上而不是在对象上进行的，标记阶段会更新染色指针中的 Marked 0、Marked 1 标志位。

□ **并发预备重分配**（Concurrent Prepare for Relocate）：这个阶段需要根据特定的查询条件统计得出本次收集过程要清理哪些 Region，将这些 Region 组成重分配集（Relocation Set）。重分配集与 G1 收集器的回收集（Collection Set）还是有区别的，ZGC 划分 Region 的目的并非为了像 G1 那样做收益优先的增量回收。相反，ZGC 每次回收都会扫描所有的 Region，用范围更大的扫描成本换取省去 G1 中记忆集的维护成本。因此，ZGC 的重分配集只是决定了里面的存活对象会被重新复制到其他的 Region 中，里面的 Region 会被释放，而并不能说回收行为就只是针对这个集合里面的 Region 进行，因为标记过程是针对全堆的。此外，在 JDK 12 的 ZGC 中开始支持的类卸载以及弱引用的处理，也是在这个阶段中完成的。

□ **并发重分配**（Concurrent Relocate）：重分配是 ZGC 执行过程中的核心阶段，这个过程要把重分配集中的存活对象复制到新的 Region 上，并为重分配集中的每个 Region 维护一个转发表（Forward Table），记录从旧对象到新对象的转向关系。得益于染色指针的支持，ZGC 收集器能仅从引用上就明确得知一个对象是否处于重分配集之中，如果用户线程此时并发访问了位于重分配集中的对象，这次访问将会被预置的内存屏障所截获，然后立即根据 Region 上的转发表记录将访问转发到新复制的对象上，并同时修正更新该引用的值，使其直接指向新对象，ZGC 将这种行为称为指针的"自愈"（Self-Healing）能力。这样做的好处是只有第一次访问旧对象会陷入转发，也就是只慢一次，对比 Shenandoah 的 Brooks 转发指针，那是每次对象访问都必须付出的固定开销，简单地说就是每次都慢，因此 ZGC 对用户程序的运行时负载要比 Shenandoah 来得更低一些。还有另外一个直接的好处是由于染色指针的存在，一旦重分配集中某个 Region 的存活对象都复制完毕后，这个 Region 就可以立即释放用于新对象的分配（但是转发表还得留着不能释放掉），哪怕堆中还有很多指向这个对象的未更新指针也没有关系，这些旧指针一旦被使用，它们都是可以自愈的。

❑ **并发重映射**（Concurrent Remap）：重映射所做的就是修正整个堆中指向重分配集中旧对象的所有引用，这一点从目标角度看是与 Shenandoah 并发引用更新阶段一样的，但是 ZGC 的并发重映射并不是一个必须要"迫切"去完成的任务，因为前面说过，即使是旧引用，它也是可以自愈的，最多只是第一次使用时多一次转发和修正操作。重映射清理这些旧引用的主要目的是为了不变慢（还有清理结束后可以释放转发表这样的附带收益），所以说这并不是很"迫切"。因此，ZGC 很巧妙地把并发重映射阶段要做的工作，合并到了下一次垃圾收集循环中的并发标记阶段里去完成，反正它们都是要遍历所有对象的，这样合并就节省了一次遍历对象图⊖的开销。一旦所有指针都被修正之后，原来记录新旧对象关系的转发表就可以释放掉了。

ZGC 的设计理念与 Azul System 公司的 PGC 和 C4 收集器一脉相承⊜，是迄今垃圾收集器研究的最前沿成果，它与 Shenandoah 一样做到了几乎整个收集过程都全程可并发，短暂停顿也只与 GC Roots 大小相关而与堆内存大小无关，因而同样实现了任何堆上停顿都小于十毫秒的目标。

相比 G1、Shenandoah 等先进的垃圾收集器，ZGC 在实现细节上做了一些不同的权衡选择，譬如 G1 需要通过写屏障来维护记忆集，才能处理跨代指针，得以实现 Region 的增量回收。记忆集要占用大量的内存空间，写屏障也对正常程序运行造成额外负担，这些都是权衡选择的代价。ZGC 就完全没有使用记忆集，它甚至连分代都没有，连像 CMS 中那样只记录新生代和老年代间引用的卡表也不需要，因而完全没有用到写屏障，所以给用户线程带来的运行负担也要小得多。可是，必定要有优有劣才会称作权衡，ZGC 的这种选择⊜也限制了它能承受的对象分配速率不会太高，可以想象以下场景来理解 ZGC 的这个劣势：ZGC 准备要对一个很大的堆做一次完整的并发收集，假设其全过程要持续十分钟以上（请读者切勿混淆并发时间与停顿时间，ZGC 立的 Flag 是停顿时间不超过十毫秒），在这段时间里面，由于应用的对象分配速率很高，将创造大量的新对象，这些新对象很难进入当次收集的标记范围，通常就只能全部当作存活对象来看待——尽管其中绝大部分对象都是朝

---

⊖ 如果不是由于两个阶段合并考虑，其实做重映射不需要按照对象图的顺序去做，只需线性地扫描整个堆来清理旧引用即可。

⊜ 笔者心中的词语其实是"一模一样"，只是这怎么听起来似乎像是对 Oracle 的嘲讽？Oracle 公司也并未在任何公开资料中承认参考过 Azul System 的论文或者实现。

⊜ 根据 Per Liden 的解释，目前 ZGC 不分代完全是从节省工作量角度所做出的选择，并非单纯技术上的权衡。来源：https://www.zhihu.com/question/287945354/answer/458761494。

生夕灭的，这就产生了大量的浮动垃圾。如果这种高速分配持续维持的话，每一次完整的并发收集周期都会很长，回收到的内存空间持续小于期间并发产生的浮动垃圾所占的空间，堆中剩余可腾挪的空间就越来越小了。目前唯一的办法就是尽可能地增加堆容量大小，获得更多喘息的时间。但是若要从根本上提升 ZGC 能够应对的对象分配速率，还是需要引入分代收集，让新生对象都在一个专门的区域中创建，然后专门针对这个区域进行更频繁、更快的收集。Azul 的 C4 收集器实现了分代收集后，能够应对的对象分配速率就比不分代的 PGC 收集器提升了十倍之多。

　　ZGC 还有一个常在技术资料上被提及的优点是支持"NUMA-Aware"的内存分配。NUMA（Non-Uniform Memory Access，非统一内存访问架构）是一种为多处理器或者多核处理器的计算机所设计的内存架构。由于摩尔定律逐渐失效，现代处理器因频率发展受限转而向多核方向发展，以前原本在北桥芯片中的内存控制器也被集成到了处理器内核中，这样每个处理器核心所在的裸晶（DIE）⊖都有属于自己内存管理器所管理的内存，如果要访问被其他处理器核心管理的内存，就必须通过 Inter-Connect 通道来完成，这要比访问处理器的本地内存慢得多。在 NUMA 架构下，ZGC 收集器会优先尝试在请求线程当前所处的处理器的本地内存上分配对象，以保证高效内存访问。在 ZGC 之前的收集器就只有针对吞吐量设计的 Parallel Scavenge 支持 NUMA 内存分配⊜，如今 ZGC 也成为另外一个选择。

　　在性能方面，尽管目前还处于实验状态，还没有完成所有特性，稳定性打磨和性能调优也仍在进行，但即使是这种状态下的 ZGC，其性能表现已经相当亮眼，从官方给出的测试结果⊜来看，用"令人震惊的、革命性的 ZGC"来形容都不为过。

　　图 3-23 和图 3-24 是 ZGC 与 Parallel Scavenge、G1 三款收集器通过 SPECjbb 2015 ⑭ 的测试结果。在 ZGC 的"弱项"吞吐量方面，以低延迟为首要目标的 ZGC 已经达到了以高吞吐量为目标 Parallel Scavenge 的 99%，直接超越了 G1。如果将吞吐量测试设定为面向 SLA（Service Level Agreements）应用的"Critical Throughput"的话⑮，ZGC 的表现甚至还反超了 Parallel Scavenge 收集器。

　　而在 ZGC 的强项停顿时间测试上，它就毫不留情地与 Parallel Scavenge、G1 拉开了两个数量级的差距。不论是平均停顿，还是 95% 停顿、99% 停顿、99.9% 停顿，抑或是最大停顿时间，ZGC 均能毫不费劲地控制在十毫秒之内，以至于把它和另外两款停顿数百近千毫秒的收集器放到一起对比，就几乎显示不了 ZGC 的柱状条（图 3-24a），必须把结果的

---

⊖　裸晶这个名字用的较少，通常都直接称呼为 DIE：https://en.wikipedia.org/wiki/Die_(integrated_circuit)。

⊜　当" JEP 345: NUMA-Aware Memory Allocation for G1"被纳入某个版本的 JDK 发布范围后，G1 也会支持 NUMA 分配。

⊜　数据来自 Jfokus VM 2018 中 Per liden 的演讲《 The Z Garbage Collector: Low Latency GC for OpenJDK 》。

⑭　http://spec.org/jbb2015/。

⑮　Critical Throughput 就是要求最大延迟不超过某个设置值（10 毫秒到 100 毫秒）下测得的吞吐量。

纵坐标从线性尺度调整成对数尺度（图 3-24b，纵坐标轴的尺度是对数增长的）才能观察到
ZGC 的测试结果。

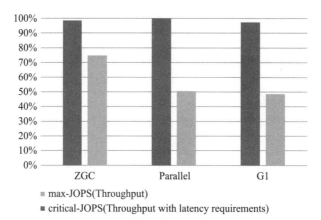

图 3-23　ZGC 的吞吐量测试

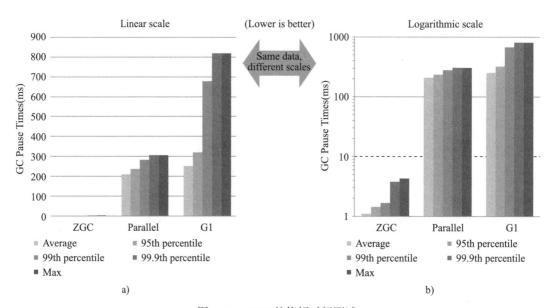

图 3-24　ZGC 的停顿时间测试

ZGC 原本是 Oracle 作为一项商业特性（如同 JFR、JMC 这些功能）来设计和实现的，
只不过在它横空出世的 JDK 11 时期，正好适逢 Oracle 调整许可证授权，把所有商业特性都
开源给了 OpenJDK（详情见第 1 章 Java 发展史），所以用户对其商业性并没有明显的感知。
ZGC 有着令所有开发人员趋之若鹜的优秀性能，让以前大多数人只是听说，但从未用过的
"Azul 式的垃圾收集器"一下子飞入寻常百姓家，笔者相信它完全成熟之后，将会成为服务
端、大内存、低延迟应用的首选收集器的有力竞争者。

## 3.7　选择合适的垃圾收集器

HotSpot 虚拟机提供了种类繁多的垃圾收集器，选择太多反而令人踌躇难决，若只挑最先进的显然不可能满足全部应用场景，但只用一句"必须因地制宜，按需选用"又未免有敷衍的嫌疑，本节我们就来探讨一下如何选择合适的垃圾收集器。

### 3.7.1　Epsilon 收集器

在 G1、Shenandoah 或者 ZGC 这些越来越复杂、越来越先进的垃圾收集器相继出现的同时，也有一个"反其道而行"的新垃圾收集器出现在 JDK 11 的特征清单中——Epsilon，这是一款以不能够进行垃圾收集为"卖点"的垃圾收集器，这种话听起来第一感觉就十分违反逻辑，这种"不干活"的收集器要它何用？

Epsilon 收集器由 RedHat 公司在 JEP 318 中提出，在此提案里 Epsilon 被形容成一个无操作的收集器（A No-Op Garbage Collector），而事实上只要 Java 虚拟机能够工作，垃圾收集器便不可能是真正"无操作"的。原因是"垃圾收集器"这个名字并不能形容它全部的职责，更贴切的名字应该是本书为这一部分所取的标题——"自动内存管理子系统"。一个垃圾收集器除了垃圾收集这个本职工作之外，它还要负责堆的管理与布局、对象的分配、与解释器的协作、与编译器的协作、与监控子系统协作等职责，其中至少堆的管理和对象的分配这部分功能是 Java 虚拟机能够正常运作的必要支持，是一个最小化功能的垃圾收集器也必须实现的内容。从 JDK 10 开始，为了隔离垃圾收集器与 Java 虚拟机解释、编译、监控等子系统的关系，RedHat 提出了垃圾收集器的统一接口，即 JEP 304 提案，Epsilon 是这个接口的有效性验证和参考实现，同时也用于需要剥离垃圾收集器影响的性能测试和压力测试。

在实际生产环境中，不能进行垃圾收集的 Epsilon 也仍有用武之地。很长一段时间以来，Java 技术体系的发展重心都在面向长时间、大规模的企业级应用和服务端应用，尽管也有移动平台（指 Java ME 而不是 Android）和桌面平台的支持，但使用热度上与前者相比要逊色不少。可是近年来大型系统从传统单体应用向微服务化、无服务化方向发展的趋势已越发明显，Java 在这方面比起 Golang 等后起之秀来确实有一些先天不足，使用率正渐渐下降。传统 Java 有着内存占用较大，在容器中启动时间长，即时编译需要缓慢优化等特点，这对大型应用来说并不是什么太大的问题，但对短时间、小规模的服务形式就有诸多不适。为了应对新的技术潮流，最近几个版本的 JDK 逐渐加入了提前编译、面向应用的类数据共享等支持。Epsilon 也是有着类似的目标，如果读者的应用只要运行数分钟甚至数秒，只要 Java 虚拟机能正确分配内存，在堆耗尽之前就会退出，那显然运行负载极小、没有任何回收行为的 Epsilon 便是很恰当的选择。

### 3.7.2　收集器的权衡

如果算上 Epsilon，本书中已经介绍过十款 HotSpot 虚拟机的垃圾收集器了，此外还涉及 Azul System 公司的 PGC、C4 等收集器，再加上本章中并没有出现，但其实也颇为常用的 OpenJ9 中的垃圾收集器，把这些收集器罗列出来就仿佛是一幅琳琅画卷、一部垃圾收集的技术演进史。现在可能有读者要犯选择困难症了，我们应该如何选择一款适合自己应用的收集器呢？这个问题的答案主要受以下三个因素影响：

❏ 应用程序的主要关注点是什么？如果是数据分析、科学计算类的任务，目标是能尽快算出结果，那吞吐量就是主要关注点；如果是 SLA 应用，那停顿时间直接影响服务质量，严重的甚至会导致事务超时，这样延迟就是主要关注点；而如果是客户端应用或者嵌入式应用，那垃圾收集的内存占用则是不可忽视的。

❏ 运行应用的基础设施如何？譬如硬件规格，要涉及的系统架构是 x86-32/64、SPARC还是 ARM/ Aarch64；处理器的数量多少，分配内存的大小；选择的操作系统是Linux、Solaris 还是 Windows 等。

❏ 使用 JDK 的发行商是什么？版本号是多少？是 ZingJDK/Zulu、OracleJDK、Open-JDK、OpenJ9 抑或是其他公司的发行版？该 JDK 对应了《Java 虚拟机规范》的哪个版本？

一般来说，收集器的选择就从以上这几点出发来考虑。举个例子，假设某个直接面向用户提供服务的 B/S 系统准备选择垃圾收集器，一般来说延迟时间是这类应用的主要关注点，那么：

❏ 如果你有充足的预算但没有太多调优经验，那么一套带商业技术支持的专有硬件或者软件解决方案是不错的选择，Azul 公司以前主推的 Vega 系统和现在主推的 ZingVM 是这方面的代表，这样你就可以使用传说中的 C4 收集器了。

❏ 如果你虽然没有足够预算去使用商业解决方案，但能够掌控软硬件型号，使用较新的版本，同时又特别注重延迟，那 ZGC 很值得尝试。

❏ 如果你对还处于实验状态的收集器的稳定性有所顾虑，或者应用必须运行在 Windows 操作系统下，那 ZGC 就无缘了，试试 Shenandoah 吧。

❏ 如果你接手的是遗留系统，软硬件基础设施和 JDK 版本都比较落后，那就根据内存规模衡量一下，对于大概 4GB 到 6GB 以下的堆内存，CMS 一般能处理得比较好，而对于更大的堆内存，可重点考察一下 G1。

当然，以上都是仅从理论出发的分析，实战中切不可纸上谈兵，根据系统实际情况去测试才是选择收集器的最终依据。

### 3.7.3  虚拟机及垃圾收集器日志

阅读分析虚拟机和垃圾收集器的日志是处理 Java 虚拟机内存问题必备的基础技能，垃圾收集器日志是一系列人为设定的规则，多少有点随开发者编码时的心情而定，没有任何的"业界标准"可言，换句话说，每个收集器的日志格式都可能不一样。除此以外还有一个麻烦，在 JDK 9 以前，HotSpot 并没有提供统一的日志处理框架，虚拟机各个功能模块的日志开关分布在不同的参数上，日志级别、循环日志大小、输出格式、重定向等设置在不同功能上都要单独解决。直到 JDK 9，这种混乱不堪的局面才终于消失，HotSpot 所有功能的日志都收归到了"-Xlog"参数上，这个参数的能力也相应被极大拓展了：

```
-Xlog[:[selector][:[output][:[decorators][:output-options]]]]
```

命令行中最关键的参数是选择器（Selector），它由标签（Tag）和日志级别（Level）共同组成。标签可理解为虚拟机中某个功能模块的名字，它告诉日志框架用户希望得到虚拟机哪些功能的日志输出。垃圾收集器的标签名称为"gc"，由此可见，垃圾收集器日志只是 HotSpot 众多功能日志的其中一项，全部支持的功能模块标签名如下所示：

```
add, age, alloc, annotation, aot, arguments, attach, barrier, biasedlocking,
blocks, bot, breakpoint, bytecode, census, class, classhisto, cleanup, compaction,
comparator, constraints, constantpool, coops, cpu, cset, data, defaultmethods,
dump, ergo, event, exceptions, exit, fingerprint, freelist, gc, hashtables,
heap, humongous, ihop, iklass, init, itables, jfr, jni, jvmti, liveness, load,
loader, logging, mark, marking, metadata, metaspace, method, mmu, modules,
monitorinflation, monitormismatch, nmethod, normalize, objecttagging, obsolete,
oopmap, os, pagesize, parser, patch, path, phases, plab, preorder, promotion,
protectiondomain, purge, redefine, ref, refine, region, remset, resolve,
safepoint, scavenge, scrub, setting, stackmap, stacktrace, stackwalk, start,
startuptime, state, stats, stringdedup, stringtable, subclass, survivor, sweep,
system, task, thread, time, timer, tlab, unload, update, verification, verify,
vmoperation, vtables, workgang
```

日志级别从低到高，共有 Trace，Debug，Info，Warning，Error，Off 六种级别，日志级别决定了输出信息的详细程度，默认级别为 Info，HotSpot 的日志规则与 Log4j、SLF4j 这类 Java 日志框架大体上是一致的。另外，还可以使用修饰器（Decorator）来要求每行日志输出都附加上额外的内容，支持附加在日志行上的信息包括：

❑ time：当前日期和时间。

❑ uptime：虚拟机启动到现在经过的时间，以秒为单位。

❑ timemillis：当前时间的毫秒数，相当于 System.currentTimeMillis() 的输出。

❑ uptimemillis：虚拟机启动到现在经过的毫秒数。

❑ timenanos：当前时间的纳秒数，相当于 System.nanoTime() 的输出。

❑ uptimenanos：虚拟机启动到现在经过的纳秒数。

❑ pid：进程 ID。

❑ tid：线程 ID。

❑ level：日志级别。

❑ tags：日志输出的标签集。

如果不指定，默认值是 uptime、level、tags 这三个，此时日志输出类似于以下形式：

```
[3.080s][info][gc,cpu] GC(5) User=0.03s Sys=0.00s Real=0.01s
```

下面笔者举几个例子，展示在 JDK 9 统一日志框架前、后是如何获得垃圾收集器过程的相关信息，以下均以 JDK 9 的 G1 收集器（JDK 9 下默认收集器就是 G1，所以命令行中没有指定收集器）为例。

1）查看 GC 基本信息，在 JDK 9 之前使用 -XX:+PrintGC，JDK 9 后使用 -Xlog:gc：

```
bash-3.2$ java -Xlog:gc GCTest
[0.222s][info][gc] Using G1
[2.825s][info][gc] GC(0) Pause Young (G1 Evacuation Pause) 26M->5M(256M) 355.623ms
[3.096s][info][gc] GC(1) Pause Young (G1 Evacuation Pause) 14M->7M(256M) 50.030ms
[3.385s][info][gc] GC(2) Pause Young (G1 Evacuation Pause) 17M->10M(256M) 40.576ms
```

2）查看 GC 详细信息，在 JDK 9 之前使用 -XX:+PrintGCDetails，在 JDK 9 之后使用 -Xlog:gc*，用通配符 * 将 GC 标签下所有细分过程都打印出来，如果把日志级别调整到 Debug 或者 Trace（基于版面篇幅考虑，例子中并没有），还将获得更多细节信息：

```
bash-3.2$ java -Xlog:gc* GCTest
[0.233s][info][gc,heap] Heap region size: 1M
[0.383s][info][gc ] Using G1
[0.383s][info][gc,heap,coops] Heap address: 0xfffffffe50400000, size: 4064 MB,
     Compressed Oops mode: Non-zero based:
0xfffffffe50000000, Oop shift amount: 3
[3.064s][info][gc,start ] GC(0) Pause Young (G1 Evacuation Pause)
gc,task ] GC(0) Using 23 workers of 23 for evacuation
[3.420s][info][gc,phases ] GC(0) Pre Evacuate Collection Set: 0.2ms
[3.421s][info][gc,phases ] GC(0) Evacuate Collection Set: 348.0ms
gc,phases ] GC(0) Post Evacuate Collection Set: 6.2ms
[3.421s][info][gc,phases ] GC(0) Other: 2.8ms
gc,heap ] GC(0) Eden regions: 24->0(9)
[3.421s][info][gc,heap ] GC(0) Survivor regions: 0->3(3)
[3.421s][info][gc,heap ] GC(0) Old regions: 0->2
[3.421s][info][gc,heap ] GC(0) Humongous regions: 2->1
[3.421s][info][gc,metaspace ] GC(0) Metaspace: 4719K->4719K(1056768K)
[3.421s][info][gc ] GC(0) Pause Young (G1 Evacuation Pause) 26M->5M(256M) 357.743ms
[3.422s][info][gc,cpu ] GC(0) User=0.70s Sys=5.13s Real=0.36s
[3.648s][info][gc,start ] GC(1) Pause Young (G1 Evacuation Pause)
[3.648s][info][gc,task ] GC(1) Using 23 workers of 23 for evacuation
[3.699s][info][gc,phases ] GC(1) Pre Evacuate Collection Set: 0.3ms
gc,phases ] GC(1) Evacuate Collection Set: 45.6ms
gc,phases ] GC(1) Post Evacuate Collection Set: 3.4ms
gc,phases ] GC(1) Other: 1.7ms
gc,heap ] GC(1) Eden regions: 9->0(10)
[3.699s][info][gc,heap ] GC(1) Survivor regions: 3->2(2)
[3.699s][info][gc,heap ] GC(1) Old regions: 2->5
[3.700s][info][gc,heap ] GC(1) Humongous regions: 1->1
[3.700s][info][gc,metaspace ] GC(1) Metaspace: 4726K->4726K(1056768K)
[3.700s][info][gc ] GC(1) Pause Young (G1 Evacuation Pause) 14M->7M(256M) 51.872ms
[3.700s][info][gc,cpu ] GC(1) User=0.56s Sys=0.46s Real=0.05s
```

3）查看 GC 前后的堆、方法区可用容量变化，在 JDK 9 之前使用 -XX:+PrintHeapAtGC，
JDK 9 之后使用 -Xlog:gc+heap=debug：

```
bash-3.2$ java -Xlog:gc+heap=debug GCTest
[0.113s][info][gc,heap] Heap region size: 1M
[0.113s][debug][gc,heap] Minimum heap 8388608 Initial heap 268435456 Maximum heap
    4261412864
[2.529s][debug][gc,heap] GC(0) Heap before GC invocations=0 (full 0):
[2.529s][debug][gc,heap] GC(0) garbage-first heap total 262144K, used 26624K
[0xfffffffe50400000, 0xfffffffe50500800,
0xffffffff4e400000)
[2.529s][debug][gc,heap] GC(0) region size 1024K, 24 young (24576K), 0 survivors (0K)
[2.530s][debug][gc,heap] GC(0) Metaspace used 4719K, capacity 4844K, committed
    5120K, reserved 1056768K
[2.530s][debug][gc,heap] GC(0) class space used 413K, capacity 464K, committed
    512K, reserved 1048576K
[2.892s][info ][gc,heap] GC(0) Eden regions: 24->0(9)
[2.892s][info ][gc,heap] GC(0) Survivor regions: 0->3(3)
[2.892s][info ][gc,heap] GC(0) Old regions: 0->2
[2.892s][info ][gc,heap] GC(0) Humongous regions: 2->1
[2.893s][debug][gc,heap] GC(0) Heap after GC invocations=1 (full 0):
[2.893s][debug][gc,heap] GC(0) garbage-first heap total 262144K, used 5850K
    [0xfffffffe50400000, 0xfffffffe50500800, 0xffffffff4e400000)
[2.893s][debug][gc,heap] GC(0) region size 1024K, 3 young (3072K), 3 survivors
    (3072K)
[2.893s][debug][gc,heap] GC(0) Metaspace used 4719K, capacity 4844K, committed
    5120K, reserved 1056768K
[2.893s][debug][gc,heap] GC(0) class space used 413K, capacity 464K, committed
    512K, reserved 1048576K
```

4）查看 GC 过程中用户线程并发时间以及停顿的时间，在 JDK 9 之前使用 -XX:+Print-
GCApplicationConcurrentTime 以及 -XX:+PrintGCApplicationStoppedTime，JDK 9 之后使用
-Xlog:safepoint：

```
bash-3.2$ java -Xlog:safepoint GCTest
[1.376s][info][safepoint] Application time: 0.3091519 seconds
[1.377s][info][safepoint] Total time for which application threads were stopped:
    0.0004600 seconds, Stopping threads took:
0.0002648 seconds
[2.386s][info][safepoint] Application time: 1.0091637 seconds
[2.387s][info][safepoint] Total time for which application threads were stopped:
    0.0005217 seconds, Stopping threads took:
0.0002297 seconds
```

5）查看收集器 Ergonomics 机制（自动设置堆空间各分代区域大小、收集目标等内容，
从 Parallel 收集器开始支持）自动调节的相关信息。在 JDK 9 之前使用 -XX:+PrintAdaptive-
SizePolicy，JDK 9 之后使用 -Xlog:gc+ergo*=trace：

```
bash-3.2$ java -Xlog:gc+ergo*=trace GCTest [0.122s][debug][gc,ergo,refine] Initial
    Refinement Zones: green: 23, yellow:
69, red: 115, min yellow size: 46
[0.142s][debug][gc,ergo,heap ] Expand the heap. requested expansion amount:268435456B
    expansion amount:268435456B
[2.475s][trace][gc,ergo,cset ] GC(0) Start choosing CSet. pending cards: 0
    predicted base time: 10.00ms remaining time:
190.00ms target pause time: 200.00ms
[2.476s][trace][gc,ergo,cset ] GC(0) Add young regions to CSet. eden: 24 regions,
    survivors: 0 regions, predicted young
region time: 367.19ms, target pause time: 200.00ms
[2.476s][debug][gc,ergo,cset ] GC(0) Finish choosing CSet. old: 0 regions,
    predicted old region time: 0.00ms, time
remaining: 0.00
[2.826s][debug][gc,ergo ] GC(0) Running G1 Clear Card Table Task using 1 workers
    for 1 units of work for 24 regions.
[2.827s][debug][gc,ergo ] GC(0) Running G1 Free Collection Set using 1 workers
    for collection set length 24
[2.828s][trace][gc,ergo,refine] GC(0) Updating Refinement Zones: update_rs time:
    0.004ms, update_rs buffers: 0, update_rs
goal time: 19.999ms
```

6）查看熬过收集后剩余对象的年龄分布信息，在 JDK 9 前使用 -XX:+PrintTenuring-Distribution，JDK 9 之后使用 -Xlog:gc+age=trace：

```
bash-3.2$ java -Xlog:gc+age=trace GCTest
[2.406s][debug][gc,age] GC(0) Desired survivor size 1572864 bytes, new threshold
    15 (max threshold 15)
[2.745s][trace][gc,age] GC(0) Age table with threshold 15 (max threshold 15)
[2.745s][trace][gc,age] GC(0) - age 1: 3100640 bytes, 3100640 total
[4.700s][debug][gc,age] GC(5) Desired survivor size 2097152 bytes, new threshold
    15 (max threshold 15)
[4.810s][trace][gc,age] GC(5) Age table with threshold 15 (max threshold 15)
[4.810s][trace][gc,age] GC(5) - age 1: 2658280 bytes, 2658280 total
[4.810s][trace][gc,age] GC(5) - age 2: 1527360 bytes, 4185640 total
```

囿于篇幅原因，不再一一列举，表 3-3 给出了全部在 JDK 9 中被废弃的日志相关参数及它们在 JDK 9 后使用 -Xlog 的代替配置形式。

表 3-3　JDK 9 前后日志参数变化

| JDK 9 前日志参数 | JDK 9 后配置形式 |
| --- | --- |
| G1PrintHeapRegions | Xlog:gc+region=trace |
| G1PrintRegionLivenessInfo | Xlog:gc+liveness=trace |
| G1SummarizeConcMark | Xlog:gc+marking=trace |
| G1SummarizeRSetStats | Xlog:gc+remset*=trace |
| GCLogFileSize, NumberOfGCLogFiles, UseGCLog File Rotation | Xlog:gc*:file=<file>::filecount=<count>,filesize=<file size in kb> |

（续）

| JDK 9 前日志参数 | JDK 9 后配置形式 |
|---|---|
| PrintAdaptiveSizePolicy | Xlog:gc+ergo*=trace |
| PrintClassHistogramAfterFullGC | Xlog:classhisto*=trace |
| PrintClassHistogramBeforeFullGC | Xlog:classhisto*=trace |
| PrintGCApplicationConcurrentTime | Xlog:safepoint |
| PrintGCApplicationStoppedTime | Xlog:safepoint |
| PrintGCDateStamps | 使用 time 修饰器 |
| PrintGCTaskTimeStamps | Xlog:gc+task=trace |
| PrintGCTimeStamps | 使用 uptime 修饰器 |
| PrintHeapAtGC | Xlog:gc+heap=debug |
| PrintHeapAtGCExtended | Xlog:gc+heap=trace |
| PrintJNIGCStalls | Xlog:gc+jni=debug |
| PrintOldPLAB | Xlog:gc+plab=trace |
| PrintParallelOldGCPhaseTimes | Xlog:gc+phases=trace |
| PrintPLAB | Xlog:gc+plab=trace |
| PrintPromotionFailure | Xlog:gc+promotion=debug |
| PrintReferenceGC | Xlog:gc+ref=debug |
| PrintStringDeduplicationStatistics | Xlog:gc+stringdedup |
| PrintTaskqueue | Xlog:gc+task+stats=trace |
| PrintTenuringDistribution | Xlog:gc+age=trace |
| PrintTerminationStats | Xlog:gc+task+stats=debug |
| PrintTLAB | Xlog:gc+tlab=trace |
| TraceAdaptiveGCBoundary | Xlog:heap+ergo=debug |
| TraceDynamicGCThreads | Xlog:gc+task=trace |
| TraceMetadataHumongousAllocation | Xlog:gc+metaspace+alloc=debug |
| G1TraceConcRefinement | Xlog:gc+refine=debug |
| G1TraceEagerReclaimHumongousObjects | Xlog:gc+humongous=debug |
| G1TraceStringSymbolTableScrubbing | Xlog:gc+stringtable=trace |

## 3.7.4 垃圾收集器参数总结

HotSpot 虚拟机中的各种垃圾收集器到此全部介绍完毕，在描述过程中提到了很多虚拟机非稳定的运行参数，下面表 3-4 中整理了这些参数，供读者实践时参考。

表 3-4  垃圾收集相关的常用参数

| 参　　数 | 描　　述 |
| --- | --- |
| UseSerialGC | 虚拟机运行在 Client 模式下的默认值，打开此开关后，使用 Serial + Serial Old 的收集器组合进行内存回收 |
| UseParNewGC | 打开此开关后，使用 ParNew + Serial Old 的收集器组合进行内存回收，在 JDK 9 后不再支持 |
| UseConcMarkSweepGC | 打开此开关后，使用 ParNew + CMS + Serial Old 的收集器组合进行内存回收。Serial Old 收集器将作为 CMS 收集器出现 "Concurrent Mode Failure" 失败后的后备收集器使用 |
| UseParallelGC | JDK 9 之前虚拟机运行在 Server 模式下的默认值，打开此开关后，使用 Parallel 收集器组合进行内存回收 |
| UseParallelOldGC | 打开此开关后，使用 Parallel Scavenge + Parallel Old 的收集器组合进行内存回收 |
| SurvivorRatio | 新生代中 Eden 区域与 Survivor 区域的容量比值，默认为 8，代表 Eden：Survivor=8：1 |
| PretenureSizeThreshold | 直接晋升到老年代的对象大小，设置这个参数后，大于这个参数的对象将直接在老年代分配 |
| MaxTenuringThreshold | 晋升到老年代的对象年龄。每个对象在坚持过一次 Minor GC 之后，年龄就增加 1，当超过这个参数值时就进入老年代 |
| UseAdaptiveSizePolicy | 动态调整 Java 堆中各个区域的大小以及进入老年代的年龄 |
| HandlePromotionFailure | 是否允许分配担保失败，即老年代的剩余空间不足以应付新生代的整个 Eden 和 Survivor 区的所有对象都存活的极端情况 |
| ParallelGCThreads | 设置并行 GC 时进行内存回收的线程数 |
| GCTimeRatio | GC 时间占总时间的比率，默认值为 99，即允许 1% 的 GC 时间。仅在使用 Parallel Scavenge 收集器时生效 |
| MaxGCPauseMillis | 设置 GC 的最大停顿时间。仅在使用 Parallel Scavenge 收集器时生效 |
| CMSInitiatingOccupancyFraction | 设置 CMS 收集器在老年代空间被使用多少后触发垃圾收集。默认值为 68%，仅在使用 CMS 收集器时生效 |
| UseCMSCompactAtFullCollection | 设置 CMS 收集器在完成垃圾收集后是否要进行一次内存碎片整理。仅在使用 CMS 收集器时生效，此参数从 JDK 9 开始废弃 |
| CMSFullGCsBeforeCompaction | 设置 CMS 收集器在进行若干次垃圾收集后再启动一次内存碎片整理。仅在使用 CMS 收集器时生效，此参数从 JDK 9 开始废弃 |
| UseG1GC | 使用 G1 收集器，这个是 JDK 9 后的 Server 模式默认值 |
| G1HeapRegionSize | 设置 Region 大小，并非最终值 |
| MaxGCPauseMillis | 设置 G1 收集过程目标时间，默认值是 200ms，不是硬性条件 |
| G1NewSizePercent | 新生代最小值，默认值是 5% |
| G1MaxNewSizePercent | 新生代最大值，默认值是 60% |

（续）

| 参　　数 | 描　　述 |
|---|---|
| ConcGCThreads | 并发标记、并发整理的执行线程数，对不同的收集器，根据其能够并发的阶段，有不同的含义 |
| InitiatingHeapOccupancyPercent | 设置触发标记周期的 Java 堆占用率阈值。默认值是 45%。这里的 java 堆占比指的是 non_young_capacity_bytes，包括 old+humongous |
| UseShenandoahGC | 使用 Shenandoah 收集器。这个选项在 OracleJDK 中不被支持，只能在 OpenJDK 12 或者某些支持 Shenandoah 的 Backport 发行版本使用。目前仍然要配合 -XX:+UnlockExperimentalVMOptions 使用 |
| ShenandoahGCHeuristics | Shenandoah 何时启动一次 GC 过程，其可选值有 adaptive、static、compact、passive、aggressive |
| UseZGC | 使用 ZGC 收集器，目前仍然要配合 -XX:+UnlockExperimentalVMOptions 使用 |
| UseNUMA | 启用 NUMA 内存分配支持，目前只有 Parallel 和 ZGC 支持，以后 G1 收集器可能也会支持该选项 |

## 3.8　实战：内存分配与回收策略

Java 技术体系的自动内存管理，最根本的目标是自动化地解决两个问题：自动给对象分配内存以及自动回收分配给对象的内存。关于回收内存这方面，笔者已经使用了大量篇幅去介绍虚拟机中的垃圾收集器体系以及运作原理，现在我们来探讨一下关于给对象分配内存的那些事儿。

对象的内存分配，从概念上讲，应该都是在堆上分配（而实际上也有可能经过即时编译后被拆散为标量类型并间接地在栈上分配⊖）。在经典分代的设计下，新生对象通常会分配在新生代中，少数情况下（例如对象大小超过一定阈值）也可能会直接分配在老年代。对象分配的规则并不是固定的，《Java 虚拟机规范》并未规定新对象的创建和存储细节，这取决于虚拟机当前使用的是哪一种垃圾收集器，以及虚拟机中与内存相关的参数的设定。

接下来的几小节内容，笔者将会讲解若干最基本的内存分配原则，并通过代码去验证这些原则。本节出现的代码如无特别说明，均使用 HotSpot 虚拟机，以客户端模式运行。由于并未指定收集器组合，因此，本节验证的实际是使用 Serial 加 Serial Old 客户端默认收集器组合下的内存分配和回收的策略，这种配置和收集器组合也许是开发人员做研发时的默认组合（其实现在研发时很多也默认用服务端虚拟机了），但在生产环境中一般不会这样用，所以大家主要去学习的是分析方法，而列举的分配规则反而只是次要的。读者也不妨根据自己项目中使用的收集器编写一些程序去实践验证一下使用其他几种收集器的内存分配规则。

---

⊖　即时编译器的栈上分配优化可参见第 11 章。

### 3.8.1  对象优先在 Eden 分配

大多数情况下，对象在新生代 Eden 区中分配。当 Eden 区没有足够空间进行分配时，虚拟机将发起一次 Minor GC。

HotSpot 虚拟机提供了 -XX:+PrintGCDetails 这个收集器日志参数，告诉虚拟机在发生垃圾收集行为时打印内存回收日志，并且在进程退出的时候输出当前的内存各区域分配情况。在实际的问题排查中，收集器日志常会打印到文件后通过工具进行分析，不过本节实验的日志并不多，直接阅读就能看得很清楚。

在代码清单 3-7 的 testAllocation() 方法中，尝试分配三个 2MB 大小和一个 4MB 大小的对象，在运行时通过 -Xms20M、-Xmx20M、-Xmn10M 这三个参数限制了 Java 堆大小为 20MB，不可扩展，其中 10MB 分配给新生代，剩下的 10MB 分配给老年代。-XX:Survivor-Ratio=8 决定了新生代中 Eden 区与一个 Survivor 区的空间比例是 8：1，从输出的结果也清晰地看到"eden space 8192K、from space 1024K、to space 1024K"的信息，新生代总可用空间为 9216KB（Eden 区 +1 个 Survivor 区的总容量）。

执行 testAllocation() 中分配 allocation4 对象的语句时会发生一次 Minor GC，这次回收的结果是新生代 6651KB 变为 148KB，而总内存占用量则几乎没有减少（因为 allocation1、2、3 三个对象都是存活的，虚拟机几乎没有找到可回收的对象）。产生这次垃圾收集的原因是为 allocation4 分配内存时，发现 Eden 已经被占用了 6MB，剩余空间已不足以分配 allocation4 所需的 4MB 内存，因此发生 Minor GC。垃圾收集期间虚拟机又发现已有的三个 2MB 大小的对象全部无法放入 Survivor 空间（Survivor 空间只有 1MB 大小），所以只好通过分配担保机制提前转移到老年代去。

这次收集结束后，4MB 的 allocation4 对象顺利分配在 Eden 中。因此程序执行完的结果是 Eden 占用 4MB（被 allocation4 占用），Survivor 空闲，老年代被占用 6MB（被 allocation1、2、3 占用）。通过 GC 日志可以证实这一点。

代码清单 3-7　新生代 Minor GC

```
private static final int _1MB = 1024 * 1024;

/**
 * VM参数: -verbose:gc -Xms20M -Xmx20M -Xmn10M -XX:+PrintGCDetails -XX:SurvivorRatio=8
 */
public static void testAllocation() {
    byte[] allocation1, allocation2, allocation3, allocation4;
    allocation1 = new byte[2 * _1MB];
    allocation2 = new byte[2 * _1MB];
    allocation3 = new byte[2 * _1MB];
    allocation4 = new byte[4 * _1MB];  // 出现一次Minor GC
}
```

运行结果：

```
[GC [DefNew: 6651K->148K(9216K), 0.0070106 secs] 6651K->6292K(19456K), 0.0070426
    secs] [Times: user=0.00 sys=0.00, real=0.00 secs]
Heap
    def new generation    total 9216K, used 4326K [0x029d0000, 0x033d0000,
        0x033d0000)
        eden space 8192K,  51% used [0x029d0000, 0x02de4828, 0x031d0000)
        from space 1024K,  14% used [0x032d0000, 0x032f5370, 0x033d0000)
        to   space 1024K,   0% used [0x031d0000, 0x031d0000, 0x032d0000)
    tenured generation    total 10240K, used 6144K [0x033d0000, 0x03dd0000,
        0x03dd0000)
        the space 10240K,  60% used [0x033d0000, 0x039d0030, 0x039d0200,
            0x03dd0000)
    compacting perm gen   total 12288K, used 2114K [0x03dd0000, 0x049d0000,
        0x07dd0000)
        the space 12288K,  17% used [0x03dd0000, 0x03fe0998, 0x03fe0a00,
            0x049d0000)
No shared spaces configured.
```

## 3.8.2  大对象直接进入老年代

大对象就是指需要大量连续内存空间的 Java 对象，最典型的大对象便是那种很长的字符串，或者元素数量很庞大的数组，本节例子中的 byte[] 数组就是典型的大对象。大对象对虚拟机的内存分配来说就是一个不折不扣的坏消息，比遇到一个大对象更加坏的消息就是遇到一群"朝生夕灭"的"短命大对象"，我们写程序的时候应注意避免。在 Java 虚拟机中要避免大对象的原因是，在分配空间时，它容易导致内存明明还有不少空间时就提前触发垃圾收集，以获取足够的连续空间才能安置好它们，而当复制对象时，大对象就意味着高额的内存复制开销。HotSpot 虚拟机提供了 -XX:PretenureSizeThreshold 参数，指定大于该设置值的对象直接在老年代分配，这样做的目的就是避免在 Eden 区及两个 Survivor 区之间来回复制，产生大量的内存复制操作。

执行代码清单 3-8 中的 testPretenureSizeThreshold() 方法后，我们看到 Eden 空间几乎没有被使用，而老年代的 10MB 空间被使用了 40%，也就是 4MB 的 allocation 对象直接就分配在老年代中，这是因为 -XX:PretenureSizeThreshold 被设置为 3MB（就是 3145728，这个参数不能与 -Xmx 之类的参数一样直接写 3MB），因此超过 3MB 的对象都会直接在老年代进行分配。

---

 注意  -XX:PretenureSizeThreshold 参数只对 Serial 和 ParNew 两款新生代收集器有效，HotSpot 的其他新生代收集器，如 Parallel Scavenge 并不支持这个参数。如果必须使用此参数进行调优，可考虑 ParNew 加 CMS 的收集器组合。

---

**代码清单 3-8  大对象直接进入老年代**

```
private static final int _1MB = 1024 * 1024;
```

```
/**
 * VM参数: -verbose:gc -Xms20M -Xmx20M -Xmn10M -XX:+PrintGCDetails -XX:SurvivorRatio=8
 * -XX:PretenureSizeThreshold=3145728
 */
public static void testPretenureSizeThreshold() {
    byte[] allocation;
    allocation = new byte[4 * _1MB];  //直接分配在老年代中
}
```

运行结果：

```
Heap
    def new generation   total 9216K, used 671K [0x029d0000, 0x033d0000, 0x033d0000)
        eden space 8192K,    8% used [0x029d0000, 0x02a77e98, 0x031d0000)
        from space 1024K,    0% used [0x031d0000, 0x031d0000, 0x032d0000)
        to   space 1024K,    0% used [0x032d0000, 0x032d0000, 0x033d0000)
    tenured generation   total 10240K, used 4096K [0x033d0000, 0x03dd0000,
    0x03dd0000)
            the space 10240K,   40% used [0x033d0000, 0x037d0010, 0x037d0200,
                0x03dd0000)
    compacting perm gen   total 12288K, used 2107K [0x03dd0000, 0x049d0000,
    0x07dd0000)
            the space 12288K,   17% used [0x03dd0000, 0x03fdefd0, 0x03fdf000,
                0x049d0000)
No shared spaces configured.
```

### 3.8.3　长期存活的对象将进入老年代

　　HotSpot 虚拟机中多数收集器都采用了分代收集来管理堆内存，那内存回收时就必须能决策哪些存活对象应当放在新生代，哪些存活对象放在老年代中。为做到这点，虚拟机给每个对象定义了一个对象年龄（Age）计数器，存储在对象头中（详见第 2 章）。对象通常在 Eden 区里诞生，如果经过第一次 Minor GC 后仍然存活，并且能被 Survivor 容纳的话，该对象会被移动到 Survivor 空间中，并且将其对象年龄设为 1 岁。对象在 Survivor 区中每熬过一次 Minor GC，年龄就增加 1 岁，当它的年龄增加到一定程度（默认为 15），就会被晋升到老年代中。对象晋升老年代的年龄阈值，可以通过参数 -XX:MaxTenuringThreshold 设置。

　　读者可以试试分别以 -XX:MaxTenuringThreshold=1 和 -XX:MaxTenuringThreshold=15 两种设置来执行代码清单 3-9 中的 testTenuringThreshold() 方法，此方法中 allocation1 对象需要 256KB 内存，Survivor 空间可以容纳。当 -XX:MaxTenuringThreshold=1 时，allocation1 对象在第二次 GC 发生时进入老年代，新生代已使用的内存在垃圾收集以后非常干净地变成 0KB。而当 -XX:MaxTenuringThreshold=15 时，第二次 GC 发生后，allocation1 对象则还留在新生代 Survivor 空间，这时候新生代仍然有 404KB 被占用。

代码清单 3-9　长期存活的对象进入老年代

```
private static final int _1MB = 1024 * 1024;
```

```
/**
 * VM参数: -verbose:gc -Xms20M -Xmx20M -Xmn10M -XX:+PrintGCDetails -XX:Survivor-
   Ratio=8 -XX:MaxTenuringThreshold=1
 * -XX:+PrintTenuringDistribution
 */
@SuppressWarnings("unused")
public static void testTenuringThreshold() {
    byte[] allocation1, allocation2, allocation3;
    allocation1 = new byte[_1MB / 4];      // 什么时候进入老年代决定于XX:MaxTenuring-
                                              Threshold设置
    allocation2 = new byte[4 * _1MB];
    allocation3 = new byte[4 * _1MB];
    allocation3 = null;
    allocation3 = new byte[4 * _1MB];
}
```

## 以 -XX:MaxTenuringThreshold=1 参数来运行的结果:

```
[GC [DefNew
Desired Survivor size 524288 bytes, new threshold 1 (max 1)
- age   1:    414664 bytes,    414664 total
: 4859K->404K(9216K), 0.0065012 secs] 4859K->4500K(19456K), 0.0065283 secs]
    [Times: user=0.02 sys=0.00, real=0.02 secs]
[GC [DefNew
Desired Survivor size 524288 bytes, new threshold 1 (max 1)
: 4500K->0K(9216K), 0.0009253 secs] 8596K->4500K(19456K), 0.0009458 secs] [Times:
    user=0.00 sys=0.00, real=0.00 secs]
Heap
    def new generation   total 9216K, used 4178K [0x029d0000, 0x033d0000,
        0x033d0000)
        eden space 8192K,   51% used [0x029d0000, 0x02de4828, 0x031d0000)
        from space 1024K,   0% used [0x031d0000, 0x031d0000, 0x032d0000)
        to   space 1024K,   0% used [0x032d0000, 0x032d0000, 0x033d0000)
    tenured generation   total 10240K, used 4500K [0x033d0000, 0x03dd0000,
        0x03dd0000)
            the space 10240K,   43% used [0x033d0000, 0x03835348, 0x03835400,
                0x03dd0000)
    com\pacting perm gen  total 12288K, used 2114K [0x03dd0000, 0x049d0000,
0x07dd0000)
            the space 12288K,   17% used [0x03dd0000, 0x03fe0998, 0x03fe0a00,
                0x049d0000)
No shared spaces configured.
```

## 以 -XX:MaxTenuringThreshold=15 参数来运行的结果:

```
[GC [DefNew
Desired Survivor size 524288 bytes, new threshold 15 (max 15)
- age   1:    414664 bytes,    414664 total
: 4859K->404K(9216K), 0.0049637 secs] 4859K->4500K(19456K), 0.0049932 secs] [Times:
    user=0.00 sys=0.00, real=0.00 secs]
```

```
[GC [DefNew
Desired Survivor size 524288 bytes, new threshold 15 (max 15)
- age   2:      414520 bytes,      414520 total
: 4500K->404K(9216K), 0.0008091 secs] 8596K->4500K(19456K), 0.0008305 secs] [Times:
    user=0.00 sys=0.00, real=0.00 secs]
Heap
    def new generation   total 9216K, used 4582K [0x029d0000, 0x033d0000, 0x033d0000)
        eden space 8192K,  51% used [0x029d0000, 0x02de4828, 0x031d0000)
        from space 1024K,  39% used [0x031d0000, 0x03235338, 0x032d0000)
        to   space 1024K,   0% used [0x032d0000, 0x032d0000, 0x033d0000)
    tenured generation   total 10240K, used 4096K [0x033d0000, 0x03dd0000,
        0x03dd0000)
            the space 10240K,   40% used [0x033d0000, 0x037d0010, 0x037d0200,
                0x03dd0000)
    compacting perm gen   total 12288K, used 2114K [0x03dd0000, 0x049d0000,
        0x07dd0000)
            the space 12288K,   17% used [0x03dd0000, 0x03fe0998, 0x03fe0a00,
                0x049d0000)
No shared spaces configured.
```

### 3.8.4 动态对象年龄判定

为了能更好地适应不同程序的内存状况，HotSpot 虚拟机并不是永远要求对象的年龄必须达到 -XX:MaxTenuringThreshold 才能晋升老年代，如果在 Survivor 空间中低于或等于某年龄的所有对象大小的总和大于 Survivor 空间的一半，年龄大于或等于该年龄的对象就可以直接进入老年代，无须等到 -XX:MaxTenuringThreshold 中要求的年龄。

执行代码清单 3-10 中的 testTenuringThreshold2() 方法，并将设置 -XX:MaxTenuring-Threshold=15，发现运行结果中 Survivor 占用仍然为 0%，而老年代比预期增加了 6%，也就是说 allocation1、allocation2 对象都直接进入了老年代，并没有等到 15 岁的临界年龄。因为这两个对象加起来已经到达了 512KB，并且它们是同年龄的，满足低于或等于某年龄的对象达到 Survivor 空间一半的规则。我们只要注释掉其中一个对象的 new 操作，就会发现另外一个就不会晋升到老年代了。

代码清单 3-10　动态对象年龄判定

```
private static final int _1MB = 1024 * 1024;

/**
 * VM参数: -verbose:gc -Xms20M -Xmx20M -Xmn10M -XX:+PrintGCDetails -XX:SurvivorRatio=8
    -XX:MaxTenuringThreshold=15
 * -XX:+PrintTenuringDistribution
 */
@SuppressWarnings("unused")
public static void testTenuringThreshold2() {
    byte[] allocation1, allocation2, allocation3, allocation4;
    allocation1 = new byte[_1MB / 4];  // allocation1+allocation2大于survivo空间一半
    allocation2 = new byte[_1MB / 4];
```

```
    allocation3 = new byte[4 * _1MB];
    allocation4 = new byte[4 * _1MB];
    allocation4 = null;
    allocation4 = new byte[4 * _1MB];
}
```

运行结果：

```
[GC [DefNew
Desired Survivor size 524288 bytes, new threshold 1 (max 15)
- age   1:      676824 bytes,      676824 total
: 5115K->660K(9216K), 0.0050136 secs] 5115K->4756K(19456K), 0.0050443 secs] [Times:
    user=0.00 sys=0.01, real=0.01 secs]
[GC [DefNew
Desired Survivor size 524288 bytes, new threshold 15 (max 15)
: 4756K->0K(9216K), 0.0010571 secs] 8852K->4756K(19456K), 0.0011009 secs] [Times:
    user=0.00 sys=0.00, real=0.00 secs]
Heap
    def new generation   total 9216K, used 4178K [0x029d0000, 0x033d0000, 0x033d0000)
        eden space 8192K,   51% used [0x029d0000, 0x02de4828, 0x031d0000)
        from space 1024K,    0% used [0x031d0000, 0x031d0000, 0x032d0000)
        to   space 1024K,    0% used [0x032d0000, 0x032d0000, 0x033d0000)
    tenured generation   total 10240K, used 4756K [0x033d0000, 0x03dd0000, 0x03dd0000)
          the space 10240K,   46% used [0x033d0000, 0x038753e8, 0x03875400,
            0x03dd0000)
    compacting perm gen  total 12288K, used 2114K [0x03dd0000, 0x049d0000,
        0x07dd0000)
          the space 12288K,   17% used [0x03dd0000, 0x03fe09a0, 0x03fe0a00,
            0x049d0000)
No shared spaces configured.
```

## 3.8.5　空间分配担保

在发生 Minor GC 之前，虚拟机必须先检查老年代最大可用的连续空间是否大于新生代所有对象总空间，如果这个条件成立，那这一次 Minor GC 可以确保是安全的。如果不成立，则虚拟机会先查看 -XX:HandlePromotionFailure 参数的设置值是否允许担保失败（Handle Promotion Failure）；如果允许，那会继续检查老年代最大可用的连续空间是否大于历次晋升到老年代对象的平均大小，如果大于，将尝试进行一次 Minor GC，尽管这次 Minor GC 是有风险的；如果小于，或者 -XX:HandlePromotionFailure 设置不允许冒险，那这时就要改为进行一次 Full GC。

解释一下"冒险"是冒了什么风险：前面提到过，新生代使用复制收集算法，但为了内存利用率，只使用其中一个 Survivor 空间来作为轮换备份，因此当出现大量对象在 Minor GC 后仍然存活的情况——最极端的情况就是内存回收后新生代中所有对象都存活，需要老年代进行分配担保，把 Survivor 无法容纳的对象直接送入老年代，这与生活中贷款担保类似。老年代要进行这样的担保，前提是老年代本身还有容纳这些对象的剩余空间，但一共有多少对象会在这次回收中活下来在实际完成内存回收之前是无法明确知道的，所以只能取之前每一次回收晋升到老年代对象容量的平均大小作为经验值，与老年代的剩余空间进行比较，决定是否进行 Full GC 来让老年代腾出更多空间。

　　取历史平均值来比较其实仍然是一种赌概率的解决办法，也就是说假如某次 Minor GC 存活后的对象突增，远远高于历史平均值的话，依然会导致担保失败。如果出现了担保失败，那就只好老老实实地重新发起一次 Full GC，这样停顿时间就很长了。虽然担保失败时绕的圈子是最大的，但通常情况下都还是会将 -XX:HandlePromotionFailure 开关打开，避免 Full GC 过于频繁。参见代码清单 3-11，请读者先以 JDK 6 Update 24 之前的 HotSpot 运行测试代码。

代码清单 3-11　空间分配担保

```
private static final int _1MB = 1024 * 1024;

/**
 * VM参数： -Xms20M -Xmx20M -Xmn10M -XX:+PrintGCDetails -XX:SurvivorRatio=8 -XX:-Handle-
   PromotionFailure
 */
@SuppressWarnings("unused")
public static void testHandlePromotion() {
    byte[] allocation1, allocation2, allocation3, allocation4, allocation5, alloca-
        tion6, allocation7;
    allocation1 = new byte[2 * _1MB];
    allocation2 = new byte[2 * _1MB];
    allocation3 = new byte[2 * _1MB];
    allocation1 = null;
    allocation4 = new byte[2 * _1MB];
    allocation5 = new byte[2 * _1MB];
    allocation6 = new byte[2 * _1MB];
    allocation4 = null;
    allocation5 = null;
    allocation6 = null;
    allocation7 = new byte[2 * _1MB];
}
```

以 -XX:HandlePromotionFailure = false 参数来运行的结果：

```
[GC [DefNew: 6651K->148K(9216K), 0.0078936 secs] 6651K->4244K(19456K), 0.0079192
  secs] [Times: user=0.00 sys=0.02, real=0.02 secs]
[GC [DefNew: 6378K->6378K(9216K), 0.0000206 secs][Tenured: 4096K->4244K(10240K),
  0.0042901 secs] 10474K->4244K(19456K), [Perm : 2104K->2104K(12288K)],
  0.0043613 secs] [Times: user=0.00 sys=0.00, real=0.00 secs]
```

以 -XX:HandlePromotionFailure = true 参数来运行的结果：

```
[GC [DefNew: 6651K->148K(9216K), 0.0054913 secs] 6651K->4244K(19456K), 0.0055327
  secs] [Times: user=0.00 sys=0.00, real=0.00 secs]
```

```
[GC [DefNew: 6378K->148K(9216K), 0.0006584 secs] 10474K->4244K(19456K), 0.0006857
    secs] [Times: user=0.00 sys=0.00, real=0.00 secs]
```

在 JDK 6 Update 24 之后，这个测试结果就有了差异，-XX:HandlePromotionFailure 参数
不会再影响到虚拟机的空间分配担保策略，观察 OpenJDK 中的源码变化（见代码清单 3-12），
虽然源码中还定义了 -XX:HandlePromotionFailure 参数，但是在实际虚拟机中已经不会再使
用它。JDK 6 Update 24 之后的规则变为只要老年代的连续空间大于新生代对象总大小或者
历次晋升的平均大小，就会进行 Minor GC，否则将进行 Full GC。

代码清单 3-12　HotSpot 中空间分配检查的代码片段

```
bool TenuredGeneration::promotion_attempt_is_safe(size_t
max_promotion_in_bytes) const {
    // 老年代最大可用的连续空间
    size_t available = max_contiguous_available();
    // 每次晋升到老年代的平均大小
    size_t av_promo  = (size_t)gc_stats()->avg_promoted()->padded_average();
    // 老年代可用空间是否大于平均晋升大小，或者老年代可用空间是否大于当此GC时新生代所有对象容量
    bool    res = (available >= av_promo) || (available >=
max_promotion_in_bytes);
    return res;
}
```

# 3.9　本章小结

本章介绍了垃圾收集的算法、若干款 HotSpot 虚拟机中提供的垃圾收集器的特点以及
运作原理。通过代码实例验证了 Java 虚拟机中自动内存分配及回收的主要规则。

垃圾收集器在许多场景中都是影响系统停顿时间和吞吐能力的重要因素之一，虚拟机
之所以提供多种不同的收集器以及大量的调节参数，就是因为只有根据实际应用需求、实
现方式选择最优的收集方式才能获取最好的性能。没有固定收集器、参数组合，没有最优
的调优方法，虚拟机也就没有什么必然的内存回收行为。因此学习虚拟机内存知识，如果
要到实践调优阶段，必须了解每个具体收集器的行为、优势劣势、调节参数。在接下来的
两章中，作者将会介绍内存分析的工具和一些具体调优的案例。

# 虚拟机性能监控、故障处理工具

Java 与 C++ 之间有一堵由内存动态分配和垃圾收集技术所围成的高墙，墙外面的人想进去，墙里面的人却想出来。

## 4.1 概述

经过前面两章对于虚拟机内存分配与回收技术各方面的介绍，相信读者已经建立了一个比较系统、完整的理论基础。理论总是作为指导实践的工具，把这些知识应用到实际工作中才是我们的最终目的。接下来的两章，我们将从实践的角度去认识虚拟机内存管理的世界。

给一个系统定位问题的时候，知识、经验是关键基础，数据是依据，工具是运用知识处理数据的手段。这里说的数据包括但不限于异常堆栈、虚拟机运行日志、垃圾收集器日志、线程快照（threaddump/javacore 文件）、堆转储快照（heapdump/hprof 文件）等。恰当地使用虚拟机故障处理、分析的工具可以提升我们分析数据、定位并解决问题的效率，但我们在学习工具前，也应当意识到工具永远都是知识技能的一层包装，没有什么工具是"秘密武器"，拥有了就能"包治百病"。

## 4.2 基础故障处理工具

Java 开发人员肯定都知道 JDK 的 bin 目录中有 java.exe、javac.exe 这两个命令行工具，但并非所有程序员都了解过 JDK 的 bin 目录下其他各种小工具的作用。随着 JDK 版本的更迭，这些小工具的数量和功能也在不知不觉地增加与增强。除了编译和运行 Java 程序外，打包、部署、签名、调试、监控、运维等各种场景都可能会用到它们，这些工具如图 4-1 所示。

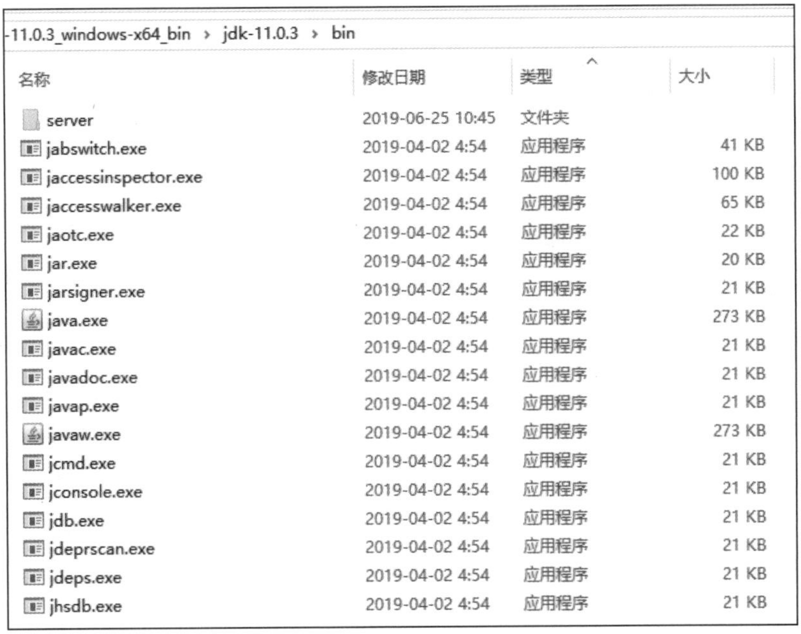

图 4-1　JDK 自带工具

　　在本章，笔者将介绍这些工具中的一部分，主要是用于监视虚拟机运行状态和进行故障处理的工具。这些故障处理工具并不单纯是被 Oracle 公司作为"礼物"附赠给 JDK 的使用者，根据软件可用性和授权的不同，可以把它们划分成三类：

- ❏ **商业授权工具**：主要是 JMC（Java Mission Control）及它要使用到的 JFR（Java Flight Recorder），JMC 这个原本来自于 JRockit 的运维监控套件从 JDK 7 Update 40 开始就被集成到 OracleJDK 中，JDK 11 之前都无须独立下载，但是在商业环境中使用它则是要付费的⊖。
- ❏ **正式支持工具**：这一类工具属于被长期支持的工具，不同平台、不同版本的 JDK 之间，这类工具可能会略有差异，但是不会出现某一个工具突然消失的情况⊖。
- ❏ **实验性工具**：这一类工具在它们的使用说明中被声明为"没有技术支持，并且是实验性质的"（Unsupported and Experimental）产品，日后可能会转正，也可能会在某个 JDK 版本中无声无息地消失。但事实上它们通常都非常稳定而且功能强大，也能在处理应用程序性能问题、定位故障时发挥很大的作用。

---

⊖　无论是 GPL、BCL 还是 OTN 协议，JMC 在个人开发环境中使用是免费的。
⊖　这并不意味着永久存在，只是被移除前会有"deprecated"的过渡期，正式工具被移除的数量并不比实验性工具来得少。

读者如果比较细心的话，还可能会注意到这些工具程序大多数体积都异常小。假如之前没注意到，现在不妨再看看图 4-1 中的最后一列“大小”，各个工具的体积基本上都稳定在 21KB 左右。并非 JDK 开发团队刻意把它们制作得如此精炼、统一，而是因为这些命令行工具大多仅是一层薄包装而已，真正的功能代码是实现在 JDK 的工具类库中的，读者把图 4-1 和图 4-2 两张图片对比一下就可以看得很清楚[1]。假如读者使用的是 Linux 版本的 JDK，还可以发现这些工具中不少是由 Shell 脚本直接写成，可以用文本编辑器打开并编辑修改它们。

11.0.3_windows-x64_bin › jdk-11.0.3 › jmods

| 名称 | 修改日期 | 类型 | 大小 |
|---|---|---|---|
| jdk.javadoc.jmod | 2019-04-02 4:51 | JMOD 文件 | 1,596 KB |
| jdk.jcmd.jmod | 2019-04-02 4:51 | JMOD 文件 | 145 KB |
| jdk.jconsole.jmod | 2019-04-02 4:51 | JMOD 文件 | 456 KB |
| jdk.jdeps.jmod | 2019-04-02 4:51 | JMOD 文件 | 711 KB |
| jdk.jdi.jmod | 2019-04-02 4:51 | JMOD 文件 | 842 KB |
| jdk.jdwp.agent.jmod | 2019-04-02 4:51 | JMOD 文件 | 121 KB |
| jdk.jfr.jmod | 2019-04-02 4:51 | JMOD 文件 | 414 KB |
| jdk.jlink.jmod | 2019-04-02 4:52 | JMOD 文件 | 389 KB |
| jdk.jshell.jmod | 2019-04-02 4:51 | JMOD 文件 | 626 KB |
| jdk.jsobject.jmod | 2019-04-02 4:51 | JMOD 文件 | 6 KB |
| jdk.jstatd.jmod | 2019-04-02 4:51 | JMOD 文件 | 34 KB |

图 4-2 JDK 类库中的工具模块

JDK 开发团队选择采用 Java 语言本身来实现这些故障处理工具是有特别用意的：当应用程序部署到生产环境后，无论是人工物理接触到服务器还是远程 Telnet 到服务器上都可能会受到限制。借助这些工具类库里面的接口和实现代码，开发者可以选择直接在应用程序中提供功能强大的监控分析功能[2]。

本章所讲解的工具大多基于 Windows 平台下的 JDK 进行演示，如果读者选用的 JDK 版本、操作系统不同，那么工具不仅可能数量上有所差别，同一个工具所支持的功能范围和效果都可能会不一样。本章提及的工具，如无特别说明，是 JDK 5 中就已经存在的，但为了避免运行环境带来的差异和兼容性问题，建议读者使用更高版本的 JDK 来验证本章介绍的内容。通常高版本 JDK 的工具有可能向下兼容运行于低版本 JDK 的虚拟机上的程序，反之则一般不行。

---

[1] 图 4-2 中展示的是 JDK 9 模块化改造之后的类库形式，在 JDK 9 前，这些代码实现在 jdk\lib\tools.jar 中。

[2] 有一部分工具的实现并不属于 Java SE 的标准 API，如果引入这些类库，就意味着你的程序只能运行于 HotSpot（或一些从 Oracle 买了 JDK 的源码许可证的虚拟机）上面，又或者在部署程序时需要一起部署这些工具类库。

> 注意
>
> 如果读者在工作中需要监控运行于 JDK 5 的虚拟机之上的程序，在程序启动时请添加参数"-Dcom.sun.management.jmxremote"开启 JMX 管理功能，否则由于大部分工具都是基于或者要用到 JMX（包括下一节的可视化工具），它们都将无法使用，如果被监控程序运行于 JDK 6 或以上版本的虚拟机之上，那 JMX 管理默认是开启的，虚拟机启动时无须再添加任何参数。

## 4.2.1 jps：虚拟机进程状况工具

JDK 的很多小工具的名字都参考了 UNIX 命令的命名方式，jps（JVM Process Status Tool）是其中的典型。除了名字像 UNIX 的 ps 命令之外，它的功能也和 ps 命令类似：可以列出正在运行的虚拟机进程，并显示虚拟机执行主类（Main Class，main() 函数所在的类）名称以及这些进程的本地虚拟机唯一 ID（LVMID，Local Virtual Machine Identifier）。虽然功能比较单一，但它绝对是使用频率最高的 JDK 命令行工具，因为其他的 JDK 工具大多需要输入它查询到的 LVMID 来确定要监控的是哪一个虚拟机进程。对于本地虚拟机进程来说，LVMID 与操作系统的进程 ID（PID，Process Identifier）是一致的，使用 Windows 的任务管理器或者 UNIX 的 ps 命令也可以查询到虚拟机进程的 LVMID，但如果同时启动了多个虚拟机进程，无法根据进程名称定位时，那就必须依赖 jps 命令显示主类的功能才能区分了。

jps 命令格式：

```
jps [ options ] [ hostid ]
```

jps 执行样例：

```
jps -l
2388 D:\Develop\glassfish\bin\..\modules\admin-cli.jar
2764 com.sun.enterprise.glassfish.bootstrap.ASMain
3788 sun.tools.jps.Jps
```

jps 还可以通过 RMI 协议查询开启了 RMI 服务的远程虚拟机进程状态，参数 hostid 为 RMI 注册表中注册的主机名。jps 的其他常用选项见表 4-1。

表 4-1　jps 工具主要选项

| 选　项 | 作　用 |
| --- | --- |
| -q | 只输出 LVMID，省略主类的名称 |
| -m | 输出虚拟机进程启动时传递给主类 main() 函数的参数 |
| -l | 输出主类的全名，如果进程执行的是 JAR 包，则输出 JAR 路径 |
| -v | 输出虚拟机进程启动时的 JVM 参数 |

## 4.2.2 jstat：虚拟机统计信息监视工具

jstat（JVM Statistics Monitoring Tool）是用于监视虚拟机各种运行状态信息的命令行工具。它可以显示本地或者远程⊖虚拟机进程中的类加载、内存、垃圾收集、即时编译等运行时数据，在没有 GUI 图形界面、只提供了纯文本控制台环境的服务器上，它将是运行期定位虚拟机性能问题的常用工具。

jstat 命令格式为：

```
jstat [ option vmid [interval[s|ms] [count]] ]
```

对于命令格式中的 VMID 与 LVMID 需要特别说明一下：如果是本地虚拟机进程，VMID 与 LVMID 是一致的；如果是远程虚拟机进程，那 VMID 的格式应当是：

```
[protocol:][//]lvmid[@hostname[:port]/servername]
```

参数 interval 和 count 代表查询间隔和次数，如果省略这 2 个参数，说明只查询一次。假设需要每 250 毫秒查询一次进程 2764 垃圾收集状况，一共查询 20 次，那命令应当是：

```
jstat -gc 2764 250 20
```

选项 option 代表用户希望查询的虚拟机信息，主要分为三类：类加载、垃圾收集、运行期编译状况。详细请参考表 4-2 中的描述。

表 4-2 jstat 工具主要选项

| 选　　项 | 作　　用 |
| --- | --- |
| -class | 监视类加载、卸载数量、总空间以及类装载所耗费的时间 |
| -gc | 监视 Java 堆状况，包括 Eden 区、2 个 Survivor 区、老年代、永久代等的容量，已用空间，垃圾收集时间合计等信息 |
| -gccapacity | 监视内容与 -gc 基本相同，但输出主要关注 Java 堆各个区域使用到的最大、最小空间 |
| -gcutil | 监视内容与 -gc 基本相同，但输出主要关注已使用空间占总空间的百分比 |
| -gccause | 与 -gcutil 功能一样，但是会额外输出导致上一次垃圾收集产生的原因 |
| -gcnew | 监视新生代垃圾收集状况 |
| -gcnewcapacity | 监视内容与 -gcnew 基本相同，输出主要关注使用到的最大、最小空间 |
| -gcold | 监视老年代垃圾收集状况 |
| -gcoldcapacity | 监视内容与 -gcold 基本相同，输出主要关注使用到的最大、最小空间 |
| -gcpermcapacity | 输出永久代使用到的最大、最小空间 |
| -compiler | 输出即时编译器编译过的方法、耗时等信息 |
| -printcompilation | 输出已经被即时编译的方法 |

---

⊖ 需要远程主机提供 RMI 支持，JDK 中提供了 jstatd 工具可以很方便地建立远程 RMI 服务器。

jstat 监视选项众多，囿于版面原因无法逐一演示，这里仅举一个在命令行下监视一台刚刚启动的 GlassFish v3 服务器的内存状况的例子，用以演示如何查看监视结果。监视参数与输出结果如代码清单 4-1 所示。

**代码清单 4-1　jstat 执行样例**

```
jstat -gcutil 2764
S0      S1      E       O       P       YGC    YGCT    FGC    FGCT    GCT
0.00    0.00    6.20    41.42   47.20   16     0.105   3      0.472   0.577
```

查询结果表明：这台服务器的新生代 Eden 区（E，表示 Eden）使用了 6.2% 的空间，2 个 Survivor 区（S0、S1，表示 Survivor0、Survivor1）里面都是空的，老年代（O，表示 Old）和永久代（P，表示 Permanent）则分别使用了 41.42% 和 47.20% 的空间。程序运行以来共发生 Minor GC（YGC，表示 Young GC）16 次，总耗时 0.105 秒；发生 Full GC（FGC，表示 Full GC）3 次，总耗时（FGCT，表示 Full GC Time）为 0.472 秒；所有 GC 总耗时（GCT，表示 GC Time）为 0.577 秒。

使用 jstat 工具在纯文本状态下监视虚拟机状态的变化，在用户体验上也许不如后文将会提到的 JMC、VisualVM 等可视化的监视工具直接以图表展现那样直观，但在实际生产环境中不一定可以使用图形界面，而且多数服务器管理员也都已经习惯了在文本控制台工作，直接在控制台中使用 jstat 命令依然是一种常用的监控方式。

### 4.2.3　jinfo：Java 配置信息工具

jinfo（Configuration Info for Java）的作用是实时查看和调整虚拟机各项参数。使用 jps 命令的 -v 参数可以查看虚拟机启动时显式指定的参数列表，但如果想知道未被显式指定的参数的系统默认值，除了去找资料外，就只能使用 jinfo 的 -flag 选项进行查询了（如果只限于 JDK 6 或以上版本的话，使用 java -XX:+PrintFlagsFinal 查看参数默认值也是一个很好的选择）。jinfo 还可以使用 -sysprops 选项把虚拟机进程的 System.getProperties() 的内容打印出来。这个命令在 JDK 5 时期已经随着 Linux 版的 JDK 发布，当时只提供了信息查询的功能，JDK 6 之后，jinfo 在 Windows 和 Linux 平台都有提供，并且加入了在运行期修改部分参数值的能力（可以使用 -flag [+|-]name 或者 -flag name=value 在运行期修改一部分运行期可写的虚拟机参数值）。在 JDK 6 中，jinfo 对于 Windows 平台功能仍然有较大限制，只提供了最基本的 -flag 选项。

jinfo 命令格式：

```
jinfo [ option ] pid
```

执行样例：查询 CMSInitiatingOccupancyFraction 参数值

```
jinfo -flag CMSInitiatingOccupancyFraction 1444
-XX:CMSInitiatingOccupancyFraction=85
```

### 4.2.4　jmap：Java 内存映像工具

jmap（Memory Map for Java）命令用于生成堆转储快照（一般称为 heapdump 或 dump 文件）。如果不使用 jmap 命令，要想获取 Java 堆转储快照也还有一些比较"暴力"的手段：譬如在第 2 章中用过的 -XX:+HeapDumpOnOutOfMemoryError 参数，可以让虚拟机在内存溢出异常出现之后自动生成堆转储快照文件，通过 -XX:+HeapDumpOnCtrlBreak 参数则可以使用 [Ctrl]+[Break] 键让虚拟机生成堆转储快照文件，又或者在 Linux 系统下通过 Kill -3 命令发送进程退出信号"恐吓"一下虚拟机，也能顺利拿到堆转储快照。

jmap 的作用并不仅仅是为了获取堆转储快照，它还可以查询 finalize 执行队列、Java 堆和方法区的详细信息，如空间使用率、当前用的是哪种收集器等。

和 jinfo 命令一样，jmap 有部分功能在 Windows 平台下是受限的，除了生成堆转储快照的 -dump 选项和用于查看每个类的实例、空间占用统计的 -histo 选项在所有操作系统中都可以使用之外，其余选项都只能在 Linux/Solaris 中使用。

jmap 命令格式：

```
jmap [ option ] vmid
```

option 选项的合法值与具体含义如表 4-3 所示。

表 4-3　jmap 工具主要选项

| 选　　项 | 作　　用 |
| --- | --- |
| -dump | 生成 Java 堆转储快照。格式为 -dump:[live,]format=b,file=<filename>，其中 live 子参数说明是否只 dump 出存活的对象 |
| -finalizerinfo | 显示在 F-Queue 中等待 Finalizer 线程执行 finalize 方法的对象。只在 Linux/Solaris 平台下有效 |
| -heap | 显示 Java 堆详细信息，如使用哪种回收器、参数配置、分代状况等。只在 Linux/Solaris 平台下有效 |
| -histo | 显示堆中对象统计信息，包括类、实例数量、合计容量 |
| -permstat | 以 ClassLoader 为统计口径显示永久代内存状态。只在 Linux/Solaris 平台下有效 |
| -F | 当虚拟机进程对 -dump 选项没有响应时，可使用这个选项强制生成 dump 快照。只在 Linux/Solaris 平台下有效 |

代码清单 4-2 是使用 jmap 生成一个正在运行的 Eclipse 的堆转储快照文件的例子，例子中的 3500 是通过 jps 命令查询到的 LVMID。

**代码清单 4-2　使用 jmap 生成 dump 文件**

```
jmap -dump:format=b,file=eclipse.bin 3500
Dumping heap to C:\Users\IcyFenix\eclipse.bin ...
Heap dump file created
```

## 4.2.5　jhat：虚拟机堆转储快照分析工具

JDK 提供 jhat（JVM Heap Analysis Tool）命令与 jmap 搭配使用，来分析 jmap 生成的堆转储快照。jhat 内置了一个微型的 HTTP/Web 服务器，生成堆转储快照的分析结果后，可以在浏览器中查看。不过实事求是地说，在实际工作中，除非手上真的没有别的工具可用，否则多数人是不会直接使用 jhat 命令来分析堆转储快照文件的，主要原因有两个方面。一是一般不会在部署应用程序的服务器上直接分析堆转储快照，即使可以这样做，也会尽量将堆转储快照文件复制到其他机器⊖上进行分析，因为分析工作是一个耗时而且极为耗费硬件资源的过程，既然都要在其他机器上进行，就没有必要再受命令行工具的限制了。另外一个原因是 jhat 的分析功能相对来说比较简陋，后文将会介绍到的 VisualVM，以及专业用于分析堆转储快照文件的 Eclipse Memory Analyzer、IBM HeapAnalyzer⊖等工具，都能实现比 jhat 更强大专业的分析功能。代码清单 4-3 演示了使用 jhat 分析上一节采用 jmap 生成的 Eclipse IDE 的内存快照文件。

**代码清单 4-3　使用 jhat 分析 dump 文件**

```
jhat eclipse.bin
Reading from eclipse.bin...
Dump file created Fri Nov 19 22:07:21 CST 2010
Snapshot read, resolving...
Resolving 1225951 objects...
Chasing references, expect 245 dots....
Eliminating duplicate references...
Snapshot resolved.
Started HTTP server on port 7000
Server is ready.
```

屏幕显示"Server is ready."的提示后，用户在浏览器中输入 http://localhost:7000/ 可以看到分析结果，如图 4-3 所示。

分析结果默认以包为单位进行分组显示，分析内存泄漏问题主要会使用到其中的"Heap Histogram"（与 jmap -histo 功能一样）与 OQL 页签的功能，前者可以找到内存中总容量最大的对象，后者是标准的对象查询语言，使用类似 SQL 的语法对内存中的对象进行查询统计。如果读者需要了解具体 OQL 的语法和使用方法，可参见本书附录 D 的内容。

---

⊖　用于分析的机器一般也是服务器，由于加载 dump 快照文件需要比生成 dump 更大的内存，所以一般在 64 位 JDK、大内存的服务器上进行。

⊖　IBM HeapAnalyzer 用于分析 IBM J9 虚拟机生成的映像文件，各个虚拟机产生的映像文件格式并不一致，所以分析工具也不能通用。

图 4-3　jhat 的分析结果

## 4.2.6　jstack：Java 堆栈跟踪工具

jstack（Stack Trace for Java）命令用于生成虚拟机当前时刻的线程快照（一般称为 threaddump 或者 javacore 文件）。线程快照就是当前虚拟机内每一条线程正在执行的方法堆栈的集合，生成线程快照的目的通常是定位线程出现长时间停顿的原因，如线程间死锁、死循环、请求外部资源导致的长时间挂起等，都是导致线程长时间停顿的常见原因。线程出现停顿时通过 jstack 来查看各个线程的调用堆栈，就可以获知没有响应的线程到底在后台做些什么事情，或者等待着什么资源。

jstack 命令格式：

```
jstack [ option ] vmid
```

option 选项的合法值与具体含义如表 4-4 所示。

表 4-4　jstack 工具主要选项

| 选　　项 | 作　　用 |
| --- | --- |
| -F | 当正常输出的请求不被响应时，强制输出线程堆栈 |
| -l | 除堆栈外，显示关于锁的附加信息 |
| -m | 如果调用到本地方法的话，可以显示 C/C++ 的堆栈 |

代码清单 4-4 是使用 jstack 查看 Eclipse 线程堆栈的例子，例子中的 3500 是通过 jps 命令查询到的 LVMID。

**代码清单 4-4　使用 jstack 查看线程堆栈（部分结果）**

```
jstack -l 3500
2010-11-19 23:11:26
Full thread dump Java HotSpot(TM) 64-Bit Server VM (17.1-b03 mixed mode):
"[ThreadPool Manager] - Idle Thread" daemon prio=6 tid=0x0000000039dd4000 nid=
    0xf50 in Object.wait() [0x000000003c96f000]
    java.lang.Thread.State: WAITING (on object monitor)
        at java.lang.Object.wait(Native Method)
        - waiting on <0x0000000016bdcc60> (a org.eclipse.equinox.internal.util.
            impl.tpt.threadpool.Executor)
        at java.lang.Object.wait(Object.java:485)
        at org.eclipse.equinox.internal.util.impl.tpt.threadpool.Executor.run
            (Executor. java:106)
        - locked <0x0000000016bdcc60> (a org.eclipse.equinox.internal.util.impl.
            tpt.threadpool.Executor)

    Locked ownable synchronizers:
        - None
```

从 JDK 5 起，java.lang.Thread 类新增了一个 getAllStackTraces() 方法用于获取虚拟机中所有线程的 StackTraceElement 对象。使用这个方法可以通过简单的几行代码完成 jstack 的大部分功能，在实际项目中不妨调用这个方法做个管理员页面，可以随时使用浏览器来查看线程堆栈，如代码清单 4-5 所示，这也算是笔者的一个小经验。

**代码清单 4-5　查看线程状况的 JSP 页面**

```jsp
<%@ page import="java.util.Map"%>

<html>
<head>
<title>服务器线程信息</title>
</head>
<body>
<pre>
<%
    for (Map.Entry<Thread, StackTraceElement[]> stackTrace : Thread.getAllStack-
        Traces().entrySet()) {
        Thread thread = (Thread) stackTrace.getKey();
        StackTraceElement[] stack = (StackTraceElement[]) stackTrace.getValue();
        if (thread.equals(Thread.currentThread())) {
            continue;
        }
        out.print("\n线程: " + thread.getName() + "\n");
        for (StackTraceElement element : stack) {
            out.print("\t"+element+"\n");
        }
    }
%>
</pre>
</body>
</html>
```

### 4.2.7 基础工具总结

下面表4-5～表4-14中罗列了JDK附带的全部（包括曾经存在但已经在最新版本中被移除的）工具及其简要用途，限于篇幅，本节只讲解了6个常用的命令行工具。笔者选择这几个工具除了因为它们是最基础的命令外，还因为它们已经有很长的历史，能适用于大多数读者工作、学习中使用的JDK版本。在高版本的JDK中，这些工具大多已有了功能更为强大的替代品，譬如JCMD、JHSDB的命令行模式，但使用方法也是相似的，无论JDK发展到了什么版本，学习这些基础的工具命令并不会过时和浪费。

❏ 基础工具：用于支持基本的程序创建和运行（见表4-5）

表 4-5　基础工具

| 名　　称 | 主　要　作　用 |
| --- | --- |
| appletviewer | 在不使用 Web 浏览器的情况下运行和调试 Applet，JDK 11 中被移除 |
| extcheck | 检查 JAR 冲突的工具，从 JDK 9 中被移除 |
| jar | 创建和管理 JAR 文件 |
| java | Java 运行工具，用于运行 Class 文件或 JAR 文件 |
| javac | 用于 Java 编程语言的编译器 |
| javadoc | Java 的 API 文档生成器 |
| javah | C 语言头文件和 Stub 函数生成器，用于编写 JNI 方法 |
| javap | Java 字节码分析工具 |
| jlink | 将 Module 和它的依赖打包成一个运行时镜像文件 |
| jdb | 基于 JPDA 协议的调试器，以类似于 GDB 的方式进行调试 Java 代码 |
| jdeps | Java 类依赖性分析器 |
| jdeprscan | 用于搜索 JAR 包中使用了"deprecated"的类，从 JDK 9 开始提供 |

❏ 安全：用于程序签名、设置安全测试等（见表4-6）

表 4-6　安全工具

| 名　　称 | 主　要　作　用 |
| --- | --- |
| keytool | 管理密钥库和证书。主要用于获取或缓存 Kerberos 协议的票据授权票据。允许用户查看本地凭据缓存和密钥表中的条目（用于 Kerberos 协议） |
| jarsigner | 生成并验证 JAR 签名 |
| policytool | 管理策略文件的 GUI 工具，用于管理用户策略文件（.java.policy），在 JDK 10 中被移除 |

❏ 国际化：用于创建本地语言文件（见表 4-7）

**表 4-7　国际化工具**

| 名　　称 | 主　要　作　用 |
|---|---|
| native2ascii | 本地编码到 ASCII 编码的转换器（Native-to-ASCII Converter），用于"任意受支持的字符编码"和与之对应的"ASCII 编码和 Unicode 转义"之间的相互转换 |

❏ 远程方法调用：用于跨 Web 或网络的服务交互（见表 4-8）

**表 4-8　远程方法调用工具**

| 名　　称 | 主　要　作　用 |
|---|---|
| rmic | Java RMI 编译器，为使用 JRMP 或 IIOP 协议的远程对象生成 Stub、Skeleton 和 Tie 类，也用于生成 OMG IDL |
| rmiregistry | 远程对象注册表服务，用于在当前主机的指定端口上创建并启动一个远程对象注册表 |
| rmid | 启动激活系统守护进程，允许在虚拟机中注册或激活对象 |
| serialver | 生成并返回指定类的序列化版本 ID |

❏ Java IDL 与 RMI-IIOP：在 JDK 11 中结束了十余年的 CORBA 支持，这些工具不再提供<sup>⊖</sup>（见表 4-9）

**表 4-9　Java IDL 与 RMI-IIOP**

| 名　　称 | 主　要　作　用 |
|---|---|
| tnameserv | 提供对命名服务的访问 |
| idlj | IDL 转 Java 编译器（IDL-to-Java Compiler），生成映射 OMG IDL 接口的 Java 源文件，并启用以 Java 编程语言编写的使用 CORBA 功能的应用程序的 Java 源文件。IDL 意即接口定义语言（Interface Definition Language） |
| orbd | 对象请求代理守护进程（Object Request Broker Daemon），提供从客户端查找和调用 CORBA 环境服务端上的持久化对象的功能。使用 ORBD 代替瞬态命名服务 tnameserv。ORBD 包括瞬态命名服务和持久命名服务。ORBD 工具集成了服务器管理器、互操作命名服务和引导名称服务器的功能。当客户端想进行服务器时定位、注册和激活功能时，可以与 servertool 一起使用 |
| servertool | 为应用程序注册、注销、启动和关闭服务器提供易用的接口 |

❏ 部署工具：用于程序打包、发布和部署（见表 4-10）

**表 4-10　部署工具**

| 名　　称 | 主　要　作　用 |
|---|---|
| javapackager | 打包、签名 Java 和 JavaFX 应用程序，在 JDK 11 中被移除 |
| pack200 | 使用 Java GZIP 压缩器将 JAR 文件转换为压缩的 Pack200 文件。压缩的压缩文件是高度压缩的 JAR，可以直接部署，节省带宽并减少下载时间 |
| unpack200 | 将 Pack200 生成的打包文件解压提取为 JAR 文件 |

---

⊖　详细信息见 http://openjdk.java.net/jeps/320。

❑ Java Web Start（见表 4-11）

表 4-11　Java Web Start

| 名　　称 | 主　要　作　用 |
| --- | --- |
| javaws | 启动 Java Web Start 并设置各种选项的工具。在 JDK 11 中被移除 |

❑ 性能监控和故障处理：用于监控分析 Java 虚拟机运行信息，排查问题（见表 4-12）

表 4-12　性能监控和故障处理工具

| 名　　称 | 主　要　作　用 |
| --- | --- |
| jps | JVM Process Status Tool，显示指定系统内所有的 HotSpot 虚拟机进程 |
| jstat | JVM Statistics Monitoring Tool，用于收集 Hotspot 虚拟机各方面的运行数据 |
| jstatd | JVM Statistics Monitoring Tool Daemon，jstat 的守护程序，启动一个 RMI 服务器应用程序，用于监视测试的 HotSpot 虚拟机的创建和终止，并提供一个界面，允许远程监控工具附加到在本地系统上运行的虚拟机。在 JDK 9 中集成到了 JHSDB 中 |
| jinfo | Configuration Info for Java，显示虚拟机配置信息。在 JDK 9 中集成到了 JHSDB 中 |
| jmap | Memory Map for Java，生成虚拟机的内存转储快照（heapdump 文件）。在 JDK 9 中集成到了 JHSDB 中 |
| jhat | JVM Heap Analysis Tool，用于分析堆转储快照，它会建立一个 HTTP/Web 服务器，让用户可以在浏览器上查看分析结果。在 JDK 9 中被 JHSDB 代替 |
| jstack | Stack Trace for Java，显示虚拟机的线程快照。在 JDK 9 中集成到了 JHSDB 中 |
| jhsdb | Java HotSpot Debugger，一个基于 Serviceability Agent 的 HotSpot 进程调试器，从 JDK 9 开始提供 |
| jsadebugd | Java Serviceability Agent Debug Daemon，适用于 Java 的可维护性代理调试守护程序，主要用于附加到指定的 Java 进程、核心文件，或充当一个调试服务器 |
| jcmd | JVM Command，虚拟机诊断命令工具，将诊断命令请求发送到正在运行的 Java 虚拟机。从 JDK 7 开始提供 |
| jconsole | Java Console，用于监控 Java 虚拟机的使用 JMX 规范的图形工具。它可以监控本地和远程 Java 虚拟机，还可以监控和管理应用程序 |
| jmc | Java Mission Control，包含用于监控和管理 Java 应用程序的工具，而不会引入与这些工具相关联的性能开销。开发者可以使用 jmc 命令来创建 JMC 工具，从 JDK 7 Update 40 开始集成到 OracleJDK 中 |
| jvisualvm | Java VisualVM，一种图形化工具，可在 Java 虚拟机中运行时提供有关基于 Java 技术的应用程序（Java 应用程序）的详细信息。Java VisualVM 提供内存和 CPU 分析、堆转储分析、内存泄漏检测、MBean 访问和垃圾收集。从 JDK 6 Update 7 开始提供；从 JDK 9 开始不再打包入 JDK 中，但仍保持更新发展，可以独立下载 |

❑ WebService 工具：与 CORBA 一起在 JDK 11 中被移除（见表 4-13）

表 4-13　WebService 工具

| 名　　称 | 主　要　作　用 |
|---|---|
| schemagen | 用于 XML 绑定的 Schema 生成器，用于生成 XML Schema 文件 |
| wsgen | XML Web Service 2.0 的 Java API，生成用于 JAX-WS Web Service 的 JAX-WS 便携式产物 |
| wsimport | XML Web Service 2.0 的 Java API，主要用于根据服务端发布的 WSDL 文件生成客户端 |
| xjc | 主要用于根据 XML Schema 文件生成对应的 Java 类 |

❑ REPL 和脚本工具（见表 4-14）

表 4-14　REPL 和脚本工具

| 名　　称 | 主　要　作　用 |
|---|---|
| jshell | 基于 Java 的 Shell REPL（Read-Eval-Print Loop）交互工具 |
| jjs | 对 Nashorn 引擎的调用入口。Nashorn 是基于 Java 实现的一个轻量级高性能 JavaScript 运行环境 |
| jrunscript | Java 命令行脚本外壳工具（Command Line Script Shell），主要用于解释执行 JavaScript、Groovy、Ruby 等脚本语言 |

# 4.3　可视化故障处理工具

　　JDK 中除了附带大量的命令行工具外，还提供了几个功能集成度更高的可视化工具，用户可以使用这些可视化工具以更加便捷的方式进行进程故障诊断和调试工作。这类工具主要包括 JConsole、JHSDB、VisualVM 和 JMC 四个。其中，JConsole 是最古老，早在 JDK 5 时期就已经存在的虚拟机监控工具，而 JHSDB 虽然名义上是 JDK 9 中才正式提供，但之前已经以 sa-jdi.jar 包里面的 HSDB（可视化工具）和 CLHSDB（命令行工具）的形式存在了很长一段时间⊖。它们两个都是 JDK 的正式成员，随着 JDK 一同发布，无须独立下载，使用也是完全免费的。

　　VisualVM 在 JDK 6 Update 7 中首次发布，直到 JRockit Mission Control 与 OracleJDK 的融合工作完成之前，它都曾是 Oracle 主力推动的多合一故障处理工具，现在它已经从 OracleJDK 中分离出来，成为一个独立发展的开源项目⊖。VisualVM 已不是 JDK 中的正式成员，但仍是可以免费下载、使用的。

　　Java Mission Control，曾经是大名鼎鼎的来自 BEA 公司的图形化诊断工具，随着 BEA 公司被 Oracle 收购，它便被融合进 OracleJDK 之中。在 JDK 7 Update 40 时开始随 JDK 一起发布，后来 Java SE Advanced 产品线建立，Oracle 明确区分了 Oracle OpenJDK 和 OracleJDK

---

　　⊖　准确来说是 Linux 和 Solaris 在 OracleJDK 6 就可以使用 HSDB 和 CLHSDB 了，Windows 上要到 Oracle-JDK 7 才可以用。

　　⊖　VisualVM 官方站点：https://visualvm.github.io。

的差别⊖，JMC 从 JDK 11 开始又被移除出 JDK。虽然在 2018 年 Oracle 将 JMC 开源并交付给 OpenJDK 组织进行管理，但开源并不意味着免费使用，JMC 需要与 HotSpot 内部的"飞行记录仪"（Java Flight Recorder，JFR）配合才能工作，而在 JDK 11 以前，JFR 的开启必须解锁 OracleJDK 的商业特性支持（使用 JCMD 的 VM.unlock_commercial_features 或启动时加入 -XX:+UnlockCommercialFeatures 参数），所以这项功能在生产环境中仍然是需要付费才能使用的商业特性。

为避免本节讲解的内容变成对软件说明文档的简单翻译，笔者准备了一些代码样例，大多数是笔者特意编写的反面教材。稍后将会使用几款工具去监控、分析这些代码存在的问题，算是本节简单的实战演练。读者可以把在可视化工具观察到的数据、现象，与前面两章中讲解的理论知识进行互相验证。

## 4.3.1　JHSDB：基于服务性代理的调试工具

JDK 中提供了 JCMD 和 JHSDB 两个集成式的多功能工具箱，它们不仅整合了上一节介绍到的所有基础工具所能提供的专项功能，而且由于有着"后发优势"，能够做得往往比之前的老工具们更好、更强大，表 4-15 所示是 JCMD、JHSDB 与原基础工具实现相同功能的简要对比。

表 4-15　JCMD、JHSDB 和基础工具的对比

| 基础工具 | JCMD | JHSDB |
|---|---|---|
| jps -lm | jcmd | N/A |
| jmap -dump \<pid> | jcmd \<pid> GC.heap_dump | jhsdb jmap --binaryheap |
| jmap -histo \<pid> | jcmd \<pid> GC.class_histogram | jhsdb jmap --histo |
| jstack \<pid> | jcmd \<pid> Thread.print | jhsdb jstack --locks |
| jinfo -sysprops \<pid> | jcmd \<pid>VM.system_properties | jhsdb info --sysprops |
| jinfo -flags \<pid> | jcmd \<pid> VM.flags | jhsdb jinfo --flags |

本节的主题是可视化的故障处理，所以 JCMD 及 JHSDB 的命令行模式就不再作重点讲解了，读者可参考上一节的基础命令，再借助它们在 JCMD 和 JHSDB 中的 help 去使用，相信是很容易举一反三、触类旁通的。接下来笔者要通过一个实验来讲解 JHSDB 的图形模式下的功能。

JHSDB 是一款基于服务性代理（Serviceability Agent，SA）实现的进程外调试工具。服务性代理是 HotSpot 虚拟机中一组用于映射 Java 虚拟机运行信息的、主要基于 Java 语言（含少量 JNI 代码）实现的 API 集合。服务性代理以 HotSpot 内部的数据结构为参照物进行设计，把这些 C++ 的数据抽象出 Java 模型对象，相当于 HotSpot 的 C++ 代码的一个镜像。通

---

⊖　详见 https://blogs.oracle.com/java-platform-group/oracle-jdk-releases-for-java-11-and-later。

过服务性代理的 API，可以在一个独立的 Java 虚拟机的进程里分析其他 HotSpot 虚拟机的内部数据，或者从 HotSpot 虚拟机进程内存中 dump 出来的转储快照里还原出它的运行状态细节。服务性代理的工作原理跟 Linux 上的 GDB 或者 Windows 上的 Windbg 是相似的。本次，我们要借助 JHSDB 来分析一下代码清单 4-6 中的代码<sup>⊖</sup>，并通过实验来回答一个简单问题：staticObj、instanceObj、localObj 这三个变量本身（而不是它们所指向的对象）存放在哪里？

代码清单 4-6　JHSDB 测试代码

```
/**
 * staticObj、instanceObj、localObj存放在哪里?
 */
public class JHSDB_TestCase {

    static class Test {
        static ObjectHolder staticObj = new ObjectHolder();
        ObjectHolder instanceObj = new ObjectHolder();

        void foo() {
            ObjectHolder localObj = new ObjectHolder();
            System.out.println("done");        // 这里设一个断点
        }
    }

    private static class ObjectHolder {}

    public static void main(String[] args) {
        Test test = new JHSDB_TestCase.Test();
        test.foo();
    }
}
```

答案读者当然都知道：staticObj 随着 Test 的类型信息存放在方法区，instanceObj 随着 Test 的对象实例存放在 Java 堆，localObject 则是存放在 foo() 方法栈帧的局部变量表中。这个答案是通过前两章学习的理论知识得出的，现在要做的是通过 JHSDB 来实践验证这一点。

首先，我们要确保这三个变量已经在内存中分配好，然后将程序暂停下来，以便有空隙进行实验，这只要把断点设置在代码中加粗的打印语句上，然后在调试模式下运行程序即可。由于 JHSDB 本身对压缩指针的支持存在很多缺陷，建议用 64 位系统的读者在实验时禁用压缩指针，另外为了后续操作时可以加快在内存中搜索对象的速度，也建议读者限制一下 Java 堆的大小。本例中，笔者采用的运行参数如下：

```
-Xmx10m -XX:+UseSerialGC -XX:-UseCompressedOops
```

程序执行后通过 jps 查询到测试程序的进程 ID，具体如下：

---

⊖　本小节的原始案例来自 RednaxelaFX 的博客 https://rednaxelafx.iteye.com/blog/1847971。

```
jps -l
8440 org.jetbrains.jps.cmdline.Launcher
11180 JHSDB_TestCase
15692 jdk.jcmd/sun.tools.jps.Jps
```

使用以下命令进入 JHSDB 的图形化模式，并使其附加进程 11180：

```
jhsdb hsdb --pid 11180
```

命令打开的 JHSDB 的界面如图 4-4 所示。

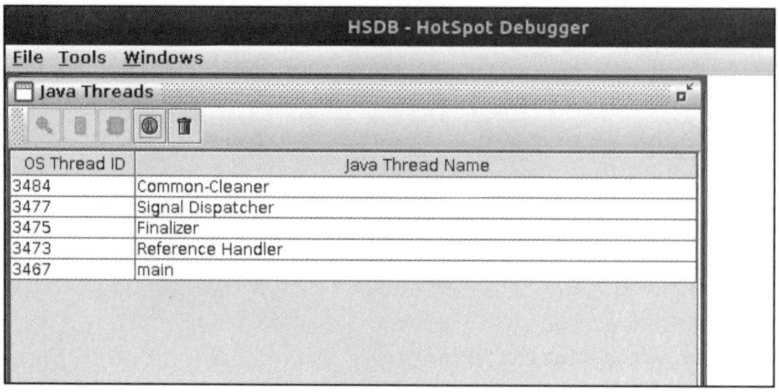

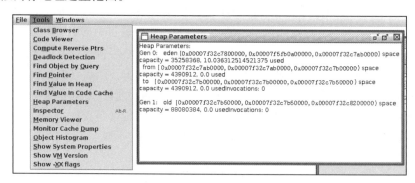

图 4-4　JHSDB 的界面

阅读代码清单 4-6 可知，运行至断点位置一共会创建三个 ObjectHolder 对象的实例，只要是对象实例必然会在 Java 堆中分配，既然我们要查找引用这三个对象的指针存放在哪里，不妨从这三个对象开始着手，先把它们从 Java 堆中找出来。

首先点击菜单中的 Tools -> Heap Parameters ⊖，结果如图 4-5 所示，因为笔者的运行参数中指定了使用的是 Serial 收集器，图中我们看到了典型的 Serial 的分代内存布局，Heap Parameters 窗口中清楚列出了新生代的 Eden、S1、S2 和老年代的容量（单位为字节）以及它们的虚拟内存地址起止范围。

图 4-5　Serial 收集器的堆布局

---

⊖　效果与在 Windows -> Console 中输入 universe 命令是等价的，JHSDB 的图形界面中所有操作都可以通过命令行完成，读者感兴趣的话，可以在控制台中输入 help 命令查看更多信息。

如果读者实践时不指定收集器，即使用 JDK 默认的 G1 的话，得到的信息应该类似如下所示：

```
Heap Parameters:
garbage-first heap [0x00007f32c7800000, 0x00007f32c8200000] region size 1024K
```

请读者注意一下图中各个区域的内存地址范围，后面还要用到它们。打开 Windows -> Console 窗口，使用 scanoops 命令在 Java 堆的新生代（从 Eden 起始地址到 To Survivor 结束地址）范围内查找 ObjectHolder 的实例，结果如下所示：

```
hsdb>scanoops 0x00007f32c7800000 0x00007f32c7b50000 JHSDB_TestCase$ObjectHolder
0x00007f32c7a7c458 JHSDB_TestCase$ObjectHolder
0x00007f32c7a7c480 JHSDB_TestCase$ObjectHolder
0x00007f32c7a7c490 JHSDB_TestCase$ObjectHolder
```

果然找出了三个实例的地址，而且它们的地址都落到了 Eden 的范围之内，算是顺带验证了一般情况下新对象在 Eden 中创建的分配规则。再使用 Tools -> Inspector 功能确认一下这三个地址中存放的对象，结果如图 4-6 所示。

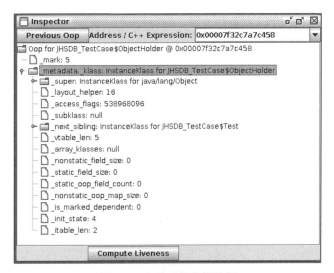

图 4-6　查看对象实例数据

Inspector 为我们展示了对象头和指向对象元数据的指针，里面包括了 Java 类型的名字、继承关系、实现接口关系，字段信息、方法信息、运行时常量池的指针、内嵌的虚方法表（vtable）以及接口方法表（itable）等。由于我们的确没有在 ObjectHolder 上定义过任何字段，所以图中并没有看到任何实例字段数据，读者在做实验时不妨定义一些不同数据类型的字段，观察它们在 HotSpot 虚拟机里面是如何存储的。

接下来要根据堆中对象实例地址找出引用它们的指针，原本 JHSDB 的 Tools 菜单中有 Compute Reverse Ptrs 来完成这个功能，但在笔者的运行环境中一点击它就出现 Swing 的界面异常，看后台日志是报了个空指针，这个问题只是界面层的异常，跟虚拟机关系不大，所以笔者没有继续去深究，改为使用命令来做也很简单，先拿第一个对象来试试看：

```
hsdb> revptrs 0x00007f32c7a7c458
Computing reverse pointers...
Done.
Oop for java/lang/Class @ 0x00007f32c7a7b180
```

果然找到了一个引用该对象的地方，是在一个 java.lang.Class 的实例里，并且给出了这个实例的地址，通过 Inspector 查看该对象实例，可以清楚看到这确实是一个 java.lang.Class 类型的对象实例，里面有一个名为 staticObj 的实例字段，如图 4-7 所示。

图 4-7　Class 对象

从《Java 虚拟机规范》所定义的概念模型来看，所有 Class 相关的信息都应该存放在方法区之中，但方法区该如何实现，《Java 虚拟机规范》并未做出规定，这就成了一件允许不同虚拟机自己灵活把握的事情。JDK 7 及其以后版本的 HotSpot 虚拟机选择把静态变量与类型在 Java 语言一端的映射 Class 对象存放在一起，存储于 Java 堆之中，从我们的实验中也明确验证了这一点⊖。接下来继续查找第二个对象实例：

```
hsdb>revptrs 0x00007f32c7a7c480
Computing reverse pointers...
Done.
Oop for JHSDB_TestCase$Test @ 0x00007f32c7a7c468
```

这次找到一个类型为 JHSDB_TestCase$Test 的对象实例，在 Inspector 中该对象实例显示如图 4-8 所示。

图 4-8　JHSDB_TestCase$Test 对象

这个结果完全符合我们的预期，第二个 ObjectHolder 的指针是在 Java 堆中 JHSDB_TestCase$Test 对象的 instanceObj 字段上。但是我们采用相同方法查找第三个 ObjectHolder

⊖　在 JDK 7 以前，即还没有开始"去永久代"行动时，这些静态变量是存放在永久代上的，JDK 7 起把静态变量、字符常量这些从永久代移除出去。

实例时，JHSDB 返回了一个 null，表示未查找到任何结果：

```
hsdb> revptrs 0x00007f32c7a7c490
null
```

看来 revptrs 命令并不支持查找栈上的指针引用，不过没有关系，得益于我们测试代码足够简洁，人工也可以来完成这件事情。在 Java Thread 窗口选中 main 线程后点击 Stack Memory 按钮查看该线程的栈内存，如图 4-9 所示。

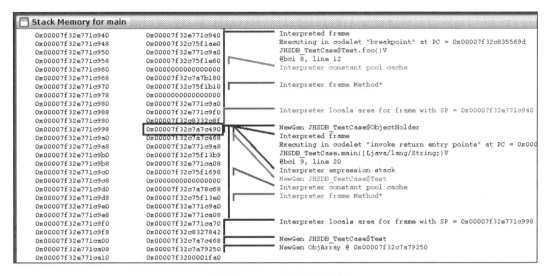

图 4-9 main 线程的栈内存

这个线程只有两个方法栈帧，尽管没有查找功能，但通过肉眼观察在地址 0x00007f32e771c998 上的值正好就是 0x00007f32c7a7c490，而且 JHSDB 在旁边已经自动生成注释，说明这里确实是引用了一个来自新生代的 JHSDB_TestCase$ObjectHolder 对象。至此，本次实验中三个对象均已找到，并成功追溯到引用它们的地方，也就实践验证了开篇中提出的这些对象的引用是存储在什么地方的问题。

JHSDB 提供了非常强大且灵活的命令和功能，本节的例子只是其中一个很小的应用，读者在实际开发、学习时，可以用它来调试虚拟机进程或者 dump 出来的内存转储快照，以积累更多的实际经验。

## 4.3.2 JConsole：Java 监视与管理控制台

JConsole（Java Monitoring and Management Console）是一款基于 JMX（Java Management Extensions）的可视化监视、管理工具。它的主要功能是通过 JMX 的 MBean（Managed Bean）对系统进行信息收集和参数动态调整。JMX 是一种开放性的技术，不仅可以用在虚拟机本身的管理上，还可以运行于虚拟机之上的软件中，典型的如中间件大多也基于 JMX

来实现管理与监控。虚拟机对 JMX MBean 的访问也是完全开放的,可以使用代码调用 API、支持 JMX 协议的管理控制台,或者其他符合 JMX 规范的软件进行访问。

### 1. 启动 JConsole

通过 JDK/bin 目录下的 jconsole.exe 启动 JConsole 后,会自动搜索出本机运行的所有虚拟机进程,而不需要用户自己使用 jps 来查询,如图 4-10 所示。双击选择其中一个进程便可进入主界面开始监控。JMX 支持跨服务器的管理,也可以使用下面的"远程进程"功能来连接远程服务器,对远程虚拟机进行监控。

图 4-10 中可以看到笔者的机器现在运行了 Eclipse、JConsole、MonitoringTest 三个本地虚拟机进程,这里 MonitoringTest 是笔者准备的"反面教材"代码之一。双击它进入 JConsole 主界面,可以看到主界面里共包括"概述""内存""线程""类""VM 摘要""MBean"六个页签,如图 4-11 所示。

图 4-10 JConsole 连接页面

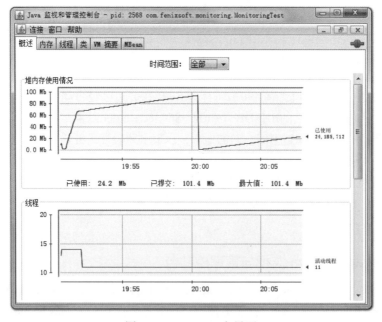

图 4-11 JConsole 主界面

"概述"页签里显示的是整个虚拟机主要运行数据的概览信息,包括"堆内存使用情况"

"线程""类""CPU 使用情况"四项信息的曲线图,这些曲线图是后面"内存""线程""类"页签的信息汇总,具体内容将在稍后介绍。

### 2. 内存监控

"内存"页签的作用相当于可视化的 jstat 命令,用于监视被收集器管理的虚拟机内存(被收集器直接管理的 Java 堆和被间接管理的方法区)的变化趋势。我们通过运行代码清单 4-7 中的代码来体验一下它的监视功能。运行时设置的虚拟机参数为:

```
-Xms100m -Xmx100m -XX:+UseSerialGC
```

**代码清单 4-7　JConsole 监视代码**

```
/**
 *  内存占位符对象,一个OOMObject大约占64KB
 */
static class OOMObject {
    public byte[] placeholder = new byte[64 * 1024];
}

public static void fillHeap(int num) throws InterruptedException {
    List<OOMObject> list = new ArrayList<OOMObject>();
    for (int i = 0; i < num; i++) {
        // 稍作延时,令监视曲线的变化更加明显
        Thread.sleep(50);
        list.add(new OOMObject());
    }
    System.gc();
}

public static void main(String[] args) throws Exception {
    fillHeap(1000);
}
```

这段代码的作用是以 64KB/50ms 的速度向 Java 堆中填充数据,一共填充 1000 次,使用 JConsole 的"内存"页签进行监视,观察曲线和柱状指示图的变化。

程序运行后,在"内存"页签中可以看到内存池 Eden 区的运行趋势呈现折线状,如图 4-12 所示。监视范围扩大至整个堆后,会发现曲线是一直平滑向上增长的。从柱状图可以看到,在 1000 次循环执行结束,运行了 System.gc() 后,虽然整个新生代 Eden 和 Survivor 区都基本被清空了,但是代表老年代的柱状图仍然保持峰值状态,说明被填充进堆中的数据在 System.gc() 方法执行之后仍然存活。笔者的分析就到此为止,提两个小问题供读者思考一下,答案稍后公布。

1)虚拟机启动参数只限制了 Java 堆为 100MB,但没有明确使用 -Xmn 参数指定新生代大小,读者能否从监控图中估算出新生代的容量?

2)为何执行了 System.gc() 之后,图 4-12 中代表老年代的柱状图仍然显示峰值状态,

代码需要如何调整才能让 System.gc() 回收掉填充到堆中的对象？

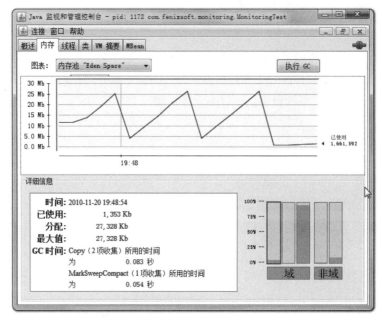

图 4-12 Eden 区内存变化状况

问题 1 答案：图 4-12 显示 Eden 空间为 27 328KB，因为没有设置 -XX:SurvivorRadio 参数，所以 Eden 与 Survivor 空间比例的默认值为 8：1，因此整个新生代空间大约为 27 328KB×125% = 34 160KB。

问题 2 答案：执行 System.gc() 之后，空间未能回收是因为 List<OOMObject> list 对象仍然存活，fillHeap() 方法仍然没有退出，因此 list 对象在 System.gc() 执行时仍然处于作用域之内 ⊖。如果把 System.gc() 移动到 fillHeap() 方法外调用就可以回收掉全部内存。

### 3. 线程监控

如果说 JConsole 的"内存"页签相当于可视化的 jstat 命令的话，那"线程"页签的功能就相当于可视化的 jstack 命令了，遇到线程停顿的时候可以使用这个页签的功能进行分析。前面讲解 jstack 命令时提到线程长时间停顿的主要原因有等待外部资源（数据库连接、网络资源、设备资源等）、死循环、锁等待等，代码清单 4-8 将分别演示这几种情况。

**代码清单 4-8  线程等待演示代码**

```
/**
 * 线程死循环演示
```

---

⊖ 准确地说，只有虚拟机使用解释器执行的时候，"在作用域之内"才能保证它不会被回收，因为这里的回收还涉及局部变量表变量槽的复用、即时编译器介入时机等问题，具体读者可参考第 8 章的代码清单 8-1。

```java
    */
public static void createBusyThread() {
Thread thread = new Thread(new Runnable() {
    @Override
    public void run() {
        while (true)    // 第41行
            ;
    }
}, "testBusyThread");
thread.start();
}

/**
 * 线程锁等待演示
 */
public static void createLockThread(final Object lock) {
Thread thread = new Thread(new Runnable() {
    @Override
    public void run() {
        synchronized (lock) {
            try {
                lock.wait();
            } catch (InterruptedException e) {
                e.printStackTrace();
            }
        }
    }
}, "testLockThread");
thread.start();
}

public static void main(String[] args) throws Exception {
    BufferedReader br = new BufferedReader(new InputStreamReader(System.in));
    br.readLine();
    createBusyThread();
    br.readLine();
    Object obj = new Object();
    createLockThread(obj);
}
```

程序运行后，首先在"线程"页签中选择 main 线程，如图 4-13 所示。堆栈追踪显示 BufferedReader 的 readBytes() 方法正在等待 System.in 的键盘输入，这时候线程为 Runnable 状态，Runnable 状态的线程仍会被分配运行时间，但 readBytes() 方法检查到流没有更新就会立刻归还执行令牌给操作系统，这种等待只消耗很小的处理器资源。

接着监控 testBusyThread 线程，如图 4-14 所示。testBusyThread 线程一直在执行空循环，从堆栈追踪中看到一直在 MonitoringTest.java 代码的 41 行停留，41 行的代码为 while(true)。这时候线程为 Runnable 状态，而且没有归还线程执行令牌的动作，所以会在空循环耗尽操作系统分配给它的执行时间，直到线程切换为止，这种等待会消耗大量的处理器资源。

图 4-13　main 线程

图 4-14　testBusyThread 线程

图 4-15 显示 testLockThread 线程在等待 lock 对象的 notify() 或 notifyAll() 方法的出现，线程这时候处于 WAITING 状态，在重新唤醒前不会被分配执行时间。

图 4-15　testLockThread 线程

testLockThread 线程正处于正常的活锁等待中，只要 lock 对象的 notify() 或 notifyAll() 方法被调用，这个线程便能激活继续执行。代码清单 4-9 演示了一个无法再被激活的死锁等待。

**代码清单 4-9　死锁代码样例**

```
/**
 * 线程死锁等待演示
 */
static class SynAddRunnable implements Runnable {
    int a, b;
    public SynAddRunnable(int a, int b) {
```

```
            this.a = a;
            this.b = b;
        }

        @Override
        public void run() {
            synchronized (Integer.valueOf(a)) {
                synchronized (Integer.valueOf(b)) {
                    System.out.println(a + b);
                }
            }
        }
    }

    public static void main(String[] args) {
        for (int i = 0; i < 100; i++) {
            new Thread(new SynAddRunnable(1, 2)).start();
            new Thread(new SynAddRunnable(2, 1)).start();
        }
    }
```

这段代码开了 200 个线程去分别计算 1+2 以及 2+1 的值，理论上 for 循环都是可省略的，两个线程也可能会导致死锁，不过那样概率太小，需要尝试运行很多次才能看到死锁的效果。如果运气不是特别差的话，上面带 for 循环的版本最多运行两三次就会遇到线程死锁，程序无法结束。造成死锁的根本原因是 Integer.valueOf() 方法出于减少对象创建次数和节省内存的考虑，会对数值为 −128～127 之间的 Integer 对象进行缓存⊖，如果 valueOf() 方法传入的参数在这个范围之内，就直接返回缓存中的对象。也就是说代码中尽管调用了 200 次 Integer.valueOf() 方法，但一共只返回了两个不同的 Integer 对象。假如某个线程的两个 synchronized 块之间发生了一次线程切换，那就会出现线程 A 在等待被线程 B 持有的 Integer.valueOf(1)，线程 B 又在等待被线程 A 持有的 Integer.valueOf(2)，结果大家都跑不下去的情况。

出现线程死锁之后，点击 JConsole 线程面板的"检测到死锁"按钮，将出现一个新的"死锁"页签，如图 4-16 所示。

图 4-16　线程死锁

---

⊖　这是《Java 虚拟机规范》中明确要求缓存的默认值，实际值可以调整，具体取决于 java.lang.Integer.Integer-Cache.high 参数的设置。

图 4-16 中很清晰地显示，线程 Thread-43 在等待一个被线程 Thread-12 持有的 Integer 对象，而点击线程 Thread-12 则显示它也在等待一个被线程 Thread-43 持有的 Integer 对象，这样两个线程就互相卡住，除非牺牲其中一个，否则死锁无法释放。

### 4.3.3　VisualVM：多合一故障处理工具

VisualVM（All-in-One Java Troubleshooting Tool）是功能最强大的运行监视和故障处理程序之一，曾经在很长一段时间内是 Oracle 官方主力发展的虚拟机故障处理工具。Oracle 曾在 VisualVM 的软件说明中写上了"All-in-One"的字样，预示着它除了常规的运行监视、故障处理外，还将提供其他方面的能力，譬如性能分析（Profiling）。VisualVM 的性能分析功能比起 JProfiler、YourKit 等专业且收费的 Profiling 工具都不遑多让。而且相比这些第三方工具，VisualVM 还有一个很大的优点：不需要被监视的程序基于特殊 Agent 去运行，因此它的通用性很强，对应用程序实际性能的影响也较小，使得它可以直接应用在生产环境中。这个优点是 JProfiler、YourKit 等工具无法与之媲美的。

#### 1. VisualVM 兼容范围与插件安装

VisualVM 基于 NetBeans 平台开发工具，所以一开始它就具备了通过插件扩展功能的能力，有了插件扩展支持，VisualVM 可以做到：

❑ 显示虚拟机进程以及进程的配置、环境信息（jps、jinfo）。

❑ 监视应用程序的处理器、垃圾收集、堆、方法区以及线程的信息（jstat、jstack）。

❑ dump 以及分析堆转储快照（jmap、jhat）。

❑ 方法级的程序运行性能分析，找出被调用最多、运行时间最长的方法。

❑ 离线程序快照：收集程序的运行时配置、线程 dump、内存 dump 等信息建立一个快照，可以将快照发送开发者处进行 Bug 反馈。

❑ 其他插件带来的无限可能性。

VisualVM 在 JDK 6 Update 7 中首次发布，但并不意味着它只能监控运行于 JDK 6 上的程序，它具备很优秀的向下兼容性，甚至能向下兼容至 2003 年发布的 JDK 1.4.2 版本[⊖]，这对无数处于已经完成实施、正在维护的遗留项目很有意义。当然，也并非所有功能都能完美地向下兼容，主要功能的兼容性见表 4-16 所示。

表 4-16　VisualVM 主要功能兼容性列表

| 特　　性 | JDK 1.4.2 | JDK 5 | JDK 6 local | JDK 6 remote |
|---|---|---|---|---|
| 运行环境信息 | √ | √ | √ | √ |
| 系统属性 | | | √ | |
| 监视面板 | √ | √ | √ | √ |

⊖　早于 JDK 6 的平台，需要打开 -Dcom.sun.management.jmxremote 参数才能被 VisualVM 管理。

（续）

| 特　　性 | JDK 1.4.2 | JDK 5 | JDK 6 local | JDK 6 remote |
|---|---|---|---|---|
| 线程面板 | | √ | √ | √ |
| 性能监控 | | | √ | |
| 堆、线程 Dump | | | √ | |
| MBean 管理 | | √ | √ | √ |
| JConsole 插件 | | √ | √ | √ |

　　首次启动 VisualVM 后，读者先不必着急找应用程序进行监测，初始状态下的 VisualVM 并没有加载任何插件，虽然基本的监视、线程面板的功能主程序都以默认插件的形式提供，但是如果不在 VisualVM 上装任何扩展插件，就相当于放弃它最精华的功能，和没有安装任何应用软件的操作系统差不多。

　　VisualVM 的插件可以手工进行安装，在网站⊖上下载 nbm 包后，点击"工具 -> 插件 -> 已下载"菜单，然后在弹出对话框中指定 nbm 包路径便可完成安装。独立安装的插件存储在 VisualVM 的根目录，譬如 JDK 9 之前自带的 VisualVM，插件安装后是放在 JDK_HOME/lib/visualvm 中的。手工安装插件并不常用，VisualVM 的自动安装功能已可找到大多数所需的插件，在有网络连接的环境下，点击"工具 -> 插件菜单"，弹出如图 4-17 所示的插件页签，在页签的"可用插件"及"已安装"中列举了当前版本 VisualVM 可以使用的全部插件，选中插件后在右边窗口会显示这个插件的基本信息，如开发者、版本、功能描述等。

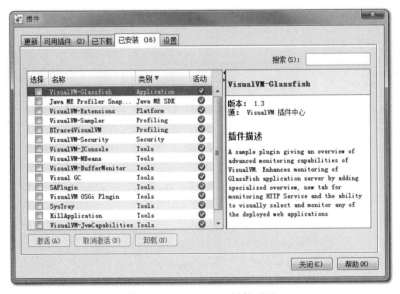

图 4-17　VisualVM 插件页签

---

　　⊖　插件中心地址：https://visualvm.github.io/pluginscenters.html。

读者可根据自己的工作需要和兴趣选择合适的插件，然后点击"安装"按钮，弹出如图 4-18 所示的下载进度窗口，跟着提示操作即可完成安装。

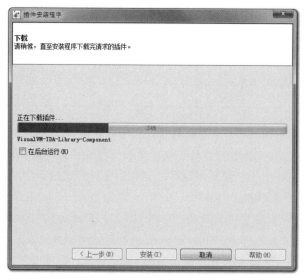

图 4-18　VisualVM 插件安装过程

选择一个需要监视的程序就可以进入程序的主界面了，如图 4-19 所示。由于 VisualVM 的版本以及选择安装插件数量的不同，读者看到的页签可能和笔者的截图有所差别。

图 4-19　VisualVM 主界面

VisualVM 中"概述""监视""线程""MBeans"的功能与前面介绍的 JConsole 差别不大，读者可根据上一节内容类比使用，这里笔者挑选几个有特色的功能和插件进行简要介绍。

#### 2. 生成、浏览堆转储快照

在 VisualVM 中生成堆转储快照文件有两种方式，可以执行下列任一操作：

❑ 在"应用程序"窗口中右键单击应用程序节点，然后选择"堆 Dump"。

❑ 在"应用程序"窗口中双击应用程序节点以打开应用程序标签，然后在"监视"标签中单击"堆 Dump"。

生成堆转储快照文件之后，应用程序页签会在该堆的应用程序下增加一个以 [heap-dump] 开头的子节点，并且在主页签中打开该转储快照，如图 4-20 所示。如果需要把堆转储快照保存或发送出去，就应在 heapdump 节点上右键选择"另存为"菜单，否则当 VisualVM 关闭时，生成的堆转储快照文件会被当作临时文件自动清理掉。要打开一个由已经存在的堆转储快照文件，通过文件菜单中的"装入"功能，选择硬盘上的文件即可。

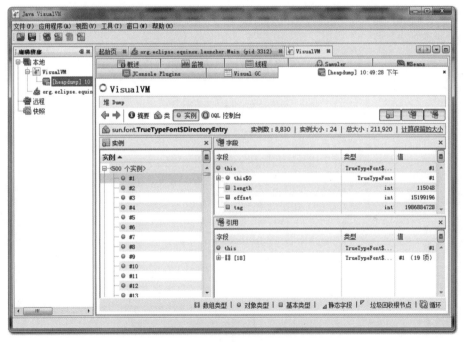

图 4-20　浏览 dump 文件

堆页签中的"摘要"面板可以看到应用程序 dump 时的运行时参数、System.getProperties() 的内容、线程堆栈等信息；"类"面板则是以类为统计口径统计类的实例数量、容量信息；"实例"面板不能直接使用，因为 VisualVM 在此时还无法确定用户想查看哪个类的实例，所以需要通过"类"面板进入，在"类"中选择一个需要查看的类，然后双击即可在"实例"里面看到此类的其中 500 个实例的具体属性信息；"OQL 控制台"面板则是运行 OQL 查询语句的，同 jhat 中介绍的 OQL 功能一样。如果读者想要了解具体 OQL 的语法和使用方法，可参见本书附录 D 的内容。

### 3. 分析程序性能

在 Profiler 页签中，VisualVM 提供了程序运行期间方法级的处理器执行时间分析以及内存分析。做 Profiling 分析肯定会对程序运行性能有比较大的影响，所以一般不在生产环境使用这项功能，或者改用 JMC 来完成，JMC 的 Profiling 能力更强，对应用的影响非常轻微。

要开始性能分析，先选择"CPU"和"内存"按钮中的一个，然后切换到应用程序中对程序进行操作，VisualVM 会记录这段时间中应用程序执行过的所有方法。如果是进行处理器执行时间分析，将会统计每个方法的执行次数、执行耗时；如果是内存分析，则会统计每个方法关联的对象数以及这些对象所占的空间。等要分析的操作执行结束后，点击"停止"按钮结束监控过程，如图 4-21 所示。

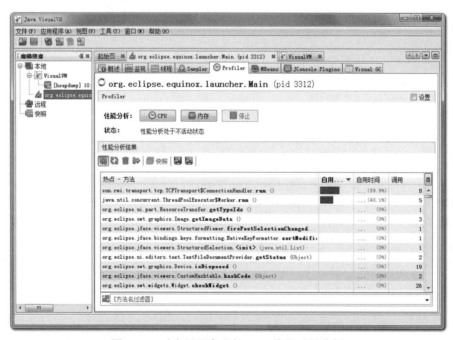

图 4-21　对应用程序进行 CPU 执行时间分析

> **注意** 在 JDK 5 之后，在客户端模式下的虚拟机加入并且自动开启了类共享——这是一个在多虚拟机进程共享 rt.jar 中类数据以提高加载速度和节省内存的优化，而根据相关 Bug 报告的反映，VisualVM 的 Profiler 功能会因为类共享而导致被监视的应用程序崩溃，所以读者进行 Profiling 前，最好在被监视程序中使用 -Xshare:off 参数来关闭类共享优化。

图 4-21 中是对 Eclipse IDE 一段操作的录制和分析结果，读者分析自己的应用程序时，可根据实际业务复杂程度与方法的时间、调用次数做比较，找到最优化价值方法。

#### 4. BTrace 动态日志跟踪

BTrace ⊖ 是一个很神奇的 VisualVM 插件，它本身也是一个可运行的独立程序。BTrace 的作用是在不中断目标程序运行的前提下，通过 HotSpot 虚拟机的 Instrument 功能⊖ 动态加入原本并不存在的调试代码。这项功能对实际生产中的程序很有意义：如当程序出现问题时，排查错误的一些必要信息时（譬如方法参数、返回值等），在开发时并没有打印到日志之中以至于不得不停掉服务时，都可以通过调试增量来加入日志代码以解决问题。

在 VisualVM 中安装了 BTrace 插件后，在应用程序面板中右击要调试的程序，会出现"Trace Application…"菜单，点击将进入 BTrace 面板。这个面板看起来就像一个简单的 Java 程序开发环境，里面甚至已经有了一小段 Java 代码，如图 4-22 所示。

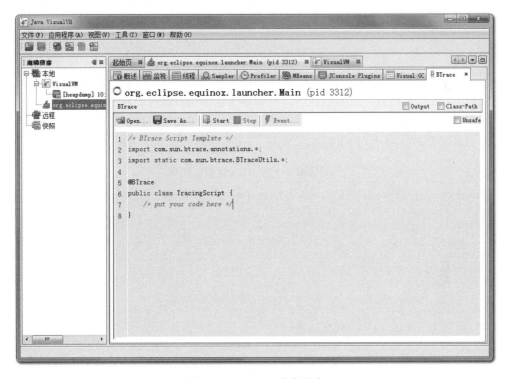

图 4-22　BTrace 动态跟踪

笔者准备了一段简单的 Java 代码来演示 BTrace 的功能：产生两个 1000 以内的随机整数，输出这两个数字相加的结果，如代码清单 4-10 所示。

---

⊖　官方主页：https://github.com/btraceio/btrace。
⊖　是 JVMTI 中的主要组成部分，HotSpot 虚拟机允许在不停止运行的情况下，更新已经加载的类的代码。

**代码清单 4-10　BTrace 跟踪演示**

```
public class BTraceTest {

    public int add(int a, int b) {
        return a + b;
    }

    public static void main(String[] args) throws IOException {
        BTraceTest test = new BTraceTest();
        BufferedReader reader = new BufferedReader(new InputStreamReader(System.
            in));
        for (int i = 0; i < 10; i++) {
            reader.readLine();
            int a = (int) Math.round(Math.random() * 1000);
            int b = (int) Math.round(Math.random() * 1000);
            System.out.println(test.add(a, b));
        }
    }
}
```

　　假设这段程序已经上线运行，而我们现在又有了新的需求，想要知道程序中生成的两个随机数是什么，但程序并没有在执行过程中输出这一点。此时，在 VisualVM 中打开该程序的监视，在 BTrace 页签填充 TracingScript 的内容，输入调试代码，如代码清单 4-11 所示，即可在不中断程序运行的情况下做到这一点。

**代码清单 4-11　BTrace 调试代码**

```
/* BTrace Script Template */
import com.sun.btrace.annotations.*;
import static com.sun.btrace.BTraceUtils.*;

@BTrace
public class TracingScript {
        @OnMethod(
    clazz="org.fenixsoft.monitoring.BTraceTest",
    method="add",
    location=@Location(Kind.RETURN)
)

public static void func(@Self org.fenixsoft.monitoring.BTraceTest instance,int a,
    int b,@Return int result) {
    println("调用堆栈:");
    jstack();
    println(strcat("方法参数A:",str(a)));
    println(strcat("方法参数B:",str(b)));
    println(strcat("方法结果:",str(result)));
    }
}
```

点击 Start 按钮后稍等片刻，编译完成后，Output 面板中会出现"BTrace code successfuly deployed"的字样。当程序运行时将会在 Output 面板输出如图 4-23 所示的调试信息。

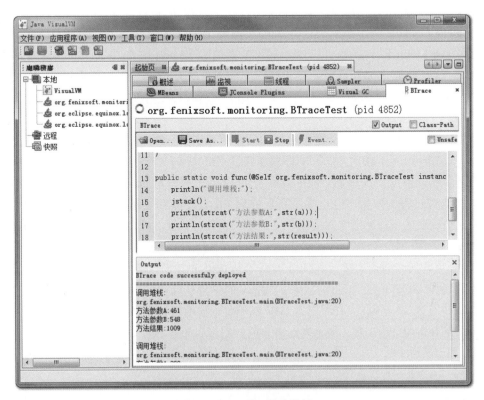

图 4-23　BTrace 跟踪结果

BTrace 的用途很广泛，打印调用堆栈、参数、返回值只是它最基础的使用形式，在它的网站上有使用 BTrace 进行性能监视、定位连接泄漏、内存泄漏、解决多线程竞争问题等的使用案例，有兴趣的读者可以去网上了解相关信息。

BTrace 能够实现动态修改程序行为，是因为它是基于 Java 虚拟机的 Instrument 开发的。Instrument 是 Java 虚拟机工具接口（Java Virtual Machine Tool Interface，JVMTI）的重要组件，提供了一套代理（Agent）机制，使得第三方工具程序可以以代理的方式访问和修改 Java 虚拟机内部的数据。阿里巴巴开源的诊断工具 Arthas 也通过 Instrument 实现了与 BTrace 类似的功能。

## 4.3.4　Java Mission Control：可持续在线的监控工具

除了大家熟知的面向通用计算（General Purpose Computing）可免费使用的 Java SE 外，Oracle 公司还开辟过带商业技术支持的 Oracle Java SE Support 和面向独立软件供应商（ISV）的 Oracle Java SE Advanced & Suite 产品线。

除去带有 7×24 小时的技术支持以及可以为企业专门定制安装包这些非技术类的增强服务外，Oracle Java SE Advanced & Suite ⊖与普通 Oracle Java SE 在功能上的主要差别是前者包含了一系列的监控、管理工具，譬如用于企业 JRE 定制管理的 AMC（Java Advanced Management Console）控制台、JUT（Java Usage Tracker）跟踪系统，用于持续收集数据的 JFR（Java Flight Recorder）飞行记录仪和用于监控 Java 虚拟机的 JMC（Java Mission Control）。这些功能全部都是需要商业授权才能在生产环境中使用，但根据 Oracle Binary Code 协议，在个人开发环境中，允许免费使用 JMC 和 JFR，本节笔者将简要介绍它们的原理和使用。

JFR 是一套内建在 HotSpot 虚拟机里面的监控和基于事件的信息搜集框架，与其他的监控工具（如 JProfiling）相比，Oracle 特别强调它"可持续在线"（Always-On）的特性。JFR 在生产环境中对吞吐量的影响一般不会高于 1%（甚至号称是 Zero Performance Overhead），而且 JFR 监控过程的开始、停止都是完全可动态的，即不需要重启应用。JFR 的监控对应用也是完全透明的，即不需要对应用程序的源码做任何修改，或者基于特定的代理来运行。

JMC 最初是 BEA 公司的产品，因此并没有像 VisualVM 那样一开始就基于自家的 Net-Beans 平台来开发，而是选择了由 IBM 捐赠的 Eclipse RCP 作为基础框架，现在的 JMC 不仅可以下载到独立程序，更常见的是作为 Eclipse 的插件来使用。JMC 与虚拟机之间同样采取 JMX 协议进行通信，JMC 一方面作为 JMX 控制台，显示来自虚拟机 MBean 提供的数据；另一方面作为 JFR 的分析工具，展示来自 JFR 的数据。启动后 JMC 的主界面如图 4-24 所示。

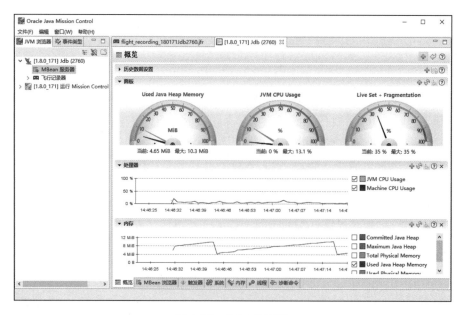

图 4-24　JMC 主界面

---

⊖　Advanced 是"Advanced Monitoring & Management of Java in the Enterprise"的缩写。

在左侧的"JVM 浏览器"面板中自动显示了通过 JDP 协议（Java Discovery Protocol）找到的本机正在运行的 HotSpot 虚拟机进程，如果需要监控其他服务器上的虚拟机，可在"文件 -> 连接"菜单中创建远程连接，如图 4-25 所示。

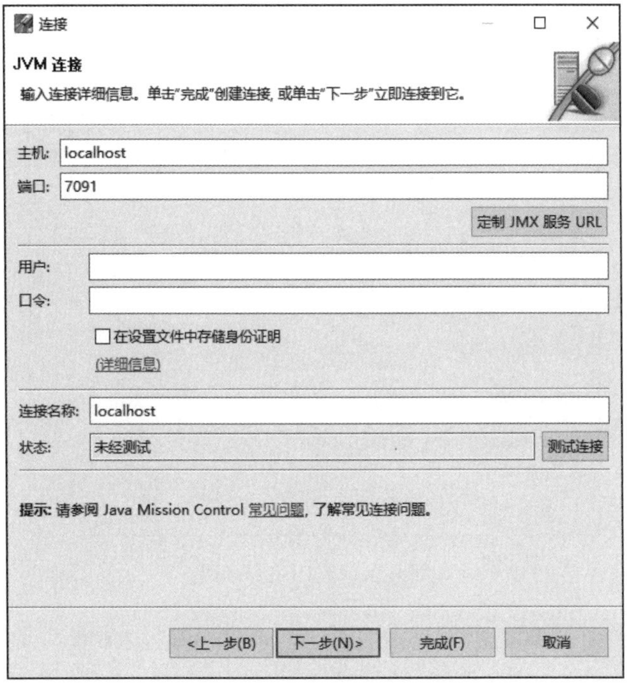

图 4-25　JMC 建立连接界面

这里要填写的信息应该在被监控虚拟机进程启动的时候以虚拟机参数的形式指定，以下是一份被监控端的启动参数样例：

```
-Dcom.sun.management.jmxremote.port=9999
-Dcom.sun.management.jmxremote.ssl=false
-Dcom.sun.management.jmxremote.authenticate=false
-Djava.rmi.server.hostname=192.168.31.4
-XX:+UnlockCommercialFeatures -XX:+FlightRecorder
```

本地虚拟机与远程虚拟机进程的差别只限于创建连接这个步骤，连接成功创建以后的操作就是完全一样的了。把"JVM 浏览器"面板中的进程展开后，可以看到每个进程的数据都有 MBean 和 JFR 两个数据来源。关于 MBean 这部分数据，与 JConsole 和 VisualVM 上取到的内容是一样的，只是展示形式上有些差别，笔者就不再重复了，后面着重介绍 JFR 的数据记录。

双击"飞行记录器"，将会出现"启动飞行记录"窗口（如果第一次使用，还会收到解锁商业功能的警告窗），如图 4-26 所示。

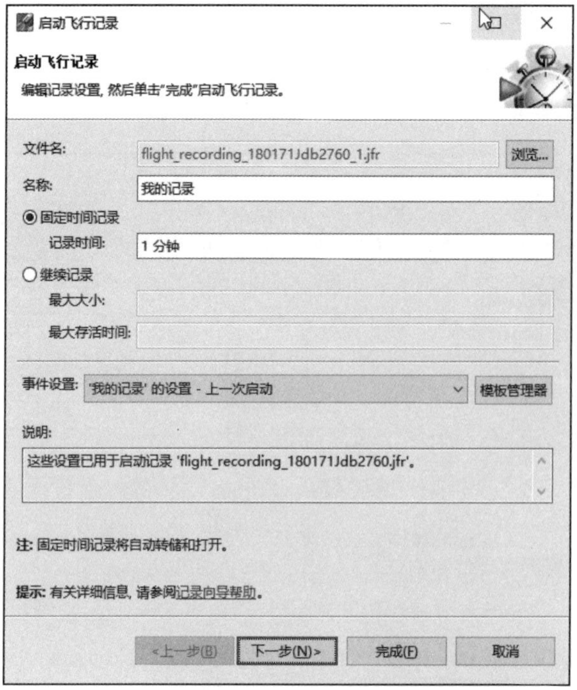

图 4-26　启用飞行记录

在启动飞行记录时，可以进行记录时间、垃圾收集器、编译器、方法采样、线程记录、异常记录、网络和文件 I/O、事件记录等选项和频率设定，这部分比较琐碎，笔者就不一一截图讲解了。点击"完成"按钮后马上就会开始记录，记录时间结束以后会生成飞行记录报告，如图 4-27 所示。

飞行记录报告里包含以下几类信息：

❑ 一般信息：关于虚拟机、操作系统和记录的一般信息。

❑ 内存：关于内存管理和垃圾收集的信息。

❑ 代码：关于方法、异常错误、编译和类加载的信息。

❑ 线程：关于应用程序中线程和锁的信息。

❑ I/O：关于文件和套接字输入、输出的信息。

❑ 系统：关于正在运行 Java 虚拟机的系统、进程和环境变量的信息。

❑ 事件：关于记录中的事件类型的信息，可以根据线程或堆栈跟踪，按照日志或图形的格式查看。

JFR 的基本工作逻辑是开启一系列事件的录制动作，当某个事件发生时，这个事件的所有上下文数据将会以循环日志的形式被保存至内存或者指定的某个文件当中，循环日志相当于数据流被保留在一个环形缓存中，所以只有最近发生的事件的数据才是可用的。JMC 从虚拟机内存或者文件中读取并展示这些事件数据，并通过这些数据进行性能分析。

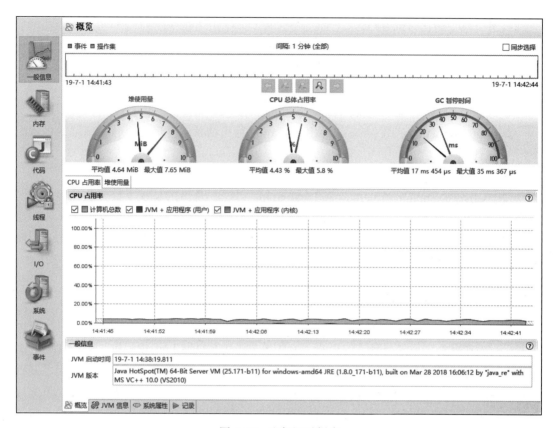

图 4-27　飞行记录报告

即使不考虑对被测试程序性能影响方面的优势，JFR 提供的数据质量通常也要比其他工具通过代理形式采样获得或者从 MBean 中取得的数据高得多。以垃圾搜集为例，HotSpot 的 MBean 中一般有各个分代大小、收集次数、时间、占用率等数据（根据收集器不同有所差别），这些都属于"结果"类的信息，而 JFR 中还可以看到内存中这段时间分配了哪些对象、哪些在 TLAB 中（或外部）分配、分配速率和压力大小如何、分配归属的线程、收集时对象分代晋升的情况等，这些就是属于"过程"类的信息，对排查问题的价值是难以估量的。

## 4.4　HotSpot 虚拟机插件及工具

HotSpot 虚拟机发展了二十余年，现在已经是一套很复杂的软件系统，如果深入挖掘 HotSpot 的源码，可以发现在 HotSpot 的研发过程中，开发团队曾经编写（或者收集）过不少虚拟机的插件和辅助工具，它们存放在 HotSpot 源码 hotspot/src/share/tools 目录下，包括（含曾经有过但新版本中已被移除的）：

❑ Ideal Graph Visualizer：用于可视化展示 C2 即时编译器是如何将字节码转化为理想

图，然后转化为机器码的。

❑ Client Compiler Visualizer [－]：用于查看 C1 即时编译器生成高级中间表示（HIR），转换成低级中间表示（LIR）和做物理寄存器分配的过程。

❑ MakeDeps：帮助处理 HotSpot 的编译依赖的工具。

❑ Project Creator：帮忙生成 Visual Studio 的 .project 文件的工具。

❑ LogCompilation：将 -XX:+LogCompilation 输出的日志整理成更容易阅读的格式的工具。

❑ HSDIS：即时编译器的反汇编插件。

关于 Client Compiler Visualizer 和 Ideal Graph Visualizer，在本书第 11 章会有专门的使用介绍，而 Project Creator、LogCompilation、MakeDeps 这三个工具对本书的讲解和实验帮助有限，最后一个 HSDIS 是学习、实践本书第四部分"程序编译与代码优化"的有力辅助工具，借本章讲解虚拟机工具的机会，简要介绍其使用方法。

## HSDIS：JIT 生成代码反汇编

在《Java 虚拟机规范》里详细定义了虚拟机指令集中每条指令的语义，尤其是执行过程前后对操作数栈、局部变量表的影响。这些细节描述与早期 Java 虚拟机（Sun Classic 虚拟机）高度吻合，但随着技术的发展，高性能虚拟机真正的细节实现方式已经渐渐与《Java 虚拟机规范》所描述的内容产生越来越大的偏差，《Java 虚拟机规范》中的规定逐渐成为 Java 虚拟机实现的"概念模型"，即实现只保证与规范描述等效，而不一定是按照规范描述去执行。由于这个原因，我们在讨论程序的执行语义问题（虚拟机做了什么）时，在字节码层面上分析完全可行，但讨论程序的执行行为问题（虚拟机是怎样做的、性能如何）时，在字节码层面上分析就没有什么意义了，必须通过其他途径解决。

至于分析程序如何执行，使用软件调试工具（GDB、Windbg 等）来进行断点调试是一种常见的方式，但是这样的调试方式在 Java 虚拟机中也遇到了很大麻烦，因为大量执行代码是通过即时编译器动态生成到代码缓存中的，并没有特别简单的手段来处理这种混合模式的调试，不得不通过一些曲线的间接方法来解决问题。在这样的背景下，本节的主角——HSDIS 插件就正式登场了。

HSDIS 是一个被官方推荐的 HotSpot 虚拟机即时编译代码的反汇编插件，它包含在 HotSpot 虚拟机的源码当中[－]，在 OpenJDK 的网站[三]也可以找到单独的源码下载，但并没有提供编译后的程序。

---

[－] 不同于 Ideal Graph Visualizer，Client Compiler Visualizer 的源码其实从未进入过 HotSpot 的代码仓库，不过为了 C1、C2 配对，还是把它列在这里。

[二] OpenJDK 中的源码位置：hotspot/src/share/tools/hsdis/。

[三] 地址：http://hg.openjdk.java.net/jdk7u/jdk7u/hotspot/file/tip/src/share/tools/hsdis/。也可以在 GitHub 上搜索 HSDIS 得到。

HSDIS 插件的作用是让 HotSpot 的 -XX:+PrintAssembly 指令调用它来把即时编译器动态生成的本地代码还原为汇编代码输出，同时还会自动产生大量非常有价值的注释，这样我们就可以通过输出的汇编代码来从最本质的角度分析问题。读者可以根据自己的操作系统和处理器型号，从网上直接搜索、下载编译好的插件，直接放到 JDK_HOME/jre/bin/server 目录（JDK 9 以下）或 JDK_HOME/lib/amd64/server（JDK 9 或以上）中即可使用。如果读者确实没有找到所采用操作系统的对应编译成品<sup>⊖</sup>，那就自己用源码编译一遍（网上能找到各种操作系统下的编译教程）。

另外还有一点需要注意，如果读者使用的是 SlowDebug 或者 FastDebug 版的 HotSpot，那可以直接通过 -XX:+PrintAssembly 指令使用的插件；如果读者使用的是 Product 版的 HotSpot，则还要额外加入一个 -XX:+UnlockDiagnosticVMOptions 参数才可以工作。笔者以代码清单 4-12 中的测试代码为例简单演示一下如何使用这个插件。

代码清单 4-12　测试代码

```
public class Bar {
    int a = 1;
    static int b = 2;

    public int sum(int c) {
        return a + b + c;
    }

    public static void main(String[] args) {
        new Bar().sum(3);
    }
}
```

编译这段代码，并使用以下命令执行：

```
java -XX:+PrintAssembly -Xcomp -XX:CompileCommand=dontinline,*Bar.sum -XX:Compile-
    Command=compileonly,*Bar.sum test.Bar
```

其中，参数 -Xcomp 是让虚拟机以编译模式执行代码，这样不需要执行足够次数来预热就能触发即时编译。两个 -XX:CompileCommand 的意思是让编译器不要内联 sum() 并且只编译 sum()，-XX:+PrintAssembly 就是输出反汇编内容。如果一切顺利的话，屏幕上会出现类似代码清单 4-13 所示的内容。

代码清单 4-13　测试代码

```
[Disassembling for mach='i386']
[Entry Point]
[Constants]
    # {method} 'sum' '(I)I' in 'test/Bar'
```

---

⊖　HLLVM 圈子中有已编译好的，地址：http://hllvm.group.iteye.com/。

```
    # this:    ecx       = 'test/Bar'
    # parm0:   edx       = int
    #          [sp+0x20]  (sp of caller)
    ......
    0x01cac407: cmp    0x4(%ecx),%eax
    0x01cac40a: jne    0x01c6b050        ; {runtime_call}
[Verified Entry Point]
    0x01cac410: mov    %eax,-0x8000(%esp)
    0x01cac417: push   %ebp
    0x01cac418: sub    $0x18,%esp        ; *aload_0
                                         ; - test.Bar::sum@0 (line  8)
    ;;  block B0 [0, 10]

    0x01cac41b: mov    0x8(%ecx),%eax    ; *getfield a
                                         ; - test.Bar::sum@1 (line 8)
    0x01cac41e: mov    $0x3d2fad8,%esi   ; {oop(a
'java/lang/Class' = 'test/Bar')}
    0x01cac423: mov    0x68(%esi),%esi   ; *getstatic b
                                         ; - test.Bar::sum@4 (line 8)
    0x01cac426: add    %esi,%eax
    0x01cac428: add    %edx,%eax
    0x01cac42a: add    $0x18,%esp
    0x01cac42d: pop    %ebp
    0x01cac42e: test   %eax,0x2b0100     ; {poll_return}
    0x01cac434: ret
```

虽然是汇编，但代码并不多，我们一句一句来阅读：

1）mov %eax,-0x8000(%esp)：检查栈溢。

2）push %ebp：保存上一栈帧基址。

3）sub $0x18,%esp：给新帧分配空间。

4）mov 0x8(%ecx),%eax：取实例变量 a，这里 0x8(%ecx) 就是 ecx+0x8 的意思，前面代码片段 "[Constants]" 中提示了 "this:ecx = 'test/Bar'"，即 ecx 寄存器中放的就是 this 对象的地址。偏移 0x8 是越过 this 对象的对象头，之后就是实例变量 a 的内存位置。这次是访问 Java 堆中的数据。

5）mov $0x3d2fad8,%esi：取 test.Bar 在方法区的指针。

6）mov 0x68(%esi),%esi：取类变量 b，这次是访问方法区中的数据。

7）add %esi,%eax、add %edx,%eax：做 2 次加法，求 a+b+c 的值，前面的代码把 a 放在 eax 中，把 b 放在 esi 中，而 c 在 [Constants] 中提示了，"parm0:edx = int"，说明 c 在 edx 中。

8）add $0x18,%esp：撤销栈帧。

9）pop %ebp：恢复上一栈帧。

10）test %eax,0x2b0100：轮询方法返回处的 SafePoint。

11）ret：方法返回。

在这个例子中测试代码比较简单，肉眼直接看日志中的汇编输出是可行的，但在正式环境中 -XX:+PrintAssembly 的日志输出量巨大，且难以和代码对应起来，这就必须使用工具来辅助了。

JITWatch ⊖是 HSDIS 经常搭配使用的可视化的编译日志分析工具，为便于在 JITWatch 中读取，读者可使用以下参数把日志输出到 logfile 文件：

```
-XX:+UnlockDiagnosticVMOptions
-XX:+TraceClassLoading
-XX:+LogCompilation
-XX:LogFile=/tmp/logfile.log
-XX:+PrintAssembly
-XX:+TraceClassLoading
```

在 JITWatch 中加载日志后，就可以看到执行期间使用过的各种对象类型和对应调用过的方法了，界面如图 4-28 所示。

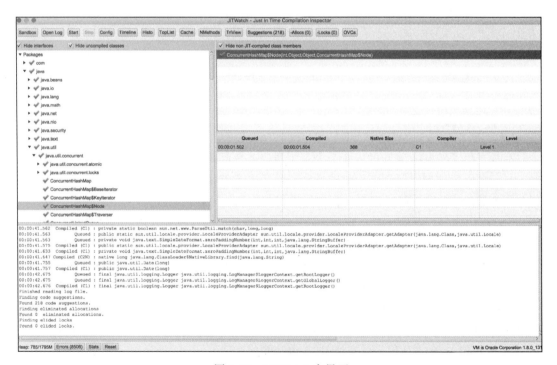

图 4-28　JITWatch 主界面

选择想要查看的类和方法，即可查看对应的 Java 源代码、字节码和即时编译器生成的汇编代码，如图 4-29 所示。

---

⊖　下载地址：https://github.com/AdoptOpenJDK/jitwatch。

图 4-29 查看方法代码

# 4.5 本章小结

本章介绍了随 JDK 发布的 6 个命令行工具与 4 个可视化的故障处理工具，灵活使用这些工具，可以为处理问题带来很大的便利。除了本章涉及的 OpenJDK 中自带的工具之外，还有很多其他监控和故障处理工具，如何进行监控和故障诊断，这并不是《Java 虚拟机规范》中定义的内容，而是取决于虚拟机实现自身的设计，因此每种处理工具都有针对的目标范围，如果读者使用的是非 HotSpot 系的虚拟机，就更需要使用对应的工具进行分析，如：

❑ IBM 的 Support Assistant ⊖、Heap Analyzer ⊜、Javacore Analyzer ⊜、Garbage Collector Analyzer ®适用于 IBM J9/OpenJ9 VM。

❑ HP 的 HPjmeter、HPjtune 适用于 HP-UX、SAP、HotSpot VM。

❑ Eclipse 的 Memory Analyzer Tool ® （MAT）适用于 HP-UX、SAP、HotSpot VM，安装 IBM DTFJ ®插件后可支持 IBM J9 虚拟机。

---

⊖ http://www-01.ibm.com/software/support/isa。

⊜ http://www.alphaworks.ibm.com/tech/heapanalyzer/download。

⊜ http://www.alphaworks.ibm.com/tech/jca/download。

® http://www.alphaworks.ibm.com/tech/pmat/download。

⑤ http://www.eclipse.org/mat/。

⑥ http://www.ibm.com/developerworks/java/jdk/tools/dtfj.html。

第 5 章 *Chapter 3*

# 调优案例分析与实战

Java 与 C++ 之间有一堵由内存动态分配和垃圾收集技术所围成的高墙，墙外面的人想进去，墙里面的人却想出来。

## 5.1　概述

在前面 3 章笔者系统性地介绍了处理 Java 虚拟机内存问题的知识与工具，在处理应用中的实际问题时，除了知识与工具外，经验同样是一个很重要的因素。在本章，将会与读者分享若干较有代表性的实际案例。

考虑到虚拟机的故障处理与调优主要面向各类服务端应用，而大多数 Java 程序员较少有机会直接接触生产环境的服务器，因此本章还准备了一个所有开发人员都能够进行"亲身实战"的练习，希望大家通过实践能获得故障处理、调优的经验。

## 5.2　案例分析

本章中的案例一部分来源于笔者处理过的实际问题，还有另一部分来源于网上有特色和代表性的案例总结。出于对客户商业信息保护的原因，在不影响前后逻辑的前提下，笔者对实际环境和用户业务做了一些屏蔽和精简。

本章内容将着重考虑如何在应用部署层面去解决问题，有不少案例中的问题的确可以在设计和开发阶段就先行避免，但这并不是本书要讨论的话题。也有一些问题可以直接通过升级硬件或者使用最新 JDK 版本里的新技术去解决，但我们同时也会探讨如何在不改变已有软硬件版本和规格的前提下，调整部署和配置策略去解决或者缓解问题。

### 5.2.1 大内存硬件上的程序部署策略

这是笔者很久之前处理过的一个案例，但今天仍然具有代表性。一个 15 万 PV/ 日左右的在线文档类型网站最近更换了硬件系统，服务器的硬件为四路至强处理器、16GB 物理内存，操作系统为 64 位 CentOS 5.4，Resin 作为 Web 服务器。整个服务器暂时没有部署别的应用，所有硬件资源都可以提供给这访问量并不算太大的文档网站使用。软件版本选用的是 64 位的 JDK 5，管理员启用了一个虚拟机实例，使用 -Xmx 和 -Xms 参数将 Java 堆大小固定在 12GB。使用一段时间后发现服务器的运行效果十分不理想，网站经常不定期出现长时间失去响应。

监控服务器运行状况后发现网站失去响应是由垃圾收集停顿所导致的，在该系统软硬件条件下，HotSpot 虚拟机是以服务端模式运行，默认使用的是吞吐量优先收集器，回收12GB 的 Java 堆，一次 Full GC 的停顿时间就高达 14 秒。由于程序设计的原因，访问文档时会把文档从磁盘提取到内存中，导致内存中出现很多由文档序列化产生的大对象，这些大对象大多在分配时就直接进入了老年代，没有在 Minor GC 中被清理掉。这种情况下即使有 12GB 的堆，内存也很快会被消耗殆尽，由此导致每隔几分钟出现十几秒的停顿，令网站开发、管理员都对使用 Java 技术开发网站感到很失望。

分析此案例的情况，程序代码问题这里不延伸讨论，程序部署上的主要问题显然是过大的堆内存进行回收时带来的长时间的停顿。经调查，更早之前的硬件使用的是 32 位操作系统，给 HotSpot 虚拟机只分配了 1.5GB 的堆内存，当时用户确实感觉到使用网站比较缓慢，但还不至于发生长达十几秒的明显停顿，后来将硬件升级到 64 位系统、16GB 内存希望能提升程序效能，却反而出现了停顿问题，尝试过将 Java 堆分配的内存重新缩小到 1.5GB或者 2GB，这样的确可以避免长时间停顿，但是在硬件上的投资就显得非常浪费。

每一款 Java 虚拟机中的每一款垃圾收集器都有自己的应用目标与最适合的应用场景，如果在特定场景中选择了不恰当的配置和部署方式，自然会事倍功半。目前单体应用在较大内存的硬件上主要的部署方式有两种：

1）通过一个单独的 Java 虚拟机实例来管理大量的 Java 堆内存。

2）同时使用若干个 Java 虚拟机，建立逻辑集群来利用硬件资源。

此案例中的管理员采用了第一种部署方式。对于用户交互性强、对停顿时间敏感、内存又较大的系统，并不是一定要使用 Shenandoah、ZGC 这些明确以控制延迟为目标的垃圾收集器才能解决问题（当然不可否认，如果情况允许的话，这是最值得考虑的方案），使用Parallel Scavenge/Old 收集器，并且给 Java 虚拟机分配较大的堆内存也是有很多运行得很成功的案例的，但前提是必须把应用的 Full GC 频率控制得足够低，至少要低到不会在用户使用过程中发生，譬如十几个小时乃至一整天都不出现一次 Full GC，这样可以通过在深夜执行定时任务的方式触发 Full GC 甚至是自动重启应用服务器来保持内存可用空间在一个稳定的水平。

控制 Full GC 频率的关键是老年代的相对稳定，这主要取决于应用中绝大多数对象能否符合"朝生夕灭"的原则，即大多数对象的生存时间不应当太长，尤其是不能有成批量的、长生存时间的大对象产生，这样才能保障老年代空间的稳定。

在许多网站和 B/S 形式的应用里，多数对象的生存周期都应该是请求级或者页面级的，会话级和全局级的长生命对象相对较少。只要代码写得合理，实现在超大堆中正常使用没有 Full GC 应当并不困难，这样的话，使用超大堆内存时，应用响应速度才可能会有所保证。除此之外，如果读者计划使用单个 Java 虚拟机实例来管理大内存，还需要考虑下面可能面临的问题：

- ❑ 回收大块堆内存而导致的长时间停顿，自从 G1 收集器的出现，增量回收得到比较好的应用⊖，这个问题有所缓解，但要到 ZGC 和 Shenandoah 收集器成熟之后才得到相对彻底地解决。
- ❑ 大内存必须有 64 位 Java 虚拟机的支持，但由于压缩指针、处理器缓存行容量（Cache Line）等因素，64 位虚拟机的性能测试结果普遍略低于相同版本的 32 位虚拟机。
- ❑ 必须保证应用程序足够稳定，因为这种大型单体应用要是发生了堆内存溢出，几乎无法产生堆转储快照（要产生十几 GB 乃至更大的快照文件），哪怕成功生成了快照也难以进行分析；如果确实出了问题要进行诊断，可能就必须应用 JMC 这种能够在生产环境中进行的运维工具。
- ❑ 相同的程序在 64 位虚拟机中消耗的内存一般比 32 位虚拟机要大，这是由于指针膨胀，以及数据类型对齐补白等因素导致的，可以开启（默认即开启）压缩指针功能来缓解。

鉴于上述这些问题，现阶段仍然有一些系统管理员选择第二种方式来部署应用：同时使用若干个虚拟机建立逻辑集群来利用硬件资源。做法是在一台物理机器上启动多个应用服务器进程，为每个服务器进程分配不同端口，然后在前端搭建一个负载均衡器，以反向代理的方式来分配访问请求。这里无须太在意均衡器转发所消耗的性能，即使是使用第一个部署方案，多数应用也不止有一台服务器，因此应用中前端的负载均衡器总是免不了的。

考虑到我们在一台物理机器上建立逻辑集群的目的仅仅是尽可能利用硬件资源，并不是要按职责、按领域做应用拆分，也不需要考虑状态保留、热转移之类的高可用性需求，不需要保证每个虚拟机进程有绝对准确的均衡负载，因此使用无 Session 复制的亲合式集群是一个相当合适的选择。仅仅需要保障集群具备亲合性，也就是均衡器按一定的规则算法（譬如根据 Session ID 分配）将一个固定的用户请求永远分配到一个固定的集群节点进行处理即可，这样程序开发阶段就几乎不必为集群环境做任何特别的考虑。

当然，第二种部署方案也不是没有缺点的，如果读者计划使用逻辑集群的方式来部署程序，可能会遇到下面这些问题：

---

⊖ 以前 CMS 也有 i-CMS 的增量回收模式，但与 G1 的增量回收并不相同，而且并不好用，已被废弃。

❑ 节点竞争全局的资源，最典型的就是磁盘竞争，各个节点如果同时访问某个磁盘文件的话（尤其是并发写操作容易出现问题），很容易导致 I/O 异常。

❑ 很难最高效率地利用某些资源池，譬如连接池，一般都是在各个节点建立自己独立的连接池，这样有可能导致一些节点的连接池已经满了，而另外一些节点仍有较多空余。尽管可以使用集中式的 JNDI 来解决，但这个方案有一定复杂性并且可能带来额外的性能代价。

❑ 如果使用 32 位 Java 虚拟机作为集群节点的话，各个节点仍然不可避免地受到 32 位的内存限制，在 32 位 Windows 平台中每个进程只能使用 2GB 的内存，考虑到堆以外的内存开销，堆最多一般只能开到 1.5GB。在某些 Linux 或 UNIX 系统（如 Solaris）中，可以提升到 3GB 乃至接近 4GB 的内存，但 32 位中仍然受最高 4GB（2 的 32 次幂）内存的限制。

❑ 大量使用本地缓存（如大量使用 HashMap 作为 K/V 缓存）的应用，在逻辑集群中会造成较大的内存浪费，因为每个逻辑节点上都有一份缓存，这时候可以考虑把本地缓存改为集中式缓存。

介绍完这两种部署方式，重新回到这个案例之中，最后的部署方案并没有选择升级 JDK 版本，而是调整为建立 5 个 32 位 JDK 的逻辑集群，每个进程按 2GB 内存计算（其中堆固定为 1.5GB），占用了 10GB 内存。另外建立一个 Apache 服务作为前端均衡代理作为访问门户。考虑到用户对响应速度比较关心，并且文档服务的主要压力集中在磁盘和内存访问，处理器资源敏感度较低，因此改为 CMS 收集器进行垃圾回收。部署方式调整后，服务再没有出现长时间停顿，速度比起硬件升级前有较大提升。

## 5.2.2 集群间同步导致的内存溢出

一个基于 B/S 的 MIS 系统，硬件为两台双路处理器、8GB 内存的 HP 小型机，应用中间件是 WebLogic 9.2，每台机器启动了 3 个 WebLogic 实例，构成一个 6 个节点的亲合式集群。由于是亲合式集群，节点之间没有进行 Session 同步，但是有一些需求要实现部分数据在各个节点间共享。最开始这些数据是存放在数据库中的，但由于读写频繁、竞争很激烈，性能影响较大，后面使用 JBossCache 构建了一个全局缓存。全局缓存启用后，服务正常使用了一段较长的时间。但在最近不定期出现多次的内存溢出问题。

在内存溢出异常不出现的时候，服务内存回收状况一直正常，每次内存回收后都能恢复到一个稳定的可用空间。开始怀疑是程序某些不常用的代码路径中存在内存泄漏，但管理员反映最近程序并未更新、升级过，也没有进行什么特别操作。只好让服务带着 -XX:+HeapDumpOnOutOfMemoryError 参数运行了一段时间。在最近一次溢出之后，管理员发回了堆转储快照，发现里面存在着大量的 org.jgroups.protocols.pbcast.NAKACK 对象。

JBossCache 是基于自家的 JGroups 进行集群间的数据通信，JGroups 使用协议栈的方式来实现收发数据包的各种所需特性自由组合，数据包接收和发送时要经过每层协议栈的

up() 和 down() 方法，其中的 NAKACK 栈用于保障各个包的有效顺序以及重发。

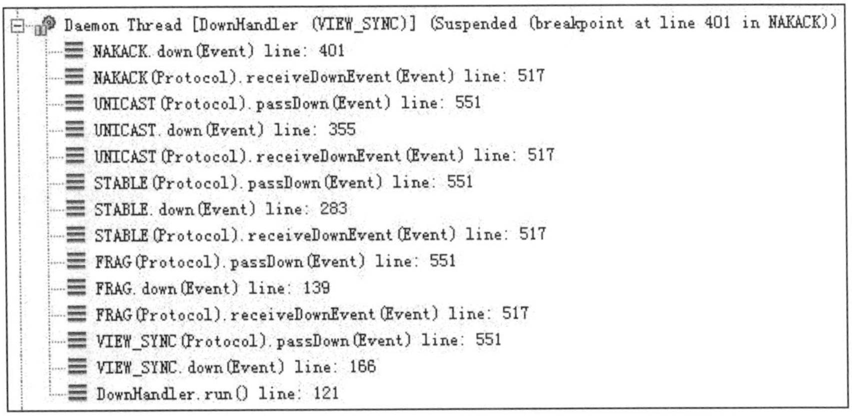

图 5-1　JBossCache 协议栈

由于信息有传输失败需要重发的可能性，在确认所有注册在 GMS（Group Membership Service）的节点都收到正确的信息前，发送的信息必须在内存中保留。而此 MIS 的服务端中有一个负责安全校验的全局过滤器，每当接收到请求时，均会更新一次最后操作时间，并且将这个时间同步到所有的节点中去，使得一个用户在一段时间内不能在多台机器上重复登录。在服务使用过程中，往往一个页面会产生数次乃至数十次的请求，因此这个过滤器导致集群各个节点之间网络交互非常频繁。当网络情况不能满足传输要求时，重发数据在内存中不断堆积，很快就产生了内存溢出。

这个案例中的问题，既有 JBossCache 的缺陷，也有 MIS 系统实现方式上的缺陷。JBoss-Cache 官方的邮件讨论组中讨论过很多次类似的内存溢出异常问题，据说后续版本也有了改进。而更重要的缺陷是，这一类被集群共享的数据要使用类似 JBossCache 这种非集中式的集群缓存来同步的话，可以允许读操作频繁，因为数据在本地内存有一份副本，读取的动作不会耗费多少资源，但不应当有过于频繁的写操作，会带来很大的网络同步的开销。

### 5.2.3　堆外内存导致的溢出错误

这是一个学校的小型项目：基于 B/S 的电子考试系统，为了实现客户端能实时地从服务器端接收考试数据，系统使用了逆向 AJAX 技术（也称为 Comet 或者 Server Side Push），选用 CometD 1.1.1 作为服务端推送框架，服务器是 Jetty 7.1.4，硬件为一台很普通 PC 机，Core i5 CPU，4GB 内存，运行 32 位 Windows 操作系统。

测试期间发现服务端不定时抛出内存溢出异常，服务不一定每次都出现异常，但假如正式考试时崩溃一次，那估计整场电子考试都会乱套。网站管理员尝试过把堆内存调到最大，32 位系统最多到 1.6GB 基本无法再加大了，而且开大了基本没效果，抛出内存溢出异常好像还更加频繁。加入 -XX:+HeapDumpOnOutOfMemoryError 参数，居然也没有任何反应，抛出内存溢出异常时什么文件都没有产生。无奈之下只好挂着 jstat 紧盯屏幕，发现垃圾收集并不频繁，Eden 区、Survivor 区、老年代以及方法区的内存全部都很稳定，压力并不大，但就是照样不停抛出内存溢出异常。最后，在内存溢出后从系统日志中找到异常堆栈如代码清单 5-1 所示。

代码清单 5-1　异常堆栈

```
[org.eclipse.jetty.util.log] handle failed java.lang.OutOfMemoryError: null
at sun.misc.Unsafe.allocateMemory(Native Method)
at java.nio.DirectByteBuffer.<init>(DirectByteBuffer.java:99)
at java.nio.ByteBuffer.allocateDirect(ByteBuffer.java:288)
at org.eclipse.jetty.io.nio.DirectNIOBuffer.<init>
......
```

如果认真阅读过本书第 2 章，看到异常堆栈应该就清楚这个抛出内存溢出异常是怎么回事了。我们知道操作系统对每个进程能管理的内存是有限制的，这台服务器使用的 32 位 Windows 平台的限制是 2GB，其中划了 1.6GB 给 Java 堆，而 Direct Memory 耗用的内存并不算入这 1.6GB 的堆之内，因此它最大也只能在剩余的 0.4GB 空间中再分出一部分而已。在此应用中导致溢出的关键是垃圾收集进行时，虚拟机虽然会对直接内存进行回收，但是直接内存却不能像新生代、老年代那样，发现空间不足了就主动通知收集器进行垃圾回收，它只能等待老年代满后 Full GC 出现后，"顺便"帮它清理掉内存的废弃对象。否则就不得不一直等到抛出内存溢出异常时，先捕获到异常，再在 Catch 块里面通过 System.gc() 命令来触发垃圾收集。但如果 Java 虚拟机再打开了 -XX:+DisableExplicitGC 开关，禁止了人工触发垃圾收集的话，那就只能眼睁睁看着堆中还有许多空闲内存，自己却不得不抛出内存溢出异常了。而本案例中使用的 CometD 1.1.1 框架，正好有大量的 NIO 操作需要使用到直接内存。

从实践经验的角度出发，在处理小内存或者 32 位的应用问题时，除了 Java 堆和方法区之外，我们注意到下面这些区域还会占用较多的内存，这里所有的内存总和受到操作系统进程最大内存的限制：

❑ 直接内存：可通过 -XX:MaxDirectMemorySize 调整大小，内存不足时抛出 OutOf-MemoryError 或者 OutOfMemoryError: Direct buffer memory。

❑ 线程堆栈：可通过 -Xss 调整大小，内存不足时抛出 StackOverflowError（如果线程请求的栈深度大于虚拟机所允许的深度）或者 OutOfMemoryError（如果 Java 虚拟机栈容量可以动态扩展，当栈扩展时无法申请到足够的内存）。

❑ Socket 缓存区：每个 Socket 连接都 Receive 和 Send 两个缓存区，分别占大约 37KB 和 25KB 内存，连接多的话这块内存占用也比较可观。如果无法分配，可能会抛出 IOException: Too many open files 异常。

❑ JNI 代码：如果代码中使用了 JNI 调用本地库，那本地库使用的内存也不在堆中，而是占用 Java 虚拟机的本地方法栈和本地内存的。

❑ 虚拟机和垃圾收集器：虚拟机、垃圾收集器的工作也是要消耗一定数量的内存的。

## 5.2.4　外部命令导致系统缓慢

一个数字校园应用系统，运行在一台四路处理器的 Solaris 10 操作系统上，中间件为 GlassFish 服务器。系统在做大并发压力测试的时候，发现请求响应时间比较慢，通过操作系统的 mpstat 工具发现处理器使用率很高，但是系统中占用绝大多数处理器资源的程序并不是该应用本身。这是个不正常的现象，通常情况下用户应用的处理器占用率应该占主要地位，才能说明系统是在正常工作。

通过 Solaris 10 的 dtrace 脚本可以查看当前情况下哪些系统调用花费了最多的处理器资源，dtrace 运行后发现最消耗处理器资源的竟然是“fork”系统调用。众所周知，“fork”系统调用是 Linux 用来产生新进程的，在 Java 虚拟机中，用户编写的 Java 代码通常最多只会创建新的线程，不应当有进程的产生，这又是个相当不正常的现象。

通过联系该系统的开发人员，最终找到了答案：每个用户请求的处理都需要执行一个外部 Shell 脚本来获得系统的一些信息。执行这个 Shell 脚本是通过 Java 的 Runtime.getRuntime().exec() 方法来调用的。这种调用方式可以达到执行 Shell 脚本的目的，但是它在 Java 虚拟机中是非常消耗资源的操作，即使外部命令本身能很快执行完毕，频繁调用时创建进程的开销也会非常可观。Java 虚拟机执行这个命令的过程是首先复制一个和当前虚拟机拥有一样环境变量的进程，再用这个新的进程去执行外部命令，最后再退出这个进程。如果频繁执行这个操作，系统的消耗必然会很大，而且不仅是处理器消耗，内存负担也很重。

用户根据建议去掉这个 Shell 脚本执行的语句，改为使用 Java 的 API 去获取这些信息后，系统很快恢复了正常。

## 5.2.5　服务器虚拟机进程崩溃

一个基于 B/S 的 MIS 系统，硬件为两台双路处理器、8GB 内存的 HP 系统，服务器是 WebLogic 9.2（与第二个案例中那套是同一个系统）。正常运行一段时间后，最近发现在运行期间频繁出现集群节点的虚拟机进程自动关闭的现象，留下了一个 hs_err_pid###.log 文件后，虚拟机进程就消失了，两台物理机器里的每个节点都出现过进程崩溃的现象。从系统日志中注意到，每个节点的虚拟机进程在崩溃之前，都发生过大量相同的异常，见代码清单 5-2。

**代码清单 5-2　异常堆栈 2**

```
java.net.SocketException: Connection reset
at java.net.SocketInputStream.read(SocketInputStream.java:168)
at java.io.BufferedInputStream.fill(BufferedInputStream.java:218)
```

```
at java.io.BufferedInputStream.read(BufferedInputStream.java:235)
at org.apache.axis.transport.http.HTTPSender.readHeadersFromSocket(HTTPSender.
    java:583)
at org.apache.axis.transport.http.HTTPSender.invoke(HTTPSender.java:143)
... 99 more
```

这是一个远端断开连接的异常，通过系统管理员了解到系统最近与一个 OA 门户做了集成，在 MIS 系统工作流的待办事项变化时，要通过 Web 服务通知 OA 门户系统，把待办事项的变化同步到 OA 门户之中。通过 SoapUI 测试了一下同步待办事项的几个 Web 服务，发现调用后竟然需要长达 3 分钟才能返回，并且返回结果都是超时导致的连接中断。

由于 MIS 系统的用户多，待办事项变化很快，为了不被 OA 系统速度拖累，使用了异步的方式调用 Web 服务，但由于两边服务速度的完全不对等，时间越长就累积了越多 Web 服务没有调用完成，导致在等待的线程和 Socket 连接越来越多，最终超过虚拟机的承受能力后导致虚拟机进程崩溃。通知 OA 门户方修复无法使用的集成接口，并将异步调用改为生产者 / 消费者模式的消息队列实现后，系统恢复正常。

## 5.2.6 不恰当数据结构导致内存占用过大

一个后台 RPC 服务器，使用 64 位 Java 虚拟机，内存配置为 -Xms4g -Xmx8g -Xmn1g，使用 ParNew 加 CMS 的收集器组合。平时对外服务的 Minor GC 时间约在 30 毫秒以内，完全可以接受。但业务上需要每 10 分钟加载一个约 80MB 的数据文件到内存进行数据分析，这些数据会在内存中形成超过 100 万个 HashMap<Long,Long> Entry，在这段时间里面 Minor GC 就会造成超过 500 毫秒的停顿，对于这种长度的停顿时间就接受不了了，具体情况如下面的收集器日志所示。

```
{Heap before GC invocations=95 (full 4):
 par new generation   total 903168K, used 803142K [0x00002aaaae770000,
0x00002aaaebb70000, 0x00002aaaebb70000)
    eden space 802816K, 100% used [0x00002aaaae770000, 0x00002aaadf770000,
       0x00002aaadf770000)
    from space 100352K,   0% used [0x00002aaae5970000, 0x00002aaae59c1910,
       0x00002aaaebb70000)
    to   space 100352K,   0% used [0x00002aaadf770000, 0x00002aaadf770000,
       0x00002aaae5970000)
concurrent mark-sweep generation total 5845540K, used 3898978K [0x00002aaaebb70000,
    0x00002aac507f9000, 0x00002aacae770000)
concurrent-mark-sweep perm gen total 65536K, used 40333K [0x00002aacae770000,
    0x00002aacb2770000, 0x00002aacb2770000)
2011-10-28T11:40:45.162+0800: 226.504: [GC 226.504: [ParNew: 803142K->
    100352K(903168K), 0.5995670 secs] 4702120K->4056332K(6748708K), 0.5997560
    secs] [Times: user=1.46 sys=0.04, real=0.60 secs]
Heap after GC invocations=96 (full 4):
par new generation   total 903168K, used 100352K [0x00002aaaae770000, 0x00002-
    aaaebb70000, 0x00002aaaebb70000)
```

```
    eden space 802816K,    0% used [0x00002aaaae770000, 0x00002aaaae770000,
        0x00002aaadf770000)
    from space 100352K, 100% used [0x00002aaadf770000, 0x00002aaae5970000,
        0x00002aaae5970000)
    to   space 100352K,    0% used [0x00002aaae5970000, 0x00002aaae5970000,
        0x00002aaaebb70000)
 concurrent mark-sweep generation total 5845540K, used 3955980K [0x00002aaaebb70000,
    0x00002aac507f9000, 0x00002aacae770000)
 concurrent-mark-sweep perm gen total 65536K, used 40333K [0x00002aacae770000,
    0x00002aacb2770000, 0x00002aacb2770000)
 }
 Total time for which application threads were stopped: 0.6070570 seconds
```

观察这个案例的日志，平时 Minor GC 时间很短，原因是新生代的绝大部分对象都是可清除的，在 Minor GC 之后 Eden 和 Survivor 基本上处于完全空闲的状态。但是在分析数据文件期间，800MB 的 Eden 空间很快被填满引发垃圾收集，但 Minor GC 之后，新生代中绝大部分对象依然是存活的。我们知道 ParNew 收集器使用的是复制算法，这个算法的高效是建立在大部分对象都"朝生夕灭"的特性上的，如果存活对象过多，把这些对象复制到 Survivor 并维持这些对象引用的正确性就成为一个沉重的负担，因此导致垃圾收集的暂停时间明显变长。

如果不修改程序，仅从 GC 调优的角度去解决这个问题，可以考虑直接将 Survivor 空间去掉（加入参数 -XX:SurvivorRatio=65536、-XX:MaxTenuringThreshold=0 或者 -XX:+Always-Tenure），让新生代中存活的对象在第一次 Minor GC 后立即进入老年代，等到 Major GC 的时候再去清理它们。这种措施可以治标，但也有很大副作用；治本的方案必须要修改程序，因为这里产生问题的根本原因是用 HashMap<Long,Long> 结构来存储数据文件空间效率太低了。

我们具体分析一下 HashMap 空间效率，在 HashMap<Long,Long> 结构中，只有 Key 和 Value 所存放的两个长整型数据是有效数据，共 16 字节（2×8 字节）。这两个长整型数据包装成 java.lang.Long 对象之后，就分别具有 8 字节的 Mark Word、8 字节的 Klass 指针，再加 8 字节存储数据的 long 值。然后这 2 个 Long 对象组成 Map.Entry 之后，又多了 16 字节的对象头，然后一个 8 字节的 next 字段和 4 字节的 int 型的 hash 字段，为了对齐，还必须添加 4 字节的空白填充，最后还有 HashMap 中对这个 Entry 的 8 字节的引用，这样增加两个长整型数字，实际耗费的内存为 (Long(24byte)×2)+ Entry(32byte) + HashMap Ref(8byte)= 88byte，空间效率为有效数据除以全部内存空间，即 16 字节 /88 字节 =18%，这确实太低了。

## 5.2.7　由 Windows 虚拟内存导致的长时间停顿<sup>⊖</sup>

有一个带心跳检测功能的 GUI 桌面程序，每 15 秒会发送一次心跳检测信号，如果对方 30 秒以内都没有信号返回，那就认为和对方程序的连接已经断开。程序上线后发现心跳检

---

⊖　本案例来源于 ITEye HLLVM 群组的讨论：http://hllvm.group.iteye.com/group/topic/28745。

测有误报的可能，查询日志发现误报的原因是程序会偶尔出现间隔约一分钟的时间完全无日志输出，处于停顿状态。

因为是桌面程序，所需的内存并不大（-Xmx256m），所以开始并没有想到是垃圾收集导致的程序停顿，但是加入参数 -XX:+PrintGCApplicationStoppedTime -XX:+PrintGCDate-Stamps -Xloggc:gclog.log 后，从收集器日志文件中确认了停顿确实是由垃圾收集导致的，大部分收集时间都控制在 100 毫秒以内，但偶尔就出现一次接近 1 分钟的长时间收集过程。

```
Total time for which application threads were stopped:  0.0112389 seconds
Total time for which application threads were stopped:  0.0001335 seconds
Total time for which application threads were stopped:  0.0003246 seconds
Total time for which application threads were stopped: 41.4731411 seconds
Total time for which application threads were stopped:  0.0489481 seconds
Total time for which application threads were stopped:  0.1110761 seconds
Total time for which application threads were stopped:  0.0007286 seconds
Total time for which application threads were stopped:  0.0001268 seconds
```

从收集器日志中找到长时间停顿的具体日志信息（再添加了 -XX:+PrintReferenceGC 参数），找到的日志片段如下所示。从日志中看到，真正执行垃圾收集动作的时间不是很长，但从准备开始收集，到真正开始收集之间所消耗的时间却占了绝大部分。

```
2012-08-29T19:14:30.968+0800: 10069.800: [GC10099.225: [SoftReference, 0 refs,
    0.0000109 secs]10099.226: [WeakReference, 4072 refs, 0.0012099 secs]10099.227:
    [FinalReference, 984 refs, 1.5822450 secs]10100.809: [PhantomReference,
    251 refs, 0.0001394 secs]10100.809: [JNI Weak Reference, 0.0994015 secs]
    [PSYoungGen: 175672K->8528K(167360K)] 251523K->100182K(353152K), 31.1580402
    secs] [Times: user=0.61 sys=0.52, real=31.16 secs]
```

除收集器日志之外，还观察到这个 GUI 程序内存变化的一个特点，当它最小化的时候，资源管理中显示的占用内存大幅度减小，但是虚拟内存则没有变化，因此怀疑程序在最小化时它的工作内存被自动交换到磁盘的页面文件之中了，这样发生垃圾收集时就有可能因为恢复页面文件的操作导致不正常的垃圾收集停顿。

在 MSDN 上查证⊖确认了这种猜想，在 Java 的 GUI 程序中要避免这种现象，可以加入参数"-Dsun.awt.keepWorkingSetOnMinimize=true"来解决。这个参数在许多 AWT 的程序上都有应用，例如 JDK（曾经）自带的 VisualVM，启动配置文件中就有这个参数，保证程序在恢复最小化时能够立即响应。在这个案例中加入该参数，问题马上得到解决。

### 5.2.8　由安全点导致长时间停顿⊜

有一个比较大的承担公共计算任务的离线 HBase 集群，运行在 JDK 8 上，使用 G1 收集

---

⊖　http://support.microsoft.com/default.aspx?scid=kb;en-us;293215。

⊜　原始案例来自"小米云技术"公众号，原文地址为 https://juejin.im/post/5d1b1fc46fb9a07ef7108d82，笔者做了一些改动。

器。每天都有大量的 MapReduce 或 Spark 离线分析任务对其进行访问，同时有很多其他在线集群 Replication 过来的数据写入，因为集群读写压力较大，而离线分析任务对延迟又不会特别敏感，所以将 -XX:MaxGCPauseMillis 参数设置到了 500 毫秒。不过运行一段时间后发现垃圾收集的停顿经常达到 3 秒以上，而且实际垃圾收集器进行回收的动作就只占其中的几百毫秒，现象如以下日志所示。

```
[Times: user=1.51 sys=0.67, real=0.14 secs]
2019-06-25T 12:12:43.376+0800: 3448319.277: Total time for which application
    threads were stopped: 2.2645818 seconds
```

考虑到不是所有读者都了解计算机体系和操作系统原理，笔者先解释一下 user、sys、real 这三个时间的概念：

❏ user：进程执行用户态代码所耗费的处理器时间。

❏ sys：进程执行核心态代码所耗费的处理器时间。

❏ real：执行动作从开始到结束耗费的时钟时间。

请注意，前面两个是处理器时间，而最后一个是时钟时间，它们的区别是处理器时间代表的是线程占用处理器一个核心的耗时计数，而时钟时间就是现实世界中的时间计数。如果是单核单线程的场景下，这两者可以认为是等价的，但如果是多核环境下，同一个时钟时间内有多少处理器核心正在工作，就会有多少倍的处理器时间被消耗和记录下来。

在垃圾收集调优时，我们主要依据 real 时间为目标来优化程序，因为最终用户只关心发出请求到得到响应所花费的时间，也就是响应速度，而不太关心程序到底使用了多少个线程或者处理器来完成任务。

日志显示这次垃圾收集一共花费了 0.14 秒，但其中用户线程却足足停顿了有 2.26 秒，两者差距已经远远超出了正常的 TTSP（Time To Safepoint）耗时的范畴。所以先加入参数 -XX:+PrintSafepointStatistics 和 -XX:PrintSafepointStatisticsCount=1 去查看安全点日志，具体如下所示：

```
vmop      [threads: total initially_running wait_to_block]
65968.203: ForceAsyncSafepoint [931    1    2]
[time: spin block sync cleanup vmop] page_trap_count
[2255  0  2255 11  0]  1
```

日志显示当前虚拟机的操作（VM Operation，VMOP）是等待所有用户线程进入到安全点，但是有两个线程特别慢，导致发生了很长时间的自旋等待。日志中的 2255 毫秒自旋（Spin）时间就是指由于部分线程已经走到了安全点，但还有一些特别慢的线程并没有到，所以垃圾收集线程无法开始工作，只能空转（自旋）等待。

解决问题的第一步是把这两个特别慢的线程给找出来，这个倒不困难，添加 -XX:+SafepointTimeout 和 -XX:SafepointTimeoutDelay=2000 两个参数，让虚拟机在等到线程进入安全点的时间超过 2000 毫秒时就认定为超时，这样就会输出导致问题的线程名称，得到的日志如下所示：

```
# SafepointSynchronize::begin: Timeout detected:
# SafepointSynchronize::begin: Timed out while spinning to reach a safepoint.
# SafepointSynchronize::begin: Threads which did not reach the safepoint:
# "RpcServer.listener,port=24600" #32 daemon prio=5 os_prio=0 tid=0x00007f4c14b22840
  nid=0xa621 runnable [0x0000000000000000]
java.lang.Thread.State: RUNNABLE
# SafepointSynchronize::begin: (End of list)
```

从错误日志中顺利得到了导致问题的线程名称为"RpcServer.listener,port=24600"。但是为什么它们会出问题呢？有什么因素可以阻止线程进入安全点？在第3章关于安全点的介绍中，我们已经知道安全点是以"是否具有让程序长时间执行的特征"为原则进行选定的，所以方法调用、循环跳转、异常跳转这些位置都可能会设置有安全点，但是 HotSpot 虚拟机为了避免安全点过多带来过重的负担，对循环还有一项优化措施，认为循环次数较少的话，执行时间应该也不会太长，所以使用 int 类型或范围更小的数据类型作为索引值的循环默认是不会被放置安全点的。这种循环被称为可数循环（Counted Loop），相对应地，使用 long 或者范围更大的数据类型作为索引值的循环就被称为不可数循环（Uncounted Loop），将会被放置安全点。通常情况下这个优化措施是可行的，但循环执行的时间不单单是由其次数决定，如果循环体单次执行就特别慢，那即使是可数循环也可能会耗费很多的时间。

HotSpot 原本提供了 -XX:+UseCountedLoopSafepoints 参数去强制在可数循环中也放置安全点，不过这个参数在 JDK 8 下有 Bug ⊖，有导致虚拟机崩溃的风险，所以就不得不找到 RpcServer 线程里面的缓慢代码来进行修改。最终查明导致这个问题是 HBase 中一个连接超时清理的函数，由于集群会有多个 MapReduce 或 Spark 任务进行访问，而每个任务又会同时起多个 Mapper/Reducer/Executer，其每一个都会作为一个 HBase 的客户端，这就导致了同时连接的数量会非常多。更为关键的是，清理连接的索引值就是 int 类型，所以这是一个可数循环，HotSpot 不会在循环中插入安全点。当垃圾收集发生时，如果 RpcServer 的 Listener 线程刚好执行到该函数里的可数循环时，则必须等待循环全部跑完才能进入安全点，此时其他线程也必须一起等着，所以从现象上看就是长时间的停顿。找到了问题，解决起来就非常简单了，把循环索引的数据类型从 int 改为 long 即可，但如果不具备安全点和垃圾收集的知识，这种问题是很难处理的。

## 5.3　实战：Eclipse 运行速度调优

很多 Java 开发人员都有一种错觉，认为系统调优的工作都是针对服务端应用的，规模越大的系统，就需要越专业的调优运维团队参与。这个观点不能说不对，只是有点狭隘了。

---

⊖　https://bugs.openjdk.java.net/browse/JDK-8161147。

上一节中笔者所列举的案例确实大多是服务端运维、调优的例子，但不只服务端需要调优，其他应用类型也是需要的，作为一个普通的 Java 开发人员，学习到的各种虚拟机的原理和最佳实践方法距离我们并不遥远，开发者身边就有很多场景可以使用上这些知识。下面就通过一个普通程序员日常工作中可以随时接触到的开发工具开始这次实战⊖。

## 5.3.1　调优前的程序运行状态

笔者使用 Eclipse 作为日常工作中的主要 IDE 工具，由于安装的插件比较大（如 Klocwork、ClearCase LT 等）、代码也很多，启动 Eclipse 直到所有项目编译完成需要四五分钟。一直对开发环境的速度感觉到不满意，趁着编写这本书的机会，决定对 Eclipse 进行"动刀"调优。

笔者机器的 Eclipse 运行平台是 32 位 Windows 7 系统，虚拟机为 HotSpot 1.5 b64。硬件为 ThinkPad X201，Intel i5 CPU，4GB 物理内存。在初始的配置文件 eclipse.ini 中，除了指定 JDK 的路径、设置最大堆为 512MB 以及开启了 JMX 管理（需要在 VisualVM 中收集原始数据）外，未作任何改动，原始配置内容如代码清单 5-3 所示。

**代码清单 5-3　Eclipse 3.5 初始配置**

```
-vm
D:/_DevSpace/jdk1.5.0/bin/javaw.exe
-startup
plugins/org.eclipse.equinox.launcher_1.0.201.R35x_v20090715.jar
--launcher.library
plugins/org.eclipse.equinox.launcher.win32.win32.x86_1.0.200.v20090519
-product
org.eclipse.epp.package.jee.product
--launcher.XXMaxPermSize
256M
-showsplash
org.eclipse.platform
-vmargs
-Dosgi.requiredJavaVersion=1.5
-Xmx512m
-Dcom.sun.management.jmxremote
```

为了与调优后的结果进行量化对比，调优开始前笔者先做了一次初始数据测试。测试用例很简单，就是收集从 Eclipse 启动开始，直到所有插件加载完成为止的总耗时以及运行状态数据，虚拟机的运行数据通过 VisualVM 及其扩展插件 VisualGC 进行采集。测试过程中反复启动数次 Eclipse 直到测试结果稳定后，取最后一次运行的结果作为数据样本（为了避免操作系统未能及时进行磁盘缓存而产生的影响），数据样本如图 5-2 所示。

---

⊖　此实战是本书第 2 版时编写的内容，今天看来里面的 Eclipse 和 HotSpot 版本已经较旧，不过软件版本的落后并未影响笔者要表达的意图，本案例目前也仍然有相同的实战价值，所以在第 3 版里笔者并未刻意将 Eclipse 和 HotSpot 升级后重写一次。

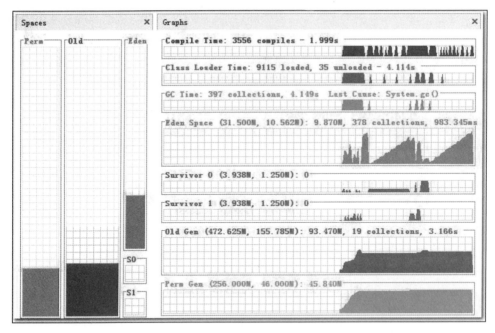

图 5-2　Eclipse 原始运行数据

Eclipse 启动的总耗时没有办法从监控工具中直接获得，因为 VisualVM 不可能知道 Eclipse 运行到什么阶段算是启动完成。为了测试的准确性，笔者写了一个简单的 Eclipse 插件，用于统计 Eclipse 的启动耗时。由于代码十分简单，且本书并不是 Eclipse RCP 的开发教程，所以只列出代码清单 5-4 供读者参考，不再延伸。如果读者需要这个插件，可以使用下面的代码自己编译即可。

**代码清单 5-4　Eclipse 启动耗时统计插件**

```
ShowTime.java代码:

import org.eclipse.jface.dialogs.MessageDialog;
import org.eclipse.swt.widgets.Display;
import org.eclipse.swt.widgets.Shell;
import org.eclipse.ui.IStartup;

/**
 * 统计Eclipse启动耗时
 * @author zzm
 */
public class ShowTime implements IStartup {
public void earlyStartup() {
    Display.getDefault().syncExec(new Runnable() {
        public void run() {
            long eclipseStartTime = Long.parseLong(System.getProperty("eclipse.
                startTime"));
```

```
            long costTime = System.currentTimeMillis() - eclipseStartTime;
            Shell shell = Display.getDefault().getActiveShell();
            String message = "Eclipse启动耗时: " + costTime + "ms";
            MessageDialog.openInformation(shell, "Information", message);
        }
    });
}
}
```

plugin.xml代码:

```xml
<?xml version="1.0" encoding="UTF-8"?>
<?eclipse version="3.4"?>
<plugin>
   <extension
        point="org.eclipse.ui.startup">
          <startup class="eclipsestarttime.actions.ShowTime"/>
   </extension>
</plugin>
```

上述代码打包成 JAR 后放到 Eclipse 的 plugins 目录，反复启动几次后，插件显示的平均时间稳定在 15 秒左右，如图 5-3 所示。

图 5-3　耗时统计插件运行效果

根据 VisualGC 和 Eclipse 插件收集到的信息，总结原始配置下的测试结果如下：

❑ 整个启动过程平均耗时约 15 秒。

❑ 最后一次启动的数据样本中，垃圾收集总耗时 4.149 秒，其中：

　　○ Full GC 被触发了 19 次，共耗时 3.166 秒；

　　○ Minor GC 被触发了 378 次，共耗时 0.983 秒。

❑ 加载类 9115 个，耗时 4.114 秒。

❑ 即时编译时间 1.999 秒。

❑ 交给虚拟机的 512MB 堆内存被分配为 40MB 的新生代（31.5MB 的 Eden 空间和 2 个 4MB 的 Survivor 空间）以及 472MB 的老年代。

客观地说，考虑到该机器硬件的条件，15 秒的启动时间其实还在可接受范围以内，但是从 VisualGC 中反映的数据上看，存在的问题是非用户程序时间（图 5-2 中的 Compile Time、Class Load Time、GC Time）占比非常之高，占了整个启动过程耗时的一半以上（这里存在少许夸张成分，因为如即时编译等动作是在后台线程完成的，用户程序在此期间也正常并发执行，最多就是速度变慢，所以并没有占用一半以上的绝对时间）。虚拟机后台占用太多时间也直接导致 Eclipse 在启动后的使用过程中经常有卡顿的感觉，进行调优还是有较大价值的。

## 5.3.2 升级 JDK 版本的性能变化及兼容问题

对 Eclipse 进行调优的第一步就是先对虚拟机的版本进行升级，希望能先从虚拟机版本身上得到一些"免费的"性能提升。

每次 JDK 的大版本发布时，发行商通常都会宣称虚拟机的运行速度比上一版本有了多少比例的提高，这虽然是个广告性质的宣言，常被使用者从更新列表或者技术白皮书中直接忽略，但技术进步确实会促使性能改进，从国内外的第三方评测数据来看，版本升级至少在某些方面确实带来了一定性能改善[⊖]。以下是一个第三方网站对 JDK 5、6、7 三个版本做的性能评测，分别测试了以下 4 个用例[⊜]。

1）生成 500 万个字符串。

2）500 万次 ArrayList <String> 数据插入，使用第一点生成的数据。

3）生成 500 万个 HashMap <String, Integer>，每个键－值对通过并发线程计算，测试并发能力。

4）打印 500 万个 ArrayList <String> 中的值到文件，并重读回内存。

三个版本的 JDK 分别运行这 4 个用例的测试程序，测试结果如图 5-4 所示。

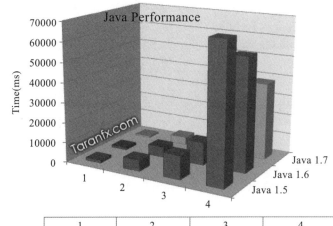

| | 1 | 2 | 3 | 4 |
|---|---|---|---|---|
| ■ Java 1.5 | 1453 | 5600 | 11844 | 68140 |
| ■ Java 1.6 | 1250 | 5282 | 11328 | 56156 |
| ■ Java 1.7 | 860 | 3895 | 9859 | 38349 |

图 5-4　JDK 横向性能对比

---

⊖ 版本升级也有不少性能倒退的案例，受程序、第三方包兼容性以及中间件限制，在企业应用中升级 JDK 版本是一件需要慎重考虑的事情。

⊜ 测试用例、数据及图片来源于 http://www.taranfx.com/java-7-whats-new-performance-benchmark-1-5-1-6-1-7。

从这 4 个用例的测试结果来看，在每一个测试场景中新版的 JDK 性能都有改进，譬如 JDK 6 比 JDK 5 有大约 15% 的平均性能提升。尽管对 JDK 仅测试这四个用例并不能说明什么问题，甚至要通过测试数据来量化描述一个 JDK 比旧版提升了多少本身就是很难做到特别科学准确的（要做稍微靠谱一点的测试，可以使用 SPECjvm 2015 ⊖ 之类的软件来完成，或者把相应版本的 TCK ⊜ 中数万个测试用例的性能数据对比一下可能稍有说服力），但笔者还是选择相信这次"软广告"性质的测试，把 JDK 版本升级到 JDK 6 Update 21，升级没有选择 JDK 7 或者其他版本的最主要理由是：本书后续故事剧情发展需要。

与所有小说作者（嗯……知道，本书不是小说）设计的故事情节一样，获得最后的胜利之前总是要经历各种各样的挫折，这次升级到 JDK 6 之后，性能有什么变化先暂且不谈，在使用几分钟之后，笔者的 Eclipse 就和前面几个服务端的案例一样非常"不负众望"地发生了内存溢出，如图 5-5 所示。

图 5-5　Eclipse OutOfMemoryError

这次内存溢出开始是完全出乎笔者意料的：决定对 Eclipse 做调优是因为速度慢，但笔者的开发环境一直都很稳定，至少没有出现过内存溢出的问题，而这次升级除了修改了 eclipse.ini 中的 Java 虚拟机路径之外，还未进行任何运行参数的调整，Eclipse 居然进去主界面之后随便开了几个文件就抛出内存溢出异常了，难道 JDK 6 Update21 有哪个类库的 API 出现了严重的泄漏问题吗？

事实上并不是 JDK 6 出现了什么问题，否则以 Java 的影响力，它早就上新闻了。根据前面三章中介绍讲解的原理和工具，我们要查明这个异常的原因并且解决它一点也不困难。打开 VisualVM，监视页签中的内存曲线部分如图 5-6、图 5-7 所示。

在 Java 堆中监视曲线里，"堆大小"的曲线与"使用的堆"的曲线一直都有很大的间隔距离，每当两条曲线开始出现互相靠近的趋势时，"堆大小"的曲线就会快速向上转向，而"使用的堆"的曲线会向下转向。"堆大小"的曲线向上代表的是虚拟机内部在进行堆扩容，因为运行参数中并没有指定最小堆（-Xms）的值与最大堆（-Xmx）相等，所以堆容量一开

---

⊖　官方网站：http://www.spec.org/jvm2008/docs/UserGuide.html。

⊜　TCK（Technology Compatibility Kit）是一套由一组测试用例和相应的测试工具组成的工具包，用于保证一个使用 Java 技术的实现能够完全遵守其适用的 Java 平台规范，并且符合相应的参考实现。

始并没有扩展到最大值，而是根据使用情况进行伸缩扩展。"使用的堆"的曲线向下是因为虚拟机内部触发了一次垃圾收集，一些废弃对象的空间被回收后，内存用量相应减少。从图形上看，Java 堆运作是完全正常的。但永久代的监视曲线就很明显有问题了，"PermGen 大小"的曲线与"使用的 PermGen"的曲线几乎完全重合在一起，这说明永久代中已经没有可回收的资源了，所以"使用的 PermGen"的曲线不会向下发展，并且永久代中也没有空间可以扩展了，所以"PermGen 大小"的曲线不能向上发展，说明这次内存溢出很明显是永久代导致的内存溢出。

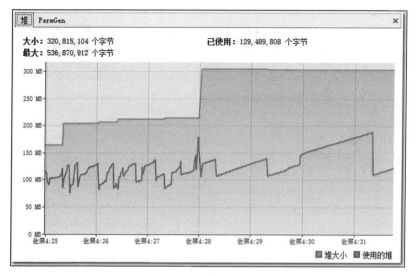

图 5-6　Java 堆监视曲线

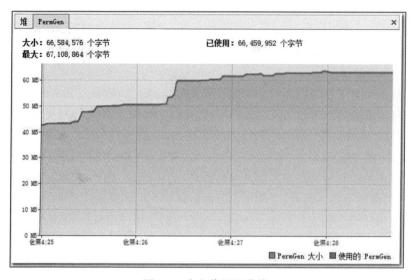

图 5-7　永久代监视曲线

再注意到图 5-7 中永久代的最大容量"67 108 864 字节"，也就是 64MB，这恰好是 JDK 在未使用 -XX:MaxPermSize 参数明确指定永久代最大容量时的默认值，无论 JDK 5 还是 JDK 6，这个默认值都是 64MB。对于 Eclipse 这种规模的 Java 程序来说，64MB 的永久代内存空间显然是不够的，内存溢出是肯定的，但为何在 JDK 5 中没有发生过溢出呢？

在 VisualVM 的"概述 > JVM 参数"页签中，分别检查使用 JDK 5 和 JDK 6 运行 Eclipse 时的 Java 虚拟机启动参数，发现使用 JDK 6 时，只有三个启动参数，如代码清单 5-5 所示。

**代码清单 5-5　JDK 1.6 的 Eclipse 运行期参数**

```
-Dcom.sun.management.jmxremote
-Dosgi.requiredJavaVersion=1.5
-Xmx512m
```

而使用 JDK 5 运行时，就有四个启动参数，其中多出来的一个正好就是设置永久代最大容量的 -XX:MaxPermSize=256M，如代码清单 5-6 所示。

**代码清单 5-6　JDK 1.5 的 Eclipse 运行期参数**

```
-Dcom.sun.management.jmxremote
-Dosgi.requiredJavaVersion=1.5
-Xmx512m
-XX:MaxPermSize=256M
```

为什么会这样呢？笔者从 Eclipse 的 Bug List 网站[⊖]上找到答案：使用 JDK 5 时之所以有永久代容量这个参数，是因为在 eclipse.ini 中存在" --launcher.XXMaxPermSize 256M"这项设置，当 launcher——也就是 Windows 下的可执行程序 eclipse.exe，检测到 Eclipse 是运行在 Sun 公司的虚拟机上的话，就会把参数值转化为 -XX:MaxPermSize 传递给虚拟机进程。因为世界三大商用虚拟机中只有 Sun 公司的虚拟机才有永久代的概念，也就是只有 JDK 8 以前的 HotSpot 虚拟机才需要设置这个参数，JRockit 虚拟机和 J9 虚拟机都是不需要设置的，所以这个参数才会有检测虚拟机后进行设置的过程。

2010 年 4 月 10 日，Oracle 正式完成对 Sun 公司的收购，此后无论是网页还是具体程序产品，提供商都从 Sun 变为了 Oracle，而 eclipse.exe 就是根据程序提供商来判断是否 Sun 公司的虚拟机的，当 JDK 1.6 Update 21 中 java.exe、javaw.exe 的"Company"属性从"Sun Microsystems Inc."变为"Oracle Corporation"后，Eclipse 就不再认识这个虚拟机了，因此没有把最大永久代的参数传递过去。

查明了原因，解决方案就简单了，launcher 不认识就只好由人来告诉它，在 eclipse.ini 中明确指定 -XX:MaxPermSize=256M 这个参数，问题随即解决。

---

⊖　https://bugs.eclipse.org/bugs/show_bug.cgi?id=319514。

### 5.3.3 编译时间和类加载时间的优化

从 Eclipse 启动时间来看，升级到 JDK 6 所带来的性能提升是……嗯？基本上没有提升。多次测试的平均值与 JDK 5 的差距完全在实验误差范围之内。

各位读者不必失望，Sun 公司给的 JDK 6 性能白皮书⊖描述的众多相对于 JDK 5 的提升并不至于全部是广告词，尽管总启动时间并没有减少，但在查看运行细节的时候，却发现了一件很令人玩味的事情：在 JDK 6 中启动完 Eclipse 所消耗的类加载时间比 JDK 5 长了接近一倍，读者注意不要看反了，这里写的是 JDK 6 的类加载比 JDK 5 慢一倍，测试结果见代码清单 5-7，反复测试多次仍然是相似的结果。

**代码清单 5-7　JDK 5、JDK 6 中的类加载时间对比**

```
使用JDK 6的类加载时间：

C:\Users\IcyFenix>jps
3552
6372 org.eclipse.equinox.launcher_1.0.201.R35x_v20090715.jar
6900 Jps

C:\Users\IcyFenix>jstat -class 6372
Loaded  Bytes  Unloaded  Bytes    Time
 7917 10190.3       0    0.0     8.18

使用JDK 5类加载时间：

C:\Users\IcyFenix>jps
3552
7272 Jps
7216 org.eclipse.equinox.launcher_1.0.201.R35x_v20090715.jar

C:\Users\IcyFenix>jstat -class 7216
Loaded  Bytes  Unloaded  Bytes    Time
 7902  9691.2       3    2.6     4.34
```

在本例中类加载时间上的差距并不能作为一个具有普适性的测试结论去说明 JDK 6 的类加载必然比 JDK 5 慢，笔者测试了自己机器上的 Tomcat 和 GlassFish 启动过程，并没有出现类似的差距。在国内最大的 Java 社区中，笔者发起过关于此问题的讨论⊖。从参与者反馈的测试结果来看，此问题只在一部分机器上存在，而且在 JDK 6 的各个更新包之间，测试结果也存在很大差异。

经多轮试验后，发现在笔者机器上两个 JDK 进行类加载时，字节码验证部分耗时差距尤其严重，暂且认为是 JDK 6 中新加入类型检查验证器时，可能在某些机器上会影响到以

---

⊖ 白皮书：http://java.sun.com/performance/reference/whitepapers/6_performance.html。

⊖ 笔者发起的关于 JDK 6 与 JDK 5 在 Eclipse 启动时类加载速度差异的讨论：http://www.javaeye.com/topic/826542。

前类型检查验证器的工作<sup>⊖</sup>。考虑到实际情况，Eclipse 使用者甚多，它的编译代码我们可以认为是安全可靠的，可以不需要在加载的时候再进行字节码验证，因此通过参数 -Xverify: none 禁止掉字节码验证过程也可作为一项优化措施。加入这个参数后，两个版本的 JDK 类加载速度都有所提高，此时 JDK 6 的类加载速度仍然比 JDK 5 要慢，但是两者的耗时已经接近了很多，测试结果如代码清单 5-8 所示。

代码清单 5-8　JDK 1.5、1.6 中取消字节码验证后的类加载时间对比

```
使用JDK 1.6的类加载时间：

C:\Users\IcyFenix>jps
5512 org.eclipse.equinox.launcher_1.0.201.R35x_v20090715.jar
5596 Jps

C:\Users\IcyFenix>jstat -class 5512
Loaded  Bytes   Unloaded  Bytes    Time
  6749  8837.0         0    0.0    3.94

使用JDK 1.5的类加载时间：

C:\Users\IcyFenix>jps
4724 org.eclipse.equinox.launcher_1.0.201.R35x_v20090715.jar
5412 Jps

C:\Users\IcyFenix>jstat -class 4724
Loaded  Bytes   Unloaded  Bytes    Time
  6885  9109.7         3    2.6    3.10
```

关于类与类加载的话题，譬如刚刚提到的字节码验证是怎么回事，本书专门规划了两个章节进行详细讲解，在此暂不再展开了。

在取消字节码验证之后，JDK 5 的平均启动下降到了 13 秒，而在 JDK 6 的测试数据平均比 JDK 5 快了 1 秒左右，下降到平均 12 秒，如图 5-8 所示。在类加载时间仍然落后的情况下，依然可以看到 JDK 6 在性能上确实比 JDK 5 略有优势，说明至少在 Eclipse 启动这个测试用例上，升级 JDK 版本确实能带来一些 "免费的" 性能提升。

图 5-8　运行在 JDK 6 下取消字节码验证的启动时间

---

⊖　这部分内容可常见第 7 章关于类加载过程的介绍。

前面提到过，除了类加载时间以外，在 VisualGC 中监视曲线中显示了两项很大的非用户程序耗时：编译时间（Compile Time）和垃圾收集时间（GC Time）。垃圾收集时间读者应该非常清楚了，而编译时间是什么东西？程序在运行之前不是已经编译了吗？

虚拟机的即时编译与垃圾收集一样，是本书的一个重点部分，后面有专门章节讲解，这里先简要介绍一下：编译时间是指虚拟机的即时编译器（Just In Time Compiler）编译热点代码（Hot Spot Code）的耗时。我们知道 Java 语言为了实现跨平台的特性，Java 代码编译出来后形成 Class 文件中储存的是字节码（Byte Code），虚拟机通过解释方式执行字节码命令，比起 C/C++ 编译成本地二进制代码来说，速度要慢不少。为了解决程序解释执行的速度问题，JDK 1.2 以后，HotSpot 虚拟机内置了两个即时编译器⊖，如果一段 Java 方法被调用次数到达一定程度，就会被判定为热代码交给即时编译器即时编译为本地代码，提高运行速度（这就是 HotSpot 虚拟机名字的来由）。而且完全有可能在运行期动态编译比 C/C++ 的编译期静态编译出来的结果要更加优秀，因为运行期的编译器可以收集很多静态编译器无法得知的信息，也可以采用一些激进的优化手段，针对"大多数情况"而忽略"极端情况"进行假设优化，当优化条件不成立的时候再逆优化退回到解释状态或者重新编译执行。所以 Java 程序只要代码编写没有问题（典型的是各种泄漏问题，如内存泄漏、连接泄漏），随着运行时间增长，代码被编译得越来越彻底，运行速度应当是越运行越快的。不过，Java 的运行期编译的一大缺点就是它进行编译需要消耗机器的计算资源，影响程序正常的运行时间，这也就是上面所说的"编译时间"。

HotSpot 虚拟机提供了一个参数 -Xint 来禁止编译器运作，强制虚拟机对字节码采用纯解释方式执行。如果读者想使用这个参数省下 Eclipse 启动中那 2 秒的编译时间获得一个哪怕只是"更好看"的启动成绩的话，那恐怕要大失所望了，加上这个参数之后虽然编译时间确实下降到零，但 Eclipse 启动的总时间却剧增到 27 秒，就是因为没有即时编译的支持，执行速度大幅下降了。现在这个参数最大的作用，除了某些场景调试上的需求外，似乎就剩下让用户缅怀一下 JDK 1.2 之前 Java 语言那令人心酸心碎的运行速度了。

与解释执行相对应的另一方面，HotSpot 虚拟机还有另一个力度更强的即时编译器：当虚拟机运行在客户端模式的时候，使用的是一个代号为 C1 的轻量级编译器，另外还有一个代号为 C2 的相对重量级的服务端编译器能提供更多的优化措施。由于本次实战所采用的 HotSpot 版本还不支持多层编译，所以虚拟机只会单独使用其中一种即时编译器，如果使用服务端模式的虚拟机启动 Eclipse 将会使用到 C2 编译器，这时从 VisualGC 可以看到启动过程中虚拟机使用了超过 15 秒的时间去进行代码编译。如果读者的工作习惯是长时间不会关闭 Eclipse 的话，服务端编译器所消耗的额外编译时间最终是会在运行速度的提升上"赚"回来的，这样使用服务端模式是一个相当不错的选择。不过至少在本次实战中，我们还是继续选用客户端虚拟机来运行 Eclipse。

---

⊖　JDK 1.2 之前也可以使用外挂 JIT 编译器进行本地编译，但只能与解释器二选其一，不能同时工作。

### 5.3.4　调整内存设置控制垃圾收集频率

三大块非用户程序时间中，还剩下"GC 时间"没有调整，而"GC 时间"却又是其中最重要的一块，并不单单因为它是耗时最长的一块，更因为它是一个稳定持续的消耗。由于我们做的测试是在测程序的启动时间，类加载和编译时间的影响力在这项测试里被大幅放大了。在绝大多数的应用中，都不可能出现持续不断的类被加载和卸载。在程序运行一段时间后，随着热点方法被不断编译，新的热点方法数量也总会下降，这都会让类加载和即时编译的影响随运行时间增长而下降，但是垃圾收集则是随着程序运行而持续运作的，所以它对性能的影响才显得最为重要。

在 Eclipse 启动的原始数据样本中，短短 15 秒，类共发生了 19 次 Full GC 和 378 次 Minor GC，一共 397 次 GC 共造成了超过 4 秒的停顿，也就是超过 1/4 的时间都是在做垃圾收集，这样的运行数据看起来实在太糟糕了。

首先来解决新生代中的 Minor GC，尽管垃圾收集的总时间只有不到 1 秒，但却发生了 378 次之多。从 VisualGC 的线程监视中看到 Eclipse 启动期间一共发起了超过 70 条线程，同时在运行的线程数超过 25 条，每当发生一次垃圾收集，所有用户线程<sup>⊖</sup>都必须跑到最近的一个安全点然后挂起线程来等待垃圾回收。这样过于频繁的垃圾收集就会导致很多没有必要的线程挂起及恢复动作。

新生代垃圾收集频繁发生，很明显是由于虚拟机分配给新生代的空间太小导致，Eden 区加上一个 Survivor 区的总大小还不到 35MB。所以完全有必要使用 -Xmn 参数手工调整新生代的大小。

再来看一看那 19 次 Full GC，看起来 19 次相对于 378 次 Minor GC 来说并"不多"，但总耗时有 3.166 秒，占了绝大部分的垃圾收集时间，降低垃圾收集停顿时间的主要目标就是要降低 Full GC 这部分时间。从 VisualGC 的曲线图上看得不够精确，这次直接从收集器日志<sup>⊖</sup>中分析一下这些 Full GC 是如何产生的，代码清单 5-9 中是启动最开始的 2.5 秒内发生的 10 次 Full GC 记录。

**代码清单 5-9　Full GC 记录**

```
0.278: [GC 0.278: [DefNew: 574K->33K(576K), 0.0012562 secs]0.279: [Tenured:
    1467K->997K(1536K), 0.0181775 secs] 1920K->997K(2112K), 0.0195257 secs]
0.312: [GC 0.312: [DefNew: 575K->64K(576K), 0.0004974 secs]0.312: [Tenured:
    1544K->1608K(1664K), 0.0191592 secs] 1980K->1608K(2240K), 0.0197396 secs]
0.590: [GC 0.590: [DefNew: 576K->64K(576K), 0.0006360 secs]0.590: [Tenured:
    2675K->2219K(2684K), 0.0256020 secs] 3090K->2219K(3260K), 0.0263501 secs]
```

---

⊖ 严格来说，不包括正在执行 native 代码的用户线程，因为 native 代码一般不会改变 Java 对象的引用关系，所以没有必要挂起它们来等待垃圾回收。

⊖ 可以通过以下几个参数要求虚拟机生成 GC 日志：-XX:+PrintGCTimeStamps（打印 GC 停顿时间）、-XX:+PrintGCDetails（打印 GC 详细信息）、-verbose:gc（打印 GC 信息，输出内容会被前一个参数包括，可以不写）、-Xloggc:gc.log。

```
0.958: [GC 0.958: [DefNew: 551K->64K(576K), 0.0011433 secs]0.959: [Tenured:
   3979K->3470K(4084K), 0.0419335 secs] 4222K->3470K(4660K), 0.0431992 secs]
1.575: [Full GC 1.575: [Tenured: 4800K->5046K(5784K), 0.0543136 secs]
   5189K->5046K(6360K), [Perm : 12287K->12287K(12288K)], 0.0544163 secs]
1.703: [GC 1.703: [DefNew: 703K->63K(704K), 0.0012609 secs]1.705: [Tenured:
   8441K->8505K(8540K), 0.0607638 secs] 8691K->8505K(9244K), 0.0621470 secs]
1.837: [GC 1.837: [DefNew: 1151K->64K(1152K), 0.0020698 secs]1.839: [Tenured:
   14616K->14680K(14688K), 0.0708748 secs] 15035K->14680K(15840K), 0.0730947 secs]
2.144: [GC 2.144: [DefNew: 1856K->191K(1856K), 0.0026810 secs]2.147: [Tenured:
   25092K->24656K(25108K), 0.1112429 secs] 26172K->24656K(26964K), 0.1141099 secs]
2.337: [GC 2.337: [DefNew: 1914K->0K(3136K), 0.0009697 secs]2.338: [Tenured:
   41779K->27347K(42056K), 0.0954341 secs] 42733K->27347K(45192K), 0.0965513 secs]
2.465: [GC 2.465: [DefNew: 2490K->0K(3456K), 0.0011044 secs]2.466: [Tenured:
   46379K->27635K(46828K), 0.0956937 secs] 47621K->27635K(50284K), 0.0969918 secs]
```

括号中加粗的数字代表着老年代的容量，这组 GC 日志显示，10 次 Full GC 发生的原因全部都是老年代空间耗尽，每发生一次 Full GC 都伴随着一次老年代空间扩容：1536KB→1664KB→2684KB→…→42056KB→46828KB。10 次 GC 以后老年代容量从起始的 1536KB 扩大到 46828KB，当 15 秒后 Eclipse 启动完成时，老年代容量扩大到了 103428KB，代码编译开始后，老年代容量到达顶峰 473MB，整个 Java 堆到达最大容量 512MB。

日志还显示有些时候内存回收状况很不理想，空间扩容成为获取可用内存的最主要手段，譬如这一句：

```
Tenured: 25092K->24656K(25108K) , 0.1112429 secs
```

代表老年代当前容量为 25108KB，内存使用到 25092KB 的时候发生了 Full GC，花费 0.11 秒把内存使用降低到 24656KB，只回收了不到 500KB 的内存，这次垃圾收集基本没有什么回收效果，仅仅做了扩容，扩容过程相比起回收过程可以看作是基本不需要花费时间的，所以说这 0.11 秒几乎是平白浪费了。

由上述分析可以得出结论：Eclipse 启动时 Full GC 大多数是由于老年代容量扩展而导致的，由永久代空间扩展而导致的也有一部分。为了避免这些扩展所带来的性能浪费，我们可以把 -Xms 和 -XX:PermSize 参数值设置为 -Xmx 和 -XX: MaxPermSize 参数值一样，这样就强制虚拟机在启动的时候就把老年代和永久代的容量固定下来，避免运行时自动扩展⊖。

根据以上分析，优化计划确定为：把新生代容量提升到 128MB，避免新生代频繁发生 Minor GC ；把 Java 堆、永久代的容量分别固定为 512MB 和 96MB ⊖，避免内存扩展。这几个数值都是根据机器硬件和 Eclipse 插件、工程数量决定，读者实战的时候应依据 VisualGC

---

⊖ 需要说明一点，虚拟机启动的时候就会把参数中所设定的内存全部划为私有，即使扩容前有一部分内存不会被用户代码用到，这部分内存也不会交给其他进程使用。这部分内存在虚拟机中被标识为"Virtual"内存。

⊖ 512MB 和 96MB 两个数值对于笔者的应用情况来说依然偏少，但由于笔者需要同时开 VMware 虚拟机工作，所以需要预留较多内存，读者在实际调优时不妨再设置大一些。

和日志里收集到的实际数据进行设置。改动后的 eclipse.ini 配置如代码清单 5-10 所示。

**代码清单 5-10　内存调整后的 Eclipse 配置文件**

```
-vm
D:/_DevSpace/jdk1.6.0_21/bin/javaw.exe
-startup
plugins/org.eclipse.equinox.launcher_1.0.201.R35x_v20090715.jar
--launcher.library
plugins/org.eclipse.equinox.launcher.win32.win32.x86_1.0.200.v20090519
-product
org.eclipse.epp.package.jee.product
-showsplash
org.eclipse.platform
-vmargs
-Dosgi.requiredJavaVersion=1.5
-Xverify:none
-Xmx512m
-Xms512m
-Xmn128m
-XX:PermSize=96m
-XX:MaxPermSize=96m
```

现在这个配置之下，垃圾收集的次数已经大幅度降低，图 5-9 是 Eclipse 启动后一分钟的监视曲线，只发生了 8 次 Minor GC 和 4 次 Full GC，总耗时为 1.928 秒。

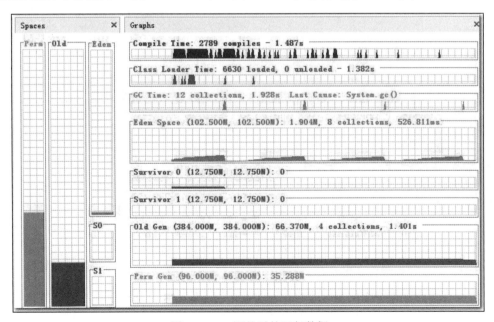

图 5-9　GC 调整后的运行数据

这个结果已经算是基本正常，但是还存在一点瑕疵：从 Old Gen 的曲线上看，老年代直接固定在 384MB，而内存使用量只有 66MB，并且一直很平滑，完全不应该发生 Full GC 才对，那 4 次 Full GC 是怎么来的？使用 jstat -gccause 查询一下最近一次 GC 的原因，见代码清单 5-11。

代码清单 5-11　查询 GC 原因

```
C:\Users\IcyFenix>jps
9772 Jps
4068 org.eclipse.equinox.launcher_1.0.201.R35x_v20090715.jar

C:\Users\IcyFenix>jstat -gccause 4068
  S0    S1     E      O      P     YGC   YGCT   FGC   FGCT    GCT
LGCC         GCC
 0.00  0.00  1.00  14.81  39.29   6    0.422   20   5.992   6.414
System.gc()         No GC
```

从 LGCC（Last GC Cause）中看到原来是代码调用 System.gc() 显式触发的垃圾收集，在内存设置调整后，这种显式垃圾收集不符合我们的期望，因此在 eclipse.ini 中加入参数 -XX:+DisableExplicitGC 屏蔽掉 System.gc()。再次测试发现启动期间的 Full GC 已经完全没有了，只发生了 6 次 Minor GC，总共耗时 417 毫秒，与调优前 4.149 秒的测试结果相比，正好是十分之一。进行 GC 调优后 Eclipse 的启动时间下降非常明显，比整个垃圾收集时间降低的绝对值还大，现在启动只需要 7 秒多，如图 5-10 所示。

图 5-10　Eclipse 启动时间

### 5.3.5　选择收集器降低延迟

现在 Eclipse 启动已经比较迅速了，但我们的调优实战还没有结束，毕竟 Eclipse 是拿来写程序用的，不是拿来测试启动速度的。我们不妨再在 Eclipse 中进行一个非常常用但又比较耗时的操作：代码编译。图 5-11 是当前配置下，Eclipse 进行代码编译时的运行数据，从图中可以看到，新生代每次回收耗时约 65 毫秒，老年代每次回收耗时约 725 毫秒。对于用户来说，新生代垃圾收集的耗时也还好，65 毫秒的停顿在使用中基本无法察觉到，而老年代每次垃圾收集要停顿接近 1 秒钟，虽然较长时间才会出现一次，但这样的停顿已经是可以被人感知了，会影响到体验。

再注意看一下编译期间的处理器资源使用状况，图 5-12 是 Eclipse 在编译期间的处理器使用率曲线图，整个编译过程中平均只使用了不到 30% 的处理器资源，垃圾收集的处理器使用率曲线更是几乎与坐标横轴紧贴在一起，这说明处理器资源还有很多可利用的余地。

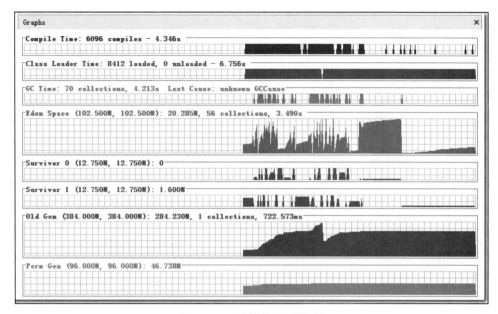

图 5-11　编译期间运行数据

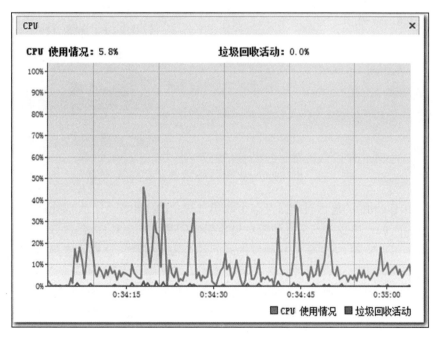

图 5-12　编译期间 CPU 曲线

列举垃圾收集的停顿时间、处理器资源富余的目的，都是为了给接下来替换掉客户端模式的虚拟机中默认的新生代、老年代串行收集器做个铺垫。

　　Eclipse 应当算是与使用者交互非常频繁的应用程序，由于代码太多，笔者习惯在做全量编译或者清理动作的时候，使用"Run in Background"功能一边编译一边继续工作。回顾一下在第 3 章提到的几种收集器，很容易想到在 JDK 6 版本下提供的收集器里，CMS 是最符合这类场景的选择。我们在 eclipse.ini 中再加入这两个参数，-XX:+UseConc-MarkSweepGC 和 -XX:+UseParNewGC(ParNew 是使用 CMS 收集器后的默认新生代收集器，写上仅是为了配置更加清晰)，要求虚拟机在新生代和老年代分别使用 ParNew 和 CMS 收集器进行垃圾回收。指定收集器之后，再次测试的结果如图 5-13 所示，与原来使用串行收集器对比，新生代停顿从每次 65 毫秒下降到了每次 53 毫秒，而老年代的停顿时间更是从 725毫秒大幅下降到了 36 毫秒。

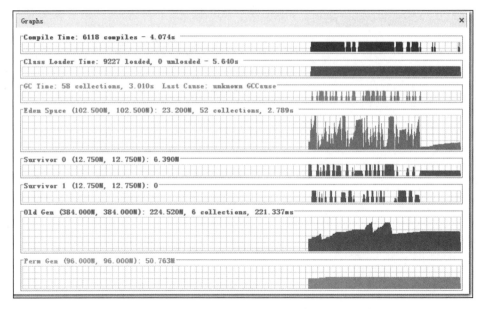

图 5-13　指定 ParNew 和 CMS 收集器后的 GC 数据

　　当然，由于 CMS 的停顿时间只是整个收集过程中的一小部分，大部分收集行为是与用户程序并发进行的，所以并不是真的把垃圾收集时间从 725 毫秒直接缩短到 36 毫秒了。在收集器日志中可以看到 CMS 与程序并发的时间约为 400 毫秒，这样收集器的运行结果就比较令人满意了。

　　到这里为止，对于虚拟机内存的调优基本就结束了，这次实战可以看作一次简化的服务端调优过程，服务端调优有可能还会在更多方面，如数据库、资源池、磁盘 I/O 等，但对于虚拟机内存部分的优化，与这次实战中的思路没有什么太大差别。即使读者实际工作中不接触到服务器，根据自己工作环境做一些试验，总结几个参数让自己日常工作环境速度有较大幅度提升也是很能提升工作幸福感的。最终 eclipse.ini 的配置如代码清单 5-12 所示。

**代码清单 5-12　修改收集器配置后的 Eclipse 配置**

```
-vm
D:/_DevSpace/jdk1.6.0_21/bin/javaw.exe
-startup
plugins/org.eclipse.equinox.launcher_1.0.201.R35x_v20090715.jar
--launcher.library
plugins/org.eclipse.equinox.launcher.win32.win32.x86_1.0.200.v20090519
-product
org.eclipse.epp.package.jee.product
-showsplash
org.eclipse.platform
-vmargs
-Dcom.sun.management.jmxremote
-Dosgi.requiredJavaVersion=1.5
-Xverify:none
-Xmx512m
-Xms512m
-Xmn128m
-XX:PermSize=96m
-XX:MaxPermSize=96m
-XX:+DisableExplicitGC
-Xnoclassgc
-XX:+UseParNewGC
-XX:+UseConcMarkSweepGC
-XX:CMSInitiatingOccupancyFraction=85
```

## 5.4　本章小结

Java 虚拟机的内存管理与垃圾收集是虚拟机结构体系中最重要的组成部分，对程序的性能和稳定有着非常大的影响。在本书的第 2～5 章里，笔者从理论知识、异常现象、代码、工具、案例、实战等几个方面对其进行讲解，希望读者能有所收获。

本书关于虚拟机内存管理部分到此就结束了，下一章我们将开始学习 Class 文件与虚拟机执行子系统方面的知识。

第三部分 *Part 3*

# 虚拟机执行子系统

# 类文件结构

代码编译的结果从本地机器码转变为字节码，是存储格式发展的一小步，却是编程语言发展的一大步。

## 6.1 概述

曾记得在第一堂计算机程序课上老师就讲过："计算机只认识 0 和 1，所以我们写的程序需要被编译器翻译成由 0 和 1 构成的二进制格式才能被计算机执行。"十多年过去了，今天的计算机仍然只能识别 0 和 1，但由于最近十年内虚拟机以及大量建立在虚拟机之上的程序语言如雨后春笋般出现并蓬勃发展，把我们编写的程序编译成二进制本地机器码（Native Code）已不再是唯一的选择，越来越多的程序语言选择了与操作系统和机器指令集无关的、平台中立的格式作为程序编译后的存储格式。

## 6.2 无关性的基石

如果全世界所有计算机的指令集就只有 x86 一种，操作系统就只有 Windows 一种，那也许就不会有 Java 语言的出现。Java 在刚刚诞生之时曾经提出过一个非常著名的宣传口号"一次编写，到处运行（Write Once，Run Anywhere）"，这句话充分表达了当时软件开发人员对冲破平台界限的渴求。在每时每刻都充满竞争的 IT 业界，不可能只有 Wintel ⊖ 存在，我们也不希望出现只有 Wintel 而没有竞争者的世界，各种不同的硬件体系结构、各种不同

---

⊖ Wintel 指微软的 Windows 与 Intel 的芯片相结合，曾经是业界最强大的联盟。

的操作系统肯定将会长期并存发展。"与平台无关"的理想最终只有实现在操作系统以上的应用层：Oracle 公司以及其他虚拟机发行商发布过许多可以运行在各种不同硬件平台和操作系统上的 Java 虚拟机，这些虚拟机都可以载入和执行同一种平台无关的字节码，从而实现了程序的"一次编写，到处运行"。

各种不同平台的 Java 虚拟机，以及所有平台都统一支持的程序存储格式——字节码（Byte Code）是构成平台无关性的基石，但本节标题中笔者刻意省略了"平台"二字，那是因为笔者注意到虚拟机的另外一种中立特性——语言无关性正在越来越被开发者所重视。直到今天，或许还有相当一部分程序员认为 Java 虚拟机执行 Java 程序是一件理所当然和天经地义的事情。但在 Java 技术发展之初，设计者们就曾经考虑过并实现了让其他语言运行在 Java 虚拟机之上的可能性，他们在发布规范文档的时候，也刻意把 Java 的规范拆分成了《Java 语言规范》（The Java Language Specification）及《Java 虚拟机规范》（The Java Virtual Machine Specification）两部分。并且早在 1997 年发表的第一版《Java 虚拟机规范》中就曾经承诺过："在未来，我们会对 Java 虚拟机进行适当的扩展，以便更好地支持其他语言运行于 Java 虚拟机之上"（In the future, we will consider bounded extensions to the Java virtual machine to provide better support for other languages）。Java 虚拟机发展到今天，尤其是在 2018 年，基于 HotSpot 扩展而来的 GraalVM 公开之后，当年的虚拟机设计者们已经基本兑现了这个承诺。

时至今日，商业企业和开源机构已经在 Java 语言之外发展出一大批运行在 Java 虚拟机之上的语言，如 Kotlin、Clojure、Groovy、JRuby、JPython、Scala 等。相比起基数庞大的 Java 程序员群体，使用过这些语言的开发者可能还不是特别多，但是听说过的人肯定已经不少，随着时间的推移，谁能保证日后 Java 虚拟机在语言无关性上的优势不会赶上甚至超越它在平台无关性上的优势呢？

实现语言无关性的基础仍然是虚拟机和字节码存储格式。Java 虚拟机不与包括 Java 语言在内的任何程序语言绑定，它只与"Class 文件"这种特定的二进制文件格式所关联，Class 文件中包含了 Java 虚拟机指令集、符号表以及若干其他辅助信息。基于安全方面的考虑，《Java 虚拟机规范》中要求在 Class 文件必须应用许多强制性的语法和结构化约束，但图灵完备的字节码格式，保证了任意一门功能性语言都可以表示为一个能被 Java 虚拟机所接受的有效的 Class 文件。作为一个通用的、与机器无关的执行平台，任何其他语言的实现者都可以将 Java 虚拟机作为他们语言的运行基础，以 Class 文件作为他们产品的交付媒介。例如，使用 Java 编译器可以把 Java 代码编译为存储字节码的 Class 文件，使用 JRuby 等其他语言的编译器一样可以把它们的源程序代码编译成 Class 文件。虚拟机丝毫不关心 Class 的来源是什么语言，它与程序语言之间的关系如图 6-1 所示。

Java 语言中的各种语法、关键字、常量变量和运算符号的语义最终都会由多条字节码指令组合来表达，这决定了字节码指令所能提供的语言描述能力必须比 Java 语言本身更加强大才行。因此，有一些 Java 语言本身无法有效支持的语言特性并不代表在字节码中也无法有效表达出来，这为其他程序语言实现一些有别于 Java 的语言特性提供了发挥空间。

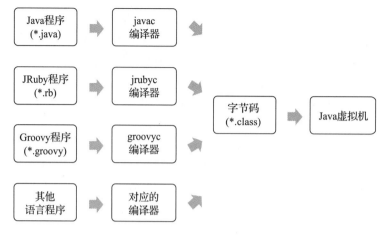

图 6-1 Java 虚拟机提供的语言无关性

## 6.3 Class 类文件的结构

解析 Class 文件的数据结构是本章的最主要内容。笔者曾经在前言中阐述过本书的写作风格：力求在保证逻辑准确的前提下，用尽量通俗的语言和案例去讲述虚拟机中与开发关系最为密切的内容。但是，对文件格式、结构方面的学习，有点类似于"读字典"，读者阅读本章时，大概会不可避免地感到比较枯燥，但这部分内容又是 Java 虚拟机的重要基础之一，是了解虚拟机的必经之路，如果想比较深入地学习虚拟机相关知识，这部分是无法回避的。

Java 技术能够一直保持着非常良好的向后兼容性，Class 文件结构的稳定功不可没，任何一门程序语言能够获得商业上的成功，都不可能去做升级版本后，旧版本编译的产品就不再能够运行这种事情。本章所讲述的关于 Class 文件结构的内容，绝大部分都是在第一版的《Java 虚拟机规范》（1997 年发布，对应于 JDK 1.2 时代的 Java 虚拟机）中就已经定义好的，内容虽然古老，但时至今日，Java 发展经历了十余个大版本、无数小更新，那时定义的 Class 文件格式的各项细节几乎没有出现任何改变。尽管不同版本的《Java 虚拟机规范》对 Class 文件格式进行了几次更新，但基本上只是在原有结构基础上新增内容、扩充功能，并未对已定义的内容做出修改。

> 🔵 注意　任何一个 Class 文件都对应着唯一的一个类或接口的定义信息⊖，但是反过来说，类或接口并不一定都得定义在文件里（譬如类或接口也可以动态生成，直接送入类加载器中）。本章中，笔者只是通俗地将任意一个有效的类或接口所应当满足的格式称为"Class 文件格式"，实际上它完全不需要以磁盘文件的形式存在。

---

⊖ 其实也有反例，譬如 package-info.class、module-info.class 这些文件就属于完全描述性的。

Class 文件是一组以字节为基础单位的二进制流，各个数据项目严格按照顺序紧凑地排列在文件之中，中间没有添加任何分隔符，这使得整个 Class 文件中存储的内容几乎全部是程序运行的必要数据，没有空隙存在。当遇到需要占用单个字节以上空间的数据项时，则会按照高位在前⊖的方式分割成若干个字节进行存储。

根据《Java 虚拟机规范》的规定，Class 文件格式采用一种类似于 C 语言结构体的伪结构来存储数据，这种伪结构中只有两种数据类型："无符号数"和"表"。后面的解析都要以这两种数据类型为基础，所以这里笔者必须先解释清楚这两个概念。

- ❑ 无符号数属于基本的数据类型，以 u1、u2、u4、u8 来分别代表 1 个字节、2 个字节、4 个字节和 8 个字节的无符号数，无符号数可以用来描述数字、索引引用、数量值或者按照 UTF-8 编码构成字符串值。

- ❑ 表是由多个无符号数或者其他表作为数据项构成的复合数据类型，为了便于区分，所有表的命名都习惯性地以"_info"结尾。表用于描述有层次关系的复合结构的数据，整个 Class 文件本质上也可以视作是一张表，这张表由表 6-1 所示的数据项按严格顺序排列构成。

无论是无符号数还是表，当需要描述同一类型但数量不定的多个数据时，经常会使用一个前置的容量计数器加若干个连续的数据项的形式，这时候称这一系列连续的某一类型的数据为某一类型的"集合"。

本节结束之前，笔者需要再强调一次，Class 的结构不像 XML 等描述语言，由于它没有任何分隔符号，所以在表 6-1 中的数据项，无论是顺序还是数量，甚至于数据存储的字节序（Byte Ordering，Class 文件中字节序为 Big-Endian）这样的细节，都是被严格限定的，哪个字节代表什么含义，长度是多少，先后顺序如何，全部都不允许改变。接下来，我们将一起看看这个表中各个数据项的具体含义。

## 6.3.1　魔数与 Class 文件的版本

每个 Class 文件的头 4 个字节被称为魔

表 6-1　Class 文件格式

| 类　型 | 名　称 | 数　量 |
|---|---|---|
| u4 | magic | 1 |
| u2 | minor_version | 1 |
| u2 | major_version | 1 |
| u2 | constant_pool_count | 1 |
| cp_info | constant_pool | constant_pool_count-1 |
| u2 | access_flags | 1 |
| u2 | this_class | 1 |
| u2 | super_class | 1 |
| u2 | interfaces_count | 1 |
| u2 | interfaces | interfaces_count |
| u2 | fields_count | 1 |
| field_info | fields | fields_count |
| u2 | methods_count | 1 |
| method_info | methods | methods_count |
| u2 | attributes_count | 1 |
| attribute_info | attributes | attributes_count |

---

⊖ 这种顺序称为"Big-Endian"，具体顺序是指按高位字节在地址最低位，最低字节在地址最高位来存储数据，它是 SPARC、PowerPC 等处理器的默认多字节存储顺序，而 x86 等处理器则使用了相反的"Little-Endian"顺序来存储数据。

数（Magic Number），它的唯一作用是确定这个文件是否为一个能被虚拟机接受的 Class 文件。不仅是 Class 文件，很多文件格式标准中都有使用魔数来进行身份识别的习惯，譬如图片格式，如 GIF 或者 JPEG 等在文件头中都存有魔数。使用魔数而不是扩展名来进行识别主要是基于安全考虑，因为文件扩展名可以随意改动。文件格式的制定者可以自由地选择魔数值，只要这个魔数值还没有被广泛采用过而且不会引起混淆。Class 文件的魔数取得很有"浪漫气息"，值为 0xCAFEBABE（咖啡宝贝？）。这个魔数值在 Java 还被称作"Oak"语言的时候（大约是 1991 年前后）就已经确定下来了。它还有一段很有趣的历史，据 Java 开发小组最初的关键成员 Patrick Naughton 所说："我们一直在寻找一些好玩的、容易记忆的东西，选择 0xCAFEBABE 是因为它象征着著名咖啡品牌 Peet's Coffee 深受欢迎的 Baristas 咖啡。"⊖这个魔数似乎也预示着日后"Java"这个商标名称的出现。

紧接着魔数的 4 个字节存储的是 Class 文件的版本号：第 5 和第 6 个字节是次版本号（Minor Version），第 7 和第 8 个字节是主版本号（Major Version）。Java 的版本号是从 45 开始的，JDK 1.1 之后的每个 JDK 大版本发布主版本号向上加 1（JDK 1.0～1.1 使用了 45.0～45.3 的版本号），高版本的 JDK 能向下兼容以前版本的 Class 文件，但不能运行以后版本的 Class 文件，因为《Java 虚拟机规范》在 Class 文件校验部分明确要求了即使文件格式并未发生任何变化，虚拟机也必须拒绝执行超过其版本号的 Class 文件。

例如，JDK 1.1 能支持版本号为 45.0～45.65535 的 Class 文件，无法执行版本号为 46.0 以上的 Class 文件，而 JDK 1.2 则能支持 45.0～46.65535 的 Class 文件。目前最新的 JDK 版本为 13，可生成的 Class 文件主版本号最大值为 57.0。

为了讲解方便，笔者准备了一段最简单的 Java 代码（如代码清单 6-1 所示），本章后面的内容都将以这段程序使用 JDK 6 编译输出的 Class 文件为基础来进行讲解，建议读者不妨用较新版本的 JDK 跟随本章的实验流程自己动手测试一遍。

代码清单 6-1　简单的 Java 代码

```
package org.fenixsoft.clazz;

public class TestClass {

    private int m;

    public int inc() {
        return m + 1;
    }
}
```

图 6-2 显示的是使用十六进制编辑器 WinHex 打开这个 Class 文件的结果，可以清楚地

---

⊖　根据 Java 之父 James Gosling 的解释，当时还定义了"CAFEDEAD"用作另一种对象持久化文件格式的魔数，只是后来该格式被废弃掉了，所以并未流传开来。

看见开头 4 个字节的十六进制表示是 0xCAFEBABE，代表次版本号的第 5 个和第 6 个字节值为 0x0000，而主版本号的值为 0x0032，也即是十进制的 50，该版本号说明这个是可以被 JDK 6 或以上版本虚拟机执行的 Class 文件。

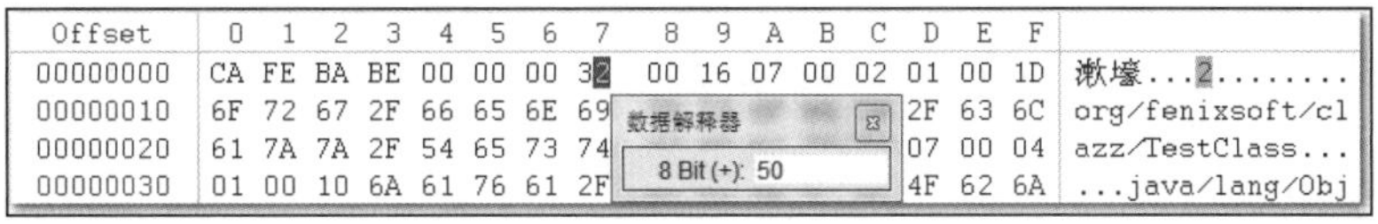

```
Offset      0  1  2  3  4  5  6  7   8  9  A  B  C  D  E  F
00000000   CA FE BA BE 00 00 00 3█   00 16 07 00 02 01 00 1D    漱壕...2........
00000010   6F 72 67 2F 66 65 6E 69   ┌─数据解释器──────[□]─┐  2F 63 6C   org/fenixsoft/cl
00000020   61 7A 7A 2F 54 65 73 74   │                       │  07 00 04   azz/TestClass..
00000030   01 00 10 6A 61 76 61 2F   │  8 Bit (+): 50         │  4F 62 6A   ...java/lang/Obj
                                      └───────────────────────┘
```

图 6-2　Java Class 文件的结构

表 6-2 列出了从 JDK 1.1 到 13 之间，主流 JDK 版本编译器输出的默认的和可支持的 Class 文件版本号。

表 6-2　Class 文件版本号

| JDK 版本 | -target 参数 | -source 参数 | 版本号 |
|---|---|---|---|
| JDK 1.1.8 | 不支持 target 参数 | 不支持 source 参数 | 45.3 |
| JDK 1.2.2 | 不带（默认为 -target 1.1） | 1.1~1.2 | 45.3 |
| JDK 1.2.2 | -target 1.2 | 1.1~1.2 | 46.0 |
| JDK 1.3.1_19 | 不带（默认为 -target 1.1） | 1.1~1.3 | 45.3 |
| JDK 1.3.1_19 | -target 1.3 | 1.1~1.3 | 47.0 |
| JDK 1.4.2_10 | 不带（默认为 -target 1.2） | 1.1~1.4 | 46.0 |
| JDK 1.4.2_10 | -target 1.4 | 1.1~1.4 | 48.0 |
| JDK 5.0_11 | 不带（默认为 -target 1.5），后续版本不带 target 参数默认编译的 Class 文件均与其 JDK 版本相同 | 1.1~1.5 | 49.0 |
| JDK 5.0_11 | -target 1.4 -source 1.4 | 1.1~1.5 | 48.0 |
| JDK 6 | 不带（默认为 -target 6） | 1.1~6 | 50.0 |
| JDK 7 | 不带（默认为 -target 7） | 1.1~7 | 51.0 |
| JDK 8 | 不带（默认为 -target 8） | 1.1~8 | 52.0 |
| JDK 9 | 不带（默认为 -target 9） | 6~9 ⊖ | 53.0 |
| JDK 10 | 不带（默认为 -target 10） | 6~10 | 54.0 |
| JDK 11 | 不带（默认为 -target 11） | 6~11 | 55.0 |
| JDK 12 | 不带（默认为 -target 12） | 6~12 | 56.0 |
| JDK 13 | 不带（默认为 -target 13） | 6~13 | 57.0 |

关于次版本号，曾经在现代 Java（即 Java 2）出现前被短暂使用过，JDK 1.0.2 支持的版本 45.0~45.3（包括 45.0~45.3）。JDK 1.1 支持版本 45.0~45.65535，从 JDK 1.2 以后，

---

　⊖ 从 JDK 9 开始，Javac 编译器不再支持使用 -source 参数编译版本号小于 1.5 的源码。

直到 JDK 12 之前次版本号均未使用，全部固定为零。而到了 JDK 12 时期，由于 JDK 提供的功能集已经非常庞大，有一些复杂的新特性需要以"公测"的形式放出，所以设计者重新启用了副版本号，将它用于标识"技术预览版"功能特性的支持。如果 Class 文件中使用了该版本 JDK 尚未列入正式特性清单中的预览功能，则必须把次版本号标识为 65535，以便 Java 虚拟机在加载类文件时能够区分出来。

## 6.3.2　常量池

紧接着主、次版本号之后的是常量池入口，常量池可以比喻为 Class 文件里的资源仓库，它是 Class 文件结构中与其他项目关联最多的数据，通常也是占用 Class 文件空间最大的数据项目之一，另外，它还是在 Class 文件中第一个出现的表类型数据项目。

由于常量池中常量的数量是不固定的，所以在常量池的入口需要放置一项 u2 类型的数据，代表常量池容量计数值（constant_pool_count）。与 Java 中语言习惯不同，这个容量计数是从 1 而不是 0 开始的，如图 6-3 所示，常量池容量（偏移地址：0x00000008）为十六进制数 0x0016，即十进制的 22，这就代表常量池中有 21 项常量，索引值范围为 1~21。在 Class 文件格式规范制定之时，设计者将第 0 项常量空出来是有特殊考虑的，这样做的目的在于，如果后面某些指向常量池的索引值的数据在特定情况下需要表达"不引用任何一个常量池项目"的含义，可以把索引值设置为 0 来表示。Class 文件结构中只有常量池的容量计数是从 1 开始，对于其他集合类型，包括接口索引集合、字段表集合、方法表集合等的容量计数都与一般习惯相同，是从 0 开始。

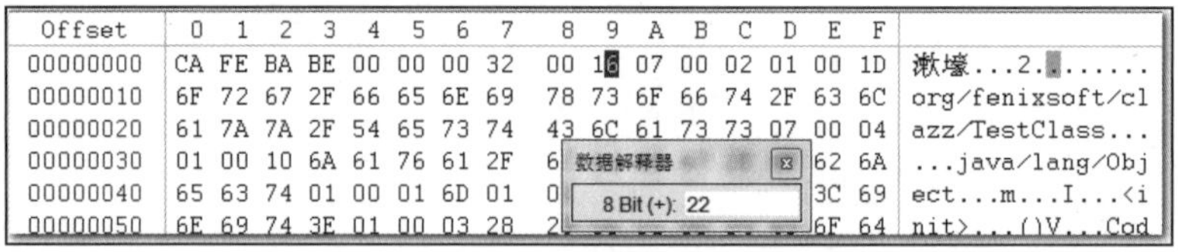

图 6-3　常量池结构

常量池中主要存放两大类常量：字面量（Literal）和符号引用（Symbolic References）。字面量比较接近于 Java 语言层面的常量概念，如文本字符串、被声明为 final 的常量值等。而符号引用则属于编译原理方面的概念，主要包括下面几类常量：

❑ 被模块导出或者开放的包（Package）
❑ 类和接口的全限定名（Fully Qualified Name）
❑ 字段的名称和描述符（Descriptor）
❑ 方法的名称和描述符
❑ 方法句柄和方法类型（Method Handle、Method Type、Invoke Dynamic）
❑ 动态调用点和动态常量（Dynamically-Computed Call Site、Dynamically-Computed Constant）

　　Java 代码在进行 Javac 编译的时候，并不像 C 和 C++ 那样有"连接"这一步骤，而是在虚拟机加载 Class 文件的时候进行动态连接（具体见第 8 章）。也就是说，在 Class 文件中不会保存各个方法、字段最终在内存中的布局信息，这些字段、方法的符号引用不经过虚拟机在运行期转换的话是无法得到真正的内存入口地址，也就无法直接被虚拟机使用的。当虚拟机做类加载时，将会从常量池获得对应的符号引用，再在类创建时或运行时解析、翻译到具体的内存地址之中。关于类的创建和动态连接的内容，在下一章介绍虚拟机类加载过程时再详细讲解。

　　常量池中每一项常量都是一个表，最初常量表中共有 11 种结构各不相同的表结构数据，后来为了更好地支持动态语言调用，额外增加了 4 种动态语言相关的常量⊖，为了支持 Java 模块化系统（Jigsaw），又加入了 CONSTANT_Module_info 和 CONSTANT_Package_info 两个常量，所以截至 JDK 13，常量表中分别有 17 种不同类型的常量。

　　这 17 类表都有一个共同的特点，表结构起始的第一位是个 u1 类型的标志位（tag，取值见表 6-3 中标志列），代表着当前常量属于哪种常量类型。17 种常量类型所代表的具体含义如表 6-3 所示。

表 6-3　常量池的项目类型

| 类　　型 | 标　　志 | 描　　述 |
| --- | --- | --- |
| CONSTANT_Utf8_info | 1 | UTF-8 编码的字符串 |
| CONSTANT_Integer_info | 3 | 整型字面量 |
| CONSTANT_Float_info | 4 | 浮点型字面量 |
| CONSTANT_Long_info | 5 | 长整型字面量 |
| CONSTANT_Double_info | 6 | 双精度浮点型字面量 |
| CONSTANT_Class_info | 7 | 类或接口的符号引用 |
| CONSTANT_String_info | 8 | 字符串类型字面量 |
| CONSTANT_Fieldref_info | 9 | 字段的符号引用 |
| CONSTANT_Methodref_info | 10 | 类中方法的符号引用 |
| CONSTANT_InterfaceMethodref_info | 11 | 接口中方法的符号引用 |
| CONSTANT_NameAndType_info | 12 | 字段或方法的部分符号引用 |
| CONSTANT_MethodHandle_info | 15 | 表示方法句柄 |
| CONSTANT_MethodType_info | 16 | 表示方法类型 |
| CONSTANT_Dynamic_info | 17 | 表示一个动态计算常量 |

⊖　JDK 7 时增加了前三种：CONSTANT_MethodHandle_info、CONSTANT_MethodType_info 和 CONSTANT_InvokeDynamic_info。出于性能和易用性的考虑（JDK 7 设计时已经考虑到，预留了 17 个常量标志位），在 JDK 11 中又增加了第四种常量 CONSTANT_Dynamic_info。本章不会涉及这 4 种新增的类型，留待第 8 章介绍字节码执行和方法调用时详细讲解。

（续）

| 类　型 | 标　志 | 描　述 |
|---|---|---|
| CONSTANT_InvokeDynamic_info | 18 | 表示一个动态方法调用点 |
| CONSTANT_Module_info | 19 | 表示一个模块 |
| CONSTANT_Package_info | 20 | 表示一个模块中开放或者导出的包 |

之所以说常量池是最烦琐的数据，是因为这 17 种常量类型各自有着完全独立的数据结构，两两之间并没有什么共性和联系，因此只能逐项进行讲解。

请读者回头看看图 6-3 中常量池的第一项常量，它的标志位（偏移地址：0x0000000A）是 0x07，查表 6-3 的标志列可知这个常量属于 CONSTANT_Class_info 类型，此类型的常量代表一个类或者接口的符号引用。CONSTANT_Class_info 的结构比较简单，如表 6-4 所示。

表 6-4　CONSTANT_Class_info 型常量的结构

| 类　型 | 名　称 | 数　量 |
|---|---|---|
| u1 | tag | 1 |
| u2 | name_index | 1 |

tag 是标志位，它用于区分常量类型；name_index 是常量池的索引值，它指向常量池中一个 CONSTANT_Utf8_info 类型常量，此常量代表了这个类（或者接口）的全限定名，本例中的 name_index 值（偏移地址：0x0000000B）为 0x0002，也就是指向了常量池中的第二项常量。继续从图 6-3 中查找第二项常量，它的标志位（地址：0x0000000D）是 0x01，查表 6-3 可知确实是一个 CONSTANT_Utf8_info 类型的常量。CONSTANT_Utf8_info 类型的结构如表 6-5 所示。

表 6-5　CONSTANT_Utf8_info 型常量的结构

| 类　型 | 名　称 | 数　量 |
|---|---|---|
| u1 | tag | 1 |
| u2 | length | 1 |
| u1 | bytes | length |

length 值说明了这个 UTF-8 编码的字符串长度是多少字节，它后面紧跟着的长度为 length 字节的连续数据是一个使用 UTF-8 缩略编码表示的字符串。UTF-8 缩略编码与普通 UTF-8 编码的区别是：从 '\u0001' 到 '\u007f' 之间的字符（相当于 1～127 的 ASCII 码）的缩略编码使用一个字节表示，从 '\u0080' 到 '\u07ff' 之间的所有字符的缩略编码用两个字节表示，从 '\u0800' 开始到 '\uffff' 之间的所有字符的缩略编码就按照普通 UTF-8 编码规则使用三个字节表示。

顺便提一下，由于 Class 文件中方法、字段等都需要引用 CONSTANT_Utf8_info 型常量来描述名称，所以 CONSTANT_Utf8_info 型常量的最大长度也就是 Java 中方法、字段名的最大长度。而这里的最大长度就是 length 的最大值，既 u2 类型能表达的最大值 65535。所以 Java 程序中如果定义了超过 64KB 英文字符的变量或方法名，即使规则和全部字符都是合法的，也会无法编译。

本例中这个字符串的 length 值（偏移地址：0x0000000E）为 0x001D，也就是长 29 个字节，往后 29 个字节正好都在 1～127 的 ASCII 码范围以内，内容为“org/fenixsoft/clazz/TestClass”，有兴趣的读者可以自己逐个字节换算一下，换算结果如图 6-4 中选中的部分所示。

| Offset | 0 | 1 | 2 | 3 | 4 | 5 | 6 | 7 | 8 | 9 | A | B | C | D | E | F | |
|---|---|---|---|---|---|---|---|---|---|---|---|---|---|---|---|---|---|
| 00000000 | CA | FE | BA | BE | 00 | 00 | 00 | 32 | 00 | 16 | 07 | 00 | 02 | 01 | 00 | 1D | 漱壕...2........ |
| 00000010 | 6F | 72 | 67 | 2F | 66 | 65 | 6E | 69 | 78 | 73 | 6F | 66 | 74 | 2F | 63 | 6C | org/fenixsoft/cl |
| 00000020 | 61 | 7A | 7A | 2F | 54 | 65 | 73 | 74 | 43 | 6C | 61 | 73 | 73 | 07 | 00 | 04 | azz/TestClass... |
| 00000030 | 01 | 00 | 10 | 6A | 61 | 76 | 61 | 2F | 6C | 61 | 6E | 67 | 2F | 4F | 62 | 6A | ...java/lang/Obj |

图 6-4　常量池 UTF-8 字符串结构

到此为止，我们仅仅分析了 TestClass.class 常量池中 21 个常量中的两个，还未提到的其余 19 个常量都可以通过类似的方法逐一计算出来，为了避免计算过程占用过多的版面篇幅，后续的 19 个常量的计算过程就不手工去做了，而借助计算机软件来帮忙完成。在 JDK 的 bin 目录中，Oracle 公司已经为我们准备好一个专门用于分析 Class 文件字节码的工具：javap。代码清单 6-2 中列出了使用 javap 工具的 -verbose 参数输出的 TestClass.class 文件字节码内容（为节省篇幅，此清单中省略了常量池以外的信息）。笔者曾经提到过 Class 文件中还有很多数据项都要引用常量池中的常量，建议读者不妨在本页做个记号，因为代码清单 6-2 中的内容在后续的讲解之中会频繁使用到。

**代码清单 6-2　使用 javap 命令输出常量表**

```
C:\>javap -verbose TestClass
Compiled from "TestClass.java"
public class org.fenixsoft.clazz.TestClass extends java.lang.Object
    SourceFile: "TestClass.java"
    minor version: 0
    major version: 50
    Constant pool:
const #1 = class        #2;     //  org/fenixsoft/clazz/TestClass
const #2 = Asciz        org/fenixsoft/clazz/TestClass;
const #3 = class        #4;     //  java/lang/Object
const #4 = Asciz        java/lang/Object;
const #5 = Asciz        m;
const #6 = Asciz        I;
const #7 = Asciz        <init>;
const #8 = Asciz        ()V;
const #9 = Asciz        Code;
const #10 = Method      #3.#11; //  java/lang/Object."<init>":()V
```

```
const #11 = NameAndType  #7:#8;// "<init>":()V
const #12 = Asciz        LineNumberTable;
const #13 = Asciz        LocalVariableTable;
const #14 = Asciz        this;
const #15 = Asciz        Lorg/fenixsoft/clazz/TestClass;;
const #16 = Asciz        inc;
const #17 = Asciz        ()I;
const #18 = Field        #1.#19;  // org/fenixsoft/clazz/TestClass.m:I
const #19 = NameAndType  #5:#6;   // m:I
const #20 = Asciz        SourceFile;
const #21 = Asciz        TestClass.java;
```

从代码清单 6-2 中可以看到，计算机已经帮我们把整个常量池的 21 项常量都计算了出来，并且第 1、2 项常量的计算结果与我们手工计算的结果完全一致。仔细看一下会发现，其中有些常量似乎从来没有在代码中出现过，如"I""V""<init>""LineNumberTable""LocalVariableTable"等，这些看起来在源代码中不存在的常量是哪里来的？

这部分常量的确不来源于 Java 源代码，它们都是编译器自动生成的，会被后面即将讲到的字段表（field_info）、方法表（method_info）、属性表（attribute_info）所引用，它们将会被用来描述一些不方便使用"固定字节"进行表达的内容，譬如描述方法的返回值是什么，有几个参数，每个参数的类型是什么。因为 Java 中的"类"是无穷无尽的，无法通过简单的无符号数来描述一个方法用到了什么类，因此在描述方法的这些信息时，需要引用常量表中的符号引用进行表达。这部分内容将在后面进一步详细阐述。最后，笔者将 17 种常量项的结构定义总结为表 6-6。

表 6-6　常量池中的 17 种数据类型的结构总表

| 常　量 | 项　目 | 类　型 | 描　述 |
|---|---|---|---|
| CONSTANT_Utf8_info | tag | u1 | 值为 1 |
| | length | u2 | UTF-8 编码的字符串占用了字节数 |
| | bytes | u1 | 长度为 length 的 UTF-8 编码的字符串 |
| CONSTANT_Integer_info | tag | u1 | 值为 3 |
| | bytes | u4 | 按照高位在前存储的 int 值 |
| CONSTANT_Float_info | tag | u1 | 值为 4 |
| | bytes | u4 | 按照高位在前存储的 float 值 |
| CONSTANT_Long_info | tag | u1 | 值为 5 |
| | bytes | u8 | 按照高位在前存储的 long 值 |
| CONSTANT_Double_info | tag | u1 | 值为 6 |
| | bytes | u8 | 按照高位在前存储的 double 值 |
| CONSTANT_Class_info | tag | u1 | 值为 7 |
| | index | u2 | 指向全限定名常量项的索引 |

（续）

| 常　　量 | 项　　目 | 类　型 | 描　　述 |
|---|---|---|---|
| CONSTANT_String_info | tag | u1 | 值为 8 |
| | index | u2 | 指向字符串字面量的索引 |
| CONSTANT_Fieldref_info | tag | u1 | 值为 9 |
| | index | u2 | 指向声明字段的类或者接口描述符 CONSTANT_Class_info 的索引项 |
| | index | u2 | 指向字段描述符 CONSTANT_NameAndType_info 的索引项 |
| CONSTANT_Methodref_info | tag | u1 | 值为 10 |
| | index | u2 | 指向声明方法的类描述符 CONSTANT_Class_info 的索引项 |
| | index | u2 | 指向名称及类型描述符 CONSTANT_NameAndType_info 的索引项 |
| CONSTANT_InterfaceMethod-ref_info | tag | u1 | 值为 11 |
| | index | u2 | 指向声明方法的接口描述符 CONSTANT_Class_info 的索引项 |
| | index | u2 | 指向名称及类型描述符 CONSTANT_NameAndType_info 的索引项 |
| CONSTANT_NameAndType_info | tag | u1 | 值为 12 |
| | index | u2 | 指向该字段或方法名称常量项的索引 |
| | index | u2 | 指向该字段或方法描述符常量项的索引 |
| CONSTANT_MethodHandle_info | tag | u1 | 值为 15 |
| | reference_kind | u1 | 值必须在 1 至 9 之间（包括 1 和 9），它决定了方法句柄的类型。方法句柄类型的值表示方法句柄的字节码行为 |
| | reference_index | u2 | 值必须是对常量池的有效索引 |
| CONSTANT_MethodType_info | tag | u1 | 值为 16 |
| | descriptor_index | u2 | 值必须是对常量池的有效索引，常量池在该索引处的项必须是 CONSTANT_Utf8_info 结构，表示方法的描述符 |
| CONSTANT_Dynamic_info | tag | u1 | 值为 17 |
| | bootstrap_method_attr_index | u2 | 值必须是对当前 Class 文件中引导方法表的 bootstrap_methods[] 数组的有效索引 |
| | name_and_type_index | u2 | 值必须是对当前常量池的有效索引，常量池在该索引处的项必须是 CONSTANT_NameAndType_info 结构，表示方法名和方法描述符 |

（续）

| 常　　量 | 项　　目 | 类　型 | 描　　述 |
|---|---|---|---|
| CONSTANT_InvokeDynamic_info | tag | u1 | 值为 18 |
| | bootstrap_method_attr_index | u2 | 值必须是对当前 Class 文件中引导方法表的 bootstrap_methods[] 数组的有效索引 |
| | name_and_type_index | u2 | 值必须是对当前常量池的有效索引，常量池在该索引处的项必须是 CONSTANT_NameAndType_info 结构，表示方法名和方法描述符 |
| CONSTANT_Module_info | tag | u1 | 值为 19 |
| | name_index | u2 | 值必须是对常量池的有效索引，常量池在该索引处的项必须是 CONSTANT_Utf8_info 结构，表示模块名字 |
| CONSTANT_Package_info | tag | u1 | 值为 20 |
| | name_index | u2 | 值必须是对常量池的有效索引，常量池在该索引处的项必须是 CONSTANT_Utf8_info 结构，表示包名称 |

## 6.3.3　访问标志

在常量池结束之后，紧接着的 2 个字节代表访问标志（access_flags），这个标志用于识别一些类或者接口层次的访问信息，包括：这个 Class 是类还是接口；是否定义为 public 类型；是否定义为 abstract 类型；如果是类的话，是否被声明为 final；等等。具体的标志位以及标志的含义见表 6-7。

表 6-7　访问标志

| 标志名称 | 标志值 | 含　　义 |
|---|---|---|
| ACC_PUBLIC | 0x0001 | 是否为 public 类型 |
| ACC_FINAL | 0x0010 | 是否被声明为 final，只有类可设置 |
| ACC_SUPER | 0x0020 | 是否允许使用 invokespecial 字节码指令的新语义，invokespecial 指令的语义在 JDK 1.0.2 发生过改变，为了区别这条指令使用哪种语义，JDK 1.0.2 之后编译出来的类的这个标志都必须为真 |
| ACC_INTERFACE | 0x0200 | 标识这是一个接口 |
| ACC_ABSTRACT | 0x0400 | 是否为 abstract 类型，对于接口或者抽象类来说，此标志值为真，其他类型值为假 |
| ACC_SYNTHETIC | 0x1000 | 标识这个类并非由用户代码产生的 |
| ACC_ANNOTATION | 0x2000 | 标识这是一个注解 |
| ACC_ENUM | 0x4000 | 标识这是一个枚举 |
| ACC_MODULE | 0x8000 | 标识这是一个模块 |

access_flags 中一共有 16 个标志位可以使用，当前只定义了其中 9 个<sup>⊖</sup>，没有使用到的标志位要求一律为零。以代码清单 6-1 中的代码为例，TestClass 是一个普通 Java 类，不是接口、枚举、注解或者模块，被 public 关键字修饰但没有被声明为 final 和 abstract，并且它使用了 JDK 1.2 之后的编译器进行编译，因此它的 ACC_PUBLIC、ACC_SUPER 标志应当为真，而 ACC_FINAL、ACC_INTERFACE、ACC_ABSTRACT、ACC_SYNTHETIC、ACC_ANNOTATION、ACC_ENUM、ACC_MODULE 这七个标志应当为假，因此它的 access_flags 的值应为：0x0001 | 0x0020 = 0x0021。从图 6-5 中看到，access_flags 标志（偏移地址：0x000000EF）的确为 0x0021。

```
000000D0  06 01 00 0A 53 6F 75 72  63 65 46 69 6C 65 01 00  ....SourceFile..
000000E0  0E 54 65 73 74 43 6C 61  73 73 2E 6A 61 76 61 00  .TestClass.java.
000000F0  21 00 01 00 03 00 00 00  01 00 02 00 05 00 06 00  !...............
00000100  00 00 02 00 01 00 07 00  08 00 01 00 09 00 00 00
```

图 6-5　access_flags 标志

## 6.3.4　类索引、父类索引与接口索引集合

类索引（this_class）和父类索引（super_class）都是一个 u2 类型的数据，而接口索引集合（interfaces）是一组 u2 类型的数据的集合，Class 文件中由这三项数据来确定该类型的继承关系。类索引用于确定这个类的全限定名，父类索引用于确定这个类的父类的全限定名。由于 Java 语言不允许多重继承，所以父类索引只有一个，除了 java.lang.Object 之外，所有的 Java 类都有父类，因此除了 java.lang.Object 外，所有 Java 类的父类索引都不为 0。接口索引集合就用来描述这个类实现了哪些接口，这些被实现的接口将按 implements 关键字（如果这个 Class 文件表示的是一个接口，则应当是 extends 关键字）后的接口顺序从左到右排列在接口索引集合中。

类索引、父类索引和接口索引集合都按顺序排列在访问标志之后，类索引和父类索引用两个 u2 类型的索引值表示，它们各自指向一个类型为 CONSTANT_Class_info 的类描述符常量，通过 CONSTANT_Class_info 类型的常量中的索引值可以找到定义在 CONSTANT_Utf8_info 类型的常量中的全限定名字符串。图 6-6 演示了代码清单 6-1 中代码的类索引查找过程。

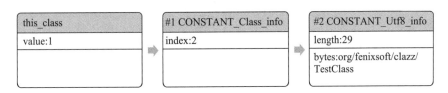

图 6-6　类索引查找全限定名的过程

---

⊖　在原始的《Java 虚拟机规范》初版中，只定义了开头 5 种标志。JDK 5 中增加了后续 3 种。这些标志为在 JSR-202 规范之中声明，是对《Java 虚拟机规范》第 2 版的补充。JDK 9 发布之后，增加了第 9 种。

对于接口索引集合，入口的第一项 u2 类型的数据为接口计数器（interfaces_count），表示索引表的容量。如果该类没有实现任何接口，则该计数器值为 0，后面接口的索引表不再占用任何字节。代码清单 6-1 中的代码的类索引、父类索引与接口表索引的内容如图 6-7 所示。

```
000000D0   06 01 00 0A 53 6F 75 72   63 65 46 69 6C 65 01 00   ....SourceFile..
000000E0   0E 54 65 73 74 43 6C 61   73 73 2E 6A 61 76 61 00   .TestClass.java.
000000F0   21 00 01 00 03 00 00 00   00 01 00 02 00 05 00 06 00   !...............
00000100   00 00 02 00 01 00 07 00   08 00 01 00 09 00 00 00   ................
```

图 6-7　类索引、父类索引、接口索引集合

从偏移地址 0x000000F1 开始的 3 个 u2 类型的值分别为 0x0001、0x0003、0x0000，也就是类索引为 1，父类索引为 3，接口索引集合大小为 0。查询前面代码清单 6-2 中 javap 命令计算出来的常量池，找出对应的类和父类的常量，结果如代码清单 6-3 所示。

**代码清单 6-3　部分常量池内容**

```
const #1 = class          #2;      // org/fenixsoft/clazz/TestClass
const #2 = Asciz          org/fenixsoft/clazz/TestClass;
const #3 = class          #4;      // java/lang/Object
const #4 = Asciz          java/lang/Object;
```

## 6.3.5　字段表集合

字段表（field_info）用于描述接口或者类中声明的变量。Java 语言中的"字段"（Field）包括类级变量以及实例级变量，但不包括在方法内部声明的局部变量。读者可以回忆一下在 Java 语言中描述一个字段可以包含哪些信息。字段可以包括的修饰符有字段的作用域（public、private、protected 修饰符）、是实例变量还是类变量（static 修饰符）、可变性（final）、并发可见性（volatile 修饰符，是否强制从主内存读写）、可否被序列化（transient 修饰符）、字段数据类型（基本类型、对象、数组）、字段名称。上述这些信息中，各个修饰符都是布尔值，要么有某个修饰符，要么没有，很适合使用标志位来表示。而字段叫做什么名字、字段被定义为什么数据类型，这些都是无法固定的，只能引用常量池中的常量来描述。表 6-8 中列出了字段表的最终格式。

表 6-8　字段表结构

| 类　型 | 名　称 | 数　量 | 类　型 | 名　称 | 数　量 |
|---|---|---|---|---|---|
| u2 | access_flags | 1 | u2 | attributes_count | 1 |
| u2 | name_index | 1 | attribute_info | attributes | attributes_count |
| u2 | descriptor_index | 1 | | | |

字段修饰符放在 access_flags 项目中，它与类中的 access_flags 项目是非常类似的，都是一个 u2 的数据类型，其中可以设置的标志位和含义如表 6-9 所示。

表 6-9 字段访问标志

| 标 志 名 称 | 标志值 | 含 义 | 标 志 名 称 | 标志值 | 含 义 |
|---|---|---|---|---|---|
| ACC_PUBLIC | 0x0001 | 字段是否 public | ACC_VOLATILE | 0x0040 | 字段是否 volatile |
| ACC_PRIVATE | 0x0002 | 字段是否 private | ACC_TRANSIENT | 0x0080 | 字段是否 transient |
| ACC_PROTECTED | 0x0004 | 字段是否 protected | ACC_SYNTHETIC | 0x1000 | 字段是否由编译器自动产生 |
| ACC_STATIC | 0x0008 | 字段是否 static | ACC_ENUM | 0x4000 | 字段是否 enum |
| ACC_FINAL | 0x0010 | 字段是否 final | | | |

很明显，由于语法规则的约束，ACC_PUBLIC、ACC_PRIVATE、ACC_PROTECTED 三个标志最多只能选择其一，ACC_FINAL、ACC_VOLATILE 不能同时选择。接口之中的字段必须有 ACC_PUBLIC、ACC_STATIC、ACC_FINAL 标志，这些都是由 Java 本身的语言规则所导致的。

跟随 access_flags 标志的是两项索引值：name_index 和 descriptor_index。它们都是对常量池项的引用，分别代表着字段的简单名称以及字段和方法的描述符。现在需要解释一下"简单名称""描述符"以及前面出现过多次的"全限定名"这三种特殊字符串的概念。

全限定名和简单名称很好理解，以代码清单 6-1 中的代码为例，"org/fenixsoft/clazz/TestClass"是这个类的全限定名，仅仅是把类全名中的"."替换成了"/"而已，为了使连续的多个全限定名之间不产生混淆，在使用时最后一般会加入一个";"号表示全限定名结束。简单名称则就是指没有类型和参数修饰的方法或者字段名称，这个类中的 inc() 方法和 m 字段的简单名称分别就是"inc"和"m"。

相比于全限定名和简单名称，方法和字段的描述符就要复杂一些。描述符的作用是用来描述字段的数据类型、方法的参数列表（包括数量、类型以及顺序）和返回值。根据描述符规则，基本数据类型（byte、char、double、float、int、long、short、boolean）以及代表无返回值的 void 类型都用一个大写字符来表示，而对象类型则用字符 L 加对象的全限定名来表示，详见表 6-10。

表 6-10 描述符标识字符含义

| 标识字符 | 含 义 | 标识字符 | 含 义 |
|---|---|---|---|
| B | 基本类型 byte | J | 基本类型 long |
| C | 基本类型 char | S | 基本类型 short |
| D | 基本类型 double | Z | 基本类型 boolean |
| F | 基本类型 float | V ⊖ | 特殊类型 void |
| I | 基本类型 int | L | 对象类型，如 Ljava/lang/Object; |

⊖ void 类型在《Java 虚拟机规范》之中单独列出为"VoidDescriptor"，笔者为了结构统一，将其列在基本数据类型中一起描述。

对于数组类型，每一维度将使用一个前置的"["字符来描述，如一个定义为"java.lang.String[][]"类型的二维数组将被记录成"[[Ljava/lang/String;"，一个整型数组"int[]"将被记录成"[I"。

用描述符来描述方法时，按照先参数列表、后返回值的顺序描述，参数列表按照参数的严格顺序放在一组小括号"()"之内。如方法 void inc() 的描述符为"()V"，方法 java.lang.String toString() 的描述符为"()Ljava/lang/String;"，方法 int indexOf(char[] source, int sourceOffset, int sourceCount, char[] target, int targetOffset, int targetCount, int fromIndex) 的描述符为"([CII[CIII)I"。

对于代码清单 6-1 所编译的 TestClass.class 文件来说，字段表集合从地址 0x000000F8 开始，第一个 u2 类型的数据为容量计数器 fields_count，如图 6-8 所示，其值为 0x0001，说明这个类只有一个字段表数据。接下来紧跟着容量计数器的是 access_flags 标志，值为 0x0002，代表 private 修饰符的 ACC_PRIVATE 标志位为真（ACC_PRIVATE 标志的值为 0x0002），其他修饰符为假。代表字段名称的 name_index 的值为 0x0005，从代码清单 6-2 列出的常量表中可查得第五项常量是一个 CONSTANT_Utf8_info 类型的字符串，其值为"m"，代表字段描述符的 descriptor_index 的值为 0x0006，指向常量池的字符串"I"。根据这些信息，我们可以推断出原代码定义的字段为"private int m;"。

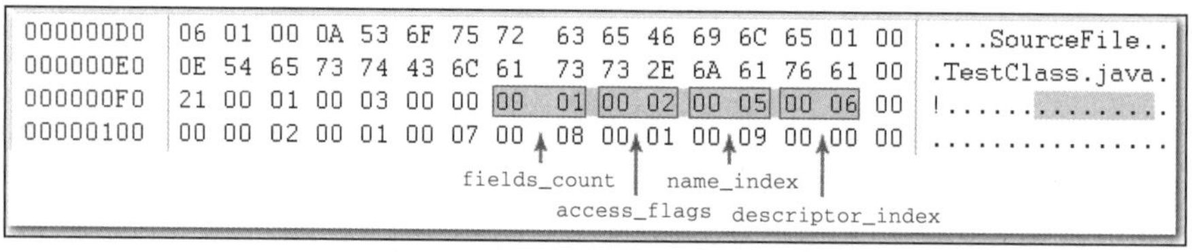

图 6-8　字段表结构实例

字段表所包含的固定数据项目到 descriptor_index 为止就全部结束了，不过在 descriptor_index 之后跟随着一个属性表集合，用于存储一些额外的信息，字段表可以在属性表中附加描述零至多项的额外信息。对于本例中的字段 m，它的属性表计数器为 0，也就是没有需要额外描述的信息，但是，如果将字段 m 的声明改为"final static int m = 123;"，那就可能会存在一项名称为 ConstantValue 的属性，其值指向常量 123。关于 attribute_info 的其他内容，将在 6.3.7 节介绍属性表的数据项目时再做进一步讲解。

字段表集合中不会列出从父类或者父接口中继承而来的字段，但有可能出现原本 Java 代码之中不存在的字段，譬如在内部类中为了保持对外部类的访问性，编译器就会自动添加指向外部类实例的字段。另外，在 Java 语言中字段是无法重载的，两个字段的数据类型、修饰符不管是否相同，都必须使用不一样的名称，但是对于 Class 文件格式来讲，只要两个字段的描述符不是完全相同，那字段重名就是合法的。

## 6.3.6　方法表集合

如果理解了上一节关于字段表的内容，那本节关于方法表的内容将会变得很简单。Class 文件存储格式中对方法的描述与对字段的描述采用了几乎完全一致的方式，方法表的结构如同字段表一样，依次包括访问标志（access_flags）、名称索引（name_index）、描述符索引（descriptor_index）、属性表集合（attributes）几项，如表 6-11 所示。这些数据项目的含义也与字段表中的非常类似，仅在访问标志和属性表集合的可选项中有所区别。

表 6-11　方法表结构

| 类　　型 | 名　　称 | 数　　量 | 类　　型 | 名　　称 | 数　　量 |
|---|---|---|---|---|---|
| u2 | access_flags | 1 | u2 | attributes_count | 1 |
| u2 | name_index | 1 | attribute_info | attributes | attributes_count |
| u2 | descriptor_index | 1 | | | |

因为 volatile 关键字和 transient 关键字不能修饰方法，所以方法表的访问标志中没有了 ACC_VOLATILE 标志和 ACC_TRANSIENT 标志。与之相对，synchronized、native、strictfp 和 abstract 关键字可以修饰方法，方法表的访问标志中也相应地增加了 ACC_SYNCHRONIZED、ACC_NATIVE、ACC_STRICTFP 和 ACC_ABSTRACT 标志。对于方法表，所有标志位及其取值可参见表 6-12。

表 6-12　方法访问标志

| 标志名称 | 标志值 | 含　　义 |
|---|---|---|
| ACC_PUBLIC | 0x0001 | 方法是否为 public |
| ACC_PRIVATE | 0x0002 | 方法是否为 private |
| ACC_PROTECTED | 0x0004 | 方法是否为 protected |
| ACC_STATIC | 0x0008 | 方法是否为 static |
| ACC_FINAL | 0x0010 | 方法是否为 final |
| ACC_SYNCHRONIZED | 0x0020 | 方法是否为 synchronized |
| ACC_BRIDGE | 0x0040 | 方法是不是由编译器产生的桥接方法 |
| ACC_VARARGS | 0x0080 | 方法是否接受不定参数 |
| ACC_NATIVE | 0x0100 | 方法是否为 native |
| ACC_ABSTRACT | 0x0400 | 方法是否为 abstract |
| ACC_STRICT | 0x0800 | 方法是否为 strictfp |
| ACC_SYNTHETIC | 0x1000 | 方法是否由编译器自动产生 |

行文至此，也许有的读者会产生疑问，方法的定义可以通过访问标志、名称索引、描述符索引来表达清楚，但方法里面的代码去哪里了？方法里的 Java 代码，经过 Javac 编译

器编译成字节码指令之后，存放在方法属性表集合中一个名为"Code"的属性里面，属性表作为 Class 文件格式中最具扩展性的一种数据项目，将在下一节中详细讲解。

我们继续以代码清单 6-1 中的 Class 文件为例对方法表集合进行分析。如图 6-9 所示，方法表集合的入口地址为 0x00000101，第一个 u2 类型的数据（即计数器容量）的值为 0x0002，代表集合中有两个方法，这两个方法为编译器添加的实例构造器 <init> 和源码中定义的方法 inc()。第一个方法的访问标志值为 0x0001，也就是只有 ACC_PUBLIC 标志为真，名称索引值为 0x0007，查代码清单 6-2 的常量池得方法名为"<init>"，描述符索引值为 0x0008，对应常量为"()V"，属性表计数器 attributes_count 的值为 0x0001，表示此方法的属性表集合有 1 项属性，属性名称的索引值为 0x0009，对应常量为"Code"，说明此属性是方法的字节码描述。

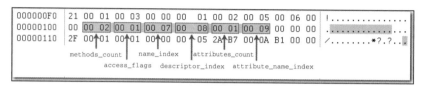

图 6-9　方法表结构实例

与字段表集合相对应地，如果父类方法在子类中没有被重写（Override），方法表集合中就不会出现来自父类的方法信息。但同样地，有可能会出现由编译器自动添加的方法，最常见的便是类构造器"<clinit>()"方法和实例构造器"<init>()"方法⊖。

在 Java 语言中，要重载（Overload）一个方法，除了要与原方法具有相同的简单名称之外，还要求必须拥有一个与原方法不同的特征签名⊖。特征签名是指一个方法中各个参数在常量池中的字段符号引用的集合，也正是因为返回值不会包含在特征签名之中，所以 Java 语言里面是无法仅仅依靠返回值的不同来对一个已有方法进行重载的。但是在 Class 文件格式之中，特征签名的范围明显要更大一些，只要描述符不是完全一致的两个方法就可以共存。也就是说，如果两个方法有相同的名称和特征签名，但返回值不同，那么也是可以合法共存于同一个 Class 文件中的。

## 6.3.7　属性表集合

属性表（attribute_info）在前面的讲解之中已经出现过数次，Class 文件、字段表、方法表都可以携带自己的属性表集合，以描述某些场景专有的信息。

与 Class 文件中其他的数据项目要求严格的顺序、长度和内容不同，属性表集合的限制

---

⊖　<init>() 和 <clinit>() 的详细内容见本书的下一部分"前端编译与优化"。

⊖　在《Java 虚拟机规范》第 2 版的 4.4.4 节及《Java 语言规范》第 3 版的 8.4.2 节中分别都定义了字节码层面的方法特征签名以及 Java 代码层面的方法特征签名，Java 代码的方法特征签名只包括方法名称、参数数量、参数顺序及参数类型，而字节码的特征签名还包括方法返回值以及受查异常表，请读者根据上下文语境注意区分。

稍微宽松一些,不再要求各个属性表具有严格顺序,并且《Java 虚拟机规范》允许只要不与已有属性名重复,任何人实现的编译器都可以向属性表中写入自己定义的属性信息,Java 虚拟机运行时会忽略掉它不认识的属性。为了能正确解析 Class 文件,《Java 虚拟机规范》最初只预定义了 9 项所有 Java 虚拟机实现都应当能识别的属性,而在最新的《Java 虚拟机规范》的 Java SE 12 版本中,预定义属性已经增加到 29 项,这些属性具体见表 6-13。后文中将对这些属性中的关键的、常用的部分进行讲解。

表 6-13　虚拟机规范预定义的属性

| 属 性 名 称 | 使 用 位 置 | 含 义 |
| --- | --- | --- |
| Code | 方法表 | Java 代码编译成的字节码指令 |
| ConstantValue | 字段表 | 由 final 关键字定义的常量值 |
| Deprecated | 类、方法表、字段表 | 被声明为 deprecated 的方法和字段 |
| Exceptions | 方法表 | 方法抛出的异常列表 |
| EnclosingMethod | 类文件 | 仅当一个类为局部类或者匿名类时才能拥有这个属性,这个属性用于标示这个类所在的外围方法 |
| InnerClasses | 类文件 | 内部类列表 |
| LineNumberTable | Code 属性 | Java 源码的行号与字节码指令的对应关系 |
| LocalVariableTable | Code 属性 | 方法的局部变量描述 |
| StackMapTable | Code 属性 | JDK 6 中新增的属性,供新的类型检查验证器(Type Checker)检查和处理目标方法的局部变量和操作数栈所需要的类型是否匹配 |
| Signature | 类、方法表、字段表 | JDK 5 中新增的属性,用于支持范型情况下的方法签名。在 Java 语言中,任何类、接口、初始化方法或成员的泛型签名如果包含了类型变量(Type Variables)或参数化类型(Parameterized Types),则 Signature 属性会为它记录泛型签名信息。由于 Java 的范型采用擦除法实现,为了避免类型信息被擦除后导致签名混乱,需要这个属性记录范型中的相关信息 |
| SourceFile | 类文件 | 记录源文件名称 |
| SourceDebugExtension | 类文件 | JDK 5 中新增的属性,用于存储额外的调试信息。譬如在进行 JSP 文件调试时,无法通过 Java 堆栈来定位到 JSP 文件的行号,JSR 45 提案为这些非 Java 语言编写,却需要编译成字节码并运行在 Java 虚拟机中的程序提供了一个进行调试的标准机制,使用该属性就可以用于存储这个标准所新加入的调试信息 |
| Synthetic | 类、方法表、字段表 | 标识方法或字段为编译器自动生成的 |
| LocalVariableTypeTable | 类 | JDK 5 中新增的属性,它使用特征签名代替描述符,是为了引入泛型语法之后能描述泛型参数化类型而添加 |

（续）

| 属 性 名 称 | 使 用 位 置 | 含 义 |
|---|---|---|
| RuntimeVisibleAnnotations | 类、方法表、字段表 | JDK 5 中新增的属性，为动态注解提供支持。该属性用于指明哪些注解是运行时（实际上运行时就是进行反射调用）可见的 |
| RuntimeInvisibleAnnotations | 类、方法表、字段表 | JDK 5 中新增的属性，与 RuntimeVisibleAnnotations 属性作用刚好相反，用于指明哪些注解是运行时不可见的 |
| RuntimeVisibleParameterAnnotations | 方法表 | JDK 5 中新增的属性，作用与 RuntimeVisibleAnnotations 属性类似，只不过作用对象为方法参数 |
| RuntimeInvisibleParameterAnnotations | 方法表 | JDK 5 中新增的属性，作用与 RuntimeInvisibleAnnotations 属性类似，只不过作用对象为方法参数 |
| AnnotationDefault | 方法表 | JDK 5 中新增的属性，用于记录注解类元素的默认值 |
| BootstrapMethods | 类文件 | JDK 7 中新增的属性，用于保存 invokedynamic 指令引用的引导方法限定符 |
| RuntimeVisibleTypeAnnotations | 类、方法表、字段表，Code 属性 | JDK 8 中新增的属性，为实现 JSR 308 中新增的类型注解提供的支持，用于指明哪些类注解是运行时（实际上运行时就是进行反射调用）可见的 |
| RuntimeInvisibleTypeAnnotations | 类、方法表、字段表，Code 属性 | JDK 8 中新增的属性，为实现 JSR 308 中新增的类型注解提供的支持，与 RuntimeVisibleTypeAnnotations 属性作用刚好相反，用于指明哪些注解是运行时不可见的 |
| MethodParameters | 方法表 | JDK 8 中新增的属性，用于支持（编译时加上 -parameters 参数）将方法参数名称编译进 Class 文件中，并可运行时获取。此前要获取方法参数名称（典型的如 IDE 的代码提示）只能通过 JavaDoc 中得到 |
| Module | 类 | JDK 9 中新增的属性，用于记录一个 Module 的名称以及相关信息（requires、exports、opens、uses、provides） |
| ModulePackages | 类 | JDK 9 中新增的属性，用于记录一个模块中所有被 exports 或者 opens 的包 |
| ModuleMainClass | 类 | JDK 9 中新增的属性，用于指定一个模块的主类 |
| NestHost | 类 | JDK 11 中新增的属性，用于支持嵌套类（Java 中的内部类）的反射和访问控制的 API，一个内部类通过该属性得知自己的宿主类 |
| NestMembers | 类 | JDK 11 中新增的属性，用于支持嵌套类（Java 中的内部类）的反射和访问控制的 API，一个宿主类通过该属性得知自己有哪些内部类 |

对于每一个属性，它的名称都要从常量池中引用一个 CONSTANT_Utf8_info 类型的常

量来表示，而属性值的结构则是完全自定义的，只需要通过一个 u4 的长度属性去说明属性值所占用的位数即可。一个符合规则的属性表应该满足表 6-14 中所定义的结构。

表 6-14　属性表结构

| 类　　型 | 名　　称 | 数　　量 |
|---------|---------|---------|
| u2 | attribute_name_index | 1 |
| u4 | attribute_length | 1 |
| u1 | info | attribute_length |

### 1. Code 属性

Java 程序方法体里面的代码经过 Javac 编译器处理之后，最终变为字节码指令存储在 Code 属性内。Code 属性出现在方法表的属性集合之中，但并非所有的方法表都必须存在这个属性，譬如接口或者抽象类中的方法就不存在 Code 属性，如果方法表有 Code 属性存在，那么它的结构将如表 6-15 所示。

表 6-15　Code 属性表的结构

| 类　　型 | 名　　称 | 数　　量 |
|---------|---------|---------|
| u2 | attribute_name_index | 1 |
| u4 | attribute_length | 1 |
| u2 | max_stack | 1 |
| u2 | max_locals | 1 |
| u4 | code_length | 1 |
| u1 | code | code_length |
| u2 | exception_table_length | 1 |
| exception_info | exception_table | exception_table_length |
| u2 | attributes_count | 1 |
| attribute_info | attributes | attributes_count |

attribute_name_index 是一项指向 CONSTANT_Utf8_info 型常量的索引，此常量值固定为 "Code"，它代表了该属性的属性名称，attribute_length 指示了属性值的长度，由于属性名称索引与属性长度一共为 6 个字节，所以属性值的长度固定为整个属性表长度减去 6 个字节。

max_stack 代表了操作数栈（Operand Stack）深度的最大值。在方法执行的任意时刻，操作数栈都不会超过这个深度。虚拟机运行的时候需要根据这个值来分配栈帧（Stack Frame）中的操作栈深度。

max_locals 代表了局部变量表所需的存储空间。在这里，max_locals 的单位是变量槽

（Slot），变量槽是虚拟机为局部变量分配内存所使用的最小单位。对于 byte、char、float、int、short、boolean 和 returnAddress 等长度不超过 32 位的数据类型，每个局部变量占用一个变量槽，而 double 和 long 这两种 64 位的数据类型则需要两个变量槽来存放。方法参数（包括实例方法中的隐藏参数"this"）、显式异常处理程序的参数（Exception Handler Parameter，就是 try-catch 语句中 catch 块中所定义的异常）、方法体中定义的局部变量都需要依赖局部变量表来存放。注意，并不是在方法中用了多少个局部变量，就把这些局部变量所占变量槽数量之和作为 max_locals 的值，操作数栈和局部变量表直接决定一个该方法的栈帧所耗费的内存，不必要的操作数栈深度和变量槽数量会造成内存的浪费。Java 虚拟机的做法是将局部变量表中的变量槽进行重用，当代码执行超出一个局部变量的作用域时，这个局部变量所占的变量槽可以被其他局部变量所使用，Javac 编译器会根据变量的作用域来分配变量槽给各个变量使用，根据同时生存的最大局部变量数量和类型计算出 max_locals 的大小。

code_length 和 code 用来存储 Java 源程序编译后生成的字节码指令。code_length 代表字节码长度，code 是用于存储字节码指令的一系列字节流。既然叫字节码指令，那顾名思义每个指令就是一个 u1 类型的单字节，当虚拟机读取到 code 中的一个字节码时，就可以对应找出这个字节码代表的是什么指令，并且可以知道这条指令后面是否需要跟随参数，以及后续的参数应当如何解析。我们知道一个 u1 数据类型的取值范围为 0x00～0xFF，对应十进制的 0～255，也就是一共可以表达 256 条指令。目前，《Java 虚拟机规范》已经定义了其中约 200 条编码值对应的指令含义，编码与指令之间的对应关系可查阅本书的附录 C"虚拟机字节码指令表"。

关于 code_length，有一件值得注意的事情，虽然它是一个 u4 类型的长度值，理论上最大值可以达到 2 的 32 次幂，但是《Java 虚拟机规范》中明确限制了一个方法不允许超过 65535 条字节码指令，即它实际只使用了 u2 的长度，如果超过这个限制，Javac 编译器就会拒绝编译。一般来讲，编写 Java 代码时只要不是刻意去编写一个超级长的方法来为难编译器，是不太可能超过这个最大值的限制的。但是，某些特殊情况，例如在编译一个很复杂的 JSP 文件时，某些 JSP 编译器会把 JSP 内容和页面输出的信息归并于一个方法之中，就有可能因为方法生成字节码超长的原因而导致编译失败。

Code 属性是 Class 文件中最重要的一个属性，如果把一个 Java 程序中的信息分为代码（Code，方法体里面的 Java 代码）和元数据（Metadata，包括类、字段、方法定义及其他信息）两部分，那么在整个 Class 文件里，Code 属性用于描述代码，所有的其他数据项目都用于描述元数据。了解 Code 属性是学习后面两章关于字节码执行引擎内容的必要基础，能直接阅读字节码也是工作中分析 Java 代码语义问题的必要工具和基本技能，为此，笔者准备了一个比较详细的实例来讲解虚拟机是如何使用这个属性的。

继续以代码清单 6-1 的 TestClass.class 文件为例，如图 6-10 所示，这是上一节分析过的实例构造器"<init>()"方法的 Code 属性。它的操作数栈的最大深度和本地变量表的容量都为 0x0001，字节码区域所占空间的长度为 0x0005。虚拟机读取到字节码区域的长度后，按照顺序依次读入紧随的 5 个字节，并根据字节码指令表翻译出所对应的字节码指令。翻译"2A B7 00 0A B1"的过程为：

1）读入 2A，查表得 0x2A 对应的指令为 aload_0，这个指令的含义是将第 0 个变量槽中为 reference 类型的本地变量推送到操作数栈顶。

2）读入 B7，查表得 0xB7 对应的指令为 invokespecial，这条指令的作用是以栈顶的 reference 类型的数据所指向的对象作为方法接收者，调用此对象的实例构造器方法、private 方法或者它的父类的方法。这个方法有一个 u2 类型的参数说明具体调用哪一个方法，它指向常量池中的一个 CONSTANT_Methodref_info 类型常量，即此方法的符号引用。

3）读入 00 0A，这是 invokespecial 指令的参数，代表一个符号引用，查常量池得 0x000A 对应的常量为实例构造器"<init>()"方法的符号引用。

4）读入 B1，查表得 0xB1 对应的指令为 return，含义是从方法的返回，并且返回值为 void。这条指令执行后，当前方法正常结束。

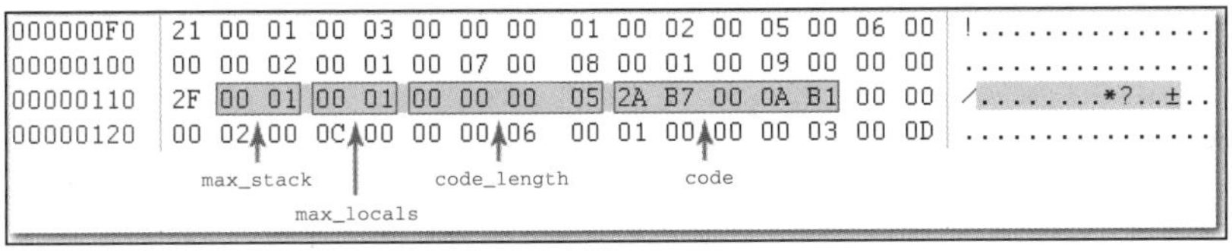

图 6-10　Code 属性结构实例

这段字节码虽然很短，但我们可以从中看出它执行过程中的数据交换、方法调用等操作都是基于栈（操作数栈）的。我们可以初步猜测，Java 虚拟机执行字节码应该是基于栈的体系结构。但又发现与通常基于栈的指令集里都是无参数的又不太一样，某些指令（如 invokespecial）后面还会带有参数，关于虚拟机字节码执行的讲解是后面两章的话题，我们不妨把这里的疑问放到第 8 章去解决。

我们再次使用 javap 命令把此 Class 文件中的另一个方法的字节码指令也计算出来，结果如代码清单 6-4 所示。

**代码清单 6-4　用 Javap 命令计算字节码指令**

```
// 原始Java代码
public class TestClass {
    private int m;

    public int inc() {
        return m + 1;
    }
}

C:\>javap -verbose TestClass
// 常量表部分的输出见代码清单6-2，因版面原因这里省略掉
```

```
    {
    public org.fenixsoft.clazz.TestClass();
        Code:
            Stack=1, Locals=1, Args_size=1
            0:   aload_0
            1:   invokespecial    #10; //Method java/lang/Object."<init>":()V
            4:   return
        LineNumberTable:
            line 3: 0

        LocalVariableTable:
            Start  Length  Slot  Name  Signature
            0      5       0     this  Lorg/fenixsoft/clazz/TestClass;

    public int inc();
        Code:
            Stack=2, Locals=1, Args_size=1
            0:   aload_0
            1:   getfield         #18; //Field m:I
            4:   iconst_1
            5:   iadd
            6:   ireturn
        LineNumberTable:
            line 8: 0

        LocalVariableTable:
            Start  Length  Slot  Name  Signature
            0      7       0     this  Lorg/fenixsoft/clazz/TestClass;

    }
```

如果大家注意到 javap 中输出的"Args_size"的值，可能还会有疑问：这个类有两个方法——实例构造器 <init>() 和 inc()，这两个方法很明显都是没有参数的，为什么 Args_size 会为 1？而且无论是在参数列表里还是方法体内，都没有定义任何局部变量，那 Locals 又为什么会等于 1？如果有这样疑问的读者，大概是忽略了一条 Java 语言里面的潜规则：在任何实例方法里面，都可以通过"this"关键字访问到此方法所属的对象。这个访问机制对 Java 程序的编写很重要，而它的实现非常简单，仅仅是通过在 Javac 编译器编译的时候把对 this 关键字的访问转变为对一个普通方法参数的访问，然后在虚拟机调用实例方法时自动传入此参数而已。因此在实例方法的局部变量表中至少会存在一个指向当前对象实例的局部变量，局部变量表中也会预留出第一个变量槽位来存放对象实例的引用，所以实例方法参数值从 1 开始计算。这个处理只对实例方法有效，如果代码清单 6-1 中的 inc() 方法被声明为 static，那 Args_size 就不会等于 1 而是等于 0 了。

在字节码指令之后的是这个方法的显式异常处理表（下文简称"异常表"）集合，异常表对于 Code 属性来说并不是必须存在的，如代码清单 6-4 中就没有异常表生成。

如果存在异常表，那它的格式应如表 6-16 所示，包含四个字段，这些字段的含义为：如果当字节码从第 start_pc 行<sup>⊖</sup>到第 end_pc 行之间（不含第 end_pc 行）出现了类型为 catch_type 或者其子类的异常（catch_type 为指向一个 CONSTANT_Class_info 型常量的索引），则转到第 handler_pc 行继续处理。当 catch_type 的值为 0 时，代表任意异常情况都需要转到 handler_pc 处进行处理。

表 6-16　属性表结构

| 类　型 | 名　称 | 数　量 | 类　型 | 名　称 | 数　量 |
| --- | --- | --- | --- | --- | --- |
| u2 | start_pc | 1 | u2 | handler_pc | 1 |
| u2 | end_pc | 1 | u2 | catch_type | 1 |

异常表实际上是 Java 代码的一部分，尽管字节码中有最初为处理异常而设计的跳转指令，但《Java 虚拟机规范》中明确要求 Java 语言的编译器应当选择使用异常表而不是通过跳转指令来实现 Java 异常及 finally 处理机制<sup>⊜</sup>。

代码清单 6-5 是一段演示异常表如何运作的例子，这段代码主要演示了在字节码层面 try-catch-finally 是如何体现的。阅读字节码之前，大家不妨先看看下面的 Java 源码，想一下这段代码的返回值在出现异常和不出现异常的情况下分别应该是多少？

代码清单 6-5　异常表运作演示

```
// Java源码
public int inc() {
    int x;
    try {
        x = 1;
        return x;
    } catch (Exception e) {
        x = 2;
        return x;
    } finally {
        x = 3;
    }
}

// 编译后的ByteCode字节码及异常表
public int inc();
    Code:
        Stack=1, Locals=5, Args_size=1
        0:   iconst_1                // try块中的x=1
```

⊖　此处字节码的"行"是一种形象的描述，指的是字节码相对于方法体开始的偏移量，而不是 Java 源码的行号，下同。

⊜　在 JDK 1.4.2 之前的 Javac 编译器采用了 jsr 和 ret 指令实现 finally 语句，但 1.4.2 之后已经改为编译器在每段分支之后都将 finally 语句块的内容冗余生成一遍来实现。从 JDK 7 起，已经完全禁止 Class 文件中出现 jsr 和 ret 指令，如果遇到这两条指令，虚拟机会在类加载的字节码校验阶段抛出异常。

```
 1:  istore_1
 2:  iload_1        // 保存x到returnValue中，此时x=1
 3:  istore  4
 5:  iconst_3       // finaly块中的x=3
 6:  istore_1
 7:  iload   4      // 将returnValue中的值放到栈顶，准备给ireturn返回
 9:  ireturn
10:  astore_2       // 给catch中定义的Exception e赋值，存储在变量槽 2中
11:  iconst_2       // catch块中的x=2
12:  istore_1
13:  iload_1
14:  istore  4      // 保存x到returnValue中，此时x=2
16:  iconst_3       // finaly块中的x=3
17:  istore_1
18:  iload 4        // 将returnValue中的值放到栈顶，准备给ireturn返回
20:  ireturn
21:  astore_3       // 如果出现了不属于java.lang.Exception及其子类的异常才会走到这里
22:  iconst_3       // finaly块中的x=3
23:  istore_1
24:  aload_3        // 将异常放置到栈顶，并抛出
25:  athrow
Exception table:
 from   to  target type
   0     5    10   Class java/lang/Exception
   0     5    21   any
  10    16    21   any
```

编译器为这段 Java 源码生成了三条异常表记录，对应三条可能出现的代码执行路径。从 Java 代码的语义上讲，这三条执行路径分别为：

❏ 如果 try 语句块中出现属于 Exception 或其子类的异常，转到 catch 语句块处理；

❏ 如果 try 语句块中出现不属于 Exception 或其子类的异常，转到 finally 语句块处理；

❏ 如果 catch 语句块中出现任何异常，转到 finally 语句块处理。

返回到我们上面提出的问题，这段代码的返回值应该是多少？熟悉 Java 语言的读者应该很容易说出答案：如果没有出现异常，返回值是 1；如果出现了 Exception 异常，返回值是 2；如果出现了 Exception 以外的异常，方法非正常退出，没有返回值。我们一起来分析一下字节码的执行过程，从字节码的层面上看看为何会有这样的返回结果。

字节码中第 0～4 行所做的操作就是将整数 1 赋值给变量 x，并且将此时 x 的值复制一份副本到最后一个本地变量表的变量槽中（这个变量槽里面的值在 ireturn 指令执行前将会被重新读到操作栈顶，作为方法返回值使用。为了讲解方便，笔者给这个变量槽起个名字：returnValue）。如果这时候没有出现异常，则会继续走到第 5～9 行，将变量 x 赋值为 3，然后将之前保存在 returnValue 中的整数 1 读入到操作栈顶，最后 ireturn 指令会以 int 形式返回操作栈顶中的值，方法结束。如果出现了异常，PC 寄存器指针转到第 10 行，第 10～20 行所做的事情是将 2 赋值给变量 x，然后将变量 x 此时的值赋给 returnValue，最后再将变量

x 的值改为 3。方法返回前同样将 returnValue 中保留的整数 2 读到了操作栈顶。从第 21 行开始的代码，作用是将变量 x 的值赋为 3，并将栈顶的异常抛出，方法结束。

尽管大家都知道这段代码出现异常的概率非常之小，但是并不影响它为我们演示异常表的作用。如果大家到这里仍然对字节码的运作过程比较模糊，其实也不要紧，关于虚拟机执行字节码的过程，本书第 8 章中将会有更详细的讲解。

### 2. Exceptions 属性

这里的 Exceptions 属性是在方法表中与 Code 属性平级的一项属性，读者不要与前面刚刚讲解完的异常表产生混淆。Exceptions 属性的作用是列举出方法中可能抛出的受查异常（Checked Exceptions），也就是方法描述时在 throws 关键字后面列举的异常。它的结构见表 6-17。

表 6-17　Exceptions 属性结构

| 类　　型 | 名　　称 | 数　　量 |
|---|---|---|
| u2 | attribute_name_index | 1 |
| u4 | attribute_length | 1 |
| u2 | number_of_exceptions | 1 |
| u2 | exception_index_table | number_of_exceptions |

此属性中的 number_of_exceptions 项表示方法可能抛出 number_of_exceptions 种受查异常，每一种受查异常使用一个 exception_index_table 项表示；exception_index_table 是一个指向常量池中 CONSTANT_Class_info 型常量的索引，代表了该受查异常的类型。

### 3. LineNumberTable 属性

LineNumberTable 属性用于描述 Java 源码行号与字节码行号（字节码的偏移量）之间的对应关系。它并不是运行时必需的属性，但默认会生成到 Class 文件之中，可以在 Javac 中使用 -g:none 或 -g:lines 选项来取消或要求生成这项信息。如果选择不生成 LineNumberTable 属性，对程序运行产生的最主要影响就是当抛出异常时，堆栈中将不会显示出错的行号，并且在调试程序的时候，也无法按照源码行来设置断点。LineNumberTable 属性的结构如表 6-18 所示。

表 6-18　LineNumberTable 属性结构

| 类　　型 | 名　　称 | 数　　量 |
|---|---|---|
| u2 | attribute_name_index | 1 |
| u4 | attribute_length | 1 |
| u2 | line_number_table_length | 1 |
| line_number_info | line_number_table | line_number_table_length |

line_number_table 是一个数量为 line_number_table_length、类型为 line_number_info

的集合，line_number_info 表包含 start_pc 和 line_number 两个 u2 类型的数据项，前者是字节码行号，后者是 Java 源码行号。

### 4. LocalVariableTable 及 LocalVariableTypeTable 属性

LocalVariableTable 属性用于描述栈帧中局部变量表的变量与 Java 源码中定义的变量之间的关系，它也不是运行时必需的属性，但默认会生成到 Class 文件之中，可以在 Javac 中使用 -g:none 或 -g:vars 选项来取消或要求生成这项信息。如果没有生成这项属性，最大的影响就是当其他人引用这个方法时，所有的参数名称都将会丢失，譬如 IDE 将会使用诸如 arg0、arg1 之类的占位符代替原有的参数名，这对程序运行没有影响，但是会对代码编写带来较大不便，而且在调试期间无法根据参数名称从上下文中获得参数值。LocalVariableTable 属性的结构如表 6-19 所示。

表 6-19　LocalVariableTable 属性结构

| 类　　型 | 名　　称 | 数　　量 |
| --- | --- | --- |
| u2 | attribute_name_index | 1 |
| u4 | attribute_length | 1 |
| u2 | local_variable_table_length | 1 |
| local_variable_info | local_variable_table | local_variable_table_length |

其中 local_variable_info 项目代表了一个栈帧与源码中的局部变量的关联，结构如表 6-20 所示。

表 6-20　local_variable_info 项目结构

| 类　　型 | 名　　称 | 数　　量 |
| --- | --- | --- |
| u2 | start_pc | 1 |
| u2 | length | 1 |
| u2 | name_index | 1 |
| u2 | descriptor_index | 1 |
| u2 | index | 1 |

start_pc 和 length 属性分别代表了这个局部变量的生命周期开始的字节码偏移量及其作用范围覆盖的长度，两者结合起来就是这个局部变量在字节码之中的作用域范围。

name_index 和 descriptor_index 都是指向常量池中 CONSTANT_Utf8_info 型常量的索引，分别代表了局部变量的名称以及这个局部变量的描述符。

index 是这个局部变量在栈帧的局部变量表中变量槽的位置。当这个变量数据类型是 64 位类型时（double 和 long），它占用的变量槽为 index 和 index+1 两个。

顺便提一下，在 JDK 5 引入泛型之后，LocalVariableTable 属性增加了一个"姐妹属性"——LocalVariableTypeTable。这个新增的属性结构与 LocalVariableTable 非常相似，仅仅是把记录的字段描述符的 descriptor_index 替换成了字段的特征签名（Signature）。对于非泛型类型来说，描述符和特征签名能描述的信息是能吻合一致的，但是泛型引入之后，由于描述符中泛型的参数化类型被擦除掉<sup>⊖</sup>，描述符就不能准确描述泛型类型了。因此出现了 LocalVariableTypeTable 属性，使用字段的特征签名来完成泛型的描述。

### 5. SourceFile 及 SourceDebugExtension 属性

SourceFile 属性用于记录生成这个 Class 文件的源码文件名称。这个属性也是可选的，可以使用 Javac 的 -g:none 或 -g:source 选项来关闭或要求生成这项信息。在 Java 中，对于大多数的类来说，类名和文件名是一致的，但是有一些特殊情况（如内部类）例外。如果不生成这项属性，当抛出异常时，堆栈中将不会显示出错代码所属的文件名。这个属性是一个定长的属性，其结构如表 6-21 所示。

表 6-21　SourceFile 属性结构

| 类　　型 | 名　　称 | 数　　量 |
| --- | --- | --- |
| u2 | attribute_name_index | 1 |
| u4 | attribute_length | 1 |
| u2 | sourcefile_index | 1 |

sourcefile_index 数据项是指向常量池中 CONSTANT_Utf8_info 型常量的索引，常量值是源码文件的文件名。

为了方便在编译器和动态生成的 Class 中加入供程序员使用的自定义内容，在 JDK 5 时，新增了 SourceDebugExtension 属性用于存储额外的代码调试信息。典型的场景是在进行 JSP 文件调试时，无法通过 Java 堆栈来定位到 JSP 文件的行号。JSR 45 提案为这些非 Java 语言编写，却需要编译成字节码并运行在 Java 虚拟机中的程序提供了一个进行调试的标准机制，使用 SourceDebugExtension 属性就可以用于存储这个标准所新加入的调试信息，譬如让程序员能够快速从异常堆栈中定位出原始 JSP 中出现问题的行号。SourceDebugExtension 属性的结构如表 6-22 所示。

表 6-22　SourceDebugExtension 属性结构

| 类　　型 | 名　　称 | 数　　量 |
| --- | --- | --- |
| u2 | attribute_name_index | 1 |
| u4 | attribute_length | 1 |
| u1 | debug_extension[attribute_length] | 1 |

其中 debug_extension 存储的就是额外的调试信息，是一组通过变长 UTF-8 格式来表示的字符串。一个类中最多只允许存在一个 SourceDebugExtension 属性。

### 6. ConstantValue 属性

ConstantValue 属性的作用是通知虚拟机自动为静态变量赋值。只有被 static 关键字修饰

---

⊖　详见 10.3 节的内容。

的变量（类变量）才可以使用这项属性。类似"int x = 123"和"static int x = 123"这样的变量定义在 Java 程序里面是非常常见的事情，但虚拟机对这两种变量赋值的方式和时刻都有所不同。对非 static 类型的变量（也就是实例变量）的赋值是在实例构造器 <init>() 方法中进行的；而对于类变量，则有两种方式可以选择：在类构造器 <clinit>() 方法中或者使用 ConstantValue 属性。目前 Oracle 公司实现的 Javac 编译器的选择是，如果同时使用 final 和 static 来修饰一个变量（按照习惯，这里称"常量"更贴切），并且这个变量的数据类型是基本类型或者 java. lang.String 的话，就将会生成 ConstantValue 属性来进行初始化；如果这个变量没有被 final 修饰，或者并非基本类型及字符串，则将会选择在 <clinit>() 方法中进行初始化。

虽然有 final 关键字才更符合"ConstantValue"的语义，但《Java 虚拟机规范》中并没有强制要求字段必须设置 ACC_FINAL 标志，只要求有 ConstantValue 属性的字段必须设置 ACC_STATIC 标志而已，对 final 关键字的要求是 Javac 编译器自己加入的限制。而对 ConstantValue 的属性值只能限于基本类型和 String 这点，其实并不能算是什么限制，这是理所当然的结果。因为此属性的属性值只是一个常量池的索引号，由于 Class 文件格式的常量类型中只有与基本属性和字符串相对应的字面量，所以就算 ConstantValue 属性想支持别的类型也无能为力。ConstantValue 属性的结构如表 6-23 所示。

表 6-23 ConstantValue 属性结构

| 类　　型 | 名　　称 | 数　　量 |
| --- | --- | --- |
| u2 | attribute_name_index | 1 |
| u4 | attribute_length | 1 |
| u2 | constantvalue_index | 1 |

从数据结构中可以看出 ConstantValue 属性是一个定长属性，它的 attribute_length 数据项值必须固定为 2。constantvalue_index 数据项代表了常量池中一个字面量常量的引用，根据字段类型的不同，字面量可以是 CONSTANT_Long_info、CONSTANT_Float_info、CONSTANT_Double_info、CONSTANT_Integer_info 和 CONSTANT_String_info 常量中的一种。

### 7. InnerClasses 属性

InnerClasses 属性用于记录内部类与宿主类之间的关联。如果一个类中定义了内部类，那编译器将会为它以及它所包含的内部类生成 InnerClasses 属性。InnerClasses 属性的结构如表 6-24 所示。

表 6-24 InnerClasses 属性结构

| 类　　型 | 名　　称 | 数　　量 |
| --- | --- | --- |
| u2 | attribute_name_index | 1 |
| u4 | attribute_length | 1 |
| u2 | number_of_classes | 1 |
| inner_classes_info | inner_classes | number_of_classes |

数据项 number_of_classes 代表需要记录多少个内部类信息，每一个内部类的信息都由一个 inner_classes_info 表进行描述。inner_classes_info 表的结构如表 6-25 所示。

表 6-25　inner_classes_info 表的结构

| 类　型 | 名　称 | 数　量 |
|---|---|---|
| u2 | inner_class_info_index | 1 |
| u2 | outer_class_info_index | 1 |
| u2 | inner_name_index | 1 |
| u2 | inner_class_access_flags | 1 |

inner_class_info_index 和 outer_class_info_index 都是指向常量池中 CONSTANT_Class_info 型常量的索引，分别代表了内部类和宿主类的符号引用。

inner_name_index 是指向常量池中 CONSTANT_Utf8_info 型常量的索引，代表这个内部类的名称，如果是匿名内部类，这项值为 0。

inner_class_access_flags 是内部类的访问标志，类似于类的 access_flags，它的取值范围如表 6-26 所示。

表 6-26　inner_class_access_flags 标志

| 标志名称 | 标志值 | 含　义 |
|---|---|---|
| ACC_PUBLIC | 0x0001 | 内部类是否为 public |
| ACC_PRIVATE | 0x0002 | 内部类是否为 private |
| ACC_PROTECTED | 0x0004 | 内部类是否为 protected |
| ACC_STATIC | 0x0008 | 内部类是否为 static |
| ACC_FINAL | 0x0010 | 内部类是否为 final |
| ACC_INTERFACE | 0x0200 | 内部类是否为接口 |
| ACC_ABSTRACT | 0x0400 | 内部类是否为 abstract |
| ACC_SYNTHETIC | 0x1000 | 内部类是否并非由用户代码产生的 |
| ACC_ANNOTATION | 0x2000 | 内部类是不是一个注解 |
| ACC_ENUM | 0x4000 | 内部类是不是一个枚举 |

### 8. Deprecated 及 Synthetic 属性

Deprecated 和 Synthetic 两个属性都属于标志类型的布尔属性，只存在有和没有的区别，没有属性值的概念。

Deprecated 属性用于表示某个类、字段或者方法，已经被程序作者定为不再推荐使用，它可以通过代码中使用"@deprecated"注解进行设置。

Synthetic 属性代表此字段或者方法并不是由 Java 源码直接产生的，而是由编译器自行添加的，在 JDK 5 之后，标识一个类、字段或者方法是编译器自动产生的，也可以设置它们访问标志中的 ACC_SYNTHETIC 标志位。编译器通过生成一些在源代码中不存在的

Synthetic 方法、字段甚至是整个类的方式，实现了越权访问（越过 private 修饰器）或其他绕开了语言限制的功能，这可以算是一种早期优化的技巧，其中最典型的例子就是枚举类中自动生成的枚举元素数组和嵌套类的桥接方法（Bridge Method）。所有由不属于用户代码产生的类、方法及字段都应当至少设置 Synthetic 属性或者 ACC_SYNTHETIC 标志位中的一项，唯一的例外是实例构造器"<init>()"方法和类构造器"<clinit>()"方法。

Deprecated 和 Synthetic 属性的结构非常简单，如表 6-27 所示。

表 6-27　Deprecated 及 Synthetic 属性结构

| 类　　型 | 名　　称 | 数　　量 |
|---------|---------|---------|
| u2 | attribute_name_index | 1 |
| u4 | attribute_length | 1 |

其中 attribute_length 数据项的值必须为 0x00000000，因为没有任何属性值需要设置。

### 9. StackMapTable 属性

StackMapTable 属性在 JDK 6 增加到 Class 文件规范之中，它是一个相当复杂的变长属性，位于 Code 属性的属性表中。这个属性会在虚拟机类加载的字节码验证阶段被新类型检查验证器（Type Checker）使用（详见第 7 章字节码验证部分），目的在于代替以前比较消耗性能的基于数据流分析的类型推导验证器。

这个类型检查验证器最初来源于 Sheng Liang（听名字似乎是虚拟机团队中的华裔成员）实现为 Java ME CLDC 实现的字节码验证器。新的验证器在同样能保证 Class 文件合法性的前提下，省略了在运行期通过数据流分析去确认字节码的行为逻辑合法性的步骤，而在编译阶段将一系列的验证类型（Verification Type）直接记录在 Class 文件之中，通过检查这些验证类型代替了类型推导过程，从而大幅提升了字节码验证的性能。这个验证器在 JDK 6 中首次提供，并在 JDK 7 中强制代替原本基于类型推断的字节码验证器。关于这个验证器的工作原理，《Java 虚拟机规范》在 Java SE 7 版中新增了整整 120 页的篇幅来讲解描述，其中使用了庞大而复杂的公式化语言去分析证明新验证方法的严谨性，笔者在此就不展开赘述了。

StackMapTable 属性中包含零至多个栈映射帧（Stack Map Frame），每个栈映射帧都显式或隐式地代表了一个字节码偏移量，用于表示执行到该字节码时局部变量表和操作数栈的验证类型。类型检查验证器会通过检查目标方法的局部变量和操作数栈所需要的类型来确定一段字节码指令是否符合逻辑约束。StackMapTable 属性的结构如表 6-28 所示。

表 6-28　StackMapTable 属性结构

| 类　　型 | 名　　称 | 数　　量 |
|---------|---------|---------|
| u2 | attribute_name_index | 1 |
| u4 | attribute_length | 1 |
| u2 | number_of_entries | 1 |
| stack_map_frame | stack_map_frame entries | number_of_entries |

在 Java SE 7 版之后的《Java 虚拟机规范》中，明确规定对于版本号大于或等于 50.0 的 Class 文件，如果方法的 Code 属性中没有附带 StackMapTable 属性，那就意味着它带有一个隐式的 StackMap 属性，这个 StackMap 属性的作用等同于 number_of_entries 值为 0 的 StackMapTable 属性。一个方法的 Code 属性最多只能有一个 StackMapTable 属性，否则将抛出 ClassFormatError 异常。

### 10. Signature 属性

Signature 属性在 JDK 5 增加到 Class 文件规范之中，它是一个可选的定长属性，可以出现于类、字段表和方法表结构的属性表中。在 JDK 5 里面大幅增强了 Java 语言的语法，在此之后，任何类、接口、初始化方法或成员的泛型签名如果包含了类型变量（Type Variable）或参数化类型（Parameterized Type），则 Signature 属性会为它记录泛型签名信息。之所以要专门使用这样一个属性去记录泛型类型，是因为 Java 语言的泛型采用的是擦除法实现的伪泛型，字节码（Code 属性）中所有的泛型信息编译（类型变量、参数化类型）在编译之后都通通被擦除掉。使用擦除法的好处是实现简单（主要修改 Javac 编译器，虚拟机内部只做了很少的改动）、非常容易实现 Backport，运行期也能够节省一些类型所占的内存空间。但坏处是运行期就无法像 C# 等有真泛型支持的语言那样，将泛型类型与用户定义的普通类型同等对待，例如运行期做反射时无法获得泛型信息。Signature 属性就是为了弥补这个缺陷而增设的，现在 Java 的反射 API 能够获取的泛型类型，最终的数据来源也是这个属性。关于 Java 泛型、Signature 属性和类型擦除，在第 10 章讲编译器优化的时候我们会通过一个更具体的例子来讲解。Signature 属性的结构如表 6-29 所示。

表 6-29　Signature 属性结构

| 类　　型 | 名　　称 | 数　　量 |
|---|---|---|
| u2 | attribute_name_index | 1 |
| u4 | attribute_length | 1 |
| u2 | signature_index | 1 |

其中 signature_index 项的值必须是一个对常量池的有效索引。常量池在该索引处的项必须是 CONSTANT_Utf8_info 结构，表示类签名或方法类型签名或字段类型签名。如果当前的 Signature 属性是类文件的属性，则这个结构表示类签名，如果当前的 Signature 属性是方法表的属性，则这个结构表示方法类型签名，如果当前 Signature 属性是字段表的属性，则这个结构表示字段类型签名。

### 11. BootstrapMethods 属性

BootstrapMethods 属性在 JDK 7 时增加到 Class 文件规范之中，它是一个复杂的变长属性，位于类文件的属性表中。这个属性用于保存 invokedynamic 指令引用的引导方法限定符。

根据《Java 虚拟机规范》（从 Java SE 7 版起）的规定，如果某个类文件结构的常量池中曾经出现过 CONSTANT_InvokeDynamic_info 类型的常量，那么这个类文件的属性表中必须存在一个明确的 BootstrapMethods 属性，另外，即使 CONSTANT_InvokeDynamic_info 类型的常量在常量池中出现过多次，类文件的属性表中最多也只能有一个 BootstrapMethods 属性。BootstrapMethods 属性和 JSR-292 中的 InvokeDynamic 指令和 java.lang.Invoke 包关系非常密切，要介绍这个属性的作用，必须先讲清楚 InovkeDynamic 指令的运作原理，笔者将在第 8 章专门花一整节篇幅去介绍它们，在此先暂时略过。

虽然 JDK 7 中已经提供了 InovkeDynamic 指令，但这个版本的 Javac 编译器还暂时无法支持 InvokeDynamic 指令和生成 BootstrapMethods 属性，必须通过一些非常规的手段才能使用它们。直到 JDK 8 中 Lambda 表达式和接口默认方法的出现，InvokeDynamic 指令才算在 Java 语言生成的 Class 文件中有了用武之地。BootstrapMethods 属性的结构如表 6-30 所示。

表 6-30　BootstrapMethods 属性结构

| 类　　型 | 名　　称 | 数　　量 |
|---|---|---|
| u2 | attribute_name_index | 1 |
| u4 | attribute_length | 1 |
| u2 | num_bootstrap_methods | 1 |
| bootstrap_method | bootstrap_methods | num_bootstrap_methods |

其中引用到的 bootstrap_method 结构如表 6-31 所示。

表 6-31　bootstrap_method 属性结构

| 类　　型 | 名　　称 | 数　　量 |
|---|---|---|
| u2 | bootstrap_method_ref | 1 |
| u2 | num_bootstrap_arguments | 1 |
| u2 | bootstrap_arguments | num_bootstrap_arguments |

BootstrapMethods 属性里，num_bootstrap_methods 项的值给出了 bootstrap_methods[] 数组中的引导方法限定符的数量。而 bootstrap_methods[] 数组的每个成员包含了一个指向常量池 CONSTANT_MethodHandle 结构的索引值，它代表了一个引导方法。还包含了这个引导方法静态参数的序列（可能为空）。bootstrap_methods[] 数组的每个成员必须包含以下三项内容：

- ❏ bootstrap_method_ref：bootstrap_method_ref 项的值必须是一个对常量池的有效索引。常量池在该索引处的值必须是一个 CONSTANT_MethodHandle_info 结构。
- ❏ num_bootstrap_arguments：num_bootstrap_arguments 项的值给出了 bootstrap_arguments[] 数组成员的数量。
- ❏ bootstrap_arguments[]：bootstrap_arguments[] 数组的每个成员必须是一个对常量池的有效索引。常量池在该索引处必须是下列结构之一：CONSTANT_String_info、CONSTANT_Class_info、CONSTANT_Integer_info、CONSTANT_Long_info、

CONSTANT_Float_info、CONSTANT_Double_info、CONSTANT_MethodHandle_info 或 CONSTANT_MethodType_info。

### 12. MethodParameters 属性

MethodParameters 是在 JDK 8 时新加入到 Class 文件格式中的，它是一个用在方法表中的变长属性。MethodParameters 的作用是记录方法的各个形参名称和信息。

最初，基于存储空间的考虑，Class 文件默认是不储存方法参数名称的，因为给参数起什么名字对计算机执行程序来说是没有任何区别的，所以只要在源码中妥当命名就可以了。随着 Java 的流行，这点确实为程序的传播和二次复用带来了诸多不便，由于 Class 文件中没有参数的名称，如果只有单独的程序包而不附加上 JavaDoc 的话，在 IDE 中编辑使用包里面的方法时是无法获得方法调用的智能提示的，这就阻碍了 JAR 包的传播。后来，"-g:var"就成为了 Javac 以及许多 IDE 编译 Class 时采用的默认值，这样会将方法参数的名称生成到 LocalVariableTable 属性之中。不过此时问题仍然没有全部解决，LocalVariableTable 属性是 Code 属性的子属性——没有方法体存在，自然就不会有局部变量表，但是对于其他情况，譬如抽象方法和接口方法，是理所当然地可以不存在方法体的，对于方法签名来说，还是没有找到一个统一完整的保留方法参数名称的地方。所以 JDK 8 中新增的这个属性，使得编译器可以（编译时加上 -parameters 参数）将方法名称也写进 Class 文件中，而且 MethodParameters 是方法表的属性，与 Code 属性平级的，可以运行时通过反射 API 获取。MethodParameters 的结构如表 6-32 所示。

表 6-32　MethodParameters 属性结构

| 类　　型 | 名　　称 | 数　　量 |
|---|---|---|
| u2 | attribute_name_index | 1 |
| u4 | attribute_length | 1 |
| u1 | parameters_count | 1 |
| parameter | parameters | parameters_count |

其中，引用到的 parameter 结构如表 6-33 所示。

表 6-33　parameter 属性结构

| 类　　型 | 名　　称 | 数　　量 |
|---|---|---|
| u2 | name_index | 1 |
| u2 | access_flags | 1 |

其中，name_index 是一个指向常量池 CONSTANT_Utf8_info 常量的索引值，代表了该参数的名称。而 access_flags 是参数的状态指示器，它可以包含以下三种状态中的一种或多种：

❏ 0x0010（ACC_FINAL）：表示该参数被 final 修饰。

❏ 0x1000（ACC_SYNTHETIC）：表示该参数并未出现在源文件中，是编译器自动生成的。

❑ 0x8000（ACC_MANDATED）：表示该参数是在源文件中隐式定义的。Java 语言中的典型场景是 this 关键字。

### 13. 模块化相关属性

JDK 9 的一个重量级功能是 Java 的模块化功能，因为模块描述文件（module-info.java）最终是要编译成一个独立的 Class 文件来存储的，所以，Class 文件格式也扩展了 Module、ModulePackages 和 ModuleMainClass 三个属性用于支持 Java 模块化相关功能。

Module 属性是一个非常复杂的变长属性，除了表示该模块的名称、版本、标志信息以外，还存储了这个模块 requires、exports、opens、uses 和 provides 定义的全部内容，其结构如表 6-34 所示。

表 6-34　Module 属性结构

| 类　　型 | 名　　称 | 数　　量 |
| --- | --- | --- |
| u2 | attribute_name_index | 1 |
| u4 | attribute_length | 1 |
| u2 | module_name_index | 1 |
| u2 | module_flags | 1 |
| u2 | module_version_index | 1 |
| u2 | requires_count | 1 |
| require | requires | requires_count |
| u2 | exports_count | 1 |
| export | exports | exports_count |
| u2 | opens_count | 1 |
| open | opens | opens_count |
| u2 | uses_count | 1 |
| use | uses_index | uses_count |
| u2 | provides_count | 1 |
| provide | provides | provides_count |

其中，module_name_index 是一个指向常量池 CONSTANT_Utf8_info 常量的索引值，代表了该模块的名称。而 module_flags 是模块的状态指示器，它可以包含以下三种状态中的一种或多种：

❑ 0x0020（ACC_OPEN）：表示该模块是开放的。

❑ 0x1000（ACC_SYNTHETIC）：表示该模块并未出现在源文件中，是编译器自动生成的。

❑ 0x8000（ACC_MANDATED）：表示该模块是在源文件中隐式定义的。

module_version_index 是一个指向常量池 CONSTANT_Utf8_info 常量的索引值，代表

了该模块的版本号。

后续的几个属性分别记录了模块的 requires、exports、opens、uses 和 provides 定义，由于它们的结构是基本相似的，为了节省版面，笔者仅介绍其中的 exports，该属性结构如表 6-35 所示。

表 6-35　exports 属性结构

| 类　　型 | 名　　称 | 数　　量 |
|---|---|---|
| u2 | exports_index | 1 |
| u2 | exports_flags | 1 |
| u2 | exports_to_count | 1 |
| export | exports_to_index | exports_to_count |

exports 属性的每一元素都代表一个被模块所导出的包，exports_index 是一个指向常量池 CONSTANT_Package_info 常量的索引值，代表了被该模块导出的包。exports_flags 是该导出包的状态指示器，它可以包含以下两种状态中的一种或多种：

❑ 0x1000（ACC_SYNTHETIC）：表示该导出包并未出现在源文件中，是编译器自动生成的。

❑ 0x8000（ACC_MANDATED）：表示该导出包是在源文件中隐式定义的。

exports_to_count 是该导出包的限定计数器，如果这个计数器为零，这说明该导出包是无限定的（Unqualified），即完全开放的，任何其他模块都可以访问该包中所有内容。如果该计数器不为零，则后面的 exports_to_index 是以计数器值为长度的数组，每个数组元素都是一个指向常量池中 CONSTANT_Module_info 常量的索引值，代表着只有在这个数组范围内的模块才被允许访问该导出包的内容。

ModulePackages 是另一个用于支持 Java 模块化的变长属性，它用于描述该模块中所有的包，不论是不是被 export 或者 open 的。该属性的结构如表 6-36 所示。

表 6-36　ModulePackages 属性结构

| 类　　型 | 名　　称 | 数　　量 |
|---|---|---|
| u2 | attribute_name_index | 1 |
| u4 | attribute_length | 1 |
| u2 | package_count | 1 |
| u2 | package_index | package_count |

package_count 是 package_index 数组的计数器，package_index 中每个元素都是指向常量池 CONSTANT_Package_info 常量的索引值，代表了当前模块中的一个包。

最后一个 ModuleMainClass 属性是一个定长属性，用于确定该模块的主类（Main Class），其结构如表 6-37 所示。

表 6-37 ModuleMainClass 属性结构

| 类　　型 | 名　　称 | 数量 |
| --- | --- | --- |
| u2 | attribute_name_index | 1 |
| u4 | attribute_length | 1 |
| u2 | main_class_index | 1 |

其中，main_class_index 是一个指向常量池 CONSTANT_Class_info 常量的索引值，代表了该模块的主类。

### 14. 运行时注解相关属性

早在 JDK 5 时期，Java 语言的语法进行了多项增强，其中之一是提供了对注解（Annotation）的支持。为了存储源码中注解信息，Class 文件同步增加了 RuntimeVisibleAnnotations、RuntimeInvisibleAnnotations、RuntimeVisibleParameterAnnotations 和 RuntimeInvisibleParameter-Annotations 四个属性。到了 JDK 8 时期，进一步加强了 Java 语言的注解使用范围，又新增类型注解（JSR 308），所以 Class 文件中也同步增加了 RuntimeVisibleTypeAnnotations 和 RuntimeInvisibleTypeAnnotations 两个属性。由于这六个属性不论结构还是功能都比较雷同，因此我们把它们合并到一起，以 RuntimeVisibleAnnotations 为代表进行介绍。

RuntimeVisibleAnnotations 是一个变长属性，它记录了类、字段或方法的声明上记录运行时可见注解，当我们使用反射 API 来获取类、字段或方法上的注解时，返回值就是通过这个属性来取到的。RuntimeVisibleAnnotations 属性的结构如表 6-38 所示。

表 6-38 RuntimeVisibleAnnotations 属性结构

| 类　　型 | 名　　称 | 数　　量 |
| --- | --- | --- |
| u2 | attribute_name_index | 1 |
| u4 | attribute_length | 1 |
| u2 | num_annotations | 1 |
| annotation | annotations | num_annotations |

num_annotations 是 annotations 数组的计数器，annotations 中每个元素都代表了一个运行时可见的注解，注解在 Class 文件中以 annotation 结构来存储，具体如表 6-39 所示。

表 6-39 annotation 属性结构

| 类　　型 | 名　　称 | 数　　量 |
| --- | --- | --- |
| u2 | type_index | 1 |
| u2 | num_element_value_pairs | 1 |
| element_value_pair | element_value_pairs | num_element_value_pairs |

type_index 是一个指向常量池 CONSTANT_Utf8_info 常量的索引值，该常量应以字段

描述符的形式表示一个注解。num_element_value_pairs 是 element_value_pairs 数组的计数器，element_value_pairs 中每个元素都是一个键值对，代表该注解的参数和值。

## 6.4 字节码指令简介

Java 虚拟机的指令由一个字节长度的、代表着某种特定操作含义的数字（称为操作码，Opcode）以及跟随其后的零至多个代表此操作所需的参数（称为操作数，Operand）构成。由于 Java 虚拟机采用面向操作数栈而不是面向寄存器的架构（这两种架构的执行过程、区别和影响将在第 8 章中探讨），所以大多数指令都不包含操作数，只有一个操作码，指令参数都存放在操作数栈中。

字节码指令集可算是一种具有鲜明特点、优势和劣势均很突出的指令集架构，由于限制了 Java 虚拟机操作码的长度为一个字节（即 0~255），这意味着指令集的操作码总数不能够超过 256 条；又由于 Class 文件格式放弃了编译后代码的操作数长度对齐，这就意味着虚拟机在处理那些超过一个字节的数据时，不得不在运行时从字节中重建出具体数据的结构，譬如要将一个 16 位长度的无符号整数使用两个无符号字节存储起来（假设将它们命名为 byte1 和 byte2），那它们的值应该是这样的：

```
(byte1 << 8) | byte2
```

这种操作在某种程度上会导致解释执行字节码时将损失一些性能，但这样做的优势也同样明显：放弃了操作数长度对齐<sup>⊖</sup>，就意味着可以省略掉大量的填充和间隔符号；用一个字节来代表操作码，也是为了尽可能获得短小精干的编译代码。这种追求尽可能小数据量、高传输效率的设计是由 Java 语言设计之初主要面向网络、智能家电的技术背景所决定的，并一直沿用至今。

如果不考虑异常处理的话，那 Java 虚拟机的解释器可以使用下面这段伪代码作为最基本的执行模型来理解，这个执行模型虽然很简单，但依然可以有效正确地工作：

```
do {
    自动计算PC寄存器的值加1;
    根据PC寄存器指示的位置, 从字节码流中取出操作码;
    if (字节码存在操作数) 从字节码流中取出操作数;
    执行操作码所定义的操作;
} while (字节码流长度 > 0);
```

### 6.4.1 字节码与数据类型

在 Java 虚拟机的指令集中，大多数指令都包含其操作所对应的数据类型信息。举个例

---

⊖ 字节码指令流基本上都是单字节对齐的，只有"tableswitch"和"lookupswitch"两条指令例外，由于它们的操作数比较特殊，是以 4 字节为界划分开的，所以这两条指令也需要预留出相应的空位填充来实现对齐。

子，iload 指令用于从局部变量表中加载 int 型的数据到操作数栈中，而 fload 指令加载的则是 float 类型的数据。这两条指令的操作在虚拟机内部可能会是由同一段代码来实现的，但在 Class 文件中它们必须拥有各自独立的操作码。

对于大部分与数据类型相关的字节码指令，它们的操作码助记符中都有特殊的字符来表明专门为哪种数据类型服务：i 代表对 int 类型的数据操作，l 代表 long，s 代表 short，b 代表 byte，c 代表 char，f 代表 float，d 代表 double，a 代表 reference。也有一些指令的助记符中没有明确指明操作类型的字母，例如 arraylength 指令，它没有代表数据类型的特殊字符，但操作数永远只能是一个数组类型的对象。还有另外一些指令，例如无条件跳转指令 goto 则是与数据类型无关的指令。

因为 Java 虚拟机的操作码长度只有一字节，所以包含了数据类型的操作码就为指令集的设计带来了很大的压力：如果每一种与数据类型相关的指令都支持 Java 虚拟机所有运行时数据类型的话，那么指令的数量恐怕就会超出一字节所能表示的数量范围了。因此，Java 虚拟机的指令集对于特定的操作只提供了有限的类型相关指令去支持它，换句话说，指令集将会被故意设计成非完全独立的。（《Java 虚拟机规范》中把这种特性称为"Not Orthogonal"，即并非每种数据类型和每一种操作都有对应的指令。）有一些单独的指令可以在必要的时候用来将一些不支持的类型转换为可被支持的类型。

表 6-40 列举了 Java 虚拟机所支持的与数据类型相关的字节码指令，通过使用数据类型列所代表的特殊字符替换 opcode 列的指令模板中的 T，就可以得到一个具体的字节码指令。如果在表中指令模板与数据类型两列共同确定的格为空，则说明虚拟机不支持对这种数据类型执行这项操作。例如 load 指令有操作 int 类型的 iload，但是没有操作 byte 类型的同类指令。

表 6-40　Java 虚拟机指令集所支持的数据类型

| opcode | byte | short | int | long | float | double | char | reference |
|--------|------|-------|-----|------|-------|--------|------|-----------|
| Tipush | bipush | sipush | | | | | | |
| Tconst | | | iconst | lconst | fconst | dconst | | aconst |
| Tload | | | iload | lload | fload | dload | | aload |
| Tstore | | | istore | lstore | fstore | dstore | | astore |
| Tinc | | | iinc | | | | | |
| Taload | baload | saload | iaload | laload | faload | daload | caload | aaload |
| Tastore | bastore | sastore | iastore | lastore | fastore | dastore | castore | aastore |
| Tadd | | | iadd | ladd | fadd | dadd | | |
| Tsub | | | isub | lsub | fsub | dsub | | |
| Tmul | | | imul | lmul | fmul | dmul | | |
| Tdiv | | | idiv | ldiv | fdiv | ddiv | | |
| Trem | | | irem | lrem | frem | drem | | |
| Tneg | | | ineg | lneg | fneg | dneg | | |
| Tshl | | | ishl | lshl | | | | |
| Tshr | | | ishr | lshr | | | | |

（续）

| opcode | byte | short | int | long | float | double | char | reference |
|---|---|---|---|---|---|---|---|---|
| Tushr | | | iushr | lushr | | | | |
| Tand | | | iand | land | | | | |
| Tor | | | ior | lor | | | | |
| Txor | | | ixor | lxor | | | | |
| i2T | i2b | i2s | | i2l | i2f | i2d | | |
| l2T | | | l2i | | l2f | l2d | | |
| f2T | | | f2i | f2l | | f2d | | |
| d2T | | | d2i | d2l | d2f | | | |
| Tcmp | | | | lcmp | | | | |
| Tcmpl | | | | | fcmpl | dcmpl | | |
| Tcmpg | | | | | fcmpg | dcmpg | | |
| if_TcmpOP | | | if_icmpOP | | | | | if_acmpOP |
| Treturn | | | ireturn | lreturn | freturn | dreturn | | areturn |

请注意，从表 6-40 中看来，大部分指令都没有支持整数类型 byte、char 和 short，甚至没有任何指令支持 boolean 类型。编译器会在编译期或运行期将 byte 和 short 类型的数据带符号扩展（Sign-Extend）为相应的 int 类型数据，将 boolean 和 char 类型数据零位扩展（Zero-Extend）为相应的 int 类型数据。与之类似，在处理 boolean、byte、short 和 char 类型的数组时，也会转换为使用对应的 int 类型的字节码指令来处理。因此，大多数对于 boolean、byte、short 和 char 类型数据的操作，实际上都是使用相应的对 int 类型作为运算类型（Computational Type）来进行的。

在本书里，受篇幅所限，无法对字节码指令集中每条指令逐一讲解，但阅读字节码作为了解 Java 虚拟机的基础技能，是一项应当熟练掌握的能力。笔者将字节码操作按用途大致分为 9 类，下面按照分类来为读者概略介绍这些指令的用法。如果读者希望了解更详细的信息，可以阅读由 Oracle 官方授权、由笔者翻译的《Java 虚拟机规范（Java SE 7）》中文版（字节码的介绍可见此书第 6 章）。

## 6.4.2　加载和存储指令

加载和存储指令用于将数据在栈帧中的局部变量表和操作数栈（见第 2 章关于内存区域的介绍）之间来回传输，这类指令包括：

- ❑ 将一个局部变量加载到操作栈：iload、iload_<n>、lload、lload_<n>、fload、fload_<n>、dload、dload_<n>、aload、aload_<n>
- ❑ 将一个数值从操作数栈存储到局部变量表：istore、istore_<n>、lstore、lstore_<n>、fstore、fstore_<n>、dstore、dstore_<n>、astore、astore_<n>
- ❑ 将一个常量加载到操作数栈：bipush、sipush、ldc、ldc_w、ldc2_w、aconst_null、iconst_m1、iconst_<i>、lconst_<l>、fconst_<f>、dconst_<d>

❑ 扩充局部变量表的访问索引的指令：wide

存储数据的操作数栈和局部变量表主要由加载和存储指令进行操作，除此之外，还有少量指令，如访问对象的字段或数组元素的指令也会向操作数栈传输数据。

上面所列举的指令助记符中，有一部分是以尖括号结尾的（例如 iload_<n>），这些指令助记符实际上代表了一组指令（例如 iload_<n>，它代表了 iload_0、iload_1、iload_2 和 iload_3 这几条指令）。这几组指令都是某个带有一个操作数的通用指令（例如 iload）的特殊形式，对于这几组特殊指令，它们省略掉了显式的操作数，不需要进行取操作数的动作，因为实际上操作数就隐含在指令中。除了这点不同以外，它们的语义与原生的通用指令是完全一致的（例如 iload_0 的语义与操作数为 0 时的 iload 指令语义完全一致）。这种指令表示方法，在本书和《Java 虚拟机规范》中都是通用的。

## 6.4.3　运算指令

算术指令用于对操作数栈上的两个值进行某种特定运算，并把结果重新存入到操作栈顶。大体上运算指令可以分为两种：对整型数据进行运算的指令与对浮点型数据进行运算的指令。整数与浮点数的算术指令在溢出和被零除的时候也有各自不同的行为表现。无论是哪种算术指令，均是使用 Java 虚拟机的算术类型来进行计算的，换句话说是不存在直接支持 byte、short、char 和 boolean 类型的算术指令，对于上述几种数据的运算，应使用操作 int 类型的指令代替。所有的算术指令包括：

❑ 加法指令：iadd、ladd、fadd、dadd

❑ 减法指令：isub、lsub、fsub、dsub

❑ 乘法指令：imul、lmul、fmul、dmul

❑ 除法指令：idiv、ldiv、fdiv、ddiv

❑ 求余指令：irem、lrem、frem、drem

❑ 取反指令：ineg、lneg、fneg、dneg

❑ 位移指令：ishl、ishr、iushr、lshl、lshr、lushr

❑ 按位或指令：ior、lor

❑ 按位与指令：iand、land

❑ 按位异或指令：ixor、lxor

❑ 局部变量自增指令：iinc

❑ 比较指令：dcmpg、dcmpl、fcmpg、fcmpl、lcmp

Java 虚拟机的指令集直接支持了在《Java 语言规范》中描述的各种对整数及浮点数操作（详情参见《Java 语言规范》4.2.2 节和 4.2.4 节）的语义。数据运算可能会导致溢出，例如两个很大的正整数相加，结果可能会是一个负数，这种数学上不可能出现的溢出现象，对于程序员来说是很容易理解的，但其实《Java 虚拟机规范》中并没有明确定义过整型数据溢出具体会得到什么计算结果，仅规定了在处理整型数据时，只有除法指令（idiv 和 ldiv）

以及求余指令（irem 和 lrem）中当出现除数为零时会导致虚拟机抛出 ArithmeticException 异常，其余任何整型数运算场景都不应该抛出运行时异常。

《Java 虚拟机规范》要求虚拟机实现在处理浮点数时，必须严格遵循 IEEE 754 规范中所规定行为和限制，也就是说 Java 虚拟机必须完全支持 IEEE 754 中定义的"非正规浮点数值"（Denormalized Floating-Point Number）和"逐级下溢"（Gradual Underflow）的运算规则。这些规则将会使某些数值算法处理起来变得明确，不会出现模棱两可的困境。譬如以上规则要求 Java 虚拟机在进行浮点数运算时，所有的运算结果都必须舍入到适当的精度，非精确的结果必须舍入为可被表示的最接近的精确值；如果有两种可表示的形式与该值一样接近，那将优先选择最低有效位为零的。这种舍入模式也是 IEEE 754 规范中的默认舍入模式，称为向最接近数舍入模式。而在把浮点数转换为整数时，Java 虚拟机使用 IEEE 754 标准中的向零舍入模式，这种模式的舍入结果会导致数字被截断，所有小数部分的有效字节都会被丢弃掉。向零舍入模式将在目标数值类型中选择一个最接近，但是不大于原值的数字来作为最精确的舍入结果。

另外，Java 虚拟机在处理浮点数运算时，不会抛出任何运行时异常（这里所讲的是 Java 语言中的异常，请读者勿与 IEEE 754 规范中的浮点异常互相混淆，IEEE 754 的浮点异常是一种运算信号），当一个操作产生溢出时，将会使用有符号的无穷大来表示；如果某个操作结果没有明确的数学定义的话，将会使用 NaN（Not a Number）值来表示。所有使用 NaN 值作为操作数的算术操作，结果都会返回 NaN。

在对 long 类型数值进行比较时，Java 虚拟机采用带符号的比较方式，而对浮点数值进行比较时（dcmpg、dcmpl、fcmpg、fcmpl），虚拟机会采用 IEEE 754 规范所定义的无信号比较（Nonsignaling Comparison）方式进行。

## 6.4.4　类型转换指令

类型转换指令可以将两种不同的数值类型相互转换，这些转换操作一般用于实现用户代码中的显式类型转换操作，或者用来处理本节开篇所提到的字节码指令集中数据类型相关指令无法与数据类型一一对应的问题。

Java 虚拟机直接支持（即转换时无须显式的转换指令）以下数值类型的宽化类型转换（Widening Numeric Conversion，即小范围类型向大范围类型的安全转换）：

❏ int 类型到 long、float 或者 double 类型

❏ long 类型到 float、double 类型

❏ float 类型到 double 类型

与之相对的，处理窄化类型转换（Narrowing Numeric Conversion）时，就必须显式地使用转换指令来完成，这些转换指令包括 i2b、i2c、i2s、l2i、f2i、f2l、d2i、d2l 和 d2f。窄化类型转换可能会导致转换结果产生不同的正负号、不同的数量级的情况，转换过程很可能会导致数值的精度丢失。

在将 int 或 long 类型窄化转换为整数类型 T 的时候，转换过程仅仅是简单丢弃除最低位 N 字节以外的内容，N 是类型 T 的数据类型长度，这将可能导致转换结果与输入值有不同的正负号。对于了解计算机数值存储和表示的程序员来说这点很容易理解，因为原来符号位处于数值的最高位，高位被丢弃之后，转换结果的符号就取决于低 N 字节的首位了。

Java 虚拟机将一个浮点值窄化转换为整数类型 T（T 限于 int 或 long 类型之一）的时候，必须遵循以下转换规则：

- ❑ 如果浮点值是 NaN，那转换结果就是 int 或 long 类型的 0。
- ❑ 如果浮点值不是无穷大的话，浮点值使用 IEEE 754 的向零舍入模式取整，获得整数值 v。如果 v 在目标类型 T（int 或 long）的表示范围之内，那转换结果就是 v；否则，将根据 v 的符号，转换为 T 所能表示的最大或者最小正数。

从 double 类型到 float 类型做窄化转换的过程与 IEEE 754 中定义的一致，通过 IEEE 754 向最接近数舍入模式舍入得到一个可以使用 float 类型表示的数字。如果转换结果的绝对值太小、无法使用 float 来表示的话，将返回 float 类型的正负零；如果转换结果的绝对值太大、无法使用 float 来表示的话，将返回 float 类型的正负无穷大。对于 double 类型的 NaN 值将按规定转换为 float 类型的 NaN 值。

尽管数据类型窄化转换可能会发生上限溢出、下限溢出和精度丢失等情况，但是《Java 虚拟机规范》中明确规定数值类型的窄化转换指令永远不可能导致虚拟机抛出运行时异常。

## 6.4.5　对象创建与访问指令

虽然类实例和数组都是对象，但 Java 虚拟机对类实例和数组的创建与操作使用了不同的字节码指令（在下一章会讲到数组和普通类的类型创建过程是不同的）。对象创建后，就可以通过对象访问指令获取对象实例或者数组实例中的字段或者数组元素，这些指令包括：

- ❑ 创建类实例的指令：new
- ❑ 创建数组的指令：newarray、anewarray、multianewarray
- ❑ 访问类字段（static 字段，或者称为类变量）和实例字段（非 static 字段，或者称为实例变量）的指令：getfield、putfield、getstatic、putstatic
- ❑ 把一个数组元素加载到操作数栈的指令：baload、caload、saload、iaload、laload、faload、daload、aaload
- ❑ 将一个操作数栈的值储存到数组元素中的指令：bastore、castore、sastore、iastore、fastore、dastore、aastore
- ❑ 取数组长度的指令：arraylength
- ❑ 检查类实例类型的指令：instanceof、checkcast

## 6.4.6　操作数栈管理指令

如同操作一个普通数据结构中的堆栈那样，Java 虚拟机提供了一些用于直接操作操作数栈的指令，包括：

- ❏ 将操作数栈的栈顶一个或两个元素出栈：pop、pop2
- ❏ 复制栈顶一个或两个数值并将复制值或双份的复制值重新压入栈顶：dup、dup2、dup_x1、dup2_x1、dup_x2、dup2_x2
- ❏ 将栈最顶端的两个数值互换：swap

### 6.4.7 控制转移指令

控制转移指令可以让 Java 虚拟机有条件或无条件地从指定位置指令（而不是控制转移指令）的下一条指令继续执行程序，从概念模型上理解，可以认为控制指令就是在有条件或无条件地修改 PC 寄存器的值。控制转移指令包括：

- ❏ 条件分支：ifeq、iflt、ifle、ifne、ifgt、ifge、ifnull、ifnonnull、if_icmpeq、if_icmpne、if_icmplt、if_icmpgt、if_icmple、if_icmpge、if_acmpeq 和 if_acmpne
- ❏ 复合条件分支：tableswitch、lookupswitch
- ❏ 无条件分支：goto、goto_w、jsr、jsr_w、ret

在 Java 虚拟机中有专门的指令集用来处理 int 和 reference 类型的条件分支比较操作，为了可以无须明显标识一个数据的值是否 null，也有专门的指令用来检测 null 值。

与前面算术运算的规则一致，对于 boolean 类型、byte 类型、char 类型和 short 类型的条件分支比较操作，都使用 int 类型的比较指令来完成，而对于 long 类型、float 类型和 double 类型的条件分支比较操作，则会先执行相应类型的比较运算指令（dcmpg、dcmpl、fcmpg、fcmpl、lcmp，见 6.4.3 节），运算指令会返回一个整型值到操作数栈中，随后再执行 int 类型的条件分支比较操作来完成整个分支跳转。由于各种类型的比较最终都会转化为 int 类型的比较操作，int 类型比较是否方便、完善就显得尤为重要，而 Java 虚拟机提供的 int 类型的条件分支指令是最为丰富、强大的。

### 6.4.8 方法调用和返回指令

方法调用（分派、执行过程）将在第 8 章具体讲解，这里仅列举以下五条指令用于方法调用：

- ❏ invokevirtual 指令：用于调用对象的实例方法，根据对象的实际类型进行分派（虚方法分派），这也是 Java 语言中最常见的方法分派方式。
- ❏ invokeinterface 指令：用于调用接口方法，它会在运行时搜索一个实现了这个接口方法的对象，找出适合的方法进行调用。
- ❏ invokespecial 指令：用于调用一些需要特殊处理的实例方法，包括实例初始化方法、私有方法和父类方法。
- ❏ invokestatic 指令：用于调用类静态方法（static 方法）。
- ❏ invokedynamic 指令：用于在运行时动态解析出调用点限定符所引用的方法。并执行该方法。前面四条调用指令的分派逻辑都固化在 Java 虚拟机内部，用户无法改变，而 invokedynamic 指令的分派逻辑是由用户所设定的引导方法决定的。

方法调用指令与数据类型无关，而方法返回指令是根据返回值的类型区分的，包括 ireturn（当返回值是 boolean、byte、char、short 和 int 类型时使用）、lreturn、freturn、dreturn 和 areturn，另外还有一条 return 指令供声明为 void 的方法、实例初始化方法、类和接口的类初始化方法使用。

### 6.4.9　异常处理指令

在 Java 程序中显式抛出异常的操作（throw 语句）都由 athrow 指令来实现，除了用 throw 语句显式抛出异常的情况之外，《Java 虚拟机规范》还规定了许多运行时异常会在其他 Java 虚拟机指令检测到异常状况时自动抛出。例如前面介绍整数运算中，当除数为零时，虚拟机会在 idiv 或 ldiv 指令中抛出 ArithmeticException 异常。

而在 Java 虚拟机中，处理异常（catch 语句）不是由字节码指令来实现的（很久之前曾经使用 jsr 和 ret 指令来实现，现在已经不用了），而是采用异常表来完成。

### 6.4.10　同步指令

Java 虚拟机可以支持方法级的同步和方法内部一段指令序列的同步，这两种同步结构都是使用管程（Monitor，更常见的是直接将它称为"锁"）来实现的。

方法级的同步是隐式的，无须通过字节码指令来控制，它实现在方法调用和返回操作之中。虚拟机可以从方法常量池中的方法表结构中的 ACC_SYNCHRONIZED 访问标志得知一个方法是否被声明为同步方法。当方法调用时，调用指令将会检查方法的 ACC_SYNCHRONIZED 访问标志是否被设置，如果设置了，执行线程就要求先成功持有管程，然后才能执行方法，最后当方法完成（无论是正常完成还是非正常完成）时释放管程。在方法执行期间，执行线程持有了管程，其他任何线程都无法再获取到同一个管程。如果一个同步方法执行期间抛出了异常，并且在方法内部无法处理此异常，那这个同步方法所持有的管程将在异常抛到同步方法边界之外时自动释放。

同步一段指令集序列通常是由 Java 语言中的 synchronized 语句块来表示的，Java 虚拟机的指令集中有 monitorenter 和 monitorexit 两条指令来支持 synchronized 关键字的语义，正确实现 synchronized 关键字需要 Javac 编译器与 Java 虚拟机两者共同协作支持，譬如有代码清单 6-6 所示的代码。

**代码清单 6-6　代码同步演示**

```
void onlyMe(Foo f) {
    synchronized(f) {
        doSomething();
    }
}
```

编译后，这段代码生成的字节码序列如下：

```
Method void onlyMe(Foo)
0 aload_1              // 将对象f入栈
1 dup                 // 复制栈顶元素（即f的引用）
2 astore_2            // 将栈顶元素存储到局部变量表变量槽 2中
3 monitorenter        // 以栈顶元素（即f）作为锁，开始同步
4 aload_0             // 将局部变量槽 0（即this指针）的元素入栈
5 invokevirtual #5    // 调用doSomething()方法
8 aload_2             // 将局部变量Slow 2的元素（即f）入栈
9 monitorexit         // 退出同步
10 goto 18            // 方法正常结束，跳转到18返回
13 astore_3           // 从这步开始是异常路径，见下面异常表的Target 13
14 aload_2            // 将局部变量Slow 2的元素（即f）入栈
15 monitorexit        // 退出同步
16 aload_3            // 将局部变量Slow 3的元素（即异常对象）入栈
17 athrow             // 把异常对象重新抛出给onlyMe()方法的调用者
18 return             // 方法正常返回

Exception table:
From   To  Target  Type
   4   10    13      any
  13   16    13      any
```

编译器必须确保无论方法通过何种方式完成，方法中调用过的每条 monitorenter 指令都必须有其对应的 monitorexit 指令，而无论这个方法是正常结束还是异常结束。

从代码清单 6-6 的字节码序列中可以看到，为了保证在方法异常完成时 monitorenter 和 monitorexit 指令依然可以正确配对执行，编译器会自动产生一个异常处理程序，这个异常处理程序声明可处理所有的异常，它的目的就是用来执行 monitorexit 指令。

## 6.5 公有设计，私有实现

《Java 虚拟机规范》描绘了 Java 虚拟机应有的共同程序存储格式：Class 文件格式以及字节码指令集。这些内容与硬件、操作系统和具体的 Java 虚拟机实现之间是完全独立的，虚拟机实现者可能更愿意把它们看作程序在各种 Java 平台实现之间互相安全地交互的手段。

理解公有设计与私有实现之间的分界线是非常有必要的，任何一款 Java 虚拟机实现都必须能够读取 Class 文件并精确实现包含在其中的 Java 虚拟机代码的语义。拿着《Java 虚拟机规范》一成不变地逐字实现其中要求的内容当然是一种可行的途径，但一个优秀的虚拟机实现，在满足《Java 虚拟机规范》的约束下对具体实现做出修改和优化也是完全可行的，并且《Java 虚拟机规范》中明确鼓励实现者这样去做。只要优化以后 Class 文件依然可以被正确读取，并且包含在其中的语义能得到完整保持，那实现者就可以选择以任何方

式去实现这些语义，虚拟机在后台如何处理 Class 文件完全是实现者自己的事情，只要它在外部接口上看起来与规范描述的一致即可<sup>⊖</sup>。

虚拟机实现者可以使用这种伸缩性来让 Java 虚拟机获得更高的性能、更低的内存消耗或者更好的可移植性，选择哪种特性取决于 Java 虚拟机实现的目标和关注点是什么，虚拟机实现的方式主要有以下两种：

❏ 将输入的 Java 虚拟机代码在加载时或执行时翻译成另一种虚拟机的指令集；

❏ 将输入的 Java 虚拟机代码在加载时或执行时翻译成宿主机处理程序的本地指令集（即即时编译器代码生成技术）。

精确定义的虚拟机行为和目标文件格式，不应当对虚拟机实现者的创造性产生太多的限制，Java 虚拟机是被设计成可以允许有众多不同的实现，并且各种实现可以在保持兼容性的同时提供不同的新的、有趣的解决方案。

# 6.6 Class 文件结构的发展

Class 文件结构自《Java 虚拟机规范》初版订立以来，已经有超过二十年的历史。这二十多年间，Java 技术体系有了翻天覆地的改变，JDK 的版本号已经从 1.0 提升到了 13。相对于语言、API 以及 Java 技术体系中其他方面的变化，Class 文件结构一直处于一个相对比较稳定的状态，Class 文件的主体结构、字节码指令的语义和数量几乎没有出现过变动<sup>⊖</sup>，所有对 Class 文件格式的改进，都集中在访问标志、属性表这些设计上原本就是可扩展的数据结构中添加新内容。

如果以《Java 虚拟机规范（第 2 版）》（对应于 JDK 1.4，是 Java 2 的奠基版本）为基准进行比较的话，在后续 Class 文件格式的发展过程中，访问标志新加入了 ACC_SYNTHETIC、ACC_ANNOTATION、ACC_ENUM、ACC_BRIDGE、ACC_VARARGS 共五个标志。属性表集合中，在 JDK 5 到 JDK 12 发展过程中一共增加了 20 项新属性，这些属性大部分是用于支持 Java 中许多新出现的语言特性，如枚举、变长参数、泛型、动态注解等。还有一些是为了支持性能改进和调试信息，譬如 JDK 6 的新类型校验器的 StackMapTable 属性和对非 Java 代码调试中用到的 SourceDebugExtension 属性。

Class 文件格式所具备的平台中立（不依赖于特定硬件及操作系统）、紧凑、稳定和可扩展的特点，是 Java 技术体系实现平台无关、语言无关两项特性的重要支柱。

---

⊖ 这里其实多少存在一些例外，譬如调试器（Debugger）、性能监视器（Profiler）和即时编译器（Just-In-Time Code Generator）等都可能需要访问一些通常被认为是"虚拟机后台"的元素。

⊖ 二十余年间，字节码的数量和语义只发生过屈指可数的几次变动，例如 JDK 1.0.2 时改动过 invokespecial 指令的语义，JDK 7 增加了 invokedynamic 指令，禁止了 ret 和 jsr 指令。

## 6.7 本章小结

Class 文件是 Java 虚拟机执行引擎的数据入口，也是 Java 技术体系的基础支柱之一。了解 Class 文件的结构对后面进一步了解虚拟机执行引擎有很重要的意义。

本章详细讲解了 Class 文件结构中的各个组成部分，以及每个部分的定义、数据结构和使用方法。通过代码清单 6-1 的 Java 代码及其 Class 文件样例，以实战的方式演示了 Class 的数据是如何存储和访问的。从下一章开始，我们将以动态的、运行时的角度去看看字节码流在虚拟机执行引擎中是如何被解释执行的。

# 虚拟机类加载机制

代码编译的结果从本地机器码转变为字节码，是存储格式发展的一小步，却是编程语言发展的一大步。

## 7.1　概述

上一章我们学习了 Class 文件存储格式的具体细节，在 Class 文件中描述的各类信息，最终都需要加载到虚拟机中之后才能被运行和使用。而虚拟机如何加载这些 Class 文件，Class 文件中的信息进入到虚拟机后会发生什么变化，这些都是本章将要讲解的内容。

Java 虚拟机把描述类的数据从 Class 文件加载到内存，并对数据进行校验、转换解析和初始化，最终形成可以被虚拟机直接使用的 Java 类型，这个过程被称作虚拟机的类加载机制。与那些在编译时需要进行连接的语言不同，在 Java 语言里面，类型的加载、连接和初始化过程都是在程序运行期间完成的，这种策略让 Java 语言进行提前编译会面临额外的困难，也会让类加载时稍微增加一些性能开销，但是却为 Java 应用提供了极高的扩展性和灵活性，Java 天生可以动态扩展的语言特性就是依赖运行期动态加载和动态连接这个特点实现的。例如，编写一个面向接口的应用程序，可以等到运行时再指定其实际的实现类，用户可以通过 Java 预置的或自定义类加载器，让某个本地的应用程序在运行时从网络或其他地方上加载一个二进制流作为其程序代码的一部分。这种动态组装应用的方式目前已广泛应用于 Java 程序之中，从最基础的 Applet、JSP 到相对复杂的 OSGi 技术，都依赖着 Java 语言运行期类加载才得以诞生。

为了避免语言表达中可能产生的偏差，在正式开始本章以前，笔者先设立两个语言上的约定：

第一，在实际情况中，每个 Class 文件都有代表着 Java 语言中的一个类或接口的可能，后文中直接对"类型"的描述都同时蕴含着类和接口的可能性，而需要对类和接口分开描述的场景，笔者会特别指明；

第二，与前面介绍 Class 文件格式时的约定一致，本章所提到的"Class 文件"也并非特指某个存在于具体磁盘中的文件，而应当是一串二进制字节流，无论其以何种形式存在，包括但不限于磁盘文件、网络、数据库、内存或者动态产生等。

## 7.2　类加载的时机

一个类型从被加载到虚拟机内存中开始，到卸载出内存为止，它的整个生命周期将会经历加载（Loading）、验证（Verification）、准备（Preparation）、解析（Resolution）、初始化（Initialization）、使用（Using）和卸载（Unloading）七个阶段，其中验证、准备、解析三个部分统称为连接（Linking）。这七个阶段的发生顺序如图 7-1 所示。

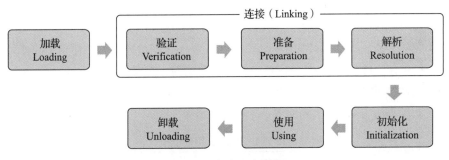

图 7-1　类的生命周期

图 7-1 中，加载、验证、准备、初始化和卸载这五个阶段的顺序是确定的，类型的加载过程必须按照这种顺序按部就班地开始，而解析阶段则不一定：它在某些情况下可以在初始化阶段之后再开始，这是为了支持 Java 语言的运行时绑定特性（也称为动态绑定或晚期绑定）。请注意，这里笔者写的是按部就班地"开始"，而不是按部就班地"进行"或按部就班地"完成"，强调这点是因为这些阶段通常都是互相交叉地混合进行的，会在一个阶段执行的过程中调用、激活另一个阶段。

关于在什么情况下需要开始类加载过程的第一个阶段"加载"，《Java 虚拟机规范》中并没有进行强制约束，这点可以交给虚拟机的具体实现来自由把握。但是对于初始化阶段，《Java 虚拟机规范》则是严格规定了有且只有六种情况必须立即对类进行"初始化"（而加载、验证、准备自然需要在此之前开始）：

1）遇到 new、getstatic、putstatic 或 invokestatic 这四条字节码指令时，如果类型没有进行过初始化，则需要先触发其初始化阶段。能够生成这四条指令的典型 Java 代码场景有：

❏ 使用 new 关键字实例化对象的时候。

❑ 读取或设置一个类型的静态字段（被 final 修饰、已在编译期把结果放入常量池的静态字段除外）的时候。

❑ 调用一个类型的静态方法的时候。

2）使用 java.lang.reflect 包的方法对类型进行反射调用的时候，如果类型没有进行过初始化，则需要先触发其初始化。

3）当初始化类的时候，如果发现其父类还没有进行过初始化，则需要先触发其父类的初始化。

4）当虚拟机启动时，用户需要指定一个要执行的主类（包含 main() 方法的那个类），虚拟机会先初始化这个主类。

5）当使用 JDK 7 新加入的动态语言支持时，如果一个 java.lang.invoke.MethodHandle 实例最后的解析结果为 REF_getStatic、REF_putStatic、REF_invokeStatic、REF_newInvokeSpecial 四种类型的方法句柄，并且这个方法句柄对应的类没有进行过初始化，则需要先触发其初始化。

6）当一个接口中定义了 JDK 8 新加入的默认方法（被 default 关键字修饰的接口方法）时，如果有这个接口的实现类发生了初始化，那该接口要在其之前被初始化。

对于这六种会触发类型进行初始化的场景，《Java 虚拟机规范》中使用了一个非常强烈的限定语——"有且只有"，这六种场景中的行为称为对一个类型进行主动引用。除此之外，所有引用类型的方式都不会触发初始化，称为被动引用。下面举三个例子来说明何为被动引用，分别见代码清单 7-1、代码清单 7-2 和代码清单 7-3。

**代码清单 7-1　被动引用的例子之一**

```
package org.fenixsoft.classloading;

/**
 * 被动使用类字段演示一：
 * 通过子类引用父类的静态字段，不会导致子类初始化
 **/
public class SuperClass {

    static {
        System.out.println("SuperClass init!");
    }

    public static int value = 123;
}

public class SubClass extends SuperClass {

    static {
        System.out.println("SubClass init!");
    }
}

/**
```

```
 * 非主动使用类字段演示
 **/
public class NotInitialization {

    public static void main(String[] args) {
        System.out.println(SubClass.value);
    }

}
```

上述代码运行之后，除 value 的值外，只会输出"SuperClass init!"，而不会输出"SubClass init!"。对于静态字段，只有直接定义这个字段的类才会被初始化，因此通过其子类来引用父类中定义的静态字段，只会触发父类的初始化而不会触发子类的初始化。至于是否要触发子类的加载和验证阶段，在《Java 虚拟机规范》中并未明确规定，所以这点取决于虚拟机的具体实现。对于 HotSpot 虚拟机来说，可通过 -XX:+TraceClassLoading 参数观察到此操作是会导致子类加载的。

代码清单 7-2　被动引用的例子之二

```
package org.fenixsoft.classloading;

/**
 * 被动使用类字段演示二:
 * 通过数组定义来引用类，不会触发此类的初始化
 **/
public class NotInitialization {

    public static void main(String[] args) {
        SuperClass[] sca = new SuperClass[10];
    }

}
```

为了节省版面，这段代码复用了代码清单 7-1 中的 SuperClass，运行之后发现没有输出"SuperClass init!"，说明并没有触发类 org.fenixsoft.classloading.SuperClass 的初始化阶段。但是这段代码里面触发了另一个名为"[Lorg.fenixsoft.classloading.SuperClass"的类的初始化阶段，对于用户代码来说，这并不是一个合法的类型名称，它是一个由虚拟机自动生成的、直接继承于 java.lang.Object 的子类，创建动作由字节码指令 anewarray 触发。

这个类代表了一个元素类型为 org.fenixsoft.classloading.SuperClass 的一维数组，数组中应有的属性和方法（用户可直接使用的只有被修饰为 public 的 length 属性和 clone() 方法）都实现在这个类里。Java 语言中对数组的访问要比 C/C++ 相对安全，很大程度上就是因为这个类包装了数组元素的访问⊖，而 C/C++ 中则是直接翻译为对数组指针的移动。在 Java

---

⊖　准确地说，越界检查不是封装在数组元素访问的类中，而是封装在数组访问的 xaload、xastore 字节码指令中。

语言里，当检查到发生数组越界时会抛出 java.lang.ArrayIndexOutOfBoundsException 异常，避免了直接造成非法内存访问。

**代码清单 7-3　被动引用的例子之三**

```
package org.fenixsoft.classloading;

/**
 * 被动使用类字段演示三:
 * 常量在编译阶段会存入调用类的常量池中，本质上没有直接引用到定义常量的类，因此不会触发定义常量的
   类的初始化
 **/
public class ConstClass {

    static {
        System.out.println("ConstClass init!");
    }

    public static final String HELLOWORLD = "hello world";
}

/**
 * 非主动使用类字段演示
 **/
public class NotInitialization {

    public static void main(String[] args) {
        System.out.println(ConstClass.HELLOWORLD);
    }
}
```

上述代码运行之后，也没有输出"ConstClass init!"，这是因为虽然在 Java 源码中确实引用了 ConstClass 类的常量 HELLOWORLD，但其实在编译阶段通过常量传播优化，已经将此常量的值"hello world"直接存储在 NotInitialization 类的常量池中，以后 NotInitialization 对常量 ConstClass.HELLOWORLD 的引用，实际都被转化为 NotInitialization 类对自身常量池的引用了。也就是说，实际上 NotInitialization 的 Class 文件之中并没有 ConstClass 类的符号引用入口，这两个类在编译成 Class 文件后就已不存在任何联系了。

接口的加载过程与类加载过程稍有不同，针对接口需要做一些特殊说明：接口也有初始化过程，这点与类是一致的，上面的代码都是用静态语句块"static {}"来输出初始化信息的，而接口中不能使用"static {}"语句块，但编译器仍然会为接口生成"<clinit>()"类构造器⊖，用于初始化接口中所定义的成员变量。接口与类真正有所区别的是前面讲述的六

---

⊖　关于类构造器 <clinit>() 和方法构造器 <init>() 的生成过程和作用，可参见第 10 章的相关内容。

种"有且仅有"需要触发初始化场景中的第三种：当一个类在初始化时，要求其父类全部都已经初始化过了，但是一个接口在初始化时，并不要求其父接口全部都完成了初始化，只有在真正使用到父接口的时候（如引用接口中定义的常量）才会初始化。

## 7.3　类加载的过程

接下来我们会详细了解 Java 虚拟机中类加载的全过程，即加载、验证、准备、解析和初始化这五个阶段所执行的具体动作。

### 7.3.1　加载

"加载"（Loading）阶段是整个"类加载"（Class Loading）过程中的一个阶段，希望读者没有混淆这两个看起来很相似的名词。在加载阶段，Java 虚拟机需要完成以下三件事情：

1）通过一个类的全限定名来获取定义此类的二进制字节流。

2）将这个字节流所代表的静态存储结构转化为方法区的运行时数据结构。

3）在内存中生成一个代表这个类的 java.lang.Class 对象，作为方法区这个类的各种数据的访问入口。

《Java 虚拟机规范》对这三点要求其实并不是特别具体，留给虚拟机实现与 Java 应用的灵活度都是相当大的。例如"通过一个类的全限定名来获取定义此类的二进制字节流"这条规则，它并没有指明二进制字节流必须得从某个 Class 文件中获取，确切地说是根本没有指明要从哪里获取、如何获取。仅仅这一点空隙，Java 虚拟机的使用者们就可以在加载阶段搭构建出一个相当开放广阔的舞台，Java 发展历程中，充满创造力的开发人员则在这个舞台上玩出了各种花样，许多举足轻重的 Java 技术都建立在这一基础之上，例如：

❏ 从 ZIP 压缩包中读取，这很常见，最终成为日后 JAR、EAR、WAR 格式的基础。

❏ 从网络中获取，这种场景最典型的应用就是 Web Applet。

❏ 运行时计算生成，这种场景使用得最多的就是动态代理技术，在 java.lang.reflect. Proxy 中，就是用了 ProxyGenerator.generateProxyClass() 来为特定接口生成形式为"*$Proxy"的代理类的二进制字节流。

❏ 由其他文件生成，典型场景是 JSP 应用，由 JSP 文件生成对应的 Class 文件。

❏ 从数据库中读取，这种场景相对少见些，例如有些中间件服务器（如 SAP Netweaver）可以选择把程序安装到数据库中来完成程序代码在集群间的分发。

❏ 可以从加密文件中获取，这是典型的防 Class 文件被反编译的保护措施，通过加载时解密 Class 文件来保障程序运行逻辑不被窥探。

❏ ……

相对于类加载过程的其他阶段，非数组类型的加载阶段（准确地说，是加载阶段中获取类的二进制字节流的动作）是开发人员可控性最强的阶段。加载阶段既可以使用 Java 虚拟机里内置的启动类加载器来完成，也可以由用户自定义的类加载器去完成，开发人员通过定义自己的类加载器去控制字节流的获取方式（重写一个类加载器的 findClass() 或 loadClass() 方法），实现根据自己的想法来赋予应用程序获取运行代码的动态性。

对于数组类而言，情况就有所不同，数组类本身不通过类加载器创建，它是由 Java 虚拟机直接在内存中动态构造出来的。但数组类与类加载器仍然有很密切的关系，因为数组类的元素类型（Element Type，指的是数组去掉所有维度的类型）最终还是要靠类加载器来完成加载，一个数组类（下面简称为 C）创建过程遵循以下规则：

❑ 如果数组的组件类型（Component Type，指的是数组去掉一个维度的类型，注意和前面的元素类型区分开来）是引用类型，那就递归采用本节中定义的加载过程去加载这个组件类型，数组 C 将被标识在加载该组件类型的类加载器的类名称空间上（这点很重要，在 7.4 节会介绍，一个类型必须与类加载器一起确定唯一性）。

❑ 如果数组的组件类型不是引用类型（例如 int[] 数组的组件类型为 int），Java 虚拟机将会把数组 C 标记为与启动类加载器关联。

❑ 数组类的可访问性与它的组件类型的可访问性一致，如果组件类型不是引用类型，它的数组类的可访问性将默认为 public，可被所有的类和接口访问到。

加载阶段结束后，Java 虚拟机外部的二进制字节流就按照虚拟机所设定的格式存储在方法区之中了，方法区中的数据存储格式完全由虚拟机实现自行定义，《Java 虚拟机规范》未规定此区域的具体数据结构。类型数据妥善安置在方法区之后，会在 Java 堆内存中实例化一个 java.lang.Class 类的对象，这个对象将作为程序访问方法区中的类型数据的外部接口。

加载阶段与连接阶段的部分动作（如一部分字节码文件格式验证动作）是交叉进行的，加载阶段尚未完成，连接阶段可能已经开始，但这些夹在加载阶段之中进行的动作，仍然属于连接阶段的一部分，这两个阶段的开始时间仍然保持着固定的先后顺序。

## 7.3.2 验证

验证是连接阶段的第一步，这一阶段的目的是确保 Class 文件的字节流中包含的信息符合《Java 虚拟机规范》的全部约束要求，保证这些信息被当作代码运行后不会危害虚拟机自身的安全。

Java 语言本身是相对安全的编程语言（起码对于 C/C++ 来说是相对安全的），使用纯粹的 Java 代码无法做到诸如访问数组边界以外的数据、将一个对象转型为它并未实现的类型、跳转到不存在的代码行之类的事情，如果尝试这样去做了，编译器会毫不留情地抛出异常、拒绝编译。但前面也曾说过，Class 文件并不一定只能由 Java 源码编译而来，它可以使用包括靠键盘 0 和 1 直接在二进制编辑器中敲出 Class 文件在内的任何途径产生。上述 Java 代码无法做到的事情在字节码层面上都是可以实现的，至少语义上是可以表达出来的。Java 虚拟机如果不检查输入的字节流，对其完全信任的话，很可能会因为载入了有错误或有恶意企图的字节码流而导致整个系统受攻击甚至崩溃，所以验证字节码是 Java 虚拟机保护自身的一项必要措施。

验证阶段是非常重要的，这个阶段是否严谨，直接决定了 Java 虚拟机是否能承受恶意代码的攻击，从代码量和耗费的执行性能的角度上讲，验证阶段的工作量在虚拟机的类加载过程中占了相当大的比重。但是《Java 虚拟机规范》的早期版本（第 1、2 版）对这个阶段的检验指导是相当模糊和笼统的，规范中仅列举了一些对 Class 文件格式的静态和结构化的约束，要求虚拟机验证到输入的字节流如不符合 Class 文件格式的约束，就应当抛出一个 java.lang.VerifyError 异常或其子类异常，但具体应当检查哪些内容、如何检查、何时进行检查等，都没有足够具体的要求和明确的说明。直到 2011 年《Java 虚拟机规范（Java SE 7 版）》出版，规范中大幅增加了验证过程的描述（篇幅从不到 10 页增加到 130 页），这时验证阶段的约束和验证规则才变得具体起来。受篇幅所限，本书中无法逐条规则去讲解，但从整体上看，验证阶段大致上会完成下面四个阶段的检验动作：文件格式验证、元数据验证、字节码验证和符号引用验证。

### 1. 文件格式验证

第一阶段要验证字节流是否符合 Class 文件格式的规范，并且能被当前版本的虚拟机处理。这一阶段可能包括下面这些验证点：

- ❑ 是否以魔数 0xCAFEBABE 开头。
- ❑ 主、次版本号是否在当前 Java 虚拟机接受范围之内。
- ❑ 常量池的常量中是否有不被支持的常量类型（检查常量 tag 标志）。
- ❑ 指向常量的各种索引值中是否有指向不存在的常量或不符合类型的常量。
- ❑ CONSTANT_Utf8_info 型的常量中是否有不符合 UTF-8 编码的数据。
- ❑ Class 文件中各个部分及文件本身是否有被删除的或附加的其他信息。
- ❑ ……

实际上第一阶段的验证点还远不止这些，上面所列的只是从 HotSpot 虚拟机源码[⊖]中摘抄的一小部分内容，该验证阶段的主要目的是保证输入的字节流能正确地解析并存储于方法区之内，格式上符合描述一个 Java 类型信息的要求。这阶段的验证是基于二进制字节流进行的，只有通过了这个阶段的验证之后，这段字节流才被允许进入 Java 虚拟机内存的方法区中进行存储，所以后面的三个验证阶段全部是基于方法区的存储结构上进行的，不会再直接读取、操作字节流了。

### 2. 元数据验证

第二阶段是对字节码描述的信息进行语义分析，以保证其描述的信息符合《Java 语言规范》的要求，这个阶段可能包括的验证点如下：

- ❑ 这个类是否有父类（除了 java.lang.Object 之外，所有的类都应当有父类）。

---

⊖　JDK 12 源码中的位置：src\hotspot\share\classfile\classFileParser.cpp。

❑ 这个类的父类是否继承了不允许被继承的类（被 final 修饰的类）。

❑ 如果这个类不是抽象类，是否实现了其父类或接口之中要求实现的所有方法。

❑ 类中的字段、方法是否与父类产生矛盾（例如覆盖了父类的 final 字段，或者出现不符合规则的方法重载，例如方法参数都一致，但返回值类型却不同等）。

❑ ……

第二阶段的主要目的是对类的元数据信息进行语义校验，保证不存在与《Java 语言规范》定义相悖的元数据信息。

### 3. 字节码验证

第三阶段是整个验证过程中最复杂的一个阶段，主要目的是通过数据流分析和控制流分析，确定程序语义是合法的、符合逻辑的。在第二阶段对元数据信息中的数据类型校验完毕以后，这阶段就要对类的方法体（Class 文件中的 Code 属性）进行校验分析，保证被校验类的方法在运行时不会做出危害虚拟机安全的行为，例如：

❑ 保证任意时刻操作数栈的数据类型与指令代码序列都能配合工作，例如不会出现类似于"在操作栈放置了一个 int 类型的数据，使用时却按 long 类型来加载入本地变量表中"这样的情况。

❑ 保证任何跳转指令都不会跳转到方法体以外的字节码指令上。

❑ 保证方法体中的类型转换总是有效的，例如可以把一个子类对象赋值给父类数据类型，这是安全的，但是把父类对象赋值给子类数据类型，甚至把对象赋值给与它毫无继承关系、完全不相干的一个数据类型，则是危险和不合法的。

❑ ……

如果一个类型中有方法体的字节码没有通过字节码验证，那它肯定是有问题的；但如果一个方法体通过了字节码验证，也仍然不能保证它一定就是安全的。即使字节码验证阶段中进行了再大量、再严密的检查，也依然不能保证这一点。这里涉及了离散数学中一个很著名的问题——"停机问题"（Halting Problem）⊖，即不能通过程序准确地检查出程序是否能在有限的时间之内结束运行。在我们讨论字节码校验的上下文语境里，通俗一点的解释是通过程序去校验程序逻辑是无法做到绝对准确的，不可能用程序来准确判定一段程序是否存在 Bug。

由于数据流分析和控制流分析的高度复杂性，Java 虚拟机的设计团队为了避免过多的执行时间消耗在字节码验证阶段中，在 JDK 6 之后的 Javac 编译器和 Java 虚拟机里进行了一项联合优化，把尽可能多的校验辅助措施挪到 Javac 编译器里进行。具体做法是给方法体 Code 属性的属性表中新增加了一项名为"StackMapTable"的新属性，这项属性

---

⊖ 停机问题就是判断任意一个程序是否会在有限的时间之内结束运行的问题。如果这个问题可以在有限的时间之内解决，可以有一个程序判断其本身是否会停机并做出相反的行为。这时候显然不管停机问题的结果是什么都不会符合要求，所以这是一个不可解的问题。具体的证明过程可参考链接 http://zh. wikipedia.org/zh/ 停机问题。

描述了方法体所有的基本块（Basic Block，指按照控制流拆分的代码块）开始时本地变量表和操作栈应有的状态，在字节码验证期间，Java 虚拟机就不需要根据程序推导这些状态的合法性，只需要检查 StackMapTable 属性中的记录是否合法即可。这样就将字节码验证的类型推导转变为类型检查，从而节省了大量校验时间。理论上 StackMapTable 属性也存在错误或被篡改的可能，所以是否有可能在恶意篡改了 Code 属性的同时，也生成相应的 StackMapTable 属性来骗过虚拟机的类型校验，则是虚拟机设计者们需要仔细思考的问题。

JDK 6 的 HotSpot 虚拟机中提供了 -XX:-UseSplitVerifier 选项来关闭掉这项优化，或者使用参数 -XX:+FailOverToOldVerifier 要求在类型校验失败的时候退回到旧的类型推导方式进行校验。而到了 JDK 7 之后，尽管虚拟机中仍然保留着类型推导验证器的代码，但是对于主版本号大于 50（对应 JDK 6）的 Class 文件，使用类型检查来完成数据流分析校验则是唯一的选择，不允许再退回到原来的类型推导的校验方式。

### 4. 符号引用验证

最后一个阶段的校验行为发生在虚拟机将符号引用转化为直接引用⊖的时候，这个转化动作将在连接的第三阶段——解析阶段中发生。符号引用验证可以看作是对类自身以外（常量池中的各种符号引用）的各类信息进行匹配性校验，通俗来说就是，该类是否缺少或者被禁止访问它依赖的某些外部类、方法、字段等资源。本阶段通常需要校验下列内容：

- ❑ 符号引用中通过字符串描述的全限定名是否能找到对应的类。
- ❑ 在指定类中是否存在符合方法的字段描述符及简单名称所描述的方法和字段。
- ❑ 符号引用中的类、字段、方法的可访问性（private、protected、public、<package>）是否可被当前类访问。
- ❑ ……

符号引用验证的主要目的是确保解析行为能正常执行，如果无法通过符号引用验证，Java 虚拟机将会抛出一个 java.lang.IncompatibleClassChangeError 的子类异常，典型的如：java.lang.IllegalAccessError、java.lang.NoSuchFieldError、java.lang.NoSuchMethodError 等。

验证阶段对于虚拟机的类加载机制来说，是一个非常重要的、但却不是必须要执行的阶段，因为验证阶段只有通过或者不通过的差别，只要通过了验证，其后就对程序运行期没有任何影响了。如果程序运行的全部代码（包括自己编写的、第三方包中的、从外部加载的、动态生成的等所有代码）都已经被反复使用和验证过，在生产环境的实施阶段就可以考虑使用 -Xverify:none 参数来关闭大部分的类验证措施，以缩短虚拟机类加载的时间。

## 7.3.3　准备

准备阶段是正式为类中定义的变量（即静态变量，被 static 修饰的变量）分配内存并设置类变量初始值的阶段，从概念上讲，这些变量所使用的内存都应当在方法区中进行分配，

---

　⊖　关于符号引用和直接引用的具体解释，见 7.3.4 节。

但必须注意到方法区本身是一个逻辑上的区域，在 JDK 7 之前，HotSpot 使用永久代来实现方法区时，实现是完全符合这种逻辑概念的；而在 JDK 7 及之后，类变量则会随着 Class 对象一起存放在 Java 堆中，这时候"类变量在方法区"就完全是一种对逻辑概念的表述了，关于这部分内容，笔者已在 4.3.1 节介绍并且验证过。

关于准备阶段，还有两个容易产生混淆的概念笔者需要着重强调，首先是这时候进行内存分配的仅包括类变量，而不包括实例变量，实例变量将会在对象实例化时随着对象一起分配在 Java 堆中。其次是这里所说的初始值"通常情况"下是数据类型的零值，假设一个类变量的定义为：

```
public static int value = 123;
```

那变量 value 在准备阶段过后的初始值为 0 而不是 123，因为这时尚未开始执行任何 Java 方法，而把 value 赋值为 123 的 putstatic 指令是程序被编译后，存放于类构造器 <clinit>() 方法之中，所以把 value 赋值为 123 的动作要到类的初始化阶段才会被执行。表 7-1 列出了 Java 中所有基本数据类型的零值。

表 7-1　基本数据类型的零值

| 数据类型 | 零　值 | 数据类型 | 零　值 |
| --- | --- | --- | --- |
| int | 0 | boolean | false |
| long | 0L | float | 0.0f |
| short | (short) 0 | double | 0.0d |
| char | '\u0000' | reference | null |
| byte | (byte) 0 | | |

上面提到在"通常情况"下初始值是零值，那言外之意是相对的会有某些"特殊情况"：如果类字段的字段属性表中存在 ConstantValue 属性，那在准备阶段变量值就会被初始化为 ConstantValue 属性所指定的初始值，假设上面类变量 value 的定义修改为：

```
public static final int value = 123;
```

编译时 Javac 将会为 value 生成 ConstantValue 属性，在准备阶段虚拟机就会根据 ConstantValue 的设置将 value 赋值为 123。

### 7.3.4　解析

解析阶段是 Java 虚拟机将常量池内的符号引用替换为直接引用的过程，符号引用在第 6 章讲解 Class 文件格式的时候已经出现过多次，在 Class 文件中它以 CONSTANT_Class_info、CONSTANT_Fieldref_info、CONSTANT_Methodref_info 等类型的常量出现，那解析阶段中所说的直接引用与符号引用又有什么关联呢？

❑ 符号引用（Symbolic References）：符号引用以一组符号来描述所引用的目标，符号可

以是任何形式的字面量，只要使用时能无歧义地定位到目标即可。符号引用与虚拟机
实现的内存布局无关，引用的目标并不一定是已经加载到虚拟机内存当中的内容。各
种虚拟机实现的内存布局可以各不相同，但是它们能接受的符号引用必须都是一致
的，因为符号引用的字面量形式明确定义在《Java 虚拟机规范》的 Class 文件格式中。

❑ 直接引用（Direct References）：直接引用是可以直接指向目标的指针、相对偏移量
或者是一个能间接定位到目标的句柄。直接引用是和虚拟机实现的内存布局直接相
关的，同一个符号引用在不同虚拟机实例上翻译出来的直接引用一般不会相同。如
果有了直接引用，那引用的目标必定已经在虚拟机的内存中存在。

《Java 虚拟机规范》之中并未规定解析阶段发生的具体时间，只要求了在执行 ane-
warray、checkcast、getfield、getstatic、instanceof、invokedynamic、invokeinterface、invoke-
special、invokestatic、invokevirtual、ldc、ldc_w、ldc2_w、multianewarray、new、putfield 和
putstatic 这 17 个用于操作符号引用的字节码指令之前，先对它们所使用的符号引用进行解
析。所以虚拟机实现可以根据需要来自行判断，到底是在类被加载器加载时就对常量池中
的符号引用进行解析，还是等到一个符号引用将要被使用前才去解析它。

类似地，对方法或者字段的访问，也会在解析阶段中对它们的可访问性（public、
protected、private、<package>）进行检查，至于其中的约束规则已经是 Java 语言的基本常
识，笔者就不再赘述了。

对同一个符号引用进行多次解析请求是很常见的事情，除 invokedynamic 指令以外，虚
拟机实现可以对第一次解析的结果进行缓存，譬如在运行时直接引用常量池中的记录，并
把常量标识为已解析状态，从而避免解析动作重复进行。无论是否真正执行了多次解析动
作，Java 虚拟机都需要保证的是在同一个实体中，如果一个符号引用之前已经被成功解析
过，那么后续的引用解析请求就应当一直能够成功；同样地，如果第一次解析失败了，其
他指令对这个符号的解析请求也应该收到相同的异常，哪怕这个请求的符号在后来已成功
加载进 Java 虚拟机内存之中。

不过对于 invokedynamic 指令，上面的规则就不成立了。当碰到某个前面已经由
invokedynamic 指令触发过解析的符号引用时，并不意味着这个解析结果对于其他
invokedynamic 指令也同样生效。因为 invokedynamic 指令的目的本来就是用于动态语言支
持[⊖]，它对应的引用称为"动态调用点限定符（Dynamically-Computed Call Site Specifier）"，
这里"动态"的含义是指必须等到程序实际运行到这条指令时，解析动作才能进行。相对
地，其余可触发解析的指令都是"静态"的，可以在刚刚完成加载阶段，还没有开始执行
代码时就提前进行解析。

---

⊖　invokedynamic 指令是在 JDK 7 时加入到字节码中的，当时确实只为了做动态语言（如 JRuby、Scala）
　　支持，Java 语言本身并不会用到它。而到了 JDK 8 时代，Java 有了 Lambda 表达式和接口的默认方法，
　　它们在底层调用时就会用到 invokedynamic 指令，这时再提动态语言支持其实已不完全切合，我们就只
　　把它当个代称吧。笔者将会在第 8 章中介绍这部分内容。

解析动作主要针对类或接口、字段、类方法、接口方法、方法类型、方法句柄和调用点限定符这 7 类符号引用进行，分别对应于常量池的 CONSTANT_Class_info、CONSTANT_Fieldref_info、CONSTANT_Methodref_info、CONSTANT_InterfaceMethodref_info、CONSTANT_MethodType_info、CONSTANT_MethodHandle_info、CONSTANT_Dynamic_info 和 CONSTANT_InvokeDynamic_info 8 种常量类型⊖。下面笔者将讲解前 4 种引用的解析过程，对于后 4 种，它们都和动态语言支持密切相关，由于 Java 语言本身是一门静态类型语言，在没有讲解清楚 invokedynamic 指令的语义之前，我们很难将它们直观地和现在的 Java 语言语法对应上，因此笔者将延后到第 8 章介绍动态语言调用时一起分析讲解。

### 1. 类或接口的解析

假设当前代码所处的类为 D，如果要把一个从未解析过的符号引用 N 解析为一个类或接口 C 的直接引用，那虚拟机完成整个解析的过程需要包括以下 3 个步骤：

1）如果 C 不是一个数组类型，那虚拟机将会把代表 N 的全限定名传递给 D 的类加载器去加载这个类 C。在加载过程中，由于元数据验证、字节码验证的需要，又可能触发其他相关类的加载动作，例如加载这个类的父类或实现的接口。一旦这个加载过程出现了任何异常，解析过程就将宣告失败。

2）如果 C 是一个数组类型，并且数组的元素类型为对象，也就是 N 的描述符会是类似 "[Ljava/lang/Integer" 的形式，那将会按照第一点的规则加载数组元素类型。如果 N 的描述符如前面所假设的形式，需要加载的元素类型就是 "java.lang.Integer"，接着由虚拟机生成一个代表该数组维度和元素的数组类型。

3）如果上面两步没有出现任何异常，那么 C 在虚拟机中实际上已经成为一个有效的类或接口了，但在解析完成前还要进行符号引用验证，确认 D 是否具备对 C 的访问权限。如果发现不具备访问权限，将抛出 java.lang.IllegalAccessError 异常。

针对上面第 3 点访问权限验证，在 JDK 9 引入了模块化以后，一个 public 类型也不再意味着程序任何位置都有它的访问权限，我们还必须检查模块间的访问权限。

如果我们说一个 D 拥有 C 的访问权限，那就意味着以下 3 条规则中至少有其中一条成立：

❑ 被访问类 C 是 public 的，并且与访问类 D 处于同一个模块。

❑ 被访问类 C 是 public 的，不与访问类 D 处于同一个模块，但是被访问类 C 的模块允许访问类 D 的模块进行访问。

❑ 被访问类 C 不是 public 的，但是它与访问类 D 处于同一个包中。

在后续涉及可访问性时，都必须考虑模块间访问权限隔离的约束，即以上列举的 3 条规则，这些内容在后面就不再复述了。

---

⊖ 严格来说，CONSTANT_String_info 这种类型的常量也有解析过程，但是很简单而且直观，不再做独立介绍。

## 2. 字段解析

要解析一个未被解析过的字段符号引用，首先将会对字段表内 class_index <sup>⊖</sup>项中索引的 CONSTANT_Class_info 符号引用进行解析，也就是字段所属的类或接口的符号引用。如果在解析这个类或接口符号引用的过程中出现了任何异常，都会导致字段符号引用解析的失败。如果解析成功完成，那把这个字段所属的类或接口用 C 表示，《Java 虚拟机规范》要求按照如下步骤对 C 进行后续字段的搜索：

1）如果 C 本身就包含了简单名称和字段描述符都与目标相匹配的字段，则返回这个字段的直接引用，查找结束。

2）否则，如果在 C 中实现了接口，将会按照继承关系从下往上递归搜索各个接口和它的父接口，如果接口中包含了简单名称和字段描述符都与目标相匹配的字段，则返回这个字段的直接引用，查找结束。

3）否则，如果 C 不是 java.lang.Object 的话，将会按照继承关系从下往上递归搜索其父类，如果在父类中包含了简单名称和字段描述符都与目标相匹配的字段，则返回这个字段的直接引用，查找结束。

4）否则，查找失败，抛出 java.lang.NoSuchFieldError 异常。

如果查找过程成功返回了引用，将会对这个字段进行权限验证，如果发现不具备对字段的访问权限，将抛出 java.lang.IllegalAccessError 异常。

以上解析规则能够确保 Java 虚拟机获得字段唯一的解析结果，但在实际情况中，Javac 编译器往往会采取比上述规范更加严格一些的约束，譬如有一个同名字段同时出现在某个类的接口和父类当中，或者同时在自己或父类的多个接口中出现，按照解析规则仍是可以确定唯一的访问字段，但 Javac 编译器就可能直接拒绝其编译为 Class 文件。在代码清单 7-4 中演示了这种情况，如果注释了 Sub 类中的 "public static int A = 4;"，接口与父类同时存在字段 A，那 Oracle 公司实现的 Javac 编译器将提示 " The field Sub.A is ambiguous"，并且会拒绝编译这段代码。

**代码清单 7-4　字段解析**

```
package org.fenixsoft.classloading;

public class FieldResolution {

    interface Interface0 {
        int A = 0;
    }

    interface Interface1 extends Interface0 {
        int A = 1;
    }
```

---

⊖　参见第 6 章中关于 CONSTANT_Fieldref_info 常量的相关内容。

```
interface Interface2 {
    int A = 2;
}

static class Parent implements Interface1 {
    public static int A = 3;
}

static class Sub extends Parent implements Interface2 {
    public static int A = 4;
}

public static void main(String[] args) {
    System.out.println(Sub.A);
}
}
```

### 3. 方法解析

方法解析的第一个步骤与字段解析一样，也是需要先解析出方法表的 class_index[⊖]项中索引的方法所属的类或接口的符号引用，如果解析成功，那么我们依然用 C 表示这个类，接下来虚拟机将会按照如下步骤进行后续的方法搜索：

1）由于 Class 文件格式中类的方法和接口的方法符号引用的常量类型定义是分开的，如果在类的方法表中发现 class_index 中索引的 C 是个接口的话，那就直接抛出 java.lang.IncompatibleClassChangeError 异常。

2）如果通过了第一步，在类 C 中查找是否有简单名称和描述符都与目标相匹配的方法，如果有则返回这个方法的直接引用，查找结束。

3）否则，在类 C 的父类中递归查找是否有简单名称和描述符都与目标相匹配的方法，如果有则返回这个方法的直接引用，查找结束。

4）否则，在类 C 实现的接口列表及它们的父接口之中递归查找是否有简单名称和描述符都与目标相匹配的方法，如果存在匹配的方法，说明类 C 是一个抽象类，这时候查找结束，抛出 java.lang.AbstractMethodError 异常。

5）否则，宣告方法查找失败，抛出 java.lang.NoSuchMethodError。

最后，如果查找过程成功返回了直接引用，将会对这个方法进行权限验证，如果发现不具备对此方法的访问权限，将抛出 java.lang.IllegalAccessError 异常。

### 4. 接口方法解析

接口方法也是需要先解析出接口方法表的 class_index[⊖]项中索引的方法所属的类或接口的符号引用，如果解析成功，依然用 C 表示这个接口，接下来虚拟机将会按照如下步骤

---

⊖ 参见第 6 章关于 CONSTANT_Methodref_info 常量的相关内容。

⊜ 参见第 6 章中关于 CONSTANT_InterfaceMethodref_info 常量的相关内容。

进行后续的接口方法搜索：

1）与类的方法解析相反，如果在接口方法表中发现 class_index 中的索引 C 是个类而不是接口，那么就直接抛出 java.lang.IncompatibleClassChangeError 异常。

2）否则，在接口 C 中查找是否有简单名称和描述符都与目标相匹配的方法，如果有则返回这个方法的直接引用，查找结束。

3）否则，在接口 C 的父接口中递归查找，直到 java.lang.Object 类（接口方法的查找范围也会包括 Object 类中的方法）为止，看是否有简单名称和描述符都与目标相匹配的方法，如果有则返回这个方法的直接引用，查找结束。

4）对于规则 3，由于 Java 的接口允许多重继承，如果 C 的不同父接口中存有多个简单名称和描述符都与目标相匹配的方法，那将会从这多个方法中返回其中一个并结束查找，《Java 虚拟机规范》中并没有进一步规则约束应该返回哪一个接口方法。但与之前字段查找类似地，不同发行商实现的 Javac 编译器有可能会按照更严格的约束拒绝编译这种代码来避免不确定性。

5）否则，宣告方法查找失败，抛出 java.lang. NoSuchMethodError 异常。

在 JDK 9 之前，Java 接口中的所有方法都默认是 public 的，也没有模块化的访问约束，所以不存在访问权限的问题，接口方法的符号解析就不可能抛出 java.lang. IllegalAccessError 异常。但在 JDK 9 中增加了接口的静态私有方法，也有了模块化的访问约束，所以从 JDK 9 起，接口方法的访问也完全有可能因访问权限控制而出现 java.lang. IllegalAccessError 异常。

## 7.3.5　初始化

类的初始化阶段是类加载过程的最后一个步骤，之前介绍的几个类加载的动作里，除了在加载阶段用户应用程序可以通过自定义类加载器的方式局部参与外，其余动作都完全由 Java 虚拟机来主导控制。直到初始化阶段，Java 虚拟机才真正开始执行类中编写的 Java 程序代码，将主导权移交给应用程序。

进行准备阶段时，变量已经赋过一次系统要求的初始零值，而在初始化阶段，则会根据程序员通过程序编码制定的主观计划去初始化类变量和其他资源。我们也可以从另外一种更直接的形式来表达：初始化阶段就是执行类构造器 \<clinit>() 方法的过程。\<clinit>() 并不是程序员在 Java 代码中直接编写的方法，它是 Javac 编译器的自动生成物，但我们非常有必要了解这个方法具体是如何产生的，以及 \<clinit>() 方法执行过程中各种可能会影响程序运行行为的细节，这部分比起其他类加载过程更贴近于普通的程序开发人员的实际工作⊖。

❑ \<clinit>() 方法是由编译器自动收集类中的所有类变量的赋值动作和静态语句块（static{} 块）中的语句合并产生的，编译器收集的顺序是由语句在源文件中出现的

---

⊖　这里的讨论只限于 Java 语言编译产生的 Class 文件，不包括其他 Java 虚拟机语言。

顺序决定的，静态语句块中只能访问到定义在静态语句块之前的变量，定义在它之后的变量，在前面的静态语句块可以赋值，但是不能访问，如代码清单 7-5 所示。

**代码清单 7-5 非法前向引用变量**

```
public class Test {
    static {
        i = 0;  // 给变量赋值可以正常编译通过
        System.out.print(i);  // 这句编译器会提示"非法前向引用"
    }
    static int i = 1;
}
```

❑ &lt;clinit&gt;() 方法与类的构造函数（即在虚拟机视角中的实例构造器 &lt;init&gt;() 方法）不同，它不需要显式地调用父类构造器，Java 虚拟机会保证在子类的 &lt;clinit&gt;() 方法执行前，父类的 &lt;clinit&gt;() 方法已经执行完毕。因此在 Java 虚拟机中第一个被执行的 &lt;clinit&gt;() 方法的类型肯定是 java.lang.Object。

❑ 由于父类的 &lt;clinit&gt;() 方法先执行，也就意味着父类中定义的静态语句块要优先于子类的变量赋值操作，如代码清单 7-6 中，字段 B 的值将会是 2 而不是 1。

**代码清单 7-6 &lt;clinit&gt;() 方法执行顺序**

```
static class Parent {
    public static int A = 1;
    static {
        A = 2;
    }
}

static class Sub extends Parent {
    public static int B = A;
}

public static void main(String[] args) {
    System.out.println(Sub.B);
}
```

❑ &lt;clinit&gt;() 方法对于类或接口来说并不是必需的，如果一个类中没有静态语句块，也没有对变量的赋值操作，那么编译器可以不为这个类生成 &lt;clinit&gt;() 方法。

❑ 接口中不能使用静态语句块，但仍然有变量初始化的赋值操作，因此接口与类一样都会生成 &lt;clinit&gt;() 方法。但接口与类不同的是，执行接口的 &lt;clinit&gt;() 方法不需要先执行父接口的 &lt;clinit&gt;() 方法，因为只有当父接口中定义的变量被使用时，父接口才会被初始化。此外，接口的实现类在初始化时也一样不会执行接口的 &lt;clinit&gt;() 方法。

❑ Java 虚拟机必须保证一个类的 &lt;clinit&gt;() 方法在多线程环境中被正确地加锁同步，

如果多个线程同时去初始化一个类，那么只会有其中一个线程去执行这个类的 &lt;clinit&gt;() 方法，其他线程都需要阻塞等待，直到活动线程执行完毕 &lt;clinit&gt;() 方法。如果在一个类的 &lt;clinit&gt;() 方法中有耗时很长的操作，那就可能造成多个线程阻塞⊖，在实际应用中这种阻塞往往是很隐蔽的。代码清单 7-7 演示了这种场景。

代码清单 7-7　字段解析

```
static class DeadLoopClass {
    static {
        // 如果不加上这个if语句，编译器将提示 "Initializer does not complete normally"
           并拒绝编译
        if (true) {
            System.out.println(Thread.currentThread() + "init DeadLoopClass");
            while (true) {
            }
        }
    }
}

public static void main(String[] args) {
    Runnable script = new Runnable() {
        public void run() {
            System.out.println(Thread.currentThread() + "start");
            DeadLoopClass dlc = new DeadLoopClass();
            System.out.println(Thread.currentThread() + " run over");
        }
    };

    Thread thread1 = new Thread(script);
    Thread thread2 = new Thread(script);
    thread1.start();
    thread2.start();
}
```

运行结果如下，一条线程在死循环以模拟长时间操作，另外一条线程在阻塞等待：

```
Thread[Thread-0,5,main]start
Thread[Thread-1,5,main]start
Thread[Thread-0,5,main]init DeadLoopClass
```

## 7.4　类加载器

Java 虚拟机设计团队有意把类加载阶段中的"通过一个类的全限定名来获取描述该类的二进制字节流"这个动作放到 Java 虚拟机外部去实现，以便让应用程序自己决定如何去

---

⊖　需要注意，其他线程虽然会被阻塞，但如果执行 &lt;clinit&gt;() 方法的那条线程退出 &lt;clinit&gt;() 方法后，其他线程唤醒后则不会再次进入 &lt;clinit&gt;() 方法。同一个类加载器下，一个类型只会被初始化一次。

获取所需的类。实现这个动作的代码被称为"类加载器"（Class Loader）。

类加载器可以说是 Java 语言的一项创新，它是早期 Java 语言能够快速流行的重要原因之一。类加载器最初是为了满足 Java Applet 的需求而设计出来的，在今天用在浏览器上的 Java Applet 技术基本上已经被淘汰<sup>⊖</sup>，但类加载器却在类层次划分、OSGi、程序热部署、代码加密等领域大放异彩，成为 Java 技术体系中一块重要的基石，可谓是失之东隅，收之桑榆。

### 7.4.1　类与类加载器

类加载器虽然只用于实现类的加载动作，但它在 Java 程序中起到的作用却远超类加载阶段。对于任意一个类，都必须由加载它的类加载器和这个类本身一起共同确立其在 Java 虚拟机中的唯一性，每一个类加载器，都拥有一个独立的类名称空间。这句话可以表达得更通俗一些：比较两个类是否"相等"，只有在这两个类是由同一个类加载器加载的前提下才有意义，否则，即使这两个类来源于同一个 Class 文件，被同一个 Java 虚拟机加载，只要加载它们的类加载器不同，那这两个类就必定不相等。

这里所指的"相等"，包括代表类的 Class 对象的 equals() 方法、isAssignableFrom() 方法、isInstance() 方法的返回结果，也包括了使用 instanceof 关键字做对象所属关系判定等各种情况。如果没有注意到类加载器的影响，在某些情况下可能会产生具有迷惑性的结果，代码清单 7-8 中演示了不同的类加载器对 instanceof 关键字运算的结果的影响。

代码清单 7-8　不同的类加载器对 instanceof 关键字运算的结果的影响

```
/**
 * 类加载器与instanceof关键字演示
 *
 * @author zzm
 */
public class ClassLoaderTest {

    public static void main(String[] args) throws Exception {

        ClassLoader myLoader = new ClassLoader() {
            @Override
            public Class<?> loadClass(String name) throws ClassNotFoundException {
                try {
                    String fileName = name.substring(name.lastIndexOf(".") + 1)+".class";
                    InputStream is = getClass().getResourceAsStream(fileName);
                    if (is == null) {
                        return super.loadClass(name);
                    }
                    byte[] b = new byte[is.available()];
                    is.read(b);
```

<hr />

⊖　特指浏览器上的 Java Applets，在其他领域，如智能卡上，Java Applets 仍然有很广阔的市场。

```
                        return defineClass(name, b, 0, b.length);
                    } catch (IOException e) {
                        throw new ClassNotFoundException(name);
                    }
                }
            };

            Object obj = myLoader.loadClass("org.fenixsoft.classloading.ClassLoaderTest").
                newInstance();

            System.out.println(obj.getClass());
            System.out.println(obj instanceof org.fenixsoft.classloading.ClassLoaderTest);
        }
    }
```

运行结果：

```
class org.fenixsoft.classloading.ClassLoaderTest
false
```

代码清单 7-8 中构造了一个简单的类加载器，尽管它极为简陋，但是对于这个演示来说已经足够。它可以加载与自己在同一路径下的 Class 文件，我们使用这个类加载器去加载了一个名为"org.fenixsoft.classloading.ClassLoaderTest"的类，并实例化了这个类的对象。

两行输出结果中，从第一行可以看到这个对象确实是类 org.fenixsoft.classloading. ClassLoaderTest 实例化出来的，但在第二行的输出中却发现这个对象与类 org.fenixsoft. classloading.ClassLoaderTest 做所属类型检查的时候返回了 false。这是因为 Java 虚拟机中同时存在了两个 ClassLoaderTest 类，一个是由虚拟机的应用程序类加载器所加载的，另外一个是由我们自定义的类加载器加载的，虽然它们都来自同一个 Class 文件，但在 Java 虚拟机中仍然是两个互相独立的类，做对象所属类型检查时的结果自然为 false。

## 7.4.2　双亲委派模型

站在 Java 虚拟机的角度来看，只存在两种不同的类加载器：一种是启动类加载器（Bootstrap ClassLoader），这个类加载器使用 C++ 语言实现⊖，是虚拟机自身的一部分；另外一种就是其他所有的类加载器，这些类加载器都由 Java 语言实现，独立存在于虚拟机外部，并且全都继承自抽象类 java.lang.ClassLoader。

---

⊖　这里只限于 HotSpot，像 MRP、Maxine 这些虚拟机，整个虚拟机本身都是由 Java 编写的，自然 Bootstrap ClassLoader 也是由 Java 语言而不是 C++ 实现的。退一步说，除了 HotSpot 外的其他两个高性能虚拟机 JRockit 和 J9 都有一个代表 Bootstrap ClassLoader 的 Java 类存在，但是关键方法的实现仍然是使用 JNI 回调到 C（而不是 C++）的实现上，这个 Bootstrap ClassLoader 的实例也无法被用户获取到。在 JDK 9 以后，HotSpot 虚拟机也采用了类似的虚拟机与 Java 类互相配合来实现 Bootstrap ClassLoader 的方式，所以在 JDK 9 后 HotSpot 也有一个无法获取实例的代表 Bootstrap ClassLoader 的 Java 类存在了。

站在 Java 开发人员的角度来看，类加载器就应当划分得更细致一些。自 JDK 1.2 以来，Java 一直保持着三层类加载器、双亲委派的类加载架构，尽管这套架构在 Java 模块化系统出现后有了一些调整变动，但依然未改变其主体结构，我们将在 7.5 节中专门讨论模块化系统下的类加载器。

本节内容将针对 JDK 8 及之前版本的 Java 来介绍什么是三层类加载器，以及什么是双亲委派模型。对于这个时期的 Java 应用，绝大多数 Java 程序都会使用到以下 3 个系统提供的类加载器来进行加载。

❏ 启动类加载器（Bootstrap Class Loader）：前面已经介绍过，这个类加载器负责加载存放在 <JAVA_HOME>\lib 目录，或者被 -Xbootclasspath 参数所指定的路径中存放的，而且是 Java 虚拟机能够识别的（按照文件名识别，如 rt.jar、tools.jar，名字不符合的类库即使放在 lib 目录中也不会被加载）类库加载到虚拟机的内存中。启动类加载器无法被 Java 程序直接引用，用户在编写自定义类加载器时，如果需要把加载请求委派给启动类加载器去处理，那直接使用 null 代替即可，代码清单 7-9 展示的就是 java.lang.Class.getClassLoader() 方法的代码片段，其中的注释和代码实现都明确地说明了以 null 值来代表启动类加载器的约定规则。

代码清单 7-9　Class.getClassLoader() 方法的代码片段

```
/**
Returns the class loader for the class.  Some implementations may use null to
    represent the bootstrap class loader. This method will return  null in such
    implementations if this class was loaded by the bootstrap class loader.
*/
public ClassLoader getClassLoader() {
    ClassLoader cl = getClassLoader0();
    if (cl == null)
        return null;
    SecurityManager sm = System.getSecurityManager();
    if (sm != null) {
        ClassLoader ccl = ClassLoader.getCallerClassLoader();
        if (ccl != null && ccl != cl && !cl.isAncestor(ccl)) {
            sm.checkPermission(SecurityConstants.GET_CLASSLOADER_PERMISSION);
        }
    }
    return cl;
}
```

❏ 扩展类加载器（Extension Class Loader）：这个类加载器是在类 sun.misc.Launcher$ExtClassLoader 中以 Java 代码的形式实现的。它负责加载 <JAVA_HOME>\lib\ext 目录中，或者被 java.ext.dirs 系统变量所指定的路径中所有的类库。根据"扩展类加载器"这个名称，就可以推断出这是一种 Java 系统类库的扩展机制，JDK 的开发团队允许用户将具有通用性的类库放置在 ext 目录里以扩展 Java SE 的功能，在 JDK 9

之后，这种扩展机制被模块化带来的天然的扩展能力所取代。由于扩展类加载器是由 Java 代码实现的，开发者可以直接在程序中使用扩展类加载器来加载 Class 文件。

❑ 应用程序类加载器（Application Class Loader）：这个类加载器由 sun.misc.Launcher$ AppClassLoader 来实现。由于应用程序类加载器是 ClassLoader 类中的 getSystem-ClassLoader() 方法的返回值，所以有些场合中也称它为"系统类加载器"。它负责加载用户类路径（ClassPath）上所有的类库，开发者同样可以直接在代码中使用这个类加载器。如果应用程序中没有自定义过自己的类加载器，一般情况下这个就是程序中默认的类加载器。

JDK 9 之前的 Java 应用都是由这三种类加载器互相配合来完成加载的，如果用户认为有必要，还可以加入自定义的类加载器来进行拓展，典型的如增加除了磁盘位置之外的 Class 文件来源，或者通过类加载器实现类的隔离、重载等功能。这些类加载器之间的协作关系"通常"会如图 7-2 所示。

图 7-2 中展示的各种类加载器之间的层次关系被称为类加载器的"双亲委派模型（Parents Delegation Model）"。双亲委派模型要求除了顶层的启动类加载器外，其余的类加载器都应有自己的父类加载器。不过这里

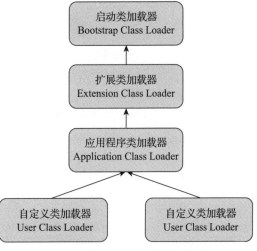

图 7-2　类加载器双亲委派模型

类加载器之间的父子关系一般不是以继承（Inheritance）的关系来实现的，而是通常使用组合（Composition）关系来复用父加载器的代码。

读者可能注意到前面描述这种类加载器协作关系时，笔者专门用双引号强调这是"通常"的协作关系。类加载器的双亲委派模型在 JDK 1.2 时期被引入，并被广泛应用于此后几乎所有的 Java 程序中，但它并不是一个具有强制性约束力的模型，而是 Java 设计者们推荐给开发者的一种类加载器实现的最佳实践。

双亲委派模型的工作过程是：如果一个类加载器收到了类加载的请求，它首先不会自己去尝试加载这个类，而是把这个请求委派给父类加载器去完成，每一个层次的类加载器都是如此，因此所有的加载请求最终都应该传送到最顶层的启动类加载器中，只有当父加载器反馈自己无法完成这个加载请求（它的搜索范围中没有找到所需的类）时，子加载器才会尝试自己去完成加载。

使用双亲委派模型来组织类加载器之间的关系，一个显而易见的好处就是 Java 中的类随着它的类加载器一起具备了一种带有优先级的层次关系。例如类 java.lang.Object，它存放在 rt.jar 之中，无论哪一个类加载器要加载这个类，最终都是委派给处于模型最顶端的启动类加载器进行加载，因此 Object 类在程序的各种类加载器环境中都能够保证是同一个类。

反之，如果没有使用双亲委派模型，都由各个类加载器自行去加载的话，如果用户自己也编写了一个名为java.lang.Object的类，并放在程序的ClassPath中，那系统中就会出现多个不同的Object类，Java类型体系中最基础的行为也就无从保证，应用程序将会变得一片混乱。如果读者有兴趣的话，可以尝试去写一个与rt.jar类库中已有类重名的Java类，将会发现它可以正常编译，但永远无法被加载运行⊖。

双亲委派模型对于保证Java程序的稳定运作极为重要，但它的实现却异常简单，用以实现双亲委派的代码只有短短十余行，全部集中在java.lang.ClassLoader的loadClass()方法之中，如代码清单7-10所示。

代码清单7-10　双亲委派模型的实现

```
protected synchronized Class<?> loadClass(String name, boolean resolve) throws
    ClassNotFoundException
{
    // 首先，检查请求的类是否已经被加载过了
    Class c = findLoadedClass(name);
    if (c == null) {
        try {
        if (parent != null) {
            c = parent.loadClass(name, false);
        } else {
            c = findBootstrapClassOrNull(name);
        }
        } catch (ClassNotFoundException e) {
            // 如果父类加载器抛出ClassNotFoundException
            // 说明父类加载器无法完成加载请求
        }
        if (c == null) {
            // 在父类加载器无法加载时
            // 再调用本身的findClass方法来进行类加载
            c = findClass(name);
        }
    }
    if (resolve) {
        resolveClass(c);
    }
    return c;
}
```

这段代码的逻辑清晰易懂：先检查请求加载的类型是否已经被加载过，若没有则调用父加载器的loadClass()方法，若父加载器为空则默认使用启动类加载器作为父加载器。假如父类加载器加载失败，抛出ClassNotFoundException异常的话，才调用自己的findClass()方法尝试进行加载。

⊖ 即使自定义了自己的类加载器，强行用defineClass()方法去加载一个以"java.lang"开头的类也不会成功。如果读者尝试这样做的话，将会收到一个由Java虚拟机内部抛出的"java.lang.SecurityException: Prohibited package name: java.lang"异常。

### 7.4.3　破坏双亲委派模型

上文提到过双亲委派模型并不是一个具有强制性约束的模型，而是 Java 设计者推荐给开发者们的类加载器实现方式。在 Java 的世界中大部分的类加载器都遵循这个模型，但也有例外的情况，直到 Java 模块化出现为止，双亲委派模型主要出现过 3 次较大规模"被破坏"的情况。

双亲委派模型的第一次"被破坏"其实发生在双亲委派模型出现之前——即 JDK 1.2 面世以前的"远古"时代。由于双亲委派模型在 JDK 1.2 之后才被引入，但是类加载器的概念和抽象类 java.lang.ClassLoader 则在 Java 的第一个版本中就已经存在，面对已经存在的用户自定义类加载器的代码，Java 设计者们引入双亲委派模型时不得不做出一些妥协，为了兼容这些已有代码，无法再以技术手段避免 loadClass() 被子类覆盖的可能性，只能在 JDK 1.2 之后的 java.lang.ClassLoader 中添加一个新的 protected 方法 findClass()，并引导用户编写的类加载逻辑时尽可能去重写这个方法，而不是在 loadClass() 中编写代码。上节我们已经分析过 loadClass() 方法，双亲委派的具体逻辑就实现在这里面，按照 loadClass() 方法的逻辑，如果父类加载失败，会自动调用自己的 findClass() 方法来完成加载，这样既不影响用户按照自己的意愿去加载类，又可以保证新写出来的类加载器是符合双亲委派规则的。

双亲委派模型的第二次"被破坏"是由这个模型自身的缺陷导致的，双亲委派很好地解决了各个类加载器协作时基础类型的一致性问题（越基础的类由越上层的加载器进行加载），基础类型之所以被称为"基础"，是因为它们总是作为被用户代码继承、调用的 API 存在，但程序设计往往没有绝对不变的完美规则，如果有基础类型又要调用回用户的代码，那该怎么办呢？

这并非是不可能出现的事情，一个典型的例子便是 JNDI 服务，JNDI 现在已经是 Java 的标准服务，它的代码由启动类加载器来完成加载（在 JDK 1.3 时加入到 rt.jar 的），肯定属于 Java 中很基础的类型了。但 JNDI 存在的目的就是对资源进行查找和集中管理，它需要调用由其他厂商实现并部署在应用程序的 ClassPath 下的 JNDI 服务提供者接口（Service Provider Interface，SPI）的代码，现在问题来了，启动类加载器是绝不可能认识、加载这些代码的，那该怎么办？

为了解决这个困境，Java 的设计团队只好引入了一个不太优雅的设计：线程上下文类加载器（Thread Context ClassLoader）。这个类加载器可以通过 java.lang.Thread 类的 setContextClassLoader() 方法进行设置，如果创建线程时还未设置，它将会从父线程中继承一个，如果在应用程序的全局范围内都没有设置过的话，那这个类加载器默认就是应用程序类加载器。

有了线程上下文类加载器，程序就可以做一些"舞弊"的事情了。JNDI 服务使用这个线程上下文类加载器去加载所需的 SPI 服务代码，这是一种父类加载器去请求子类加载器完成类加载的行为，这种行为实际上是打通了双亲委派模型的层次结构来逆向使用类加载器，已经违背了双亲委派模型的一般性原则，但也是无可奈何的事情。Java 中涉及 SPI 的加载基本上都采用这种方式来完成，例如 JNDI、JDBC、JCE、JAXB 和 JBI 等。不过，当 SPI 的服务提供者多于一个的时候，代码就只能根据具体提供者的类型来硬编码判断，为了消除这种极不优雅的实现方式，在 JDK 6 时，JDK 提供了 java.util.ServiceLoader 类，以 META-INF/services 中的配置信息，辅以责任链模式，这才算是给 SPI 的加载提供了一种相对合理的解决方案。

双亲委派模型的第三次"被破坏"是由于用户对程序动态性的追求而导致的，这里所说的"动态性"指的是一些非常"热"门的名词：代码热替换（Hot Swap）、模块热部署（Hot Deployment）等。说白了就是希望 Java 应用程序能像我们的电脑外设那样，接上鼠标、U 盘，不用重启机器就能立即使用，鼠标有问题或要升级就换个鼠标，不用关机也不用重启。对于个人电脑来说，重启一次其实没有什么大不了的，但对于一些生产系统来说，关机重启一次可能就要被列为生产事故，这种情况下热部署就对软件开发者，尤其是大型系统或企业级软件开发者具有很大的吸引力。

早在 2008 年，在 Java 社区关于模块化规范的第一场战役里，由 Sun/Oracle 公司所提出的 JSR-294 ⊖、JSR-277⊜规范提案就曾败给以 IBM 公司主导的 JSR-291（即 OSGi R4.2）提案。尽管 Sun/Oracle 并不甘心就此失去 Java 模块化的主导权，随即又再拿出 Jigsaw 项目迎战，但此时 OSGi 已经站稳脚跟，成为业界"事实上"的 Java 模块化标准⊜。曾经在很长一段时间内，IBM 凭借着 OSGi 广泛应用基础让 Jigsaw 吃尽苦头，其影响一直持续到 Jigsaw 随 JDK 9 面世才算告一段落。而且即使 Jigsaw 现在已经是 Java 的标准功能了，它仍需小心翼翼地避开 OSGi 运行期动态热部署上的优势，仅局限于静态地解决模块间封装隔离和访问控制的问题，这部分内容笔者在 7.5 节中会继续讲解，现在我们先来简单看一看 OSGi 是如何通过类加载器实现热部署的。

OSGi 实现模块化热部署的关键是它自定义的类加载器机制的实现，每一个程序模块（OSGi 中称为 Bundle）都有一个自己的类加载器，当需要更换一个 Bundle 时，就把 Bundle 连同类加载器一起换掉以实现代码的热替换。在 OSGi 环境下，类加载器不再使用双亲委派模型推荐的树状结构，而是进一步发展为更加复杂的网状结构，当收到类加载请求时，OSGi 将按照下面的顺序进行类搜索：

1）将以 java.* 开头的类，委派给父类加载器加载。

2）否则，将委派列表名单内的类，委派给父类加载器加载。

3）否则，将 Import 列表中的类，委派给 Export 这个类的 Bundle 的类加载器加载。

4）否则，查找当前 Bundle 的 ClassPath，使用自己的类加载器加载。

5）否则，查找类是否在自己的 Fragment Bundle 中，如果在，则委派给 Fragment Bundle 的类加载器加载。

6）否则，查找 Dynamic Import 列表的 Bundle，委派给对应 Bundle 的类加载器加载。

7）否则，类查找失败。

---

⊖　JSR-294：Improved Modularity Support in the Java Programming Language（Java 编程语言中的改进模块性支持）。

⊜　JSR-277：Java Module System（Java 模块系统）。

⊜　如果读者对 Java 模块化之争或者 OSGi 本身感兴趣，欢迎阅读笔者的另一本书《深入理解 OSGi：Equinox 原理、应用与最佳实践》。

上面的查找顺序中只有开头两点仍然符合双亲委派模型的原则，其余的类查找都是在平级的类加载器中进行的，关于 OSGi 的其他内容，笔者就不再展开了。

本节中笔者虽然使用了"被破坏"这个词来形容上述不符合双亲委派模型原则的行为，但这里"被破坏"并不一定是带有贬义的。只要有明确的目的和充分的理由，突破旧有原则无疑是一种创新。正如 OSGi 中的类加载器的设计不符合传统的双亲委派的类加载器架构，且业界对其为了实现热部署而带来的额外的高复杂度还存在不少争议，但对这方面有了解的技术人员基本还是能达成一个共识，认为 OSGi 中对类加载器的运用是值得学习的，完全弄懂了 OSGi 的实现，就算是掌握了类加载器的精粹。

## 7.5　Java 模块化系统

在 JDK 9 中引入的 Java 模块化系统（Java Platform Module System，JPMS）是对 Java 技术的一次重要升级，为了能够实现模块化的关键目标——可配置的封装隔离机制，Java 虚拟机对类加载架构也做出了相应的变动调整，才使模块化系统得以顺利地运作。JDK 9 的模块不仅仅像之前的 JAR 包那样只是简单地充当代码的容器，除了代码外，Java 的模块定义还包含以下内容：

- ❏ 依赖其他模块的列表。
- ❏ 导出的包列表，即其他模块可以使用的列表。
- ❏ 开放的包列表，即其他模块可反射访问模块的列表。
- ❏ 使用的服务列表。
- ❏ 提供服务的实现列表。

可配置的封装隔离机制首先要解决 JDK 9 之前基于类路径（ClassPath）来查找依赖的可靠性问题。此前，如果类路径中缺失了运行时依赖的类型，那就只能等程序运行到发生该类型的加载、链接时才会报出运行的异常。而在 JDK 9 以后，如果启用了模块化进行封装，模块就可以声明对其他模块的显式依赖，这样 Java 虚拟机就能够在启动时验证应用程序开发阶段设定好的依赖关系在运行期是否完备，如有缺失那就直接启动失败，从而避免了很大一部分<sup>⊖</sup>由于类型依赖而引发的运行时异常。

可配置的封装隔离机制还解决了原来类路径上跨 JAR 文件的 public 类型的可访问性问题。JDK 9 中的 public 类型不再意味着程序的所有地方的代码都可以随意访问到它们，模块提供了更精细的可访问性控制，必须明确声明其中哪一些 public 的类型可以被其他哪一些模块访问，这种访问控制也主要是在类加载过程中完成的，具体内容笔者在前文对解析阶段的讲解中已经介绍过。

---

⊖　并不是说模块化下就不可能出现 ClassNotFoundExcepiton 这类异常了，假如将某个模块中的、原本公开的包中把某些类型移除，但不修改模块的导出信息，这样程序能够顺利启动，但仍然会在运行期出现类加载异常。

### 7.5.1　模块的兼容性

为了使可配置的封装隔离机制能够兼容传统的类路径查找机制，JDK 9 提出了与"类路径"（ClassPath）相对应的"模块路径"（ModulePath）的概念。简单来说，就是某个类库到底是模块还是传统的 JAR 包，只取决于它存放在哪种路径上。只要是放在类路径上的 JAR 文件，无论其中是否包含模块化信息（是否包含了 module-info.class 文件），它都会被当作传统的 JAR 包来对待；相应地，只要放在模块路径上的 JAR 文件，即使没有使用 JMOD 后缀，甚至说其中并不包含 module-info.class 文件，它也仍然会被当作一个模块来对待。

模块化系统将按照以下规则来保证使用传统类路径依赖的 Java 程序可以不经修改地直接运行在 JDK 9 及以后的 Java 版本上，即使这些版本的 JDK 已经使用模块来封装了 Java SE 的标准类库，模块化系统的这套规则也仍然保证了传统程序可以访问到所有标准类库模块中导出的包。

❏ JAR 文件在类路径的访问规则：所有类路径下的 JAR 文件及其他资源文件，都被视为自动打包在一个匿名模块（Unnamed Module）里，这个匿名模块几乎是没有任何隔离的，它可以看到和使用类路径上所有的包、JDK 系统模块中所有的导出包，以及模块路径上所有模块中导出的包。

❏ 模块在模块路径的访问规则：模块路径下的具名模块（Named Module）只能访问到它依赖定义中列明依赖的模块和包，匿名模块里所有的内容对具名模块来说都是不可见的，即具名模块看不见传统 JAR 包的内容。

❏ JAR 文件在模块路径的访问规则：如果把一个传统的、不包含模块定义的 JAR 文件放置到模块路径中，它就会变成一个自动模块（Automatic Module）。尽管不包含 module-info.class，但自动模块将默认依赖于整个模块路径中的所有模块，因此可以访问到所有模块导出的包，自动模块也默认导出自己所有的包。

以上 3 条规则保证了即使 Java 应用依然使用传统的类路径，升级到 JDK 9 对应用来说几乎（类加载器上的变动还是可能会导致少许可见的影响，将在下节介绍）不会有任何感觉，项目也不需要专门为了升级 JDK 版本而去把传统 JAR 包升级成模块。

除了向后兼容性外，随着 JDK 9 模块化系统的引入，更值得关注的是它本身面临的模块间的管理和兼容性问题：如果同一个模块发行了多个不同的版本，那只能由开发者在编译打包时人工选择好正确版本的模块来保证依赖的正确性。Java 模块化系统目前不支持在模块定义中加入版本号来管理和约束依赖，本身也不支持多版本号的概念和版本选择功能。前面这句话引来过很多的非议，但它确实是 Oracle 官方对模块化系统的明确的目标说明⊖。我们不论是在 Java 命令、Java 类库的 API 抑或是《Java 虚拟机规范》定义的 Class 文件格式里都能轻易地找到证据，表明模块版本应是编译、加载、运行期间都可以使用的。譬如输入"java --list-modules"，会得到明确带着版本号的模块列表：

---

⊖　源自 Jigsaw 本身的项目目标定义：http://openjdk.java.net/projects/jigsaw/goals-reqs/03#versioning。

```
java.base@12.0.1
java.compiler@12.0.1
java.datatransfer@12.0.1
java.desktop@12.0.1
java.instrument@12.0.1
java.logging@12.0.1
java.management@12.0.1
....
```

在 JDK 9 时加入 Class 文件格式的 Module 属性，里面有 module_version_index 这样的字段，用户可以在编译时使用"javac --module-version"来指定模块版本，在 Java 类库 API 中也存在 java.lang.module.ModuleDescriptor.Version 这样的接口可以在运行时获取到模块的版本号。这一切迹象都证明了 Java 模块化系统对版本号的支持本可以不局限在编译期。而官方却在 Jigsaw 的规范文件、JavaOne 大会的宣讲和与专家的讨论列表中，都反复强调"JPMS 的目的不是代替 OSGi"，"JPMS 不支持模块版本"这样的话语，如图 7-3 所示。

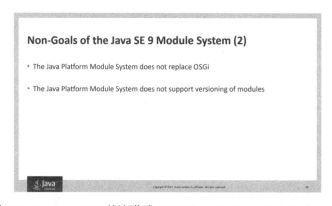

图 7-3　JavaOne 2017 的演讲《JDK 9 Java Platform Module System》

Oracle 给出的理由是希望维持一个足够简单的模块化系统，避免技术过于复杂。但结合 JCP 执行委员会关于的 Jigsaw 投票中 Oracle 与 IBM、RedHat 的激烈冲突⊖，实在很难让人信服这种设计只是单纯地基于技术原因，而不是厂家之间互相博弈妥协的结果。Jigsaw 仿佛在刻意地给 OSGi 让出一块生存空间，以换取 IBM 支持或者说不去反对 Jigsaw，其代价就是几乎宣告 Java 模块化系统不可能拥有像 OSGi 那样支持多版本模块并存、支持运行时热替换、热部署模块的能力，可这却往往是一个应用进行模块化的最大驱动力所在。如果要在 JDK 9 之后实现这种目的，就只能将 OSGi 和 JPMS 混合使用，如图 7-4 所示，这无疑带来了更高的复杂度。模块的运行时部署、替换能力没有内置在 Java 模块化系统和 Java 虚拟机之中，仍然必须通过类加载器去实现，实在不得不说是一个缺憾。

其实 Java 虚拟机内置的 JVMTI 接口（java.lang.instrument.Instrumentation）提供了一定程度的运行时修改类的能力（RedefineClass、RetransformClass），但这种修改能力会受到很

⊖　具体可参见 1.3 节对 JDK 9 期间描述的部分内容。

多限制<sup>⊖</sup>，不可能直接用来实现 OSGi 那样的热替换和多版本并存，用在 IntelliJ IDEA、Eclipse 这些 IDE 上做 HotSwap（是指 IDE 编辑方法的代码后不需要重启即可生效）倒是非常的合适。也曾经有一个研究性项目 Dynamic Code Evolution VM（DECVM）探索过在虚拟机内部支持运行时类型替换的可行性，允许任意修改已加载到内存中的 Class，并不损失任何性能，但可惜已经很久没有更新了，最新版只支持到 JDK 7。

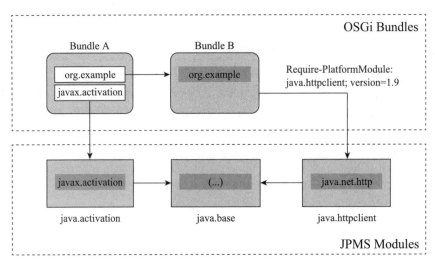

图 7-4　OSGi 与 JPMS 交互<sup>⊜</sup>

### 7.5.2　模块化下的类加载器

为了保证兼容性，JDK 9 并没有从根本上动摇从 JDK 1.2 以来运行了二十年之久的三层类加载器架构以及双亲委派模型。但是为了模块化系统的顺利施行，模块化下的类加载器仍然发生了一些应该被注意到变动，主要包括以下几个方面。

首先，是扩展类加载器（Extension Class Loader）被平台类加载器（Platform Class Loader）取代。这其实是一个很顺理成章的变动，既然整个 JDK 都基于模块化进行构建（原来的 rt.jar 和 tools.jar 被拆分成数十个 JMOD 文件），其中的 Java 类库就已天然地满足了可扩展的需求，那自然无须再保留 <JAVA_HOME>\lib\ext 目录，此前使用这个目录或者 java.ext.dirs 系统变量来扩展 JDK 功能的机制已经没有继续存在的价值了，用来加载这部分类库的扩展类加载器也完成了它的历史使命。类似地，在新版的 JDK 中也取消了 <JAVA_HOME>\jre 目录，因为随时可以组合构建出程序运行所需的 JRE 来，譬如假设我们只使用 java.base 模块中的类型，那么随时可以通过以下命令打包出一个 "JRE"：

```
jlink -p $JAVA_HOME/jmods --add-modules java.base --output jre
```

---

⊖　譬如只能修改已有方法的方法体，而不能添加新成员、删除已有成员、修改已有成员的签名等。

⊜　图片来源：https://www.infoq.com/articles/java9-osgi-future-modularity-part-2/。

其次，平台类加载器和应用程序类加载器都不再派生自 java.net.URLClassLoader，如果有程序直接依赖了这种继承关系，或者依赖了 URLClassLoader 类的特定方法，那代码很可能会在 JDK 9 及更高版本的 JDK 中崩溃。现在启动类加载器、平台类加载器、应用程序类加载器全都继承于 jdk.internal.loader.BuiltinClassLoader，在 BuiltinClassLoader 中实现了新的模块化架构下类如何从模块中加载的逻辑，以及模块中资源可访问性的处理。两者的前后变化如图 7-5 和 7-6 所示。

图 7-5　JDK 9 之前的类加载器继承架构

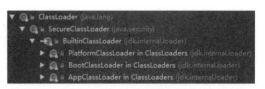

图 7-6　JDK 9 及以后的类加载器继承架构

另外，读者可能已经注意到图 7-6 中有 "BootClassLoader" 存在，启动类加载器现在是在 Java 虚拟机内部和 Java 类库共同协作实现的类加载器，尽管有了 BootClassLoader 这样的 Java 类，但为了与之前的代码保持兼容，所有在获取启动类加载器的场景（譬如 Object.class.getClassLoader()）中仍然会返回 null 来代替，而不会得到 BootClassLoader 的实例。

最后，JDK 9 中虽然仍然维持着三层类加载器和双亲委派的架构，但类加载的委派关系也发生了变动。当平台及应用程序类加载器收到类加载请求，在委派给父加载器加载前，要先判断该类是否能够归属到某一个系统模块中，如果可以找到这样的归属关系，就要优先委派给负责那个模块的加载器完成加载，也许这可以算是对双亲委派的第四次破坏。在 JDK 9 以后的三层类加载器的架构如图 7-7 所示，请读者对照图 7-2 进行比较。

在 Java 模块化系统明确规定了三个类加载器负责各自加载的模块，即前面所说的归属关系，如下所示。

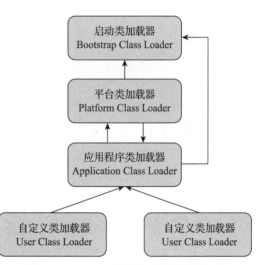

图 7-7　JDK 9 后的类加载器委派关系

❏ 启动类加载器负责加载的模块：

```
java.base              java.security.sasl
java.datatransfer      java.xml
java.desktop           jdk.httpserver
```

```
java.instrument            jdk.internal.vm.ci
java.logging               jdk.management
java.management            jdk.management.agent
java.management.rmi        jdk.naming.rmi
java.naming                jdk.net
java.prefs                 jdk.sctp
java.rmi                   jdk.unsupported
```

❏ 平台类加载器负责加载的模块：

```
java.activation*           jdk.accessibility
java.compiler*             jdk.charsets
java.corba*                jdk.crypto.cryptoki
java.scripting             jdk.crypto.ec
java.se                    jdk.dynalink
java.se.ee                 jdk.incubator.httpclient
java.security.jgss         jdk.internal.vm.compiler*
java.smartcardio           jdk.jsobject
java.sql                   jdk.localedata
java.sql.rowset            jdk.naming.dns
java.transaction*          jdk.scripting.nashorn
java.xml.bind*             jdk.security.auth
java.xml.crypto            jdk.security.jgss
java.xml.ws*               jdk.xml.dom
java.xml.ws.annotation*    jdk.zipfs
```

❏ 应用程序类加载器负责加载的模块：

```
jdk.aot                    jdk.jdeps
jdk.attach                 jdk.jdi
jdk.compiler               jdk.jdwp.agent
jdk.editpad                jdk.jlink
jdk.hotspot.agent          jdk.jshell
jdk.internal.ed            jdk.jstatd
jdk.internal.jvmstat       jdk.pack
jdk.internal.le            jdk.policytool
jdk.internal.opt           jdk.rmic
jdk.jartool                jdk.scripting.nashorn.shell
jdk.javadoc                jdk.xml.bind*
jdk.jcmd                   jdk.xml.ws*
jdk.jconsole
```

## 7.6　本章小结

本章介绍了类加载过程的"加载""验证""准备""解析"和"初始化"这 5 个阶段中虚拟机进行了哪些动作，还介绍了类加载器的工作原理及其对虚拟机的意义。

经过第 6、7 章的讲解，相信读者已经对如何在 Class 文件中定义类，以及如何将类加载到虚拟机之中这两个问题有了一个比较系统的了解，第 8 章我们将探索 Java 虚拟机的执行引擎，一起来看看虚拟机如何执行定义在 Class 文件里的字节码。

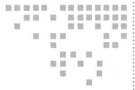

第 8 章 *Chapter 8*

# 虚拟机字节码执行引擎

代码编译的结果从本地机器码转变为字节码，是存储格式发展的一小步，却是编程语言发展的一大步。

## 8.1 概述

执行引擎是 Java 虚拟机核心的组成部分之一。"虚拟机"是一个相对于"物理机"的概念，这两种机器都有代码执行能力，其区别是物理机的执行引擎是直接建立在处理器、缓存、指令集和操作系统层面上的，而虚拟机的执行引擎则是由软件自行实现的，因此可以不受物理条件制约地定制指令集与执行引擎的结构体系，能够执行那些不被硬件直接支持的指令集格式。

在《Java 虚拟机规范》中制定了 Java 虚拟机字节码执行引擎的概念模型，这个概念模型成为各大发行商的 Java 虚拟机执行引擎的统一外观（Facade）。在不同的虚拟机实现中，执行引擎在执行字节码的时候，通常会有解释执行（通过解释器执行）和编译执行（通过即时编译器产生本地代码执行）两种选择⊖，也可能两者兼备，还可能会有同时包含几个不同级别的即时编译器一起工作的执行引擎。但从外观上来看，所有的 Java 虚拟机的执行引擎输入、输出都是一致的：输入的是字节码二进制流，处理过程是字节码解析执行的等效过程，输出的是执行结果，本章将主要从概念模型的角度来讲解虚拟机的方法调用和字节码执行。

---

⊖ 有一些虚拟机（如 Sun Classic VM）的内部只存在解释器，只能解释执行，另外一些虚拟机（如 BEA JRockit）的内部只存在即时编译器，只能编译执行。

# 8.2 运行时栈帧结构

Java 虚拟机以方法作为最基本的执行单元，"栈帧"（Stack Frame）则是用于支持虚拟机进行方法调用和方法执行背后的数据结构，它也是虚拟机运行时数据区中的虚拟机栈（Virtual Machine Stack）⊖的栈元素。栈帧存储了方法的局部变量表、操作数栈、动态连接和方法返回地址等信息，如果读者认真阅读过第 6 章，应该能从 Class 文件格式的方法表中找到以上大多数概念的静态对照物。每一个方法从调用开始至执行结束的过程，都对应着一个栈帧在虚拟机栈里面从入栈到出栈的过程。

每一个栈帧都包括了局部变量表、操作数栈、动态连接、方法返回地址和一些额外的附加信息。在编译 Java 程序源码的时候，栈帧中需要多大的局部变量表，需要多深的操作数栈就已经被分析计算出来，并且写入到方法表的 Code 属性之中⊖。换言之，一个栈帧需要分配多少内存，并不会受到程序运行期变量数据的影响，而仅仅取决于程序源码和具体的虚拟机实现的栈内存布局形式。

一个线程中的方法调用链可能会很长，以 Java 程序的角度来看，同一时刻、同一条线程里面，在调用堆栈的所有方法都同时处于执行状态。而对于执行引擎来讲，在活动线程中，只有位于栈顶的方法才是在运行的，只有位于栈顶的栈帧才是生效的，其被称为"当前栈帧"（Current Stack Frame），与这个栈帧所关联的方法被称为"当前方法"（Current Method）。执行引擎所运行的所有字节码指令都只针对当前栈帧进行操作，在概念模型上，典型的栈帧结构如图 8-1 所示。

图 8-1 所示的就是虚拟机栈和栈帧的总体结构，接下来，我们将会详细了解栈帧中的局部变量表、操作数栈、动态连接、方法返回地址等各个部分的作用和数据结构。

## 8.2.1 局部变量表

局部变量表（Local Variables Table）是一组变量值的存储空间，用于存放方法参数和方法内部定义的局部变量。在 Java 程序被编译为 Class 文件时，就在方法的 Code 属性的 max_locals 数据项中确定了该方法所需分配的局部变量表的最大容量。

局部变量表的容量以变量槽（Variable Slot）为最小单位，《Java 虚拟机规范》中并没有明确指出一个变量槽应占用的内存空间大小，只是很有导向性地说到每个变量槽都应该能存放一个 boolean、byte、char、short、int、float、reference 或 returnAddress 类型的数据，这 8 种数据类型，都可以使用 32 位或更小的物理内存来存储，但这种描述与明确指出"每个变量槽应占用 32 位长度的内存空间"是有本质差别的，它允许变量槽的长度可以随着处理器、操作系统或虚拟机实现的不同而发生变化，保证了即使在 64 位虚拟机中使用了 64 位的物理内存空间去实现一个变量槽，虚拟机仍要使用对齐和补白的手段让变量槽在外观

---

⊖ 详细内容请参见 2.2 节的相关内容。

⊖ 详细内容请参见 6.3.7 节的相关内容。

上看起来与 32 位虚拟机中的一致。

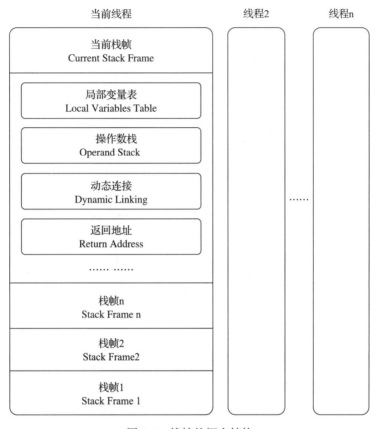

图 8-1　栈帧的概念结构

　　既然前面提到了 Java 虚拟机的数据类型，在此对它们再简单介绍一下。一个变量槽可以存放一个 32 位以内的数据类型，Java 中占用不超过 32 位存储空间的数据类型有 boolean、byte、char、short、int、float、reference ⊖ 和 returnAddress 这 8 种类型。前面 6 种不需要多加解释，读者可以按照 Java 语言中对应数据类型的概念去理解它们（仅是这样理解而已，Java 语言和 Java 虚拟机中的基本数据类型是存在本质差别的），而第 7 种 reference 类型表示对一个对象实例的引用，《Java 虚拟机规范》既没有说明它的长度，也没有明确指出这种引用应有怎样的结构。但是一般来说，虚拟机实现至少都应当能通过这个引用做到两件事情，一是从根据引用直接或间接地查找到对象在 Java 堆中的数据存放的起始地址或索引，二是根据引用直接或间接地查找到对象所属数据类型在方法区中的存储的类型信息，否则将无

---

　　⊖　Java 虚拟机规范中没有明确规定 reference 类型的长度，它的长度与实际使用 32 位还是 64 位虚拟机有
　　　　关，如果是 64 位虚拟机，还与是否开启某些对象指针压缩的优化有关，这里我们暂且只取 32 位虚拟机
　　　　的 reference 长度。

法实现《Java 语言规范》中定义的语法约定<sup>⊖</sup>。第 8 种 returnAddress 类型目前已经很少见了，它是为字节码指令 jsr、jsr_w 和 ret 服务的，指向了一条字节码指令的地址，某些很古老的 Java 虚拟机曾经使用这几条指令来实现异常处理时的跳转，但现在也已经全部改为采用异常表来代替了。

对于 64 位的数据类型，Java 虚拟机会以高位对齐的方式为其分配两个连续的变量槽空间。Java 语言中明确的 64 位的数据类型只有 long 和 double 两种。这里把 long 和 double 数据类型分割存储的做法与"long 和 double 的非原子性协定"中允许把一次 long 和 double 数据类型读写分割为两次 32 位读写的做法有些类似，读者阅读到本书关于 Java 内存模型的内容<sup>⊖</sup>时可以进行对比。不过，由于局部变量表是建立在线程堆栈中的，属于线程私有的数据，无论读写两个连续的变量槽是否为原子操作，都不会引起数据竞争和线程安全问题。

Java 虚拟机通过索引定位的方式使用局部变量表，索引值的范围是从 0 开始至局部变量表最大的变量槽数量。如果访问的是 32 位数据类型的变量，索引 N 就代表了使用第 N 个变量槽，如果访问的是 64 位数据类型的变量，则说明会同时使用第 N 和 N+1 两个变量槽。对于两个相邻的共同存放一个 64 位数据的两个变量槽，虚拟机不允许采用任何方式单独访问其中的某一个，《Java 虚拟机规范》中明确要求了如果遇到进行这种操作的字节码序列，虚拟机就应该在类加载的校验阶段中抛出异常。

当一个方法被调用时，Java 虚拟机会使用局部变量表来完成参数值到参数变量列表的传递过程，即实参到形参的传递。如果执行的是实例方法（没有被 static 修饰的方法），那局部变量表中第 0 位索引的变量槽默认是用于传递方法所属对象实例的引用，在方法中可以通过关键字"this"来访问到这个隐含的参数。其余参数则按照参数表顺序排列，占用从 1 开始的局部变量槽，参数表分配完毕后，再根据方法体内部定义的变量顺序和作用域分配其余的变量槽。

为了尽可能节省栈帧耗用的内存空间，局部变量表中的变量槽是可以重用的，方法体中定义的变量，其作用域并不一定会覆盖整个方法体，如果当前字节码 PC 计数器的值已经超出了某个变量的作用域，那这个变量对应的变量槽就可以交给其他变量来重用。不过，这样的设计除了节省栈帧空间以外，还会伴随有少量额外的副作用，例如在某些情况下变量槽的复用会直接影响到系统的垃圾收集行为，请看代码清单 8-1、代码清单 8-2 和代码清单 8-3 的 3 个演示。

**代码清单 8-1　局部变量表槽复用对垃圾收集的影响之一**

```
public static void main(String[] args)() {
    byte[] placeholder = new byte[64 * 1024 * 1024];
```

---

⊖　并不是所有语言的对象引用都能满足这两点，例如 C++ 语言，默认情况下（不开启 RTTI 支持的情况），就只能满足第一点，而不满足第二点。这也是为何 C++ 中无法提供 Java 语言里很常见的反射的根本原因。

⊖　这是 Java 内存模型中定义的内容，关于原子操作与"long 和 double 的非原子性协定"等问题，将在本书第 12 章中做详细讲解。

```
        System.gc();
    }
```

代码清单 8-1 中的代码很简单，向内存填充了 64MB 的数据，然后通知虚拟机进行垃圾收集。我们在虚拟机运行参数中加上 "-verbose:gc" 来看看垃圾收集的过程，发现在 System.gc() 运行后并没有回收掉这 64MB 的内存，下面是运行的结果：

```
[GC 66846K->65824K(125632K), 0.0032678 secs]
[Full GC 65824K->65746K(125632K), 0.0064131 secs]
```

代码清单 8-1 的代码没有回收掉 placeholder 所占的内存是能说得过去，因为在执行 System.gc() 时，变量 placeholder 还处于作用域之内，虚拟机自然不敢回收掉 placeholder 的内存。那我们把代码修改一下，变成代码清单 8-2 的样子。

**代码清单 8-2　局部变量表 Slot 复用对垃圾收集的影响之二**

```
public static void main(String[] args)() {
    {
        byte[] placeholder = new byte[64 * 1024 * 1024];
    }
    System.gc();
}
```

加入了花括号之后，placeholder 的作用域被限制在花括号以内，从代码逻辑上讲，在执行 System.gc() 的时候，placeholder 已经不可能再被访问了，但执行这段程序，会发现运行结果如下，还是有 64MB 的内存没有被回收掉，这又是为什么呢？

```
[GC 66846K->65888K(125632K), 0.0009397 secs]
[Full GC 65888K->65746K(125632K), 0.0051574 secs]
```

在解释为什么之前，我们先对这段代码进行第二次修改，在调用 System.gc() 之前加入一行 "int a=0;"，变成代码清单 8-3 的样子。

**代码清单 8-3　局部变量表 Slot 复用对垃圾收集的影响之三**

```
public static void main(String[] args)() {
    {
        byte[] placeholder = new byte[64 * 1024 * 1024];
    }
    int a = 0;
    System.gc();
}
```

这个修改看起来很莫名其妙，但运行一下程序，却发现这次内存真的被正确回收了：

```
[GC 66401K->65778K(125632K), 0.0035471 secs]
[Full GC 65778K->218K(125632K), 0.0140596 secs]
```

代码清单 8-1 至 8-3 中，placeholder 能否被回收的根本原因就是：局部变量表中的变量槽是否还存有关于 placeholder 数组对象的引用。第一次修改中，代码虽然已经离开了 placeholder 的作用域，但在此之后，再没有发生过任何对局部变量表的读写操作，placeholder 原本所占用的变量槽还没有被其他变量所复用，所以作为 GC Roots 一部分的局部变量表仍然保持着对它的关联。这种关联没有被及时打断，绝大部分情况下影响都很轻微。但如果遇到一个方法，其后面的代码有一些耗时很长的操作，而前面又定义了占用了大量内存但实际上已经不会再使用的变量，手动将其设置为 null 值（用来代替那句 int a=0，把变量对应的局部变量槽清空）便不见得是一个绝对无意义的操作，这种操作可以作为一种在极特殊情形（对象占用内存大、此方法的栈帧长时间不能被回收、方法调用次数达不到即时编译器的编译条件）下的"奇技"来使用。Java 语言的一本非常著名的书籍《Practical Java》中将把"不使用的对象应手动赋值为 null"作为一条推荐的编码规则（笔者并不认同这条规则），但是并没有解释具体原因，很长时间里都有读者对这条规则感到疑惑。

虽然代码清单 8-1 至 8-3 的示例说明了赋 null 操作在某些极端情况下确实是有用的，但笔者的观点是不应当对赋 null 值操作有什么特别的依赖，更没有必要把它当作一个普遍的编码规则来推广。原因有两点，从编码角度讲，以恰当的变量作用域来控制变量回收时间才是最优雅的解决方法，如代码清单 8-3 那样的场景除了做实验外几乎毫无用处。更关键的是，从执行角度来讲，使用赋 null 操作来优化内存回收是建立在对字节码执行引擎概念模型的理解之上的，在第 6 章介绍完字节码之后，笔者在末尾还撰写了一个小结"公有设计、私有实现"（6.5 节）来强调概念模型与实际执行过程是外部看起来等效，内部看上去则可以完全不同。当虚拟机使用解释器执行时，通常与概念模型还会比较接近，但经过即时编译器施加了各种编译优化措施以后，两者的差异就会非常大，只保证程序执行的结果与概念一致。在实际情况中，即时编译才是虚拟机执行代码的主要方式，赋 null 值的操作在经过即时编译优化后几乎是一定会被当作无效操作消除掉的，这时候将变量设置为 null 就是毫无意义的行为。字节码被即时编译为本地代码后，对 GC Roots 的枚举也与解释执行时期有显著差别，以前面的例子来看，经过第一次修改的代码清单 8-2 在经过即时编译后，System.gc() 执行时就可以正确地回收内存，根本无须写成代码清单 8-3 的样子。

关于局部变量表，还有一点可能会对实际开发产生影响，就是局部变量不像前面介绍的类变量那样存在"准备阶段"。通过第 7 章的学习，我们已经知道类的字段变量有两次赋初始值的过程，一次在准备阶段，赋予系统初始值；另外一次在初始化阶段，赋予程序员定义的初始值。因此即使在初始化阶段程序员没有为类变量赋值也没有关系，类变量仍然具有一个确定的初始值，不会产生歧义。但局部变量就不一样了，如果一个局部变量定义了但没有赋初始值，那它是完全不能使用的。所以不要认为 Java 中任何情况下都存在诸如整型变量默认为 0、布尔型变量默认为 false 等这样的默认值规则。如代码清单 8-4 所示，这段代码在 Java 中其实并不能运行（但是在其他语言，譬如 C 和 C++ 中类似的代码是可以运行的），所幸编译器能在编译期间就检查到并提示出这一点，即便编译能通过或者手动生成字节码的方式制造出下面代码的效果，字节码校验的时候也会被虚拟机发现而导致类加载失败。

**代码清单 8-4　未赋值的局部变量**

```
public static void main(String[] args) {
    int a;
    System.out.println(a);
}
```

## 8.2.2　操作数栈

操作数栈（Operand Stack）也常被称为操作栈，它是一个后入先出（Last In First Out，LIFO）栈。同局部变量表一样，操作数栈的最大深度也在编译的时候被写入到 Code 属性的 max_stacks 数据项之中。操作数栈的每一个元素都可以是包括 long 和 double 在内的任意 Java 数据类型。32 位数据类型所占的栈容量为 1，64 位数据类型所占的栈容量为 2。Javac 编译器的数据流分析工作保证了在方法执行的任何时候，操作数栈的深度都不会超过在 max_stacks 数据项中设定的最大值。

当一个方法刚刚开始执行的时候，这个方法的操作数栈是空的，在方法的执行过程中，会有各种字节码指令往操作数栈中写入和提取内容，也就是出栈和入栈操作。譬如在做算术运算的时候是通过将运算涉及的操作数栈压入栈顶后调用运算指令来进行的，又譬如在调用其他方法的时候是通过操作数栈来进行方法参数的传递。举个例子，例如整数加法的字节码指令 iadd，这条指令在运行的时候要求操作数栈中最接近栈顶的两个元素已经存入了两个 int 型的数值，当执行这个指令时，会把这两个 int 值出栈并相加，然后将相加的结果重新入栈。

操作数栈中元素的数据类型必须与字节码指令的序列严格匹配，在编译程序代码的时候，编译器必须要严格保证这一点，在类校验阶段的数据流分析中还要再次验证这一点。再以上面的 iadd 指令为例，这个指令只能用于整型数的加法，它在执行时，最接近栈顶的两个元素的数据类型必须为 int 型，不能出现一个 long 和一个 float 使用 iadd 命令相加的情况。

另外在概念模型中，两个不同栈帧作为不同方法的虚拟机栈的元素，是完全相互独立的。但是在大多虚拟机的实现里都会进行一些优化处理，令两个栈帧出现一部分重叠。让下面栈帧的部分操作数栈与上面栈帧的部分局部变量表重叠在一起，这样做不仅节约了一些空间，更重要的是在进行方法调用时就可以直接共用一部分数据，无须进行额外的参数复制传递了，重叠的过程如图 8-2 所示。

Java 虚拟机的解释执行引擎被称为"基于栈的执行引擎"，里面的"栈"就是操作数栈。后文会对基于栈的代码执行过程进行更详细的讲解，介绍它与更常见的基于寄存器的执行引擎有哪些差别。

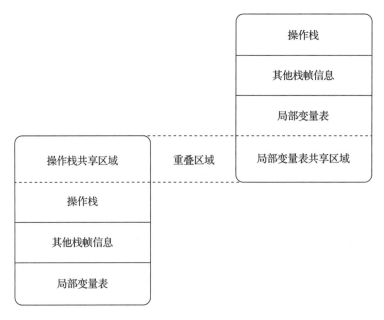

图 8-2　两个栈帧之间的数据共享

## 8.2.3　动态连接

每个栈帧都包含一个指向运行时常量池$^\ominus$中该栈帧所属方法的引用，持有这个引用是为了支持方法调用过程中的动态连接（Dynamic Linking）。通过第 6 章的讲解，我们知道 Class 文件的常量池中存有大量的符号引用，字节码中的方法调用指令就以常量池里指向方法的符号引用作为参数。这些符号引用一部分会在类加载阶段或者第一次使用的时候就被转化为直接引用，这种转化被称为静态解析。另外一部分将在每一次运行期间都转化为直接引用，这部分就称为动态连接。关于这两个转化过程的具体过程，将在 8.3 节中再详细讲解。

## 8.2.4　方法返回地址

当一个方法开始执行后，只有两种方式退出这个方法。第一种方式是执行引擎遇到任意一个方法返回的字节码指令，这时候可能会有返回值传递给上层的方法调用者（调用当前方法的方法称为调用者或者主调方法），方法是否有返回值以及返回值的类型将根据遇到何种方法返回指令来决定，这种退出方法的方式称为"正常调用完成"（Normal Method Invocation Completion）。

另外一种退出方式是在方法执行的过程中遇到了异常，并且这个异常没有在方法体内得到妥善处理。无论是 Java 虚拟机内部产生的异常，还是代码中使用 athrow 字节码指令

---

$\ominus$　运行时常量池的相关内容详见第 2 章。

产生的异常，只要在本方法的异常表中没有搜索到匹配的异常处理器，就会导致方法退出，这种退出方法的方式称为"异常调用完成（Abrupt Method Invocation Completion）"。一个方法使用异常完成出口的方式退出，是不会给它的上层调用者提供任何返回值的。

无论采用何种退出方式，在方法退出之后，都必须返回到最初方法被调用时的位置，程序才能继续执行，方法返回时可能需要在栈帧中保存一些信息，用来帮助恢复它的上层主调方法的执行状态。一般来说，方法正常退出时，主调方法的 PC 计数器的值就可以作为返回地址，栈帧中很可能会保存这个计数器值。而方法异常退出时，返回地址是要通过异常处理器表来确定的，栈帧中就一般不会保存这部分信息。

方法退出的过程实际上等同于把当前栈帧出栈，因此退出时可能执行的操作有：恢复上层方法的局部变量表和操作数栈，把返回值（如果有的话）压入调用者栈帧的操作数栈中，调整 PC 计数器的值以指向方法调用指令后面的一条指令等。笔者这里写的"可能"是由于这是基于概念模型的讨论，只有具体到某一款 Java 虚拟机实现，会执行哪些操作才能确定下来。

### 8.2.5　附加信息

《Java 虚拟机规范》允许虚拟机实现增加一些规范里没有描述的信息到栈帧之中，例如与调试、性能收集相关的信息，这部分信息完全取决于具体的虚拟机实现，这里不再详述。在讨论概念时，一般会把动态连接、方法返回地址与其他附加信息全部归为一类，称为栈帧信息。

## 8.3　方法调用

方法调用并不等同于方法中的代码被执行，方法调用阶段唯一的任务就是确定被调用方法的版本（即调用哪一个方法），暂时还未涉及方法内部的具体运行过程。在程序运行时，进行方法调用是最普遍、最频繁的操作之一，但第 7 章中已经讲过，Class 文件的编译过程中不包含传统程序语言编译的连接步骤，一切方法调用在 Class 文件里面存储的都只是符号引用，而不是方法在实际运行时内存布局中的入口地址（也就是之前说的直接引用）。这个特性给 Java 带来了更强大的动态扩展能力，但也使得 Java 方法调用过程变得相对复杂，某些调用需要在类加载期间，甚至到运行期间才能确定目标方法的直接引用。

### 8.3.1　解析

承接前面关于方法调用的话题，所有方法调用的目标方法在 Class 文件里面都是一个常量池中的符号引用，在类加载的解析阶段，会将其中的一部分符号引用转化为直接引用，这种解析能够成立的前提是：方法在程序真正运行之前就有一个可确定的调用版本，并且这个方法的调用版本在运行期是不可改变的。换句话说，调用目标在程序代码写好、编译器进行编译那一刻就已经确定下来。这类方法的调用被称为解析（Resolution）。

在 Java 语言中符合"编译期可知，运行期不可变"这个要求的方法，主要有静态方法和私有方法两大类，前者与类型直接关联，后者在外部不可被访问，这两种方法各自的特点决定了它们都不可能通过继承或别的方式重写出其他版本，因此它们都适合在类加载阶段进行解析。

调用不同类型的方法，字节码指令集里设计了不同的指令。在 Java 虚拟机支持以下 5 条方法调用字节码指令，分别是：

- ❑ invokestatic。用于调用静态方法。
- ❑ invokespecial。用于调用实例构造器 <init>() 方法、私有方法和父类中的方法。
- ❑ invokevirtual。用于调用所有的虚方法。
- ❑ invokeinterface。用于调用接口方法，会在运行时再确定一个实现该接口的对象。
- ❑ invokedynamic。先在运行时动态解析出调用点限定符所引用的方法，然后再执行该方法。前面 4 条调用指令，分派逻辑都固化在 Java 虚拟机内部，而 invokedynamic 指令的分派逻辑是由用户设定的引导方法来决定的。

只要能被 invokestatic 和 invokespecial 指令调用的方法，都可以在解析阶段中确定唯一的调用版本，Java 语言里符合这个条件的方法共有静态方法、私有方法、实例构造器、父类方法 4 种，再加上被 final 修饰的方法（尽管它使用 invokevirtual 指令调用），这 5 种方法调用会在类加载的时候就可以把符号引用解析为该方法的直接引用。这些方法统称为"非虚方法"（Non-Virtual Method），与之相反，其他方法就被称为"虚方法"（Virtual Method）。

代码清单 8-5 演示了一种常见的解析调用的例子，该样例中，静态方法 sayHello() 只可能属于类型 StaticResolution，没有任何途径可以覆盖或隐藏这个方法。

**代码清单 8-5　方法静态解析演示**

```
/**
 * 方法静态解析演示
 *
 * @author zzm
 */
public class StaticResolution {

    public static void sayHello() {
        System.out.println("hello world");
    }

    public static void main(String[] args) {
        StaticResolution.sayHello();
    }

}
```

使用 javap 命令查看这段程序对应的字节码，会发现的确是通过 invokestatic 命令来调用 sayHello() 方法，而且其调用的方法版本已经在编译时就明确以常量池项的形式固化在字节码指令的参数之中（代码里的 31 号常量池项）：

```
javap -verbose StaticResolution
public static void main(java.lang.String[]);
    Code:
        Stack=0, Locals=1, Args_size=1
        0:    invokestatic    #31; //Method sayHello:()V
        3:    return
    LineNumberTable:
        line 15: 0
        line 16: 3
```

Java 中的非虚方法除了使用 invokestatic、invokespecial 调用的方法之外还有一种，就是被 final 修饰的实例方法。虽然由于历史设计的原因，final 方法是使用 invokevirtual 指令来调用的，但是因为它也无法被覆盖，没有其他版本的可能，所以也无须对方法接收者进行多态选择，又或者说多态选择的结果肯定是唯一的。在《Java 语言规范》中明确定义了被 final 修饰的方法是一种非虚方法。

解析调用一定是个静态的过程，在编译期间就完全确定，在类加载的解析阶段就会把涉及的符号引用全部转变为明确的直接引用，不必延迟到运行期再去完成。而另一种主要的方法调用形式：分派（Dispatch）调用则要复杂许多，它可能是静态的也可能是动态的，按照分派依据的宗量数可分为单分派和多分派[⊖]。这两类分派方式两两组合就构成了静态单分派、静态多分派、动态单分派、动态多分派 4 种分派组合情况，下面我们来看看虚拟机中的方法分派是如何进行的。

## 8.3.2　分派

众所周知，Java 是一门面向对象的程序语言，因为 Java 具备面向对象的 3 个基本特征：继承、封装和多态。本节讲解的分派调用过程将会揭示多态性特征的一些最基本的体现，如"重载"和"重写"在 Java 虚拟机之中是如何实现的，这里的实现当然不是语法上该如何写，我们关心的依然是虚拟机如何确定正确的目标方法。

### 1. 静态分派

在开始讲解静态分派[⊖]前，笔者先声明一点，"分派"（Dispatch）这个词本身就具有动态性，一般不应用在静态语境之中，这部分原本在英文原版的《Java 虚拟机规范》和《Java 语言规范》里的说法都是"Method Overload Resolution"，即应该归入 8.2 节的"解析"里去讲解，但部分其他外文资料和国内翻译的许多中文资料都将这种行为称为"静态分派"，

---

⊖　这里涉及的单分派、多分派及相关概念（如"宗量数"）在后续章节有详细解释，如没有这方面基础的读者暂时略过即可。

⊖　维基百科中关于静态分派的解释：https://en.wikipedia.org/wiki/Static_dispatch。

所以笔者在此特别说明一下，以免读者阅读英文资料时遇到这两种说法产生疑惑。

为了解释静态分派和重载（Overload），笔者准备了一段经常出现在面试题中的程序代码，读者不妨先看一遍，想一下程序的输出结果是什么。后面的话题将围绕这个类的方法来编写重载代码，以分析虚拟机和编译器确定方法版本的过程。程序如代码清单 8-6 所示。

代码清单 8-6　方法静态分派演示

```java
package org.fenixsoft.polymorphic;

/**
 * 方法静态分派演示
 * @author zzm
 */
public class StaticDispatch {

    static abstract class Human {
    }

    static class Man extends Human {
    }

    static class Woman extends Human {
    }

    public void sayHello(Human guy) {
        System.out.println("hello,guy!");
    }

    public void sayHello(Man guy) {
        System.out.println("hello,gentleman!");
    }

    public void sayHello(Woman guy) {
        System.out.println("hello,lady!");
    }

    public static void main(String[] args) {
        Human man = new Man();
        Human woman = new Woman();
        StaticDispatch sr = new StaticDispatch();
        sr.sayHello(man);
        sr.sayHello(woman);
    }
}
```

运行结果：

```
hello,guy!
hello,guy!
```

代码清单 8-6 中的代码实际上是在考验阅读者对重载的理解程度，相信对 Java 稍有经验的程序员看完程序后都能得出正确的运行结果，但为什么虚拟机会选择执行参数类型为 Human 的重载版本呢？在解决这个问题之前，我们先通过如下代码来定义两个关键概念：

```
Human man = new Man();
```

我们把上面代码中的"Human"称为变量的"静态类型"（Static Type），或者叫"外观类型"（Apparent Type），后面的"Man"则被称为变量的"实际类型"（Actual Type）或者叫"运行时类型"（Runtime Type）。静态类型和实际类型在程序中都可能会发生变化，区别是静态类型的变化仅仅在使用时发生，变量本身的静态类型不会被改变，并且最终的静态类型是在编译期可知的；而实际类型变化的结果在运行期才可确定，编译器在编译程序的时候并不知道一个对象的实际类型是什么。笔者猜想上面这段话读者大概会不太好理解，那不妨通过一段实际例子来解释，譬如有下面的代码：

```
// 实际类型变化
Human human = (new Random()).nextBoolean() ? new Man() : new Woman();

// 静态类型变化
sr.sayHello((Man) human)
sr.sayHello((Woman) human)
```

对象 human 的实际类型是可变的，编译期间它完全是个"薛定谔的人"，到底是 Man 还是 Woman，必须等到程序运行到这行的时候才能确定。而 human 的静态类型是 Human，也可以在使用时（如 sayHello() 方法中的强制转型）临时改变这个类型，但这个改变仍是在编译期是可知的，两次 sayHello() 方法的调用，在编译期完全可以明确转型的是 Man 还是 Woman。

解释清楚了静态类型与实际类型的概念，我们就把话题再转回到代码清单 8-6 的样例代码中。main() 里面的两次 sayHello() 方法调用，在方法接收者已经确定是对象"sr"的前提下，使用哪个重载版本，就完全取决于传入参数的数量和数据类型。代码中故意定义了两个静态类型相同，而实际类型不同的变量，但虚拟机（或者准确地说是编译器）在重载时是通过参数的静态类型而不是实际类型作为判定依据的。由于静态类型在编译期可知，所以在编译阶段，Javac 编译器就根据参数的静态类型决定了会使用哪个重载版本，因此选择了 sayHello(Human) 作为调用目标，并把这个方法的符号引用写到 main() 方法里的两条 invokevirtual 指令的参数中。

所有依赖静态类型来决定方法执行版本的分派动作，都称为静态分派。静态分派的最典型应用表现就是方法重载。静态分派发生在编译阶段，因此确定静态分派的动作实际上不是由虚拟机来执行的，这点也是为何一些资料选择把它归入"解析"而不是"分派"的原因。

需要注意 Javac 编译器虽然能确定出方法的重载版本，但在很多情况下这个重载版本并不是"唯一"的，往往只能确定一个"相对更合适的"版本。这种模糊的结论在由 0 和 1

构成的计算机世界中算是个比较稀罕的事件，产生这种模糊结论的主要原因是字面量天生的模糊性，它不需要定义，所以字面量就没有显式的静态类型，它的静态类型只能通过语言、语法的规则去理解和推断。代码清单 8-7 演示了何谓"更加合适的"版本。

**代码清单 8-7　重载方法匹配优先级**

```java
package org.fenixsoft.polymorphic;

public class Overload {

    public static void sayHello(Object arg) {
        System.out.println("hello Object");
    }

    public static void sayHello(int arg) {
        System.out.println("hello int");
    }

    public static void sayHello(long arg) {
        System.out.println("hello long");
    }

    public static void sayHello(Character arg) {
        System.out.println("hello Character");
    }

    public static void sayHello(char arg) {
        System.out.println("hello char");
    }

    public static void sayHello(char... arg) {
        System.out.println("hello char ...");
    }

    public static void sayHello(Serializable arg) {
        System.out.println("hello Serializable");
    }

    public static void main(String[] args) {
        sayHello('a');
    }
}
```

上面的代码运行后会输出：

```
hello char
```

这很好理解，'a' 是一个 char 类型的数据，自然会寻找参数类型为 char 的重载方法，如果注释掉 sayHello(char arg) 方法，那输出会变为：

```
hello int
```

这时发生了一次自动类型转换，'a' 除了可以代表一个字符，还可以代表数字 97（字符 'a' 的 Unicode 数值为十进制数字 97），因此参数类型为 int 的重载也是合适的。我们继续注释掉 sayHello(int arg) 方法，那输出会变为：

```
hello long
```

这时发生了两次自动类型转换，'a' 转型为整数 97 之后，进一步转型为长整数 97L，匹配了参数类型为 long 的重载。笔者在代码中没有写其他的类型如 float、double 等的重载，不过实际上自动转型还能继续发生多次，按照 char > int > long > float > double 的顺序转型进行匹配，但不会匹配到 byte 和 short 类型的重载，因为 char 到 byte 或 short 的转型是不安全的。我们继续注释掉 sayHello(long arg) 方法，那输出会变为：

```
hello Character
```

这时发生了一次自动装箱，'a' 被包装为它的封装类型 java.lang.Character，所以匹配到了参数类型为 Character 的重载，继续注释掉 sayHello(Character arg) 方法，那输出会变为：

```
hello Serializable
```

这个输出可能会让人摸不着头脑，一个字符或数字与序列化有什么关系？出现 hello Serializable，是因为 java.lang.Serializable 是 java.lang.Character 类实现的一个接口，当自动装箱之后发现还是找不到装箱类，但是找到了装箱类所实现的接口类型，所以紧接着又发生一次自动转型。char 可以转型成 int，但是 Character 是绝对不会转型为 Integer 的，它只能安全地转型为它实现的接口或父类。Character 还实现了另外一个接口 java.lang. Comparable<Character>，如果同时出现两个参数分别为 Serializable 和 Comparable<Character> 的重载方法，那它们在此时的优先级是一样的。编译器无法确定要自动转型为哪种类型，会提示"类型模糊"（Type Ambiguous），并拒绝编译。程序必须在调用时显式地指定字面量的静态类型，如：sayHello((Comparable<Character>) 'a')，才能编译通过。但是如果读者愿意花费一点时间，绕过 Javac 编译器，自己去构造出表达相同语义的字节码，将会发现这是能够通过 Java 虚拟机的类加载校验，而且能够被 Java 虚拟机正常执行的，但是会选择 Serializable 还是 Comparable<Character> 的重载方法则并不能事先确定，这是《Java 虚拟机规范》所允许的，在第 7 章介绍接口方法解析过程时曾经提到过。

下面继续注释掉 sayHello(Serializable arg) 方法，输出会变为：

```
hello Object
```

这时是 char 装箱后转型为父类了，如果有多个父类，那将在继承关系中从下往上开始搜索，越接上层的优先级越低。即使方法调用传入的参数值为 null 时，这个规则仍然适用。我们把 sayHello(Object arg) 也注释掉，输出将会变为：

```
hello char ...
```

7 个重载方法已经被注释得只剩 1 个了，可见变长参数的重载优先级是最低的，这时候字符 'a' 被当作了一个 char[] 数组的元素。笔者使用的是 char 类型的变长参数，读者在验证时还可以选择 int 类型、Character 类型、Object 类型等的变长参数重载来把上面的过程重新折腾一遍。但是要注意的是，有一些在单个参数中能成立的自动转型，如 char 转型为 int，在变长参数中是不成立的<sup>⊖</sup>。

代码清单 8-7 演示了编译期间选择静态分派目标的过程，这个过程也是 Java 语言实现方法重载的本质。演示所用的这段程序无疑是属于很极端的例子，除了用作面试题为难求职者之外，在实际工作中几乎不可能存在任何有价值的用途，笔者拿来做演示仅仅是用于讲解重载时目标方法选择的过程，对绝大多数下进行这样极端的重载都可算作真正的"关于茴香豆的茴有几种写法的研究"。无论对重载的认识有多么深刻，一个合格的程序员都不应该在实际应用中写这种晦涩的重载代码。

另外还有一点读者可能比较容易混淆：笔者讲述的解析与分派这两者之间的关系并不是二选一的排他关系，它们是在不同层次上去筛选、确定目标方法的过程。例如前面说过静态方法会在编译期确定、在类加载期就进行解析，而静态方法显然也是可以拥有重载版本的，选择重载版本的过程也是通过静态分派完成的。

### 2. 动态分派

了解了静态分派，我们接下来看一下 Java 语言里动态分派的实现过程，它与 Java 语言多态性的另外一个重要体现<sup>⊜</sup>——重写（Override）有着很密切的关联。我们还是用前面的 Man 和 Woman 一起 sayHello 的例子来讲解动态分派，请看代码清单 8-8 中所示的代码。

**代码清单 8-8　方法动态分派演示**

```java
package org.fenixsoft.polymorphic;

/**
 * 方法动态分派演示
 * @author zzm
 */
public class DynamicDispatch {

    static abstract class Human {
        protected abstract void sayHello();
    }

    static class Man extends Human {
```

---

⊖　重载中选择最合适方法的过程，可参见《Java 语言规范》15.12.2 节的相关内容。

⊜　重写肯定是多态性的体现，但对于重载算不算多态，有一些概念上的争议，有观点认为必须是多个不同类对象对同一签名的方法做出不同响应才算多态，也有观点认为只要使用同一形式的接口去实现不同类的行为就算多态。笔者看来这种争论并无太大意义，概念仅仅是说明问题的一种工具而已。

```
        @Override
        protected void sayHello() {
            System.out.println("man say hello");
        }
    }

    static class Woman extends Human {
        @Override
        protected void sayHello() {
            System.out.println("woman say hello");
        }
    }

    public static void main(String[] args) {
        Human man = new Man();
        Human woman = new Woman();
        man.sayHello();
        woman.sayHello();
        man = new Woman();
        man.sayHello();
    }
}
```

运行结果：

```
man say hello
woman say hello
woman say hello
```

这个运行结果相信不会出乎任何人的意料，对于习惯了面向对象思维的 Java 程序员们会觉得这是完全理所当然的结论。我们现在的问题还是和前面的一样，Java 虚拟机是如何判断应该调用哪个方法的？

显然这里选择调用的方法版本是不可能再根据静态类型来决定的，因为静态类型同样都是 Human 的两个变量 man 和 woman 在调用 sayHello() 方法时产生了不同的行为，甚至变量 man 在两次调用中还执行了两个不同的方法。导致这个现象的原因很明显，是因为这两个变量的实际类型不同，Java 虚拟机是如何根据实际类型来分派方法执行版本的呢？我们使用 javap 命令输出这段代码的字节码，尝试从中寻找答案，输出结果如代码清单 8-9 所示。

**代码清单 8-9　main() 方法的字节码**

```
public static void main(java.lang.String[]);
    Code:
        Stack=2, Locals=3, Args_size=1
        0:   new      #16; //class org/fenixsoft/polymorphic/DynamicDispatch$Man
        3:   dup
        4:   invokespecial   #18; //Method org/fenixsoft/polymorphic/Dynamic
                              Dispatch$Man."<init>":()V
```

```
 7:  astore_1
 8:  new         #19; //class org/fenixsoft/polymorphic/DynamicDispatch$Woman
11:  dup
12:  invokespecial   #21; //Method org/fenixsoft/polymorphic/DynamicDisp
                          atch$Woman."<init>":()V
15:  astore_2
16:  aload_1
17:  invokevirtual   #22; //Method org/fenixsoft/polymorphic/Dynamic
                          Dispatch$Human.sayHello:()V
20:  aload_2
21:  invokevirtual   #22; //Method org/fenixsoft/polymorphic/Dynamic
                          Dispatch$Human.sayHello:()V
24:  new         #19; //class org/fenixsoft/polymorphic/DynamicDispatch$Woman
27:  dup
28:  invokespecial   #21; //Method org/fenixsoft/polymorphic/DynamicDisp
                          atch$Woman."<init>":()V
31:  astore_1
32:  aload_1
33:  invokevirtual   #22; //Method org/fenixsoft/polymorphic/Dynamic
                          Dispatch$Human.sayHello:()V
36:  return
```

0~15 行的字节码是准备动作，作用是建立 man 和 woman 的内存空间、调用 Man 和 Woman 类型的实例构造器，将这两个实例的引用存放在第 1、2 个局部变量表的变量槽中，这些动作实际对应了 Java 源码中的这两行：

```
Human man = new Man();
Human woman = new Woman();
```

接下来的 16~21 行是关键部分，16 和 20 行的 aload 指令分别把刚刚创建的两个对象的引用压到栈顶，这两个对象是将要执行的 sayHello() 方法的所有者，称为接收者（Receiver）；17 和 21 行是方法调用指令，这两条调用指令单从字节码角度来看，无论是指令（都是 invokevirtual）还是参数（都是常量池中第 22 项的常量，注释显示了这个常量是 Human.sayHello() 的符号引用）都完全一样，但是这两句指令最终执行的目标方法并不相同。那看来解决问题的关键还必须从 invokevirtual 指令本身入手，要弄清楚它是如何确定调用方法版本、如何实现多态查找来着手分析才行。根据《Java 虚拟机规范》，invokevirtual 指令的运行时解析过程⊖大致分为以下几步：

1）找到操作数栈顶的第一个元素所指向的对象的**实际类型**，记作 C。

2）如果在类型 C 中找到与常量中的描述符和简单名称都相符的方法，则进行访问权限校验，如果通过则返回这个方法的直接引用，查找过程结束；不通过则返回 java.lang. IllegalAccessError 异常。

---

⊖ 指普通方法的解析过程，有一些特殊情况（签名多态性方法）的解析过程会稍有区别，但这是用于支持动态语言调用的，与本节话题关系不大。

3）否则，按照继承关系从下往上依次对 C 的各个父类进行第二步的搜索和验证过程。

4）如果始终没有找到合适的方法，则抛出 java.lang.AbstractMethodError 异常。

正是因为 invokevirtual 指令执行的第一步就是在运行期确定接收者的实际类型，所以两次调用中的 invokevirtual 指令并不是把常量池中方法的符号引用解析到直接引用上就结束了，还会根据方法接收者的实际类型来选择方法版本，这个过程就是 Java 语言中方法重写的本质。我们把这种在运行期根据实际类型确定方法执行版本的分派过程称为动态分派。

既然这种多态性的根源在于虚方法调用指令 invokevirtual 的执行逻辑，那自然我们得出的结论就只会对方法有效，对字段是无效的，因为字段不使用这条指令。事实上，在 Java 里面只有虚方法存在，字段永远不可能是虚的，换句话说，字段永远不参与多态，哪个类的方法访问某个名字的字段时，该名字指的就是这个类能看到的那个字段。当子类声明了与父类同名的字段时，虽然在子类的内存中两个字段都会存在，但是子类的字段会遮蔽父类的同名字段。为了加深理解，笔者又编撰了一份"劣质面试题式"的代码片段，请阅读代码清单 8-10，思考运行后会输出什么结果。

**代码清单 8-10　字段没有多态性**

```java
package org.fenixsoft.polymorphic;

/**
 * 字段不参与多态
 * @author zzm
 */
public class FieldHasNoPolymorphic {

    static class Father {
        public int money = 1;

        public Father() {
            money = 2;
            showMeTheMoney();
        }

        public void showMeTheMoney() {
            System.out.println("I am Father, i have $" + money);
        }
    }

    static class Son extends Father {
        public int money = 3;

        public Son() {
            money = 4;
            showMeTheMoney();
        }

        public void showMeTheMoney() {
```

```
            System.out.println("I am Son,  i have $" + money);
        }
    }

    public static void main(String[] args) {
        Father guy = new Son();
        System.out.println("This guy has $" + guy.money);
    }
}
```

运行后输出结果为：

```
I am Son, i have $0
I am Son, i have $4
This guy has $2
```

输出两句都是"I am Son"，这是因为 Son 类在创建的时候，首先隐式调用了 Father 的构造函数，而 Father 构造函数中对 showMeTheMoney() 的调用是一次虚方法调用，实际执行的版本是 Son:: showMeTheMoney() 方法，所以输出的是"I am Son"，这点经过前面的分析相信读者是没有疑问的了。而这时候虽然父类的 money 字段已经被初始化成 2 了，但 Son:: showMeTheMoney() 方法中访问的却是子类的 money 字段，这时候结果自然还是 0，因为它要到子类的构造函数执行时才会被初始化。main() 的最后一句通过静态类型访问到了父类中的 money，输出了 2。

### 3. 单分派与多分派

方法的接收者与方法的参数统称为方法的宗量，这个定义最早应该来源于著名的《Java 与模式》一书。根据分派基于多少种宗量，可以将分派划分为单分派和多分派两种。单分派是根据一个宗量对目标方法进行选择，多分派则是根据多于一个宗量对目标方法进行选择。

单分派和多分派的定义读起来拗口，从字面上看也比较抽象，不过对照着实例看并不难理解其含义，代码清单 8-11 中举了一个 Father 和 Son 一起来做出"一个艰难的决定⊖"的例子。

**代码清单 8-11　单分派和多分派**

```
/**
 * 单分派、多分派演示
 * @author zzm
 */
public class Dispatch {

    static class QQ {}
```

---

⊖　这是一个 2010 年诞生的老梗了，尽管当时很轰动，但现在可能很多人都并不了解事情始末，这并不会影响本文的阅读。如有兴趣具体可参考：https://zhuanlan.zhihu.com/p/19609988。

```
    static class _360 {}

    public static class Father {
        public void hardChoice(QQ arg) {
            System.out.println("father choose qq");
        }

        public void hardChoice(_360 arg) {
            System.out.println("father choose 360");
        }
    }

    public static class Son extends Father {
        public void hardChoice(QQ arg) {
            System.out.println("son choose qq");
        }

        public void hardChoice(_360 arg) {
            System.out.println("son choose 360");
        }
    }

    public static void main(String[] args) {
        Father father = new Father();
        Father son = new Son();
        father.hardChoice(new _360());
        son.hardChoice(new QQ());
    }
}
```

运行结果：

```
father choose 360
son choose qq
```

在 main() 里调用了两次 hardChoice() 方法，这两次 hardChoice() 方法的选择结果在程序输出中已经显示得很清楚了。我们关注的首先是编译阶段中编译器的选择过程，也就是静态分派的过程。这时候选择目标方法的依据有两点：一是静态类型是 Father 还是 Son，二是方法参数是 QQ 还是 360。这次选择结果的最终产物是产生了两条 invokevirtual 指令，两条指令的参数分别为常量池中指向 Father::hardChoice(360) 及 Father::hardChoice(QQ) 方法的符号引用。因为是根据两个宗量进行选择，所以 Java 语言的静态分派属于多分派类型。

再看看运行阶段中虚拟机的选择，也就是动态分派的过程。在执行 "son.hardChoice(new QQ())" 这行代码时，更准确地说，是在执行这行代码所对应的 invokevirtual 指令时，由于编译期已经决定目标方法的签名必须为 hardChoice(QQ)，虚拟机此时不会关心传递过来的参数 "QQ" 到底是 "腾讯 QQ" 还是 "奇瑞 QQ"，因为这时候参数的静态类型、实际类型都对方法的选择不会构成任何影响，唯一可以影响虚拟机选择的因素只有该方法的接受者的实际类型是 Father 还是 Son。因为只有一个宗量作为选择依据，所以 Java 语言的动态分派属于单分派类型。

根据上述论证的结果，我们可以总结一句：如今（直至本书编写的 Java 12 和预览版的 Java 13）的 Java 语言是一门静态多分派、动态单分派的语言。强调"如今的 Java 语言"是因为这个结论未必会恒久不变，C# 在 3.0 及之前的版本与 Java 一样是动态单分派语言，但在 C# 4.0 中引入了 dynamic 类型后，就可以很方便地实现动态多分派。JDK 10 时 Java 语法中新出现 var 关键字，但请读者切勿将其与 C# 中的 dynamic 类型混淆，事实上 Java 的 var 与 C# 的 var 才是相对应的特性，它们与 dynamic 有着本质的区别：var 是在编译时根据声明语句中赋值符右侧的表达式类型来静态地推断类型，这本质是一种语法糖；而 dynamic 在编译时完全不关心类型是什么，等到运行的时候再进行类型判断。Java 语言中与 C# 的 dynamic 类型功能相对接近（只是接近，并不是对等的）的应该是在 JDK 9 时通过 JEP 276 引入的 jdk.dynalink 模块⊖，使用 jdk.dynalink 可以实现在表达式中使用动态类型，Javac 编译器会将这些动态类型的操作翻译为 invokedynamic 指令的调用点。

按照目前 Java 语言的发展趋势，它并没有直接变为动态语言的迹象，而是通过内置动态语言（如 JavaScript）执行引擎、加强与其他 Java 虚拟机上动态语言交互能力的方式来间接地满足动态性的需求。但是作为多种语言共同执行平台的 Java 虚拟机层面上则不是如此，早在 JDK 7 中实现的 JSR-292 ⊜里面就已经开始提供对动态语言的方法调用支持了，JDK 7 中新增的 invokedynamic 指令也成为最复杂的一条方法调用的字节码指令，稍后笔者将在本章中专门开一节来讲解这个与 Java 调用动态语言密切相关的特性。

### 4. 虚拟机动态分派的实现

前面介绍的分派过程，作为对 Java 虚拟机概念模型的解释基本上已经足够了，它已经解决了虚拟机在分派中"会做什么"这个问题。但如果问 Java 虚拟机"具体如何做到"的，答案则可能因各种虚拟机的实现不同会有些差别。

动态分派是执行非常频繁的动作，而且动态分派的方法版本选择过程需要运行时在接收者类型的方法元数据中搜索合适的目标方法，因此，Java 虚拟机实现基于执行性能的考虑，真正运行时一般不会如此频繁地去反复搜索类型元数据。面对这种情况，一种基础而且常见的优化手段是为类型在方法区中建立一个虚方法表（Virtual Method Table，也称为 vtable，与此对应的，在 invokeinterface 执行时也会用到接口方法表——Interface Method Table，简称 itable），使用虚方法表索引来代替元数据查找以提高性能⊜。我们先看看代码清单 8-11 所对应的虚方法表结构示例，如图 8-3 所示。

---

⊖ JEP 276 的 Owner 是 Attila Szegedi，jdk.dynalink 包实质就是把他自己写的开源项目 dynalink 变成了 Java 标准的 API，所以读者对 jdk.dynalink 感兴趣的话可以参考：https://github.com/szegedi/dynalink。

⊜ JSR-292：Supporting Dynamically Typed Languages on the Java Platform.（Java 平台的动态语言支持）。

⊜ 这里的"提高性能"是相对于直接搜索元数据来说的，实际上在 HotSpot 虚拟机的实现中，直接去查 itable 和 vtable 已经算是最慢的一种分派，只在解释执行状态时使用，在即时编译执行时，会有更多的性能优化措施，具体可参见第 11 章关于方法内联的内容。

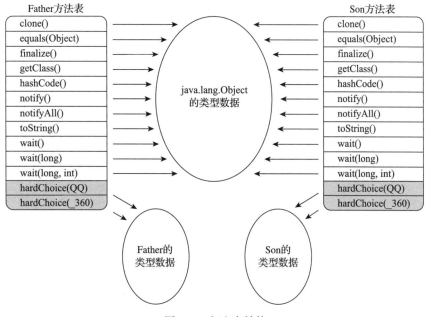

图 8-3　方法表结构

虚方法表中存放着各个方法的实际入口地址。如果某个方法在子类中没有被重写，那子类的虚方法表中的地址入口和父类相同方法的地址入口是一致的，都指向父类的实现入口。如果子类中重写了这个方法，子类虚方法表中的地址也会被替换为指向子类实现版本的入口地址。在图 8-3 中，Son 重写了来自 Father 的全部方法，因此 Son 的方法表没有指向 Father 类型数据的箭头。但是 Son 和 Father 都没有重写来自 Object 的方法，所以它们的方法表中所有从 Object 继承来的方法都指向了 Object 的数据类型。

为了程序实现方便，具有相同签名的方法，在父类、子类的虚方法表中都应当具有一样的索引序号，这样当类型变换时，仅需要变更查找的虚方法表，就可以从不同的虚方法表中按索引转换出所需的入口地址。虚方法表一般在类加载的连接阶段进行初始化，准备了类的变量初始值后，虚拟机会把该类的虚方法表也一同初始化完毕。

上文中笔者提到了查虚方法表是分派调用的一种优化手段，由于 Java 对象里面的方法默认（即不使用 final 修饰）就是虚方法，虚拟机除了使用虚方法表之外，为了进一步提高性能，还会使用类型继承关系分析（Class Hierarchy Analysis，CHA）、守护内联（Guarded Inlining）、内联缓存（Inline Cache）等多种非稳定的激进优化来争取更大的性能空间，关于这几种优化技术的原理和运作过程，读者可以参考第 11 章中的相关内容。

# 8.4　动态类型语言支持

Java 虚拟机的字节码指令集的数量自从 Sun 公司的第一款 Java 虚拟机问世至今，二十余年间只新增过一条指令，它就是随着 JDK 7 的发布的字节码首位新成员——invokedynamic 指令。这条新增加的指令是 JDK 7 的项目目标：实现动态类型语言（Dynamically Typed Language）支持而进行的改进之一，也是为 JDK 8 里可以顺利实现 Lambda 表达式而做的技术储备。在本节中，我们将详细了解动态语言支持这项特性出现的前因后果和它的意义与价值。

## 8.4.1　动态类型语言

在介绍 Java 虚拟机的动态类型语言支持之前，我们要先弄明白动态类型语言是什么？它与 Java 语言、Java 虚拟机有什么关系？了解 Java 虚拟机提供动态类型语言支持的技术背景，对理解这个语言特性是非常有必要的。

何谓动态类型语言⊖？动态类型语言的关键特征是它的类型检查的主体过程是在运行期而不是编译期进行的，满足这个特征的语言有很多，常用的包括：APL、Clojure、Erlang、Groovy、JavaScript、Lisp、Lua、PHP、Prolog、Python、Ruby、Smalltalk、Tcl，等等。那相对地，在编译期就进行类型检查过程的语言，譬如 C++ 和 Java 等就是最常用的静态类型语言。

如果读者觉得上面的定义过于概念化，那我们不妨通过两个例子以最浅显的方式来说明什么是"类型检查"和什么叫"在编译期还是在运行期进行"。首先看下面这段简单的 Java 代码，思考一下它是否能正常编译和运行？

```
public static void main(String[] args) {
    int[][][] array = new int[1][0][-1];
}
```

上面这段 Java 代码能够正常编译，但运行的时候会出现 NegativeArraySizeException 异常。在《Java 虚拟机规范》中明确规定了 NegativeArraySizeException 是一个运行时异常（Runtime Exception），通俗一点说，运行时异常就是指只要代码不执行到这一行就不会出现问题。与运行时异常相对应的概念是连接时异常，例如很常见的 NoClassDefFoundError 便属于连接时异常，即使导致连接时异常的代码放在一条根本无法被执行到的路径分支上，类加载时（第 7 章解释过 Java 的连接过程不在编译阶段，而在类加载阶段）也照样会抛出异常。

不过，在 C 语言里，语义相同的代码就会在编译期就直接报错，而不是等到运行时才出现异常：

```
int main(void) {
    int i[1][0][-1];    // GCC拒绝编译，报"size of array is negative"
    return 0;
}
```

由此看来，一门语言的哪一种检查行为要在运行期进行，哪一种检查要在编译期进行并没有什么必然的因果逻辑关系，关键是在语言规范中人为设立的约定。

---

⊖　注意，动态类型语言与动态语言、弱类型语言并不是一个概念，需要区别对待。

解答了什么是"连接时、运行时"，笔者再举一个例子来解释什么是"类型检查"，例如下面这一句再普通不过的代码：

```
obj.println("hello world");
```

虽然正在阅读本书的每一位读者都能看懂这行代码要做什么，但对于计算机来讲，这一行"没头没尾"的代码是无法执行的，它需要一个具体的上下文中（譬如程序语言是什么、obj 是什么类型）才有讨论的意义。

现在先假设这行代码是在 Java 语言中，并且变量 obj 的静态类型为 java.io.PrintStream，那变量 obj 的实际类型就必须是 PrintStream 的子类（实现了 PrintStream 接口的类）才是合法的。否则，哪怕 obj 属于一个确实包含有 println(String) 方法相同签名方法的类型，但只要它与 PrintStream 接口没有继承关系，代码依然不可能运行——因为类型检查不合法。

但是相同的代码在 ECMAScript（JavaScript）中情况则不一样，无论 obj 具体是何种类型，无论其继承关系如何，只要这种类型的方法定义中确实包含有 println(String) 方法，能够找到相同签名的方法，调用便可成功。

产生这种差别产生的根本原因是 Java 语言在编译期间就已将 println(String) 方法完整的符号引用（本例中为一项 CONSTANT_Methodref_info 常量）生成出来，并作为方法调用指令的参数存储到 Class 文件中，例如下面这个样子：

```
invokevirtual #4; //Method java/io/PrintStream.println:(Ljava/lang/String;)V
```

这个符号引用包含了该方法定义在哪个具体类型之中、方法的名字以及参数顺序、参数类型和方法返回值等信息，通过这个符号引用，Java 虚拟机就可以翻译出该方法的直接引用。而 ECMAScript 等动态类型语言与 Java 有一个核心的差异就是变量 obj 本身并没有类型，变量 obj 的值才具有类型，所以编译器在编译时最多只能确定方法名称、参数、返回值这些信息，而不会去确定方法所在的具体类型（即方法接收者不固定）。"变量无类型而变量值才有类型"这个特点也是动态类型语言的一个核心特征。

了解了动态类型和静态类型语言的区别后，也许读者的下一个问题就是动态、静态类型语言两者谁更好，或者谁更加先进呢？这种比较不会有确切答案，它们都有自己的优点，选择哪种语言是需要权衡的事情。静态类型语言能够在编译期确定变量类型，最显著的好处是编译器可以提供全面严谨的类型检查，这样与数据类型相关的潜在问题就能在编码时被及时发现，利于稳定性及让项目容易达到更大的规模。而动态类型语言在运行期才确定类型，这可以为开发人员提供极大的灵活性，某些在静态类型语言中要花大量臃肿代码来实现的功能，由动态类型语言去做可能会很清晰简洁，清晰简洁通常也就意味着开发效率的提升。

## 8.4.2　Java 与动态类型

现在我们回到本节的主题，来看看 Java 语言、Java 虚拟机与动态类型语言之间有什么关系。Java 虚拟机毫无疑问是 Java 语言的运行平台，但它的使命并不限于此，早在 1997 年出版的

《Java 虚拟机规范》第 1 版中就规划了这样一个愿景："在未来，我们会对 Java 虚拟机进行适当的扩展，以便更好地支持其他语言运行于 Java 虚拟机之上。"而目前确实已经有许多动态类型语言运行于 Java 虚拟机之上了，如 Clojure、Groovy、Jython 和 JRuby 等，能够在同一个虚拟机之上可以实现静态类型语言的严谨与动态类型语言的灵活，这的确是一件很美妙的事情。

但遗憾的是 Java 虚拟机层面对动态类型语言的支持一直都还有所欠缺，主要表现在方法调用方面：JDK 7 以前的字节码指令集中，4 条方法调用指令（invokevirtual、invokespecial、invokestatic、invokeinterface）的第一个参数都是被调用的方法的符号引用（CONSTANT_Methodref_info 或者 CONSTANT_InterfaceMethodref_info 常量），前面已经提到过，方法的符号引用在编译时产生，而动态类型语言只有在运行期才能确定方法的接收者。这样，在 Java 虚拟机上实现的动态类型语言就不得不使用"曲线救国"的方式（如编译时留个占位符类型，运行时动态生成字节码实现具体类型到占位符类型的适配）来实现，但这样势必会让动态类型语言实现的复杂度增加，也会带来额外的性能和内存开销。内存开销是很显而易见的，方法调用产生的那一大堆的动态类就摆在那里。而其中最严重的性能瓶颈是在于动态类型方法调用时，由于无法确定调用对象的静态类型，而导致的方法内联无法有效进行。在第 11 章里我们会讲到方法内联的重要性，它是其他优化措施的基础，也可以说是最重要的一项优化。尽管也可以想一些办法（譬如调用点缓存）尽量缓解支持动态语言而导致的性能下降，但这种改善毕竟不是本质的。譬如有类似以下代码：

```
var arrays = {"abc", new ObjectX(), 123, Dog, Cat, Car..}
for(item in arrays){
    item.sayHello();
}
```

在动态类型语言下这样的代码是没有问题，但由于在运行时 arrays 中的元素可以是任意类型，即使它们的类型中都有 sayHello() 方法，也肯定无法在编译优化的时候就确定具体 sayHello() 的代码在哪里，编译器只能不停编译它所遇见的每一个 sayHello() 方法，并缓存起来供执行时选择、调用和内联，如果 arrays 数组中不同类型的对象很多，就势必会对内联缓存产生很大的压力，缓存的大小总是有限的，类型信息的不确定性导致了缓存内容不断被失效和更新，先前优化过的方法也可能被不断替换而无法重复使用。所以这种动态类型方法调用的底层问题终归是应当在 Java 虚拟机层次上去解决才最合适。因此，在 Java 虚拟机层面上提供动态类型的直接支持就成为 Java 平台发展必须解决的问题，这便是 JDK 7 时 JSR-292 提案中 invokedynamic 指令以及 java.lang.invoke 包出现的技术背景。

### 8.4.3 java.lang.invoke 包

JDK 7 时新加入的 java.lang.invoke 包⊖是 JSR 292 的一个重要组成部分，这个包的主要

---

⊖ 这个包曾经在不算短的时间里的名称是 java.dyn，也曾经短暂更名为 java.lang.mh，如果读者在其他资料上看到这两个包名，可以把它们与 java.lang.invoke 理解为同一种东西。

目的是在之前单纯依靠符号引用来确定调用的目标方法这条路之外，提供一种新的动态确定目标方法的机制，称为"方法句柄"（Method Handle）。这个表达听起来也不好懂？那不妨把方法句柄与 C/C++ 中的函数指针（Function Pointer），或者 C# 里面的委派（Delegate）互相类比一下来理解。举个例子，如果我们要实现一个带谓词（谓词就是由外部传入的排序时比较大小的动作）的排序函数，在 C/C++ 中的常用做法是把谓词定义为函数，用函数指针来把谓词传递到排序方法，像这样：

```
void sort(int list[], const int size, int (*compare)(int, int))
```

但在 Java 语言中做不到这一点，没有办法单独把一个函数作为参数进行传递。普遍的做法是设计一个带有 compare() 方法的 Comparator 接口，以实现这个接口的对象作为参数，例如 Java 类库中的 Collections::sort() 方法就是这样定义的：

```
void sort(List list, Comparator c)
```

不过，在拥有方法句柄之后，Java 语言也可以拥有类似于函数指针或者委托的方法别名这样的工具了。代码清单 8-12 演示了方法句柄的基本用法，无论 obj 是何种类型（临时定义的 ClassA 抑或是实现 PrintStream 接口的实现类 System.out），都可以正确调用到 println() 方法。

代码清单 8-12　方法句柄演示

```java
import static java.lang.invoke.MethodHandles.lookup;

import java.lang.invoke.MethodHandle;
import java.lang.invoke.MethodType;

/**
 * JSR 292 MethodHandle基础用法演示
 * @author zzm
 */
public class MethodHandleTest {

    static class ClassA {
        public void println(String s) {
            System.out.println(s);
        }
    }

    public static void main(String[] args) throws Throwable {
        Object obj = System.currentTimeMillis() % 2 == 0 ? System.out : new ClassA();
        // 无论obj最终是哪个实现类，下面这句都能正确调用到println方法。
        getPrintlnMH(obj).invokeExact("icyfenix");
    }

    private static MethodHandle getPrintlnMH(Object reveiver) throws Throwable {
```

```
    // MethodType：代表"方法类型"，包含了方法的返回值（methodType()的第一个参数）和
    具体参数（methodType()第二个及以后的参数）。
    MethodType mt = MethodType.methodType(void.class, String.class);
    // lookup()方法来自于MethodHandles.lookup，这句的作用是在指定类中查找符合给定的方法
    名称、方法类型，并且符合调用权限的方法句柄。
    // 因为这里调用的是一个虚方法，按照Java语言的规则，方法第一个参数是隐式的，代表该方法的接
    收者，也即this指向的对象，这个参数以前是放在参数列表中进行传递，现在提供了bindTo()
    方法来完成这件事情。
    return lookup().findVirtual(reveiver.getClass(), "println", mt).bindTo(reveiver);
    }
}
```

方法 getPrintlnMH() 中实际上是模拟了 invokevirtual 指令的执行过程，只不过它的分派逻辑并非固化在 Class 文件的字节码上，而是通过一个由用户设计的 Java 方法来实现。而这个方法本身的返回值（MethodHandle 对象），可以视为对最终调用方法的一个"引用"。以此为基础，有了 MethodHandle 就可以写出类似于 C/C++ 那样的函数声明了：

```
void sort(List list, MethodHandle compare)
```

从上面的例子看来，使用 MethodHandle 并没有多少困难，不过看完它的用法之后，读者大概就会产生疑问，相同的事情，用反射不是早就可以实现了吗？

确实，仅站在 Java 语言的角度看，MethodHandle 在使用方法和效果上与 Reflection 有众多相似之处。不过，它们也有以下这些区别：

❏ Reflection 和 MethodHandle 机制本质上都是在模拟方法调用，但是 Reflection 是在模拟 Java 代码层次的方法调用，而 MethodHandle 是在模拟字节码层次的方法调用。在 MethodHandles.Lookup 上的 3 个方法 findStatic()、findVirtual()、findSpecial() 正是为了对应于 invokestatic、invokevirtual（以及 invokeinterface）和 invokespecial 这几条字节码指令的执行权限校验行为，而这些底层细节在使用 Reflection API 时是不需要关心的。

❏ Reflection 中的 java.lang.reflect.Method 对象远比 MethodHandle 机制中的 java.lang.invoke.MethodHandle 对象所包含的信息来得多。前者是方法在 Java 端的全面映像，包含了方法的签名、描述符以及方法属性表中各种属性的 Java 端表示方式，还包含执行权限等的运行期信息。而后者仅包含执行该方法的相关信息。用开发人员通俗的话来讲，Reflection 是重量级，而 MethodHandle 是轻量级。

❏ 由于 MethodHandle 是对字节码的方法指令调用的模拟，那理论上虚拟机在这方面做的各种优化（如方法内联），在 MethodHandle 上也应当可以采用类似思路去支持（但目前实现还在继续完善中），而通过反射去调用方法则几乎不可能直接去实施各类调用点优化措施。

MethodHandle 与 Reflection 除了上面列举的区别外，最关键的一点还在于去掉前面讨论施加的前提"仅站在 Java 语言的角度看"之后：Reflection API 的设计目标是只为 Java

语言服务的，而 MethodHandle 则设计为可服务于所有 Java 虚拟机之上的语言，其中也包括了 Java 语言而已，而且 Java 在这里并不是主角。

### 8.4.4　invokedynamic 指令

8.4 节一开始就提到了 JDK 7 为了更好地支持动态类型语言，引入了第五条方法调用的字节码指令 invokedynamic，之后却一直没有再提起它，甚至把代码清单 8-12 使用 MethodHandle 的示例代码反编译后也完全找不到 invokedynamic 的身影，这实在与 invokedynamic 作为 Java 诞生以来唯一一条新加入的字节码指令的地位不相符，那么 invokedynamic 到底有什么应用呢？

某种意义上可以说 invokedynamic 指令与 MethodHandle 机制的作用是一样的，都是为了解决原有 4 条 "invoke*" 指令方法分派规则完全固化在虚拟机之中的问题，把如何查找目标方法的决定权从虚拟机转嫁到具体用户代码之中，让用户（广义的用户，包含其他程序语言的设计者）有更高的自由度。而且，它们两者的思路也是可类比的，都是为了达成同一个目的，只是一个用上层代码和 API 来实现，另一个用字节码和 Class 中其他属性、常量来完成。因此，如果前面 MethodHandle 的例子看懂了，相信读者理解 invokedynamic 指令并不困难。

每一处含有 invokedynamic 指令的位置都被称作 "动态调用点（Dynamically-Computed Call Site）"，这条指令的第一个参数不再是代表方法符号引用的 CONSTANT_Methodref_info 常量，而是变为 JDK 7 时新加入的 CONSTANT_InvokeDynamic_info 常量，从这个新常量中可以得到 3 项信息：引导方法（Bootstrap Method，该方法存放在新增的 BootstrapMethods 属性中）、方法类型（MethodType）和名称。引导方法是有固定的参数，并且返回值规定是 java.lang.invoke.CallSite 对象，这个对象代表了真正要执行的目标方法调用。根据 CONSTANT_InvokeDynamic_info 常量中提供的信息，虚拟机可以找到并且执行引导方法，从而获得一个 CallSite 对象，最终调用到要执行的目标方法上。我们还是照例不依赖枯燥的概念描述，改用一个实际例子来解释这个过程吧，如代码清单 8-13 所示。

**代码清单 8-13　InvokeDynamic 指令演示**

```
import static java.lang.invoke.MethodHandles.lookup;

import java.lang.invoke.CallSite;
import java.lang.invoke.ConstantCallSite;
import java.lang.invoke.MethodHandle;
import java.lang.invoke.MethodHandles;
import java.lang.invoke.MethodType;

public class InvokeDynamicTest {

    public static void main(String[] args) throws Throwable {
        INDY_BootstrapMethod().invokeExact("icyfenix");
```

```
    }

    public static void testMethod(String s) {
        System.out.println("hello String:" + s);
    }

    public static CallSite BootstrapMethod(MethodHandles.Lookup lookup, String
        name, MethodType mt) throws Throwable {
        return new ConstantCallSite(lookup.findStatic(InvokeDynamicTest.class,
            name, mt));
    }

    private static MethodType MT_BootstrapMethod() {
        return MethodType
                .fromMethodDescriptorString(
                    "(Ljava/lang/invoke/MethodHandles$Lookup;Ljava/lang/String; Ljava/
                    lang/invoke/MethodType;)Ljava/lang/invoke/CallSite;", null);
    }

    private static MethodHandle MH_BootstrapMethod() throws Throwable {
        return lookup().findStatic(InvokeDynamicTest.class, "BootstrapMethod",
            MT_BootstrapMethod());
    }

    private static MethodHandle INDY_BootstrapMethod() throws Throwable {
        CallSite cs = (CallSite) MH_BootstrapMethod().invokeWithArguments(lookup(),
            "testMethod",
                MethodType.fromMethodDescriptorString("(Ljava/lang/String;)V", null));
        return cs.dynamicInvoker();
    }
}
```

这段代码与前面 MethodHandleTest 的作用基本上是一样的，虽然笔者没有加以注释，但是阅读起来应当也不困难。要是真没读懂也不要紧，笔者没写注释的主要原因是这段代码并非写给人看的，只是为了方便编译器按照笔者的意愿来产生一段字节码而已。前文提到过，由于 invokedynamic 指令面向的主要服务对象并非 Java 语言，而是其他 Java 虚拟机之上的其他动态类型语言，因此，光靠 Java 语言的编译器 Javac 的话，在 JDK 7 时甚至还完全没有办法生成带有 invokedynamic 指令的字节码（曾经有一个 java.dyn.InvokeDynamic 的语法糖可以实现，但后来被取消了），而到 JDK 8 引入了 Lambda 表达式和接口默认方法后，Java 语言才算享受到了一点 invokedynamic 指令的好处，但用 Lambda 来解释 invokedynamic 指令运作就比较别扭，也无法与前面 MethodHandle 的例子对应类比，所以笔者采用一些变通的办法：John Rose（JSR 292 的负责人，以前 Da Vinci Machine Project 的 Leader）编写过一个把程序的字节码转换为使用 invokedynamic 的简单工具 INDY ⊖来完成这件事，我们要

---

⊖ INDY 下载地址：http://blogs.oracle.com/jrose/entry/a_modest_tool_for_writing。

使用这个工具来产生最终需要的字节码，因此代码清单 8-13 中的方法名称不能随意改动，更不能把几个方法合并到一起写，因为它们是要被 INDY 工具读取的。

把上面的代码编译，再使用 INDY 转换后重新生成的字节码如代码清单 8-14 所示（结果使用 javap 输出，因版面原因，精简了许多无关的内容）。

代码清单 8-14　InvokeDynamic 指令演示（2）

```
Constant pool:
    #121 = NameAndType    #33:#30     //  testMethod:(Ljava/lang/String;)V
    #123 = InvokeDynamic  #0:#121     //  #0:testMethod:(Ljava/lang/String;)V

public static void main(java.lang.String[]) throws java.lang.Throwable;
    Code:
      stack=2, locals=1, args_size=1
         0: ldc            #23         // String abc
         2: invokedynamic  #123,  0   // InvokeDynamic #0:testMethod: (Ljava/lang/
                                             String;)V
         7: nop
         8: return

public static java.lang.invoke.CallSite BootstrapMethod(java.lang.invoke.Method
    Handles$Lookup, java.lang.String, java.lang.invoke.MethodType) throws java.
    lang.Throwable;
    Code:
      stack=6, locals=3, args_size=3
         0: new            #63         // class java/lang/invoke/ConstantCallSite
         3: dup
         4: aload_0
         5: ldc            #1          // class org/fenixsoft/InvokeDynamicTest
         7: aload_1
         8: aload_2
         9: invokevirtual  #65         // Method java/lang/invoke/MethodHandles$
                                             Lookup.findStatic:(Ljava/lang/Class;Ljava/
                                             lang/String;Ljava/lang/invoke/Method
                                             Type;)Ljava/lang/invoke/MethodHandle;
        12: invokespecial  #71         // Method java/lang/invoke/ConstantCallSite.
                                             "<init>":(Ljava/lang/invoke/MethodHandle;)V
        15: areturn
```

从 main() 方法的字节码中可见，原本的方法调用指令已经被替换为 invokedynamic 了，它的参数为第 123 项常量（第二个值为 0 的参数在虚拟机中不会直接用到，这与 invokeinterface 指令那个的值为 0 的参数一样是占位用的，目的都是为了给常量池缓存留出足够的空间）：

```
2: invokedynamic #123,  0 // InvokeDynamic #0:testMethod:(Ljava/lang/String;)V
```

从常量池中可见，第 123 项常量显示" #123 = InvokeDynamic #0:#121"说明它是一项 CONSTANT_InvokeDynamic_info 类型常量，常量值中前面" #0"代表引导方法取 Bootstrap

Methods 属性表的第 0 项（javap 没有列出属性表的具体内容，不过示例中仅有一个引导方法，即 BootstrapMethod()），而后面的 "#121" 代表引用第 121 项类型为 CONSTANT_ NameAndType_info 的常量，从这个常量中可以获取到方法名称和描述符，即后面输出的 "testMethod:(Ljava/lang/String;)V"。

再看 BootstrapMethod()，这个方法在 Java 源码中并不存在，是由 INDY 产生的，但是它的字节码很容易读懂，所有逻辑都是调用 MethodHandles$Lookup 的 findStatic() 方法，产生 testMethod() 方法的 MethodHandle，然后用它创建一个 ConstantCallSite 对象。最后，这个对象返回给 invokedynamic 指令实现对 testMethod() 方法的调用，invokedynamic 指令的调用过程到此就宣告完成了。

### 8.4.5　实战：掌控方法分派规则

invokedynamic 指令与此前 4 条传统的 "invoke*" 指令的最大区别就是它的分派逻辑不是由虚拟机决定的，而是由程序员决定。在介绍 Java 虚拟机动态语言支持的最后一节中，笔者希望通过一个简单例子（如代码清单 8-15 所示），帮助读者理解程序员可以掌控方法分派规则之后，我们能做什么以前无法做到的事情。

代码清单 8-15　方法调用问题

```java
class GrandFather {
    void thinking() {
        System.out.println("i am grandfather");
    }
}

class Father extends GrandFather {
    void thinking() {
        System.out.println("i am father");
    }
}

class Son extends Father {
    void thinking() {
        // 请读者在这里填入适当的代码（不能修改其他地方的代码）
        // 实现调用祖父类的thinking()方法，打印"i am grandfather"
    }
}
```

在 Java 程序中，可以通过 "super" 关键字很方便地调用到父类中的方法，但如果要访问祖类的方法呢？读者在往下阅读本书提供的解决方案之前，不妨自己思考一下，在 JDK 7 之前有没有办法解决这个问题。

在拥有 invokedynamic 和 java.lang.invoke 包之前，使用纯粹的 Java 语言很难处理这个问题（使用 ASM 等字节码工具直接生成字节码当然还是可以处理的，但这已经是在字节码而不是 Java 语言层面来解决问题了)，原因是在 Son 类的 thinking() 方法中根本无法获取到一个实际类型是 GrandFather 的对象引用，而 invokevirtual 指令的分派逻辑是固定的，只能按照方法接收者的实际类型进行分派，这个逻辑完全固化在虚拟机中，程序员无法改变。如果是 JDK 7 Update 9 之前，使用代码清单 8-16 中的程序就可以直接解决该问题。

**代码清单 8-16　使用 MethodHandle 来解决问题**

```
import static java.lang.invoke.MethodHandles.lookup;

import java.lang.invoke.MethodHandle;
import java.lang.invoke.MethodType;

class Test {

class GrandFather {
    void thinking() {
        System.out.println("i am grandfather");
    }
}

class Father extends GrandFather {
    void thinking() {
        System.out.println("i am father");
    }
}

class Son extends Father {
    void thinking() {
        try {
                MethodType mt = MethodType.methodType(void.class);
                MethodHandle mh = lookup().findSpecial(GrandFather.class,
"thinking", mt, getClass());
                mh.invoke(this);
            } catch (Throwable e) {
            }
        }
    }

    public static void main(String[] args) {
        (new Test().new Son()).thinking();
    }
}
```

使用 JDK 7 Update 9 之前的 HotSpot 虚拟机运行，会得到如下运行结果：

```
i am grandfather
```

但是这个逻辑在 JDK 7 Update 9 之后被视作一个潜在的安全性缺陷修正了，原因是必须保证 findSpecial() 查找方法版本时受到的访问约束（譬如对访问控制的限制、对参数类型的限制）应与使用 invokespecial 指令一样，两者必须保持精确对等，包括在上面的场景中它只能访问到其直接父类中的方法版本。所以在 JDK 7 Update 10 修正之后，运行以上代码只能得到如下结果：

```
i am father
```

由于本书的第 2 版是基于早期版本的 JDK 7 撰写的，所以印刷之后才发布的 JDK 更新就很难再及时地同步修正了，这导致不少读者重现这段代码的运行结果时产生了疑惑，也收到了很多热心读者的邮件，在此一并感谢。

那在新版本的 JDK 中，上面的问题是否能够得到解决呢？答案是可以的，如果读者去查看 MethodHandles.Lookup 类的代码，将会发现需要进行哪些访问保护，在该 API 实现时是预留了后门的。访问保护是通过一个 allowedModes 的参数来控制，而且这个参数可以被设置成"TRUSTED"来绕开所有的保护措施。尽管这个参数只是在 Java 类库本身使用，没有开放给外部设置，但我们通过反射可以轻易打破这种限制。由此，我们可以把代码清单 8-16 中子类的 thinking() 方法修改为如下所示的代码来解决问题：

```
void thinking() {
    try {
        MethodType mt = MethodType.methodType(void.class);
        Field lookupImpl = MethodHandles.Lookup.class.getDeclaredField("IMPL_LOOKUP");
        lookupImpl.setAccessible(true);
        MethodHandle mh = ((MethodHandles.Lookup) lookupImpl.get(null)).
            findSpecial(GrandFather.class,"thinking", mt, GrandFather.class);
        mh.invoke(this);
    } catch (Throwable e) {
    }
}
```

运行以上代码，在目前所有 JDK 版本中均可获得如下结果：

```
i am grandfather
```

## 8.5　基于栈的字节码解释执行引擎

关于 Java 虚拟机是如何调用方法、进行版本选择的内容已经全部讲解完毕，从本节开始，我们来探讨虚拟机是如何执行方法里面的字节码指令的。概述中曾提到过，许多 Java 虚拟机的执行引擎在执行 Java 代码的时候都有解释执行（通过解释器执行）和编译执行（通过即时编译器产生本地代码执行）两种选择，在本节中，我们将会分析在概念模型下的 Java 虚拟机解释执行字节码时，其执行引擎是如何工作的。笔者在本章多次强调了"概念模型"，是因为实际的虚拟机实现，譬如 HotSpot 的模板解释器工作的时候，并不是按照下文中的动作一板一眼地进行机械式计算，而是动态产生每条字节码对应的汇编代码来运行，这与概念模型中执行过程的差异很大，但是结果却能保证是一致的。

## 8.5.1　解释执行

Java 语言经常被人们定位为"解释执行"的语言，在 Java 初生的 JDK 1.0 时代，这种定义还算是比较准确的，但当主流的虚拟机中都包含了即时编译器后，Class 文件中的代码到底会被解释执行还是编译执行，就成了只有虚拟机自己才能准确判断的事。再后来，Java 也发展出可以直接生成本地代码的编译器（如 Jaotc、GCJ ⊖，Excelsior JET），而 C/C++ 语言也出现了通过解释器执行的版本（如 CINT ⊜），这时候再笼统地说"解释执行"，对于整个 Java 语言来说就成了几乎是没有意义的概念，只有确定了谈论对象是某种具体的 Java 实现版本和执行引擎运行模式时，谈解释执行还是编译执行才会比较合理确切。

无论是解释还是编译，也无论是物理机还是虚拟机，对于应用程序，机器都不可能如人那样阅读、理解，然后获得执行能力。大部分的程序代码转换成物理机的目标代码或虚拟机能执行的指令集之前，都需要经过图 8-4 中的各个步骤。如果读者对大学编译原理的相关课程还有印象的话，很容易就会发现图 8-4 中下面的那条分支，就是传统编译原理中程序代码到目标机器代码的生成过程；而中间的那条分支，自然就是解释执行的过程。

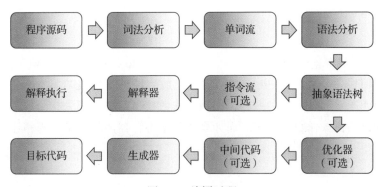

图 8-4　编译过程

如今，基于物理机、Java 虚拟机，或者是非 Java 的其他高级语言虚拟机（HLLVM）的代码执行过程，大体上都会遵循这种符合现代经典编译原理的思路，在执行前先对程序源码进行词法分析和语法分析处理，把源码转化为抽象语法树（Abstract Syntax Tree，AST）。对于一门具体语言的实现来说，词法、语法分析以至后面的优化器和目标代码生成器都可以选择独立于执行引擎，形成一个完整意义的编译器去实现，这类代表是 C/C++ 语言。也可以选择把其中一部分步骤（如生成抽象语法树之前的步骤）实现为一个半独立的编译器，这类代表是 Java 语言。又或者把这些步骤和执行引擎全部集中封装在一个封闭的黑匣子之

---

⊖　GCJ：http://gcc.gnu.org/java/。

⊜　CINT：http://root.cern.ch/drupal/content/cint。

中，如大多数的 JavaScript 执行引擎。

在 Java 语言中，Javac 编译器完成了程序代码经过词法分析、语法分析到抽象语法树，再遍历语法树生成线性的字节码指令流的过程。因为这一部分动作是在 Java 虚拟机之外进行的，而解释器在虚拟机的内部，所以 Java 程序的编译就是半独立的实现。

## 8.5.2 基于栈的指令集与基于寄存器的指令集

Javac 编译器输出的字节码指令流，基本上<sup>⊖</sup>是一种基于栈的指令集架构（Instruction Set Architecture，ISA），字节码指令流里面的指令大部分都是零地址指令，它们依赖操作数栈进行工作。与之相对的另外一套常用的指令集架构是基于寄存器的指令集，最典型的就是 x86 的二地址指令集，如果说得更通俗一些就是现在我们主流 PC 机中物理硬件直接支持的指令集架构，这些指令依赖寄存器进行工作。那么，基于栈的指令集与基于寄存器的指令集这两者之间有什么不同呢？

举个最简单的例子，分别使用这两种指令集去计算"1+1"的结果，基于栈的指令集会是这样子的：

```
iconst_1
iconst_1
iadd
istore_0
```

两条 iconst_1 指令连续把两个常量 1 压入栈后，iadd 指令把栈顶的两个值出栈、相加，然后把结果放回栈顶，最后 istore_0 把栈顶的值放到局部变量表的第 0 个变量槽中。这种指令流中的指令通常都是不带参数的，使用操作数栈中的数据作为指令的运算输入，指令的运算结果也存储在操作数栈之中。而如果用基于寄存器的指令集，那程序可能会是这个样子：

```
mov  eax, 1
add  eax, 1
```

mov 指令把 EAX 寄存器的值设为 1，然后 add 指令再把这个值加 1，结果就保存在 EAX 寄存器里面。这种二地址指令是 x86 指令集中的主流，每个指令都包含两个单独的输入参数，依赖于寄存器来访问和存储数据。

了解了基于栈的指令集与基于寄存器的指令集的区别后，读者可能会有个进一步的疑问，这两套指令集谁更好一些呢？

应该说，既然两套指令集会同时并存和发展，那肯定是各有优势的，如果有一套指令集全面优于另外一套的话，就是直接替代而不存在选择的问题了。

---

⊖ 使用"基本上"，是因为部分字节码指令会带有参数，而纯粹基于栈的指令集架构中应当全部都是零地址指令，也就是都不存在显式的参数。Java 这样实现主要是考虑了代码的可校验性。

基于栈的指令集主要优点是可移植，因为寄存器由硬件直接提供<sup>⊖</sup>，程序直接依赖这些硬件寄存器则不可避免地要受到硬件的约束。例如现在 32 位 80x86 体系的处理器能提供了 8 个 32 位的寄存器，而 ARMv6 体系的处理器（在智能手机、数码设备中相当流行的一种处理器）则提供了 30 个 32 位的通用寄存器，其中前 16 个在用户模式中可以使用。如果使用栈架构的指令集，用户程序不会直接用到这些寄存器，那就可以由虚拟机实现来自行决定把一些访问最频繁的数据（程序计数器、栈顶缓存等）放到寄存器中以获取尽量好的性能，这样实现起来也更简单一些。栈架构的指令集还有一些其他的优点，如代码相对更加紧凑（字节码中每个字节就对应一条指令，而多地址指令集中还需要存放参数）、编译器实现更加简单（不需要考虑空间分配的问题，所需空间都在栈上操作）等。

栈架构指令集的主要缺点是理论上执行速度相对来说会稍慢一些，所有主流物理机的指令集都是寄存器架构<sup>⊖</sup>也从侧面印证了这点。不过这里的执行速度是要局限在解释执行的状态下，如果经过即时编译器输出成物理机上的汇编指令流，那就与虚拟机采用哪种指令集架构没有什么关系了。

在解释执行时，栈架构指令集的代码虽然紧凑，但是完成相同功能所需的指令数量一般会比寄存器架构来得更多，因为出栈、入栈操作本身就产生了相当大量的指令。更重要的是栈实现在内存中，频繁的栈访问也就意味着频繁的内存访问，相对于处理器来说，内存始终是执行速度的瓶颈。尽管虚拟机可以采取栈顶缓存的优化方法，把最常用的操作映射到寄存器中避免直接内存访问，但这也只是优化措施而不是解决本质问题的方法。因此由于指令数量和内存访问的原因，导致了栈架构指令集的执行速度会相对慢上一点。

### 8.5.3　基于栈的解释器执行过程

关于栈架构执行引擎的必要前置知识已经全部讲解完毕了，本节笔者准备了一段 Java 代码，以便向读者实际展示在虚拟机里字节码是如何执行的。前面笔者曾经举过一个计算 "1+1" 的例子，那种小学一年级的算数题目显然太过简单，给聪明的读者练习的题目起码……嗯，笔者准备的是四则运算加减乘除法，大概能达到三年级左右的数学水平，请看代码清单 8-17。

代码清单 8-17　一段简单的算术代码

```
public int calc() {
    int a = 100;
    int b = 200;
    int c = 300;
    return (a + b) * c;
}
```

---

⊖ 这里说的是物理机器上的寄存器。也有基于寄存器的虚拟机，如 Google Android 平台的 Dalvik 虚拟机。即使是基于寄存器的虚拟机，也会希望把虚拟机寄存器尽量映射到物理寄存器上以获取尽可能高的性能。

⊖ Intel x86 架构早期的数学协处理器 x87（譬如与 8086 搭配工作的 8087）就是基于栈的，只操作栈顶的两个数据。但是实际常见的物理机处理器已经很久不用这种架构了。

这段代码从 Java 语言的角度没有任何谈论的必要，直接使用 javap 命令看看它的字节码指令，如代码清单 8-18 所示。

代码清单 8-18 一段简单的算术代码的字节码表示

```
public int calc();
    Code:
        Stack=2, Locals=4, Args_size=1
         0:   bipush   100
         2:   istore_1
         3:   sipush   200
         6:   istore_2
         7:   sipush   300
        10:   istore_3
        11:   iload_1
        12:   iload_2
        13:   iadd
        14:   iload_3
        15:   imul
        16:   ireturn
}
```

javap 提示这段代码需要深度为 2 的操作数栈和 4 个变量槽的局部变量空间，笔者就根据这些信息画了图 8-5 至图 8-11 共 7 张图片，来描述代码清单 8-13 执行过程中的代码、操作数栈和局部变量表的变化情况。

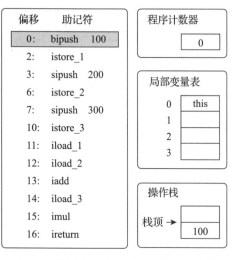

首先，执行偏移地址为 0 的指令，Bipush 指令的作用是将单字节的整型常量值（−128～127）推入操作数栈顶，跟随有一个参数，指明推送的常量值，这里是 100。

图 8-5　执行偏移地址为 0 的指令的情况

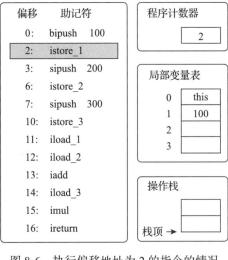

执行偏移地址为 2 的指令，istore_1 指令的作用是将操作数栈顶的整型值出栈并存放到第 1 个局部变量槽中。后续 4 条指令（直到偏移为 11 的指令为止）都是做一样的事情，也就是在对应代码中把变量 a、b、c 赋值为 100、200、300。这 4 条指令的图示略过。

图 8-6 执行偏移地址为 2 的指令的情况

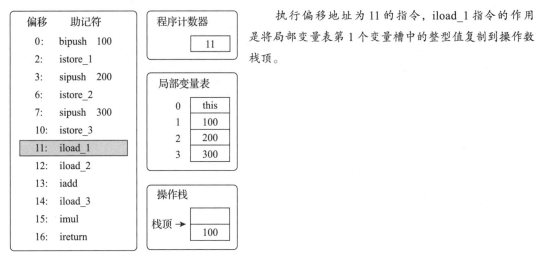

执行偏移地址为 11 的指令，iload_1 指令的作用是将局部变量表第 1 个变量槽中的整型值复制到操作数栈顶。

图 8-7 执行偏移地址为 11 的指令的情况

执行偏移地址为 12 的指令，iload_2 指令的执行过程与 iload_1 类似，把第 2 个变量槽的整型值入栈。画出这个指令的图示主要是为了显示下一条 iadd 指令执行前的堆栈状况。

图 8-8　执行偏移地址为 12 的指令的情况

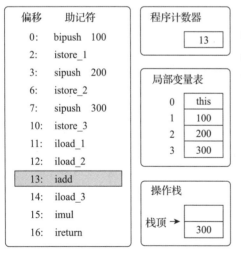

执行偏移地址为 13 的指令，iadd 指令的作用是将操作数栈中头两个栈顶元素出栈，做整型加法，然后把结果重新入栈。在 iadd 指令执行完毕后，栈中原有的 100 和 200 被出栈，它们的和 300 被重新入栈。

图 8-9　执行偏移地址为 13 的指令的情况

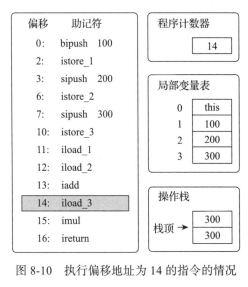

执行偏移地址为 14 的指令，iload_3 指令把存放在第 3 个局部变量槽中的 300 入栈到操作数栈中。这时操作数栈为两个整数 300。下一条指令 imul 是将操作数栈中头两个栈顶元素出栈，做整型乘法，然后把结果重新入栈，与 iadd 完全类似，所以笔者省略图示。

图 8-10 执行偏移地址为 14 的指令的情况

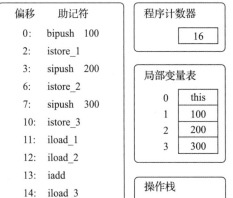

执行偏移地址为 16 的指令，ireturn 指令是方法返回指令之一，它将结束方法执行并将操作数栈顶的整型值返回给该方法的调用者。到此为止，这段方法执行结束。

图 8-11 执行偏移地址为 16 的指令的情况

再次强调上面的执行过程仅仅是一种概念模型,虚拟机最终会对执行过程做出一系列优化来提高性能,实际的运作过程并不会完全符合概念模型的描述。更确切地说,实际情况会和上面描述的概念模型差距非常大,差距产生的根本原因是虚拟机中解析器和即时编译器都会对输入的字节码进行优化,即使解释器中也不是按照字节码指令去逐条执行的。例如在 HotSpot 虚拟机中,就有很多以 "fast_" 开头的非标准字节码指令用于合并、替换输入的字节码以提升解释执行性能,即时编译器的优化手段则更是花样繁多⊖。

不过我们从这段程序的执行中也可以看出栈结构指令集的一般运行过程,整个运算过程的中间变量都以操作数栈的出栈、入栈为信息交换途径,符合我们在前面分析的特点。

## 8.6 本章小结

本章中,我们分析了虚拟机在执行代码时,如何找到正确的方法,如何执行方法内的字节码,以及执行代码时涉及的内存结构。在第 6~8 章里面,我们针对 Java 程序是如何存储的、如何载入(创建)的,以及如何执行的问题,把相关知识系统地介绍了一遍,第 9 章我们将一起看看这些理论知识在具体开发之中的典型应用。

---

⊖　具体可以参考第 11 章的相关内容。

# 类加载及执行子系统的案例与实战

代码编译的结果从本地机器码转变为字节码，是存储格式发展的一小步，却是编程语言发展的一大步。

## 9.1　概述

在 Class 文件格式与执行引擎这部分里，用户的程序能直接参与的内容并不太多，Class 文件以何种格式存储，类型何时加载、如何连接，以及虚拟机如何执行字节码指令等都是由虚拟机直接控制的行为，用户程序无法对其进行改变。能通过程序进行操作的，主要是字节码生成与类加载器这两部分的功能，但仅仅在如何处理这两点上，就已经出现了许多值得欣赏和借鉴的思路，这些思路后来成为许多常用功能和程序实现的基础。在本章中，我们将看一下前面所学的知识在实际开发之中是如何应用的。

## 9.2　案例分析

在案例分析部分，笔者准备了 4 个例子，关于类加载器和字节码的案例各有两个。并且这两个领域的案例中又各有一个案例是大多数 Java 开发人员都使用过的工具或技术，另外一个案例虽然不一定每个人都使用过，但却能特别精彩地演绎出这个领域中的技术特性。希望后面的案例能引起读者的思考，并给读者的日常工作带来灵感。

### 9.2.1　Tomcat：正统的类加载器架构

主流的 Java Web 服务器，如 Tomcat、Jetty、WebLogic、WebSphere 或其他笔者没有列

举的服务器，都实现了自己定义的类加载器，而且一般还都不止一个。因为一个功能健全的 Web 服务器，都要解决如下的这些问题：

❑ 部署在同一个服务器上的两个 Web 应用程序所使用的 Java 类库可以实现相互隔离。这是最基本的需求，两个不同的应用程序可能会依赖同一个第三方类库的不同版本，不能要求每个类库在一个服务器中只能有一份，服务器应当能够保证两个独立应用程序的类库可以互相独立使用。

❑ 部署在同一个服务器上的两个 Web 应用程序所使用的 Java 类库可以互相共享。这个需求与前面一点正好相反，但是也很常见，例如用户可能有 10 个使用 Spring 组织的应用程序部署在同一台服务器上，如果把 10 份 Spring 分别存放在各个应用程序的隔离目录中，将会是很大的资源浪费——这主要倒不是浪费磁盘空间的问题，而是指类库在使用时都要被加载到服务器内存，如果类库不能共享，虚拟机的方法区就会很容易出现过度膨胀的风险。

❑ 服务器需要尽可能地保证自身的安全不受部署的 Web 应用程序影响。目前，有许多主流的 Java Web 服务器自身也是使用 Java 语言来实现的。因此服务器本身也有类库依赖的问题，一般来说，基于安全考虑，服务器所使用的类库应该与应用程序的类库互相独立。

❑ 支持 JSP 应用的 Web 服务器，十有八九都需要支持 HotSwap 功能。我们知道 JSP 文件最终要被编译成 Java 的 Class 文件才能被虚拟机执行，但 JSP 文件由于其纯文本存储的特性，被运行时修改的概率远大于第三方类库或程序自己的 Class 文件。而且 ASP、PHP 和 JSP 这些网页应用也把修改后无须重启作为一个很大的"优势"来看待，因此"主流"的 Web 服务器都会支持 JSP 生成类的热替换，当然也有"非主流"的，如运行在生产模式（Production Mode）下的 WebLogic 服务器默认就不会处理 JSP 文件的变化。

由于存在上述问题，在部署 Web 应用时，单独的一个 ClassPath 就不能满足需求了，所以各种 Web 服务器都不约而同地提供了好几个有着不同含义的 ClassPath 路径供用户存放第三方类库，这些路径一般会以"lib"或"classes"命名。被放置到不同路径中的类库，具备不同的访问范围和服务对象，通常每一个目录都会有一个相应的自定义类加载器去加载放置在里面的 Java 类库。现在笔者就以 Tomcat 服务器⊖为例，与读者一同分析 Tomcat 具体是如何规划用户类库结构和类加载器的。

在 Tomcat 目录结构中，可以设置 3 组目录（/common/*、/server/* 和 /shared/*，但默认不一定是开放的，可能只有 /lib/* 目录存在）用于存放 Java 类库，另外还应该加上 Web 应用程序自身的" /WEB-INF/*"目录，一共 4 组。把 Java 类库放置在这 4 组目录中，每一组都有独立的含义，分别是：

---

⊖　Tomcat 是 Apache 基金会旗下一款开源的 Java Web 服务器，主页地址为：http://tomcat.apache.org。

❏ 放置在 /common 目录中。类库可被 Tomcat 和所有的 Web 应用程序共同使用。

❏ 放置在 /server 目录中。类库可被 Tomcat 使用，对所有的 Web 应用程序都不可见。

❏ 放置在 /shared 目录中。类库可被所有的 Web 应用程序共同使用，但对 Tomcat 自己不可见。

❏ 放置在 /WebApp/WEB-INF 目录中。类库仅仅可以被该 Web 应用程序使用，对 Tomcat 和其他 Web 应用程序都不可见。

为了支持这套目录结构，并对目录里面的类库进行加载和隔离，Tomcat 自定义了多个类加载器，这些类加载器按照经典的双亲委派模型来实现，其关系如图 9-1 所示。

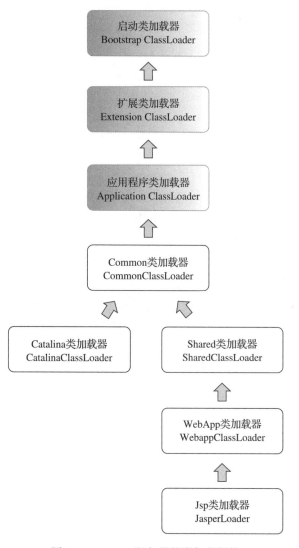

图 9-1 Tomcat 服务器的类加载架构

灰色背景的 3 个类加载器是 JDK（以 JDK 9 之前经典的三层类加载器为例）默认提供的类加载器，这 3 个加载器的作用在第 7 章中已经介绍过了。而 Common 类加载器、Catalina 类加载器（也称为 Server 类加载器）、Shared 类加载器和 Webapp 类加载器则是 Tomcat 自己定义的类加载器，它们分别加载 /common/*、/server/*、/shared/* 和 /WebApp/WEB-INF/* 中的 Java 类库。其中 WebApp 类加载器和 JSP 类加载器通常还会存在多个实例，每一个 Web 应用程序对应一个 WebApp 类加载器，每一个 JSP 文件对应一个 JasperLoader 类加载器。

从图 9-1 的委派关系中可以看出，Common 类加载器能加载的类都可以被 Catalina 类加载器和 Shared 类加载器使用，而 Catalina 类加载器和 Shared 类加载器自己能加载的类则与对方相互隔离。WebApp 类加载器可以使用 Shared 类加载器加载到的类，但各个 WebApp 类加载器实例之间相互隔离。而 JasperLoader 的加载范围仅仅是这个 JSP 文件所编译出来的那一个 Class 文件，它存在的目的就是为了被丢弃：当服务器检测到 JSP 文件被修改时，会替换掉目前的 JasperLoader 的实例，并通过再建立一个新的 JSP 类加载器来实现 JSP 文件的 HotSwap 功能。

本例中的类加载结构在 Tomcat 6 以前是它默认的类加载器结构，在 Tomcat 6 及之后的版本简化了默认的目录结构，只有指定了 tomcat/conf/catalina.properties 配置文件的 server.loader 和 share.loader 项后才会真正建立 Catalina 类加载器和 Shared 类加载器的实例，否则会用到这两个类加载器的地方都会用 Common 类加载器的实例代替，而默认的配置文件中并没有设置这两个 loader 项，所以 Tomcat 6 之后也顺理成章地把 /common、/server 和 /shared 这 3 个目录默认合并到一起变成 1 个 /lib 目录，这个目录里的类库相当于以前 /common 目录中类库的作用，是 Tomcat 的开发团队为了简化大多数的部署场景所做的一项易用性改进。如果默认设置不能满足需要，用户可以通过修改配置文件指定 server.loader 和 share.loader 的方式重新启用原来完整的加载器架构。

Tomcat 加载器的实现清晰易懂，并且采用了官方推荐的"正统"的使用类加载器的方式。如果读者阅读完上面的案例后，毫不费力就能完全理解 Tomcat 设计团队这样布置加载器架构的用意，这就说明你已经大致掌握了类加载器"主流"的使用方式，那么笔者不妨再提一个问题让各位读者思考一下：前面曾经提到过一个场景，如果有 10 个 Web 应用程序都是用 Spring 来进行组织和管理的话，可以把 Spring 放到 Common 或 Shared 目录下让这些程序共享。Spring 要对用户程序的类进行管理，自然要能访问到用户程序的类，而用户的程序显然是放在 /WebApp/WEB-INF 目录中的。那么被 Common 类加载器或 Shared 类加载器加载的 Spring 如何访问并不在其加载范围内的用户程序呢？如果你读懂了本书第 7 章的相关内容，相信回答这个问题一定会毫不费力。

## 9.2.2　OSGi：灵活的类加载器架构

曾经在 Java 程序社区中流传着这么一个观点："学习 Java EE 规范，推荐去看 JBoss 源码；学习类加载器的知识，就推荐去看 OSGi 源码。"尽管"Java EE 规范"和"类加载器的知识"并不是一个对等的概念，不过，既然这个观点能在部分程序员群体中流传开来，也从侧面说明了 OSGi 对类加载器的运用确实有其独到之处。

OSGi $^{\ominus}$（Open Service Gateway Initiative）是 OSGi 联盟（OSGi Alliance）制订的一个基于 Java 语言的动态模块化规范（在 JDK 9 引入的 JPMS 是静态的模块系统），这个规范最初由 IBM、爱立信等公司联合发起，在早期连 Sun 公司都有参与。目的是使服务提供商通过住宅网关为各种家用智能设备提供服务，后来这个规范在 Java 的其他技术领域也有相当不错的发展，现在已经成为 Java 世界中"事实上"的动态模块化标准，并且已经有了 Equinox、Felix 等成熟的实现。根据 OSGi 联盟主页上的宣传资料，OSGi 现在的重点应用在智慧城市、智慧农业、工业 4.0 这些地方，而在传统 Java 程序员中最知名的应用案例可能就数 Eclipse IDE 了，另外，还有许多大型的软件平台和中间件服务器都基于或声明将会基于 OSGi 规范来实现，如 IBM Jazz 平台、GlassFish 服务器、JBoss OSGi 等。

OSGi 中的每个模块（称为 Bundle）与普通的 Java 类库区别并不太大，两者一般都以 JAR 格式进行封装$^{\ominus}$，并且内部存储的都是 Java 的 Package 和 Class。但是一个 Bundle 可以声明它所依赖的 Package（通过 Import-Package 描述），也可以声明它允许导出发布的 Package（通过 Export-Package 描述）。在 OSGi 里面，Bundle 之间的依赖关系从传统的上层模块依赖底层模块转变为平级模块之间的依赖，而且类库的可见性能得到非常精确的控制，一个模块里只有被 Export 过的 Package 才可能被外界访问，其他的 Package 和 Class 将会被隐藏起来。

以上这些静态的模块化特性原本也是 OSGi 的核心需求之一，不过它和后来出现的 Java 的模块化系统互相重叠了，所以 OSGi 现在着重向动态模块化系统的方向发展。在今天，通常引入 OSGi 的主要理由是基于 OSGi 架构的程序很可能（只是很可能，并不是一定会，需要考虑热插拔后的内存管理、上下文状态维护问题等复杂因素）会实现模块级的热插拔功能，当程序升级更新或调试除错时，可以只停用、重新安装然后启用程序的其中一部分，这对大型软件、企业级程序开发来说是一个非常有诱惑力的特性，譬如 Eclipse 中安装、卸载、更新插件而不需要重启动，就使用到了这种特性。

OSGi 之所以能有上述诱人的特点，必须要归功于它灵活的类加载器架构。OSGi 的 Bundle 类加载器之间只有规则，没有固定的委派关系。例如，某个 Bundle 声明了一个它依赖的 Package，如果有其他 Bundle 声明了发布这个 Package 后，那么所有对这个 Package 的类加载动作都会委派给发布它的 Bundle 类加载器去完成。不涉及某个具体的 Package 时，各个 Bundle 加载器都是平级的关系，只有具体使用到某个 Package 和 Class 的时候，才会根据 Package 导入导出定义来构造 Bundle 间的委派和依赖。

---

　　$\ominus$　官方站点：http://www.osgi.org/Main/HomePage。

　　$\ominus$　OSGi R7 开始支持 JDK 9 的 JPMS，但只是兼容意义上的支持，并未将两者重合的特性互相融合。譬如在 R7 中 Bundle 仍然是一个标准的 JAR 包，未封装成 Module（即以 Unnamed Module 的形式存在）。

另外，一个 Bundle 类加载器为其他 Bundle 提供服务时，会根据 Export-Package 列表严格控制访问范围。如果一个类存在于 Bundle 的类库中但是没有被 Export，那么这个 Bundle 的类加载器能找到这个类，但不会提供给其他 Bundle 使用，而且 OSGi 框架也不会把其他 Bundle 的类加载请求分配给这个 Bundle 来处理。

我们可以举一个更具体些的简单例子来解释上面的规则，假设存在 Bundle A、Bundle B、Bundle C 3 个模块，并且这 3 个 Bundle 定义的依赖关系如下所示。

❑ Bundle A：声明发布了 packageA，依赖了 java.* 的包；

❑ Bundle B：声明依赖了 packageA 和 packageC，同时也依赖了 java.* 的包；

❑ Bundle C：声明发布了 packageC，依赖了 packageA。

那么，这 3 个 Bundle 之间的类加载器及父类加载器之间的关系如图 9-2 所示。

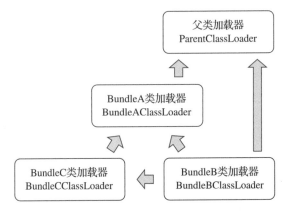

图 9-2　OSGi 的类加载器架构

由于没有涉及具体的 OSGi 实现，图 9-2 中的类加载器都没有指明具体的加载器实现，它只是一个体现了加载器之间关系的概念模型，并且只是体现了 OSGi 中最简单的加载器委派关系。一般来说，在 OSGi 里，加载一个类可能发生的查找行为和委派关系会远远比图 9-2 中显示的复杂，类加载时可能进行的查找规则如下：

❑ 以 java.* 开头的类，委派给父类加载器加载。

❑ 否则，委派列表名单内的类，委派给父类加载器加载。

❑ 否则，Import 列表中的类，委派给 Export 这个类的 Bundle 的类加载器加载。

❑ 否则，查找当前 Bundle 的 Classpath，使用自己的类加载器加载。

❑ 否则，查找是否在自己的 Fragment Bundle 中，如果是则委派给 Fragment Bundle 的类加载器加载。

❑ 否则，查找 Dynamic Import 列表的 Bundle，委派给对应 Bundle 的类加载器加载。

❑ 否则，类查找失败。

从图 9-2 中还可以看出，在 OSGi 中，加载器之间的关系不再是双亲委派模型的树形结构，而是已经进一步发展成一种更为复杂的、运行时才能确定的网状结构。这种网状的类加载器架构在带来更优秀的灵活性的同时，也可能会产生许多新的隐患。笔者曾经参与过将一个非 OSGi 的大型系统向 Equinox OSGi 平台迁移的项目，由于项目规模和历史原因，代码模块之间的依赖关系错综复杂，勉强分离出各个模块的 Bundle 后，发现在高并发环境下经常出现死锁。我们很容易就找到了死锁的原因：如果出现了 Bundle A 依赖 Bundle B 的 Package B，而 Bundle B 又依赖了 Bundle A 的 Package A，这两个 Bundle 进行类加载时就有很高的概率发生死锁。具体情况是当 Bundle A 加载 Package B 的类时，首先需要锁定当前类加载器的实例对象（java.lang.ClassLoader.loadClass() 是一个同步方法），然后把请求委派给 Bundle B 的加载器处理，但如果这时 Bundle B 也正好想加载 Package A 的类，它会先锁定自己的加载器再去请求 Bundle A 的加载器处理，这样两个加载器都在等待对方处理自己的请求，而对方处理完之前自己又一直处于同步锁定的状态，因此它们就互相死锁，永远无法完成加载请求了。Equinox 的 Bug List 中有不少关于这类问题的 Bug ⊖，也提供了一个以牺牲性能为代价的解决方案——用户可以启用 osgi.classloader.singleThreadLoads 参数来按单线程串行化的方式强制进行类加载动作。在 JDK 7 时才终于出现了 JDK 层面的解决方案，类加载器架构进行了一次专门的升级，在 ClassLoader 中增加了 registerAsParallelCapable 方法对可并行的类加载进行注册声明，把锁的级别从 ClassLoader 对象本身，降低为要加载的类名这个级别，目的是从底层避免以上这类死锁出现的可能。

总体来说，OSGi 描绘了一个很美好的模块化开发的目标，而且定义了实现这个目标所需的各种服务，同时也有成熟框架对其提供实现支持。对于单个虚拟机下的应用，从开发初期就建立在 OSGi 上是一个很不错的选择，这样便于约束依赖。但并非所有的应用都适合采用 OSGi 作为基础架构，OSGi 在提供强大功能的同时，也引入了额外而且非常高的复杂度，带来了额外的风险。

## 9.2.3　字节码生成技术与动态代理的实现

"字节码生成"并不是什么高深的技术，读者在看到"字节码生成"这个标题时也先不必去想诸如 Javassist、CGLib、ASM 之类的字节码类库，因为 JDK 里面的 Javac 命令就是字节码生成技术的"老祖宗"，并且 Javac 也是一个由 Java 语言写成的程序，它的代码存放在 OpenJDK 的 jdk.compiler\share\classes\com\sun\tools\javac 目录中⊖。要深入从 Java 源码到字节码编译过程，阅读 Javac 的源码是个很好的途径，不过 Javac 对于我们这个例子来说太过庞大了。在 Java 世界里面除了 Javac 和字节码类库外，使用到字节码生成的例子比比皆是，如 Web 服务器中的 JSP 编译器，编译时织入的 AOP 框架，还有很常用的动态代理技术，甚至在使用反射的时候虚拟机都有可能会在运行时生成字节码来提高执行速度。我们选择其中相对简单的动态代理技术来讲解字节码生成技术是如何影响程序运作的。

---

⊖　Bug-121737：https://bugs.eclipse.org/bugs/show_bug.cgi?id=121737。

⊜　如何获取 OpenJDK 源码，请参见本书第 1 章的相关内容。

相信许多 Java 开发人员都使用过动态代理，即使没有直接使用过 java.lang.reflect.
Proxy 或实现过 java.lang.reflect.InvocationHandler 接口，应该也用过 Spring 来做过 Bean 的
组织管理。如果使用过 Spring，那大多数情况应该已经不知不觉地用到动态代理了，因为
如果 Bean 是面向接口编程，那么在 Spring 内部都是通过动态代理的方式来对 Bean 进行增
强的。动态代理中所说的"动态"，是针对使用 Java 代码实际编写了代理类的"静态"代理
而言的，它的优势不在于省去了编写代理类那一点编码工作量，而是实现了可以在原始类
和接口还未知的时候，就确定代理类的代理行为，当代理类与原始类脱离直接联系后，就
可以很灵活地重用于不同的应用场景之中。

代码清单 9-1 演示了一个最简单的动态代理的用法，原始的代码逻辑是打印一句
"hello world"，代理类的逻辑是在原始类方法执行前打印一句"welcome"。我们先看一下
代码，然后再分析 JDK 是如何做到的。

代码清单 9-1　动态代理的简单示例

```
public class DynamicProxyTest {

    interface IHello {
        void sayHello();
    }

    static class Hello implements IHello {
        @Override
        public void sayHello() {
            System.out.println("hello world");
        }
    }

    static class DynamicProxy implements InvocationHandler {

        Object originalObj;

        Object bind(Object originalObj) {
            this.originalObj = originalObj;
            return Proxy.newProxyInstance(originalObj.getClass().getClassLoader(),
                originalObj.getClass().getInterfaces(), this);
        }

        @Override
        public Object invoke(Object proxy, Method method, Object[] args) throws
            Throwable {
            System.out.println("welcome");
            return method.invoke(originalObj, args);
        }
    }

    public static void main(String[] args) {
        IHello hello = (IHello) new DynamicProxy().bind(new Hello());
```

```
        hello.sayHello();
    }
}
```

运行结果如下:

```
welcome
hello world
```

在上述代码里,唯一的"黑匣子"就是 Proxy::newProxyInstance() 方法,除此之外再没有任何特殊之处。这个方法返回一个实现了 IHello 的接口,并且代理了 new Hello() 实例行为的对象。跟踪这个方法的源码,可以看到程序进行过验证、优化、缓存、同步、生成字节码、显式类加载等操作,前面的步骤并不是我们关注的重点,这里只分析它最后调用 sun.misc.ProxyGenerator::generateProxyClass() 方法来完成生成字节码的动作,这个方法会在运行时产生一个描述代理类的字节码 byte[] 数组。如果想看一看这个在运行时产生的代理类中写了些什么,可以在 main() 方法中加入下面这句:

```
System.getProperties().put("sun.misc.ProxyGenerator.saveGeneratedFiles", "true");
```

加入这句代码后再次运行程序,磁盘中将会产生一个名为"$Proxy0.class"的代理类 Class 文件,反编译后可以看见如代码清单 9-2 所示的内容:

**代码清单 9-2 反编译的动态代理类的代码**

```
package org.fenixsoft.bytecode;

import java.lang.reflect.InvocationHandler;
import java.lang.reflect.Method;
import java.lang.reflect.Proxy;
import java.lang.reflect.UndeclaredThrowableException;

public final class $Proxy0 extends Proxy
    implements DynamicProxyTest.IHello
{
    private static Method m3;
    private static Method m1;
    private static Method m0;
    private static Method m2;

    public $Proxy0(InvocationHandler paramInvocationHandler)
        throws
    {
        super(paramInvocationHandler);
    }

    public final void sayHello()
        throws
    {
```

```
        try
        {
            this.h.invoke(this, m3, null);
            return;
        }
        catch (RuntimeException localRuntimeException)
        {
            throw localRuntimeException;
        }
        catch (Throwable localThrowable)
        {
            throw new UndeclaredThrowableException(localThrowable);
        }
    }

    // 此处由于版面原因，省略equals()、hashCode()、toString()3个方法的代码
    // 这3个方法的内容与sayHello()非常相似。

    static
    {
        try
        {
            m3 = Class.forName("org.fenixsoft.bytecode.DynamicProxyTest$IHello").
                getMethod("sayHello", new Class[0]);
            m1 = Class.forName("java.lang.Object").getMethod("equals", new
                Class[] { Class.forName("java.lang.Object") });
            m0 = Class.forName("java.lang.Object").getMethod("hashCode", new Class[0]);
            m2 = Class.forName("java.lang.Object").getMethod("toString", new Class[0]);
            return;
        }
        catch (NoSuchMethodException localNoSuchMethodException)
        {
            throw new NoSuchMethodError(localNoSuchMethodException.getMessage());
        }
        catch (ClassNotFoundException localClassNotFoundException)
        {
            throw new NoClassDefFoundError(localClassNotFoundException.getMessage());
        }
    }
}
```

　　这个代理类的实现代码也很简单，它为传入接口中的每一个方法，以及从java.lang.Object中继承来的equals()、hashCode()、toString()方法都生成了对应的实现，并且统一调用了InvocationHandler对象的invoke()方法（代码中的"this.h"就是父类Proxy中保存的InvocationHandler实例变量）来实现这些方法的内容，各个方法的区别不过是传入的参数和Method对象有所不同而已，所以无论调用动态代理的哪一个方法，实际上都是在执行InvocationHandler::invoke()中的代理逻辑。

这个例子中并没有讲到 generateProxyClass() 方法具体是如何产生代理类"$Proxy0. class"的字节码的，大致的生成过程其实就是根据 Class 文件的格式规范去拼装字节码，但是在实际开发中，以字节为单位直接拼装出字节码的应用场合很少见，这种生成方式也只能产生一些高度模板化的代码。对于用户的程序代码来说，如果有要大量操作字节码的需求，还是使用封装好的字节码类库比较合适。如果读者对动态代理的字节码拼装过程确实很感兴趣，可以在 OpenJDK 的 java.base\share\classes\java\lang\reflect 目录下找到 sun.misc. ProxyGenerator 的源码。

## 9.2.4　Backport 工具：Java 的时光机器

一般来说，以"做项目"为主的软件公司比较容易更新技术，在下一个项目中换一个技术框架、升级到最时髦的 JDK 版本，甚至把 Java 换成 C#、Golang 来开发都是有可能的。但是当公司发展壮大，技术有所积累，逐渐成为以"做产品"为主的软件公司后，自主选择技术的权利就会逐渐丧失，因为之前积累的代码和技术都是用真金白银砸出来的，一个稳健的团队也不会随意地改变底层的技术。然而在飞速发展的程序设计领域，新技术总是日新月异层出不穷，偏偏这些新技术又如鲜花之于蜜蜂一样，对程序员们散发着天然的吸引力。

在 Java 世界里，每一次 JDK 大版本的发布，都会伴随着规模不等或大或小的技术革新，而对 Java 程序编写习惯改变最大的，肯定是那些对 Java 语法做出重大改变的版本，譬如 JDK 5 时加入的自动装箱、泛型、动态注解、枚举、变长参数、遍历循环（foreach 循环）；譬如 JDK 8 时加入的 Lambda 表达式、Stream API、接口默认方法等。事实上在没有这些语法特性的年代，Java 程序也照样能写，但是现在回头看来，上述每一种语法的改进几乎都是"必不可少"的，如同用惯了 32 寸液晶、4K 分辨率显示器的程序员，就很难再在 19 寸显示器、1080P 分辨率的显示器上编写代码了。但假如公司"不幸"因为要保护现有投资、维持程序结构稳定等，必须使用 JDK 5 或者 JDK 8 以前的版本呢？幸好，我们没有办法把 19 寸显示器变成 32 寸的，但却可以跨越 JDK 版本之间的沟壑，把高版本 JDK 中编写的代码放到低版本 JDK 环境中去部署使用。为了解决这个问题，一种名为"Java 逆向移植"的工具（Java Backporting Tools）应运而生，Retrotranslator ⊖和 Retrolambda 是这类工具中的杰出代表。

Retrotranslator 的作用是将 JDK 5 编译出来的 Class 文件转变为可以在 JDK 1.4 或 1.3 上部署的版本，它能很好地支持自动装箱、泛型、动态注解、枚举、变长参数、遍历循环、静态导入这些语法特性，甚至还可以支持 JDK 5 中新增的集合改进、并发包及对泛型、注解等的反射操作。Retrolambda ⊜的作用与 Retrotranslator 是类似的，目标是将 JDK 8 的

---

⊖　官方站点：http://retrotranslator.sf.net。
⊜　官方网站：https://github.com/luontola/retrolambda。

Lambda 表达式和 try-resources 语法转变为可以在 JDK 5、JDK 6、JDK 7 中使用的形式，同时也对接口默认方法提供了有限度的支持。

了解了 Retrotranslator 和 Retrolambda 这种逆向移植工具的作用以后，相信读者更关心的是它是怎样做到的？要想知道 Backporting 工具如何在旧版本 JDK 中模拟新版本 JDK 的功能，首先要搞清楚 JDK 升级中会提供哪些新的功能。JDK 的每次升级新增的功能大致可以分为以下五类：

1）对 Java 类库 API 的代码增强。譬如 JDK 1.2 时代引入的 java.util.Collections 等一系列集合类，在 JDK 5 时代引入的 java.util.concurrent 并发包、在 JDK 7 时引入的 java.lang.invoke 包，等等。

2）在前端编译器层面做的改进。这种改进被称作语法糖，如自动装箱拆箱，实际上就是 Javac 编译器在程序中使用到包装对象的地方自动插入了很多 Integer.valueOf()、Float.valueOf() 之类的代码；变长参数在编译之后就被自动转化成了一个数组来完成参数传递；泛型的信息则在编译阶段就已经被擦除掉了（但是在元数据中还保留着），相应的地方被编译器自动插入了类型转换代码[⊖]。

3）需要在字节码中进行支持的改动。如 JDK 7 里面新加入的语法特性——动态语言支持，就需要在虚拟机中新增一条 invokedynamic 字节码指令来实现相关的调用功能。不过字节码指令集一直处于相对稳定的状态，这种要在字节码层面直接进行的改动是比较少见的。

4）需要在 JDK 整体结构层面进行支持的改进，典型的如 JDK 9 时引入的 Java 模块化系统，它就涉及了 JDK 结构、Java 语法、类加载和连接过程、Java 虚拟机等多个层面。

5）集中在虚拟机内部的改进。如 JDK 5 中实现的 JSR-133[⊖]规范重新定义的 Java 内存模型（Java Memory Model，JMM），以及在 JDK 7、JDK 11、JDK 12 中新增的 G1、ZGC 和 Shenandoah 收集器之类的改动，这种改动对于程序员编写代码基本是透明的，只会在程序运行时产生影响。

上述的 5 类新功能中，逆向移植工具能比较完美地模拟了前两类，从第 3 类开始就逐步深入地涉及了直接在虚拟机内部实现的改进了，这些功能一般要么是逆向移植工具完全无能为力，要么是不能完整地或者在比较良好的运行效率上完成全部模拟。想想这也挺合理的，如果在语法糖和类库层面可以完美解决的问题，Java 虚拟机设计团队也没有必要舍近求远地改动处于 JDK 底层的虚拟机嘛。

在能够较好模拟的前两类功能中，第一类模拟相对更容易实现一些，如 JDK 5 引入的 java.util.concurrent 包，实际是由多线程编程的大师 Doug Lea 开发的一套并发包，在 JDK 5 出现之前就已经存在（那时候名字叫作 dl.util.concurrent，引入 JDK 时由作者和 JDK 开发团队共同进行了一些改进），所以要在旧的 JDK 中支持这部分功能，以独立类库的方式便可实现。Retrotranslator 中就附带了一个名叫 "backport-util-concurrent.jar" 的类库（由另一

---

⊖ 如果想了解编译器在这个阶段所做的各种动作的详细信息，可以参考 10.3 节的内容。

⊖ JSR-133：Java Memory Model and Thread Specification Revision（Java 内存模型和线程规范修订）。

个名为 "Backport to JSR 166" 的项目所提供）来代替 JDK 5 的并发包。

至于第二类 JDK 在编译阶段进行处理的那些改进，Retrotranslator 则是使用 ASM 框架直接对字节码进行处理。由于组成 Class 文件的字节码指令数量并没有改变，所以无论是 JDK 1.3、JDK 1.4 还是 JDK 5，能用字节码表达的语义范围应该是一致的。当然，肯定不会是简单地把 Class 的文件版本号从 49.0 改回 48.0 就能解决问题了，虽然字节码指令的数量没有变化，但是元数据信息和一些语法支持的内容还是要做相应的修改。

以枚举为例，尽管在 JDK 5 中增加了 enum 关键字，但是 Class 文件常量池的 CONSTANT_Class_info 类型常量并没有发生任何语义变化，仍然是代表一个类或接口的符号引用，没有加入枚举，也没有增加过 "CONSTANT_Enum_info" 之类的 "枚举符号引用" 常量。所以使用 enum 关键字定义常量，尽管从 Java 语法上看起来与使用 class 关键字定义类、使用 interface 关键字定义接口是同一层次的，但实际上这是由 Javac 编译器做出来的假象，从字节码的角度来看，枚举仅仅是一个继承于 java.lang.Enum、自动生成了 values() 和 valueOf() 方法的普通 Java 类而已。

Retrotranslator 对枚举所做的主要处理就是把枚举类的父类从 "java.lang.Enum" 替换为它运行时类库中包含的 "net.sf.retrotranslator.runtime.java.lang.Enum_"，然后再在类和字段的访问标志中抹去 ACC_ENUM 标志位。当然，这只是处理的总体思路，具体的实现要比上面说的复杂得多。可以想象既然两个父类实现都不一样，values() 和 valueOf() 的方法自然需要重写，常量池需要引入大量新的来自父类的符号引用，这些都是实现细节。图 9-3 是一个使用 JDK 5 编译的枚举类与被 Retrotranslator 转换处理后的字节码的对比图。

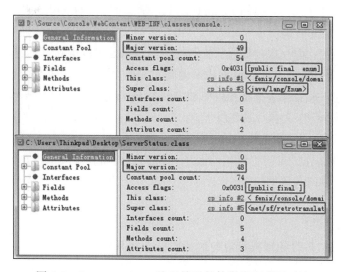

图 9-3　Retrotranslator 处理前后的枚举类字节码对比

用 Retrolambda 模拟 JDK 8 的 Lambda 表达式属于涉及字节码改动的第三类情况，Java 为支持 Lambda 会用到新的 invokedynamic 字节码指令，但幸好这并不是必须的，只是基于效率的考量。在 JDK 8 之前，Lambda 表达式就已经被其他运行在 Java 虚拟机的编程语言（如 Scala）广泛使用了，那时候是怎么生成字节码的现在照着做就是，不使用 invokedynamic，除了牺牲一点效率外，可行性方面并没有太大的障碍。

Retrolambda 的 Backport 过程实质上就是生成一组匿名内部类来代替 Lambda，里面会做一些优化措施，譬如采用单例来保证无状态的 Lambda 表达式不会重复创建匿名类的对象。有一些 Java IDE 工具，如 IntelliJ IDEA 和 Eclipse 里会包含将此过程反过来使用的功能特性，在低版本 Java 里把匿名内部类显示成 Lambda 语法的样子，实际存在磁盘上的源码还是匿名内部类形式的，只是在 IDE 里可以把它显示为 Lambda 表达式的语法，让人阅读起来比较简洁而已。

## 9.3 实战：自己动手实现远程执行功能

不知道读者在做程序维护的时候是否遇到过这类情形：排查问题的过程中，想查看内存中的一些参数值，却苦于没有方法把这些值输出到界面或日志中。又或者定位到某个缓存数据有问题，由于缺少缓存的统一管理界面，不得不重启服务才能清理掉这个缓存。类似的需求有一个共同的特点，那就是只要在服务中执行一小段程序代码，就可以定位或排除问题，但就是偏偏找不到可以让服务器执行临时代码的途径，让人恨不得在服务器上装个后门。这是项目运维中的常见问题，通常解决此类问题有以下几种途径：

1）可以使用 BTrace [一] 这类 JVMTI 工具去动态修改程序中某一部分的运行代码，这部分在第 4 章有简要的介绍，类似的 JVMTI 工具还有阿里巴巴的 Arthas [二] 等。

2）使用 JDK 6 之后提供了 Compiler API，可以动态地编译 Java 程序，这样虽然达不到动态语言的灵活度，但让服务器执行临时代码的需求是可以得到解决的。

3）也可以通过"曲线救国"的方式来做到，譬如写一个 JSP 文件上传到服务器，然后在浏览器中运行它，或者在服务端程序中加入一个 BeanShell Script、JavaScript 等的执行引擎（如 Mozilla Rhino [三]）去执行动态脚本。

4）在应用程序中内置动态执行的功能。

在本章的实战部分，我们将使用前面学到的关于类加载及虚拟机执行子系统的知识去完成在服务端执行临时代码的功能。

### 9.3.1 目标

首先，在实现"在服务端执行临时代码"这个需求之前，先来明确一下本次实战的具体目标，我们希望最终的产品是这样的：

---

[一] 网站：https://github.com/btraceio/btrace。

[二] 网站：https://github.com/alibaba/arthas。

[三] 网站：http://www.mozilla.org/rhino/，Rhino 已被收编入 JDK 6 中。

- 不依赖某个 JDK 版本才加入的特性（包括 JVMTI），能在目前还被普遍使用的 JDK 中部署，只要是使用 JDK 1.4 以上的 JDK 都可以运行。
- 不改变原有服务端程序的部署，不依赖任何第三方类库。
- 不侵入原有程序，即无须改动原程序的任何代码。也不会对原有程序的运行带来任何影响。
- 考虑到 BeanShell Script 或 JavaScript 等脚本与 Java 对象交互起来不太方便，"临时代码"应该直接支持 Java 语言。
- "临时代码"应当具备足够的自由度，不需要依赖特定的类或实现特定的接口。这里写的是"不需要"而不是"不可以"，当"临时代码"需要引用其他类库时也没有限制，只要服务端程序能使用的类型和接口，临时代码都应当能直接引用。
- "临时代码"的执行结果能返回到客户端，执行结果可以包括程序中输出的信息及抛出的异常等。

看完上面列出的目标，读者觉得完成这个需求需要做多少工作量呢？也许答案比大多数人所想的都要简单一些：5 个类，250 行代码（含注释），大约一个半小时左右的开发时间就可以了，现在就开始编写程序吧！

## 9.3.2　思路

在程序实现的过程中，我们需要解决以下 3 个问题：

- 如何编译提交到服务器的 Java 代码？
- 如何执行编译之后的 Java 代码？
- 如何收集 Java 代码的执行结果？

对于第一个问题，我们有两种方案可以选择。一种在服务器上编译，在 JDK 6 以后可以使用 Compiler API，在 JDK 6 以前可以使用 tools.jar 包（在 JAVA_HOME/lib 目录下）中的 com.sun.tools.Javac.Main 类来编译 Java 文件，它们其实和直接使用 Javac 命令来编译是一样的。这种思路的缺点是引入了额外的依赖，而且把程序绑死在特定的 JDK 上了，要部署到其他公司的 JDK 中还得把 tools.jar 带上（虽然 JRockit 和 J9 虚拟机也有这个 JAR 包，但它总不是标准所规定必须存在的）。另外一种思路是直接在客户端编译好，把字节码而不是 Java 代码传到服务端，这听起来好像有点投机取巧，一般来说确实不应该假定客户端一定具有编译代码的能力，也不能假定客户端就有编译出产品所需的依赖项。但是既然程序员会写 Java 代码去给服务端排查问题，那么很难想象他的机器上会连编译 Java 程序的环境都没有。

对于第二个问题：要执行编译后的 Java 代码，让类加载器加载这个类生成一个 Class 对象，然后反射调用一下某个方法就可以了（因为不实现任何接口，我们可以借用一下 Java 中约定俗成的"main()"方法）。但我们还应该考虑得更周全些：一段程序往往不是编写、运行一次就能达到效果，同一个类可能要被反复地修改、提交、执行。另外，提交

上去的类要能访问到服务端的其他类库才行。还有就是既然提交的是临时代码，那提交的
Java 类在执行完后就应当能被卸载和回收掉。

最后一个问题，我们想把程序往标准输出（System.out）和标准错误输出（System.err）
中打印的信息收集起来。但标准输出设备是整个虚拟机进程全局共享的资源，如果使用
System.setOut() / System.setErr() 方法把输出流重定向到自己定义的 PrintStream 对象上固
然可以收集到输出信息，但也会对原有程序产生影响：会把其他线程向标准输出中打印的
信息也收集了。虽然这些并不是不能解决的问题，不过为了达到完全不影响原程序的目的，
我们可以采用另外一种办法：直接在执行的类中把对 System.out 的符号引用替换为我们准
备的 PrintStream 的符号引用，依赖前面学习到的知识，做到这一点并不困难。

### 9.3.3　实现

在程序实现部分，我们主要看看代码和里面的注释。首先看看实现过程中需要用到的
4 个支持类。第一个类用于实现"同一个类的代码可以被多次加载"这个需求，即用于解决
9.2 节列举的第二个问题的 HotSwapClassLoader，具体程序如代码清单 9-3 所示。

HotSwapClassLoader 所做的事情仅仅是公开父类（即 java.lang.ClassLoader）中的 protected
方法 defineClass()，我们将会使用这个方法把提交执行的 Java 类的 byte[] 数组转变为 Class
对象。HotSwapClassLoader 中并没有重写 loadClass() 或 findClass() 方法，因此如果不算外
部手工调用 loadByte() 方法的话，这个类加载器的类查找范围与它的父类加载器是完全一
致的，在被虚拟机调用时，它会按照双亲委派模型交给父类加载。构造函数中指定为加载
HotSwapClassLoader 类的类加载器作为父类加载器，这一步是实现提交的执行代码可以访问服
务端引用类库的关键，下面我们来看看代码清单 9-3。

代码清单 9-3　HotSwapClassLoader 的实现

```
/**
 * 为了多次载入执行类而加入的加载器
 * 把defineClass方法开放出来，只有外部显式调用的时候才会使用到loadByte方法
 * 由虚拟机调用时，仍然按照原有的双亲委派规则使用loadClass方法进行类加载
 *
 * @author zzm
 */
public class HotSwapClassLoader extends ClassLoader {

    public HotSwapClassLoader() {
        super(HotSwapClassLoader.class.getClassLoader());
    }

    public Class loadByte(byte[] classByte) {
        return defineClass(null, classByte, 0, classByte.length);
    }

}
```

第二个类是实现将 java.lang.System 替换为我们自己定义的 HackSystem 类的过程，它直接修改符合 Class 文件格式的 byte[] 数组中的常量池部分，将常量池中指定内容的 CONSTANT_Utf8_info 常量替换为新的字符串，具体代码如下面的代码清单 9-4 所示。ClassModifier 中涉及对 byte[] 数组操作的部分，主要是将 byte[] 与 int 和 String 互相转换，以及把对 byte[] 数据的替换操作封装在代码清单 9-5 所示的 ByteUtils 中。

经过 ClassModifier 处理后的 byte[] 数组才会传给 HotSwapClassLoader.loadByte() 方法进行类加载，byte[] 数组在这里替换符号引用之后，与客户端直接在 Java 代码中引用 HackSystem 类再编译生成的 Class 是完全一样的。这样的实现既避免了客户端编写临时执行代码时要依赖特定的类（不然无法引入 HackSystem），又避免了服务端修改标准输出后影响到其他程序的输出。下面我们来看看代码清单 9-4 和代码清单 9-5。

**代码清单 9-4　ClassModifier 的实现**

```java
/**
 * 修改Class文件，暂时只提供修改常量池常量的功能
 * @author zzm
 */
public class ClassModifier {

    /**
     * Class文件中常量池的起始偏移
     */
    private static final int CONSTANT_POOL_COUNT_INDEX = 8;

    /**
     * CONSTANT_Utf8_info常量的tag标志
     */
    private static final int CONSTANT_Utf8_info = 1;

    /**
     * 常量池中11种常量所占的长度，CONSTANT_Utf8_info型常量除外，因为它不是定长的
     */
    private static final int[] CONSTANT_ITEM_LENGTH = { -1, -1, -1, 5, 5, 9, 9, 3,
        3, 5, 5, 5, 5 };

    private static final int u1 = 1;
    private static final int u2 = 2;

    private byte[] classByte;

    public ClassModifier(byte[] classByte) {
        this.classByte = classByte;
    }

    /**
     * 修改常量池中CONSTANT_Utf8_info常量的内容
     * @param oldStr 修改前的字符串
```

```java
     * @param newStr 修改后的字符串
     * @return 修改结果
     */
    public byte[] modifyUTF8Constant(String oldStr, String newStr) {
        int cpc = getConstantPoolCount();
        int offset = CONSTANT_POOL_COUNT_INDEX + u2;
        for (int i = 0; i < cpc; i++) {
            int tag = ByteUtils.bytes2Int(classByte, offset, u1);
            if (tag == CONSTANT_Utf8_info) {
                int len = ByteUtils.bytes2Int(classByte, offset + u1, u2);
                offset += (u1 + u2);
                String str = ByteUtils.bytes2String(classByte, offset, len);
                if (str.equalsIgnoreCase(oldStr)) {
                    byte[] strBytes = ByteUtils.string2Bytes(newStr);
                    byte[] strLen = ByteUtils.int2Bytes(newStr.length(), u2);
                    classByte = ByteUtils.bytesReplace(classByte, offset - u2,
                        u2, strLen);
                    classByte = ByteUtils.bytesReplace(classByte, offset, len,
                        strBytes);
                    return classByte;
                } else {
                    offset += len;
                }
            } else {
                offset += CONSTANT_ITEM_LENGTH[tag];
            }
        }
        return classByte;
    }

    /**
     * 获取常量池中常量的数量
     * @return 常量池数量
     */
    public int getConstantPoolCount() {
        return ByteUtils.bytes2Int(classByte, CONSTANT_POOL_COUNT_INDEX, u2);
    }
}
```

## 代码清单 9-5 ByteUtils 的实现

```java
/**
 * Bytes数组处理工具
 * @author
 */
public class ByteUtils {

    public static int bytes2Int(byte[] b, int start, int len) {
        int sum = 0;
        int end = start + len;
```

```
        for (int i = start; i < end; i++) {
            int n = ((int) b[i]) & 0xff;
            n <<= (--len) * 8;
            sum = n + sum;
        }
        return sum;
    }

    public static byte[] int2Bytes(int value, int len) {
        byte[] b = new byte[len];
        for (int i = 0; i < len; i++) {
            b[len - i - 1] = (byte) ((value >> 8 * i) & 0xff);
        }
        return b;
    }

    public static String bytes2String(byte[] b, int start, int len) {
        return new String(b, start, len);
    }

    public static byte[] string2Bytes(String str) {
        return str.getBytes();
    }

    public static byte[] bytesReplace(byte[] originalBytes, int offset, int len,
        byte[] replaceBytes) {
        byte[] newBytes = new byte[originalBytes.length + (replaceBytes.length - len)];
        System.arraycopy(originalBytes, 0, newBytes, 0, offset);
        System.arraycopy(replaceBytes, 0, newBytes, offset, replaceBytes.length);
        System.arraycopy(originalBytes, offset + len, newBytes, offset +
            replaceBytes.length, originalBytes.length - offset - len);
        return newBytes;
    }
}
```

最后一个类就是前面提到过的用来代替 java.lang.System 的 HackSystem，这个类中的方法看起来不少，但其实除了把 out 和 err 两个静态变量改成使用 ByteArrayOutputStream 作为打印目标的同一个 PrintStream 对象，以及增加了读取、清理 ByteArrayOutputStream 中内容的 getBufferString() 和 clearBuffer() 方法外，就再没有其他新鲜的内容了。其余的方法全部都来自于 System 类的 public 方法，方法名字、参数、返回值都完全一样，并且实现也是直接转调了 System 类的对应方法而已。保留这些方法的目的，是为了在 Sytem 被替换成 HackSystem 之后，保证执行代码中调用的 System 的其余方法仍然可以继续使用，HackSystem 的实现如代码清单 9-6 所示。

**代码清单 9-6　HackSystem 的实现**

```
/**
 * 为Javaclass劫持java.lang.System提供支持
```

```
 * 除了out和err外，其余的都直接转发给System处理
 *
 * @author zzm
 */
public class HackSystem {

    public final static InputStream in = System.in;

    private static ByteArrayOutputStream buffer = new ByteArrayOutputStream();

    public final static PrintStream out = new PrintStream(buffer);

    public final static PrintStream err = out;

    public static String getBufferString() {
        return buffer.toString();
    }

    public static void clearBuffer() {
        buffer.reset();
    }

    public static void setSecurityManager(final SecurityManager s) {
        System.setSecurityManager(s);
    }

    public static SecurityManager getSecurityManager() {
        return System.getSecurityManager();
    }

    public static long currentTimeMillis() {
        return System.currentTimeMillis();
    }

    public static void arraycopy(Object src, int srcPos, Object dest, int
        destPos, int length) {
        System.arraycopy(src, srcPos, dest, destPos, length);
    }

    public static int identityHashCode(Object x) {
        return System.identityHashCode(x);
    }

    // 下面所有的方法都与java.lang.System的名称一样
    // 实现都是字节转调System的对应方法
    // 因版面原因，省略了其他方法
}
```

4个支持类已经讲解完毕，我们来看看最后一个类JavaclassExecuter，它是提供给外部调用的入口，调用前面几个支持类组装逻辑，完成类加载工作。JavaclassExecuter只有一

个 execute() 方法，用输入的符合 Class 文件格式的 byte[] 数组替换掉 java.lang.System 的符号引用后，使用 HotSwapClassLoader 加载生成一个 Class 对象，由于每次执行 execute() 方法都会生成一个新的类加载器实例，因此同一个类可以实现重复加载。然后反射调用这个 Class 对象的 main() 方法，如果期间出现任何异常，将异常信息打印到 HackSystem.out 中，最后把缓冲区中的信息作为方法的结果来返回。JavaclassExecuter 的实现代码如代码清单 9-7 所示。

**代码清单 9-7 JavaclassExecuter 的实现**

```
/**
 * Javaclass执行工具
 *
 * @author zzm
 */
public class JavaclassExecuter {

    /**
     * 执行外部传过来的代表一个Java类的Byte数组<br>
     * 将输入类的byte数组中代表java.lang.System的CONSTANT_Utf8_info常量修改为劫持后的HackSystem类
     * 执行方法为该类的static main(String[] args)方法，输出结果为该类向System.out/err输出的信息
     * @param classByte 代表一个Java类的Byte数组
     * @return 执行结果
     */
    public static String execute(byte[] classByte) {
        HackSystem.clearBuffer();
        ClassModifier cm = new ClassModifier(classByte);
        byte[] modiBytes = cm.modifyUTF8Constant("java/lang/System", "org/
            fenixsoft/classloading/execute/HackSystem");
        HotSwapClassLoader loader = new HotSwapClassLoader();
        Class clazz = loader.loadByte(modiBytes);
        try {
            Method method = clazz.getMethod("main", new Class[] { String[].class });
            method.invoke(null, new String[] { null });
        } catch (Throwable e) {
            e.printStackTrace(HackSystem.out);
        }
        return HackSystem.getBufferString();
    }
}
```

## 9.3.4 验证

远程执行功能的编码到此就完成了，接下来就要检验一下我们的劳动成果。只是测试的话，任意写一个 Java 类，内容无所谓，只要向 System.out 输出信息即可，取名为 TestClass，放到服务器 C 盘的根目录中。然后建立一个 JSP 文件写上如代码清单 9-8 所示的内容，就可以在浏览器中看到这个类的运行结果了。

代码清单 9-8　测试 JSP

```
<%@ page import="java.lang.*" %>
<%@ page import="java.io.*" %>
<%@ page import="org.fenixsoft.classloading.execute.*" %>
<%
    InputStream is = new FileInputStream("c:/TestClass.class");
    byte[] b = new byte[is.available()];
    is.read(b);
    is.close();

    out.println("<textarea style='width:1000;height=800'>");
    out.println(JavaclassExecuter.execute(b));
    out.println("</textarea>");
%>
```

当然，上面的做法只是用于测试和演示，实际使用这个 JavaExecuter 执行器的时候，如果还要手工复制一个 Class 文件到服务器上就完全失去意义了，总得给它配一个 Class 文件上传功能，这是一件很容易做到的事情。

在工作中，笔者进一步给这个执行器写了一个"外壳"，这是一个 Eclipse 插件，可以把 Java 文件编译后传输到服务器中，然后把执行器的返回结果输出到 Eclipse 的 Console 窗口里，这样就可以在有灵感的时候随时写几行调试代码，放到测试环境的服务器上立即运行了。实现虽然简单，但效果很不错，对调试问题非常有用，如图 9-4 所示。

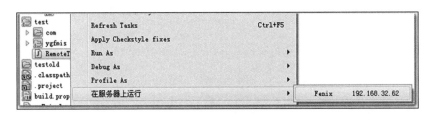

图 9-4　JavaclassExecuter 的使用

# 9.4　本章小结

第 6 章至第 9 章介绍了 Class 文件格式、类加载及虚拟机执行引擎这几部分内容，这些内容是虚拟机中必不可少的组成部分，了解了虚拟机如何执行程序，才能更好地理解怎样才能写出优秀的代码。

关于虚拟机执行子系统的介绍就到此为止，通过这 4 章的讲解，我们描绘了一个虚拟机应该是怎样运行 Class 文件的概念模型的，对于具体到某个虚拟机的实现，为了使实现简单清晰，或者为了更快的运行速度，在虚拟机内部的运作与概念模型可能会有非常大的差异，但从最终的执行结果来看应该是一致的。从第 10 章开始，我们将把目光从概念模型转到具体实现，去探索虚拟机在语法上和运行性能上，是如何对程序编写做出各种优化的。

# 程序编译与代码优化

Chapter 10 第 10 章

# 前端编译与优化

从计算机程序出现的第一天起，对效率的追逐就是程序员天生的坚定信仰，这个过程犹如一场没有终点、永不停歇的 F1 方程式竞赛，程序员是车手，技术平台则是在赛道上飞驰的赛车。

## 10.1 概述

在 Java 技术下谈 "编译期" 而没有具体上下文语境的话，其实是一句很含糊的表述，因为它可能是指一个前端编译器（叫 "编译器的前端" 更准确一些）把 *.java 文件转变成 *.class 文件的过程；也可能是指 Java 虚拟机的即时编译器（常称 JIT 编译器，Just In Time Compiler）运行期把字节码转变成本地机器码的过程；还可能是指使用静态的提前编译器（常称 AOT 编译器，Ahead Of Time Compiler）直接把程序编译成与目标机器指令集相关的二进制代码的过程。下面笔者列举了这 3 类编译过程里一些比较有代表性的编译器产品：

❏ 前端编译器：JDK 的 Javac、Eclipse JDT 中的增量式编译器（ECJ）<sup>⊖</sup>。

❏ 即时编译器：HotSpot 虚拟机的 C1、C2 编译器，Graal 编译器。

❏ 提前编译器：JDK 的 Jaotc、GNU Compiler for the Java（GCJ）<sup>⊜</sup>、Excelsior JET <sup>⊛</sup>。

这 3 类过程中最符合普通程序员对 Java 程序编译认知的应该是第一类，本章标题中的 "前端" 指的也是这种由前端编译器完成的编译行为。在本章后续的讨论里，笔者提到的全部 "编译期" 和 "编译器" 都仅限于第一类编译过程，我们会把第二、三类编译过程留到

---

⊖ JDT 官方站点：http://www.eclipse.org/jdt/。

⊜ GCJ 官方站点：http://gcc.gnu.org/java/。

⊛ Excelsior JET：https://en.wikipedia.org/wiki/Excelsior_JET。

第 11 章中去讨论。限制了"编译期"的范围后，我们对于"优化"二字的定义也需要放宽一些，因为 Javac 这类前端编译器对代码的运行效率几乎没有任何优化措施可言（在 JDK 1.3 之后，Javac 的 -O 优化参数就不再有意义），哪怕是编译器真的采取了优化措施也不会产生什么实质的效果。因为 Java 虚拟机设计团队选择把对性能的优化全部集中到运行期的即时编译器中，这样可以让那些不是由 Javac 产生的 Class 文件（如 JRuby、Groovy 等语言的 Class 文件）也同样能享受到编译器优化措施所带来的性能红利。但是，如果把"优化"的定义放宽，把对开发阶段的优化也计算进来的话，Javac 确实是做了许多针对 Java 语言编码过程的优化措施来降低程序员的编码复杂度、提高编码效率。相当多新生的 Java 语法特性，都是靠编译器的"语法糖"来实现，而不是依赖字节码或者 Java 虚拟机的底层改进来支持。我们可以这样认为，Java 中即时编译器在运行期的优化过程，支撑了程序执行效率的不断提升；而前端编译器在编译期的优化过程，则是支撑着程序员的编码效率和语言使用者的幸福感的提高。

## 10.2 Javac 编译器

分析源码是了解一项技术的实现内幕最彻底的手段，Javac 编译器不像 HotSpot 虚拟机那样使用 C++ 语言（包含少量 C 语言）实现，它本身就是一个由 Java 语言编写的程序，这为纯 Java 的程序员了解它的编译过程带来了很大的便利。

### 10.2.1 Javac 的源码与调试

在 JDK 6 以前，Javac 并不属于标准 Java SE API 的一部分，它实现代码单独存放在 tools.jar 中，要在程序中使用的话就必须把这个库放到类路径上。在 JDK 6 发布时通过了 JSR 199 编译器 API 的提案，使得 Javac 编译器的实现代码晋升成为标准 Java 类库之一，它的源码就改为放在 JDK_SRC_HOME/langtools/src/share/classes/com/sun/tools/javac 中 ⊖。到了 JDK 9 时，整个 JDK 所有的 Java 类库都采用模块化进行重构划分，Javac 编译器就被挪到了 jdk.compiler 模块（路径为：JDK_SRC_HOME/src/jdk.compiler/share/classes/com/sun/tools/javac）里面。虽然程序代码的内容基本没有变化，但由于本节的主题是源码解析，不可避免地会涉及大量的路径和包名，这就要选定 JDK 版本来讨论了，本次笔者将会以 JDK 9 之前的代码结构来进行讲解。

Javac 编译器除了 JDK 自身的标准类库外，就只引用了 JDK_SRC_HOME/langtools/src/share/classes/com/sun/* 里面的代码，所以我们的代码编译环境建立时基本无须处理依赖关系，相当简单便捷。以 Eclipse IDE 作为开发工具为例，先建立一个名为"Compiler_javac"的 Java 工程，然后把 JDK_SRC_HOME/langtools/src/share/classes/com/sun/* 目录下的源文件全部复制到工程的源码目录中，如图 10-1 所示。

⊖ 如何获取 OpenJDK 源码请参考本书第 1 章的相关内容。

图 10-1 Eclipse 中的 Javac 工程

导入代码期间，源码文件"AnnotationProxyMaker.java"可能会提示"Access Restriction"，被 Eclipse 拒绝编译，如图 10-2 所示。

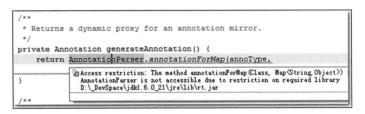

图 10-2 AnnotationProxyMaker 被拒绝编译

这是由于 Eclipse 为了避免开发人员引用非标准 Java 类库可能导致的兼容性问题，在"JRE System Library"设置中默认包含了一系列的代码访问规则（Access Rules），如果代码中引用了这些访问规则所禁止引用的类，就会提示这个错误。我们可以通过添加一条允许访问 JAR 包中所有类的访问规则来解决该问题，如图 10-3 所示。

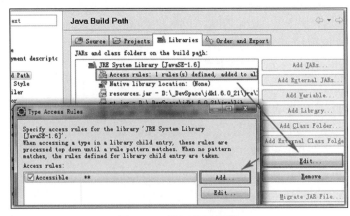

图 10-3 设置访问规则

导入了 Javac 的源码后，就可以运行 com.sun.tools.javac.Main 的 main() 方法来执行编译了，可以使用的参数与命令行中使用的 Javac 命令没有任何区别，编译的文件与参数在 Eclipse 的 "Debug Configurations" 面板中的 "Arguments" 页签中指定。

《Java 虚拟机规范》中严格定义了 Class 文件格式的各种细节，可是对如何把 Java 源码编译为 Class 文件却描述得相当宽松。规范里尽管有专门的一章名为 "Compiling for the Java Virtual Machine"，但这章也仅仅是以举例的形式来介绍怎样的 Java 代码应该被转换为怎样的字节码，并没有使用编译原理中常用的描述工具（如文法、生成式等）来对 Java 源码编译过程加以约束。这是给了 Java 前端编译器较大的实现灵活性，但也导致 Class 文件编译过程在某种程度上是与具体的 JDK 或编译器实现相关的，譬如在一些极端情况下，可能会出现某些代码在 Javac 编译器可以编译，但是 ECJ 编译器就不可以编译的问题（反过来也有可能，后文中将会给出一些这样的例子）。

从 Javac 代码的总体结构来看，编译过程大致可以分为 1 个准备过程和 3 个处理过程，它们分别如下所示。

1）准备过程：初始化插入式注解处理器。

2）解析与填充符号表过程，包括：

❑ 词法、语法分析。将源代码的字符流转变为标记集合，构造出抽象语法树。

❑ 填充符号表。产生符号地址和符号信息。

3）插入式注解处理器的注解处理过程：插入式注解处理器的执行阶段，本章的实战部分会设计一个插入式注解处理器来影响 Javac 的编译行为。

4）分析与字节码生成过程，包括：

❑ 标注检查。对语法的静态信息进行检查。

❑ 数据流及控制流分析。对程序动态运行过程进行检查。

❑ 解语法糖。将简化代码编写的语法糖还原为原有的形式。

❑ 字节码生成。将前面各个步骤所生成的信息转化成字节码。

上述 3 个处理过程里，执行插入式注解时又可能会产生新的符号，如果有新的符号产生，就必须转回到之前的解析、填充符号表的过程中重新处理这些新符号，从总体来看，三者之间的关系与交互顺序如图 10-4 所示。

图 10-4　Javac 的编译过程⊖

我们可以把上述处理过程对应到代码中，Javac 编译动作的入口是 com.sun.tools.javac.main.JavaCompiler 类，上述 3 个过程的代码逻辑集中在这个类的 compile() 和 compile2() 方法

---

⊖　图片来源：http://openjdk.java.net/groups/compiler/doc/compilation-overview/index.html，笔者做了汉化处理。

里，其中主体代码如图 10-5 所示，整个编译过程主要的处理由图中标注的 8 个方法来完成。

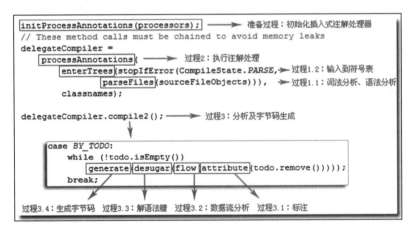

图 10-5　Javac 编译过程的主体代码

接下来，我们将对照 Javac 的源代码，逐项讲解上述过程。

## 10.2.2　解析与填充符号表

解析过程由图 10-5 中的 parseFiles() 方法（图 10-5 中的过程 1.1）来完成，解析过程包括了经典程序编译原理中的词法分析和语法分析两个步骤。

### 1. 词法、语法分析

词法分析是将源代码的字符流转变为标记（Token）集合的过程，单个字符是程序编写时的最小元素，但标记才是编译时的最小元素。关键字、变量名、字面量、运算符都可以作为标记，如" int a = b+2"这句代码中就包含了 6 个标记，分别是 int、a、=、b、+、2，虽然关键字 int 由 3 个字符构成，但是它只是一个独立的标记，不可以再拆分。在 Javac 的源码中，词法分析过程由 com.sun.tools.javac.parser.Scanner 类来实现。

语法分析是根据标记序列构造抽象语法树的过程，抽象语法树（Abstract Syntax Tree，AST）是一种用来描述程序代码语法结构的树形表示方式，抽象语法树的每一个节点都代表着程序代码中的一个语法结构（Syntax Construct），例如包、类型、修饰符、运算符、接口、返回值甚至连代码注释等都可以是一种特定的语法结构。

图 10-6 是 Eclipse AST View 插件分析出来的某段代码的抽象语法树视图，读者可以通过这个插件工具生成的可视化界面对抽象语法树有一个直观的认识。在 Javac 的源码中，语法分析过程由 com.sun.tools.javac.parser.Parser 类实现，这个阶段产出的抽象语法树是以 com.sun.tools.javac.tree.JCTree 类表示的。

经过词法和语法分析生成语法树以后，编译器就不会再对源码字符流进行操作了，后续的操作都建立在抽象语法树之上。

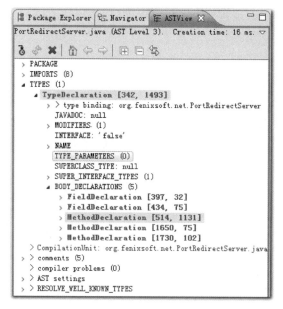

图 10-6　抽象语法树结构视图

**2. 填充符号表**

完成了语法分析和词法分析之后，下一个阶段是对符号表进行填充的过程，也就是图 10-5 中 enterTrees() 方法（图 10-5 中注释的过程 1.2）要做的事情。符号表（Symbol Table）是由一组符号地址和符号信息构成的数据结构，读者可以把它类比想象成哈希表中键值对的存储形式（实际上符号表不一定是哈希表实现，可以是有序符号表、树状符号表、栈结构符号表等各种形式）。符号表中所登记的信息在编译的不同阶段都要被用到。譬如在语义分析的过程中，符号表所登记的内容将用于语义检查（如检查一个名字的使用和原先的声明是否一致）和产生中间代码，在目标代码生成阶段，当对符号名进行地址分配时，符号表是地址分配的直接依据。

在 Javac 源代码中，填充符号表的过程由 com.sun.tools.javac.comp.Enter 类实现，该过程的产出物是一个待处理列表，其中包含了每一个编译单元的抽象语法树的顶级节点，以及 package-info.java（如果存在的话）的顶级节点。

## 10.2.3　注解处理器

JDK 5 之后，Java 语言提供了对注解（Annotations）的支持，注解在设计上原本是与普通的 Java 代码一样，都只会在程序运行期间发挥作用的。但在 JDK 6 中又提出并通过了 JSR-269 提案⊖，该提案设计了一组被称为"插入式注解处理器"的标准 API，可以提前至

---

⊖　JSR-269：Pluggable Annotations Processing API（插入式注解处理 API）。

编译期对代码中的特定注解进行处理，从而影响到前端编译器的工作过程。我们可以把插入式注解处理器看作是一组编译器的插件，当这些插件工作时，允许读取、修改、添加抽象语法树中的任意元素。如果这些插件在处理注解期间对语法树进行过修改，编译器将回到解析及填充符号表的过程重新处理，直到所有插入式注解处理器都没有再对语法树进行修改为止，每一次循环过程称为一个轮次（Round），这也就对应着图 10-4 的那个回环过程。

有了编译器注解处理的标准 API 后，程序员的代码才有可能干涉编译器的行为，由于语法树中的任意元素，甚至包括代码注释都可以在插件中被访问到，所以通过插入式注解处理器实现的插件在功能上有很大的发挥空间。只要有足够的创意，程序员能使用插入式注解处理器来实现许多原本只能在编码中由人工完成的事情。譬如 Java 著名的编码效率工具 Lombok ⊖，它可以通过注解来实现自动产生 getter/setter 方法、进行空置检查、生成受查异常表、产生 equals() 和 hashCode() 方法，等等，帮助开发人员消除 Java 的冗长代码，这些都是依赖插入式注解处理器来实现的，本章最后会设计一个如何使用插入式注解处理器的简单实战。

在 Javac 源码中，插入式注解处理器的初始化过程是在 initPorcessAnnotations() 方法中完成的，而它的执行过程则是在 processAnnotations() 方法中完成。这个方法会判断是否还有新的注解处理器需要执行，如果有的话，通过 com.sun.tools.javac.processing.JavacProcessing-Environment 类的 doProcessing() 方法来生成一个新的 JavaCompiler 对象，对编译的后续步骤进行处理。

## 10.2.4　语义分析与字节码生成

经过语法分析之后，编译器获得了程序代码的抽象语法树表示，抽象语法树能够表示一个结构正确的源程序，但无法保证源程序的语义是符合逻辑的。而语义分析的主要任务则是对结构上正确的源程序进行上下文相关性质的检查，譬如进行类型检查、控制流检查、数据流检查，等等。举个简单的例子，假设有如下 3 个变量定义语句：

```
int a = 1;
boolean b = false;
char c = 2;
```

后续可能出现的赋值运算：

```
int d = a + c;
int d = b + c;
char d = a + c;
```

后续代码中如果出现了如上 3 种赋值运算的话，那它们都能构成结构正确的抽象语法树，但是只有第一种的写法在语义上是没有错误的，能够通过检查和编译。其余两种在

---

⊖　主页地址：https://projectlombok.org/。

Java 语言中是不合逻辑的，无法编译（是否合乎语义逻辑必须限定在具体的语言与具体的上下文环境之中才有意义。如在 C 语言中，a、b、c 的上下文定义不变，第二、三种写法都是可以被正确编译的）。我们编码时经常能在 IDE 中看到由红线标注的错误提示，其中绝大部分都是来源于语义分析阶段的检查结果。

### 1. 标注检查

Javac 在编译过程中，语义分析过程可分为标注检查和数据及控制流分析两个步骤，分别由图 10-5 的 attribute() 和 flow() 方法（分别对应图 10-5 中的过程 3.1 和过程 3.2）完成。

标注检查步骤要检查的内容包括诸如变量使用前是否已被声明、变量与赋值之间的数据类型是否能够匹配，等等，刚才 3 个变量定义的例子就属于标注检查的处理范畴。在标注检查中，还会顺便进行一个称为常量折叠（Constant Folding）的代码优化，这是 Javac 编译器会对源代码做的极少量优化措施之一（代码优化几乎都在即时编译器中进行）。如果我们在 Java 代码中写下如下所示的变量定义：

```
int a = 1 + 2;
```

则在抽象语法树上仍然能看到字面量"1""2"和操作符"+"号，但是在经过常量折叠优化之后，它们将会被折叠为字面量"3"，如图 10-7 所示，这个插入式表达式（Infix Expression）的值已经在语法树上标注出来了（ConstantExpressionValue：3）。由于编译期间进行了常量折叠，所以在代码里面定义"a=1+2"比起直接定义"a=3"来，并不会增加程序运行期哪怕仅仅一个处理器时钟周期的处理工作量。

标注检查步骤在 Javac 源码中的实现类是 com.sun.tools.javac.comp.Attr 类和 com.sun.tools.javac.comp.Check 类。

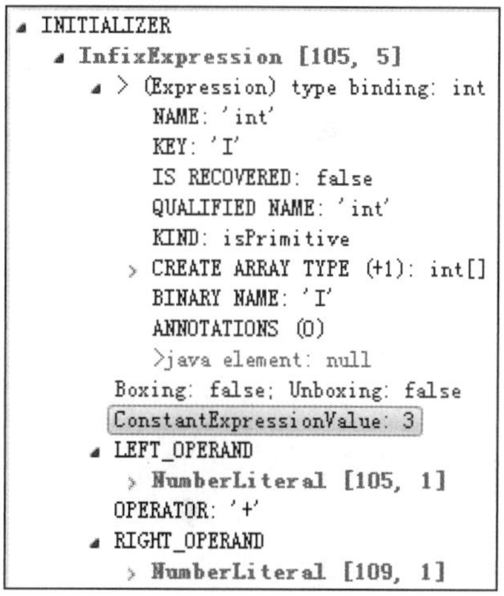

```
▲ INITIALIZER
  ▲ InfixExpression [105, 5]
    ▲ > (Expression) type binding: int
          NAME: 'int'
          KEY: 'I'
          IS RECOVERED: false
          QUALIFIED NAME: 'int'
          KIND: isPrimitive
        > CREATE ARRAY TYPE (+1): int[]
          BINARY NAME: 'I'
          ANNOTATIONS (0)
        > java element: null
      Boxing: false; Unboxing: false
      ConstantExpressionValue: 3
  ▲ LEFT_OPERAND
    > NumberLiteral [105, 1]
      OPERATOR: '+'
  ▲ RIGHT_OPERAND
    > NumberLiteral [109, 1]
```

图 10-7　常量折叠

### 2. 数据及控制流分析

数据流分析和控制流分析是对程序上下文逻辑更进一步的验证，它可以检查出诸如程序局部变量在使用前是否有赋值、方法的每条路径是否都有返回值、是否所有的受查异常都被正确处理了等问题。编译时期的数据及控制流分析与类加载时的数据及控制流分析的目的基本上可以看作是一致的，但校验范围会有所区别，有一些校验项只有在编译期或运行期才能进行。下面举一个关于 final 修饰符的数据及控制流分析的例子，见代码清单 10-1 所示。

**代码清单 10-1　final 语义校验**

```java
// 方法一带有final修饰
public void foo(final int arg) {
    final int var = 0;
```

```
    // do something
}

// 方法二没有final修饰
public void foo(int arg) {
    int var = 0;
    // do something
}
```

在这两个 foo() 方法中，一个方法的参数和局部变量定义使用了 final 修饰符，另外一个则没有，在代码编写时程序肯定会受到 final 修饰符的影响，不能再改变 arg 和 var 变量的值，但是如果观察这两段代码编译出来的字节码，会发现它们是没有任何一点区别的，每条指令，甚至每个字节都一模一样。通过第 6 章对 Class 文件结构的讲解我们已经知道，局部变量与类的字段（实例变量、类变量）的存储是有显著差别的，局部变量在常量池中并没有 CONSTANT_Fieldref_info 的符号引用，自然就不可能存储有访问标志（access_flags）的信息，甚至可能连变量名称都不一定会被保留下来（这取决于编译时的编译器的参数选项），自然在 Class 文件中就不可能知道一个局部变量是不是被声明为 final 了。因此，可以肯定地推断出把局部变量声明为 final，对运行期是完全没有影响的，变量的不变性仅仅由 Javac 编译器在编译期间来保障，这就是一个只能在编译期而不能在运行期中检查的例子。在 Javac 的源码中，数据及控制流分析的入口是图 10-5 中的 flow() 方法（图 10-5 中的过程 3.2），具体操作由 com.sun.tools.javac.comp.Flow 类来完成。

### 3. 解语法糖

语法糖（Syntactic Sugar），也称糖衣语法，是由英国计算机科学家 Peter J. Landin 发明的一种编程术语，指的是在计算机语言中添加的某种语法，这种语法对语言的编译结果和功能并没有实际影响，但是却能更方便程序员使用该语言。通常来说使用语法糖能够减少代码量、增加程序的可读性，从而减少程序代码出错的机会。

Java 在现代编程语言之中已经属于"低糖语言"（相对于 C# 及许多其他 Java 虚拟机语言来说），尤其是 JDK 5 之前的 Java。"低糖"的语法让 Java 程序实现相同功能的代码量往往高于其他语言，通俗地说就是会显得比较"啰嗦"，这也是 Java 语言一直被质疑是否已经"落后"了的一个浮于表面的理由。

Java 中最常见的语法糖包括了前面提到过的泛型（其他语言中泛型并不一定都是语法糖实现，如 C# 的泛型就是直接由 CLR 支持的）、变长参数、自动装箱拆箱，等等，Java 虚拟机运行时并不直接支持这些语法，它们在编译阶段被还原回原始的基础语法结构，这个过程就称为解语法糖。Java 的这些语法糖是如何实现的、被分解后会是什么样子，都将在 10.3 节中详细讲述。

在 Javac 的源码中，解语法糖的过程由 desugar() 方法触发，在 com.sun.tools.javac.comp. TransTypes 类和 com.sun.tools.javac.comp.Lower 类中完成。

#### 4. 字节码生成

字节码生成是 Javac 编译过程的最后一个阶段，在 Javac 源码里面由 com.sun.tools.javac.jvm.Gen 类来完成。字节码生成阶段不仅仅是把前面各个步骤所生成的信息（语法树、符号表）转化成字节码指令写到磁盘中，编译器还进行了少量的代码添加和转换工作。

例如前文多次登场的实例构造器 <init>() 方法和类构造器 <clinit>() 方法就是在这个阶段被添加到语法树之中的。请注意这里的实例构造器并不等同于默认构造函数，如果用户代码中没有提供任何构造函数，那编译器将会添加一个没有参数的、可访问性（public、protected、private 或 <package>）与当前类型一致的默认构造函数，这个工作在填充符号表阶段中就已经完成。<init>() 和 <clinit>() 这两个构造器的产生实际上是一种代码收敛的过程，编译器会把语句块（对于实例构造器而言是 "{}" 块，对于类构造器而言是 "static{}" 块）、变量初始化（实例变量和类变量）、调用父类的实例构造器（仅仅是实例构造器，<clinit>() 方法中无须调用父类的 <clinit>() 方法，Java 虚拟机会自动保证父类构造器的正确执行，但在 <clinit>() 方法中经常会生成调用 java.lang.Object 的 <init>() 方法的代码）等操作收敛到 <init>() 和 <clinit>() 方法之中，并且保证无论源码中出现的顺序如何，都一定是按先执行父类的实例构造器，然后初始化变量，最后执行语句块的顺序进行，上面所述的动作由 Gen::normalizeDefs() 方法来实现。除了生成构造器以外，还有其他的一些代码替换工作用于优化程序某些逻辑的实现方式，如把字符串的加操作替换为 StringBuffer 或 StringBuilder（取决于目标代码的版本是否大于或等于 JDK 5）的 append() 操作，等等。

完成了对语法树的遍历和调整之后，就会把填充了所有所需信息的符号表交到 com.sun.tools.javac.jvm.ClassWriter 类手上，由这个类的 writeClass() 方法输出字节码，生成最终的 Class 文件，到此，整个编译过程宣告结束。

## 10.3　Java 语法糖的味道

几乎所有的编程语言都或多或少提供过一些语法糖来方便程序员的代码开发，这些语法糖虽然不会提供实质性的功能改进，但是它们或能提高效率，或能提升语法的严谨性，或能减少编码出错的机会。现在也有一种观点认为语法糖并不一定都是有益的，大量添加和使用含糖的语法，容易让程序员产生依赖，无法看清语法糖的糖衣背后，程序代码的真实面目。

总而言之，语法糖可以看作是前端编译器实现的一些"小把戏"，这些"小把戏"可能会使效率得到"大提升"，但我们也应该去了解这些"小把戏"背后的真实面貌，那样才能利用好它们，而不是被它们所迷惑。

### 10.3.1　泛型

泛型的本质是参数化类型（Parameterized Type）或者参数化多态（Parametric Polymorphism）的应用，即可以将操作的数据类型指定为方法签名中的一种特殊参数，这种参数类型能够用在类、接口和方法的创建中，分别构成泛型类、泛型接口和泛型方法。泛型让程序员能够针对泛化的数据类型编写相同的算法，这极大地增强了编程语言的类型系统及抽象能力。

在 2004 年，Java 和 C# 两门语言于同一年更新了一个重要的大版本，即 Java 5.0 和 C# 2.0，在这个大版本中，两门语言又不约而同地各自添加了泛型的语法特性。不过，两门语言对泛型的实现方式却选择了截然不同的路径。本来 Java 和 C# 天生就存在着比较和竞争，泛型这个两门语言在同一年、同一个功能上做出的不同选择，自然免不了被大家对比审视一番，其结论是 Java 的泛型直到今天依然作为 Java 语言不如 C# 语言好用的"铁证"被众人嘲讽。笔者在本节介绍 Java 泛型时，并不会去尝试推翻这个结论，相反甚至还会去举例来揭示 Java 泛型的缺陷所在，但同时也必须向不了解 Java 泛型机制和历史的读者说清楚，Java 选择这样的泛型实现，是出于当时语言现状的权衡，而不是语言先进性或者设计者水平不如 C# 之类的原因。

### 1. Java 与 C# 的泛型

Java 选择的泛型实现方式叫作"类型擦除式泛型"（Type Erasure Generics），而 C# 选择的泛型实现方式是"具现化式泛型"（Reified Generics）。具现化和特化、偏特化这些名词最初都是源于 C++ 模版语法中的概念，如果读者本身不使用 C++ 的话，在本节的阅读中可不必太纠结其概念定义，把它当一个技术名词即可，只需要知道 C# 里面泛型无论在程序源码里面、编译后的中间语言表示（Intermediate Language，这时候泛型是一个占位符）里面，抑或是运行期的 CLR 里面都是切实存在的，List<int> 与 List<string> 就是两个不同的类型，它们由系统在运行期生成，有着自己独立的虚方法表和类型数据。而 Java 语言中的泛型则不同，它只在程序源码中存在，在编译后的字节码文件中，全部泛型都被替换为原来的裸类型（Raw Type，稍后我们会讲解裸类型具体是什么）了，并且在相应的地方插入了强制转型代码，因此对于运行期的 Java 语言来说，ArrayList<Integer> 与 ArrayList<String> 其实是同一个类型，由此读者可以想象"类型擦除"这个名字的含义和来源，这也是为什么笔者会把 Java 泛型安排在语法糖里介绍的原因。

读者虽然无须纠结概念，但却要关注这两种实现方式会给使用者带来什么样的影响。Java 的泛型确实在实际使用中会有一些限制，如果读者是一名 C# 开发人员，可能很难想象代码清单 10-2 中的 Java 代码都是不合法的。

**代码清单 10-2　Java 中不支持的泛型用法**

```
public class TypeErasureGenerics<E> {
    public void doSomething(Object item) {
        if (item instanceof E) {    // 不合法，无法对泛型进行实例判断
            ...
        }
        E newItem = new E();        // 不合法，无法使用泛型创建对象
        E[] itemArray = new E[10];  // 不合法，无法使用泛型创建数组
    }
}
```

上面这些是 Java 泛型在编码阶段产生的不良影响，如果说这种使用层次上的差别还可以通过多写几行代码、方法中多加一两个类型参数来解决的话，性能上的差距则是难以用编码弥补的。C# 2.0 引入了泛型之后，带来的显著优势之一便是对比起 Java 在执行性能上的提高，因为在使用平台提供的容器类型（如 List&lt;T&gt;，Dictionary&lt;TKey, TValue&gt;）时，无须像 Java 里那样不厌其烦地拆箱和装箱⊖，如果在 Java 中要避免这种损失，就必须构造一个与数据类型相关的容器类（譬如 IntFloatHashMap 这样的容器）。显然，这除了引入更多代码造成复杂度提高、复用性降低之外，更是丧失了泛型本身的存在价值。

Java 的类型擦除式泛型无论在使用效果上还是运行效率上，几乎是全面落后于 C# 的具现化式泛型，而它的唯一优势是在于实现这种泛型的影响范围上：擦除式泛型的实现几乎只需要在 Javac 编译器上做出改进即可，不需要改动字节码、不需要改动 Java 虚拟机，也保证了以前没有使用泛型的库可以直接运行在 Java 5.0 之上。但这种听起来节省工作量甚至可以说是有偷工减料嫌疑的优势就显得非常短视，真的能在当年 Java 实现泛型的利弊权衡中胜出吗？答案的确是它胜出了，但我们必须在那时的泛型历史背景中去考虑不同实现方式带来的代价。

### 2. 泛型的历史背景

泛型思想早在 C++ 语言的模板（Template）功能中就开始生根发芽，而在 Java 语言中加入泛型的首次尝试是出现在 1996 年。Martin Odersky（后来 Scala 语言的缔造者）当时是德国卡尔斯鲁厄大学编程理论的教授，他想设计一门能够支持函数式编程的程序语言，又不想从头把编程语言的所有功能都再做一遍，所以就注意到了刚刚发布一年的 Java，并在它上面实现了函数式编程的 3 大特性：泛型、高阶函数和模式匹配，形成了 Scala 语言的前身 Pizza 语言⊜。后来，Java 的开发团队找到了 Martin Odersky，表示对 Pizza 语言的泛型功能很感兴趣，他们就一起建立了一个叫作 "Generic Java" 的新项目，目标是把 Pizza 语言的泛型单独拎出来移植到 Java 语言上，其最终成果就是 Java 5.0 中的那个泛型实现⊛，但是移植的过程并不是一开始就朝着类型擦除式泛型去的，事实上 Pizza 语言中的泛型更接近于现在 C# 的泛型。Martin Odersky 自己在采访自述⊛中提到，进行 Generic Java 项目的过程中他受到了重重约束，甚至多次让他感到沮丧，最紧、最难的约束来源于被迫要完全向后兼容无泛型 Java，即保证 "二进制向后兼容性"（Binary Backwards Compatibility）。二进制向后兼容性是明确写入《Java 语言规范》中的对 Java 使用者的严肃承诺，譬如一个在 JDK 1.2 中编译出来的 Class 文件，必须保证能够在 JDK 12 乃至以后的版本中也能够正常运行⊛。这样，既然

---

⊖　这里有对这种性能损失会有多大的量化的讨论：http://fsharpnews.blogspot.com/2010/05/java-vs-f.html。

⊜　一般认为 Scala 的前身应该是 Funnel，从 Pizza 语言中借鉴了一些技术和思想。

⊛　准确地说 Java 5.0 的泛型还有一部分是由 Gilad Bracha 和奥胡斯大学独立开发的通配符功能。

⊛　以上资料来源于 Martin Odersky 的自述：https://www.artima.com/scalazine/articles/origins_of_scala.html。

⊛　注意，保证的是二进制向后兼容性（即编译结果的兼容性），不是源码兼容性，也不保证（甚至是不允许）高版本 JDK 的编译结果能向前兼容地运行在低版本 Java 虚拟机之上。

Java 到 1.4.2 版之前都没有支持过泛型，而到 Java 5.0 突然要支持泛型了，还要让以前编译的程序在新版本的虚拟机还能正常运行，就意味着以前没有的限制不能突然间冒出来。

举个例子，在没有泛型的时代，由于 Java 中的数组是支持协变（Covariant）的<sup>⊖</sup>，对应的集合类也可以存入不同类型的元素，类似于代码清单 10-3 这样的代码尽管不提倡，但是完全可以正常编译成 Class 文件。

代码清单 10-3 以下代码可正常编译为 Class

```
Object[] array = new String[10];
array[0] = 10;                      // 编译期不会有问题，运行时会报错

ArrayList things = new ArrayList();
things.add(Integer.valueOf(10));    //编译、运行时都不会报错
things.add("hello world");
```

为了保证这些编译出来的 Class 文件可以在 Java 5.0 引入泛型之后继续运行，设计者面前大体上有两条路可以选择：

1）需要泛型化的类型（主要是容器类型），以前有的就保持不变，然后平行地加一套泛型化版本的新类型。

2）直接把已有的类型泛型化，即让所有需要泛型化的已有类型都原地泛型化，不添加任何平行于已有类型的泛型版。

在这个分叉路口，C# 走了第一条路，添加了一组 System.Collections.Generic 的新容器，以前的 System.Collections 以及 System.Collections.Specialized 容器类型继续存在。C# 的开发人员很快就接受了新的容器，倒也没出现过什么不适应的问题，唯一的不适大概是许多 .NET 自身的标准库已经把老容器类型当作方法的返回值或者参数使用，这些方法至今还保持着原来的老样子。

但如果相同的选择出现在 Java 中就很可能不会是相同的结果了，要知道当时 .NET 才问世两年，而 Java 已经有快十年的历史了，再加上各自流行程度的不同，两者遗留代码的规模根本不在同一个数量级上。而且更大的问题是 Java 并不是没有做过第一条路那样的技术决策，在 JDK 1.2 时，遗留代码规模尚小，Java 就引入过新的集合类，并且保留了旧集合类不动。这导致了直到现在标准类库中还有 Vector(老) 和 ArrayList(新)、有 Hashtable(老) 和 HashMap (新) 等两套容器代码并存，如果当时再摆弄出像 Vector（老）、ArrayList（新）、Vector<T>（老但有泛型）、ArrayList<T>（新且有泛型）这样的容器集合，可能叫骂声会比今天听到的更响更大。

到了这里，相信读者已经能稍微理解为什么当时 Java 只能选择第二条路了。但第二条路也并不意味着一定只能使用类型擦除来实现，如果当时有足够的时间好好设计和实现，是完全有可能做出更好的泛型系统的，否则也不会有今天的 Valhalla 项目来还以前泛型偷

---

⊖ 现在 Java 数组也是具有协变性的，请读者不要误解成"有泛型的时代"之后这点就改变了。

懒留下的技术债了。下面我们就来看看当时做的类型擦除式泛型的实现时到底哪里偷懒了，又带来了怎样的缺陷。

### 3. 类型擦除

我们继续以 ArrayList 为例来介绍 Java 泛型的类型擦除具体是如何实现的。由于 Java 选择了第二条路，直接把已有的类型泛型化。要让所有需要泛型化的已有类型，譬如 ArrayList，原地泛型化后变成了 ArrayList<T>，而且保证以前直接用 ArrayList 的代码在泛型新版本里必须还能继续用这同一个容器，这就必须让所有泛型化的实例类型，譬如 ArrayList<Integer>、ArrayList<String> 这些全部自动成为 ArrayList 的子类型才能可以，否则类型转换就是不安全的。由此就引出了"裸类型"（Raw Type）的概念，裸类型应被视为所有该类型泛型化实例的共同父类型（Super Type），只有这样，像代码清单 10-4 中的赋值才是被系统允许的从子类到父类的安全转型。

**代码清单 10-4　裸类型赋值**

```
ArrayList<Integer> ilist = new ArrayList<Integer>();
ArrayList<String> slist = new ArrayList<String>();
ArrayList list; // 裸类型
list = ilist;
list = slist;
```

接下来的问题是该如何实现裸类型。这里又有了两种选择：一种是在运行期由 Java 虚拟机来自动地、真实地构造出 ArrayList<Integer> 这样的类型，并且自动实现从 ArrayList<Integer> 派生自 ArrayList 的继承关系来满足裸类型的定义；另外一种是索性简单粗暴地直接在编译时把 ArrayList<Integer> 还原回 ArrayList，只在元素访问、修改时自动插入一些强制类型转换和检查指令，这样看起来也是能满足需要，这两个选择的最终结果大家已经都知道了。代码清单 10-5 是一段简单的 Java 泛型例子，我们可以看一下它编译后的实际样子是怎样的。

**代码清单 10-5　泛型擦除前的例子**

```
public static void main(String[] args) {
    Map<String, String> map = new HashMap<String, String>();
    map.put("hello", "你好");
    map.put("how are you?", "吃了没? ");
    System.out.println(map.get("hello"));
    System.out.println(map.get("how are you?"));
}
```

把这段 Java 代码编译成 Class 文件，然后再用字节码反编译工具进行反编译后，将会发现泛型都不见了，程序又变回了 Java 泛型出现之前的写法，泛型类型都变回了裸类型，只在元素访问时插入了从 Object 到 String 的强制转型代码，如代码清单 10-6 所示。

**代码清单 10-6　泛型擦除后的例子**

```
public static void main(String[] args) {
    Map map = new HashMap();
    map.put("hello", "你好");
    map.put("how are you?", "吃了没? ");
    System.out.println((String) map.get("hello"));
    System.out.println((String) map.get("how are you?"));
}
```

类型擦除带来的缺陷前面已经提到过一些，为了系统性地讲述，笔者在此再举 3 个例子，把前面与 C# 对比时简要提及的擦除式泛型的缺陷做更具体的说明。

首先，使用擦除法实现泛型直接导致了对原始类型（Primitive Types）数据的支持又成了新的麻烦，譬如将代码清单 10-4 稍微修改一下，变成代码清单 10-7 这个样子。

**代码清单 10-7　原始类型的泛型（目前的 Java 不支持）**

```
ArrayList<int> ilist = new ArrayList<int>();
ArrayList<long> llist = new ArrayList<long>();
ArrayList list;
list = ilist;
list = llist;
```

这种情况下，一旦把泛型信息擦除后，到要插入强制转型代码的地方就没办法往下做了，因为不支持 int、long 与 Object 之间的强制转型。当时 Java 给出的解决方案一如既往的简单粗暴：既然没法转换那就索性别支持原生类型的泛型了吧，你们都用 ArrayList<Integer>、ArrayList<Long>，反正都做了自动的强制类型转换，遇到原生类型时把装箱、拆箱也自动做了得了。这个决定后面导致了无数构造包装类和装箱、拆箱的开销，成为 Java 泛型慢的重要原因，也成为今天 Valhalla 项目要重点解决的问题之一。

第二，运行期无法取到泛型类型信息，会让一些代码变得相当啰唆，譬如代码清单 10-2 中罗列的几种 Java 不支持的泛型用法，都是由于运行期 Java 虚拟机无法取得泛型类型而导致的。像代码清单 10-8 这样，我们去写一个泛型版本的从 List 到数组的转换方法，由于不能从 List 中取得参数化类型 T，所以不得不从一个额外参数中再传入一个数组的组件类型进去，实属无奈。

**代码清单 10-8　不得不加入的类型参数**

```
public static <T> T[] convert(List<T> list, Class<T> componentType) {
    T[] array = (T[])Array.newInstance(componentType, list.size());
    ...
}
```

最后，笔者认为通过擦除法来实现泛型，还丧失了一些面向对象思想应有的优雅，带来了一些模棱两可的模糊状况，例如代码清单 10-9 的例子。

**代码清单 10-9　当泛型遇见重载 1**

```java
public class GenericTypes {

    public static void method(List<String> list) {
        System.out.println("invoke method(List<String> list)");
    }

    public static void method(List<Integer> list) {
        System.out.println("invoke method(List<Integer> list)");
    }
}
```

请读者思考一下，上面这段代码是否正确，能否编译执行？也许你已经有了答案，这段代码是不能被编译的，因为参数 List<Integer> 和 List<String> 编译之后都被擦除了，变成了同一种的裸类型 List，类型擦除导致这两个方法的特征签名变得一模一样。初看来，无法重载的原因已经找到了，但是真的就是如此吗？其实这个例子中泛型擦除成相同的裸类型只是无法重载的其中一部分原因，请再接着看一看代码清单 10-10 中的内容。

**代码清单 10-10　当泛型遇见重载 2**

```java
public class GenericTypes {

    public static String method(List<String> list) {
        System.out.println("invoke method(List<String> list)");
        return "";
    }

    public static int method(List<Integer> list) {
        System.out.println("invoke method(List<Integer> list)");
        return 1;
    }

    public static void main(String[] args) {
        method(new ArrayList<String>());
        method(new ArrayList<Integer>());
    }
}
```

执行结果：

```
invoke method(List<String> list)
invoke method(List<Integer> list)
```

代码清单 10-9 与代码清单 10-10 的差别，是两个 method() 方法添加了不同的返回值，由于这两个返回值的加入，方法重载居然成功了，即这段代码可以被编译和执行⊖了。这是

---

⊖　笔者在测试时使用了 JDK 6 的 Javac 编译器进行编译，前面提到前端编译器的实现在《Java 虚拟机规范》中的定义并不够具体，所以其他的前端编译器，如 Eclipse JDT 的 ECJ 编译器，仍然可能会拒绝编译这段代码，ECJ 编译时会提示 "Method method(List<String>) has the same erasure method(List<E>) as another method in type GenericTypes"。

我们对 Java 语言中返回值不参与重载选择的基本认知的挑战吗？

代码清单 10-10 中的重载当然不是根据返回值来确定的，之所以这次能编译和执行成功，是因为两个 method() 方法加入了不同的返回值后才能共存在一个 Class 文件之中。第 6 章介绍 Class 文件方法表（method_info）的数据结构时曾经提到过，方法重载要求方法具备不同的特征签名，返回值并不包含在方法的特征签名中，所以返回值不参与重载选择，但是在 Class 文件格式之中，只要描述符不是完全一致的两个方法就可以共存。也就是说两个方法如果有相同的名称和特征签名，但返回值不同，那它们也是可以合法地共存于一个 Class 文件中的。

由于 Java 泛型的引入，各种场景（虚拟机解析、反射等）下的方法调用都可能对原有的基础产生影响并带来新的需求，如在泛型类中如何获取传入的参数化类型等。所以 JCP 组织对《Java 虚拟机规范》做出了相应的修改，引入了诸如 Signature、LocalVariableTypeTable 等新的属性用于解决伴随泛型而来的参数类型的识别问题，Signature 是其中最重要的一项属性，它的作用就是存储一个方法在字节码层面的特征签名⊖，这个属性中保存的参数类型并不是原生类型，而是包括了参数化类型的信息。修改后的虚拟机规范⊜要求所有能识别 49.0 以上版本的 Class 文件的虚拟机都要能正确地识别 Signature 参数。

从上面的例子中可以看到擦除法对实际编码带来的不良影响，由于 List<String> 和 List<Integer> 擦除后是同一个类型，我们只能添加两个并不需要实际使用到的返回值才能完成重载，这是一种毫无优雅和美感可言的解决方案，并且存在一定语意上的混乱，譬如上面脚注中提到的，必须用 JDK 6 的 Javac 才能编译成功，其他版本或者是 ECJ 编译器都有可能拒绝编译。

另外，从 Signature 属性的出现我们还可以得出结论，擦除法所谓的擦除，仅仅是对方法的 Code 属性中的字节码进行擦除，实际上元数据中还是保留了泛型信息，这也是我们在编码时能通过反射手段取得参数化类型的根本依据。

### 4. 值类型与未来的泛型

在 2014 年，刚好是 Java 泛型出现的十年之后，Oracle 建立了一个名为 Valhalla 的语言改进项目⊜，希望改进 Java 语言留下的各种缺陷（解决泛型的缺陷就是项目主要目标其中之一）。原本这个项目是计划在 JDK 10 中完成的，但在笔者撰写本节时（2019 年 8 月，下个月 JDK 13 正式版都要发布了）也只有少部分目标（譬如 VarHandle）顺利实现并发布出去。

---

⊖ 在《Java 虚拟机规范（第 2 版）》（JDK 5 修改后的版本）的 4.4.4 节及《Java 语言规范（第 3 版）》的 8.4.2 节中都分别定义了字节码层面的方法特征签名，以及 Java 代码层面的方法特征签名，特征签名最重要的任务就是作为方法独一无二不可重复的 ID，在 Java 代码中的方法特征签名只包括了方法名称、参数顺序及参数类型，而在字节码中的特征签名还包括方法返回值及受查异常表，本书中如果指的是字节码层面的方法签名，笔者会加入限定语进行说明，也请读者根据上下文语境注意区分。

⊜ JDK 5 对虚拟机规范修改：http://java.sun.com/docs/books/jvms/second_edition/jvms-clarify.html。

⊜ 项目主页：https://wiki.openjdk.java.net/display/valhalla/Main。

它现在的技术预览版 LW2（L-World 2）<sup>⊖</sup>是基于未完成的 JDK 14 EarlyAccess 来运行的，所以本节内容很可能在将来会发生变动，请读者阅读时多加注意。

在 Valhalla 项目中规划了几种不同的新泛型实现方案，被称为 Model 1 到 Model 3，在这些新的泛型设计中，泛型类型有可能被具现化，也有可能继续维持类型擦除以保持兼容（取决于采用哪种实现方案），即使是继续采用类型擦除的方案，泛型的参数化类型也可以选择不被完全地擦除掉，而是相对完整地记录在 Class 文件中，能够在运行期被使用，也可以指定编译器默认要擦除哪些类型。相对于使用不同方式实现泛型，目前比较明确的是未来的 Java 应该会提供"值类型"（Value Type）的语言层面的支持。

说起值类型，这点也是 C# 用户攻讦 Java 语言的常用武器之一，C# 并没有 Java 意义上的原生数据类型，在 C# 中使用的 int、bool、double 关键字其实是对应了一系列在 .NET 框架中预定义好的结构体（Struct），如 Int32、Boolean、Double 等。在 C# 中开发人员也可以定义自己值类型，只要继承于 ValueType 类型即可，而 ValueType 也是统一基类 Object 的子类，所以并不会遇到 Java 那样 int 不自动装箱就无法转型为 Object 的尴尬。

值类型可以与引用类型一样，具有构造函数、方法或是属性字段，等等，而它与引用类型的区别在于它在赋值的时候通常是整体复制，而不是像引用类型那样传递引用的。更为关键的是，值类型的实例很容易实现分配在方法的调用栈上的，这意味着值类型会随着当前方法的退出而自动释放，不会给垃圾收集子系统带来任何压力。

在 Valhalla 项目中，Java 的值类型方案被称为"内联类型"，计划通过一个新的关键字 inline 来定义，字节码层面也有专门与原生类型对应的以 Q 开头的新的操作码（譬如 iload 对应 qload）来支撑。现在的预览版可以通过一个特制的解释器来保证这些未来可能加入的字节码指令能够被执行，要即时编译的话，现在只支持 C2 编译器。即时编译器场景中是使用逃逸分析优化（见第 11 章）来处理内联类型的，通过编码时标注以及内联类实例所具备的不可变性，可以很好地解决逃逸分析面对传统引用类型时难以判断（没有足够的信息，或者没有足够的时间做全程序分析）对象是否逃逸的问题。

## 10.3.2 自动装箱、拆箱与遍历循环

就纯技术的角度而论，自动装箱、自动拆箱与遍历循环（for-each 循环）这些语法糖，无论是实现复杂度上还是其中蕴含的思想上都不能和 10.3.1 节介绍的泛型相提并论，两者涉及的难度和深度都有很大差距。专门拿出一节来讲解它们只是因为这些是 Java 语言里面被使用最多的语法糖。我们通过代码清单 10-11 和代码清单 10-12 中所示的代码来看看这些语法糖在编译后会发生什么样的变化。

**代码清单 10-11  自动装箱、拆箱与遍历循环**

```
public static void main(String[] args) {
```

---

⊖  Valhalla 的 LW2 原型：https://wiki.openjdk.java.net/display/valhalla/LW2。

```
    List<Integer> list = Arrays.asList(1, 2, 3, 4);
    int sum = 0;
    for (int i : list) {
        sum += i;
    }
    System.out.println(sum);
}
```

代码清单 10-12　自动装箱、拆箱与遍历循环编译之后

```
public static void main(String[] args) {
    List list = Arrays.asList( new Integer[] {
        Integer.valueOf(1),
        Integer.valueOf(2),
        Integer.valueOf(3),
        Integer.valueOf(4) });

    int sum = 0;
    for (Iterator localIterator = list.iterator(); localIterator.hasNext(); ) {
        int i = ((Integer)localIterator.next()).intValue();
        sum += i;
    }
    System.out.println(sum);
}
```

代码清单 10-11 中一共包含了泛型、自动装箱、自动拆箱、遍历循环与变长参数 5 种语法糖，代码清单 10-12 则展示了它们在编译前后发生的变化。泛型就不必说了，自动装箱、拆箱在编译之后被转化成了对应的包装和还原方法，如本例中的 Integer.valueOf() 与 Integer.intValue() 方法，而遍历循环则是把代码还原成了迭代器的实现，这也是为何遍历循环需要被遍历的类实现 Iterable 接口的原因。最后再看看变长参数，它在调用的时候变成了一个数组类型的参数，在变长参数出现之前，程序员的确也就是使用数组来完成类似功能的。

这些语法糖虽然看起来很简单，但也不见得就没有任何值得我们特别关注的地方，代码清单 10-13 演示了自动装箱的一些错误用法。

代码清单 10-13　自动装箱的陷阱

```
public static void main(String[] args) {
    Integer a = 1;
    Integer b = 2;
    Integer c = 3;
    Integer d = 3;
    Integer e = 321;
    Integer f = 321;
    Long g = 3L;
    System.out.println(c == d);
    System.out.println(e == f);
```

```
        System.out.println(c == (a + b));
        System.out.println(c.equals(a + b));
        System.out.println(g == (a + b));
        System.out.println(g.equals(a + b));
    }
```

读者阅读完代码清单 10-13，不妨思考两个问题：一是这 6 句打印语句的输出是什么？二是这 6 句打印语句中，解除语法糖后参数会是什么样子？这两个问题的答案都很容易试验出来，笔者就暂且略去答案，希望不能立刻做出判断的读者自己上机实践一下。无论读者的回答是否正确，鉴于包装类的“ == ”运算在不遇到算术运算的情况下不会自动拆箱，以及它们 equals() 方法不处理数据转型的关系，笔者建议在实际编码中尽量避免这样使用自动装箱与拆箱。

### 10.3.3　条件编译

许多程序设计语言都提供了条件编译的途径，如 C、C++ 中使用预处理器指示符（#ifdef）来完成条件编译。C、C++ 的预处理器最初的任务是解决编译时的代码依赖关系（如极为常用的 #include 预处理命令），而在 Java 语言之中并没有使用预处理器，因为 Java 语言天然的编译方式（编译器并非一个个地编译 Java 文件，而是将所有编译单元的语法树顶级节点输入到待处理列表后再进行编译，因此各个文件之间能够互相提供符号信息）就无须使用到预处理器。那 Java 语言是否有办法实现条件编译呢？

Java 语言当然也可以进行条件编译，方法就是使用条件为常量的 if 语句。如代码清单 10-14 所示，该代码中的 if 语句不同于其他 Java 代码，它在编译阶段就会被“运行”，生成的字节码之中只包括“System.out.println("block 1");”一条语句，并不会包含 if 语句及另外一个分子中的“System.out.println("block 2");”

**代码清单 10-14　Java 语言的条件编译**

```
public static void main(String[] args) {
    if (true) {
        System.out.println("block 1");
    } else {
        System.out.println("block 2");
    }
}
```

该代码编译后 Class 文件的反编译结果：

```
public static void main(String[] args) {
    System.out.println("block 1");
}
```

只能使用条件为常量的 if 语句才能达到上述效果，如果使用常量与其他带有条件判断能力的语句搭配，则可能在控制流分析中提示错误，被拒绝编译，如代码清单 10-15 所示的代码就会被编译器拒绝编译。

代码清单 10-15　不能使用其他条件语句来完成条件编译

```
public static void main(String[] args) {
    // 编译器将会提示 "Unreachable code"
    while (false) {
        System.out.println("");
    }
}
```

Java 语言中条件编译的实现，也是 Java 语言的一颗语法糖，根据布尔常量值的真假，编译器将会把分支中不成立的代码块消除掉，这一工作将在编译器解除语法糖阶段（com. sun.tools.javac.comp.Lower 类中）完成。由于这种条件编译的实现方式使用了 if 语句，所以它必须遵循最基本的 Java 语法，只能写在方法体内部，因此它只能实现语句基本块（Block）级别的条件编译，而没有办法实现根据条件调整整个 Java 类的结构。

除了本节中介绍的泛型、自动装箱、自动拆箱、遍历循环、变长参数和条件编译之外，Java 语言还有不少其他的语法糖，如内部类、枚举类、断言语句、数值字面量、对枚举和字符串的 switch 支持、try 语句中定义和关闭资源（这 3 个从 JDK 7 开始支持）、Lambda 表达式（从 JDK 8 开始支持，Lambda 不能算是单纯的语法糖，但在前端编译器中做了大量的转换工作），等等，读者可以通过跟踪 Javac 源码、反编译 Class 文件等方式了解它们的本质实现，囿于篇幅，笔者就不再一一介绍了。

# 10.4　实战：插入式注解处理器

Java 的编译优化部分在本书中并没有像前面两部分那样设置独立的、整章篇幅的实战，因为我们开发程序，考虑的主要还是程序会如何运行，较少会涉及针对程序编译的特殊需求。也正因如此，在 JDK 的编译子系统里面，暴露给用户直接控制的功能相对很少，除了第 11 章会介绍的虚拟机即时编译的若干相关参数以外，我们就只有使用 JSR-269 中定义的插入式注解处理器 API 来对 Java 编译子系统的行为施加影响。

但是笔者丝毫不认为相对于前两部分介绍的内存管理子系统和字节码执行子系统，编译子系统就不那么重要了。一套编程语言中编译子系统的优劣，很大程度上决定了程序运行性能的好坏和编码效率的高低，尤其在 Java 语言中，运行期即时编译与虚拟机执行子系统非常紧密地互相依赖、配合运作（第 11 章我们将主要讲解这方面的内容）。了解 JDK 如何编译和优化代码，有助于我们写出适合 Java 虚拟机自优化的程序。话题说远了，下面我们回到本章的实战中来，看看插入式注解处理器 API 能为我们实现什么功能。

### 10.4.1　实战目标

通过阅读 Javac 编译器的源码，我们知道前端编译器在把 Java 程序源码编译为字节码的时候，会对 Java 程序源码做各方面的检查校验。这些校验主要是以程序"写得对不对"为出发点，虽然也会产生一些警告和提示类的信息，但总体来讲还是较少去校验程序"写得好不好"。有鉴于此，业界出现了许多针对程序"写得好不好"的辅助校验工具，如 CheckStyle、FindBug、Klocwork 等。这些代码校验工具有一些是基于 Java 的源码进行校验，有一些是通过扫描字节码来完成，在本节的实战中，我们将会使用注解处理器 API 来编写一款拥有自己编码风格的校验工具：NameCheckProcessor。

当然，由于我们的实战都是为了学习和演示技术原理，而且篇幅所限，不可能做出一款能媲美 CheckStyle 等工具的产品来，所以 NameCheckProcessor 的目标也仅定为对 Java 程序命名进行检查。根据《Java 语言规范》中 6.8 节的要求，Java 程序命名推荐（而不是强制）应当符合下列格式的书写规范。

❑ 类（或接口）：符合驼式命名法，首字母大写。

❑ 方法：符合驼式命名法，首字母小写。

❑ 字段：

　　○ 类或实例变量。符合驼式命名法，首字母小写。

　　○ 常量。要求全部由大写字母或下划线构成，并且第一个字符不能是下划线。

上文提到的驼式命名法（Camel Case Name），正如它的名称所表示的那样，是指混合使用大小写字母来分割构成变量或函数的名字，犹如驼峰一般，这是当前 Java 语言中主流的命名规范，我们的实战目标就是为 Javac 编译器添加一个额外的功能，在编译程序时检查程序名是否符合上述对类（或接口）、方法、字段的命名要求。

### 10.4.2　代码实现

要通过注解处理器 API 实现一个编译器插件，首先需要了解这组 API 的一些基本知识。我们实现注解处理器的代码需要继承抽象类 javax.annotation.processing.AbstractProcessor，这个抽象类中只有一个子类必须实现的抽象方法："process()"，它是 Javac 编译器在执行注解处理器代码时要调用的过程，我们可以从这个方法的第一个参数"annotations"中获取到此注解处理器所要处理的注解集合，从第二个参数"roundEnv"中访问到当前这个轮次（Round）中的抽象语法树节点，每个语法树节点在这里都表示为一个 Element。在 javax.lang.model.ElementKind 中定义了 18 类 Element，已经包括了 Java 代码中可能出现的全部元素，如："包（PACKAGE）、枚举（ENUM）、类（CLASS）、注解（ANNOTATION_TYPE）、接口（INTERFACE）、枚举值（ENUM_CONSTANT）、字段（FIELD）、参数（PARAMETER）、本地变量（LOCAL_VARIABLE）、异常（EXCEPTION_PARAMETER）、方法（METHOD）、构造函数（CONSTRUCTOR）、静态语句块（STATIC_INIT，即 static{}

块）、实例语句块（INSTANCE_INIT，即 {} 块）、参数化类型（TYPE_PARAMETER，泛型尖括号内的类型）、资源变量（RESOURCE_VARIABLE，try-resource 中定义的变量）、模块（MODULE）和未定义的其他语法树节点（OTHER）"。除了 process() 方法的传入参数之外，还有一个很重要的实例变量" processingEnv"，它是 AbstractProcessor 中的一个 protected 变量，在注解处理器初始化的时候（init() 方法执行的时候）创建，继承了 AbstractProcessor 的注解处理器代码可以直接访问它。它代表了注解处理器框架提供的一个上下文环境，要创建新的代码、向编译器输出信息、获取其他工具类等都需要用到这个实例变量。

注解处理器除了 process() 方法及其参数之外，还有两个经常配合着使用的注解，分别是：@SupportedAnnotationTypes 和 @SupportedSourceVersion，前者代表了这个注解处理器对哪些注解感兴趣，可以使用星号" *"作为通配符代表对所有的注解都感兴趣，后者指出这个注解处理器可以处理哪些版本的 Java 代码。

每一个注解处理器在运行时都是单例的，如果不需要改变或添加抽象语法树中的内容，process() 方法就可以返回一个值为 false 的布尔值，通知编译器这个轮次中的代码未发生变化，无须构造新的 JavaCompiler 实例，在这次实战的注解处理器中只对程序命名进行检查，不需要改变语法树的内容，因此 process() 方法的返回值一律都是 false。

关于注解处理器的 API，笔者就简单介绍这些，对这个领域有兴趣的读者可以阅读相关的帮助文档。我们来看看注解处理器 NameCheckProcessor 的具体代码，如代码清单 10-16 所示。

代码清单 10-16　注解处理器 NameCheckProcessor

```java
// 可以用"*"表示支持所有Annotations
@SupportedAnnotationTypes("*")
// 只支持JDK 6的Java代码
@SupportedSourceVersion(SourceVersion.RELEASE_6)
public class NameCheckProcessor extends AbstractProcessor {

    private NameChecker nameChecker;

    /**
     * 初始化名称检查插件
     */
    @Override
    public void init(ProcessingEnvironment processingEnv) {
        super.init(processingEnv);
        nameChecker = new NameChecker(processingEnv);
    }

    /**
     * 对输入的语法树的各个节点进行名称检查
     */
    @Override
    public boolean process(Set<? extends TypeElement> annotations, RoundEnvironment
        roundEnv) {
```

```
        if (!roundEnv.processingOver()) {
            for (Element element : roundEnv.getRootElements())
                nameChecker.checkNames(element);
        }
        return false;
    }

}
```

　　从代码清单 10-16 中可以看到 NameCheckProcessor 能处理基于 JDK 6 的源码，它不限于特定的注解，对任何代码都"感兴趣"，而在 process() 方法中是把当前轮次中的每一个 RootElement 传递到一个名为 NameChecker 的检查器中执行名称检查逻辑，NameChecker 的代码如代码清单 10-17 所示。

**代码清单 10-17　命名检查器 NameChecker**

```
/**
 * 程序名称规范的编译器插件: <br>
 * 如果程序命名不合规范，将会输出一个编译器的WARNING信息
 */
public class NameChecker {
    private final Messager messager;

    NameCheckScanner nameCheckScanner = new NameCheckScanner();

    NameChecker(ProcessingEnvironment processsingEnv) {
        this.messager = processsingEnv.getMessager();
    }

    /**
     * 对Java程序命名进行检查，根据《Java语言规范》第三版第6.8节的要求，Java程序命名应当符合下列格式:
     *
     * <ul>
     * <li>类或接口：符合驼式命名法，首字母大写。
     * <li>方法：符合驼式命名法，首字母小写。
     * <li>字段:
     * <ul>
     * <li>类、实例变量：符合驼式命名法，首字母小写。
     * <li>常量：要求全部大写。
     * </ul>
     * </ul>
     */
    public void checkNames(Element element) {
        nameCheckScanner.scan(element);
    }

    /**
     * 名称检查器实现类，继承了JDK 6中新提供的ElementScanner6<br>
     * 将会以Visitor模式访问抽象语法树中的元素
```

```
    */
private class NameCheckScanner extends ElementScanner6<Void, Void> {

    /**
     * 此方法用于检查Java类
     */
    @Override
    public Void visitType(TypeElement e, Void p) {
        scan(e.getTypeParameters(), p);
        checkCamelCase(e, true);
        super.visitType(e, p);
        return null;
    }


    /**
     * 检查方法命名是否合法
     */
    @Override
    public Void visitExecutable(ExecutableElement e, Void p) {
        if (e.getKind() == METHOD) {
            Name name = e.getSimpleName();
            if (name.contentEquals(e.getEnclosingElement().getSimpleName()))
                messager.printMessage(WARNING, "一个普通方法 “" + name + "”不
                    应当与类名重复，避免与构造函数产生混淆", e);
            checkCamelCase(e, false);
        }
        super.visitExecutable(e, p);
        return null;
    }


    /**
     * 检查变量命名是否合法
     */
    @Override
    public Void visitVariable(VariableElement e, Void p) {
        // 如果这个Variable是枚举或常量，则按大写命名检查，否则按照驼式命名法规则检查
        if (e.getKind() == ENUM_CONSTANT || e.getConstantValue() != null ||
            heuristicallyConstant(e))
            checkAllCaps(e);
        else
            checkCamelCase(e, false);
        return null;
    }


    /**
     * 判断一个变量是否是常量
     */
    private boolean heuristicallyConstant(VariableElement e) {
        if (e.getEnclosingElement().getKind() == INTERFACE)
            return true;
        else if (e.getKind() == FIELD && e.getModifiers().containsAll(EnumSet.
            of(PUBLIC, STATIC, FINAL)))
```

```
                return true;
        else {
            return false;
        }
    }


    /**
     * 检查传入的Element是否符合驼式命名法，如果不符合，则输出警告信息
     */
    private void checkCamelCase(Element e, boolean initialCaps) {
        String name = e.getSimpleName().toString();
        boolean previousUpper = false;
        boolean conventional = true;
        int firstCodePoint = name.codePointAt(0);

        if (Character.isUpperCase(firstCodePoint)) {
            previousUpper = true;
            if (!initialCaps) {
                messager.printMessage(WARNING, "名称“" + name + "”应当以小写字母开头", e);
                return;
            }
        } else if (Character.isLowerCase(firstCodePoint)) {
            if (initialCaps) {
                messager.printMessage(WARNING, "名称“" + name + "”应当以大写字母开头", e);
                return;
            }
        } else
            conventional = false;

        if (conventional) {
            int cp = firstCodePoint;
            for (int i = Character.charCount(cp); i < name.length(); i +=
                 Character.charCount(cp)) {
                cp = name.codePointAt(i);
                if (Character.isUpperCase(cp)) {
                    if (previousUpper) {
                        conventional = false;
                        break;
                    }
                    previousUpper = true;
                } else
                    previousUpper = false;
            }
        }

        if (!conventional)
            messager.printMessage(WARNING, "名称“" + name + "”应当符合驼式命名
                法（Camel Case Names）", e);
    }

    /**
     * 大写命名检查，要求第一个字母必须是大写的英文字母，其余部分可以是下划线或大写字母
```

```
        */
        private void checkAllCaps(Element e) {
            String name = e.getSimpleName().toString();

            boolean conventional = true;
            int firstCodePoint = name.codePointAt(0);

            if (!Character.isUpperCase(firstCodePoint))
                conventional = false;
            else {
                boolean previousUnderscore = false;
                int cp = firstCodePoint;
                for (int i = Character.charCount(cp); i < name.length(); i +=
                        Character.charCount(cp)) {
                    cp = name.codePointAt(i);
                    if (cp == (int) '_') {
                        if (previousUnderscore) {
                            conventional = false;
                            break;
                        }
                        previousUnderscore = true;
                    } else {
                        previousUnderscore = false;
                        if (!Character.isUpperCase(cp) && !Character.isDigit(cp)) {
                            conventional = false;
                            break;
                        }
                    }
                }
            }

            if (!conventional)
                messager.printMessage(WARNING, "常量“" + name + "”应当全部以大写字
                        母或下划线命名，并且以字母开头", e);
        }
    }
}
```

NameChecker 的代码看起来有点长，但实际上注释占了很大一部分，而且即使算上注释也不到 190 行。它通过一个继承于 javax.lang.model.util.ElementScanner6 ⊖的 NameCheckScanner 类，以 Visitor 模式来完成对语法树的遍历，分别执行 visitType()、visitVariable() 和 visitExecutable() 方法来访问类、字段和方法，这 3 个 visit*() 方法对各自的命名规则做相应的检查，checkCamelCase() 与 checkAllCaps() 方法则用于实现驼式命名法和全大写命名规则的检查。

整个注解处理器只需 NameCheckProcessor 和 NameChecker 两个类就可以全部完成，为了验证我们的实战成果，代码清单 10-18 中提供了一段命名规范的"反面教材"代码，其

---

⊖ 相应地，JDK 中还有 ElementScanner7、8、9 等支持其他 Java 版本的扫描器供读者实验其他版本 Java 代码时使用。

中的每一个类、方法及字段的命名都存在问题,但是使用普通的 Javac 编译这段代码时不会
提示任意一条警告信息。

**代码清单 10-18　包含了多处不规范命名的代码样例**

```
public class BADLY_NAMED_CODE {

    enum colors {
        red, blue, green;
    }

    static final int _FORTY_TWO = 42;

    public static int NOT_A_CONSTANT = _FORTY_TWO;

    protected void Test() {
        return;
    }

    public void NOTcamelCASEmethodNAME() {
        return;
    }
}
```

## 10.4.3　运行与测试

我们可以通过 Javac 命令的“-processor”参数来执行编译时需要附带的注解处理器,如
果有多个注解处理器的话,用逗号分隔。还可以使用 -XprintRounds 和 -XprintProcessorInfo
参数来查看注解处理器运作的详细信息,本次实战中的 NameCheckProcessor 的编译及执行
过程如代码清单 10-19 所示。

**代码清单 10-19　注解处理器的运行过程**

```
D:\src>javac org/fenixsoft/compile/NameChecker.java

D:\src>javac org/fenixsoft/compile/NameCheckProcessor.java

D:\src>javac -processor org.fenixsoft.compile.NameCheckProcessor org/fenixsoft/
compile/BADLY_NAMED_CODE.java

org\fenixsoft\compile\BADLY_NAMED_CODE.java:3: 警告: 名称“BADLY_NAMED_CODE”应当符
                                                合驼式命名法(Camel Case Names)
public class BADLY_NAMED_CODE {
       ^
org\fenixsoft\compile\BADLY_NAMED_CODE.java:5: 警告: 名称“colors”应当以大写字母开头
        enum colors {
             ^
org\fenixsoft\compile\BADLY_NAMED_CODE.java:6: 警告: 常量“red”应当全部以大写字母或下
                                                划线命名,并且以字母开头
```

```
            red, blue, green;
                 ^
org\fenixsoft\compile\BADLY_NAMED_CODE.java:6: 警告：常量"blue"应当全部以大写字母或
                                                     下划线命名，并且以字母开头
            red, blue, green;
                      ^
org\fenixsoft\compile\BADLY_NAMED_CODE.java:6: 警告：常量"green"应当全部以大写字母或
                                                     下划线命名，并且以字母开头
            red, blue, green;
                           ^
org\fenixsoft\compile\BADLY_NAMED_CODE.java:9: 警告：常量"_FORTY_TWO"应当全部以大写
                                                     字母或下划线命名，并且以字母开头
        static final int _FORTY_TWO = 42;
                         ^
org\fenixsoft\compile\BADLY_NAMED_CODE.java:11: 警告：名称"NOT_A_CONSTANT"应当以小
                                                     写字母开头
        public static int NOT_A_CONSTANT = _FORTY_TWO;
                          ^
org\fenixsoft\compile\BADLY_NAMED_CODE.java:13: 警告：名称"Test"应当以小写字母开头
        protected void Test() {
                       ^
org\fenixsoft\compile\BADLY_NAMED_CODE.java:17: 警告：名称"NOTcamelCASEmethodNAME"
                                                     应当以小写字母开头
        public void NOTcamelCASEmethodNAME() {
                    ^
```

### 10.4.4 其他应用案例

NameCheckProcessor 的实战例子只演示了 JSR-269 嵌入式注解处理 API 其中的一部分功能，基于这组 API 支持的比较有名的项目还有用于校验 Hibernate 标签使用正确性的 Hibernate Validator Annotation Processor ⊖（本质上与 NameCheckProcessor 所做的事情差不多）、自动为字段生成 getter 和 setter 方法等辅助内容的 Lombok ⊖（根据已有元素生成新的语法树元素）等，读者有兴趣的话可以参考它们官方站点的相关内容。

## 10.5 本章小结

在本章中，我们从 Javac 编译器源码实现的层次上学习了 Java 源代码编译为字节码的过程，分析了 Java 语言中泛型、主动装箱拆箱、条件编译等多种语法糖的前因后果，并实战练习了如何使用插入式注解处理器来完成一个检查程序命名规范的编译器插件。如本章概述中所说的，在前端编译器中，"优化"手段主要用于提升程序的编码效率，之所以

---

⊖ 官方站点：http://www.hibernate.org/subprojects/validator.html。
⊖ 官方站点：http://projectlombok.org/。

把 Javac 这类将 Java 代码转变为字节码的编译器称作"前端编译器",是因为它只完成了从程序到抽象语法树或中间字节码的生成,而在此之后,还有一组内置于 Java 虚拟机内部的"后端编译器"来完成代码优化以及从字节码生成本地机器码的过程,即前面多次提到的即时编译器或提前编译器,这个后端编译器的编译速度及编译结果质量高低,是衡量 Java 虚拟机性能最重要的一个指标。在第 11 章中,我们将会一探后端编译器的运作和优化过程。

# 后端编译与优化

从计算机程序出现的第一天起，对效率的追逐就是程序员天生的坚定信仰，这个过程犹如一场没有终点、永不停歇的 F1 方程式竞赛，程序员是车手，技术平台则是在赛道上飞驰的赛车。

## 11.1 概述

如果我们把字节码看作是程序语言的一种中间表示形式（Intermediate Representation，IR）的话，那编译器无论在何时、在何种状态下把 Class 文件转换成与本地基础设施（硬件指令集、操作系统）相关的二进制机器码，它都可以视为整个编译过程的后端。如果读者阅读过本书的第 2 版，可能会发现本章的标题已经从"运行期编译与优化"悄然改成了"后端编译与优化"，这是因为在 2012 年的 Java 世界里，虽然提前编译（Ahead Of Time，AOT）早已有所应用，但相对而言，即时编译（Just In Time，JIT）才是占绝对主流的编译形式。不过，最近几年编译技术发展出现了一些微妙的变化，提前编译不仅逐渐被主流 JDK 所支持，而且在 Java 编译技术的前沿研究中又重新成了一个热门的话题，所以再继续只提"运行期"和"即时编译"就显得不够全面了，在本章中它们两者都是主角。

无论是提前编译器抑或即时编译器，都不是 Java 虚拟机必需的组成部分，《Java 虚拟机规范》中从来没有规定过虚拟机内部必须要包含这些编译器，更没有限定或指导这些编译器应该如何去实现。但是，后端编译器编译性能的好坏、代码优化质量的高低却是衡量一款商用虚拟机优秀与否的关键指标之一，它们也是商业 Java 虚拟机中的核心，是最能体现技术水平与价值的功能。在本章中，我们将走进 Java 虚拟机的内部，探索后端编译器的运作过程和原理。

既然《Java 虚拟机规范》没有具体的约束规则去限制后端编译器应该如何实现，那这部分功能就完全是与虚拟机具体实现相关的内容，如无特殊说明，本章中所提及的即时编译器都是特指 HotSpot 虚拟机内置的即时编译器，虚拟机也是特指 HotSpot 虚拟机。不过，本章虽然有大量的内容涉及了特定的虚拟机和编译器的实现层面，但主流 Java 虚拟机中后端编译器的行为会有很多相似相通之处，因此对其他虚拟机来说也具备一定的类比参考价值。

## 11.2 即时编译器

目前主流的两款商用 Java 虚拟机（HotSpot、OpenJ9）里，Java 程序最初都是通过解释器（Interpreter）进行解释执行的，当虚拟机发现某个方法或代码块的运行特别频繁，就会把这些代码认定为"热点代码"（Hot Spot Code），为了提高热点代码的执行效率，在运行时，虚拟机将会把这些代码编译成本地机器码，并以各种手段尽可能地进行代码优化，运行时完成这个任务的后端编译器被称为即时编译器。本节我们将会了解 HotSpot 虚拟机内的即时编译器的运作过程，此外，我们还将解决以下几个问题：

❏ 为何 HotSpot 虚拟机要使用解释器与即时编译器并存的架构？

❏ 为何 HotSpot 虚拟机要实现两个（或三个）不同的即时编译器？

❏ 程序何时使用解释器执行？何时使用编译器执行？

❏ 哪些程序代码会被编译为本地代码？如何编译本地代码？

❏ 如何从外部观察到即时编译器的编译过程和编译结果？

### 11.2.1 解释器与编译器

尽管并不是所有的 Java 虚拟机都采用解释器与编译器并存的运行架构，但目前主流的商用 Java 虚拟机，譬如 HotSpot、OpenJ9 等，内部都同时包含解释器与编译器<sup>⊖</sup>，解释器与编译器两者各有优势：当程序需要迅速启动和执行的时候，解释器可以首先发挥作用，省去编译的时间，立即运行。当程序启动后，随着时间的推移，编译器逐渐发挥作用，把越来越多的代码编译成本地代码，这样可以减少解释器的中间损耗，获得更高的执行效率。当程序运行环境中内存资源限制较大，可以使用解释执行节约内存（如部分嵌入式系统中和大部分的 JavaCard 应用中就只有解释器的存在），反之可以使用编译执行来提升效率。同时，解释器还可以作为编译器激进优化时后备的"逃生门"（如果情况允许，HotSpot 虚拟机中也会采用不进行激进优化的客户端编译器充当"逃生门"的角色），让编译器根据概率选择一些不能保证所有情况都正确，但大多数时候都能提升运行速度的优化手段，当

---

⊖ 作为曾经的三大商用虚拟机之一的 JRockit 是个例外，它内部没有解释器，因此会存在本书中所说的"启动响应时间长"之类的缺点，但它主要是面向服务端的应用，这类应用一般不会重点关注启动时间，而且 JRockit 目前已经不再发展了。

激进优化的假设不成立，如加载了新类以后，类型继承结构出现变化、出现"罕见陷阱"（Uncommon Trap）时可以通过逆优化（Deoptimization）退回到解释状态继续执行，因此在整个 Java 虚拟机执行架构里，解释器与编译器经常是相辅相成地配合工作，其交互关系如图 11-1 所示。

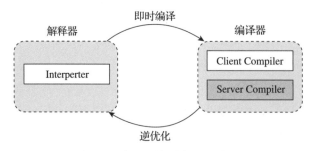

图 11-1　解释器与编译器的交互

　　HotSpot 虚拟机中内置了两个（或三个）即时编译器，其中有两个编译器存在已久，分别被称为"客户端编译器"（Client Compiler）和"服务端编译器"（Server Compiler），或者简称为 C1 编译器和 C2 编译器（部分资料和 JDK 源码中 C2 也叫 Opto 编译器），第三个是在 JDK 10 时才出现的、长期目标是代替 C2 的 Graal 编译器。Graal 编译器目前还处于实验状态，本章将安排出专门的小节对它讲解与实战，在本节里，我们将重点关注传统的 C1、C2 编译器的工作过程。

　　在分层编译（Tiered Compilation）的工作模式出现以前，HotSpot 虚拟机通常是采用解释器与其中一个编译器直接搭配的方式工作，程序使用哪个编译器，只取决于虚拟机运行的模式，HotSpot 虚拟机会根据自身版本与宿主机器的硬件性能自动选择运行模式，用户也可以使用"-client"或"-server"参数去强制指定虚拟机运行在客户端模式还是服务端模式。

　　无论采用的编译器是客户端编译器还是服务端编译器，解释器与编译器搭配使用的方式在虚拟机中被称为"混合模式"（Mixed Mode），用户也可以使用参数"-Xint"强制虚拟机运行于"解释模式"（Interpreted Mode），这时候编译器完全不介入工作，全部代码都使用解释方式执行。另外，也可以使用参数"-Xcomp"强制虚拟机运行于"编译模式"（Compiled Mode），这时候将优先采用编译方式执行程序，但是解释器仍然要在编译无法进行的情况下介入执行过程。可以通过虚拟机的"-version"命令的输出结果显示出这三种模式，内容如代码清单 11-1 所示，请读者注意黑体字部分。

**代码清单 11-1　虚拟机执行模式**

```
$java -version
java version "11.0.3" 2019-04-16 LTS
Java(TM) SE Runtime Environment 18.9 (build 11.0.3+12-LTS)
```

```
Java HotSpot(TM) 64-Bit Server VM 18.9 (build 11.0.3+12-LTS, mixed mode)

$java -Xint -version
java version "11.0.3" 2019-04-16 LTS
Java(TM) SE Runtime Environment 18.9 (build 11.0.3+12-LTS)
Java HotSpot(TM) 64-Bit Server VM 18.9 (build 11.0.3+12-LTS, interpreted mode)

$java -Xcomp -version
java version "11.0.3" 2019-04-16 LTS
Java(TM) SE Runtime Environment 18.9 (build 11.0.3+12-LTS)
Java HotSpot(TM) 64-Bit Server VM 18.9 (build 11.0.3+12-LTS, compiled mode)
```

由于即时编译器编译本地代码需要占用程序运行时间，通常要编译出优化程度越高的代码，所花费的时间便会越长；而且想要编译出优化程度更高的代码，解释器可能还要替编译器收集性能监控信息，这对解释执行阶段的速度也有所影响。为了在程序启动响应速度与运行效率之间达到最佳平衡，HotSpot 虚拟机在编译子系统中加入了分层编译的功能[⊖]，分层编译的概念其实很早就已经提出，但直到 JDK 6 时期才被初步实现，后来一直处于改进阶段，最终在 JDK 7 的服务端模式虚拟机中作为默认编译策略被开启。分层编译根据编译器编译、优化的规模与耗时，划分出不同的编译层次，其中包括：

❑ 第 0 层。程序纯解释执行，并且解释器不开启性能监控功能（Profiling）。

❑ 第 1 层。使用客户端编译器将字节码编译为本地代码来运行，进行简单可靠的稳定优化，不开启性能监控功能。

❑ 第 2 层。仍然使用客户端编译器执行，仅开启方法及回边次数统计等有限的性能监控功能。

❑ 第 3 层。仍然使用客户端编译器执行，开启全部性能监控，除了第 2 层的统计信息外，还会收集如分支跳转、虚方法调用版本等全部的统计信息。

❑ 第 4 层。使用服务端编译器将字节码编译为本地代码，相比起客户端编译器，服务端编译器会启用更多编译耗时更长的优化，还会根据性能监控信息进行一些不可靠的激进优化。

以上层次并不是固定不变的，根据不同的运行参数和版本，虚拟机可以调整分层的数量。各层次编译之间的交互、转换关系如图 11-2 所示。

实施分层编译后，解释器、客户端编译器和服务端编译器就会同时工作，热点代码都可能会被多次编译，用客户端编译器获取更高的编译速度，用服务端编译器来获取更好的编译质量，在解释执行的时候也无须额外承担收集性能监控信息的任务，而在服务端编译器采用高复杂度的优化算法时，客户端编译器可先采用简单优化来为它争取更多的编译时间。

---

⊖　分层编译在 JDK 6 时期出现，到 JDK 7 之前都需要使用 -XX:+TieredCompilation 参数来手动开启，如果不开启分层编译策略，而虚拟机又运行在服务端模式，服务端编译器需要性能监控信息提供编译依据，则是由解释器收集性能监控信息供服务端编译器使用。分层编译的相关资料可参见：http://weblogs.java.net/blog/forax/archive/2010/09/04/tiered-compilation。

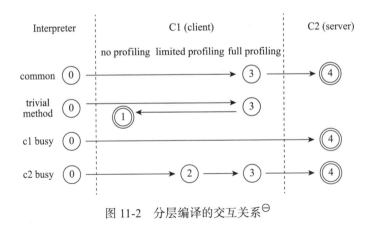

图 11-2　分层编译的交互关系[一]

## 11.2.2　编译对象与触发条件

在本章概述中提到了在运行过程中会被即时编译器编译的目标是"热点代码"，这里所指的热点代码主要有两类，包括：

❑ 被多次调用的方法。

❑ 被多次执行的循环体。

前者很好理解，一个方法被调用得多了，方法体内代码执行的次数自然就多，它成为"热点代码"是理所当然的。而后者则是为了解决当一个方法只被调用过一次或少量的几次，但是方法体内部存在循环次数较多的循环体，这样循环体的代码也被重复执行多次，因此这些代码也应该认为是"热点代码"[二]。

对于这两种情况，编译的目标对象都是整个方法体，而不会是单独的循环体。第一种情况，由于是依靠方法调用触发的编译，那编译器理所当然地会以整个方法作为编译对象，这种编译也是虚拟机中标准的即时编译方式。而对于后一种情况，尽管编译动作是由循环体所触发的，热点只是方法的一部分，但编译器依然必须以整个方法作为编译对象，只是执行入口（从方法第几条字节码指令开始执行）会稍有不同，编译时会传入执行入口点字节码序号（Byte Code Index，BCI）。这种编译方式因为编译发生在方法执行的过程中，因此被很形象地称为"栈上替换"（On Stack Replacement，OSR），即方法的栈帧还在栈上，方法就被替换了。

读者可能还会有疑问，在上面的描述里，无论是"多次执行的方法"，还是"多次执行的代码块"，所谓"多次"只定性不定量，并不是一个具体严谨的用语，那到底多少次才算"多次"呢？还有一个问题，就是 Java 虚拟机是如何统计某个方法或某段代码被执行过多少次的呢？解决了这两个问题，也就解答了即时编译被触发的条件。

要知道某段代码是不是热点代码，是不是需要触发即时编译，这个行为称为"热点探

---

　　⊖　图片来源：https://www.infoq.cn/article/java-10-jit-compiler-graal/。

　　⊜　还有一个不太上台面但其实是 Java 虚拟机必须支持循环体触发编译的理由是：诸多跑分软件的测试用例通常都属于第二种，如果不去支持跑分会显得成绩很不好看。

测"（Hot Spot Code Detection），其实进行热点探测并不一定要知道方法具体被调用了多少次，目前主流的热点探测判定方式有两种<sup>⊖</sup>，分别是：

❑ 基于采样的热点探测（Sample Based Hot Spot Code Detection）。采用这种方法的虚拟机会周期性地检查各个线程的调用栈顶，如果发现某个（或某些）方法经常出现在栈顶，那这个方法就是"热点方法"。基于采样的热点探测的好处是实现简单高效，还可以很容易地获取方法调用关系（将调用堆栈展开即可），缺点是很难精确地确认一个方法的热度，容易因为受到线程阻塞或别的外界因素的影响而扰乱热点探测。

❑ 基于计数器的热点探测（Counter Based Hot Spot Code Detection）。采用这种方法的虚拟机会为每个方法（甚至是代码块）建立计数器，统计方法的执行次数，如果执行次数超过一定的阈值就认为它是"热点方法"。这种统计方法实现起来要麻烦一些，需要为每个方法建立并维护计数器，而且不能直接获取到方法的调用关系。但是它的统计结果相对来说更加精确严谨。

这两种探测手段在商用 Java 虚拟机中都有使用到，譬如 J9 用过第一种采样热点探测，而在 HotSpot 虚拟机中使用的是第二种基于计数器的热点探测方法，为了实现热点计数，HotSpot 为每个方法准备了两类计数器：方法调用计数器（Invocation Counter）和回边计数器（Back Edge Counter，"回边"的意思就是指在循环边界往回跳转）。当虚拟机运行参数确定的前提下，这两个计数器都有一个明确的阈值，计数器阈值一旦溢出，就会触发即时编译。

我们首先来看看方法调用计数器。顾名思义，这个计数器就是用于统计方法被调用的次数，它的默认阈值在客户端模式下是 1500 次，在服务端模式下是 10000 次，这个阈值可以通过虚拟机参数 -XX:CompileThreshold 来人为设定。当一个方法被调用时，虚拟机会先检查该方法是否存在被即时编译过的版本，如果存在，则优先使用编译后的本地代码来执行。如果不存在已被编译过的版本，则将该方法的调用计数器值加一，然后判断方法调用计数器与回边计数器值之和是否超过方法调用计数器的阈值。一旦已超过阈值的话，将会向即时编译器提交一个该方法的代码编译请求。

如果没有做过任何设置，执行引擎默认不会同步等待编译请求完成，而是继续进入解释器按照解释方式执行字节码，直到提交的请求被即时编译器编译完成。当编译工作完成后，这个方法的调用入口地址就会被系统自动改写成新值，下一次调用该方法时就会使用已编译的版本了，整个即时编译的交互过程如图 11-3 所示。

在默认设置下，方法调用计数器统计的并不是方法被调用的绝对次数，而是一个相对的执行频率，即一段时间之内方法被调用的次数。当超过一定的时间限度，如果方法的调用次数仍然不足以让它提交给即时编译器编译，那该方法的调用计数器就会被减少一半，这个过程被称为方法调用计数器热度的衰减（Counter Decay），而这段时间就称为此方法统计的半衰周期（Counter Half Life Time），进行热度衰减的动作是在虚拟机进行垃圾收集时顺

---

⊖ 除这两种方式外，还有其他热点代码的探测方式，如基于"踪迹"（Trace）的热点探测在最近相当流行，像 FireFox 里的 TraceMonkey 和 Dalvik 里新的即时编译器都是用了这种热点探测方式。

便进行的，可以使用虚拟机参数 -XX:-UseCounterDecay 来关闭热度衰减，让方法计数器统计方法调用的绝对次数，这样只要系统运行时间足够长，程序中绝大部分方法都会被编译成本地代码。另外还可以使用 -XX:CounterHalfLifeTime 参数设置半衰周期的时间，单位是秒。

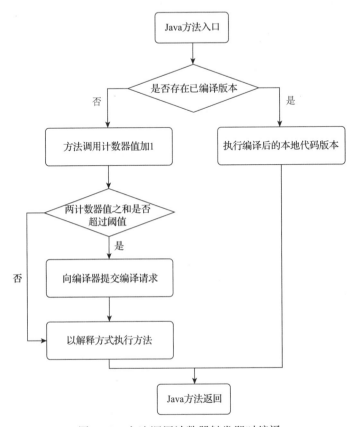

图 11-3  方法调用计数器触发即时编译

现在我们再来看看另外一个计数器——回边计数器，它的作用是统计一个方法中循环体代码执行的次数[^1]，在字节码中遇到控制流向后跳转的指令就称为"回边（Back Edge）"，很显然建立回边计数器统计的目的是为了触发栈上的替换编译。

关于回边计数器的阈值，虽然 HotSpot 虚拟机也提供了一个类似于方法调用计数器阈值 -XX:CompileThreshold 的参数 -XX:BackEdgeThreshold 供用户设置，但是当前的 HotSpot 虚拟机实际上并未使用此参数，我们必须设置另外一个参数 -XX:OnStackReplacePercentage 来间接调整回边计数器的阈值，其计算公式有如下两种。

❑ 虚拟机运行在客户端模式下，回边计数器阈值计算公式为：方法调用计数器阈值（-XX: CompileThreshold）乘以 OSR 比率（-XX:OnStackReplacePercentage）除以

[^1]: 准确地说，应当是回边的次数而不是循环次数，因为并非所有的循环都是回边，如空循环实际上就可以视为自己跳转到自己的过程，因此并不算作控制流向后跳转，也不会被回边计数器统计。

100。其中 -XX:OnStackReplacePercentage 默认值为 933，如果都取默认值，那客户端模式虚拟机的回边计数器的阈值为 13995。

❑ 虚拟机运行在服务端模式下，回边计数器阈值的计算公式为：方法调用计数器阈值（-XX:CompileThreshold）乘以（OSR 比率（-XX:OnStackReplacePercentage）减去解释器监控比率（-XX:InterpreterProfilePercentage）的差值）除以 100。其中 -XX:OnStackReplacePercentage 默认值为 140，-XX:InterpreterProfilePercentage 默认值为 33，如果都取默认值，那服务端模式虚拟机回边计数器的阈值为 10700。

当解释器遇到一条回边指令时，会先查找将要执行的代码片段是否有已经编译好的版本，如果有的话，它将会优先执行已编译的代码，否则就把回边计数器的值加一，然后判断方法调用计数器与回边计数器值之和是否超过回边计数器的阈值。当超过阈值的时候，将会提交一个栈上替换编译请求，并且把回边计数器的值稍微降低一些，以便继续在解释器中执行循环，等待编译器输出编译结果，整个执行过程如图 11-4 所示。

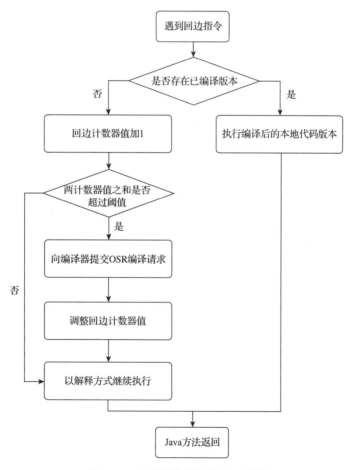

图 11-4　回边计数器触发即时编译

与方法计数器不同，回边计数器没有计数热度衰减的过程，因此这个计数器统计的就是该方法循环执行的绝对次数。当计数器溢出的时候，它还会把方法计数器的值也调整到溢出状态，这样下次再进入该方法的时候就会执行标准编译过程。

最后还要提醒一点，图 11-3 和图 11-4 都仅仅是描述了客户端模式虚拟机的即时编译方式，对于服务端模式虚拟机来说，执行情况会比上面描述还要复杂一些。从理论上了解过编译对象和编译触发条件后，我们还可以从 HotSpot 虚拟机的源码中简单观察一下这两个计数器，在 MehtodOop.hpp（一个 methodOop 对象代表了一个 Java 方法）中，定义了 Java 方法在虚拟机中的内存布局，如下所示：

```
// |------------------------------------------------------|
// | header                                               |
// | klass                                                |
// |------------------------------------------------------|
// | constMethodOop                  (oop)                |
// | constants                       (oop)                |
// |------------------------------------------------------|
// | methodData                      (oop)                |
// | interp_invocation_count                              |
// |------------------------------------------------------|
// | access_flags                                         |
// | vtable_index                                         |
// |------------------------------------------------------|
// | result_index (C++ interpreter only)                  |
// |------------------------------------------------------|
// | method_size             | max_stack                  |
// | max_locals              | size_of_parameters         |
// |------------------------------------------------------|
// |intrinsic_id|   flags    |   throwout_count           |
// |------------------------------------------------------|
// | num_breakpoints         |    (unused)                |
// |------------------------------------------------------|
// | invocation_counter                                   |
// | backedge_counter                                     |
// |------------------------------------------------------|
// |          prev_time (tiered only, 64 bit wide)        |
// |                                                      |
// |------------------------------------------------------|
// |                  rate (tiered)                       |
// |------------------------------------------------------|
// | code                            (pointer)            |
// | i2i                             (pointer)            |
// | adapter                         (pointer)            |
// | from_compiled_entry             (pointer)            |
// | from_interpreted_entry          (pointer)            |
// |------------------------------------------------------|
// | native_function       (present only if native)      |
// | signature_handler     (present only if native)      |
// |------------------------------------------------------|
```

在这段注释所描述的方法内存布局里，每一行表示占用 32 个比特，从中我们可以清楚看到方法调用计数器和回边计数器所在的位置和数据宽度，另外还有 from_compiled_entry 和 from_interpreted_entry 两个方法入口所处的位置。

## 11.2.3 编译过程

在默认条件下，无论是方法调用产生的标准编译请求，还是栈上替换编译请求，虚拟机在编译器还未完成编译之前，都仍然将按照解释方式继续执行代码，而编译动作则在后台的编译线程中进行。用户可以通过参数 -XX:-BackgroundCompilation 来禁止后台编译，后台编译被禁止后，当达到触发即时编译的条件时，执行线程向虚拟机提交编译请求以后将会一直阻塞等待，直到编译过程完成再开始执行编译器输出的本地代码。

那在后台执行编译的过程中，编译器具体会做什么事情呢？服务端编译器和客户端编译器的编译过程是有所差别的。对于客户端编译器来说，它是一个相对简单快速的三段式编译器，主要的关注点在于局部性的优化，而放弃了许多耗时较长的全局优化手段。

在第一个阶段，一个平台独立的前端将字节码构造成一种高级中间代码表示（High-Level Intermediate Representation，HIR，即与目标机器指令集无关的中间表示）。HIR 使用静态单分配（Static Single Assignment，SSA）的形式来代表代码值，这可以使得一些在 HIR 的构造过程之中和之后进行的优化动作更容易实现。在此之前编译器已经会在字节码上完成一部分基础优化，如方法内联、常量传播等优化将会在字节码被构造成 HIR 之前完成。

在第二个阶段，一个平台相关的后端从 HIR 中产生低级中间代码表示（Low-Level Intermediate Representation，LIR，即与目标机器指令集相关的中间表示），而在此之前会在 HIR 上完成另外一些优化，如空值检查消除、范围检查消除等，以便让 HIR 达到更高效的代码表示形式。

最后的阶段是在平台相关的后端使用线性扫描算法（Linear Scan Register Allocation）在 LIR 上分配寄存器，并在 LIR 上做窥孔（Peephole）优化，然后产生机器代码。客户端编译器大致的执行过程如图 11-5 所示。

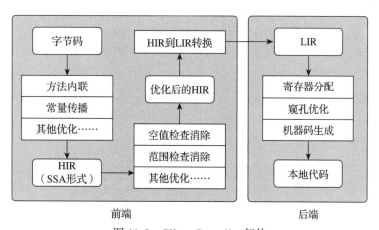

图 11-5　Client Compiler 架构

而服务端编译器则是专门面向服务端的典型应用场景，并为服务端的性能配置针对性调整过的编译器，也是一个能容忍很高优化复杂度的高级编译器，几乎能达到 GNU C++ 编译器使用 -O2 参数时的优化强度。它会执行大部分经典的优化动作，如：无用代码消除（Dead Code Elimination）、循环展开（Loop Unrolling）、循环表达式外提（Loop Expression Hoisting）、消除公共子表达式（Common Subexpression Elimination）、常量传播（Constant Propagation）、基本块重排序（Basic Block Reordering）等，还会实施一些与 Java 语言特性密切相关的优化技术，如范围检查消除（Range Check Elimination）、空值检查消除（Null Check Elimination，不过并非所有的空值检查消除都是依赖编译器优化的，有一些是代码运行过程中自动优化了）等。另外，还可能根据解释器或客户端编译器提供的性能监控信息，进行一些不稳定的预测性激进优化，如守护内联（Guarded Inlining）、分支频率预测（Branch Frequency Prediction）等，本章的下半部分将会挑选上述的一部分优化手段进行分析讲解，在此就先不做展开。

服务端编译采用的寄存器分配器是一个全局图着色分配器，它可以充分利用某些处理器架构（如 RISC）上的大寄存器集合。以即时编译的标准来看，服务端编译器无疑是比较缓慢的，但它的编译速度依然远远超过传统的静态优化编译器，而且它相对于客户端编译器编译输出的代码质量有很大提高，可以大幅减少本地代码的执行时间，从而抵消掉额外的编译时间开销，所以也有很多非服务端的应用选择使用服务端模式的 HotSpot 虚拟机来运行。

在本节中出现了许多编译原理和代码优化中的概念名词，没有这方面基础的读者，可能阅读起来会感觉到很抽象、很理论化。有这种感觉并不奇怪，一方面，即时编译过程本来就是一个虚拟机中最能体现技术水平也是最复杂的部分，很难在几页纸的篇幅中介绍得面面俱到；另一方面，这个过程对 Java 开发者来说是完全透明的，程序员平时无法感知它的存在。所幸，HotSpot 虚拟机提供了两个可视化的工具，让我们可以"看见"即时编译器的优化过程。下面笔者将实践演示这个过程。

## 11.2.4 实战：查看及分析即时编译结果

一般来说，Java 虚拟机的即时编译过程对用户和程序都是完全透明的，虚拟机是通过解释来执行代码还是通过编译来执行代码，对于用户来说并没有什么影响（对执行结果没有影响，速度上会有显著差别），大多数情况下用户也没有必要知道。但是 HotSpot 虚拟机还是提供了一些参数用来输出即时编译和某些优化措施的运行状况，以满足调试和调优的需要。本节将通过实战说明如何从外部观察 Java 虚拟机的即时编译行为。

本节中提到的部分运行参数需要 FastDebug 或 SlowDebug 优化级别的 HotSpot 虚拟机才能够支持，Product 级别的虚拟机无法使用这部分参数。如果读者使用的是根据第 1 章的教程自己编译的 JDK，请注意将"--with-debug-level"参数设置为"fastdebug"或者"slowdebug"。现在 Oracle 和 OpenJDK 网站上都已经不再直接提供 FastDebug 的 JDK 下载了（从 JDK 6 Update 25 之后官网上就没有再提供下载），所以要完成本节全部测试内容，读者除了自己动手编译外，就只能到网上搜索非官方编译的版本了。本次实战中所有的测试都基于代码清单 11-2 所示的 Java 代码来进行。

代码清单 11-2　测试代码

```
public static final int NUM = 15000;

public static int doubleValue(int i) {
    // 这个空循环用于后面演示JIT代码优化过程
    for(int j=0; j<100000; j++);
    return i * 2;
}

public static long calcSum() {
    long sum = 0;
    for (int i = 1; i <= 100; i++) {
        sum += doubleValue(i);
    }
    return sum;
}

public static void main(String[] args) {
    for (int i = 0; i < NUM; i++) {
        calcSum();
    }
}
```

我们首先来运行这段代码，并且确认这段代码是否触发了即时编译。要知道某个方法是否被编译过，可以使用参数 -XX:+PrintCompilation 要求虚拟机在即时编译时将被编译成本地代码的方法名称打印出来，如代码清单 11-3 所示（其中带有 "%" 的输出说明是由回边计数器触发的栈上替换编译）。

代码清单 11-3　被即时编译的代码

```
VM option '+PrintCompilation'
    310    1        java.lang.String::charAt (33 bytes)
    329    2        org.fenixsoft.jit.Test::calcSum (26 bytes)
    329    3        org.fenixsoft.jit.Test::doubleValue (4 bytes)
    332    1%       org.fenixsoft.jit.Test::main @ 5 (20 bytes)
```

从代码清单 11-3 输出的信息中可以确认，main()、calcSum() 和 doubleValue() 方法已经被编译，我们还可以加上参数 -XX:+PrintInlining 要求虚拟机输出方法内联信息，如代码清单 11-4 所示。

代码清单 11-4　内联信息

```
VM option '+PrintCompilation'
VM option '+PrintInlining'
```

```
273    1           java.lang.String::charAt (33 bytes)
291    2           org.fenixsoft.jit.Test::calcSum (26 bytes)
  @    9           org.fenixsoft.jit.Test::doubleValue   inline (hot)
294    3           org.fenixsoft.jit.Test::doubleValue (4 bytes)
295    1%          org.fenixsoft.jit.Test::main @ 5 (20 bytes)
  @    5           org.fenixsoft.jit.Test::calcSum   inline (hot)
  @    9           org.fenixsoft.jit.Test::doubleValue   inline (hot)
```

从代码清单 11-4 的输出日志中可以看到，doubleValue() 方法已被内联编译到 calcSum() 方法中，而 calcSum() 方法又被内联编译到 main() 方法里面，所以虚拟机再次执行 main() 方法的时候（举例而已，main() 方法当然不会运行两次），calcSum() 和 doubleValue() 方法是不会再被实际调用的，没有任何方法分派的开销，它们的代码逻辑都被直接内联到 main() 方法里面了。

除了查看哪些方法被编译之外，我们还可以更进一步看到即时编译器生成的机器码内容。不过如果得到的是即时编译器输出一串 0 和 1，对于我们人类来说是没法阅读的，机器码至少要反汇编成基本的汇编语言才可能被人类阅读。虚拟机提供了一组通用的反汇编接口⊖，可以接入各种平台下的反汇编适配器，如使用 32 位 x86 平台应选用 hsdis-i386 适配器，64 位则需要选用 hsdis-amd64 ⊖，其余平台的适配器还有如 hsdis-sparc、hsdis-sparcv9 和 hsdis-aarch64 等，读者可以下载或自己编译出与自己机器相符合的反汇编适配器，之后将其放置在 JAVA_HOME/lib/amd64/server 下⊜，只要与 jvm.dll 或 libjvm.so 的路径相同即可被虚拟机调用。为虚拟机安装了反汇编适配器之后，我们就可以使用 -XX:+ PrintAssembly 参数要求虚拟机打印编译方法的汇编代码了，关于 HSDIS 插件更多的操作介绍，可以参考第 4 章的相关内容。

如果没有 HSDIS 插件支持，也可以使用 -XX:+PrintOptoAssembly（用于服务端模式的虚拟机）或 -XX:+PrintLIR（用于客户端模式的虚拟机）来输出比较接近最终结果的中间代码表示，代码清单 11-2 所示代码被编译后部分反汇编（使用 -XX:+PrintOptoAssembly）的输出结果如代码清单 11-5 所示。对于阅读来说，使用 -XX:+PrintOptoAssembly 参数输出的伪汇编结果包含了更多的信息（主要是注释），有利于人们阅读、理解虚拟机即时编译器的优化结果。

**代码清单 11-5　本地机器码反汇编信息（部分）**

```
......  ......
000    B1: #          N1 <- BLOCK HEAD IS JUNK    Freq: 1
000        pushq   rbp
```

⊖ 相关信息：https://wiki.openjdk.java.net/display/HotSpot/PrintAssembly。

⊖ HSDIS 的源码可以从 HotSpot 虚拟机源码仓库中获取（路径为：src\utils\hsdis），具体可以参见第 1 章。此源码需要执行编译，对于 HSDIS 的编译，读者可以参考 AdoptOpenJDK 的官方 GitHub：https://github.com/AdoptOpenJDK/jitwatch/wiki/Building-hsdis/。如果不想自己编译，在 GitHub 上搜索" hsdis-i386.so/dll"" hsdis-amd64.so/dll"这样的关键词也可以找到不少编译好的 Linux 或 Windows 的 HSDIS 插件。

⊜ 如果使用 JDK 8 或之前版本，应放在 JRE_HOME/bin/server 目录下。

```
            subq     rsp, #16       # Create frame
            nop      # nop for patch_verified_entry
006         movl     RAX, RDX       # spill
008         sall     RAX, #1
00a         addq     rsp, 16        # Destroy frame
            popq     rbp
            testl    rax, [rip + #offset_to_poll_page]      # Safepoint: poll for GC
......  ......
```

前面提到的使用 -XX:+PrintAssembly 参数输出反汇编信息需要 FastDebug 或 SlowDebug 优化级别的 HotSpot 虚拟机才能直接支持，如果使用 Product 版的虚拟机，则需要加入参数 -XX:+UnlockDiagnosticVMOptions 打开虚拟机诊断模式。

如果除了本地代码的生成结果外，还想再进一步跟踪本地代码生成的具体过程，那可以使用参数 -XX:+PrintCFGToFile（用于客户端编译器）或 -XX:PrintIdealGraphFile（用于服务端编译器）要求 Java 虚拟机将编译过程中各个阶段的数据（譬如对客户端编译器来说包括字节码、HIR 生成、LIR 生成、寄存器分配过程、本地代码生成等数据）输出到文件中。然后使用 Java HotSpot Client Compiler Visualizer ⊖（用于分析客户端编译器）或 Ideal Graph Visualizer ⊜（用于分析服务端编译器）打开这些数据文件进行分析。接下来将以使用服务端编译器为例，讲解如何分析即时编译的代码生成过程。这里先把重点放在编译整体过程阶段及 Ideal Graph Visualizer 功能介绍上，在稍后在介绍 Graal 编译器的实战小节里，我们会使用 Ideal Graph Visualizer 来详细分析虚拟机进行代码优化和生成时的执行细节，届时我们将重点关注编译器是如何实现这些优化的。

服务端编译器的中间代码表示是一种名为理想图（Ideal Graph）的程序依赖图（Program Dependence Graph，PDG），在运行 Java 程序的 FastDebug 或 SlowDebug 优化级别的虚拟机上的参数中加入 "-XX:PrintIdealGraphLevel=2 -XX:PrintIdeal-GraphFile=ideal.xml"，即时编译后将会产生一个名为 ideal.xml 的文件，它包含了服务端编译器编译代码的全过程信息，可以使用 Ideal Graph Visualizer 对这些信息进行分析。

Ideal Graph Visualizer 加载 ideal.xml 文件后，在 Outline 面板上将显示程序运行过程中编译过的方法列表，如图 11-6 所示。这里列出的方法是代码清单 11-2 中所示的测试代码，其中 doubleValue() 方法出现了两次，这是由于该方法的编译结果存在标准编译和栈上替换编译两个版本。在代码清单 11-2 中，专门为 doubleValue() 方法增加

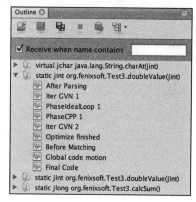

图 11-6　编译过的方法列表

了一个空循环，这个循环对方法的运算结果不会产生影响，但如果没有任何优化，执行该循环就会耗费处理器时间。直到今天还有不少程序设计的入门教程会把空循环当作程序延时的手段来介绍，下面我们就来看看在 Java 语言中这样的做法是否真的能起到延时的作用。

展开方法根节点，可以看到下面罗列了方法优化过程的各个阶段（根据优化措施的不同，每个方法所经过的阶段也会有所差别）的理想图，我们先打开"After Parsing"这个阶段。前面提到，即时编译器编译一个 Java 方法时，首先要把字节码解析成某种中间表示形式，然后才可以继续做分析和优化，最终生成代码。"After Parsing"就是服务端编译器刚完成解析，还没有做任何优化时的理想图表示。打开这个图后，读者会看到其中有很多有颜色的方块，如图 11-7 所示。每一个方块代表了一个程序的基本块（Basic Block）。基本块是指程序按照控制流分割出来的最小代码块，它的特点是只有唯一的一个入口和唯一的一个出口，只要基本块中第一条指令被执行了，那么基本块内所有指令都会按照顺序全部执行一次。

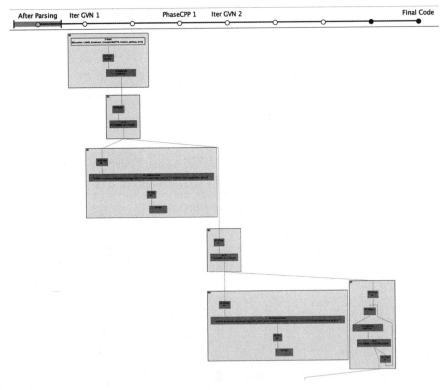

图 11-7　基本块图示（1）

代码清单 11-2 所示的 doubleValue() 方法虽然只有简单的两行字，但是按基本块划分后，形成的图形结构却要比想象中复杂得多，这是因为一方面要满足 Java 语言所定义的安全需要（如类型安全、空指针检查）和 Java 虚拟机的运作需要（如 Safepoint 轮询），另一方面有

些程序代码中一行语句就可能形成几个基本块（例如循环语句）。对于例子中的 doubleValue()
方法，如果忽略语言安全检查的基本块，可以简单理解为按顺序执行了以下几件事情：

1）程序入口，建立栈帧。

2）设置 j=0，进行安全点（Safepoint）轮询，跳转到 4 的条件检查。

3）执行 j++。

4）条件检查，如果 j<100000，跳转到 3。

5）设置 i=i*2，进行安全点轮询，函数返回。

以上几个步骤反映到 Ideal Graph Visualizer 生成的图形上，就是图 11-8 所示的内容。
这样我们若想看空循环是否被优化掉，或者何时被优化掉，只要观察代表循环的基本块是
否被消除掉，以及何时被优化掉就可以了。

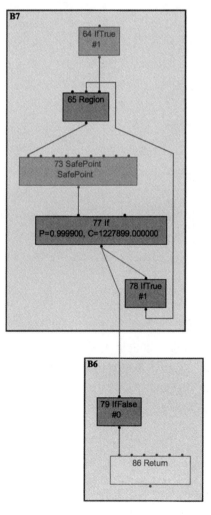

图 11-8　基本块图示（2）

要观察这一点，可以在 Outline 面板上右击"Difference to current graph"，让软件自动分析指定阶段与当前打开的理想图之间的差异，如果基本块被消除了，将会以红色显示。对"After Parsing"和"PhaseIdealLoop 1"阶段的理想图进行差异分析，会发现在"PhaseIdealLoop 1"阶段循环操作就被消除了，如图 11-9 所示，这也就说明空循环在最终的本地代码里实际上是不会被执行的。

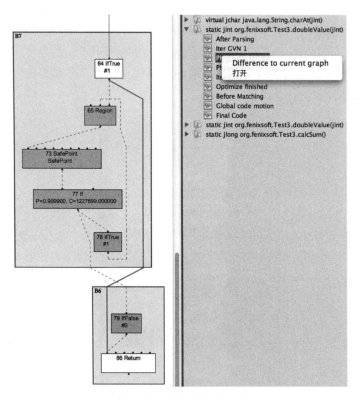

图 11-9　基本块图示（3）

从"After Parsing"阶段开始，一直到最后的"Final Code"阶段都可以看到 doubleValue()方法的理想图从繁到简的变迁过程，这也反映了 Java 虚拟机即时编译器尽力优化代码的过程。到了最后的"Final Code"阶段，不仅空循环的开销被消除了，许多语言安全保障措施和 GC 安全点的轮询操作也被一起消除了，因为编译器判断到即使不做这些保障措施，程序也能得到相同的结果，不会有可观察到的副作用产生，虚拟机的运行安全也不会受到威胁。

## 11.3　提前编译器

提前编译在 Java 技术体系中并不是新事物。1996 年 JDK 1.0 发布，Java 有了正式的运行环境，第一个可以使用外挂即时编译器的 Java 版本是 1996 年 7 月发布的 JDK 1.0.2，而

Java 提前编译器的诞生并没有比这晚多少。仅几个月后，IBM 公司就推出了第一款用于 Java 语言的提前编译器（IBM High Performance Compiler for Java）。在 1998 年，GNU 组织公布了著名的 GCC 家族（GNU Compiler Collection）的新成员 GNU Compiler for Java（GCJ，2018 年从 GCC 家族中除名），这也是一款 Java 的提前编译器⊖，而且曾经被广泛应用。在 OpenJDK 流行起来之前，各种 Linux 发行版带的 Java 实现通常就是 GCJ。

但是提前编译很快又在 Java 世界里沉寂了下来，因为当时 Java 的一个核心优势是平台中立性，其宣传口号是"一次编译，到处运行"，这与平台相关的提前编译在理念上就是直接冲突的。GCJ 出现之后在长达 15 年的时间里，提前编译这条故事线上基本就再没有什么大的新闻和进展了。类似的状况一直持续至 2013 年，直到在 Android 的世界里，剑走偏锋使用提前编译的 ART（Android Runtime）横空出世。ART 一诞生马上就把使用即时编译的 Dalvik 虚拟机按在地上使劲踩蹦，仅经过 Android 4.4 一个版本的短暂交锋之后，ART 就迅速终结了 Dalvik 的性命⊜，把它从 Android 系统里扫地出门。

尽管 Android 并不能直接等同于 Java，但两者毕竟有着深厚渊源，提前编译在 Android 上的革命与崛起也震撼到了 Java 世界。在某些领域、某些人眼里，只要能获得更好的执行性能，什么平台中立性、字节膨胀⊝、动态扩展®，一切皆可舍弃，唯一的问题就只有"提前编译真的会是获得更高性能的银弹吗？"

### 11.3.1  提前编译的优劣得失

本节希望同时向读者展示出一枚硬币的两面，解释清楚提前编译相对于即时编译有什么优势，又有什么不足，还有即时编译器有没有办法得到这些优势，需要付出哪些努力等。

现在提前编译产品和对其的研究有着两条明显的分支，一条分支是做与传统 C、C++ 编译器类似的，在程序运行之前把程序代码编译成机器码的静态翻译工作；另外一条分支是把原本即时编译器在运行时要做的编译工作提前做好并保存下来，下次运行到这些代码（譬如公共库代码在被同一台机器其他 Java 进程使用）时直接把它加载进来使用。

我们先来说第一条，这是传统的提前编译应用形式，它在 Java 中存在的价值直指即时编译的最大弱点：即时编译要占用程序运行时间和运算资源。即使现在先进的即时编译器已经足够快，以至于能够容忍相当高的优化复杂度了（譬如 Azul 公司基于 LLVM 的 Falcon JIT，就能够以相当于 Clang -O3 的优化级别进行即时编译；又譬如 OpenJ9 的即时编译器 Testarossa，它的静态版本同时也作为 C、C++ 语言的提前编译器使用，优化的复杂度自然也支持得非常高）；即使现在先进的即时编译器架构有了分层编译的支持，可以先用快速但低质量的即时编译器为高质量的即时编译器争取出更多编译时间，但是，无论如何，即时

---
⊖ GCJ 其实包含了整个 Java 运行时，里面也有解释器和即时编译器存在。
⊜ ART 干掉 Dalvik 之后，到 Android 7.0 时其内部也加入了解释执行和即时编译，这是后话。
⊝ 指提前编译的本地二进制码的体积会明显大于字节码的体积。
® 指提前编译通常要求程序是封闭的，不能在外部动态加载新的字节码。

编译消耗的时间都是原本可用于程序运行的时间，消耗的运算资源都是原本可用于程序运行的资源，这个约束从未减弱，更不会消失，始终是悬在即时编译头顶的达摩克利斯之剑。

这里举个更具体的例子来帮助读者理解这种约束：在编译过程中最耗时的优化措施之一是通过"过程间分析"（Inter-Procedural Analysis，IPA，也经常被称为全程序分析，即Whole Program Analysis）来获得诸如某个程序点上某个变量的值是否一定为常量、某段代码块是否永远不可能被使用、在某个点调用的某个虚方法是否只能有单一版本等的分析结论。这些信息对生成高质量的优化代码有着极为巨大的价值，但是要精确（譬如对流敏感、对路径敏感、对上下文敏感、对字段敏感）得到这些信息，必须在全程序范围内做大量极耗时的计算工作，目前所有常见的Java虚拟机对过程间分析的支持都相当有限，要么借助大规模的方法内联来打通方法间的隔阂，以过程内分析（Intra-Procedural Analysis，只考虑过程内部语句，不考虑过程调用的分析）来模拟过程间分析的部分效果；要么借助可假设的激进优化，不求得到精确的结果，只求按照最可能的状况来优化，有问题再退回来解析执行。但如果是在程序运行之前进行的静态编译，这些耗时的优化就可以放心大胆地进行了，譬如Graal VM中的Substrate VM，在创建本地镜像的时候，就会采取许多原本在HotSpot即时编译中并不会做的全程序优化措施⊖以获得更好的运行时性能，反正做镜像阶段慢一点并没有什么大影响。同理，这也是ART打败Dalvik的主要武器之一，连副作用也是相似的。在Android 5.0和6.0版本，安装一个稍微大一点的Android应用都是按分钟来计时的，以至于从Android 7.0版本起重新启用了解释执行和即时编译（但这已与Dalvik无关，它彻底凉透了），等空闲时系统再在后台自动进行提前编译。

关于提前编译的第二条路径，本质是给即时编译器做缓存加速，去改善Java程序的启动时间，以及需要一段时间预热后才能到达最高性能的问题。这种提前编译被称为动态提前编译（Dynamic AOT）或者索性就大大方方地直接叫即时编译缓存（JIT Caching）。在目前的Java技术体系里，这条路径的提前编译已经完全被主流的商用JDK支持。在商业应用中，这条路径最早出现在JDK 6版本的IBM J9虚拟机上，那时候在它的CDS（Class Data Sharing）功能的缓存中就有一块是即时编译缓存⊖。不过这个缓存和CDS缓存一样是虚拟机运行时自动生成的，直接来源于J9的即时编译器，而且为了进程兼容性，很多激进优化都不能肆意运用，所以编译输出的代码质量反而要低于即时编译器。真正引起业界普遍关注的是OpenJDK/OracleJDK 9中所带的Jaotc提前编译器，这是一个基于Graal编译器实现的新工具，目的是让用户可以针对目标机器，为应用程序进行提前编译。HotSpot运行时可以直接加载这些编译的结果，实现加快程序启动速度，减少程序达到全速运行状态所需时间的目的。这里面确实有比较大的优化价值，试想一下，各种Java应用最起码会用到Java的标准类库，如java.base等模块，如果能够将这个类库提前编译好，并进行比较高质量的

---

⊖　相关资料：https://dl.acm.org/citation.cfm?id=2754185。

⊖　相关资料：https://www.ibm.com/developerworks/library/j-sharedclasses。

优化，显然能够节约不少应用运行时的编译成本。关于这点，我们将在下一节做一个简单的实战练习，而在此要说明的是，这的确是很好的想法，但实际应用起来并不是那么容易，原因是这种提前编译方式不仅要和目标机器相关，甚至还必须与 HotSpot 虚拟机的运行时参数绑定。譬如虚拟机运行时采用了不同的垃圾收集器，这原本就需要即时编译子系统的配合（典型的如生成内存屏障代码，见第 3 章相关介绍）才能正确工作，要做提前编译的话，自然也要把这些配合的工作平移过去。至于前面提到过的提前编译破坏平台中立性、字节膨胀等缺点当然还存在，这里就不重复了。尽管还有许多困难，但提前编译无疑已经成为一种极限榨取性能（启动、响应速度）的手段，且被官方 JDK 关注，相信日后会更加灵活、更加容易使用，就如已经相当成熟的 CDS（AppCDS 需要用户参与）功能那样，几乎不需要用户介入，可自动完成。

最后，我们还要思考一个问题：提前编译的代码输出质量，一定会比即时编译更高吗？提前编译因为没有执行时间和资源限制的压力，能够毫无顾忌地使用重负载的优化手段，这当然是一个极大的优势，但即时编译难道就没有能与其竞争的强项了吗？当然是有的，尽管即时编译在时间和运算资源方面的劣势是无法忽视的，但其依然有自己的优势。接下来便要开始即时编译器的绝地反击了，笔者将简要介绍三种即时编译器相对于提前编译器的天然优势。

首先，是**性能分析制导优化**（Profile-Guided Optimization，PGO）。上一节介绍 HotSpot 的即时编译器时就多次提及在解释器或者客户端编译器运行过程中，会不断收集性能监控信息，譬如某个程序点抽象类通常会是什么实际类型、条件判断通常会走哪条分支、方法调用通常会选择哪个版本、循环通常会进行多少次等，这些数据一般在静态分析时是无法得到的，或者不可能存在确定且唯一的解，最多只能依照一些启发性的条件去进行猜测。但在动态运行时却能看出它们具有非常明显的偏好性。如果一个条件分支的某一条路径执行特别频繁，而其他路径鲜有问津，那就可以把热的代码集中放到一起，集中优化和分配更好的资源（分支预测、寄存器、缓存等）给它。

其次，是**激进预测性优化**（Aggressive Speculative Optimization），这也已经成为很多即时编译优化措施的基础。静态优化无论如何都必须保证优化后所有的程序外部可见影响（不仅仅是执行结果）与优化前是等效的，不然优化之后会导致程序报错或者结果不对，若出现这种情况，则速度再快也是没有价值的。然而，相对于提前编译来说，即时编译的策略就可以不必这样保守，如果性能监控信息能够支持它做出一些正确的可能性很大但无法保证绝对正确的预测判断，就已经可以大胆地按照高概率的假设进行优化，万一真的走到罕见分支上，大不了退回到低级编译器甚至解释器上去执行，并不会出现无法挽救的后果。只要出错概率足够低，这样的优化往往能够大幅度降低目标程序的复杂度，输出运行速度非常高的代码。譬如在 Java 语言中，默认方法都是虚方法调用，部分 C、C++ 程序员（甚至一些老旧教材）会说虚方法是不能内联的，但如果 Java 虚拟机真的遇到虚方法就去查虚表而不做内联的话，Java 技术可能就已经因性能问题而被淘汰很多年了。实际上虚拟机会通过类继承关系分析等一系列激进的猜测去做去虚拟化（Devitalization），以保证绝大部分有内联价值的虚方法都可以顺利内联。内联是最基础的一项优化措施，本章稍后还会对专门的 Java 虚拟机具体如何做虚方法内联进行详细讲解。

最后，是**链接时优化**（Link-Time Optimization，LTO），Java 语言天生就是动态链接的，一个个 Class 文件在运行期被加载到虚拟机内存当中，然后在即时编译器里产生优化后的本地代码，这类事情在 Java 程序员眼里看起来毫无违和之处。但如果类似的场景出现在使用提前编译的语言和程序上，譬如 C、C++ 的程序要调用某个动态链接库的某个方法，就会出现很明显的边界隔阂，还难以优化。这是因为主程序与动态链接库的代码在它们编译时是完全独立的，两者各自编译、优化自己的代码。这些代码的作者、编译的时间，以及编译器甚至很可能都是不同的，当出现跨链接库边界的调用时，那些理论上应该要做的优化——譬如做对调用方法的内联，就会执行起来相当的困难。如果刚才说的虚方法内联让 C、C++ 程序员理解还算比较能够接受的话（其实 C++ 编译器也可以通过一些技巧来做到虚方法内联），那这种跨越动态链接库的方法内联在他们眼里可能就近乎于离经叛道了（但实际上依然是可行的）。

经过以上的讨论，读者应该能够理解提前编译器的价值与优势所在了，但忽略具体的应用场景就说它是万能的银弹，那肯定是有失偏颇的，提前编译有它的应用场景，也有它的弱项与不足，相信未来很长一段时间内，即时编译和提前编译都会是 Java 后端编译技术的共同主角。

## 11.3.2　实战：Jaotc 的提前编译

JDK 9 引入了用于支持对 Class 文件和模块进行提前编译的工具 Jaotc，以减少程序的启动时间和到达全速性能的预热时间，但由于这项功能必须针对特定物理机器和目标虚拟机的运行参数来使用，加之限制太多，Java 开发人员对此了解、使用普遍比较少，本节我们将用 Jaotc 来编译 Java SE 的基础库⊖（java.base 模块），以改善本机 Java 环境的执行效率。

我们首先通过一段测试代码（什么代码都可以，最简单的 HelloWorld 都可以，内容笔者就不贴了）来演示 Jaotc 的基本使用过程，操作如下：

```
$ javac HelloWorld.java
$ java HelloWorld
Hello World!
$ jaotc --output libHelloWorld.so HelloWorld.class
```

通过以上命令，就生成了一个名为 libHelloWorld.so 的库，我们可以使用 Linux 的 ldd 命令来确认这是否是一个静态链接库，使用 mn 命令来确认其中是否包含了 HelloWorld 的构造函数和 main() 方法的入口信息，操作如下：

---

⊖　本实战就源于 JEP 295：Ahead-of-Time Compilation：https://openjdk.java.net/jeps/295。

```
$ ldd libHelloWorld.so
statically linked

$ nm libHelloWorld.so
......
0000000000002a20 t HelloWorld.()V
0000000000002b20 t HelloWorld.main([Ljava/lang/String;)V
......
```

现在我们就可以使用这个静态链接库而不是 Class 文件来输出 HelloWorld 了：

```
java -XX:AOTLibrary=./libHelloWorld.so HelloWorld
Hello World!
```

提前编译一个 HelloWorld 只具备演示价值，下一步我们来做更有实用意义的事情：把 java.base 模块编译成类似的静态链接库。java.base 包含的代码数量庞大，虽然其中绝大部分内容现在都能被 Jaotc 的提前编译所支持了，但总还有那么几个"刺头"会导致编译异常。因此我们要建立一个编译命令文件来排除这些目前还不支持提前编译的方法，笔者将此文件取名为 java.base-list.txt，其具体内容如下：

```
# jaotc: java.lang.StackOverflowError
exclude sun.util.resources.LocaleNames.getContents()[[Ljava/lang/Object;
exclude sun.util.resources.TimeZoneNames.getContents()[[Ljava/lang/Object;
exclude sun.util.resources.cldr.LocaleNames.getContents()[[Ljava/lang/Object;
exclude sun.util.resources..*.LocaleNames_.*.getContents\(\)\[\[Ljava/lang/Object;
exclude sun.util.resources..*.LocaleNames_.*_.*.getContents\(\)\[\[Ljava/lang/Object;
exclude sun.util.resources..*.TimeZoneNames_.*.getContents\(\)\[\[Ljava/lang/Object;
exclude sun.util.resources..*.TimeZoneNames_.*_.*.getContents\(\)\[\[Ljava/lang/Object;
# java.lang.Error: Trampoline must not be defined by the bootstrap classloader
exclude sun.reflect.misc.Trampoline.<clinit>()V
exclude sun.reflect.misc.Trampoline.invoke(Ljava/lang/reflect/Method;Ljava/lang/
    Object;[Ljava/lang/Object;)Ljava/lang/Object;
# JVM asserts
exclude com.sun.crypto.provider.AESWrapCipher.engineUnwrap([BLjava/lang/String;I)Ljava/
    security/Key;
exclude sun.security.ssl.*
exclude sun.net.RegisteredDomain.<clinit>()V
# Huge methods
exclude jdk.internal.module.SystemModules.descriptors()[Ljava/lang/module/
    ModuleDescriptor;
```

然后我们就可以开始进行提前编译了，使用的命令如下所示：

```
jaotc -J-XX:+UseCompressedOops -J-XX:+UseG1GC -J-Xmx4g
--compile-for-tiered --info --compile-commands java.base-list.txt
--output libjava.base-coop.so --module java.base
```

上面 Jaotc 用了 -J 参数传递与目标虚拟机相关的运行时参数，这些运行时信息与编译的结果是直接相关的，编译后的静态链接库只能支持运行在相同参数的虚拟机之上，如果需要支持多种虚拟机运行参数（譬如采用不同垃圾收集器、是否开启压缩指针等）的话，可以花点时间为每一种可能用到的参数组合编译出对应的静态链接库。此外，由于 Jaotc 是基于 Graal 编译器开发的，所以现在 ZGC 和 Shenandoah 收集器还不支持 Graal 编译器，自然它们在 Jaotc 上也是无法使用的。事实上，目前 Jaotc 只支持 G1 和 Parallel（PS + PS Old）两种垃圾收集器。使用 Jaotc 编译 java.base 模块的输出结果如下所示：

```
$ jaotc -J-XX:+UseCompressedOops -J-XX:+UseG1GC -J-Xmx4g --compile-for-tiered
    --info --compile-commands java.base-list.txt --output libjava.base-coop.so
    --module java.base
Compiling libjava.base-coop.so...
6177 classes found (335 ms)
55845 methods total, 49575 methods to compile (1037 ms)
Compiling with 4 threads
......
49575 methods compiled, 0 methods failed (138821 ms)
Parsing compiled code (906 ms)
Processing metadata (10867 ms)
Preparing stubs binary (0 ms)
Preparing compiled binary (103 ms)
Creating binary: libjava.base-coop.o (2719 ms)
Creating shared library: libjava.base-coop.so (5812 ms)
Total time: 163609 ms
```

在笔者的 i7-8750H、32GB 内存的笔记本上，编译 JDK 11 的 java.base 大约花了三分钟的时间，生成的 libjava.base-coop.o 库大小为 366MB。JDK 9 刚刚发布时，笔者做过相同的编译，当时耗时高达十分钟。编译完成后，我们就可以使用提前编译版本的 java.base 模块来运行 Java 程序了，方法与前面运行 HelloWorld 是一样的，用 -XX:AOTLibrary 来指定链接库位置即可，譬如：

```
java -XX:AOTLibrary=java_base/libjava.base-coop.so,./libHelloWorld.so HelloWorld
Hello World!
```

我们还可以使用 -XX:+PrintAOT 参数来确认哪些方法使用了提前编译的版本，从输出信息中可以看到，如果不使用提前编译版本的 java.base 模块，就只有 HelloWord 的构造函数和 main() 方法是提前编译版本的：

```
$ java -XX:+PrintAOT -XX:AOTLibrary=./libHelloWorld.so HelloWorld
    11    1    loaded    ./libHelloWorld.so  aot library
   105    1    aot[ 1]   HelloWorld.()V
   105    2    aot[ 1]   HelloWorld.main([Ljava/lang/String;)V
Hello World!
```

但如果加入 libjava.base-coop.so，那使用到的几乎所有的标准 Java SE API 都是被提前编译好的，输出如下：

```
java -XX:AOTLibrary=java_base/libjava.base-coop.so,./libHelloWorld.so HelloWorld
```

```
Hello World!
    13    1    loaded    java_base/libjava.base-coop.so  aot library
    13    2    loaded    ./libHelloWorld.so  aot library
[Found  [Z  in  java_base/libjava.base-coop.so]
...... // 省略其他输出
[Found  [J  in  java_base/libjava.base-coop.so]
    31    1    aot[ 1]   java.lang.Object.()V
    31    2    aot[ 1]   java.lang.Object.finalize()V
...... // 省略其他输出
```

目前状态的 Jaotc 还有许多需要完善的地方，仍难以直接编译 SpringBoot、MyBatis 这些常见的第三方工具库，甚至在众多 Java 标准模块中，能比较顺利编译的也只有 java.base 模块而已。不过随着 Graal 编译器的逐渐成熟，相信 Jaotc 前途还是可期的。

此外，本书虽然选择 Jaotc 来进行实战，但同样有发展潜力的 Substrate VM 也不应被忽视。Jaotc 做的提前编译属于本节开头所说的"第二条分支"，即做即时编译的缓存；而 Substrate VM 则是选择的"第一条分支"，做的是传统的静态提前编译，关于 Substrate VM 的实战，建议读者自己去尝试一下。

# 11.4　编译器优化技术

经过前面对即时编译、提前编译的讲解，读者应该已经建立起一个认知：编译器的目标虽然是做由程序代码翻译为本地机器码的工作，但其实难点并不在于能不能成功翻译出机器码，输出代码优化质量的高低才是决定编译器优秀与否的关键。在本章之前的内容里出现过许多优化措施的专业名词，有一些是编译原理中的基础知识，譬如方法内联，只要是计算机专业毕业的读者至少都有初步的概念；但也有一些专业性比较强的名词，譬如逃逸分析，可能不少读者只听名字很难想象出来这个优化会做什么事情。本节将介绍几种 HotSpot 虚拟机的即时编译器在生成代码时采用的代码优化技术，以小见大，见微知著，让读者对编译器代码优化有整体理解。

## 11.4.1　优化技术概览

OpenJDK 的官方 Wiki 上，HotSpot 虚拟机设计团队列出了一个相对比较全面的、即时编译器中采用的优化技术列表[⊖]，如表 11-1 所示，其中有不少经典编译器的优化手段，也有许多针对 Java 语言，或者说针对运行在 Java 虚拟机上的所有语言进行的优化。本节先对这些技术进行概览，在后面几节中，将挑选若干最重要或最典型的优化，与读者一起看看优化前后的代码发生了怎样的变化。

---

⊖　地址：https://wiki.openjdk.java.net/display/HotSpot/PerformanceTacticIndex。

表 11-1　即时编译器优化技术一览

| 类　　型 | 优 化 技 术 |
|---|---|
| 编译器策略<br>（Compiler Tactics） | 延迟编译（Delayed Compilation） |
| | 分层编译（Tiered Compilation） |
| | 栈上替换（On-Stack Replacement） |
| | 延迟优化（Delayed Reoptimization） |
| | 程序依赖图表示（Program Dependence Graph Representation） |
| | 静态单赋值表示（Static Single Assignment Representation） |
| 基于性能监控的优化技术<br>（Profile-Based Techniques） | 乐观空值断言（Optimistic Nullness Assertions） |
| | 乐观类型断言（Optimistic Type Assertions） |
| | 乐观类型增强（Optimistic Type Strengthening） |
| | 乐观数组长度增强（Optimistic Array Length Strengthening） |
| | 裁剪未被选择的分支（Untaken Branch Pruning） |
| | 乐观的多态内联（Optimistic N-Morphic Inlining） |
| | 分支频率预测（Branch Frequency Prediction） |
| | 调用频率预测（Call Frequency Prediction） |
| 基于证据的优化技术<br>（Proof-Based Techniques） | 精确类型推断（Exact Type Inference） |
| | 内存值推断（Memory Value Inference） |
| | 内存值跟踪（Memory Value Tracking） |
| | 常量折叠（Constant Folding） |
| | 重组（Reassociation） |
| | 操作符退化（Operator Strength Reduction） |
| | 空值检查消除（Null Check Elimination） |
| | 类型检测退化（Type Test Strength Reduction） |
| | 类型检测消除（Type Test Elimination） |
| | 代数化简（Algebraic Simplification） |
| | 公共子表达式消除（Common Subexpression Elimination） |
| 数据流敏感重写<br>（Flow-Sensitive Rewrites） | 条件常量传播（Conditional Constant Propagation） |
| | 基于流承载的类型缩减转换（Flow-Carried Type Narrowing） |
| | 无用代码消除（Dead Code Elimination） |
| 语言相关的优化技术<br>（Language-Specific Techniques） | 类型继承关系分析（Class Hierarchy Analysis） |
| | 去虚拟机化（Devirtualization） |
| | 符号常量传播（Symbolic Constant Propagation） |
| | 自动装箱消除（Autobox Elimination） |
| | 逃逸分析（Escape Analysis） |
| | 锁消除（Lock Elision） |

（续）

| 类　　型 | 优 化 技 术 |
|---|---|
| 语言相关的优化技术<br>（Language-Specific Techniques） | 锁膨胀（Lock Coarsening） |
| | 消除反射（De-Reflection） |
| 内存及代码位置变换<br>（Memory And Placement Transformation） | 表达式提升（Expression Hoisting） |
| | 表达式下沉（Expression Sinking） |
| | 冗余存储消除（Redundant Store Elimination） |
| | 相邻存储合并（Adjacent Store Fusion） |
| | 交汇点分离（Merge-Point Splitting） |
| 循环变换<br>（Loop Transformations） | 循环展开（Loop Unrolling） |
| | 循环剥离（Loop Peeling） |
| | 安全点消除（Safepoint Elimination） |
| | 迭代范围分离（Iteration Range Splitting） |
| | 范围检查消除（Range Check Elimination） |
| | 循环向量化（Loop Vectorization） |
| 全局代码调整<br>（Global Code Shaping） | 内联（Inlining） |
| | 全局代码外提（Global Code Motion） |
| | 基于热度的代码布局（Heat-Based Code Layout） |
| | Switch 调整（Switch Balancing） |
| 控制流图变换<br>（Control Flow Graph Transformation） | 本地代码编排（Local Code Scheduling） |
| | 本地代码封包（Local Code Bundling） |
| | 延迟槽填充（Delay Slot Filling） |
| | 着色图寄存器分配（Graph-Coloring Register Allocation） |
| | 线性扫描寄存器分配（Linear Scan Register Allocation） |
| | 复写聚合（Copy Coalescing） |
| | 常量分裂（Constant Splitting） |
| | 复写移除（Copy Removal） |
| | 地址模式匹配（Address Mode Matching） |
| | 指令窥孔优化（Instruction Peepholing） |
| | 基于确定有限状态机的代码生成（DFA-Based Code Generator） |

　　上述的优化技术看起来很多，而且名字看起来大多显得有点"高深莫测"，实际上要实现这些优化确实有不小的难度，但大部分优化技术理解起来都并不困难，为了消除读者对这些优化技术的陌生感，笔者举一个最简单的例子：通过大家熟悉的 Java 代码变化来展示其中几种优化技术是如何发挥作用的。不过首先需要明确一点，即时编译器对这些代码优化变换是建立在代码的中间表示或者是机器码之上的，绝不是直接在 Java 源码上去做的，

这里只是笔者为了方便讲解，使用了 Java 语言的语法来表示这些优化技术所发挥的作用。

第一步，从原始代码开始，如代码清单 11-6 所示⊖。

代码清单 11-6　优化前的原始代码

```
static class B {
    int value;
    final int get() {
        return value;
    }
}

public void foo() {
    y = b.get();
    // ...do stuff...
    z = b.get();
    sum = y + z;
}
```

代码清单 11-6 所示的内容已经非常简化了，但是仍有不少优化的空间。首先，第一个要进行的优化是方法内联，它的主要目的有两个：一是去除方法调用的成本（如查找方法版本、建立栈帧等）；二是为其他优化建立良好的基础。方法内联膨胀之后可以便于在更大范围上进行后续的优化手段，可以获取更好的优化效果。因此各种编译器一般都会把内联优化放在优化序列最靠前的位置。内联后的代码如代码清单 11-7 所示。

代码清单 11-7　内联后的代码

```
public void foo() {
    y = b.value;
    // ...do stuff...
    z = b.value;
    sum = y + z;
}
```

第二步进行冗余访问消除（Redundant Loads Elimination），假设代码中间注释掉的"…do stuff…"所代表的操作不会改变 b.value 的值，那么就可以把"z = b.value"替换为"z = y"，因为上一句"y = b.value"已经保证了变量 y 与 b.value 是一致的，这样就可以不再去访问对象 b 的局部变量了。如果把 b.value 看作一个表达式，那么也可以把这项优化看作一种公共子表达式消除（Common Subexpression Elimination），优化后的代码如代码清单 11-8 所示。

代码清单 11-8　冗余存储消除的代码

```
public  void foo() {
    y = b.value;
```

⊖　本示例原型来自 Oracle 官方对编译器技术的介绍材料：http://download.oracle.com/docs/cd/E13150_01/jrockit_jvm/jrockit/geninfo/diagnos/underst_jit.html。

```
    // ...do stuff...
    z = y;
    sum = y + z;
}
```

第三步进行复写传播（Copy Propagation），因为这段程序的逻辑之中没有必要使用一个额外的变量 z，它与变量 y 是完全相等的，因此我们可以使用 y 来代替 z。复写传播之后的程序如代码清单 11-9 所示。

代码清单 11-9　复写传播的代码

```
public  void foo() {
    y = b.value;
    // ...do stuff...
    y = y;
    sum = y + y;
}
```

第四步进行无用代码消除（Dead Code Elimination），无用代码可能是永远不会被执行的代码，也可能是完全没有意义的代码。因此它又被很形象地称为"Dead Code"，在代码清单 11-9 中，"y = y"是没有意义的，把它消除后的程序如代码清单 11-10 所示。

代码清单 11-10　进行无用代码消除的代码

```
public  void foo() {
    y = b.value;
    // ...do stuff...
    sum = y + y;
}
```

经过四次优化之后，代码清单 11-10 所示代码与代码清单 11-6 所示代码所达到的效果是一致的，但是前者比后者省略了许多语句，体现在字节码和机器码指令上的差距会更大，执行效率的差距也会更高。编译器的这些优化技术实现起来也许确实复杂，但是要理解它们的行为，对于一个初学者来说都是没有什么困难的，完全不需要有任何的恐惧心理。

接下来，笔者挑选了四项有代表性的优化技术，与大家一起观察它们是如何运作的。它们分别是：

- ❑ 最重要的优化技术之一：方法内联。
- ❑ 最前沿的优化技术之一：逃逸分析。
- ❑ 语言无关的经典优化技术之一：公共子表达式消除。
- ❑ 语言相关的经典优化技术之一：数组边界检查消除。

## 11.4.2　方法内联

在前面的讲解中，我们多次提到方法内联，说它是编译器最重要的优化手段，甚至都可以不加上"之一"。内联被业内戏称为优化之母,因为除了消除方法调用的成本之外,它更重要的意义是为其他优化手段建立良好的基础,代码清单 11-11 所示的简单例子就揭示了内联对其他优化手段的巨大价值:没有内联,多数其他优化都无法有效进行。例子里 testInline() 方法的内部全部是无用的代码,但如果不做内联,后续即使进行了无用代码消除的优化,也无法发现任何"Dead Code"的存在。如果分开来看,foo() 和 testInline() 两个方法里面的操作都有可能是有意义的。

代码清单 11-11　未作任何优化的字节码

```
public static void foo(Object obj) {
    if (obj != null) {
        System.out.println("do something");
    }
}

public static void testInline(String[] args) {
    Object obj = null;
    foo(obj);
}
```

方法内联的优化行为理解起来是没有任何困难的,不过就是把目标方法的代码原封不动地"复制"到发起调用的方法之中,避免发生真实的方法调用而已。但实际上 Java 虚拟机中的内联过程却远没有想象中容易,甚至如果不是即时编译器做了一些特殊的努力,按照经典编译原理的优化理论,大多数的 Java 方法都无法进行内联。

无法内联的原因其实在第 8 章中讲解 Java 方法解析和分派调用的时候就已经解释过:只有使用 invokespecial 指令调用的私有方法、实例构造器、父类方法和使用 invokestatic 指令调用的静态方法才会在编译期进行解析。除了上述四种方法之外(最多再除去被 final 修饰的方法这种特殊情况,尽管它使用 invokevirtual 指令调用,但也是非虚方法,《Java 语言规范》中明确说明了这点),其他的 Java 方法调用都必须在运行时进行方法接收者的多态选择,它们都有可能存在多于一个版本的方法接收者,简而言之,Java 语言中默认的实例方法是虚方法。

对于一个虚方法,编译器静态地去做内联的时候很难确定应该使用哪个方法版本,以将代码清单 11-7 中所示 b.get() 直接内联为 b.value 为例,如果不依赖上下文,是无法确定 b 的实际类型是什么的。假如有 ParentB 和 SubB 是两个具有继承关系的父子类型,并且子类重写了父类的 get() 方法,那么 b.get() 是执行父类的 get() 方法还是子类的 get() 方法,这应该是根据实际类型动态分派的,而实际类型必须在实际运行到这一行代码时才能确定,编译器很难在编译时得出绝对准确的结论。

更糟糕的情况是,由于 Java 提倡使用面向对象的方式进行编程,而 Java 对象的方法默认就是虚方法,可以说 Java 间接鼓励了程序员使用大量的虚方法来实现程序逻辑。根据上面的分析可知,内联与虚方法之间会产生"矛盾",那是不是为了提高执行性能,就应该默认给每个方法都使用 final 关键字去修饰呢？ C 和 C++ 语言的确是这样做的，默认的方法是非虚方法，如果需要用到多态，就用 virtual 关键字来修饰，但 Java 选择了在虚拟机中解决这个问题。

为了解决虚方法的内联问题，Java 虚拟机首先引入了一种名为类型继承关系分析（Class Hierarchy Analysis，CHA）的技术，这是整个应用程序范围内的类型分析技术，用于确定在目前已加载的类中，某个接口是否有多于一种的实现、某个类是否存在子类、某个子类是否覆盖了父类的某个虚方法等信息。这样，编译器在进行内联时就会分不同情况采取不同的处理：如果是非虚方法，那么直接进行内联就可以了，这种的内联是有百分百安全保障的；如果遇到虚方法，则会向 CHA 查询此方法在当前程序状态下是否真的有多个目标版本可供选择，如果查询到只有一个版本，那就可以假设"应用程序的全貌就是现在运行的这个样子"来进行内联，这种内联被称为守护内联（Guarded Inlining）。不过由于 Java 程序是动态连接的，说不准什么时候就会加载到新的类型从而改变 CHA 结论，因此这种内联属于激进预测性优化，必须预留好"逃生门"，即当假设条件不成立时的"退路"（Slow Path）。假如在程序的后续执行过程中，虚拟机一直没有加载到会令这个方法的接收者的继承关系发生变化的类，那这个内联优化的代码就可以一直使用下去。如果加载了导致继承关系发生变化的新类，那么就必须抛弃已经编译的代码，退回到解释状态进行执行，或者重新进行编译。

假如向 CHA 查询出来的结果是该方法确实有多个版本的目标方法可供选择，那即时编译器还将进行最后一次努力，使用内联缓存（Inline Cache）的方式来缩减方法调用的开销。这种状态下方法调用是真正发生了的，但是比起直接查虚方法表还是要快一些。内联缓存是一个建立在目标方法正常入口之前的缓存，它的工作原理大致为：在未发生方法调用之前，内联缓存状态为空，当第一次调用发生后，缓存记录下方法接收者的版本信息，并且每次进行方法调用时都比较接收者的版本。如果以后进来的每次调用的方法接收者版本都是一样的，那么这时它就是一种单态内联缓存（Monomorphic Inline Cache）。通过该缓存来调用，比用不内联的非虚方法调用，仅多了一次类型判断的开销而已。但如果真的出现方法接收者不一致的情况，就说明程序用到了虚方法的多态特性，这时候会退化成超多态内联缓存（Megamorphic Inline Cache），其开销相当于真正查找虚方法表来进行方法分派。

所以说，在多数情况下 Java 虚拟机进行的方法内联都是一种激进优化。事实上，激进优化的应用在高性能的 Java 虚拟机中比比皆是，极为常见。除了方法内联之外，对于出现概率很小（通过经验数据或解释器收集到的性能监控信息确定概率大小）的隐式异常、使用概率很小的分支等都可以被激进优化"移除"，如果真的出现了小概率事件，这时才会从"逃生门"回到解释状态重新执行。

## 11.4.3　逃逸分析

逃逸分析（Escape Analysis）是目前 Java 虚拟机中比较前沿的优化技术，它与类型继承关系分析一样，并不是直接优化代码的手段，而是为其他优化措施提供依据的分析技术。

逃逸分析的基本原理是：分析对象动态作用域，当一个对象在方法里面被定义后，它可能被外部方法所引用，例如作为调用参数传递到其他方法中，这种称为方法逃逸；甚至还有可能被外部线程访问到，譬如赋值给可以在其他线程中访问的实例变量，这种称为线程逃逸；从不逃逸、方法逃逸到线程逃逸，称为对象由低到高的不同逃逸程度。

如果能证明一个对象不会逃逸到方法或线程之外（换句话说是别的方法或线程无法通过任何途径访问到这个对象），或者逃逸程度比较低（只逃逸出方法而不会逃逸出线程），则可能为这个对象实例采取不同程度的优化，如：

❑ 栈上分配<sup>⊖</sup>（Stack Allocations）：在 Java 虚拟机中，Java 堆上分配创建对象的内存空间几乎是 Java 程序员都知道的常识，Java 堆中的对象对于各个线程都是共享和可见的，只要持有这个对象的引用，就可以访问到堆中存储的对象数据。虚拟机的垃圾收集子系统会回收堆中不再使用的对象，但回收动作无论是标记筛选出可回收对象，还是回收和整理内存，都需要耗费大量资源。如果确定一个对象不会逃逸出线程之外，那让这个对象在栈上分配内存将会是一个很不错的主意，对象所占用的内存空间就可以随栈帧出栈而销毁。在一般应用中，完全不会逃逸的局部对象和不会逃逸出线程的对象所占的比例是很大的，如果能使用栈上分配，那大量的对象就会随着方法的结束而自动销毁了，垃圾收集子系统的压力将会下降很多。栈上分配可以支持方法逃逸，但不能支持线程逃逸。

❑ 标量替换（Scalar Replacement）：若一个数据已经无法再分解成更小的数据来表示了，Java 虚拟机中的原始数据类型（int、long 等数值类型及 reference 类型等）都不能再进一步分解了，那么这些数据就可以被称为标量。相对的，如果一个数据可以继续分解，那它就被称为聚合量（Aggregate），Java 中的对象就是典型的聚合量。如果把一个 Java 对象拆散，根据程序访问的情况，将其用到的成员变量恢复为原始类型来访问，这个过程就称为标量替换。假如逃逸分析能够证明一个对象不会被方法外部访问，并且这个对象可以被拆散，那么程序真正执行的时候将可能不去创建这个对象，而改为直接创建它的若干个被这个方法使用的成员变量来代替。将对象拆分后，除了可以让对象的成员变量在栈上（栈上存储的数据，很大机会被虚拟机分配至物理机器的高速寄存器中存储）分配和读写之外，还可以为后续进一步的优化手段创建条件。标量替换可以视作栈上分配的一种特例，实现更简单（不用考虑整个对象完整结构的分配），但对逃逸程度的要求更高，它不允许对象逃逸出方法范围内。

❑ 同步消除（Synchronization Elimination）：线程同步本身是一个相对耗时的过程，如

---

<sup>⊖</sup>　由于复杂度等原因，HotSpot 中目前暂时还没有做这项优化，但一些其他的虚拟机（如 Excelsior JET）使用了这项优化。

果逃逸分析能够确定一个变量不会逃逸出线程，无法被其他线程访问，那么这个变量的读写肯定就不会有竞争，对这个变量实施的同步措施也就可以安全地消除掉。

关于逃逸分析的研究论文早在 1999 年就已经发表，但直到 JDK 6，HotSpot 才开始支持初步的逃逸分析，而且到现在这项优化技术尚未足够成熟，仍有很大的改进余地。不成熟的原因主要是逃逸分析的计算成本非常高，甚至不能保证逃逸分析带来的性能收益会高于它的消耗。如果要百分之百准确地判断一个对象是否会逃逸，需要进行一系列复杂的数据流敏感的过程间分析，才能确定程序各个分支执行时对此对象的影响。前面介绍即时编译、提前编译优劣势时提到了过程间分析这种大压力的分析算法正是即时编译的弱项。可以试想一下，如果逃逸分析完毕后发现几乎找不到几个不逃逸的对象，那这些运行期耗用的时间就白白浪费了，所以目前虚拟机只能采用不那么准确，但时间压力相对较小的算法来完成分析。

C 和 C++ 语言里面原生就支持了栈上分配（不使用 new 操作符即可），而 C# 也支持值类型，可以很自然地做到标量替换（但并不会对引用类型做这种优化）。在灵活运用栈内存方面，确实是 Java 的一个弱项。在现在仍处于实验阶段的 Valhalla 项目里，设计了新的 inline 关键字用于定义 Java 的内联类型，目的是实现与 C# 中值类型相对标的功能。有了这个标识与约束，以后逃逸分析做起来就会简单很多。

下面笔者将通过一系列 Java 伪代码的变化过程来模拟逃逸分析是如何工作的，向读者展示逃逸分析能够实现的效果。初始代码如下所示：

```
// 完全未优化的代码
public int test(int x) {
    int xx = x + 2;
    Point p = new Point(xx, 42);
    return p.getX();
}
```

此处笔者省略了 Point 类的代码，这就是一个包含 x 和 y 坐标的 POJO 类型，读者应该很容易想象它的样子。

第一步，将 Point 的构造函数和 getX() 方法进行内联优化：

```
// 步骤1：构造函数内联后的样子
public int test(int x) {
    int xx = x + 2;
    Point p = point_memory_alloc();    // 在堆中分配P对象的示意方法
    p.x = xx;                          // Point构造函数被内联后的样子
    p.y = 42;
    return p.x;                        // Point::getX()被内联后的样子
}
```

第二步，经过逃逸分析，发现在整个 test() 方法的范围内 Point 对象实例不会发生任何程度的逃逸，这样可以对它进行标量替换优化，把其内部的 x 和 y 直接置换出来，分解为 test() 方法内的局部变量，从而避免 Point 对象实例被实际创建，优化后的结果如下所示：

```
// 步骤2：标量替换后的样子
public int test(int x) {
    int xx = x + 2;
    int px = xx;
    int py = 42;
    return px;
}
```

第三步，通过数据流分析，发现 py 的值其实对方法不会造成任何影响，那就可以放心地去做无效代码消除得到最终优化结果，如下所示：

```
// 步骤3：做无效代码消除后的样子
public int test(int x) {
    return x + 2;
}
```

从测试结果来看，实施逃逸分析后的程序在 MicroBenchmarks 中往往能得到不错的成绩，但是在实际的应用程序中，尤其是大型程序中反而发现实施逃逸分析可能出现效果不稳定的情况，或分析过程耗时但却无法有效判别出非逃逸对象而导致性能（即时编译的收益）下降，所以曾经在很长的一段时间里，即使是服务端编译器，也默认不开启逃逸分析⊖，甚至在某些版本（如 JDK 6 Update 18）中还曾经完全禁止了这项优化，一直到 JDK 7 时这项优化才成为服务端编译器默认开启的选项。如果有需要，或者确认对程序运行有益，用户也可以使用参数 -XX:+DoEscapeAnalysis 来手动开启逃逸分析，开启之后可以通过参数 -XX:+PrintEscapeAnalysis 来查看分析结果。有了逃逸分析支持之后，用户可以使用参数 -XX:+EliminateAllocations 来开启标量替换，使用 +XX:+EliminateLocks 来开启同步消除，使用参数 -XX:+PrintEliminateAllocations 查看标量的替换情况。

尽管目前逃逸分析技术仍在发展之中，未完全成熟，但它是即时编译器优化技术的一个重要前进方向，在日后的 Java 虚拟机中，逃逸分析技术肯定会支撑起一系列更实用、有效的优化技术。

### 11.4.4　公共子表达式消除

公共子表达式消除是一项非常经典的、普遍应用于各种编译器的优化技术，它的含义是：如果一个表达式 E 之前已经被计算过了，并且从先前的计算到现在 E 中所有变量的值都没有发生变化，那么 E 的这次出现就称为公共子表达式。对于这种表达式，没有必要花时间再对它重新进行计算，只需要直接用前面计算过的表达式结果代替 E。如果这种优化仅限于程序基本块内，便可称为局部公共子表达式消除（Local Common Subexpression Elimination），如果这种优化的范围涵盖了多个基本块，那就称为全局公共子表达式消除（Global Common Subexpression Elimination）。下面举个简单的例子来说明它的优化过程，

---

⊖ 从 JDK 6 Update 23 开始，服务端编译器中开始才默认开启逃逸分析。

假设存在如下代码：

```
int d = (c * b) * 12 + a + (a + b * c);
```

如果这段代码交给 Javac 编译器则不会进行任何优化，那生成的代码将如代码清单 11-12 所示，是完全遵照 Java 源码的写法直译而成的。

代码清单 11-12 　未作任何优化的字节码

```
iload_2         // b
imul            // 计算b*c
bipush 12       // 推入12
imul            // 计算(c * b) * 12
iload_1         // a
iadd            // 计算(c * b) * 12 + a
iload_1         // a
iload_2         // b
iload_3         // c
imul            // 计算b * c
iadd            // 计算a + b * c
iadd            // 计算(c * b) * 12 + a + a + b * c
istore 4
```

当这段代码进入虚拟机即时编译器后，它将进行如下优化：编译器检测到 c * b 与 b * c 是一样的表达式，而且在计算期间 b 与 c 的值是不变的。

因此这条表达式就可能被视为：

```
int d = E * 12 + a + (a + E);
```

这时候，编译器还可能（取决于哪种虚拟机的编译器以及具体的上下文而定）进行另外一种优化——代数化简（Algebraic Simplification），在 E 本来就有乘法运算的前提下，把表达式变为：

```
int d = E * 13 + a + a;
```

表达式进行变换之后，再计算起来就可以节省一些时间了。如果读者还对其他的经典编译优化技术感兴趣，可以参考《编译原理》(俗称龙书) 中的相关章节。

## 11.4.5 　数组边界检查消除

数组边界检查消除（Array Bounds Checking Elimination）是即时编译器中的一项语言相关的经典优化技术。我们知道 Java 语言是一门动态安全的语言，对数组的读写访问也不像 C、C++ 那样实质上就是裸指针操作。如果有一个数组 foo[]，在 Java 语言中访问数组元素 foo[i] 的时候系统将会自动进行上下界的范围检查，即 i 必须满足 "i >= 0 && i < foo.length" 的访问条件，否则将抛出一个运行时异常：java.lang.ArrayIndexOutOfBoundsException。这对软

件开发者来说是一件很友好的事情,即使程序员没有专门编写防御代码,也能够避免大多数的溢出攻击。但是对于虚拟机的执行子系统来说,每次数组元素的读写都带有一次隐含的条件判定操作,对于拥有大量数组访问的程序代码,这必定是一种性能负担。

无论如何,为了安全,数组边界检查肯定是要做的,但数组边界检查是不是必须在运行期间一次不漏地进行则是可以"商量"的事情。例如下面这个简单的情况:数组下标是一个常量,如 foo[3],只要在编译期根据数据流分析来确定 foo.length 的值,并判断下标"3"没有越界,执行的时候就无须判断了。更加常见的情况是,数组访问发生在循环之中,并且使用循环变量来进行数组的访问。如果编译器只要通过数据流分析就可以判定循环变量的取值范围永远在区间 [ 0 , foo.length ) 之内,那么在循环中就可以把整个数组的上下界检查消除掉,这可以节省很多次的条件判断操作。

把这个数组边界检查的例子放在更高的视角来看,大量的安全检查使编写 Java 程序比编写 C 和 C++ 程序容易了很多,比如:数组越界会得到 ArrayIndexOutOfBoundsException 异常;空指针访问会得到 NullPointException 异常;除数为零会得到 ArithmeticException 异常……在 C 和 C++ 程序中出现类似的问题,一个不小心就会出现 Segment Fault 信号或者 Windows 编程中常见的" XXX 内存不能为 Read/Write "之类的提示,处理不好程序就直接崩溃退出了。但这些安全检查也导致出现相同的程序,从而使 Java 比 C 和 C++ 要做更多的事情(各种检查判断),这些事情就会导致一些隐式开销,如果不处理好它们,就很可能成为一项" Java 语言天生就比较慢"的原罪。为了消除这些隐式开销,除了如数组边界检查优化这种尽可能把运行期检查提前到编译期完成的思路之外,还有一种避开的处理思路——隐式异常处理,Java 中空指针检查和算术运算中除数为零的检查都采用了这种方案。举个例子,程序中访问一个对象(假设对象叫 foo)的某个属性(假设属性叫 value),那以 Java 伪代码来表示虚拟机访问 foo.value 的过程为:

```
if (foo != null) {
    return foo.value;
}else{
    throw new NullPointException();
}
```

在使用隐式异常优化之后,虚拟机会把上面的伪代码所表示的访问过程变为如下伪代码:

```
try {
    return foo.value;
} catch (segment_fault) {
    uncommon_trap();
}
```

虚拟机会注册一个 Segment Fault 信号的异常处理器(伪代码中的 uncommon_trap(),务必注意这里是指进程层面的异常处理器,并非真的 Java 的 try-catch 语句的异常处理器),这样当 foo 不为空的时候,对 value 的访问是不会有任何额外对 foo 判空的开销的,而代价就是当 foo 真的为空时，必须转到异常处理器中恢复中断并抛出 NullPointException 异常。进入异常处理器的过程涉及进程从用户态转到内核态中处理的过程，结束后会再回到用户态，速度远比一次判空检查要慢得多。当 foo 极少为空的时候，隐式异常优化是值得的，但假如 foo 经常为空，这样的优化反而会让程序更慢。幸好 HotSpot 虚拟机足够聪明，它会根据运行期收集到的性能监控信息自动选择最合适的方案。

与语言相关的其他消除操作还有不少，如自动装箱消除（Autobox Elimination）、安全点消除（Safepoint Elimination）、消除反射（Dereflection）等，这里就不再一一介绍了。

## 11.5　实战：深入理解 Graal 编译器

在本书刚开始介绍 HotSpot 即时编译器的时候曾经说过，从 JDK 10 起，HotSpot 就同时拥有三款不同的即时编译器。此前我们已经介绍了经典的客户端编译器和服务端编译器，在本节，我们将把目光聚焦到 HotSpot 即时编译器以及提前编译器共同的最新成果——Graal 编译器身上。

### 11.5.1　历史背景

在第 1 章展望 Java 技术的未来时，我们就听说过 Graal 虚拟机以及 Graal 编译器仍在实验室中尚未商用，但未来其有望代替或成为 HotSpot 下一代技术基础。Graal 编译器最初是在 Maxine 虚拟机<sup>⊖</sup>中作为 C1X 编译器<sup>⊜</sup>的下一代编译器而设计的，所以它理所当然地使用于 Java 语言来编写。2012 年，Graal 编译器从 Maxine 虚拟机项目中分离，成为一个独立发展的 Java 编译器项目<sup>⊜</sup>，Oracle Labs 希望它最终能够成为一款高编译效率、高输出质量、支持提前编译和即时编译，同时支持应用于包括 HotSpot 在内的不同虚拟机的编译器。由于这个编译器使用 Java 编写，代码清晰，又继承了许多来自 HotSpot 的服务端编译器的高质量优化技术，所以无论是科技企业还是高校研究院，都愿意在它上面研究和开发新编译技术。HotSpot 服务端编译器的创造者 Cliff Click 自己就对 Graal 编译器十分推崇，并且公开表示再也不会用 C、C++ 去编写虚拟机和编译器了。Twitter 的 Java 虚拟机团队也曾公开说过 C2 目前犹如一潭死水，亟待一个替代品，因为在它上面开发、改进实在太困难了。

Graal 编译器在 JDK 9 时以 Jaotc 提前编译工具的形式首次加入到官方的 JDK 中，从 JDK 10 起，Graal 编译器可以替换服务端编译器，成为 HotSpot 分层编译中最顶层的即时编译器。这种可替换的即时编译器架构的实现，得益于 HotSpot 编译器接口的出现。

早期的 Graal 曾经同 C1 及 C2 一样，与 HotSpot 的协作是紧耦合的，这意味着每次编译 Graal 均需重新编译整个 HotSpot。JDK 9 时发布的 JEP 243：Java 虚拟机编译器接口

---

⊖　Maxine 虚拟机在第 1 章的 Java 虚拟机家族里简单介绍过。

⊜　C1X 是 Maxine 虚拟机照着 HotSpot C1 编译器实现的编译器。

⊜　相关资料：https://jaxenter.com/oracle-championing-cause-for-graal-to-be-part-of-openjdk-104172.html。

（Java-Level JVM Compiler Interface，JVMCI）使得 Graal 可以从 HotSpot 的代码中分离出来。
JVMCI 主要提供如下三种功能：

❑ 响应 HotSpot 的编译请求，并将该请求分发给 Java 实现的即时编译器。

❑ 允许编译器访问 HotSpot 中与即时编译相关的数据结构，包括类、字段、方法及其
性能监控数据等，并提供了一组这些数据结构在 Java 语言层面的抽象表示。

❑ 提供 HotSpot 代码缓存（Code Cache）的 Java 端抽象表示，允许编译器部署编译完
成的二进制机器码。

综合利用上述三项功能，我们就可以把一个在 HotSpot 虚拟机外部的、用 Java 语言实
现的即时编译器（不局限于 Graal）集成到 HotSpot 中，响应 HotSpot 发出的最顶层的编译
请求，并将编译后的二进制代码部署到 HotSpot 的代码缓存中。此外，单独使用上述第三
项功能，又可以绕开 HotSpot 的即时编译系统，让该编译器直接为应用的类库编译出二进
制机器码，将该编译器当作一个提前编译器去使用（如 Jaotc）。

Graal 和 JVMCI 的出现，为不直接从事 Java 虚拟机和编译器开发，但对 Java 虚拟机技
术充满好奇心的读者们提供一条窥探和尝试编译器技术的良好途径，现在我们就将开始基
于 Graal 来实战 HotSpot 虚拟机的即时编译与代码优化过程。

## 11.5.2　构建编译调试环境

由于 Graal 编译器要同时支持 Graal VM 下的各种子项目，如 Truffle、Substrate VM、
Sulong 等，还要支持作为 HotSpot 和 Maxine 虚拟机的即时编译器，所以只用 Maven 或
Gradle 的话，配置管理过程会相当复杂。为了降低代码管理、依赖项管理、编译和测试等
环节的复杂度，Graal 团队专门用 Python 2 写了一个名为 mx 的小工具来自动化做好这些事
情。我们要构建 Graal 的调试环境，第一步要先把构建工具 mx 安装好，这非常简单，进行
如下操作即可：

```
$ git clone https://github.com/graalvm/mx.git
$ export PATH=`pwd`/mx:$PATH
```

既然 Graal 编译器是以 Java 代码编写的，那第二步自然是要找一个合适的 JDK 来编
译。考虑到 Graal VM 项目是基于 OpenJDK 8 开发的，而 JVMCI 接口又在 JDK 9 以后才会
提供，所以 Graal 团队提供了一个带有 JVMCI 功能的 OpenJDK 8 版本，我们可以选择这个
版本的 JDK 8 来进行编译。当读者只关注 Graal 编译器在 HotSpot 上的应用而不想涉及
Graal VM 其他方面时，可直接采用 JDK 9 及之后的标准 Open/OracleJDK。在本次实战中，
笔者机器上使用的是带 JVMCI 的 OpenJDK 8 ⊖，对于与其他 JDK 版本有差别的步骤，笔
者会特别说明。选择好 JDK 版本后，设置 JAVA_HOME 环境变量即可，这是编译过程中唯
一需要手工处理的依赖：

---

⊖　获取地址：https://github.com/graalvm/graal-jvmci-8。

```
export JAVA_HOME=/usr/lib/jvm/oraclejdk1.8.0_212-jvmci-20-b01
```

第三步是获取 Graal 编译器代码，编译器部分的代码是与整个 Graal VM 放在一块的，我们把 Graal VM 复制下来，大约有 700MB，操作如下：

```
$ git clone https://github.com/graalvm/graal.git
```

其他目录中存放着 Truffle、Substrate VM、Sulong 等其他项目，这些在本次实战中不会涉及。进入 compiler 子目录，使用 mx 构建 Graal 编译器，操作如下：

```
$ cd graal/compiler
$ mx build
```

由于整个构建过程需要的依赖项都可以自动处理，需要手动处理的只有 OpenJDK 一个，所以编译一般不会出现什么问题，大概两三分钟编译即可完成。此时其实已经可以修改、调试 Graal 编译器了，但写 Java 代码不同于 C、C++，应该没有人会直接用 VIM 去做 Java 开发调试，我们还是需要一个 IDE 来支持本次实战的。mx 工具能够支持 Eclipse、Intellij IDEA 和 NetBeans 三种主流的 Java IDE 项目的创建，由于 Graal 团队中使用 Eclipse 占多数，支持也最好，所以笔者也选择 Eclipse 来进行本次实战，创建 Eclipse 项目的操作如下：

```
$ cd graal/compiler
$ mx eclipseinit
```

无论使用哪种 IDE，都需要把 IDE 配置中使用的 Java 堆修改到 2GB 或以上，才能保证 Graal 在 IDE 中的编译构建能够顺利进行，譬如 Eclipse 默认配置（eclipse.ini 文件）下的 Java 堆最大为 1GB，这是不够的。设置完成后，在 Eclipse 中选择 File -> Open Projects from File System，再选择 Graal 项目的根目录，将会导入整个 Graal VM，导入的工程如图 11-10 所示。

如果你与笔者一样采用的是 JDK 8，那么要记得在 Eclipse 中也必须将那个带有 JVMCI 功能的特殊 JDK 8 用作 Eclipse 里面 "Java SE-1.8" 的环境配置（Windows -> Preferences -> Java -> Install JREs -> Execution Environments -> Java SE-1.8），此外，还需要手工将以其他版本号结尾的工程关闭，譬如图 11-11 所示。这对于采用其他版本 JDK 来编译的读者也是一样的。

到此为止，整个编译、调试环境就已经构建

图 11-10　Graal VM 项目（部分工程）

完毕，下面可以开始探索 Graal 工作原理的内容了。

### 11.5.3 JVMCI 编译器接口

现在请读者来思考一下，如果让您来设计 JVMCI 编译器接口，它应该是怎样的？既然 JVMCI 面向的是 Java 语言的编译器接口，那它至少在形式上是与我们已经见过无数次的 Java 接口是一样的。我们来考虑即时编译器的输入是什么。答案当然是要编译的方法的字节码。既然

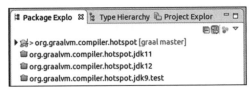

图 11-11 手动关闭其他版本的工程

叫字节码，顾名思义它就应该是"用一个字节数组表示的代码"。那接下来它输出什么？这也很简单，即时编译器应该输出与方法对应的二进制机器码，二进制机器码也应该是"用一个字节数组表示的代码"。这样的话，JVMCI 接口就应该看起来类似于下面这种样子：

```
interface JVMCICompiler {
    byte[] compileMethod(byte[] bytecode);
}
```

事实上 JVMCI 接口只比上面这个稍微复杂一点点，因为其输入除了字节码外，HotSpot 还会向编译器提供各种该方法的相关信息，譬如局部变量表中变量槽的个数、操作数栈的最大深度，还有分层编译在底层收集到的统计信息等。因此 JVMCI 接口的核心内容实际就是代码清单 11-13 总所示的这些。

**代码清单 11-13　JVMCI 接口**

```
interface JVMCICompiler {
    void compileMethod(CompilationRequest request);
}

interface CompilationRequest {
    JavaMethod getMethod();
}

interface JavaMethod {
    byte[] getCode();
    int getMaxLocals();
    int getMaxStackSize();
    ProfilingInfo getProfilingInfo();
    ...    // 省略其他方法
}
```

我们在 Eclipse 中找到 JVMCICompiler 接口，通过继承关系分析，可以清楚地看到有一个实现类 HotSpotGraalCompiler 实现了 JVMCI，如图 11-12 所示，这个就是我们要分析的代码的入口。

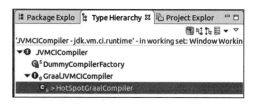

图 11-12　JVMCI 接口的继承关系

为了后续调试方便，我们先准备一段简单的代码，并让它触发 HotSpot 的即时编译，以便我们跟踪观察编译器是如何工作对的。具体代码如清单 11-14 所示。

**代码清单 11-14　触发即时编译的示例代码**⊖

```
public class Demo {
    public static void main(String[] args) {
        while (true) {
            workload(14, 2);
        }
    }

    private static int workload(int a, int b) {
        return a + b;
    }
}
```

由于存在无限循环，workload() 方法肯定很快就会被虚拟机发现是热点代码因而进行编译。实际上除了 workload() 方法以外，这段简单的代码还会导致相当多的其他方法的编译，因为一个最简单的 Java 类的加载和运行也会触发数百个类的加载。为了避免干扰信息太多，笔者加入了参数 -XX:CompileOnly 来限制只允许 workload() 方法被编译。先采用以下命令，用标准的服务端编译器来运行清单 11-14 中所示的程序。

```
$ javac Demo.java
$ java \
  -XX:+PrintCompilation \
  -XX:CompileOnly=Demo::workload \
  Demo
...
    193    1    3      Demo::workload (4 bytes)
    199    2    1      Demo::workload (4 bytes)
    199    1    3      Demo::workload (4 bytes)    made not entrant
...
```

上面显示 wordload() 方法确实被分层编译了多次，"made not entrant"的输出就表示了方法的某个已编译版本被丢弃过。从这段信息中我们清楚看到，分层编译机制及最顶

---

⊖　本节部分示例和图片来自于 Chris Seaton 的文章《Understanding How Graal Works - a Java JIT Compiler Written in Java》：https://chrisseaton.com/truffleruby/jokerconf17/。

层的服务端编译都已经正常工作了，下一步就是用我们在 Eclipse 中的 Graal 编译器代替 HotSpot 的服务端编译器。

为简单起见，笔者加上 -XX:-TieredCompilation 关闭分层编译，让虚拟机只采用有一个 JVMCI 编译器而不是由客户端编译器和 JVMCI 混合分层。然后使用参数 -XX:+EnableJVMCI、-XX:+UseJVMCICompiler 来启用 JVMCI 接口和 JVMCI 编译器。由于这些目前尚属实验阶段的功能，需要再使用 -XX:+UnlockExperimentalVMOptions 参数进行解锁。最后，也是最关键的一个问题，如何让 HotSpot 找到 Graal 编译器的位置呢？

如果采用特殊版的 JDK 8，那虚拟机将会自动去查找 JAVA_HOME/jre/lib/jvmci 目录。假如这个目录不存在，那就会从 -Djvmci.class.path.append 参数中搜索。它查找的目标，即 Graal 编译器的 JAR 包，刚才我们已经通过 mx build 命令成功编译出来，所以在 JDK 8 下笔者使用的启动参数如代码清单 11-15 所示。

代码清单 11-15　JDK8 的运行配置

```
-Djvmci.class.path.append=~/graal/compiler/mxbuild/dists/jdk1.8/graal.jar:~/
graal/sdk/mxbuild/dists/jdk1.8/graal-sdk.jar
-XX:+UnlockExperimentalVMOptions
-XX:+EnableJVMCI
-XX:+UseJVMCICompiler
-XX:-TieredCompilation
-XX:+PrintCompilation
-XX:CompileOnly=Demo::workload
```

如果读者采用 JDK 9 或以上版本，那原本的 Graal 编译器是实现在 jdk.internal.vm.compiler 模块中的，我们只要用 --upgrade-module-path 参数指定这个模块的升级包即可，具体如代码清单 11-16 所示。

代码清单 11-16　JDK 9 或以上版本的运行配置

```
--module-path=~/graal/sdk/mxbuild/dists/jdk11/graal.jar
--upgrade-module-path=~graal/compiler/mxbuild/dists/jdk11/jdk.internal.
vm.compiler.jar
-XX:+UnlockExperimentalVMOptions
-XX:+EnableJVMCI
-XX:+UseJVMCICompiler
-XX:-TieredCompilation
-XX:+PrintCompilation
-XX:CompileOnly=Demo::workload
```

通过上述参数，HotSpot 就能顺利找到并应用我们编译的 Graal 编译器了。为了确认效果，我们对 HotSpotGraalCompiler 类的 compileMethod() 方法做一个简单改动，输出编译的方法名称和编译耗时，具体如下（黑色加粗代码是笔者在源码中额外添加的内容）：

```
public CompilationRequestResult compileMethod(CompilationRequest request) {
    long time = System.currentTimeMillis();
    CompilationRequestResult result = compileMethod(request, true, graalRuntime.getOptions());
    System.out.println("compile method:" + request.getMethod().getName());
    System.out.println("time used:" + (System.currentTimeMillis() - time));
    return result;
}
```

在 Eclipse 里面运行这段代码，不需要重新运行 mx build，马上就可以看到类似如下所示的输出结果：

```
97    1              Demo::workload (4 bytes)
......
compile method:workload
time used:4081
```

## 11.5.4　代码中间表示

Graal 编译器在设计之初就刻意采用了与 HotSpot 服务端编译器一致（略有差异但已经非常接近）的中间表示形式，也即是被称为 Sea-of-Nodes 的中间表示，或者与其等价的被称为理想图（Ideal Graph，在代码中称为 Structured Graph）的程序依赖图（Program Dependence Graph，PDG）形式。在 11.2 节即时编译器的实战中，我们已经通过可视化工具 Ideal Graph Visualizer 看到过在理想图上翻译和优化输入代码的整体过程，从编译器内部来看即：字节码→理想图→优化→机器码（以 Mach Node Graph 表示）的转变过程。在那个实战里面，我们着重分析的是理想图转换优化的整体过程，对于多数读者，尤其是不熟悉编译原理与编译器设计的读者，可能会不太容易读懂每个阶段所要做的工作。在本节里面，我们以例子和对照 Graal 源码的形式，详细讲解输入代码与理想图的转化对应关系，以便读者理解 Graal 是如何基于理想图去优化代码的。

理想图是一种有向图，用节点来表示程序中的元素，譬如变量、操作符、方法、字段等，而用边来表示数据或者控制流。我们先从最简单的例子出发。譬如有一个表达式：$x+y$，在理想图中可以表示为 $x$、$y$ 两个节点的数据流流入加法操作符，表示相加操作读取了 $x$、$y$ 的值，流出的便则表示数据流的流向，即相加的结果会在哪里被使用，如图 11-13 所示。

这很容易接受吧？那我们把例子稍微复杂化一些，把表达式 $x+y$ 变为 getX()+getY()，仍是用理想图表达其计算过程，这时候除了数据流向之外，还必须要考虑方法调用的顺序。在理想图中用另外一条边来表示方法的调用（为了便于区分，数据流笔者使用蓝色线（以虚线表示），控制流使用红色线（以实线表示）），说明代码的执行顺序是先调用 getX() 方法，再调用 getY() 方法，如图 11-14 所示。

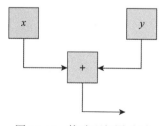

图 11-13　构造理想图（1）

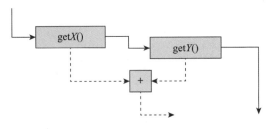

图 11-14　构造理想图（2）

以上这些简单的前置知识就已经足以支撑我们本次实战的进行了，理想图本质上就是这种将数据流图和控制流图以某种方式合并到一起，用一种边来表示数据流向，另一种边来表示控制流向的图形表示。

现在我们在代码清单 11-15 或者代码清单 11-16 所示的基础上再增加一个参数 -Dgraal.Dump，要求 Graal 编译器把构造的理想图输出出来，加入后编译时将会产生类似如下的输出，提示了生成的理想图的存储位置：

```
[Use -Dgraal.LogFile=<path> to redirect Graal log output to a file.]
Dumping IGV graphs in /home/icyfenix/develop/eclipse-workspace/A_GraalTest/graal_
    dumps/2019.08.18.16.51.23.073
```

我们可以使用 mx igv 命令来获得能够支持 Graal 编译器生成的理想图格式的新版本的 Ideal Graph Visualizer 工具<sup>⊖</sup>，我们以下面这段简单代码的理想图的表示为例子：

```
int average(int a, int b) {
    return (a + b) / 2;
}
```

在 Ideal Graph Visualizer 工具中，将显示图 11-15 所示的样式的理想图。

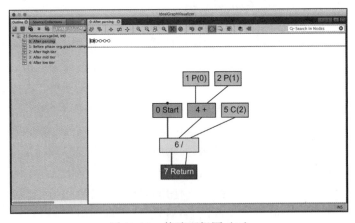

图 11-15　构造理想图（3）

---

　⊖　在以下地址可以下载：https://www.oracle.com/technetwork/graalvm/downloads/index.html。

与图 11-13 和图 11-14 所示相比，虽然没有了箭头，但是节点上列明了代表执行顺序的序号，仍然是蓝色线表示数据流、红色线表示控制流。从图中可以看到参数 0（记作 P(0)）和参数 1（记作 P(1)）是如何送入加法操作的，然后结果是如何和常量 2（记作 C(2)）一起送入除法操作的。

再下一步我们就会开始接触真实的代码编译和优化了。前面介绍编译器优化技术时提到过公共子表达式消除，那我们来设计代码清单 11-17 所示的两段代码。

**代码清单 11-17　公共子表达式被消除的应用范围**

```
// 以下代码的公共子表达式能够被消除
int workload(int a, int b) {
    return (a + b) * (a + b);
}
// 以下代码的公共子表达式是不可以被消除的
int workload() {
    return (getA() + getB()) * (getA() + getB());
}
```

对于第一段代码，a+b 是公共子表达式，可以通过优化使其只计算一次而不会有任何的副作用。但是对于第二段代码，由于 getA() 和 getB() 方法内部所蕴含的操作是不确定的，它是否被调用、调用次数的不同都可能会产生不同返回值或者其他影响程序状态的副作用（譬如改变某个全局的状态变量），这种代码只能内联了 getA() 和 getB() 方法之后才能考虑更进一步的优化措施，仍然保持函数调用的情况下是无法做公共子表达式消除的。我们可以从 Graal 生成的理想图中清晰地看到这一点，对于第一段代码，生成的理想图如图 11-16 所示。

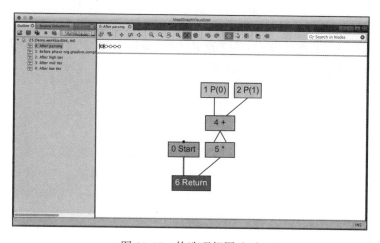

图 11-16　构造理想图（4）

从图 11-16 所示中可以看到，参数 1、2 的加法操作只进行了一次，然后同时流出了两条数据流指向乘法操作的输入中。而如果是第二段代码，则生成的理想图如图 11-17 所示。

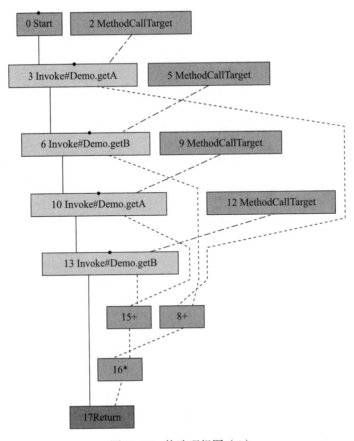

图 11-17　构造理想图（5）

从图中代表控制流的红色边（以实线表示）可以看出，四次方法调用全部执行了，代表数据流的蓝色边（以虚线表示）也明确看到了两个独立加法操作节点，由此看出这个版本是不会把它当作公共子表达式来消除的。

### 11.5.5　代码优化与生成

相信读者现在已经能够基本看明白 Graal 理想图的中间表示了，那对应到代码上，Graal 编译器是如何从字节码生成理想图？又如何在理想图基础上进行代码优化的呢？这时候就充分体现出了 Graal 编译器在使用 Java 编写时对普通 Java 程序员来说具有的便捷性了，在 Outline 视图中找到创建理想图的方法是 createGraph()，我们可以从 Call Hierarchy 视图中轻易地找到从 JVMCI 的入口方法 compileMethod() 到 createGraph() 之间的调用关系，如图 11-18 所示。

createGraph() 方法的代码也很清晰，里面调用了 StructuredGraph::Builder() 构造器来创建理想图。这里要关注的关键点有两个：

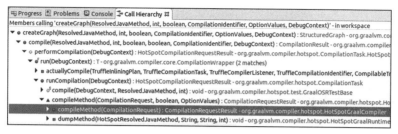

图 11-18　构造理想图的方法

第一是理想图本身的数据结构。它是一组不为空的节点的集合，它的节点都是用 ValueNode 的不同类型的子类节点来表示的。仍然以 *x+y* 表达式为例，譬如其中的加法操作，就由 AddNode 节点来表示，从图 11-19 所示的 Type Hierarchy 视图中可以清楚地看到加法操作是二元算术操作节点（BinaryArithmeticNode<OP>）的一种，而二元算术操作节点又是二元操作符（BinaryNode）的一种，以此类推直到所有操作符的共同父类 ValueNode（表示可以返回数据的节点）。

第二就是如何从字节码转换到理想图。该过程被封装在 BytecodeParser 类中，这个解析器我们可以按照字节码解释器的思路去理解它。如果这真的是一个字节码解释器，执行一个整数加法操作，按照《Java 虚拟机规范》所定义的 iadd 操作码的规则，应该从栈帧中出栈两个操作数，然后相加，再将结果入栈。而从 BytecodeParser::genArithmeticOp() 方法上我们可以看到，其实现与规则描述没有什么差异，如图 11-20 所示。

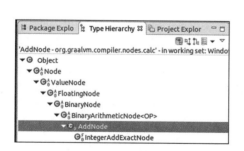

图 11-19　节点继承关系

```
3893   private void genArithmeticOp(JavaKind kind, int opcode) {
3894       ValueNode y = frameState.pop(kind);
3895       ValueNode x = frameState.pop(kind);
3896       ValueNode v;
3897       switch (opcode) {
3898           case IADD:
3899           case LADD:
3900               v = genIntegerAdd(x, y);
3901               break;
3902           case FADD:
3903           case DADD:
3904               v = genFloatAdd(x, y);
3905               break;
3906           case ISUB:
3907           case LSUB:
3908               v = genIntegerSub(x, y);
3909               break;
3910           case FSUB:
3911           case DSUB:
3912               v = genFloatSub(x, y);
3913               break;
3914           case IMUL:
3915           case LMUL:
3916               v = genIntegerMul(x, y);
3917               break;
3918           case FMUL:
3919           case DMUL:
3920               v = genFloatMul(x, y);
```

图 11-20　字节码解析器实现的 iadd 操作码

其中，genIntegerAdd() 方法中就只有一行代码，即调用 AddNode 节点的 create() 方法，将两个操作数作为参数传入，创建出 AddNode 节点，如下所示：

```
protected ValueNode genIntegerAdd(ValueNode x, ValueNode y) {
    return AddNode.create(x, y, NodeView.DEFAULT);
}
```

每一个理想图的节点都有两个共同的主要操作，一个是规范化（Canonicalisation），另一个是生成机器码（Generation）。生成机器码顾名思义，就不必解释了，规范化则是指如何缩减理想图的规模，也即在理想图的基础上优化代码所要采取的措施。这两个操作对应了编译器两项最根本的任务：代码优化与代码翻译。

AddNode 节点的规范化是实现在 canonical() 方法中的，机器码生成则是实现在 generate() 方法中的，从 AddNode 的创建方法上可以看到，在节点创建时会调用 canonical() 方法尝试进行规范化缩减图的规模，如下所示：

```
public static ValueNode create(ValueNode x, ValueNode y, NodeView view) {
    BinaryOp<Add> op = ArithmeticOpTable.forStamp(x.stamp(view)).getAdd();
        Stamp stamp = op.foldStamp(x.stamp(view), y.stamp(view));
        ConstantNode tryConstantFold = tryConstantFold(op, x, y, stamp, view);
        if (tryConstantFold != null) {
            return tryConstantFold;
        }
        if (x.isConstant() && !y.isConstant()) {
            return canonical(null, op, y, x, view);
        } else {
            return canonical(null, op, x, y, view);
        }
}
```

从 AddNode 的 canonical() 方法中我们可以看到为了缩减理想图的规模而做的相当多的努力，即使只是两个整数相加那么简单的操作，也尝试过了常量折叠（如果两个操作数都为常量，则直接返回一个常量节点）、算术聚合（聚合树的常量子节点，譬如将 $(a+1)+2$ 聚合为 $a+3$）、符号合并（聚合树的相反符号子节点，譬如将 $(a-b)+b$ 或者 $b+(a-b)$ 直接合并为 $a$）等多种优化，canonical() 方法的内容较多，请读者自行参考源码，为节省版面这里就不贴出了。

对理想图的规范化并不局限于单个操作码的局部范围之内，很多的优化都是要立足于全局来进行的，这类操作在 CanonicalizerPhase 类中完成。仍然以上一节的公共子表达式消除为例，这就是一个全局性的优化，实现在 CanonicalizerPhase::tryGlobalValueNumbering() 方法中，其逻辑看起来已经非常清晰了：如果理想图中发现了可以进行消除的算术子表达式，那就找出重复的节点，然后替换、删除。具体代码如下所示：

```
public boolean tryGlobalValueNumbering(Node node, NodeClass<?> nodeClass) {
    if (nodeClass.valueNumberable()) {
        Node newNode = node.graph().findDuplicate(node);
        if (newNode != null) {
            assert !(node instanceof FixedNode || newNode instanceof FixedNode);
            node.replaceAtUsagesAndDelete(newNode);
            COUNTER_GLOBAL_VALUE_NUMBERING_HITS.increment(debug);
            debug.log("GVN applied and new node is %1s", newNode);
            return true;
        }
```

```
    }
    return false;
}
```

至于代码生成，Graal 并不是直接由理想图转换到机器码，而是和其他编译器一样，会先生成低级中间表示（LIR，与具体机器指令集相关的中间表示），然后再由 HotSpot 统一后端来产生机器码。譬如涉及算术运算加法的操作，就 在 ArithmeticLIRGeneratorTool 接 口 的 emitAdd() 方法里完成。从低级中间表示的实现类上，我们可以看到 Graal 编译器能够支持的目标平台，目前它只提供了三种目标平台的指令集（SPARC、x86-AMD64、ARMv8-AArch64）的低级中间表示，所以现在 Graal 编译器也就只能支持这几种目标平台，如图 11-21 所示。

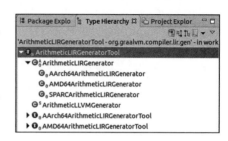

图 11-21　Graal 支持的目标平台生成器

为了验证代码阅读的成果，现在我们来对 AddNode 的代码生成做一些小改动，将原本生成加法汇编指令修改为生成减法汇编指令，即按如下方式修改 AddNode::generate() 方法：

```
class AddNode {
    void generate(...) {
        ... gen.emitSub(op1, op2, false) ...  // 原来这个方法是emitAdd()
    }
}
```

然后在虚拟机运行参数中加上 -XX:+PrintAssembly 参数，因为从低级中间表示到真正机器码的转换是由 HotSpot 统一负责的，所以 11.2 节中用到的 HSDIS 插件仍然能发挥作用，帮助我们输出汇编代码。从输出的汇编中可以看到，在没有修改之前，AddNode 节点输出的汇编代码如下所示：

```
0x000000010f71cda0: nopl   0x0(%rax,%rax,1)
0x000000010f71cda5: add    %edx,%esi      ;*iadd {reexecute=0 rethrow=0 return_oop=0}
                                          ; - Demo::workload@2 (line 10)

0x000000010f71cda7: mov    %esi,%eax      ;*ireturn {reexecute=0 rethrow=0 return_oop=0}
                                          ; - Demo::workload@3 (line 10)

0x000000010f71cda9: test   %eax,-0xcba8da9(%rip)        # 0x0000000102b74006
                                          ;   {poll_return}
0x000000010f71cdaf: vzeroupper
0x000000010f71cdb2: retq
```

而被我们修改后，编译的结果已经变为：

```
0x0000000107f451a0: nopl   0x0(%rax,%rax,1)
0x0000000107f451a5: sub    %edx,%esi              ;*iadd {reexecute=0 rethrow=0 return_oop=0}
                                                  ; - Demo::workload@2 (line 10)
```

```
0x0000000107f451a7: mov    %esi,%eax                ;*ireturn {reexecute=0 rethrow=0 return_oop=0}
                                                    ; - Demo::workload@3 (line 10)

0x0000000107f451a9: test   %eax,-0x1db81a9(%rip)         # 0x000000010618d006
                                                    ;    {poll_return}
0x0000000107f451af: vzeroupper
0x0000000107f451b2: retq
```

我们的修改确实促使 Graal 编译器产生了不同的汇编代码，这也印证了我们代码分析的思路是正确的。写到这里，笔者忍不住感慨，Graal 编译器的出现对学习和研究虚拟机代码编译技术实在有着不可估量的价值。在本书第 2 版编写时，只有 C++ 编写的复杂无比的服务端编译器，要进行类似的实战是非常困难的，即使勉强写出来，也会因为过度烦琐而失去阅读价值。

## 11.6　本章小结

在本章中，我们学习了与提前编译和即时编译器两大后端编译器相关的知识，了解了提前编译器重新兴起的原因及其优劣势；还有与即时编译器相关的热点探测方法、编译触发条件及如何从虚拟机外部观察和分析即时编译的数据和结果；还选择了几种常见的编译器优化技术进行讲解，对 Java 编译器的深入了解，有助于在工作中分辨哪些代码是编译器可以帮我们处理的，哪些代码需要自己调节以便更适合编译器的优化。

第 12 章

# Java 内存模型与线程

并发处理的广泛应用是 Amdahl 定律代替摩尔定律⊖成为计算机性能发展源动力的根本原因，也是人类压榨计算机运算能力的最有力武器。

## 12.1 概述

多任务处理在现代计算机操作系统中几乎已是一项必备的功能了。在许多场景下，让计算机同时去做几件事情，不仅是因为计算机的运算能力强大了，还有一个很重要的原因是计算机的运算速度与它的存储和通信子系统的速度差距太大，大量的时间都花费在磁盘 I/O、网络通信或者数据库访问上。如果不希望处理器在大部分时间里都处于等待其他资源的空闲状态，就必须使用一些手段去把处理器的运算能力"压榨"出来，否则就会造成很大的性能浪费，而让计算机同时处理几项任务则是最容易想到，也被证明是非常有效的"压榨"手段。

除了充分利用计算机处理器的能力外，一个服务端要同时对多个客户端提供服务，则是另一个更具体的并发应用场景。衡量一个服务性能的高低好坏，每秒事务处理数（Transactions Per Second，TPS）是重要的指标之一，它代表着一秒内服务端平均能响应的请求总数，而 TPS 值与程序的并发能力又有非常密切的关系。对于计算量相同的任务，程序线程并发协调得越有条不紊，效率自然就会越高；反之，线程之间频繁争用数据，互相阻塞甚至死锁，将会大大降低程序的并发能力。

---

⊖ Amdahl 定律通过系统中并行化与串行化的比重来描述多处理器系统能获得的运算加速能力，摩尔定律则用于描述处理器晶体管数量与运行效率之间的发展关系。这两个定律的更替代表了近年来硬件发展从追求处理器频率到追求多核心并行处理的发展过程。

服务端的应用是 Java 语言最擅长的领域之一，这个领域的应用占了 Java 应用中最大的一块份额[⊖]，不过如何写好并发应用程序却又是服务端程序开发的难点之一，处理好并发方面的问题通常需要更多的编码经验来支持。幸好 Java 语言和虚拟机提供了许多工具，把并发编程的门槛降低了不少。各种中间件服务器、各类框架也都努力地替程序员隐藏尽可能多的线程并发细节，使得程序员在编码时能更关注业务逻辑，而不是花费大部分时间去关注此服务会同时被多少人调用、如何处理数据争用、协调硬件资源。但是无论语言、中间件和框架再如何先进，开发人员都不应期望它们能独立完成所有并发处理的事情，了解并发的内幕仍然是成为一个高级程序员不可缺少的课程。

"高效并发"是本书讲解 Java 虚拟机的最后一个部分，将会向读者介绍虚拟机如何实现多线程、多线程之间由于共享和竞争数据而导致的一系列问题及解决方案。

## 12.2　硬件的效率与一致性

在正式讲解 Java 虚拟机并发相关的知识之前，我们先花费一点时间去了解一下物理计算机中的并发问题。物理机遇到的并发问题与虚拟机中的情况有很多相似之处，物理机对并发的处理方案对虚拟机的实现也有相当大的参考意义。

"让计算机并发执行若干个运算任务"与"更充分地利用计算机处理器的效能"之间的因果关系，看起来理所当然，实际上它们之间的关系并没有想象中那么简单，其中一个重要的复杂性的来源是绝大多数的运算任务都不可能只靠处理器"计算"就能完成。处理器至少要与内存交互，如读取运算数据、存储运算结果等，这个 I/O 操作就是很难消除的（无法仅靠寄存器来完成所有运算任务）。由于计算机的存储设备与处理器的运算速度有着几个数量级的差距，所以现代计算机系统都不得不加入一层或多层读写速度尽可能接近处理器运算速度的高速缓存（Cache）来作为内存与处理器之间的缓冲：将运算需要使用的数据复制到缓存中，让运算能快速进行，当运算结束后再从缓存同步回内存之中，这样处理器就无须等待缓慢的内存读写了。

基于高速缓存的存储交互很好地解决了处理器与内存速度之间的矛盾，但是也为计算机系统带来更高的复杂度，它引入了一个新的问题：缓存一致性（Cache Coherence）。在多路处理器系统中，每个处理器都有自己的高速缓存，而它们又共享同一主内存（Main Memory），这种系统称为共享内存多核系统（Shared Memory Multiprocessors System），如图 12-1 所示。当多个处理器的运算任务都涉及同一块主内存区域时，将可能导致各自的缓存数据不一致。如果真的发生这种情况，那同步回到主内存时该以谁的缓存数据为准呢？为了解决一致性的问题，需要各个处理器访问缓存时都遵循一些协议，在读写时要根据协议来进行操作，这类协议有 MSI、MESI（Illinois Protocol）、MOSI、Synapse、Firefly 及

---

⊖　必须以代码的总体规模来衡量，服务端应用不能与 JavaCard、移动终端这些领域去比绝对数量。

Dragon Protocol 等。从本章开始,我们将会频繁见到"内存模型"一词,它可以理解为在特定的操作协议下,对特定的内存或高速缓存进行读写访问的过程抽象。不同架构的物理机器可以拥有不一样的内存模型,而 Java 虚拟机也有自己的内存模型,并且与这里介绍的内存访问操作及硬件的缓存访问操作具有高度的可类比性。

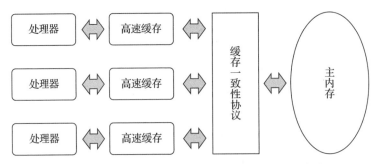

图 12-1　处理器、高速缓存、主内存间的交互关系

除了增加高速缓存之外,为了使处理器内部的运算单元能尽量被充分利用,处理器可能会对输入代码进行乱序执行(Out-Of-Order Execution)优化,处理器会在计算之后将乱序执行的结果重组,保证该结果与顺序执行的结果是一致的,但并不保证程序中各个语句计算的先后顺序与输入代码中的顺序一致,因此如果存在一个计算任务依赖另外一个计算任务的中间结果,那么其顺序性并不能靠代码的先后顺序来保证。与处理器的乱序执行优化类似,Java 虚拟机的即时编译器中也有指令重排序(Instruction Reorder)优化。

## 12.3　Java 内存模型

《Java 虚拟机规范》[⊖]中曾试图定义一种"Java 内存模型"[⊖](Java Memory Model,JMM)来屏蔽各种硬件和操作系统的内存访问差异,以实现让 Java 程序在各种平台下都能达到一致的内存访问效果。在此之前,主流程序语言(如 C 和 C++ 等)直接使用物理硬件和操作系统的内存模型。因此,由于不同平台上内存模型的差异,有可能导致程序在一套平台上并发完全正常,而在另外一套平台上并发访问却经常出错,所以在某些场景下必须针对不同的平台来编写程序。

定义 Java 内存模型并非一件容易的事情,这个模型必须定义得足够严谨,才能让 Java 的并发内存访问操作不会产生歧义;但是也必须定义得足够宽松,使得虚拟机的实现能有足够的自由空间去利用硬件的各种特性(寄存器、高速缓存和指令集中某些特有的指令)来

---

⊖　在《Java 虚拟机规范》的第 2 版及之前,专门有一章"Threads and Locks"来描述内存模型,后来由于这部分内容难以把握宽紧限度,被反复修正更新,从第 3 版(Java SE 7 版)开始索性就被移除出规范,独立以 JSR 形式维护。

⊖　本书中的 Java 内存模型都特指目前正在使用的,在 JDK 1.2 之后建立起来并在 JDK 5 中完善过的内存模型。

获取更好的执行速度。经过长时间的验证和修补，直至 JDK 5（实现了 JSR-133 [⊖]）发布后，Java 内存模型才终于成熟、完善起来了。

## 12.3.1　主内存与工作内存

　　Java 内存模型的主要目的是定义程序中各种变量的访问规则，即关注在虚拟机中把变量值存储到内存和从内存中取出变量值这样的底层细节。此处的变量（Variables）与 Java 编程中所说的变量有所区别，它包括了实例字段、静态字段和构成数组对象的元素，但是不包括局部变量与方法参数，因为后者是线程私有的[⊖]，不会被共享，自然就不会存在竞争问题。为了获得更好的执行效能，Java 内存模型并没有限制执行引擎使用处理器的特定寄存器或缓存来和主内存进行交互，也没有限制即时编译器是否要进行调整代码执行顺序这类优化措施。

　　Java 内存模型规定了所有的变量都存储在主内存（Main Memory）中（此处的主内存与介绍物理硬件时提到的主内存名字一样，两者也可以类比，但物理上它仅是虚拟机内存的一部分）。每条线程还有自己的工作内存（Working Memory，可与前面讲的处理器高速缓存类比），线程的工作内存中保存了被该线程使用的变量的主内存副本[⊜]，线程对变量的所有操作（读取、赋值等）都必须在工作内存中进行，而不能直接读写主内存中的数据[®]。不同的线程之间也无法直接访问对方工作内存中的变量，线程间变量值的传递均需要通过主内存来完成，线程、主内存、工作内存三者的交互关系如图 12-2 所示，注意与图 12-1 进行对比。

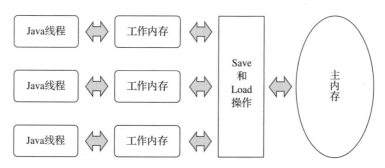

图 12-2　线程、主内存、工作内存三者的交互关系（请与图 12-1 对比）

---

　　[⊖]　JSR-133：Java Memory Model and Thread Specification Revision（Java 内存模型和线程规范修订）。

　　[⊖]　此处请读者注意区分概念：如果局部变量是一个 reference 类型，它引用的对象在 Java 堆中可被各个线程共享，但是 reference 本身在 Java 栈的局部变量表中是线程私有的。

　　[⊜]　有部分读者会对这段描述中的"副本"提出疑问，如"假设线程中访问一个 10MB 大小的对象，也会把这 10MB 的内存复制一份出来吗？"，事实上并不会如此，这个对象的引用、对象中某个在线程访问到的字段是有可能被复制的，但不会有虚拟机把整个对象复制一次。

　　[®]　根据《Java 虚拟机规范》的约定，volatile 变量依然有工作内存的拷贝，但是由于它特殊的操作顺序性规定（后文会讲到），所以看起来如同直接在主内存中读写访问一般，因此这里的描述对于 volatile 也并不存在例外。

这里所讲的主内存、工作内存与第 2 章所讲的 Java 内存区域中的 Java 堆、栈、方法区等并不是同一个层次的对内存的划分，这两者基本上是没有任何关系的。如果两者一定要勉强对应起来，那么从变量、主内存、工作内存的定义来看，主内存主要对应于 Java 堆中的对象实例数据部分⊖，而工作内存则对应于虚拟机栈中的部分区域。从更基础的层次上说，主内存直接对应于物理硬件的内存，而为了获取更好的运行速度，虚拟机（或者是硬件、操作系统本身的优化措施）可能会让工作内存优先存储于寄存器和高速缓存中，因为程序运行时主要访问的是工作内存。

## 12.3.2　内存间交互操作

关于主内存与工作内存之间具体的交互协议，即一个变量如何从主内存拷贝到工作内存、如何从工作内存同步回主内存这一类的实现细节，Java 内存模型中定义了以下 8 种操作来完成。Java 虚拟机实现时必须保证下面提及的每一种操作都是原子的、不可再分的（对于 double 和 long 类型的变量来说，load、store、read 和 write 操作在某些平台上允许有例外，这个问题在 12.3.4 节会专门讨论）⊖。

❑ lock（锁定）：作用于主内存的变量，它把一个变量标识为一条线程独占的状态。

❑ unlock（解锁）：作用于主内存的变量，它把一个处于锁定状态的变量释放出来，释放后的变量才可以被其他线程锁定。

❑ read（读取）：作用于主内存的变量，它把一个变量的值从主内存传输到线程的工作内存中，以便随后的 load 动作使用。

❑ load（载入）：作用于工作内存的变量，它把 read 操作从主内存中得到的变量值放入工作内存的变量副本中。

❑ use（使用）：作用于工作内存的变量，它把工作内存中一个变量的值传递给执行引擎，每当虚拟机遇到一个需要使用变量的值的字节码指令时将会执行这个操作。

❑ assign（赋值）：作用于工作内存的变量，它把一个从执行引擎接收的值赋给工作内存的变量，每当虚拟机遇到一个给变量赋值的字节码指令时执行这个操作。

❑ store（存储）：作用于工作内存的变量，它把工作内存中一个变量的值传送到主内存中，以便随后的 write 操作使用。

❑ write（写入）：作用于主内存的变量，它把 store 操作从工作内存中得到的变量的值放入主内存的变量中。

如果要把一个变量从主内存拷贝到工作内存，那就要按顺序执行 read 和 load 操作，如

---

⊖ 除了实例数据，Java 堆还保存了对象的其他信息，对于 HotSpot 虚拟机来讲，有 Mark Word（存储对象哈希码、GC 标志、GC 年龄、同步锁等信息）、Klass Point（指向存储类型元数据的指针）及一些用于字节对齐补白的填充数据（如果实例数据刚好满足 8 字节对齐，则可以不存在补白）。

⊖ 基于理解难度和严谨性考虑，最新的 JSR-133 文档中，已经放弃了采用这 8 种操作去定义 Java 内存模型的访问协议，缩减为 4 种（仅是描述方式改变了，Java 内存模型并没有改变）。

果要把变量从工作内存同步回主内存，就要按顺序执行 store 和 write 操作。注意，Java 内存模型只要求上述两个操作必须按顺序执行，但不要求是连续执行。也就是说 read 与 load 之间、store 与 write 之间是可插入其他指令的，如对主内存中的变量 a、b 进行访问时，一种可能出现的顺序是 read a、read b、load b、load a。除此之外，Java 内存模型还规定了在执行上述 8 种基本操作时必须满足如下规则：

❏ 不允许 read 和 load、store 和 write 操作之一单独出现，即不允许一个变量从主内存读取了但工作内存不接受，或者工作内存发起回写了但主内存不接受的情况出现。

❏ 不允许一个线程丢弃它最近的 assign 操作，即变量在工作内存中改变了之后必须把该变化同步回主内存。

❏ 不允许一个线程无原因地（没有发生过任何 assign 操作）把数据从线程的工作内存同步回主内存中。

❏ 一个新的变量只能在主内存中"诞生"，不允许在工作内存中直接使用一个未被初始化（load 或 assign）的变量，换句话说就是对一个变量实施 use、store 操作之前，必须先执行 assign 和 load 操作。

❏ 一个变量在同一个时刻只允许一条线程对其进行 lock 操作，但 lock 操作可以被同一条线程重复执行多次，多次执行 lock 后，只有执行相同次数的 unlock 操作，变量才会被解锁。

❏ 如果对一个变量执行 lock 操作，那将会清空工作内存中此变量的值，在执行引擎使用这个变量前，需要重新执行 load 或 assign 操作以初始化变量的值。

❏ 如果一个变量事先没有被 lock 操作锁定，那就不允许对它执行 unlock 操作，也不允许去 unlock 一个被其他线程锁定的变量。

❏ 对一个变量执行 unlock 操作之前，必须先把此变量同步回主内存中（执行 store、write 操作）。

这 8 种内存访问操作以及上述规则限定，再加上稍后会介绍的专门针对 volatile 的一些特殊规定，就已经能准确地描述出 Java 程序中哪些内存访问操作在并发下才是安全的。这种定义相当严谨，但也是极为烦琐，实践起来更是无比麻烦。可能部分读者阅读到这里已经对多线程开发产生恐惧感了，后来 Java 设计团队大概也意识到了这个问题，将 Java 内存模型的操作简化为 read、write、lock 和 unlock 四种，但这只是语言描述上的等价化简，Java 内存模型的基础设计并未改变，即使是这四种操作，对于普通用户来说阅读使用起来仍然并不方便。不过读者对此无须过分担忧，除了进行虚拟机开发的团队外，大概没有其他开发人员会以这种方式来思考并发问题，我们只需要理解 Java 内存模型的定义即可。12.3.6 节将介绍这种定义的一个等效判断原则——先行发生原则，用来确定一个操作在并发环境下是否安全的。

### 12.3.3　对于 volatile 型变量的特殊规则

关键字 volatile 可以说是 Java 虚拟机提供的最轻量级的同步机制，但是它并不容易被正确、完整地理解，以至于许多程序员都习惯去避免使用它，遇到需要处理多线程数据竞争问题的时候一律使用 synchronized 来进行同步。了解 volatile 变量的语义对后面理解多线程操作的其他特性很有意义，在本节中我们将多花费一些篇幅介绍 volatile 到底意味着什么。

Java 内存模型为 volatile 专门定义了一些特殊的访问规则，在介绍这些比较拗口的规则定义之前，先用一些不那么正式，但通俗易懂的语言来介绍一下这个关键字的作用。

当一个变量被定义成 volatile 之后，它将具备两项特性：第一项是保证此变量对所有线程的可见性，这里的"可见性"是指当一条线程修改了这个变量的值，新值对于其他线程来说是可以立即得知的。而普通变量并不能做到这一点，普通变量的值在线程间传递时均需要通过主内存来完成。比如，线程 A 修改一个普通变量的值，然后向主内存进行回写，另外一条线程 B 在线程 A 回写完成了之后再对主内存进行读取操作，新变量值才会对线程 B 可见。

关于 volatile 变量的可见性，经常会被开发人员误解，他们会误以为下面的描述是正确的："volatile 变量对所有线程是立即可见的，对 volatile 变量所有的写操作都能立刻反映到其他线程之中。换句话说，volatile 变量在各个线程中是一致的，所以基于 volatile 变量的运算在并发下是线程安全的"。这句话的论据部分并没有错，但是由其论据并不能得出"基于 volatile 变量的运算在并发下是线程安全的"这样的结论。volatile 变量在各个线程的工作内存中是不存在一致性问题的（从物理存储的角度看，各个线程的工作内存中 volatile 变量也可以存在不一致的情况，但由于每次使用之前都要先刷新，执行引擎看不到不一致的情况，因此可以认为不存在一致性问题），但是 Java 里面的运算操作符并非原子操作，这导致 volatile 变量的运算在并发下一样是不安全的，我们可以通过一段简单的演示来说明原因，请看代码清单 12-1 中演示的例子。

代码清单 12-1　volatile 的运算⊖

```
/**
 * volatile变量自增运算测试
 *
 * @author zzm
 */
public class VolatileTest {

    public static volatile int race = 0;

    public static void increase() {
```

---

⊖　使用 IntelliJ IDEA 的读者请注意，在 IDEA 中运行这段程序，会由于 IDE 自动创建一条名为 Monitor Ctrl-Break 的线程（从名字看应该是监控 Ctrl-Break 中断信号的）而导致 while 循环无法结束，改为大于 2 或者用 Thread::join() 方法代替可以解决该问题。

```
        race++;
    }

    private static final int THREADS_COUNT = 20;

    public static void main(String[] args) {
        Thread[] threads = new Thread[THREADS_COUNT];
        for (int i = 0; i < THREADS_COUNT; i++) {
            threads[i] = new Thread(new Runnable() {
                @Override
                public void run() {
                    for (int i = 0; i < 10000; i++) {
                        increase();
                    }
                }
            });
            threads[i].start();
        }

        // 等待所有累加线程都结束
        while (Thread.activeCount() > 1)
            Thread.yield();

        System.out.println(race);
    }
}
```

这段代码发起了 20 个线程, 每个线程对 race 变量进行 10000 次自增操作, 如果这段代码能够正确并发的话, 最后输出的结果应该是 200000。读者运行完这段代码之后, 并不会获得期望的结果, 而且会发现每次运行程序, 输出的结果都不一样, 都是一个小于 200000 的数字。这是为什么呢?

问题就出在自增运算 "race++" 之中, 我们用 Javap 反编译这段代码后会得到代码清单 12-2 所示, 发现只有一行代码的 increase() 方法在 Class 文件中是由 4 条字节码指令构成 (return 指令不是由 race++ 产生的, 这条指令可以不计算), 从字节码层面上已经很容易分析出并发失败的原因了: 当 getstatic 指令把 race 的值取到操作栈顶时, volatile 关键字保证了 race 的值在此时是正确的, 但是在执行 iconst_1、iadd 这些指令的时候, 其他线程可能已经把 race 的值改变了, 而操作栈顶的值就变成了过期的数据, 所以 putstatic 指令执行后就可能把较小的 race 值同步回主内存之中。

代码清单 12-2　VolatileTest 的字节码

```
public static void increase();
    Code:
        Stack=2, Locals=0, Args_size=0
        0:   getstatic        #13; //Field race:I
        3:   iconst_1
```

```
     4:    iadd
     5:    putstatic        #13; //Field race:I
     8:    return
LineNumberTable:
     line 14: 0
     line 15: 8
```

实事求是地说，笔者使用字节码来分析并发问题仍然是不严谨的，因为即使编译出来只有一条字节码指令，也并不意味执行这条指令就是一个原子操作。一条字节码指令在解释执行时，解释器要运行许多行代码才能实现它的语义。如果是编译执行，一条字节码指令也可能转化成若干条本地机器码指令。此处使用 -XX:+ PrintAssembly 参数输出反汇编来分析才会更加严谨一些，但是考虑到读者阅读的方便性，并且字节码已经能很好地说明问题，所以此处使用字节码来解释。

由于 volatile 变量只能保证可见性，在不符合以下两条规则的运算场景中，我们仍然要通过加锁（使用 synchronized、java.util.concurrent 中的锁或原子类）来保证原子性：

❑ 运算结果并不依赖变量的当前值，或者能够确保只有单一的线程修改变量的值。

❑ 变量不需要与其他的状态变量共同参与不变约束。

而在像代码清单 12-3 所示的这类场景中就很适合使用 volatile 变量来控制并发，当 shutdown() 方法被调用时，能保证所有线程中执行的 doWork() 方法都立即停下来。

**代码清单 12-3　volatile 的使用场景**

```java
volatile boolean shutdownRequested;

public void shutdown() {
    shutdownRequested = true;
}

public void doWork() {
    while (!shutdownRequested) {
        // 代码的业务逻辑
    }
}
```

使用 volatile 变量的第二个语义是禁止指令重排序优化，普通的变量仅会保证在该方法的执行过程中所有依赖赋值结果的地方都能获取到正确的结果，而不能保证变量赋值操作的顺序与程序代码中的执行顺序一致。因为在同一个线程的方法执行过程中无法感知到这一点，这就是 Java 内存模型中描述的所谓"线程内表现为串行的语义"（Within-Thread As-If-Serial Semantics）。

上面描述仍然比较拗口难明，我们还是继续通过一个例子来看看为何指令重排序会干扰程序的并发执行。演示程序如代码清单 12-4 所示。

**代码清单 12-4　指令重排序**

```
Map configOptions;
char[] configText;
// 此变量必须定义为volatile
volatile boolean initialized = false;

// 假设以下代码在线程A中执行
// 模拟读取配置信息,当读取完成后
// 将initialized设置为true,通知其他线程配置可用
configOptions = new HashMap();
configText = readConfigFile(fileName);
processConfigOptions(configText, configOptions);
initialized = true;


// 假设以下代码在线程B中执行
// 等待initialized为true,代表线程A已经把配置信息初始化完成
while (!initialized) {
    sleep();
}
// 使用线程A中初始化好的配置信息
doSomethingWithConfig();
```

代码清单 12-4 中所示的程序是一段伪代码，其中描述的场景是开发中常见配置读取过程，只是我们在处理配置文件时一般不会出现并发，所以没有察觉这会有问题。读者试想一下，如果定义 initialized 变量时没有使用 volatile 修饰，就可能会由于指令重排序的优化，导致位于线程 A 中最后一条代码“initialized = true”被提前执行（这里虽然使用 Java 作为伪代码，但所指的重排序优化是机器级的优化操作，提前执行是指这条语句对应的汇编代码被提前执行），这样在线程 B 中使用配置信息的代码就可能出现错误，而 volatile 关键字则可以避免此类情况的发生[⊖]。

指令重排序是并发编程中最容易导致开发人员产生疑惑的地方之一，除了上面伪代码的例子之外，笔者再举一个可以实际操作运行的例子来分析 volatile 关键字是如何禁止指令重排序优化的。代码清单 12-5 所示是一段标准的双锁检测（Double Check Lock，DCL）单例[⊖]代码，可以观察加入 volatile 和未加入 volatile 关键字时所生成的汇编代码的差别（如何获得即时编译的汇编代码？请参考第 4 章关于 HSDIS 插件的介绍）。

**代码清单 12-5　DCL 单例模式**

```
public class Singleton {
```

---

⊖　volatile 屏蔽指令重排序的语义在 JDK 5 中才被完全修复，此前的 JDK 中即使将变量声明为 volatile 也仍然不能完全避免重排序所导致的问题（主要是 volatile 变量前后的代码仍然存在重排序问题），这一点也是在 JDK 5 之前的 Java 中无法安全地使用 DCL（双锁检测）来实现单例模式的原因。

⊖　双重锁定检查是一种在许多语言中都广泛流传的单例构造模式。

```
    private volatile static Singleton instance;

    public static Singleton getInstance() {
        if (instance == null) {
            synchronized (Singleton.class) {
                if (instance == null) {
                    instance = new Singleton();
                }
            }
        }
        return instance;
    }

    public static void main(String[] args) {
        Singleton.getInstance();
    }
}
```

编译后，这段代码对 instance 变量赋值的部分如代码清单 12-6 所示。

**代码清单 12-6　对 instance 变量赋值**

```
0x01a3de0f: mov    $0x3375cdb0,%esi     ;...beb0cd75 33
                                        ;   {oop('Singleton')}
0x01a3de14: mov    %eax,0x150(%esi)     ;...89865001 0000
0x01a3de1a: shr    $0x9,%esi            ;...c1ee09
0x01a3de1d: movb   $0x0,0x1104800(%esi) ;...c6860048 100100
0x01a3de24: lock addl $0x0,(%esp)       ;...f0830424 00
                                        ;*putstatic instance
                                        ; - Singleton::getInstance@24
```

通过对比发现，关键变化在于有 volatile 修饰的变量，赋值后（前面 mov %eax,0x150 (%esi) 这句便是赋值操作）多执行了一个"lock addl $0x0,(%esp)"操作，这个操作的作用相当于一个内存屏障（Memory Barrier 或 Memory Fence，指重排序时不能把后面的指令重排序到内存屏障之前的位置，注意不要与第 3 章中介绍的垃圾收集器用于捕获变量访问的内存屏障互相混淆），只有一个处理器访问内存时，并不需要内存屏障；但如果有两个或更多处理器访问同一块内存，且其中有一个在观测另一个，就需要内存屏障来保证一致性了。

这句指令中的"addl $0x0,(%esp)"（把 ESP 寄存器的值加 0）显然是一个空操作，之所以用这个空操作而不是空操作专用指令 nop，是因为 IA32 手册规定 lock 前缀不允许配合 nop 指令使用。这里的关键在于 lock 前缀，查询 IA32 手册可知，它的作用是将本处理器的缓存写入了内存，该写入动作也会引起别的处理器或者别的内核无效化（Invalidate）其缓存，这种操作相当于对缓存中的变量做了一次前面介绍 Java 内存模型中所说的"store 和 write"操作⊖。所以通过这样一个空操作，可让前面 volatile 变量的修改对其他处理器立即可见。

---

⊖　Doug Lea 列出了各种处理器架构下的内存屏障指令：http://gee.cs.oswego.edu/dl/jmm/cookbook.html。

那为何说它禁止指令重排序呢？从硬件架构上讲，指令重排序是指处理器采用了允许将多条指令不按程序规定的顺序分开发送给各个相应的电路单元进行处理。但并不是说指令任意重排，处理器必须能正确处理指令依赖情况保障程序能得出正确的执行结果。譬如指令 1 把地址 A 中的值加 10，指令 2 把地址 A 中的值乘以 2，指令 3 把地址 B 中的值减去 3，这时指令 1 和指令 2 是有依赖的，它们之间的顺序不能重排——(A+10)*2 与 A*2+10 显然不相等，但指令 3 可以重排到指令 1、2 之前或者中间，只要保证处理器执行后面依赖到 A、B 值的操作时能获取正确的 A 和 B 值即可。所以在同一个处理器中，重排序过的代码看起来依然是有序的。因此，lock addl $0x0,(%esp) 指令把修改同步到内存时，意味着所有之前的操作都已经执行完成，这样便形成了"指令重排序无法越过内存屏障"的效果。

解决了 volatile 的语义问题，再来看看在众多保障并发安全的工具中选用 volatile 的意义——它能让我们的代码比使用其他的同步工具更快吗？在某些情况下，volatile 的同步机制的性能确实要优于锁（使用 synchronized 关键字或 java.util.concurrent 包里面的锁），但是由于虚拟机对锁实行的许多消除和优化，使得我们很难确切地说 volatile 就会比 synchronized 快上多少。如果让 volatile 自己与自己比较，那可以确定一个原则：volatile 变量读操作的性能消耗与普通变量几乎没有什么差别，但是写操作则可能会慢上一些，因为它需要在本地代码中插入许多内存屏障指令来保证处理器不发生乱序执行。不过即便如此，大多数场景下 volatile 的总开销仍然要比锁来得更低。我们在 volatile 与锁中选择的唯一判断依据仅仅是 volatile 的语义能否满足使用场景的需求。

本节的最后，我们再回头来看看 Java 内存模型中对 volatile 变量定义的特殊规则的定义。假定 T 表示一个线程，V 和 W 分别表示两个 volatile 型变量，那么在进行 read、load、use、assign、store 和 write 操作时需要满足如下规则：

❑ 只有当线程 T 对变量 V 执行的前一个动作是 load 的时候，线程 T 才能对变量 V 执行 use 动作；并且，只有当线程 T 对变量 V 执行的后一个动作是 use 的时候，线程 T 才能对变量 V 执行 load 动作。线程 T 对变量 V 的 use 动作可以认为是和线程 T 对变量 V 的 load、read 动作相关联的，必须连续且一起出现。

　　这条规则要求在工作内存中，每次使用 V 前都必须先从主内存刷新最新的值，用于保证能看见其他线程对变量 V 所做的修改。

❑ 只有当线程 T 对变量 V 执行的前一个动作是 assign 的时候，线程 T 才能对变量 V 执行 store 动作；并且，只有当线程 T 对变量 V 执行的后一个动作是 store 的时候，线程 T 才能对变量 V 执行 assign 动作。线程 T 对变量 V 的 assign 动作可以认为是和线程 T 对变量 V 的 store、write 动作相关联的，必须连续且一起出现。

　　这条规则要求在工作内存中，每次修改 V 后都必须立刻同步回主内存中，用于保证其他线程可以看到自己对变量 V 所做的修改。

❑ 假定动作 A 是线程 T 对变量 V 实施的 use 或 assign 动作，假定动作 F 是和动作 A 相关联的 load 或 store 动作，假定动作 P 是和动作 F 相应的对变量 V 的 read 或

write 动作；与此类似，假定动作 B 是线程 T 对变量 W 实施的 use 或 assign 动作，假定动作 G 是和动作 B 相关联的 load 或 store 动作，假定动作 Q 是和动作 G 相应的对变量 W 的 read 或 write 动作。如果 A 先于 B，那么 P 先于 Q。

这条规则要求 volatile 修饰的变量不会被指令重排序优化，从而保证代码的执行顺序与程序的顺序相同。

### 12.3.4 针对 long 和 double 型变量的特殊规则

Java 内存模型要求 lock、unlock、read、load、assign、use、store、write 这八种操作都具有原子性，但是对于 64 位的数据类型（long 和 double），在模型中特别定义了一条宽松的规定：允许虚拟机将没有被 volatile 修饰的 64 位数据的读写操作划分为两次 32 位的操作来进行，即允许虚拟机实现自行选择是否要保证 64 位数据类型的 load、store、read 和 write 这四个操作的原子性，这就是所谓的"long 和 double 的非原子性协定"（Non-Atomic Treatment of double and long Variables）。

如果有多个线程共享一个并未声明为 volatile 的 long 或 double 类型的变量，并且同时对它们进行读取和修改操作，那么某些线程可能会读取到一个既不是原值，也不是其他线程修改值的代表了"半个变量"的数值。不过这种读取到"半个变量"的情况是非常罕见的，经过实际测试⊖，在目前主流平台下商用的 64 位 Java 虚拟机中并不会出现非原子性访问行为，但是对于 32 位的 Java 虚拟机，譬如比较常用的 32 位 x86 平台下的 HotSpot 虚拟机，对 long 类型的数据确实存在非原子性访问的风险。从 JDK 9 起，HotSpot 增加了一个实验性的参数 -XX:+AlwaysAtomicAccesses（这是 JEP 188 对 Java 内存模型更新的一部分内容）来约束虚拟机对所有数据类型进行原子性的访问。而针对 double 类型，由于现代中央处理器中一般都包含专门用于处理浮点数据的浮点运算器（Floating Point Unit，FPU），用来专门处理单、双精度的浮点数据，所以哪怕是 32 位虚拟机中通常也不会出现非原子性访问的问题，实际测试也证实了这一点。笔者的看法是，在实际开发中，除非该数据有明确可知的线程竞争，否则我们在编写代码时一般不需要因为这个原因刻意把用到的 long 和 double 变量专门声明为 volatile。

### 12.3.5 原子性、可见性与有序性

介绍完 Java 内存模型的相关操作和规则后，我们再整体回顾一下这个模型的特征。Java 内存模型是围绕着在并发过程中如何处理原子性、可见性和有序性这三个特征来建立的，我们逐个来看一下哪些操作实现了这三个特性。

#### 1. 原子性（Atomicity）

由 Java 内存模型来直接保证的原子性变量操作包括 read、load、assign、use、store 和

---

⊖ 根据一篇文章（https://shipilev.net/blog/2014/all-accesses-are-atomic/）的介绍，对于这种情况，在 ARMv6、ARMv7、x86、x86-AMD64、PowerPC 等平台上都进行了实际测试。

write 这六个，我们大致可以认为，基本数据类型的访问、读写都是具备原子性的（例外就是 long 和 double 的非原子性协定，读者只要知道这件事情就可以了，无须太过在意这些几乎不会发生的例外情况）。

如果应用场景需要一个更大范围的原子性保证（经常会遇到），Java 内存模型还提供了 lock 和 unlock 操作来满足这种需求，尽管虚拟机未把 lock 和 unlock 操作直接开放给用户使用，但是却提供了更高层次的字节码指令 monitorenter 和 monitorexit 来隐式地使用这两个操作。这两个字节码指令反映到 Java 代码中就是同步块——synchronized 关键字，因此在 synchronized 块之间的操作也具备原子性。

### 2. 可见性（Visibility）

可见性就是指当一个线程修改了共享变量的值时，其他线程能够立即得知这个修改。上文在讲解 volatile 变量的时候我们已详细讨论过这一点。Java 内存模型是通过在变量修改后将新值同步回主内存，在变量读取前从主内存刷新变量值这种依赖主内存作为传递媒介的方式来实现可见性的，无论是普通变量还是 volatile 变量都是如此。普通变量与 volatile 变量的区别是，volatile 的特殊规则保证了新值能立即同步到主内存，以及每次使用前立即从主内存刷新。因此我们可以说 volatile 保证了多线程操作时变量的可见性，而普通变量则不能保证这一点。

除了 volatile 之外，Java 还有两个关键字能实现可见性，它们是 synchronized 和 final。同步块的可见性是由"对一个变量执行 unlock 操作之前，必须先把此变量同步回主内存中（执行 store、write 操作）"这条规则获得的。而 final 关键字的可见性是指：被 final 修饰的字段在构造器中一旦被初始化完成，并且构造器没有把"this"的引用传递出去（this 引用逃逸是一件很危险的事情，其他线程有可能通过这个引用访问到"初始化了一半"的对象），那么在其他线程中就能看见 final 字段的值。如代码清单 12-7 所示，变量 i 与 j 都具备可见性，它们无须同步就能被其他线程正确访问。

#### 代码清单 12-7　final 与可见性

```
public static final int i;

public final int j;

static {
    i = 0;
    // 省略后续动作
}

{
    // 也可以选择在构造函数中初始化
    j = 0;
    // 省略后续动作
}
```

### 3. 有序性（Ordering）

Java 内存模型的有序性在前面讲解 volatile 时也比较详细地讨论过了，Java 程序中天然的有序性可以总结为一句话：如果在本线程内观察，所有的操作都是有序的；如果在一个线程中观察另一个线程，所有的操作都是无序的。前半句是指"线程内似表现为串行的语义"（Within-Thread As-If-Serial Semantics），后半句是指"指令重排序"现象和"工作内存与主内存同步延迟"现象。

Java 语言提供了 volatile 和 synchronized 两个关键字来保证线程之间操作的有序性，volatile 关键字本身就包含了禁止指令重排序的语义，而 synchronized 则是由"一个变量在同一个时刻只允许一条线程对其进行 lock 操作"这条规则获得的，这个规则决定了持有同一个锁的两个同步块只能串行地进入。

介绍完并发中三种重要的特性，读者是否发现 synchronized 关键字在需要这三种特性的时候都可以作为其中一种的解决方案？看起来很"万能"吧？的确，绝大部分并发控制操作都能使用 synchronized 来完成。synchronized 的"万能"也间接造就了它被程序员滥用的局面，越"万能"的并发控制，通常会伴随着越大的性能影响，关于这一点我们将在下一章讲解虚拟机锁优化时再细谈。

## 12.3.6　先行发生原则

如果 Java 内存模型中所有的有序性都仅靠 volatile 和 synchronized 来完成，那么有很多操作都将会变得非常啰嗦，但是我们在编写 Java 并发代码的时候并没有察觉到这一点，这是因为 Java 语言中有一个"先行发生"（Happens-Before）的原则。这个原则非常重要，它是判断数据是否存在竞争，线程是否安全的非常有用的手段。依赖这个原则，我们可以通过几条简单规则一揽子解决并发环境下两个操作之间是否可能存在冲突的所有问题，而不需要陷入 Java 内存模型苦涩难懂的定义之中。

现在就来看看"先行发生"原则指的是什么。先行发生是 Java 内存模型中定义的两项操作之间的偏序关系，比如说操作 A 先行发生于操作 B，其实就是说在发生操作 B 之前，操作 A 产生的影响能被操作 B 观察到，"影响"包括修改了内存中共享变量的值、发送了消息、调用了方法等。这句话不难理解，但它意味着什么呢？我们可以举个例子来说明一下。如代码清单 12-8 所示的这三条伪代码。

**代码清单 12-8　先行发生原则示例 1**

```
// 以下操作在线程A中执行
i = 1;

// 以下操作在线程B中执行
j = i;

// 以下操作在线程C中执行
i = 2;
```

假设线程 A 中的操作 "i = 1" 先行发生于线程 B 的操作 "j = i"，那我们就可以确定在线程 B 的操作执行后，变量 j 的值一定是等于 1，得出这个结论的依据有两个：一是根据先行发生原则，"i = 1" 的结果可以被观察到；二是线程 C 还没登场，线程 A 操作结束之后没有其他线程会修改变量 i 的值。现在再来考虑线程 C，我们依然保持线程 A 和 B 之间的先行发生关系，而 C 出现在线程 A 和 B 的操作之间，但是 C 与 B 没有先行发生关系，那 j 的值会是多少呢？答案是不确定！ 1 和 2 都有可能，因为线程 C 对变量 i 的影响可能会被线程 B 观察到，也可能不会，这时候线程 B 就存在读取到过期数据的风险，不具备多线程安全性。

下面是 Java 内存模型下一些 "天然的" 先行发生关系，这些先行发生关系无须任何同步器协助就已经存在，可以在编码中直接使用。如果两个操作之间的关系不在此列，并且无法从下列规则推导出来，则它们就没有顺序性保障，虚拟机可以对它们随意地进行重排序。

- **程序次序规则**（Program Order Rule）：在一个线程内，按照控制流顺序，书写在前面的操作先行发生于书写在后面的操作。注意，这里说的是控制流顺序而不是程序代码顺序，因为要考虑分支、循环等结构。

- **管程锁定规则**（Monitor Lock Rule）：一个 unlock 操作先行发生于后面对同一个锁的 lock 操作。这里必须强调的是 "同一个锁"，而 "后面" 是指时间上的先后。

- **volatile 变量规则**（Volatile Variable Rule）：对一个 volatile 变量的写操作先行发生于后面对这个变量的读操作，这里的 "后面" 同样是指时间上的先后。

- **线程启动规则**（Thread Start Rule）：Thread 对象的 start() 方法先行发生于此线程的每一个动作。

- **线程终止规则**（Thread Termination Rule）：线程中的所有操作都先行发生于对此线程的终止检测，我们可以通过 Thread::join() 方法是否结束、Thread::isAlive() 的返回值等手段检测线程是否已经终止执行。

- **线程中断规则**（Thread Interruption Rule）：对线程 interrupt() 方法的调用先行发生于被中断线程的代码检测到中断事件的发生，可以通过 Thread::interrupted() 方法检测到是否有中断发生。

- **对象终结规则**（Finalizer Rule）：一个对象的初始化完成（构造函数执行结束）先行发生于它的 finalize() 方法的开始。

- **传递性**（Transitivity）：如果操作 A 先行发生于操作 B，操作 B 先行发生于操作 C，那就可以得出操作 A 先行发生于操作 C 的结论。

Java 语言无须任何同步手段保障就能成立的先行发生规则有且只有上面这些，下面演示一下如何使用这些规则去判定操作间是否具备顺序性，对于读写共享变量的操作来说，就是线程是否安全。读者还可以从下面这个例子中感受一下 "时间上的先后顺序" 与 "先行发生" 之间有什么不同。演示例子如代码清单 12-9 所示。

**代码清单 12-9　先行发生原则示例 2**

```
private int value = 0;

pubilc void setValue(int value){
    this.value = value;
}

public int getValue(){
    return value;
}
```

代码清单 12-9 中显示的是一组再普通不过的 getter/setter 方法，假设存在线程 A 和 B，线程 A 先（时间上的先后）调用了 setValue(1)，然后线程 B 调用了同一个对象的 getValue()，那么线程 B 收到的返回值是什么？

我们依次分析一下先行发生原则中的各项规则。由于两个方法分别由线程 A 和 B 调用，不在一个线程中，所以程序次序规则在这里不适用；由于没有同步块，自然就不会发生 lock 和 unlock 操作，所以管程锁定规则不适用；由于 value 变量没有被 volatile 关键字修饰，所以 volatile 变量规则不适用；后面的线程启动、终止、中断规则和对象终结规则也和这里完全没有关系。因为没有一个适用的先行发生规则，所以最后一条传递性也无从谈起，因此我们可以判定，尽管线程 A 在操作时间上先于线程 B，但是无法确定线程 B 中 getValue() 方法的返回结果，换句话说，这里面的操作不是线程安全的。

那怎么修复这个问题呢？我们至少有两种比较简单的方案可以选择：要么把 getter/setter 方法都定义为 synchronized 方法，这样就可以套用管程锁定规则；要么把 value 定义为 volatile 变量，由于 setter 方法对 value 的修改不依赖 value 的原值，满足 volatile 关键字使用场景，这样就可以套用 volatile 变量规则来实现先行发生关系。

通过上面的例子，我们可以得出结论：一个操作"时间上的先发生"不代表这个操作会是"先行发生"。那如果一个操作"先行发生"，是否就能推导出这个操作必定是"时间上的先发生"呢？很遗憾，这个推论也是不成立的。一个典型的例子就是多次提到的"指令重排序"，演示例子如代码清单 12-10 所示。

**代码清单 12-10　先行发生原则示例 3**

```
// 以下操作在同一个线程中执行
int i = 1;
int j = 2;
```

代码清单 12-10 所示的两条赋值语句在同一个线程之中，根据程序次序规则，"int i = 1"的操作先行发生于"int j = 2"，但是"int j = 2"的代码完全可能先被处理器执行，这并不影响先行发生原则的正确性，因为我们在这条线程之中没有办法感知到这一点。

上面两个例子综合起来证明了一个结论：时间先后顺序与先行发生原则之间基本没有

因果关系，所以我们衡量并发安全问题的时候不要受时间顺序的干扰，一切必须以先行发生原则为准。

## 12.4　Java 与线程

并发不一定要依赖多线程（如 PHP 中很常见的多进程并发），但是在 Java 里面谈论并发，基本上都与线程脱不开关系。既然本书探讨的是 Java 虚拟机的特性，那讲到 Java 线程，我们就从 Java 线程在虚拟机中的实现开始讲起。

### 12.4.1　线程的实现

我们知道，线程是比进程更轻量级的调度执行单位，线程的引入，可以把一个进程的资源分配和执行调度分开，各个线程既可以共享进程资源（内存地址、文件 I/O 等），又可以独立调度。目前线程是 Java 里面进行处理器资源调度的最基本单位，不过如果日后 Loom 项目能成功为 Java 引入纤程（Fiber）的话，可能就会改变这一点。

主流的操作系统都提供了线程实现，Java 语言则提供了在不同硬件和操作系统平台下对线程操作的统一处理，每个已经调用过 start() 方法且还未结束的 java.lang.Thread 类的实例就代表着一个线程。我们注意到 Thread 类与大部分的 Java 类库 API 有着显著差别，它的所有关键方法都被声明为 Native。在 Java 类库 API 中，一个 Native 方法往往就意味着这个方法没有使用或无法使用平台无关的手段来实现（当然也可能是为了执行效率而使用 Native 方法，不过通常最高效率的手段也就是平台相关的手段）。正因为这个原因，本节的标题被定为"线程的实现"而不是"Java 线程的实现"，在稍后介绍的实现方式中，我们也先把 Java 的技术背景放下，以一个通用的应用程序的角度来看看线程是如何实现的。

实现线程主要有三种方式：使用内核线程实现（1:1 实现），使用用户线程实现（1:$N$ 实现），使用用户线程加轻量级进程混合实现（$N$:$M$ 实现）。

#### 1. 内核线程实现

使用内核线程实现的方式也被称为 1:1 实现。内核线程（Kernel-Level Thread，KLT）就是直接由操作系统内核（Kernel，下称内核）支持的线程，这种线程由内核来完成线程切换，内核通过操纵调度器（Scheduler）对线程进行调度，并负责将线程的任务映射到各个处理器上。每个内核线程可以视为内核的一个分身，这样操作系统就有能力同时处理多件事情，支持多线程的内核就称为多线程内核（Multi-Threads Kernel）。

程序一般不会直接使用内核线程，而是使用内核线程的一种高级接口——轻量级进程（Light Weight Process，LWP），轻量级进程就是我们通常意义上所讲的线程，由于每个轻量级进程都由一个内核线程支持，因此只有先支持内核线程，才能有轻量级进程。这种轻量级进程与内核线程之间 1:1 的关系称为一对一的线程模型，如图 12-3 所示。

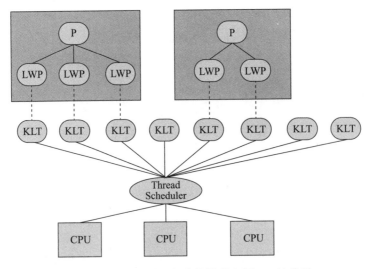

图 12-3  轻量级进程与内核线程之间 1:1 的关系

由于内核线程的支持，每个轻量级进程都成为一个独立的调度单元，即使其中某一个轻量级进程在系统调用中被阻塞了，也不会影响整个进程继续工作。轻量级进程也具有它的局限性：首先，由于是基于内核线程实现的，所以各种线程操作，如创建、析构及同步，都需要进行系统调用。而系统调用的代价相对较高，需要在用户态（User Mode）和内核态（Kernel Mode）中来回切换。其次，每个轻量级进程都需要有一个内核线程的支持，因此轻量级进程要消耗一定的内核资源（如内核线程的栈空间），因此一个系统支持轻量级进程的数量是有限的。

### 2. 用户线程实现

使用用户线程实现的方式被称为 1:N 实现。广义上来讲，一个线程只要不是内核线程，都可以认为是用户线程（User Thread，UT）的一种，因此从这个定义上看，轻量级进程也属于用户线程，但轻量级进程的实现始终是建立在内核之上的，许多操作都要进行系统调用，因此效率会受到限制，并不具备通常意义上的用户线程的优点。

而狭义上的用户线程指的是完全建立在用户空间的线程库上，系统内核不能感知到用户线程的存在及如何实现的。用户线程的建立、同步、销毁和调度完全在用户态中完成，不需要内核的帮助。如果程序实现得当，这种线程不需要切换到内核态，因此操作可以是非常快速且低消耗的，也能够支持规模更大的线程数量，部分高性能数据库中的多线程就是由用户线程实现的。这种进程与用户线程之间 1:N 的关系称为一对多的线程模型，如图 12-4 所示。

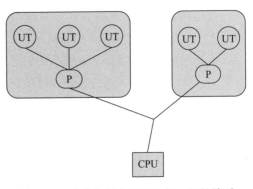

图 12-4  进程与用户线程之间 1:N 的关系

用户线程的优势在于不需要系统内核支援，劣势也在于没有系统内核的支援，所有的线程操作都需要由用户程序自己去处理。线程的创建、销毁、切换和调度都是用户必须考虑的问题，而且由于操作系统只把处理器资源分配到进程，那诸如"阻塞如何处理""多处理器系统中如何将线程映射到其他处理器上"这类问题解决起来将会异常困难，甚至有些是不可能实现的。因为使用用户线程实现的程序通常都比较复杂⊖，除了有明确的需求外（譬如以前在不支持多线程的操作系统中的多线程程序、需要支持大规模线程数量的应用），一般的应用程序都不倾向使用用户线程。Java、Ruby 等语言都曾经使用过用户线程，最终又都放弃了使用它。但是近年来许多新的、以高并发为卖点的编程语言又普遍支持了用户线程，譬如 Golang、Erlang 等，使得用户线程的使用率有所回升。

### 3. 混合实现

线程除了依赖内核线程实现和完全由用户程序自己实现之外，还有一种将内核线程与用户线程一起使用的实现方式，被称为 N:M 实现。在这种混合实现下，既存在用户线程，也存在轻量级进程。用户线程还是完全建立在用户空间中，因此用户线程的创建、切换、析构等操作依然廉价，并且可以支持大规模的用户线程并发。而操作系统支持的轻量级进程则作为用户线程和内核线程之间的桥梁，这样可以使用内核提供的线程调度功能及处理器映射，并且用户线程的系统调用要通过轻量级进程来完成，这大大降低了整个进程被完全阻塞的风险。在这种混合模式中，用户线程与轻量级进程的数量比是不定的，是 N:M 的关系，如图 12-5 所示，这种就是多对多的线程模型。

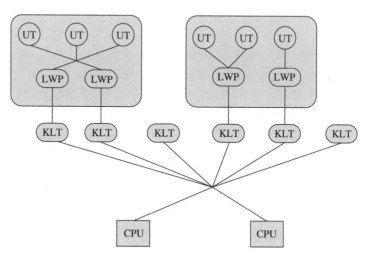

图 12-5　用户线程与轻量级进程之间 M:N 的关系

许多 UNIX 系列的操作系统，如 Solaris、HP-UX 等都提供了 M:N 的线程模型实现。在

---

⊖　此处所讲的"复杂"与"程序自己完成线程操作"，并不限于程序直接编写了复杂的实现用户线程的代码，使用用户线程的程序时，很多都依赖特定的线程库来完成基本的线程操作，这些复杂性都封装在线程库之中。

这些操作系统上的应用也相对更容易应用 $M{:}N$ 的线程模型。

**4. Java 线程的实现**

Java 线程如何实现并不受 Java 虚拟机规范的约束，这是一个与具体虚拟机相关的话题。Java 线程在早期的 Classic 虚拟机上（JDK 1.2 以前），是基于一种被称为"绿色线程"（Green Threads）的用户线程实现的，但从 JDK 1.3 起，"主流"平台上的"主流"商用 Java 虚拟机的线程模型普遍都被替换为基于操作系统原生线程模型来实现，即采用 1:1 的线程模型。

以 HotSpot 为例，它的每一个 Java 线程都是直接映射到一个操作系统原生线程来实现的，而且中间没有额外的间接结构，所以 HotSpot 自己是不会去干涉线程调度的（可以设置线程优先级给操作系统提供调度建议），全权交给底下的操作系统去处理，所以何时冻结或唤醒线程、该给线程分配多少处理器执行时间、该把线程安排给哪个处理器核心去执行等，都是由操作系统完成的，也都是由操作系统全权决定的。

前面强调是两个"主流"，那就说明肯定还有例外的情况，这里举两个比较著名的例子，一个是用于 Java ME 的 CLDC HotSpot Implementation（CLDC-HI，介绍可见第 1 章）。它同时支持两种线程模型，默认使用 $1{:}N$ 由用户线程实现的线程模型，所有 Java 线程都映射到一个内核线程上；不过它也可以使用另一种特殊的混合模型，Java 线程仍然全部映射到一个内核线程上，但当 Java 线程要执行一个阻塞调用时，CLDC-HI 会为该调用单独开一个内核线程，并且调度执行其他 Java 线程，等到那个阻塞调用完成之后再重新调度之前的 Java 线程继续执行。

另外一个例子是在 Solaris 平台的 HotSpot 虚拟机，由于操作系统的线程特性本来就可以同时支持 1:1（通过 Bound Threads 或 Alternate Libthread 实现）及 $N{:}M$（通过 LWP / Thread Based Synchronization 实现）的线程模型，因此 Solaris 版的 HotSpot 也对应提供了两个平台专有的虚拟机参数，即 -XX:+UseLWPSynchronization（默认值）和 -XX:+UseBoundThreads 来明确指定虚拟机使用哪种线程模型。

操作系统支持怎样的线程模型，在很大程度上会影响上面的 Java 虚拟机的线程是怎样映射的，这一点在不同的平台上很难达成一致，因此《Java 虚拟机规范》中才不去限定 Java 线程需要使用哪种线程模型来实现。线程模型只对线程的并发规模和操作成本产生影响，对 Java 程序的编码和运行过程来说，这些差异都是完全透明的。

## 12.4.2 Java 线程调度

线程调度是指系统为线程分配处理器使用权的过程，调度主要方式有两种，分别是协同式（Cooperative Threads-Scheduling）线程调度和抢占式（Preemptive Threads-Scheduling）线程调度。

如果使用协同式调度的多线程系统，线程的执行时间由线程本身来控制，线程把自己的工作执行完了之后，要主动通知系统切换到另外一个线程上去。协同式多线程的最大好处是实现简单，而且由于线程要把自己的事情干完后才会进行线程切换，切换操作对线程自己是可知的，所以一般没有什么线程同步的问题。Lua 语言中的"协同例程"就是这类实现。它的坏处也很明显：线程执行时间不可控制，甚至如果一个线程的代码编写有问题，一直不告知系统进行线程切换，那么程序就会一直阻塞在那里。很久以前的 Windows 3.x 系统就是使用协同式来实现多进程多任务的，那是相当不稳定的，只要有一个进程坚持不让出处理器执行时间，就可能会导致整个系统崩溃。

如果使用抢占式调度的多线程系统，那么每个线程将由系统来分配执行时间，线程的切换不由线程本身来决定。譬如在 Java 中，有 Thread::yield() 方法可以主动让出执行时间，但是如果想要主动获取执行时间，线程本身是没有什么办法的。在这种实现线程调度的方式下，线程的执行时间是系统可控的，也不会有一个线程导致整个进程甚至整个系统阻塞的问题。Java 使用的线程调度方式就是抢占式调度。与前面所说的 Windows 3.x 的例子相对，在 Windows 9x/NT 内核中就是使用抢占式来实现多进程的，当一个进程出了问题，我们还可以使用任务管理器把这个进程杀掉，而不至于导致系统崩溃。

虽然说 Java 线程调度是系统自动完成的，但是我们仍然可以"建议"操作系统给某些线程多分配一点执行时间，另外的一些线程则可以少分配一点——这项操作是通过设置线程优先级来完成的。Java 语言一共设置了 10 个级别的线程优先级（Thread.MIN_PRIORITY 至 Thread.MAX_PRIORITY）。在两个线程同时处于 Ready 状态时，优先级越高的线程越容易被系统选择执行。

不过，线程优先级并不是一项稳定的调节手段，很显然因为主流虚拟机上的 Java 线程是被映射到系统的原生线程上来实现的，所以线程调度最终还是由操作系统说了算。尽管现代的操作系统基本都提供线程优先级的概念，但是并不见得能与 Java 线程的优先级一一对应，如 Solaris 中线程有 2147483648（2 的 31 次幂）种优先级，但 Windows 中就只有七种优先级。如果操作系统的优先级比 Java 线程优先级更多，那问题还比较好处理，中间留出一点空位就是了，但对于比 Java 线程优先级少的系统，就不得不出现几个线程优先级对应到同一个操作系统优先级的情况了。表 12-1 显示了 Java 线程优先级与 Windows 线程优先级之间的对应关系，Windows 平台的虚拟机中使用了除 THREAD_PRIORITY_IDLE 之外的其余 6 种线程优先级，因此在 Windows 下设置线程优先级为 1 和 2 、3 和 4、6 和 7、8 和 9 的效果是完全相同的。

表 12-1　Java 线程优先级与 Windows 线程优先级之间的对应关系

| Java 线程优先级 | Windows 线程优先级 |
| --- | --- |
| 1（Thread.MIN_PRIORITY） | THREAD_PRIORITY_LOWEST |
| 2 | THREAD_PRIORITY_LOWEST |
| 3 | THREAD_PRIORITY_BELOW_NORMAL |
| 4 | THREAD_PRIORITY_BELOW_NORMAL |

（续）

| Java 线程优先级 | Windows 线程优先级 |
| --- | --- |
| 5（Thread.NORM_PRIORITY） | THREAD_PRIORITY_NORMAL |
| 6 | THREAD_PRIORITY_ABOVE_NORMAL |
| 7 | THREAD_PRIORITY_ABOVE_NORMAL |
| 8 | THREAD_PRIORITY_HIGHEST |
| 9 | THREAD_PRIORITY_HIGHEST |
| 10（Thread.MAX_PRIORITY） | THREAD_PRIORITY_CRITICAL |

线程优先级并不是一项稳定的调节手段，这不仅仅体现在某些操作系统上不同的优先级实际会变得相同这一点上，还有其他情况让我们不能过于依赖线程优先级：优先级可能会被系统自行改变，例如在 Windows 系统中存在一个叫"优先级推进器"的功能（Priority Boosting，当然它可以被关掉），大致作用是当系统发现一个线程被执行得特别频繁时，可能会越过线程优先级去为它分配执行时间，从而减少因为线程频繁切换而带来的性能损耗。因此，我们并不能在程序中通过优先级来完全准确判断一组状态都为 Ready 的线程将会先执行哪一个。

### 12.4.3　状态转换

Java 语言定义了 6 种线程状态，在任意一个时间点中，一个线程只能有且只有其中的一种状态，并且可以通过特定的方法在不同状态之间转换。这 6 种状态分别是：

❑ 新建（New）：创建后尚未启动的线程处于这种状态。

❑ 运行（Runnable）：包括操作系统线程状态中的 Running 和 Ready，也就是处于此状态的线程有可能正在执行，也有可能正在等待着操作系统为它分配执行时间。

❑ 无限期等待（Waiting）：处于这种状态的线程不会被分配处理器执行时间，它们要等待被其他线程显式唤醒。以下方法会让线程陷入无限期的等待状态：

  ○ 没有设置 Timeout 参数的 Object::wait() 方法；

  ○ 没有设置 Timeout 参数的 Thread::join() 方法；

  ○ LockSupport::park() 方法。

❑ 限期等待（Timed Waiting）：处于这种状态的线程也不会被分配处理器执行时间，不过无须等待被其他线程显式唤醒，在一定时间之后它们会由系统自动唤醒。以下方法会让线程进入限期等待状态：

  ○ Thread::sleep() 方法；

  ○ 设置了 Timeout 参数的 Object::wait() 方法；

  ○ 设置了 Timeout 参数的 Thread::join() 方法；

  ○ LockSupport::parkNanos() 方法；

  ○ LockSupport::parkUntil() 方法。

❑ 阻塞（Blocked）：线程被阻塞了，"阻塞状态"与"等待状态"的区别是"阻塞状态"在等待着获取到一个排它锁，这个事件将在另外一个线程放弃这个锁的时候发生；而"等待状态"则是在等待一段时间，或者唤醒动作的发生。在程序等待进入同步区域的时候，线程将进入这种状态。

❑ 结束（Terminated）：已终止线程的线程状态，线程已经结束执行。

上述 6 种状态在遇到特定事件发生的时候将会互相转换，它们的转换关系如图 12-6 所示。

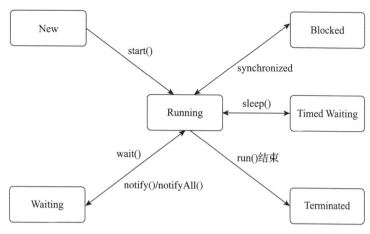

图 12-6　线程状态转换关系

# 12.5　Java 与协程

在 Java 时代的早期，Java 语言抽象出来隐藏了各种操作系统线程差异性的统一线程接口，这曾经是它区别于其他编程语言的一大优势。在此基础上，涌现过无数多线程的应用与框架，譬如在网页访问时，HTTP 请求可以直接与 Servlet API 中的一条处理线程绑定在一起，以"一对一服务"的方式处理由浏览器发来的信息。语言与框架已经自动屏蔽了相当多同步和并发的复杂性，对于普通开发者而言，几乎不需要专门针对多线程进行学习训练就能完成一般的并发任务。时至今日，这种便捷的并发编程方式和同步的机制依然在有效地运作着，但是在某些场景下，却也已经显现出了疲态。

## 12.5.1　内核线程的局限

笔者可以通过一个具体场景来解释目前 Java 线程面临的困境。今天对 Web 应用的服务要求，不论是在请求数量上还是在复杂度上，与十多年前相比已不可同日而语，这一方面是源于业务量的增长，另一方面来自于为了应对业务复杂化而不断进行的服务细分。现代 B/S 系统中一次对外部业务请求的响应，往往需要分布在不同机器上的大量服务共同协作来实现，这种服务细分的架构在减少单个服务复杂度、增加复用性的同时，也不可避免地增加了服务的数量，缩短了留给每个服务的响应时间。这要求每一个服务都必须在极短的时间内完成计算，这样组合多个服务的总耗时才不会太长；也要求每一个服务提供者都要能同时处理数量更庞大的请求，这样才不会出现请求由于某个服务被阻塞而出现等待。

Java 目前的并发编程机制就与上述架构趋势产生了一些矛盾，1:1 的内核线程模型是如今 Java 虚拟机线程实现的主流选择，但是这种映射到操作系统上的线程天然的缺陷是切换、调度成本高昂，系统能容纳的线程数量也很有限。在以前的单体应用中，处理一个请求可以允许花费很长时间，具有这种线程切换的成本也是无伤大雅的，但现在在每个请求本身的执行时间变得很短、数量变得很多的前提下，用户线程切换的开销甚至可能会接近用于计算本身的开销，这就会造成严重的浪费。

传统的 Java Web 服务器的线程池的容量通常在几十个到两百之间，当程序员把数以百万计的请求往线程池里面灌时，系统即使能处理得过来，但其中的切换损耗也是相当可观的。现实的需求在迫使 Java 去研究新的解决方案，此时大家又开始怀念以前绿色线程的种种好处，绿色线程已随着 Classic 虚拟机的消失而被尘封到历史之中，它还会有重现天日的一天吗？

## 12.5.2 协程的复苏

经过前面对不同线程实现方式的铺垫介绍，我们已经明白了各种线程实现方式的优缺点，所以多数读者看到笔者写"因为映射到了系统的内核线程中，所以切换调度成本会比较高昂"时并不会觉得有什么问题，但相信还是有一部分治学特别严谨的读者会提问：为什么内核线程调度切换起来成本就要更高？

内核线程的调度成本主要来自于用户态与核心态之间的状态转换，而这两种状态转换的开销主要来自于响应中断、保护和恢复执行现场的成本。请读者试想以下场景，假设发生了这样一次线程切换：

```
线程A -> 系统中断 -> 线程B
```

处理器要去执行线程 A 的程序代码时，并不是仅有代码程序就能跑得起来，程序是数据与代码的组合体，代码执行时还必须要有上下文数据的支撑。而这里说的"上下文"，以程序员的角度来看，是方法调用过程中的各种局部的变量与资源；以线程的角度来看，是方法的调用栈中存储的各类信息；而以操作系统和硬件的角度来看，则是存储在内存、缓存和寄存器中的一个个具体数值。物理硬件的各种存储设备和寄存器是被操作系统内所有线程共享的资源，当中断发生，从线程 A 切换到线程 B 去执行之前，操作系统首先要把线程 A 的上下文数据妥善保管好，然后把寄存器、内存分页等恢复到线程 B 挂起时候的状态，这样线程 B 被重新激活后才能仿佛从来没有被挂起过。这种保护和恢复现场的工作，免不了涉及一系列数据在各种寄存器、缓存中的来回拷贝，当然不可能是一种轻量级的操作。

如果说内核线程的切换开销是来自于保护和恢复现场的成本，那如果改为采用用户线程，这部分开销就能够省略掉吗？答案是"不能"。但是，一旦把保护、恢复现场及调度的工作从操作系统交到程序员手上，那我们就可以打开脑洞，通过玩出很多新的花样来缩减这些开销。

有一些古老的操作系统（譬如 DOS）是单人单工作业形式的，天生就不支持多线程，自然也不会有多个调用栈这样的基础设施。而早在那样的蛮荒时代，就已经出现了今天被称为栈纠缠（Stack Twine）的、由用户自己模拟多线程、自己保护恢复现场的工作模式。其大致的原理是通过在内存里划出一片额外空间来模拟调用栈，只要其他"线程"中方法压栈、退栈时遵守规则，不破坏这片空间即可，这样多段代码执行时就会像相互缠绕着一样，非常形象。

到后来，操作系统开始提供多线程的支持，靠应用自己模拟多线程的做法自然是变少了许多，但也并没有完全消失，而是演化为用户线程继续存在。由于最初多数的用户线程是被设计成协同式调度（Cooperative Scheduling）的，所以它有了一个别名——"协程"（Coroutine）。又由于这时候的协程会完整地做调用栈的保护、恢复工作，所以今天也被称为"有栈协程"（Stackfull Coroutine），起这样的名字是为了便于跟后来的"无栈协程"（Stackless Coroutine）区分开。无栈协程不是本节的主角，不过还是可以简单提一下它的典型应用，即各种语言中的 await、async、yield 这类关键字。无栈协程本质上是一种有限状态机，状态保存在闭包里，自然比有栈协程恢复调用栈要轻量得多，但功能也相对更有限。

协程的主要优势是轻量，无论是有栈协程还是无栈协程，都要比传统内核线程要轻量得多。如果进行量化的话，那么如果不显式设置 -Xss 或 -XX:ThreadStackSize，则在 64 位 Linux 上 HotSpot 的线程栈容量默认是 1MB，此外内核数据结构（Kernel Data Structures）还会额外消耗 16KB 内存。与之相对的，一个协程的栈通常在几百个字节到几 KB 之间，所以 Java 虚拟机里线程池容量达到两百就已经不算小了，而很多支持协程的应用中，同时并存的协程数量可数以十万计。

协程当然也有它的局限，需要在应用层面实现的内容（调用栈、调度器这些）特别多，这个缺点就不赘述了。除此之外，协程在最初，甚至在今天很多语言和框架中会被设计成协同式调度，这样在语言运行平台或者框架上的调度器就可以做得非常简单。不过有不少资料上显示，既然取了"协程"这样的名字，它们之间就一定以协同调度的方式工作。笔者并没有查证到这种"规定"的出处，只能说这种提法在今天太过狭隘了，非协同式、可自定义调度的协程的例子并不少见，而协同调度的优点与不足在 12.4.2 节已经介绍过。

具体到 Java 语言，还会有一些别的限制，譬如 HotSpot 这样的虚拟机，Java 调用栈跟本地调用栈是做在一起的。如果在协程中调用了本地方法，还能否正常切换协程而不影响整个线程？另外，如果协程中遇传统的线程同步措施会怎样？譬如 Kotlin 提供的协程实现，一旦遭遇 synchronize 关键字，那挂起来的仍将是整个线程。

### 12.5.3 Java 的解决方案

对于有栈协程，有一种特例实现名为纤程（Fiber），这个词最早是来自微软公司，后来微软还推出过系统层面的纤程包来方便应用做现场保存、恢复和纤程调度。OpenJDK 在 2018 年创建了 Loom 项目，这是 Java 用来应对本节开篇所列场景的官方解决方案，根据目前公开的信息，如无意外，日后该项目为 Java 语言引入的、与现在线程模型平行的新并发编程机制中应该也会采用"纤程"这个名字，不过这显然跟微软是没有任何关系的。从 Oracle 官方对"什么是纤程"的解释里可以看出，它就是一种典型的有栈协程，如图 12-7 所示。

Loom 项目背后的意图是重新提供对用户线程的支持，但与过去的绿色线程不同，这些新功能不是为了取代当前基于操作系统的线程实现，而是会有两个并发编程模型在 Java 虚拟机中并存，可以在程序中同时使用。新模型有意地保持了与目前线程模型相似的 API 设计，它们甚至可以拥有一个共同的基类，这样现有的代码就不需要为了使用纤程而进行过多改

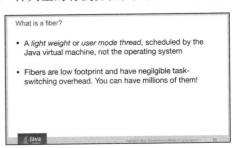

图 12-7　JVMLS 2018 大会上 Oracle 对纤程的介绍

动，甚至不需要知道背后采用了哪个并发编程模型。Loom 团队在 JVMLS 2018 大会上公布了他们对 Jetty 基于纤程改造后的测试结果，同样在 5000QPS 的压力下，以容量为 400 的线程池的传统模式和每个请求配以一个纤程的新并发处理模式进行对比，前者的请求响应延迟在 10000 至 20000 毫秒之间，而后者的延迟普遍在 200 毫秒以下，具体结果如图 12-8 所示。

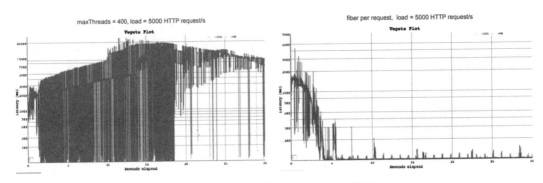

图 12-8　Jetty 在新并发模型下的压力测试

在新并发模型下，一段使用纤程并发的代码会被分为两部分——执行过程（Continuation）和调度器（Scheduler）。执行过程主要用于维护执行现场，保护、恢复上下文状态，而调度器则负责编排所有要执行的代码的顺序。将调度程序与执行过程分离的好处是，用户可以选择自行控制其中的一个或者多个，而且 Java 中现有的调度器也可以被直接重用。事实上，Loom 中默认的调度器就是原来已存在的用于任务分解的 Fork/Join 池（JDK 7 中加入的 ForkJoinPool）。

Loom 项目目前仍然在进行当中，还没有明确的发布日期，上面笔者介绍的内容日后都有被改动的可能。如果读者现在就想尝试协程，那可以在项目中使用 Quasar 协程库⊖，这是一个不依赖 Java 虚拟机的独立实现的协程库。不依赖虚拟机来实现协程是完全可能的，Kotlin 语言的协程就已经证明了这一点。Quasar 的实现原理是字节码注入，在字节码层面对当前被调用函数中的所有局部变量进行保存和恢复。这种不依赖 Java 虚拟机的现场保护虽然能够工作，但很影响性能，对即时编译器的干扰也非常大，而且必须要求用户手动标注每一个函数是否会在协程上下文被调用，这些都是未来 Loom 项目要解决的问题。

## 12.6　本章小结

本章中，我们了解了虚拟机 Java 内存模型的结构及操作，并且讲解了原子性、可见性、有序性在 Java 内存模型中的体现，介绍了先行发生原则的规则及使用。另外，我们还了解了线程在 Java 语言之中是如何实现的，以及代表 Java 未来多线程发展的新并发模型的工作原理。

关于"高效并发"这个话题，在本章中主要介绍了虚拟机如何实现"并发"，在下一章中，我们的主要关注点将是虚拟机如何实现"高效"，以及虚拟机对我们编写的并发代码提供了什么样的优化手段。

---

⊖　如同 JDK 5 把 Doug Lea 的 dl.util.concurrent 项目引入，成为 java.util.concurrent 包，JDK 9 时把 Attila Szegedi 的 dynalink 项目引入，成为 jdk.dynalink 模块。Loom 项目的领导者 Ron Pressler 就是 Quasar 的作者。

# 线程安全与锁优化

并发处理的广泛应用是 Amdahl 定律代替摩尔定律成为计算机性能发展源动力的根本原因，也是人类压榨计算机运算能力的最有力武器。

## 13.1　概述

在软件业发展的初期，程序编写都是以算法为核心的，程序员会把数据和过程分别作为独立的部分来考虑，数据代表问题空间中的客体，程序代码则用于处理这些数据，这种思维方式直接站在计算机的角度去抽象问题和解决问题，被称为面向过程的编程思想。与此相对，面向对象的编程思想则站在现实世界的角度去抽象和解决问题，它把数据和行为都看作对象的一部分，这样可以让程序员能以符合现实世界的思维方式来编写和组织程序。

面向对象的编程思想极大地提升了现代软件开发的效率和软件可以达到的规模，但是现实世界与计算机世界之间不可避免地存在一些差异。例如，人们很难想象现实中的对象在一项工作进行期间，会被不停地中断和切换，对象的属性（数据）可能会在中断期间被修改和变脏，而这些事件在计算机世界中是再普通不过的事情。有时候，良好的设计原则不得不向现实做出一些妥协，我们必须保证程序在计算机中正确无误地运行，然后再考虑如何将代码组织得更好，让程序运行得更快。对于本章的主题"高效并发"来说，首先需要保证并发的正确性，然后在此基础上来实现高效。本章就先从如何保证并发的正确性及如何实现线程安全说起。

## 13.2　线程安全

"线程安全"这个名称，相信稍有经验的程序员都听说过，甚至在代码编写和走查的时候可能还会经常挂在嘴边，但是如何找到一个不太拗口的概念来定义线程安全却不是一件容易的事情。笔者尝试在网上搜索它的概念，找到的是类似于"如果一个对象可以安全地被多个线程同时使用，那它就是线程安全的"这样的定义——并不能说它不正确，但是它没有丝毫可操作性，无法从中获取到任何有用的信息。

笔者认为《Java 并发编程实战（Java Concurrency In Practice）》的作者 Brian Goetz 为"线程安全"做出了一个比较恰当的定义："当多个线程同时访问一个对象时，如果不用考虑这些线程在运行时环境下的调度和交替执行，也不需要进行额外的同步，或者在调用方进行任何其他的协调操作，调用这个对象的行为都可以获得正确的结果，那就称这个对象是线程安全的。"

这个定义就很严谨而且有可操作性，它要求线程安全的代码都必须具备一个共同特征：代码本身封装了所有必要的正确性保障手段（如互斥同步等），令调用者无须关心多线程下的调用问题，更无须自己实现任何措施来保证多线程环境下的正确调用。这点听起来简单，但其实并不容易做到，在许多场景中，我们都会将这个定义弱化一些。如果把"调用这个对象的行为"限定为"单次调用"，这个定义的其他描述能够成立的话，那么就已经可以称它是线程安全了。为什么要弱化这个定义？现在先暂且放下这个问题，稍后再详细探讨。

## 13.2.1　Java 语言中的线程安全

我们已经有了线程安全的一个可操作的定义，那接下来就讨论一下：在 Java 语言中，线程安全具体是如何体现的？有哪些操作是线程安全的？我们这里讨论的线程安全，将以多个线程之间存在共享数据访问为前提。因为如果根本不存在多线程，又或者一段代码根本不会与其他线程共享数据，那么从线程安全的角度上看，程序是串行执行还是多线程执行对它来说是没有什么区别的。

为了更深入地理解线程安全，在这里我们可以不把线程安全当作一个非真即假的二元排他选项来看待，而是按照线程安全的"安全程度"由强至弱来排序，我们[○]可以将 Java 语言中各种操作共享的数据分为以下五类：不可变、绝对线程安全、相对线程安全、线程兼容和线程对立。

### 1. 不可变

在 Java 语言里面（特指 JDK 5 以后，即 Java 内存模型被修正之后的 Java 语言），不可变（Immutable）的对象一定是线程安全的，无论是对象的方法实现还是方法的调用者，都不需要再进行任何线程安全保障措施。在第 12 章里我们讲解"final 关键字带来的可见性"时曾经提到过这一点：只要一个不可变的对象被正确地构建出来（即没有发生 this 引用逃逸

---

○　这种划分方法也是 Brian Goetz 发表在 IBM developWorkers 上的一篇论文中提出的，这里写"我们"纯粹是笔者下笔行文中的语言用法，并非由笔者首创。

的情况），那其外部的可见状态永远都不会改变，永远都不会看到它在多个线程之中处于不一致的状态。"不可变"带来的安全性是最直接、最纯粹的。

Java 语言中，如果多线程共享的数据是一个基本数据类型，那么只要在定义时使用 final 关键字修饰它就可以保证它是不可变的。如果共享数据是一个对象，由于 Java 语言目前暂时还没有提供值类型的支持，那就需要对象自行保证其行为不会对其状态产生任何影响才行。如果读者没想明白这句话所指的意思，不妨类比 java.lang.String 类的对象实例，它是一个典型的不可变对象，用户调用它的 substring()、replace() 和 concat() 这些方法都不会影响它原来的值，只会返回一个新构造的字符串对象。

保证对象行为不影响自己状态的途径有很多种，最简单的一种就是把对象里面带有状态的变量都声明为 final，这样在构造函数结束之后，它就是不可变的，例如代码清单 13-1 中所示的 java.lang.Integer 构造函数，它通过将内部状态变量 value 定义为 final 来保障状态不变。

代码清单 13-1　JDK 中 Integer 类的构造函数

```
/**
 * The value of the <code>Integer</code>.
 * @serial
 */
private final int value;

/**
 * Constructs a newly allocated <code>Integer</code> object that
 * represents the specified <code>int</code> value.
 *
 * @param   value   the value to be represented by the
 * <code>Integer</code> object.
 */
public Integer(int value) {
    this.value = value;
}
```

在 Java 类库 API 中符合不可变要求的类型，除了上面提到的 String 之外，常用的还有枚举类型及 java.lang.Number 的部分子类，如 Long 和 Double 等数值包装类型、BigInteger 和 BigDecimal 等大数据类型。但同为 Number 子类型的原子类 AtomicInteger 和 AtomicLong 则是可变的，读者不妨看看这两个原子类的源码，想一想为什么它们要设计成可变的。

### 2. 绝对线程安全

绝对的线程安全能够完全满足 Brian Goetz 给出的线程安全的定义，这个定义其实是很严格的，一个类要达到"不管运行时环境如何，调用者都不需要任何额外的同步措施"可能需要付出非常高昂的，甚至不切实际的代价。在 Java API 中标注自己是线程安全的类，大多数都不是绝对的线程安全。我们可以通过 Java API 中一个不是"绝对线程安全"的"线程安全类型"来看看这个语境里的"绝对"究竟是什么意思。

如果说 java.util.Vector 是一个线程安全的容器，相信所有的 Java 程序员对此都不会有异议，因为它的 add()、get() 和 size() 等方法都是被 synchronized 修饰的，尽管这样效率不高，但保证了具备原子性、可见性和有序性。不过，即使它所有的方法都被修饰成 synchronized，也不意味着调用它的时候就永远都不再需要同步手段了，请看看代码清单 13-2 中的测试代码。

**代码清单 13-2　对 Vector 线程安全的测试**

```java
private static Vector<Integer> vector = new Vector<Integer>();

public static void main(String[] args) {
    while (true) {
        for (int i = 0; i < 10; i++) {
            vector.add(i);
        }

        Thread removeThread = new Thread(new Runnable() {
            @Override
            public void run() {
                for (int i = 0; i < vector.size(); i++) {
                    vector.remove(i);
                }
            }
        });

        Thread printThread = new Thread(new Runnable() {
            @Override
            public void run() {
                for (int i = 0; i < vector.size(); i++) {
                    System.out.println((vector.get(i)));
                }
            }
        });

        removeThread.start();
        printThread.start();

        //不要同时产生过多的线程，否则会导致操作系统假死
        while (Thread.activeCount() > 20);
    }
}
```

运行结果如下：

```
Exception in thread "Thread-132" java.lang.ArrayIndexOutOfBoundsException:
Array index out of range: 17
    at java.util.Vector.remove(Vector.java:777)
    at org.fenixsoft.mulithread.VectorTest$1.run(VectorTest.java:21)
    at java.lang.Thread.run(Thread.java:662)
```

很明显，尽管这里使用到的 Vector 的 get()、remove() 和 size() 方法都是同步的，但是在多线程的环境中，如果不在方法调用端做额外的同步措施，使用这段代码仍然是不安全的。因为如果另一个线程恰好在错误的时间里删除了一个元素，导致序号 i 已经不再可用，再用 i 访问数组就会抛出一个 ArrayIndexOutOfBoundsException 异常。如果要保证这段代码能正确执行下去，我们不得不把 removeThread 和 printThread 的定义改成代码清单 13-3 所示的这样。

代码清单 13-3　必须加入同步保证 Vector 访问的线程安全性

```
Thread removeThread = new Thread(new Runnable() {
    @Override
    public void run() {
        synchronized (vector) {
            for (int i = 0; i < vector.size(); i++) {
                vector.remove(i);
            }
        }
    }
});

Thread printThread = new Thread(new Runnable() {
    @Override
    public void run() {
        synchronized (vector) {
            for (int i = 0; i < vector.size(); i++) {
                System.out.println((vector.get(i)));
            }
        }
    }
});
```

假如 Vector 一定要做到绝对的线程安全，那就必须在它内部维护一组一致性的快照访问才行，每次对其中元素进行改动都要产生新的快照，这样要付出的时间和空间成本都是非常大的。

### 3. 相对线程安全

相对线程安全就是我们通常意义上所讲的线程安全，它需要保证对这个对象单次的操作是线程安全的，我们在调用的时候不需要进行额外的保障措施，但是对于一些特定顺序的连续调用，就可能需要在调用端使用额外的同步手段来保证调用的正确性。代码清单 13-2 和代码清单 13-3 就是相对线程安全的案例。

在 Java 语言中，大部分声称线程安全的类都属于这种类型，例如 Vector、HashTable、Collections 的 synchronizedCollection() 方法包装的集合等。

### 4. 线程兼容

线程兼容是指对象本身并不是线程安全的，但是可以通过在调用端正确地使用同步手段来保证对象在并发环境中可以安全地使用。我们平常说一个类不是线程安全的，通常就是指这种情况。Java 类库 API 中大部分的类都是线程兼容的，如与前面的 Vector 和 HashTable 相对应的集合类 ArrayList 和 HashMap 等。

### 5. 线程对立

线程对立是指不管调用端是否采取了同步措施，都无法在多线程环境中并发使用代码。由于 Java 语言天生就支持多线程的特性，线程对立这种排斥多线程的代码是很少出现的，而且通常都是有害的，应当尽量避免。

一个线程对立的例子是 Thread 类的 suspend() 和 resume() 方法。如果有两个线程同时持有一个线程对象，一个尝试去中断线程，一个尝试去恢复线程，在并发进行的情况下，无论调用时是否进行了同步，目标线程都存在死锁风险——假如 suspend() 中断的线程就是即将要执行 resume() 的那个线程，那就肯定要产生死锁了。也正是这个原因，suspend() 和 resume() 方法都已经被声明废弃了。常见的线程对立的操作还有 System.setIn()、Sytem. setOut() 和 System. runFinalizersOnExit() 等。

## 13.2.2 线程安全的实现方法

了解过什么是线程安全之后，紧接着的一个问题就是我们应该如何实现线程安全。这听起来似乎是一件由代码如何编写来决定的事情，不应该出现在讲解 Java 虚拟机的书里。确实，如何实现线程安全与代码编写有很大的关系，但虚拟机提供的同步和锁机制也起到了至关重要的作用。在本节中，如何编写代码实现线程安全，以及虚拟机如何实现同步与锁这两方面都会涉及，相对而言更偏重后者一些，只要读者明白了 Java 虚拟机线程安全措施的原理与运作过程，自己再去思考代码如何编写就不是一件困难的事情了。

### 1. 互斥同步

互斥同步（Mutual Exclusion & Synchronization）是一种最常见也是最主要的并发正确性保障手段。同步是指在多个线程并发访问共享数据时，保证共享数据在同一个时刻只被一条（或者是一些，当使用信号量的时候）线程使用。而互斥是实现同步的一种手段，临界区（Critical Section）、互斥量（Mutex）和信号量（Semaphore）都是常见的互斥实现方式。因此在"互斥同步"这四个字里面，互斥是因，同步是果；互斥是方法，同步是目的。

在 Java 里面，最基本的互斥同步手段就是 synchronized 关键字，这是一种块结构（Block Structured）的同步语法。synchronized 关键字经过 Javac 编译之后，会在同步块的前后分别形成 monitorenter 和 monitorexit 这两个字节码指令。这两个字节码指令都需要一个 reference 类型的参数来指明要锁定和解锁的对象。如果 Java 源码中的 synchronized 明确指定了对象参数，那就以这个对象的引用作为 reference；如果没有明确指定，那将根据 synchronized 修饰的方法类型（如实例方法或类方法），来决定是取代码所在的对象实例还是取类型对应的 Class 对象来作为线程要持有的锁。

根据《Java 虚拟机规范》的要求，在执行 monitorenter 指令时，首先要去尝试获取对象的锁。如果这个对象没被锁定，或者当前线程已经持有了那个对象的锁，就把锁的计数器的值增加一，而在执行 monitorexit 指令时会将锁计数器的值减一。一旦计数器的值为零，锁随即就被释放了。如果获取对象锁失败，那当前线程就应当被阻塞等待，直到请求锁定的对象被持有它的线程释放为止。

从功能上看，根据以上《Java 虚拟机规范》对 monitorenter 和 monitorexit 的行为描述，我们可以得出两个关于 synchronized 的直接推论，这是使用它时需特别注意的：

❑ 被 synchronized 修饰的同步块对同一条线程来说是可重入的。这意味着同一线程反复进入同步块也不会出现自己把自己锁死的情况。

❑ 被 synchronized 修饰的同步块在持有锁的线程执行完毕并释放锁之前，会无条件地阻塞后面其他线程的进入。这意味着无法像处理某些数据库中的锁那样，强制已获取锁的线程释放锁；也无法强制正在等待锁的线程中断等待或超时退出。

从执行成本的角度看，持有锁是一个重量级（Heavy-Weight）的操作。在第 12 章中我们知道了在主流 Java 虚拟机实现中，Java 的线程是映射到操作系统的原生内核线程之上的，如果要阻塞或唤醒一条线程，则需要操作系统来帮忙完成，这就不可避免地陷入用户态到核心态的转换中，进行这种状态转换需要耗费很多的处理器时间。尤其是对于代码特别简单的同步块（譬如被 synchronized 修饰的 getter() 或 setter() 方法），状态转换消耗的时间甚至会比用户代码本身执行的时间还要长。因此才说，synchronized 是 Java 语言中一个重量级的操作，有经验的程序员都只会在确实必要的情况下才使用这种操作。而虚拟机本身也会进行一些优化，譬如在通知操作系统阻塞线程之前加入一段自旋等待过程，以避免频繁地切入核心态之中。稍后我们会专门介绍 Java 虚拟机锁优化的措施。

从上面的介绍中我们可以看到 synchronized 的局限性，除了 synchronized 关键字以外，自 JDK 5 起（实现了 JSR 166 ⊖），Java 类库中新提供了 java.util.concurrent 包（下文称 J.U.C 包），其中的 java.util.concurrent.locks.Lock 接口便成了 Java 的另一种全新的互斥同步手段。基于 Lock 接口，用户能够以非块结构（Non-Block Structured）来实现互斥同步，从而摆脱了语言特性的束缚，改为在类库层面去实现同步，这也为日后扩展出不同调度算法、不同特征、不同性能、不同语义的各种锁提供了广阔的空间。

重入锁（ReentrantLock）是 Lock 接口最常见的一种实现⊜，顾名思义，它与 synchronized 一样是可重入⊜的。在基本用法上，ReentrantLock 也与 synchronized 很相似，只是代码写

---

⊖ JSR 166: Concurrency Utilities.

⊜ 还有另外一种常见的实现——重入读写锁（ReentrantReadWriteLock，尽管名字看起来很像，但它并不是 ReentrantLock 的子类），由于本书的主题是 Java 虚拟机而不是 Java 并发编程，因此仅以 ReentrantLock 为例来进行讲解，ReentrantReadWriteLock 就不再介绍了。

⊜ 可重入性是指一条线程能够反复进入被它自己持有锁的同步块的特性，即锁关联的计数器，如果持有锁的线程再次获得它，则将计数器的值加一，每次释放锁时计数器的值减一，当计数器的值为零时，才能真正释放锁。

法上稍有区别而已。不过，ReentrantLock 与 synchronized 相比增加了一些高级功能，主要有以下三项：等待可中断、可实现公平锁及锁可以绑定多个条件。

❑ **等待可中断**：是指当持有锁的线程长期不释放锁的时候，正在等待的线程可以选择放弃等待，改为处理其他事情。可中断特性对处理执行时间非常长的同步块很有帮助。

❑ **公平锁**：是指多个线程在等待同一个锁时，必须按照申请锁的时间顺序来依次获得锁；而非公平锁则不保证这一点，在锁被释放时，任何一个等待锁的线程都有机会获得锁。synchronized 中的锁是非公平的，ReentrantLock 在默认情况下也是非公平的，但可以通过带布尔值的构造函数要求使用公平锁。不过一旦使用了公平锁，将会导致 ReentrantLock 的性能急剧下降，会明显影响吞吐量。

❑ **锁绑定多个条件**：是指一个 ReentrantLock 对象可以同时绑定多个 Condition 对象。在 synchronized 中，锁对象的 wait() 跟它的 notify() 或者 notifyAll() 方法配合可以实现一个隐含的条件，如果要和多于一个的条件关联的时候，就不得不额外添加一个锁；而 ReentrantLock 则无须这样做，多次调用 newCondition() 方法即可。

如果需要使用上述功能，使用 ReentrantLock 是一个很好的选择，那如果是基于性能考虑呢？synchronized 对性能的影响，尤其在 JDK 5 之前是很显著的，为此在 JDK 6 中还专门进行过针对性的优化。以 synchronized 和 ReentrantLock 的性能对比为例，Brian Goetz 对这两种锁在 JDK 5、单核处理器及双 Xeon 处理器环境下做了一组吞吐量对比的实验[θ]，实验结果如图 13-1 和图 13-2 所示。

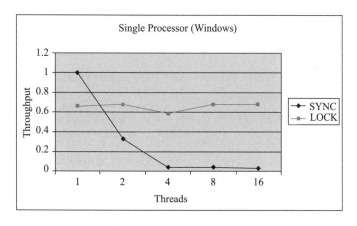

图 13-1　JDK 5、单核处理器下两种锁的吞吐量对比

---

θ　本例中的数据及图片来源于 Brian Goetz 为 IBM developerWorks 撰写的文章：《Java theory and practice: More flexible, scalable locking in JDK 5.0》，原文地址是：http://www.ibm.com/developerworks/java/library/ j-jtp10264/?S_TACT=105AGX52&S_CMP=cn-a-j。

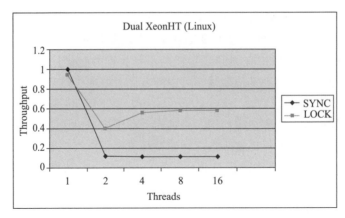

图 13-2　JDK 5、双 Xeon 处理器下两种锁的吞吐量对比

从图 13-1 和图 13-2 中可以看出，多线程环境下 synchronized 的吞吐量下降得非常严重，而 ReentrantLock 则能基本保持在同一个相对稳定的水平上。但与其说 ReentrantLock 性能好，倒不如说当时的 synchronized 有非常大的优化余地，后续的技术发展也证明了这一点。当 JDK 6 中加入了大量针对 synchronized 锁的优化措施（下一节我们就会讲解这些优化措施）之后，相同的测试中就发现 synchronized 与 ReentrantLock 的性能基本上能够持平。相信现在阅读本书的读者所开发的程序应该都是使用 JDK 6 或以上版本来部署的，所以性能已经不再是选择 synchronized 或者 ReentrantLock 的决定因素。

根据上面的讨论，ReentrantLock 在功能上是 synchronized 的超集，在性能上又至少不会弱于 synchronized，那 synchronized 修饰符是否应该被直接抛弃，不再使用了呢？当然不是，基于以下理由，笔者仍然推荐在 synchronized 与 ReentrantLock 都可满足需要时优先使用 synchronized：

❏ synchronized 是在 Java 语法层面的同步，足够清晰，也足够简单。每个 Java 程序员都熟悉 synchronized，但 J.U.C 中的 Lock 接口则并非如此。因此在只需要基础的同步功能时，更推荐 synchronized。

❏ Lock 应该确保在 finally 块中释放锁，否则一旦受同步保护的代码块中抛出异常，则有可能永远不会释放持有的锁。这一点必须由程序员自己来保证，而使用 synchronized 的话则可以由 Java 虚拟机来确保即使出现异常，锁也能被自动释放。

❏ 尽管在 JDK 5 时代 ReentrantLock 曾经在性能上领先过 synchronized，但这已经是十多年之前的胜利了。从长远来看，Java 虚拟机更容易针对 synchronized 来进行优化，因为 Java 虚拟机可以在线程和对象的元数据中记录 synchronized 中锁的相关信息，而使用 J.U.C 中的 Lock 的话，Java 虚拟机是很难得知具体哪些锁对象是由特定线程锁持有的。

### 2. 非阻塞同步

互斥同步面临的主要问题是进行线程阻塞和唤醒所带来的性能开销，因此这种同步也被称为阻塞同步（Blocking Synchronization）。从解决问题的方式上看，互斥同步属于一种悲观的并发策略，其总是认为只要不去做正确的同步措施（例如加锁），那就肯定会出现问题，无论共享的数据是否真的会出现竞争，它都会进行加锁（这里讨论的是概念模型，实际上虚拟机会优化掉很大一部分不必要的加锁），这将会导致用户态到核心态转换、维护锁计数器和检查是否有被阻塞的线程需要被唤醒等开销。随着硬件指令集的发展，我们已经有了另外一个选择：基于冲突检测的乐观并发策略，通俗地说就是不管风险，先进行操作，如果没有其他线程争用共享数据，那操作就直接成功了；如果共享的数据的确被争用，产生了冲突，那再进行其他的补偿措施，最常用的补偿措施是不断地重试，直到出现没有竞争的共享数据为止。这种乐观并发策略的实现不再需要把线程阻塞挂起，因此这种同步操作被称为非阻塞同步（Non-Blocking Synchronization），使用这种措施的代码也常被称为无锁（Lock-Free）编程。

为什么笔者说使用乐观并发策略需要"硬件指令集的发展"？因为我们必须要求操作和冲突检测这两个步骤具备原子性。靠什么来保证原子性？如果这里再使用互斥同步来保证就完全失去意义了，所以我们只能靠硬件来实现这件事情，硬件保证某些从语义上看起来需要多次操作的行为可以只通过一条处理器指令就能完成，这类指令常用的有：

❑ 测试并设置（Test-and-Set）；
❑ 获取并增加（Fetch-and-Increment）；
❑ 交换（Swap）；
❑ 比较并交换（Compare-and-Swap，下文称 CAS）；
❑ 加载链接 / 条件储存（Load-Linked / Store-Conditional，下文称 LL/SC）。

其中，前面的三条是 20 世纪就已经存在于大多数指令集之中的处理器指令，后面的两条是现代处理器新增的，而且这两条指令的目的和功能也是类似的。在 IA64、x86 指令集中有用 cmpxchg 指令完成的 CAS 功能，在 SPARC-TSO 中也有用 casa 指令实现的，而在 ARM 和 PowerPC 架构下，则需要使用一对 ldrex/strex 指令来完成 LL/SC 的功能。因为 Java 里最终暴露出来的是 CAS 操作，所以我们以 CAS 指令为例进行讲解。

CAS 指令需要有三个操作数，分别是内存位置（在 Java 中可以简单地理解为变量的内存地址，用 V 表示）、旧的预期值（用 A 表示）和准备设置的新值（用 B 表示）。CAS 指令执行时，当且仅当 V 符合 A 时，处理器才会用 B 更新 V 的值，否则它就不执行更新。但是，不管是否更新了 V 的值，都会返回 V 的旧值，上述的处理过程是一个原子操作，执行期间不会被其他线程中断。

在 JDK 5 之后，Java 类库中才开始使用 CAS 操作，该操作由 sun.misc.Unsafe 类里面的 compareAndSwapInt() 和 compareAndSwapLong() 等几个方法包装提供。HotSpot 虚拟机在内部对这些方法做了特殊处理，即时编译出来的结果就是一条平台相关的处理器 CAS 指令，没有方法调用的过程，或者可以认为是无条件内联进去了⊖。不过由于 Unsafe 类在设

---

⊖　这种被虚拟机特殊处理的方法称为固有函数（Intrinsics）优化，类似的固有函数还有 Math 类的一系列算数计算函数、Object 的构造函数等，目前已有数百个，具体的清单（以 JDK 9 为例）可以见：https://gist.github.com/apangin/8bc69f06879a86163e490a61931b37e8。

计上就不是提供给用户程序调用的类（Unsafe::getUnsafe() 的代码中限制了只有启动类加载器（Bootstrap ClassLoader）加载的 Class 才能访问它），因此在 JDK 9 之前只有 Java 类库可以使用 CAS，譬如 J.U.C 包里面的整数原子类，其中的 compareAndSet() 和 getAndIncrement() 等方法都使用了 Unsafe 类的 CAS 操作来实现。而如果用户程序也有使用 CAS 操作的需求，那要么就采用反射手段突破 Unsafe 的访问限制，要么就只能通过 Java 类库 API 来间接使用它。直到 JDK 9 之后，Java 类库才在 VarHandle 类里开放了面向用户程序使用的CAS 操作。

下面笔者将用一段在前面章节中没有解决的问题代码来介绍如何通过 CAS 操作避免阻塞同步。测试的代码如代码清单 12-1 所示，为了节省版面笔者就不重复贴到这里了。这段代码里我们曾经通过 20 个线程自增 10000 次的操作来证明 volatile 变量不具备原子性，那么如何才能让它具备原子性呢？之前我们的解决方案是把 race++ 操作或 increase() 方法用同步块包裹起来，这毫无疑问是一个解决方案，但是如果改成代码清单 13-4 所示的写法，效率将会提高许多。

**代码清单 13-4　Atomic 的原子自增运算**

```java
/**
 * Atomic变量自增运算测试
 *
 * @author zzm
 */
public class AtomicTest {

    public static AtomicInteger race = new AtomicInteger(0);

    public static void increase() {
        race.incrementAndGet();
    }

    private static final int THREADS_COUNT = 20;

    public static void main(String[] args) throws Exception {
        Thread[] threads = new Thread[THREADS_COUNT];
        for (int i = 0; i < THREADS_COUNT; i++) {
            threads[i] = new Thread(new Runnable() {
                @Override
                public void run() {
                    for (int i = 0; i < 10000; i++) {
                        increase();
                    }
                }
            });
            threads[i].start();
        }
        while (Thread.activeCount() > 1)
            Thread.yield();
```

```
        System.out.println(race);
    }
}
```

运行结果如下：

```
200000
```

使用 AtomicInteger 代替 int 后，程序输出了正确的结果，这一切都要归功于 incrementAndGet()
方法的原子性。它的实现其实非常简单，如代码清单 13-5 所示。

**代码清单 13-5　incrementAndGet() 方法的 JDK 源码**

```
/**
 * Atomically increment by one the current value.
 * @return the updated value
 */
public final int incrementAndGet() {
    for (;;) {
        int current = get();
        int next = current + 1;
        if (compareAndSet(current, next))
            return next;
    }
}
```

incrementAndGet() 方法在一个无限循环中，不断尝试将一个比当前值大一的新值赋值
给自己。如果失败了，那说明在执行 CAS 操作的时候，旧值已经发生改变，于是再次循环
进行下一次操作，直到设置成功为止。

尽管 CAS 看起来很美好，既简单又高效，但显然这种操作无法涵盖互斥同步的所有
使用场景，并且 CAS 从语义上来说并不是真正完美的，它存在一个逻辑漏洞：如果一个变
量 V 初次读取的时候是 A 值，并且在准备赋值的时候检查到它仍然为 A 值，那就能说明
它的值没有被其他线程改变过了吗？这是不能的，因为如果在这段期间它的值曾经被改成
B，后来又被改回为 A，那 CAS 操作就会误认为它从来没有被改变过。这个漏洞称为 CAS
操作的 "ABA 问题"。J.U.C 包为了解决这个问题，提供了一个带有标记的原子引用类
AtomicStampedReference，它可以通过控制变量值的版本来保证 CAS 的正确性。不过目前
来说这个类处于相当鸡肋的位置，大部分情况下 ABA 问题不会影响程序并发的正确性，如
果需要解决 ABA 问题，改用传统的互斥同步可能会比原子类更为高效。

### 3. 无同步方案

要保证线程安全，也并非一定要进行阻塞或非阻塞同步，同步与线程安全两者没有必
然的联系。同步只是保障存在共享数据争用时正确性的手段，如果能让一个方法本来就不

涉及共享数据，那它自然就不需要任何同步措施去保证其正确性，因此会有一些代码天生就是线程安全的，笔者简单介绍其中的两类。

可重入代码（Reentrant Code）：这种代码又称纯代码（Pure Code），是指可以在代码执行的任何时刻中断它，转而去执行另外一段代码（包括递归调用它本身），而在控制权返回后，原来的程序不会出现任何错误，也不会对结果有所影响。在特指多线程的上下文语境里（不涉及信号量等因素⊖），我们可以认为可重入代码是线程安全代码的一个真子集，这意味着相对线程安全来说，可重入性是更为基础的特性，它可以保证代码线程安全，即所有可重入的代码都是线程安全的，但并非所有的线程安全的代码都是可重入的。

可重入代码有一些共同的特征，例如，不依赖全局变量、存储在堆上的数据和公用的系统资源，用到的状态量都由参数中传入，不调用非可重入的方法等。我们可以通过一个比较简单的原则来判断代码是否具备可重入性：如果一个方法的返回结果是可以预测的，只要输入了相同的数据，就都能返回相同的结果，那它就满足可重入性的要求，当然也就是线程安全的。

线程本地存储（Thread Local Storage）：如果一段代码中所需要的数据必须与其他代码共享，那就看看这些共享数据的代码是否能保证在同一个线程中执行。如果能保证，我们就可以把共享数据的可见范围限制在同一个线程之内，这样，无须同步也能保证线程之间不出现数据争用的问题。

符合这种特点的应用并不少见，大部分使用消费队列的架构模式（如"生产者－消费者"模式）都会将产品的消费过程限制在一个线程中消费完，其中最重要的一种应用实例就是经典 Web 交互模型中的"一个请求对应一个服务器线程"（Thread-per-Request）的处理方式，这种处理方式的广泛应用使得很多 Web 服务端应用都可以使用线程本地存储来解决线程安全问题。

Java 语言中，如果一个变量要被多线程访问，可以使用 volatile 关键字将它声明为"易变的"；如果一个变量只要被某个线程独享，Java 中就没有类似 C++ 中 __declspec(thread) ⊜ 这样的关键字去修饰，不过我们还是可以通过 java.lang.ThreadLocal 类来实现线程本地存储的功能。每一个线程的 Thread 对象中都有一个 ThreadLocalMap 对象，这个对象存储了一组以 ThreadLocal.threadLocalHashCode 为键，以本地线程变量为值的 K-V 值对，ThreadLocal 对象就是当前线程的 ThreadLocalMap 的访问入口，每一个 ThreadLocal 对象都包含了一个独一无二的 threadLocalHashCode 值，使用这个值就可以在线程 K-V 值对中找回对应的本地线程变量。

---

⊖　如果不加限制前提且考虑所有情况，那可重入性和线程安全性其实不是可以互相比较的性质。另外，在维基百科上对可重入代码的判定中列举过"Reentrant but not thread-safe"的例子，但该例子中的可重入代码与目前我们通常所说的可重入代码（不依赖全局资源）有差异，笔者并未采用维基百科上的结论，而是在脚注中做出提示。

⊜　在 Visual C++ 中是"__declspec(thread)"关键字，在 GCC 中是"__thread"。

## 13.3　锁优化

高效并发是从 JDK 5 升级到 JDK 6 后一项重要的改进项，HotSpot 虚拟机开发团队在这个版本上花费了大量的资源去实现各种锁优化技术，如适应性自旋（Adaptive Spinning）、锁消除（Lock Elimination）、锁粗化（Lock Coarsening）、轻量级锁（Lightweight Locking）、偏向锁（Biased Locking）等，这些技术都是为了在线程之间更高效地共享数据及解决竞争问题，从而提高程序的执行效率。

### 13.3.1　自旋锁与自适应自旋

前面我们讨论互斥同步的时候，提到了互斥同步对性能最大的影响是阻塞的实现，挂起线程和恢复线程的操作都需要转入内核态中完成，这些操作给 Java 虚拟机的并发性能带来了很大的压力。同时，虚拟机的开发团队也注意到在许多应用上，共享数据的锁定状态只会持续很短的一段时间，为了这段时间去挂起和恢复线程并不值得。现在绝大多数的个人电脑和服务器都是多路（核）处理器系统，如果物理机器有一个以上的处理器或者处理器核心，能让两个或以上的线程同时并行执行，我们就可以让后面请求锁的那个线程"稍等一会"，但不放弃处理器的执行时间，看看持有锁的线程是否很快就会释放锁。为了让线程等待，我们只须让线程执行一个忙循环（自旋），这项技术就是所谓的自旋锁。

自旋锁在 JDK 1.4.2 中就已经引入，只不过默认是关闭的，可以使用 -XX:+UseSpinning 参数来开启，在 JDK 6 中就已经改为默认开启了。自旋等待不能代替阻塞，且先不说对处理器数量的要求，自旋等待本身虽然避免了线程切换的开销，但它是要占用处理器时间的，所以如果锁被占用的时间很短，自旋等待的效果就会非常好，反之如果锁被占用的时间很长，那么自旋的线程只会白白消耗处理器资源，而不会做任何有价值的工作，这就会带来性能的浪费。因此自旋等待的时间必须有一定的限度，如果自旋超过了限定的次数仍然没有成功获得锁，就应当使用传统的方式去挂起线程。自旋次数的默认值是十次，用户也可以使用参数 -XX:PreBlockSpin 来自行更改。

不过无论是默认值还是用户指定的自旋次数，对整个 Java 虚拟机中所有的锁来说都是相同的。在 JDK 6 中对自旋锁的优化，引入了自适应的自旋。自适应意味着自旋的时间不再是固定的了，而是由前一次在同一个锁上的自旋时间及锁的拥有者的状态来决定的。如果在同一个锁对象上，自旋等待刚刚成功获得过锁，并且持有锁的线程正在运行中，那么虚拟机就会认为这次自旋也很有可能再次成功，进而允许自旋等待持续相对更长的时间，比如持续 100 次忙循环。另一方面，如果对于某个锁，自旋很少成功获得过锁，那在以后要获取这个锁时将有可能直接省略掉自旋过程，以避免浪费处理器资源。有了自适应自旋，随着程序运行时间的增长及性能监控信息的不断完善，虚拟机对程序锁的状况预测就会越来越精准，虚拟机就会变得越来越"聪明"了。

### 13.3.2　锁消除

锁消除是指虚拟机即时编译器在运行时检测到某段需要同步的代码根本不可能存在共享数据竞争而实施的一种对锁进行消除的优化策略。锁消除的主要判定依据来源于逃逸分析的数据支持（第 11 章已经讲解过逃逸分析技术），如果判断到一段代码中，在堆上的所有数据都不会逃逸出去被其他线程访问到，那就可以把它们当作栈上数据对待，认为它们是线程私有的，同步加锁自然就无须再进行。

也许读者会有疑问，变量是否逃逸，对于虚拟机来说是需要使用复杂的过程间分析才能确定的，但是程序员自己应该是很清楚的，怎么会在明知道不存在数据争用的情况下还要求同步呢？这个问题的答案是：有许多同步措施并不是程序员自己加入的，同步的代码在 Java 程序中出现的频繁程度也许超过了大部分读者的想象。我们来看看如代码清单 13-6 所示的例子，这段非常简单的代码仅仅是输出三个字符串相加的结果，无论是源代码字面上，还是程序语义上都没有进行同步。

代码清单 13-6　一段看起来没有同步的代码

```
public String concatString(String s1, String s2, String s3) {
    return s1 + s2 + s3;
}
```

我们也知道，由于 String 是一个不可变的类，对字符串的连接操作总是通过生成新的 String 对象来进行的，因此 Javac 编译器会对 String 连接做自动优化。在 JDK 5 之前，字符串加法会转化为 StringBuffer 对象的连续 append() 操作，在 JDK 5 及以后的版本中，会转化为 StringBuilder 对象的连续 append() 操作。即代码清单 13-6 所示的代码可能会变成代码清单 13-7 所示的样子⊖。

代码清单 13-7　Javac 转化后的字符串连接操作

```
public String concatString(String s1, String s2, String s3) {
    StringBuffer sb = new StringBuffer();
    sb.append(s1);
    sb.append(s2);
    sb.append(s3);
    return sb.toString();
}
```

现在大家还认为这段代码没有涉及同步吗？每个 StringBuffer.append() 方法中都有一个同步块，锁就是 sb 对象。虚拟机观察变量 sb，经过逃逸分析后会发现它的动态作用域被限制在 concatString() 方法内部。也就是 sb 的所有引用都永远不会逃逸到 concatString() 方法

---

⊖　客观地说，既然谈到锁消除与逃逸分析，那虚拟机就不可能是 JDK 5 之前的版本，所以实际上会转化为非线程安全的 StringBuilder 来完成字符串拼接，并不会加锁。但是这也不影响笔者用这个例子证明 Java 对象中同步的普遍性。

之外，其他线程无法访问到它，所以这里虽然有锁，但是可以被安全地消除掉。在解释执行时这里仍然会加锁，但在经过服务端编译器的即时编译之后，这段代码就会忽略所有的同步措施而直接执行。

### 13.3.3　锁粗化

原则上，我们在编写代码的时候，总是推荐将同步块的作用范围限制得尽量小——只在共享数据的实际作用域中才进行同步，这样是为了使得需要同步的操作数量尽可能变少，即使存在锁竞争，等待锁的线程也能尽可能快地拿到锁。

大多数情况下，上面的原则都是正确的，但是如果一系列的连续操作都对同一个对象反复加锁和解锁，甚至加锁操作是出现在循环体之中的，那即使没有线程竞争，频繁地进行互斥同步操作也会导致不必要的性能损耗。

代码清单 13-7 所示连续的 append() 方法就属于这类情况。如果虚拟机探测到有这样一串零碎的操作都对同一个对象加锁，将会把加锁同步的范围扩展（粗化）到整个操作序列的外部，以代码清单 13-7 为例，就是扩展到第一个 append() 操作之前直至最后一个 append() 操作之后，这样只需要加锁一次就可以了。

### 13.3.4　轻量级锁

轻量级锁是 JDK 6 时加入的新型锁机制，它名字中的"轻量级"是相对于使用操作系统互斥量来实现的传统锁而言的，因此传统的锁机制就被称为"重量级"锁。不过，需要强调一点，轻量级锁并不是用来代替重量级锁的，它设计的初衷是在没有多线程竞争的前提下，减少传统的重量级锁使用操作系统互斥量产生的性能消耗。

要理解轻量级锁，以及后面会讲到的偏向锁的原理和运作过程，必须要对 HotSpot 虚拟机对象的内存布局（尤其是对象头部分）有所了解。HotSpot 虚拟机的对象头（Object Header）分为两部分，第一部分用于存储对象自身的运行时数据，如哈希码（HashCode）、GC 分代年龄（Generational GC Age）等。这部分数据的长度在 32 位和 64 位的 Java 虚拟机中分别会占用 32 个或 64 个比特，官方称它为"Mark Word"。这部分是实现轻量级锁和偏向锁的关键。另外一部分用于存储指向方法区对象类型数据的指针，如果是数组对象，还会有一个额外的部分用于存储数组长度。这些对象内存布局的详细内容，我们已经在第 2 章中学习过，在此不再赘述，只针对锁的角度做进一步细化。

由于对象头信息是与对象自身定义的数据无关的额外存储成本，考虑到 Java 虚拟机的空间使用效率，Mark Word 被设计成一个非固定的动态数据结构，以便在极小的空间内存储尽量多的信息。它会根据对象的状态复用自己的存储空间。例如在 32 位的 HotSpot 虚拟机中，对象未被锁定的状态下，Mark Word 的 32 个比特空间里的 25 个比特将用于存储对象哈希码，4 个比特用于存储对象分代年龄，2 个比特用于存储锁标志位，还有 1 个比特固定为 0（这表示未进入偏向模式）。对象除了未被锁定的正常状态外，还有轻量级锁定、

重量级锁定、GC 标记、可偏向等几种不同状态，这些状态下对象头的存储内容如表 13-1
所示。

表 13-1　HotSpot 虚拟机对象头 Mark Word

| 锁状态 | 32bit | | | | |
| --- | --- | --- | --- | --- | --- |
| | 25bit | | 4bit | 1bit | 2bit |
| | 23bit | 2bit | | 偏向模式 | 标志位 |
| 未锁定 | 对象哈希码 | | 分代年龄 | 0 | 01 |
| 轻量级锁定 | 指向调用栈中锁记录的指针 | | | | 00 |
| 重量级锁定（锁膨胀） | 指向重量级锁的指针 | | | | 10 |
| GC 标记 | 空 | | | | 11 |
| 可偏向 | 线程 ID | Epoch | 分代年龄 | 1 | 01 |

我们简单回顾了对象的内存布局后，接下来就可以介绍轻量级锁的工作过程了：在代
码即将进入同步块的时候，如果此同步对象没有被锁定（锁标志位为 "01" 状态），虚拟机
首先将在当前线程的栈帧中建立一个名为锁记录（Lock Record）的空间，用于存储锁对象
目前的 Mark Word 的拷贝（官方为这份拷贝加了一个 Displaced 前缀，即 Displaced Mark
Word），这时候线程堆栈与对象头的状态如图 13-3 所示。

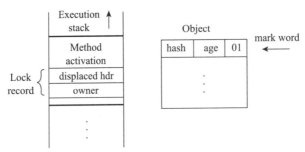

图 13-3　轻量级锁 CAS 操作之前堆栈与对象的状态⊖

然后，虚拟机将使用 CAS 操作尝试把对象的 Mark Word 更新为指向 Lock Record 的指
针。如果这个更新动作成功了，即代表该线程拥有了这个对象的锁，并且对象 Mark Word
的锁标志位（Mark Word 的最后两个比特）将转变为 "00"，表示此对象处于轻量级锁定状
态。这时候线程堆栈与对象头的状态如图 13-4 所示。

如果这个更新操作失败了，那就意味着至少存在一条线程与当前线程竞争获取该对象
的锁。虚拟机首先会检查对象的 Mark Word 是否指向当前线程的栈帧，如果是，说明当前

---

⊖　图 13-3 和图 13-4 来源于 HotSpot 虚拟机的高级工程师 Paul Hohensee 所写的演示文档《The Hotspot
Java Virtual Machine》。

线程已经拥有了这个对象的锁，那直接进入同步块继续执行就可以了，否则就说明这个锁对象已经被其他线程抢占了。如果出现两条以上的线程争用同一个锁的情况，那轻量级锁就不再有效，必须要膨胀为重量级锁，锁标志的状态值变为"10"，此时 Mark Word 中存储的就是指向重量级锁（互斥量）的指针，后面等待锁的线程也必须进入阻塞状态。

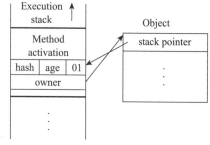

图 13-4　轻量级锁 CAS 操作之后堆栈与对象的状态

上面描述的是轻量级锁的加锁过程，它的解锁过程也同样是通过 CAS 操作来进行的，如果对象的 Mark Word 仍然指向线程的锁记录，那就用 CAS 操作把对象当前的 Mark Word 和线程中复制的 Displaced Mark Word 替换回来。假如能够成功替换，那整个同步过程就顺利完成了；如果替换失败，则说明有其他线程尝试过获取该锁，就要在释放锁的同时，唤醒被挂起的线程。

轻量级锁能提升程序同步性能的依据是"对于绝大部分的锁，在整个同步周期内都是不存在竞争的"这一经验法则。如果没有竞争，轻量级锁便通过 CAS 操作成功避免了使用互斥量的开销；但如果确实存在锁竞争，除了互斥量的本身开销外，还额外发生了 CAS 操作的开销。因此在有竞争的情况下，轻量级锁反而会比传统的重量级锁更慢。

### 13.3.5　偏向锁

偏向锁也是 JDK 6 中引入的一项锁优化措施，它的目的是消除数据在无竞争情况下的同步原语，进一步提高程序的运行性能。如果说轻量级锁是在无竞争的情况下使用 CAS 操作去消除同步使用的互斥量，那偏向锁就是在无竞争的情况下把整个同步都消除掉，连 CAS 操作都不去做了。

偏向锁中的"偏"，就是偏心的"偏"、偏袒的"偏"。它的意思是这个锁会偏向于第一个获得它的线程，如果在接下来的执行过程中，该锁一直没有被其他的线程获取，则持有偏向锁的线程将永远不需要再进行同步。

如果读者理解了前面轻量级锁中关于对象头 Mark Word 与线程之间的操作过程，那偏向锁的原理就会很容易理解。假设当前虚拟机启用了偏向锁（启用参数 -XX:+UseBiasedLocking，这是自 JDK 6 起 HotSpot 虚拟机的默认值），那么当锁对象第一次被线程获取的时候，虚拟机将会把对象头中的标志位设置为"01"、把偏向模式设置为"1"，表示进入偏向模式，并使用 CAS 操作把获取到这个锁的线程的 ID 记录在对象的 Mark Word 之中。如果 CAS 操作成功，持有偏向锁的线程以后每次进入这个锁相关的同步块时，虚拟机都可以不再进行任何同步操作（例如加锁、解锁及对 Mark Word 的更新操作等）。

一旦出现另外一个线程去尝试获取这个锁的情况，偏向模式就马上宣告结束。根据锁对象目前是否处于被锁定的状态决定是否撤销偏向（偏向模式设置为"0"），撤销后标志位恢复到未锁定（标志位为"01"）或轻量级锁定（标志位为"00"）的状态，后续的同步操作就按照上面介绍的轻量级锁那样去执行。偏向锁、轻量级锁的状态转化及对象 Mark Word 的关系如图 13-5 所示。

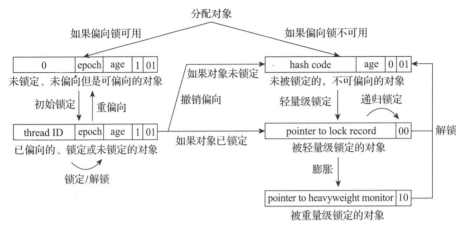

图 13-5  偏向锁、轻量级锁的状态转化及对象 Mark Word 的关系

细心的读者看到这里可能会发现一个问题：当对象进入偏向状态的时候，Mark Word 大部分的空间（23 个比特）都用于存储持有锁的线程 ID 了，这部分空间占用了原有存储对象哈希码的位置，那原来对象的哈希码怎么办呢？

在 Java 语言里面一个对象如果计算过哈希码，就应该一直保持该值不变（强烈推荐但不强制，因为用户可以重载 hashCode() 方法按自己的意愿返回哈希码），否则很多依赖对象哈希码的 API 都可能存在出错风险。而作为绝大多数对象哈希码来源的 Object::hashCode() 方法，返回的是对象的一致性哈希码（Identity Hash Code），这个值是能强制保证不变的，它通过在对象头中存储计算结果来保证第一次计算之后，再次调用该方法取到的哈希码值永远不会再发生改变。因此，当一个对象已经计算过一致性哈希码后，它就再也无法进入偏向锁状态了；而当一个对象当前正处于偏向锁状态，又收到需要计算其一致性哈希码请求⊖时，它的偏向状态会被立即撤销，并且锁会膨胀为重量级锁。在重量级锁的实现中，对象头指向了重量级锁的位置，代表重量级锁的 ObjectMonitor 类里有字段可以记录非加锁状态（标志位为 "01"）下的 Mark Word，其中自然可以存储原来的哈希码。

偏向锁可以提高带有同步但无竞争的程序性能，但它同样是一个带有效益权衡（Trade Off）性质的优化，也就是说它并非总是对程序运行有利。如果程序中大多数的锁都总是被多个不同的线程访问，那偏向模式就是多余的。在具体问题具体分析的前提下，有时候使用参数 -XX:-UseBiasedLocking 来禁止偏向锁优化反而可以提升性能。

---

⊖  注意，这里说的计算请求应来自于对 Object::hashCode() 或者 System::identityHashCode(Object) 方法的调用，如果重写了对象的 hashCode() 方法，计算哈希码时并不会产生这里所说的请求。

## 13.4　本章小结

本章介绍了线程安全所涉及的概念和分类、同步实现的方式及虚拟机的底层运作原理，并且介绍了虚拟机为实现高效并发所做的一系列锁优化措施。

能够写出高性能、高伸缩性的并发程序是一门艺术，而了解并发在系统底层是如何实现的，则是掌握这门艺术的前提条件，也是成长为高级程序员的必备知识之一。

# 在 Windows 系统下编译 OpenJDK 6

这是本书第 1 版中介绍如何在 Windows 下编译 OpenJDK 6 的例子，里面的部分内容现在已经过时了（例如安装 Plug 部分），但对在 Windows 上构建安装环境和进行较老版本的 OpenJDK 编译还是有一定参考意义的，所以笔者并没有把它删除，而是挪到附录之中。

## A.1 获取 JDK 源码

首先确定要使用的 JDK 版本，OpenJDK 6 和 OpenJDK 7 都是开源的，源码都可以在它们的主页（http://openjdk.java.net/）上找到。OpenJDK 6 的源码其实是从 OpenJDK 7 的某个基线中引出的，然后剥离 JDK 1.7 相关的代码，从而得到一份可以通过 TCK 6 的 JDK 1.6 实现，因此直接编译 OpenJDK 7 会更加"原汁原味"一些，其实这两个版本的编译过程差异并不大。

获取源码有两种方式：一是通过 Mercurial 代码版本管理工具从 Repository 中直接取得源码（Repository 地址：http://hg.openjdk.java.net/jdk7/jdk7），这是最直接的方式，从版本管理中看变更轨迹比看什么 Release Note 都来得实在，不过太麻烦了一些，尤其是 Mercurial 远不如 SVN、ClearCase 或 CVS 之类的版本控制工具那样普及；另外一种就是直接下载官方打包好的源码包了，可以从 Source Releases 页面（地址：http://download.java.net/openjdk/jdk7/）取得打包好的源码，一般来说大概一个月左右会更新一次，虽然不够及时，但的确方便了许多。笔者下载的是 OpenJDK 7 Early Access Source Build b121 版，2010 年 12 月 9 日发布的，大概 81.7MB，解压出来约 308MB。

## A.2　系统需求

如果可能，笔者建议尽量在 Linux 或 Solaris 上构建 OpenJDK，这要比在 Windows 平台上轻松许多，而且网上能找到的资料绝大部分都是在 Linux 上编译的。如果一定要在 Windows 平台上编译，建议读者认真阅读一下源码中的 README-builds.html 文档（无论在 OpenJDK 网站上还是在下载的源码包里面都有这份文档），因为编译过程中需要注意的细节非常多。虽然不至于像文档上所描述的 "Building the source code for the JDK requires a high level of technical expertise. Sun provides the source code primarily for technical experts who want to conduct research（编译 JDK 需要很高的专业技术，Sun 提供 JDK 源码是为了供技术专家进行研究之用）"那么夸张，但是如果读者是第一次编译，那在上面耗费一整天乃至更多的时间都很正常。

笔者在本次实战中演示的是在 32 位 Windows 7 平台下编译 x86 版的 OpenJDK（也就是 32 位的 JDK），如果需要编译 x64 版，那毫无疑问也需要一个 64 位的操作系统。另外编译涉及的所有文件都必须存放在 NTFS 格式的文件系统中，因为 FAT32 格式无法支持大小写敏感的文件名。官方文档上写道：编译至少需要 512MB 的内存和 600MB 的磁盘空间。如果读者耐心很好的话，512MB 的内存也可以凑合使用，不过 600MB 的磁盘空间仅仅是指存放 OpenJDK 源码和相关依赖项的空间，要完成编译，600MB 肯定是无论如何都不够的。这次实战中所下载的工具、依赖项、源码，全部安装、解压完成最少（"最少"是指只下载 C++ 编译器，不下载 VS 的 IDE）需要 1GB 的空间。

对系统的最后一点要求就是所有的文件，包括源码和依赖项目，都不要放在包含中文或空格的目录里面，这样做不是一定不可以，只是这样会为后续建立 CYGWIN 环境带来很多额外的工作。这是由于 Linux 和 Windows 的磁盘路径差别所导致的，我们也没有必要自己给自己找麻烦。

## A.3　构建编译环境

准备编译环境的第一步是安装一个 CYGWIN ⊖。这是一个在 Windows 平台下模拟 Linux 运行环境的软件，提供了一系列的 Linux 命令支持。需要 CYGWIN 的原因是，在编译中要使用 GNU Make 来执行 Makefile 文件（C/C++ 程序员肯定很熟悉，如果只使用 Java，那把这个东西当成 C++ 版本的 ANT 看待就可以了）。安装 CYGWIN 时不能直接默认安装，因为表 A-1 中所示的工具都不会进行默认安装，但又是编译过程中需要的，因此要在图 A-1 所示的安装界面中进行手工选择。

CYGWIN 安装时的定制包选择界面如图 A-1 所示。

---

⊖　CYGWIN 下载地址：http://www.cygwin.com/。

表 A-1 需要手工选择安装的 CYGWIN 工具

| 文件名 | 分类 | 包 | 描述 |
|---|---|---|---|
| ar.exe | Devel | binutils | The GNU assembler, linker and binary utilities |
| make.exe | Devel | make | The GNU version of the 'make' utility built for CYGWIN. |
| m4.exe | Interpreters | m4 | GNU implementation of the traditional Unix macro processor |
| cpio.exe | Utils | cpio | A program to manage archives of files |
| gawk.exe | Utils | awk | Pattern-directed scanning and processing language |
| file.exe | Utils | file | Determines file type using 'magic' numbers |
| zip.exe | Archive | zip | Package and compress (archive) files |
| unzip.exe | Archive | unzip | Extract compressed files in a ZIP archive |
| free.exe | System | procps | Display amount of free and used memory in the system |

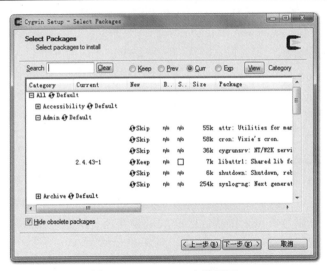

图 A-1 CYGWIN 安装界面

建立编译环境的第二步是安装编译器。JDK 中最核心的代码（Java 虚拟机及 JDK 中 Native 方法的实现等）是使用 C++ 语言及少量的 C 语言编写的，官方文档中说它们的内部开发环境是在 Microsoft Visual Studio C++ 2003（VS2003）中进行编译的，同时也是在 Microsoft Visual Studio C++ 2010（VS2010）中测试过的，所以最好只选择这两个编译器之一进行编译。如果选择 VS2010，那么要求在编译器之中已经包含了 Windows SDK v 7.0a，否则可能还要自己去下载这个 SDK，并且更新 PlatformSDK 目录。由于笔者没有购买 Visual Studio 2010 的 IDE，所以仅下载了 VS2010 Express 中提取出来的 C++ 编译器，这部分是免费的，但单独安装好编译器比较麻烦。建议读者选择使用整套 Visual Studio C++ 2010 或 Visual Studio C++ 2010 Express 版进行编译。

需要特别注意的一点是：CYGWIN 和 VS2010 安装之后都会在操作系统的 PATH 环境

变量中写入自己的 bin 目录路径，必须检查并保证 VS2010 的 bin 目录在 CYGWIN 的 bin 目录之前，因为这两个软件的 bin 目录之中各自都有一个连接器 "link.exe"，但是只有 VS2010 中的连接器可以完成 OpenJDK 的编译。

准备 JDK 编译环境的第三步就是下载一个已经编译好的 JDK。这听起来也许有点滑稽——要用鸡蛋孵小鸡还真得必须先养一只母鸡呀？但仔细想想，其实这个步骤很合理：因为 JDK 包含的各个部分（Hotspot、JDK API、JAXWS、JAXP……）有的是使用 C++ 编写的，而更多的代码则是使用 Java 自身实现的，因此编译这些 Java 代码需要用到一个可用的 JDK，官方称这个 JDK 为 Bootstrap JDK。而编译 OpenJDK 7 的话，Bootstrap JDK 必须使用 JDK6 Update 14 或之后的版本，笔者选用的是 JDK6 Update 21。

最后一个步骤是下载一个 Apache ANT，JDK 中 Java 代码部分都是使用 ANT 脚本进行编译的，ANT 版本要求在 1.6.5 以上，这部分是 Java 的基础知识，对本书的读者来说应该没有难度，笔者不再详述。

## A.4　准备依赖项

前面说过，OpenJDK 中开放的源码并没有达到 100%，还有极少量的无法开源的产权代码存在。OpenJDK 承诺日后将逐步使用开源实现来替换掉这部分产权代码，但至少在今天，编译 JDK 还需要这部分闭源包，官方称之为 "JDK Plug"<sup>⊖</sup>，它们从前面的 Source Releases 页面就可以下载到。Windows 平台的 JDK Plug 是以 Jar 包的形式提供的，通过下面这条命令可以安装它：

```
java -jar jdk-7-ea-plug-b121-windows-i586-09_dec_2010.jar
```

运行后将会显示图 A-2 所示的协议，点击 "ACCEPT" 接受协议，然后把 Plug 安装到指定目录即可。安装完毕后建立一个环境变量 ALT_BINARY_PLUGS_PATH，变量值为此 JDK Plug 的安装路径，后面编译程序时需要用到它。

图 A-2　JDK Plug 安装协议

---

⊖ 在 2011 年，JDK Plug 已经不再需要了，但在笔者写本次实战使用的 2010 年 12 月 9 日发布的 OpenJDK b121 版时还是需要这些 JDK Plug 的。

除了要用到 JDK Plug 外，编译时还需要引用 JDK 的运行时包，这是编译 JDK 中用 Java 代码编写的那部分所需要的，如果仅仅是想编译一个 HotSpot 虚拟机则可以不用。官方文档把这部分称为 Optional Import JDK，可以直接使用前面 Bootstrap JDK 的运行时包。我们需要建立一个名为 ALT_JDK_IMPORT_PATH 的环境变量指向 JDK 的安装目录。

然后，安装一个大于 2.3 版的 FreeType ⊖，这是一个免费的字体渲染库，JDK 的 Swing 部分和 JConsole 这类工具会用到它。安装好后建立两个环境变量 ALT_FREETYPE_LIB_PATH 和 ALT_FREETYPE_HEADERS_PATH，分别指向 FreeType 安装目录下的 bin 目录和 include 目录。另外还有一点是官方文档没有提到但必须要做的事情，那就是把 FreeType 的 bin 目录加入 PATH 环境变量中。

接着，下载 Microsoft DirectX 9.0 SDK（Summer 2004），安装后大约有 298MB，在微软官方网站上搜索一下就可以找到下载地址，它是免费的。安装后建立环境变量 ALT_DXSDK_PATH 指向 DirectX 9.0 SDK 的安装目录。

最后，寻找一个名为 MSVCR100.DLL 的动态链接库，如果读者在前面安装了全套的 Visual Studio 2010，那这个文件在本机就能找到，否则上网搜索一下也能找到单独的下载地址，大概有 744KB。建立环境变量 ALT_MSVCRNN_DLL_PATH 指向这个文件所在的目录。如果读者选择的是 VS2003，这个文件名应当为 MSVCR73.DLL，应该在很多软件中都包含有这个文件，如果找不到的话，前面下载的 Bootstrap JDK 的 bin 目录中应该也有一个，直接拿来用吧。

# A.5  进行编译

现在需要下载的编译环境和依赖项目都准备齐全了，最后我们还需要对系统做一些设置以便编译能够顺利通过。

首先执行 VS2010 中的 VCVARS32.BAT，这个批处理文件的目的主要是设置 INCLUDE、LIB 和 PATH 这几个环境变量，如果和笔者一样只是下载了编译器，则需要手工设置它们。各个环境变量的设置值可以参考下面给出的代码清单 A-1 中的内容。批处理运行完之后建立 ALT_COMPILER_PATH 环境变量，让 Makefile 知道在哪里可以找到编译器。

再建立 ALT_BOOTDIR 和 ALT_JDK_IMPORT_PATH 两个环境变量指向前面提到的 JDK 1.6 的安装目录。建立 ANT_HOME 指向 Apache ANT 的安装目录。建立的环境变量很多，为了避免遗漏，笔者写了一个批处理文件以供读者参考，如代码清单 A-1 所示。

代码清单 A-1  环境变量设置

```
SET ALT_BOOTDIR=D:/_DevSpace/JDK 1.6.0_21
SET ALT_BINARY_PLUGS_PATH=D:/jdkBuild/jdk7plug/openjdk-binary-plugs
```

---

⊖  FreeType 主页：http://www.freetype.org/。

```
SET ALT_JDK_IMPORT_PATH=D:/_DevSpace/JDK 1.6.0_21
SET ANT_HOME=D:/jdkBuild/apache-ant-1.7.0
SET ALT_MSVCRNN_DLL_PATH=D:/jdkBuild/msvcr100
SET ALT_DXSDK_PATH=D:/jdkBuild/msdxsdk
SET ALT_COMPILER_PATH=D:/jdkBuild/vcpp2010.x86/bin
SET ALT_FREETYPE_HEADERS_PATH=D:/jdkBuild/freetype-2.3.5-1-bin/include
SET ALT_FREETYPE_LIB_PATH=D:/jdkBuild/freetype-2.3.5-1-bin/bin

SET INCLUDE=D:/jdkBuild/vcpp2010.x86/include;D:/jdkBuild/vcpp2010.x86/sdk/
    Include;%INCLUDE%
SET LIB=D:/jdkBuild/vcpp2010.x86/lib;D:/jdkBuild/vcpp2010.x86/sdk/Lib;%LIB%
SET LIBPATH=D:/jdkBuild/vcpp2010.x86/lib;%LIB%
SET PATH=D:/jdkBuild/vcpp2010.x86/bin;D:/jdkBuild/vcpp2010.x86/dll/x86;D:/
    Software/OpenSource/cygwin/bin;%ALT_FREETYPE_LIB_PATH%;%PATH%
```

最后还需要进行两项调整，官方文档没有说明这两项，但是必须要做完才能保证编译过程的顺利完成：一是取消环境变量 JAVA_HOME，这点很简单；另外一项是尽量在英文的操作系统上编译。估计大部分读者会感到比较为难吧？如果不能在英文的系统上编译就把系统的文字格式调整为"英语（美国）"，在控制面板 – 区域和语言选项的第一个页签中可以设置。如果这个设置还不能更改就建立一个 BUILD_CORBA 环境变量，将其值设置为 false，取消编译 CORBA 部分。否则 Java IDL（idlj.exe）为 *.idl 文件生成 CORBA 适配器代码的时候会产生中文注释，而这些中文注释会因为字符集的问题而导致编译失败。

完成了上述烦琐的准备工作之后，我们终于可以开始编译了。进入控制台（Cmd.exe）后运行刚才准备好的设置环境变量的批处理文件，然后输入 bash 进入 Bourne Again Shell 环境（习惯 sh 或 ksh 的读者请自便）。如果 JDK 的安装源码中存在 jdk_generic_profile.sh 这个 Shell 脚本，先执行它，笔者下载的 OpenJDK 7 B121 版没有这个文件了，所以直接输入 make sanity 来检查我们前面所做的设置是否全部正确。如果一切顺利，几秒钟之后会有类似代码清单 A-2 所示的输出。

**代码清单 A-2　make sanity 检查**

```
D:\jdkBuild\openjdk7>bash
bash-3.2$ make sanity
cygwin warning:
    MS-DOS style path detected: C:/Windows/system32/wscript.exe
    Preferred POSIX equivalent is: /cygdrive/c/Windows/system32/wscript.exe
    CYGWIN environment variable option "nodosfilewarning" turns off this warning.
    Consult the user's guide for more details about POSIX paths:
        http://cygwin.com/cygwin-ug-net/using.html#using-pathnames
( cd  ./jdk/make && \

……因篇幅关系，中间省略了大量的输出内容……

OpenJDK-specific settings:
    FREETYPE_HEADERS_PATH = D:/jdkBuild/freetype-2.3.5-1-bin/include
```

```
        ALT_FREETYPE_HEADERS_PATH = D:/jdkBuild/freetype-2.3.5-1-bin/include
    FREETYPE_LIB_PATH = D:/jdkBuild/freetype-2.3.5-1-bin/bin
        ALT_FREETYPE_LIB_PATH = D:/jdkBuild/freetype-2.3.5-1-bin/bin

OPENJDK Import Binary Plug Settings:
    IMPORT_BINARY_PLUGS = true
    BINARY_PLUGS_JARFILE = D:/jdkBuild/jdk7plug/openjdk-binary-plugs/jre/lib/rt-
        closed.jar
        ALT_BINARY_PLUGS_JARFILE =
    BINARY_PLUGS_PATH = D:/jdkBuild/jdk7plug/openjdk-binary-plugs
        ALT_BINARY_PLUGS_PATH = D:/jdkBuild/jdk7plug/openjdk-binary-plugs
    BUILD_BINARY_PLUGS_PATH = J:/re/jdk/1.7.0/promoted/latest/openjdk/binaryplugs
        ALT_BUILD_BINARY_PLUGS_PATH =
    PLUG_LIBRARY_NAMES =

Previous JDK Settings:
    PREVIOUS_RELEASE_PATH = USING-PREVIOUS_RELEASE_IMAGE
        ALT_PREVIOUS_RELEASE_PATH =
    PREVIOUS_JDK_VERSION = 1.6.0
        ALT_PREVIOUS_JDK_VERSION =
    PREVIOUS_JDK_FILE =
        ALT_PREVIOUS_JDK_FILE =
    PREVIOUS_JRE_FILE =
        ALT_PREVIOUS_JRE_FILE =
    PREVIOUS_RELEASE_IMAGE = D:/_DevSpace/JDK 1.6.0_21
        ALT_PREVIOUS_RELEASE_IMAGE =
Sanity check passed.
```

Makefile 的 Sanity 检查过程输出了编译所需的所有环境变量，如果看到"Sanity check passed."则说明检查过程通过了，可以输入"make"执行整个 Makefile，然后就去喝个下午茶再回来了。笔者 Core i5 / 4GB RAM 的机器编译整个 JDK 大概需要半个小时的时间。如果失败则需要根据系统输出的失败原因，回头再检查一下对应的设置。最好在下一次编译之前先执行"make clean"来清理掉上次编译遗留的文件。

编译完成之后，打开 OpenJDK 源码下的 build 目录，看看是不是已经有一个编译好的 JDK 在那里等着了？执行一下"java -version"，看到以自己机器命名的 JDK 了吧？很有成就感吧？

# 展望 Java 技术的未来（2013 年版）

本书第 1 版和 2 版中的"展望 Java 技术的未来"分别成文于 2011 年和 2013 年，近十年时间已经过去，当时畅想的 Java 新发展新变化全部如约而至，这部分内容已不再有"展望"的价值。笔者在更新第 3 版时重写了全部相关内容，并把第 2 版的"展望"的原文挪到附录之中。假若 Java 的未来依旧灿烂精彩，假若下一个十年本书还会有第 4、第 5 版，那希望届时能在附录中回首今日，去回溯哪些预测成为现实，哪些改进中途夭折。

在 2005 年，Java 语言诞生 10 周年的 SunOne 技术大会上，Java 语言之父 James Gosling 做过题为《Java 技术下一个十年》的演讲。笔者不具备 James Gosling 博士那样高屋建瓴的视角，这里仅从 Java 平台中几个新生的但已经开始展现出蓬勃之势的技术发展点来看一下后续一至两个 JDK 版本内的一些很有希望的技术重点。

## B.1　模块化

模块化是解决应用系统与技术平台越来越复杂、越来越庞大的一个重要途径。无论是开发人员还是产品最终用户，都不希望为了系统中一小块的功能而不得不下载、安装、部署及维护整套庞大的系统。站在整个软件工业化的高度来看，模块化是建立各种功能标准件的前提。最近几年 OSGi 技术的迅速发展、各个厂商在 JCP 中对模块化规范的激烈斗争⊖，都能充分说明模块化技术的迫切和重要。

---

⊖　如果读者对 Java 模块化之争感兴趣，可以阅读作者的另外一本书《深入理解 OSGi》的第 1 章。

在未来的 Java 平台中，很可能会对模块化提出语法层面的支持。早在 2007 年，Sun 公司就提出过 JSR-277：Java 模块系统（Java Module System），试图建立 Java 平台的模块化标准，但受挫于以 IBM 为主导的提交的 JSR-291：Java SE 动态组件支持（Dynamic Component Support for Java SE，实际就是 OSGi R4.1）。由于模块化规范主导权的重要性，Sun 不能接受一个无法由它控制的规范，在整个 Java SE 6 期间都拒绝把任何模块化技术内置到 JDK 之中。在 Java SE 7 发展初期，Sun 公司再次提交了一个新的规范请求文档 JSR-294：Java 编程语言中的改进模块性支持（Improved Modularity Support in the Java Programming Language），尽管这个 JSR 仍然没有通过，但是 Sun 已经独立于 JCP 专家组在 OpenJDK 里建立了一个名为 Jigsaw（拼图）的子项目来将这个规范在 Java 平台中转变为具体的实现。Java 的模块化之争目前还没有结束，OSGi 已经发布到 R5.0 版本，而 Jigsaw 从 Java 7 延迟至 Java 8，在 2012 年 7 月又不得不宣布推迟到 Java 9 中发布，从这一点看来，Sun 在这场战争中处于劣势，但无论胜利者是哪一方，Java 模块化已经成为一股无法阻挡的变革潮流。

## B.2　混合语言

当单一的 Java 开发已经无法满足当前软件复杂的需求时，越来越多基于 Java 虚拟机的开发语言被应用到软件项目中，Java 平台上的多语言混合编程正成为主流，每种语言都可以针对自己擅长的方面更好地解决问题。试想一下：在一个项目之中，并行处理用 Clojure 语言编写，展示层使用 JRuby/Rails，中间层则是 Java，每个应用层都使用不同的编程语言来完成，而且，接口对每一层的开发者都是透明的，各种语言之间的交互不存在任何困难，就像使用自己语言的原生 API 一样方便 ⊖，因为他们最终都运行在一个虚拟机之上。

在最近的几年里，Clojure、JRuby、Groovy 等新生语言的使用人数如同滚动的雪球一般增长，而运行在 Java 虚拟机之上的语言数量也在迅速膨胀，图 B-1 中列举了其中的一部分。这两点证明混合编程在我们身边已经有所应用并被广泛认可。通过特定领域的语言去解决特定领域的问题是当前软件开发应对日趋复杂的项目需求的一个方向。

除了催生大量的新语言外，许多已经有很长历史的程序语言也出现了基于 Java 虚拟机实现的版本，这样混合编程对许多以前使用其他语言的"老"程序员也具备相当大的吸引力，软件企业投入了大量资本的现有代码资产也能被很好地保护起来。表 B-1 中列举了常见语言的 Java 虚拟机实现版本。

---

⊖　在同一个虚拟机上跑的其他语言与 Java 之间的交互一般都比较容易，但非 Java 语言之间的交互一般都比较烦琐。dynalang 项目（http://dynalang.sourceforge.net/）就是为了解决这个问题而出现的。

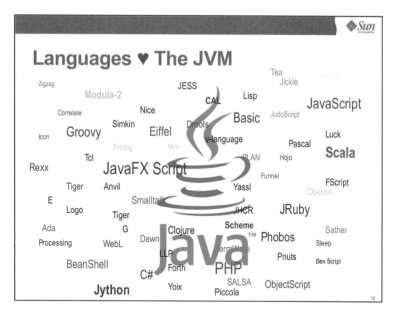

图 B-1　可以运行在 JVM 之上的语言<sup>⊖</sup>

表 B-1　常见语言的 JVM 实现版本

| 语　　言 | 基于 JVM 实现的版本 |
| --- | --- |
| Ada | JGNAT |
| AWK | Jawk |
| C | C to Java Virtual Machine compilers |
| Cobol | Veryant isCobol |
| ColdFusion | Adobe ColdFusion、Railo、Open BlueDragon |
| Common Lisp | Armed Bear Common Lisp、CLforJava、Jatha (Common LISP) |
| Component Pascal | Gardens Point Component Pascal |
| Erlang | Erjang |
| Forth | myForth |
| JavaScript | Rhino |
| LOGO | jLogo、XLogo |
| Lua | Kahlua、Luaj、Jill |
| Oberon-2 | Canterbury Oberon-2 for JVM |
| Objective Caml (OCaml) | OCaml-Java |
| Pascal | Canterbury Pascal for JVM |

⊖　图片来源：http://wikis.sun.com/download/attachments/16418319/OOW-2009+Towards+A+Universal+VM.pdf。

（续）

| 语　言 | 基于 JVM 实现的版本 |
|---|---|
| PHP | IBM WebSpheresMash PHP (P8)、CauchoQuercus |
| Python | Jython |
| Rexx | IBM NetRexx |
| Ruby | JRuby |
| Scheme | Bigloo、Kawa、SISC、JScheme |

对这些运行于 Java 虚拟机之上、Java 之外的语言，来自系统级的、底层的支持正在迅速增强，以 JSR-292 为核心的一系列项目和功能改进（如 Da Vinci Machine 项目、Nashorn 引擎、InovkeDynamic 指令、java.lang.invoke 包等），推动 Java 虚拟机从 "Java 语言的虚拟机" 向 "多语言虚拟机" 的方向发展。

## B.3　多核并行

如今，CPU 硬件的发展方向已经从高频率转变为多核心，随着多核时代的来临，软件开发越来越关注并行编程的领域。早在 JDK 1.5 之中就已经引入 java.util.concurrent 包，实现了一个粗粒度的并发框架。而 JDK 1.7 中加入的 java.util.concurrent.forkjoin 包则是对这个框架的一次重要扩充。Fork/Join 模式是处理并行编程的一个经典方法，如图 B-2 所示。虽然不能解决所有的问题，但是在它的适用范围之内，能够轻松地利用多个 CPU 核心提供的计算资源来协作完成一个复杂的计算任务。通过利用 Fork/Join 模式，我们能够更加顺畅地过渡到多核时代。

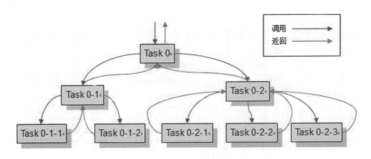

图 B-2　Fork/Join 模式示意图⊖

在 Java 8 中，将会提供 Lambda 支持，将会极大改善目前 Java 语言不适合函数式编程的现状（目前 Java 语言使用函数式编程并不是不可以，只是会显得很臃肿），函数式编程的一个重要优点就是这样的程序天然地适合并行运行，这样对 Java 语言在多核时代继续保持

---

⊖　图片来源：http://www.ibm.com/developerworks/cn/java/j-lo-forkjoin/。

主流语言的地位有很大帮助。

另外并行计算中必须提及的还有 OpenJDK 的子项目 Sumatra [⊖]，目前显卡的算术运算能力、并行能力已经远远超过了 CPU，在图形领域以外发掘显卡的潜力是近几年计算机发展的方向之一，例如 C 语言的 CUDA。Sumatra 项目就是为 Java 提供使用 GPU（Graphics Processing Unit）和 APU（Accelerated Processing Unit）运算能力的工具，以后它将会直接提供 Java 语言层面的 API，或者为 Lambda 和其他 JVM 语言提供底层的并行运算支持。

在 JDK 外围，也出现了专为实现并行计算需求的计算框架，如 Apache 的 Hadoop Map/Reduce，这是一个简单易懂的并行框架，能够运行在由上千个商用机器组成的大型集群上，并能以一种可靠的容错方式并行处理 TB 级别的数据集。另外，还出现了诸如 Scala、Clojure 及 Erlang 等天生就具备并行计算能力的语言。

# B.4　进一步丰富语法

Java 5 曾经对 Java 语法进行了一次扩充，这次扩充加入了自动装箱、泛型、动态注解、枚举、可变长参数、遍历循环等语法，使得 Java 语言的精确性和易用性有了很大的进步。在 Java 7（由于进度压力，许多改进已被推迟至 Java 8）中，对 Java 语法进行了另一次大规模的扩充。Sun（Oracle）专门为改进 Java 语法在 OpenJDK 中建立了 Coin 子项目[⊖]来统一处理 Java 语法的细节修改，如对二进制数的原生支持、在 switch 语句中支持字符串、"<>"操作符、异常处理的改进、简化变长参数方法调用、面向资源的 try-catch-finally 语句等都是在 Coin 项目之中提交的内容。

除了 Coin 项目之外，JSR-335（Lambda Expressions for the Java™ Programming Language）中定义的 Lambda 表达式[⊜]，也将对 Java 的语法和语言习惯产生很大的影响，面向函数方式的编程可能会成为主流。

# B.5　64 位虚拟机

几年之前，主流的 CPU 就开始支持 64 位架构。Java 虚拟机也在很早之前就推出了支持 64 位系统的版本。但 Java 程序运行在 64 位虚拟机上需要付出比较大的额外代价：首先是内存问题，由于指针膨胀和各种数据类型对齐补白的原因，运行于 64 位系统上的 Java 应用需要消耗更多的内存，通常要比 32 位系统额外增加 10%～30% 的内存消耗；其次是多个机构的测试结果显示，64 位虚拟机的运行速度在各个测试项上几乎都全面落后于 32 位虚拟机，两者大约有 15% 的性能差距。

---

⊖　Sumatra 项目：http://openjdk.java.net/projects/sumatra/。

⊜　Coin 项目主页：https://openjdk.java.net/projects/coin/。

⊜　Lambda 项目主页：http://openjdk.java.net/projects/lambda/。

但是在 Java EE 方面，企业级应用经常需要使用超过 4GB 的内存，对于 64 位虚拟机的需求是非常迫切的，但由于上述的原因，许多企业应用都仍然选择使用虚拟集群等方式继续在 32 位虚拟机中进行部署。Sun 也注意到了这些问题，并做出了一些改善，在 JDK 1.6 Update 14 之后，提供了普通对象指针压缩功能（-XX:+ UseCompressedOops，这个参数不建议显式设置，建议维持默认由虚拟机的 Ergonomics 机制自动开启），在执行代码时，动态植入压缩指令以节省内存消耗。但是开启压缩指针会增加执行代码数量，因为所有在 Java 堆里的、指向 Java 堆内对象的指针都会被压缩，这些指针的访问就需要更多的代码才可以实现，而且并不仅只是读写字段才受影响，在实例方法调用、子类型检查等操作中也受影响，因为对象实例指向对象类型的引用也被压缩了。随着硬件的进一步发展，计算机终究会完全过渡到 64 位的时代，这是一件毫无疑问的事情，主流的虚拟机应用也终究会从 32 位发展至 64 位，而虚拟机对 64 位的支持也将会进一步完善。

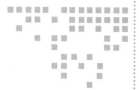

# 虚拟机字节码指令表

| 字节码 | 助记符 | 指令含义 |
| --- | --- | --- |
| 0x00 | nop | 什么都不做 |
| 0x01 | aconst_null | 将 null 推送至栈顶 |
| 0x02 | iconst_m1 | 将 int 型 -1 推送至栈顶 |
| 0x03 | iconst_0 | 将 int 型 0 推送至栈顶 |
| 0x04 | iconst_1 | 将 int 型 1 推送至栈顶 |
| 0x05 | iconst_2 | 将 int 型 2 推送至栈顶 |
| 0x06 | iconst_3 | 将 int 型 3 推送至栈顶 |
| 0x07 | iconst_4 | 将 int 型 4 推送至栈顶 |
| 0x08 | iconst_5 | 将 int 型 5 推送至栈顶 |
| 0x09 | lconst_0 | 将 long 型 0 推送至栈顶 |
| 0x0a | lconst_1 | 将 long 型 1 推送至栈顶 |
| 0x0b | fconst_0 | 将 float 型 0 推送至栈顶 |
| 0x0c | fconst_1 | 将 float 型 1 推送至栈顶 |
| 0x0d | fconst_2 | 将 float 型 2 推送至栈顶 |
| 0x0e | dconst_0 | 将 double 型 0 推送至栈顶 |
| 0x0f | dconst_1 | 将 double 型 1 推送至栈顶 |
| 0x10 | bipush | 将单字节的常量值（–128～127）推送至栈顶 |
| 0x11 | sipush | 将一个短整型常量值（–32 768～32 767）推送至栈顶 |
| 0x12 | ldc | 将 int、float 或 String 型常量值从常量池中推送至栈顶 |
| 0x13 | ldc_w | 将 int、float 或 String 型常量值从常量池中推送至栈顶（宽索引） |
| 0x14 | ldc2_w | 将 long 或 double 型常量值从常量池中推送至栈顶（宽索引） |

（续）

| 字节码 | 助记符 | 指令含义 |
|---|---|---|
| 0x15 | iload | 将指定的 int 型本地变量推送至栈顶 |
| 0x16 | lload | 将指定的 long 型本地变量推送至栈顶 |
| 0x17 | fload | 将指定的 float 型本地变量推送至栈顶 |
| 0x18 | dload | 将指定的 double 型本地变量推送至栈顶 |
| 0x19 | aload | 将指定的引用类型本地变量推送至栈顶 |
| 0x1a | iload_0 | 将第一个 int 型本地变量推送至栈顶 |
| 0x1b | iload_1 | 将第二个 int 型本地变量推送至栈顶 |
| 0x1c | iload_2 | 将第三个 int 型本地变量推送至栈顶 |
| 0x1d | iload_3 | 将第四个 int 型本地变量推送至栈顶 |
| 0x1e | lload_0 | 将第一个 long 型本地变量推送至栈顶 |
| 0x1f | lload_1 | 将第二个 long 型本地变量推送至栈顶 |
| 0x20 | lload_2 | 将第三个 long 型本地变量推送至栈顶 |
| 0x21 | lload_3 | 将第四个 long 型本地变量推送至栈顶 |
| 0x22 | fload_0 | 将第一个 float 型本地变量推送至栈顶 |
| 0x23 | fload_1 | 将第二个 float 型本地变量推送至栈顶 |
| 0x24 | fload_2 | 将第三个 float 型本地变量推送至栈顶 |
| 0x25 | fload_3 | 将第四个 float 型本地变量推送至栈顶 |
| 0x26 | dload_0 | 将第一个 double 型本地变量推送至栈顶 |
| 0x27 | dload_1 | 将第二个 double 型本地变量推送至栈顶 |
| 0x28 | dload_2 | 将第三个 double 型本地变量推送至栈顶 |
| 0x29 | dload_3 | 将第四个 double 型本地变量推送至栈顶 |
| 0x2a | aload_0 | 将第一个引用类型本地变量推送至栈顶 |
| 0x2b | aload_1 | 将第二个引用类型本地变量推送至栈顶 |
| 0x2c | aload_2 | 将第三个引用类型本地变量推送至栈顶 |
| 0x2d | aload_3 | 将第四个引用类型本地变量推送至栈顶 |
| 0x2e | iaload | 将 int 型数组指定索引的值推送至栈顶 |
| 0x2f | laload | 将 long 型数组指定索引的值推送至栈顶 |
| 0x30 | faload | 将 float 型数组指定索引的值推送至栈顶 |
| 0x31 | daload | 将 double 型数组指定索引的值推送至栈顶 |
| 0x32 | aaload | 将引用型数组指定索引的值推送至栈顶 |
| 0x33 | baload | 将 boolean 或 byte 型数组指定索引的值推送至栈顶 |
| 0x34 | caload | 将 char 型数组指定索引的值推送至栈顶 |
| 0x35 | saload | 将 short 型数组指定索引的值推送至栈顶 |
| 0x36 | istore | 将栈顶 int 型数值存入指定本地变量 |
| 0x37 | lstore | 将栈顶 long 型数值存入指定本地变量 |

（续）

| 字节码 | 助记符 | 指令含义 |
|---|---|---|
| 0x38 | fstore | 将栈顶 float 型数值存入指定本地变量 |
| 0x39 | dstore | 将栈顶 double 型数值存入指定本地变量 |
| 0x3a | astore | 将栈顶引用型数值存入指定本地变量 |
| 0x3b | istore_0 | 将栈顶 int 型数值存入第一个本地变量 |
| 0x3c | istore_1 | 将栈顶 int 型数值存入第二个本地变量 |
| 0x3d | istore_2 | 将栈顶 int 型数值存入第三个本地变量 |
| 0x3e | istore_3 | 将栈顶 int 型数值存入第四个本地变量 |
| 0x3f | lstore_0 | 将栈顶 long 型数值存入第一个本地变量 |
| 0x40 | lstore_1 | 将栈顶 long 型数值存入第二个本地变量 |
| 0x41 | lstore_2 | 将栈顶 long 型数值存入第三个本地变量 |
| 0x42 | lstore_3 | 将栈顶 long 型数值存入第四个本地变量 |
| 0x43 | fstore_0 | 将栈顶 float 型数值存入第一个本地变量 |
| 0x44 | fstore_1 | 将栈顶 float 型数值存入第二个本地变量 |
| 0x45 | fstore_2 | 将栈顶 float 型数值存入第三个本地变量 |
| 0x46 | fstore_3 | 将栈顶 float 型数值存入第四个本地变量 |
| 0x47 | dstore_0 | 将栈顶 double 型数值存入第一个本地变量 |
| 0x48 | dstore_1 | 将栈顶 double 型数值存入第二个本地变量 |
| 0x49 | dstore_2 | 将栈顶 double 型数值存入第三个本地变量 |
| 0x4a | dstore_3 | 将栈顶 double 型数值存入第四个本地变量 |
| 0x4b | astore_0 | 将栈顶引用型数值存入第一个本地变量 |
| 0x4c | astore_1 | 将栈顶引用型数值存入第二个本地变量 |
| 0x4d | astore_2 | 将栈顶引用型数值存入第三个本地变量 |
| 0x4e | astore_3 | 将栈顶引用型数值存入第四个本地变量 |
| 0x4f | iastore | 将栈顶 int 型数值存入指定数组的指定索引位置 |
| 0x50 | lastore | 将栈顶 long 型数值存入指定数组的指定索引位置 |
| 0x51 | fastore | 将栈顶 float 型数值存入指定数组的指定索引位置 |
| 0x52 | dastore | 将栈顶 double 型数值存入指定数组的指定索引位置 |
| 0x53 | aastore | 将栈顶引用型数值存入指定数组的指定索引位置 |
| 0x54 | bastore | 将栈顶 boolean 或 byte 型数值存入指定数组的指定索引位置 |
| 0x55 | castore | 将栈顶 char 型数值存入指定数组的指定索引位置 |
| 0x56 | sastore | 将栈顶 short 型数值存入指定数组的指定索引位置 |
| 0x57 | pop | 将栈顶数值弹出（数值不能是 long 或 double 类型的） |
| 0x58 | pop2 | 将栈顶的一个（对于 long 或 double 类型）或两个数值（对于非 long 或 double 类型的）弹出 |
| 0x59 | dup | 复制栈顶数值并将复制值压入栈顶 |
| 0x5a | dup_x1 | 复制栈顶数值并将两个复制值压入栈顶 |

（续）

| 字节码 | 助记符 | 指令含义 |
|---|---|---|
| 0x5b | dup_x2 | 复制栈顶数值并将三个（或两个）复制值压入栈顶 |
| 0x5c | dup2 | 复制栈顶一个（对于 long 或 double 类型）或两个（对于非 long 或 double 类型的）数值并将复制值压入栈顶 |
| 0x5d | dup2_x1 | dup_x1 指令的双倍版本 |
| 0x5e | dup2_x2 | dup_x2 指令的双倍版本 |
| 0x5f | swap | 将栈最顶端的两个数值互换（数值不能是 long 或 double 类型） |
| 0x60 | iadd | 将栈顶两 int 型数值相加并将结果压入栈顶 |
| 0x61 | ladd | 将栈顶两 long 型数值相加并将结果压入栈顶 |
| 0x62 | fadd | 将栈顶两 float 型数值相加并将结果压入栈顶 |
| 0x63 | dadd | 将栈顶两 double 型数值相加并将结果压入栈顶 |
| 0x64 | isub | 将栈顶两 int 型数值相减并将结果压入栈顶 |
| 0x65 | lsub | 将栈顶两 long 型数值相减并将结果压入栈顶 |
| 0x66 | fsub | 将栈顶两 float 型数值相减并将结果压入栈顶 |
| 0x67 | dsub | 将栈顶两 double 型数值相减并将结果压入栈顶 |
| 0x68 | imul | 将栈顶两 int 型数值相乘并将结果压入栈顶 |
| 0x69 | lmul | 将栈顶两 long 型数值相乘并将结果压入栈顶 |
| 0x6a | fmul | 将栈顶两 float 型数值相乘并将结果压入栈顶 |
| 0x6b | dmul | 将栈顶两 double 型数值相乘并将结果压入栈顶 |
| 0x6c | idiv | 将栈顶两 int 型数值相除并将结果压入栈顶 |
| 0x6d | ldiv | 将栈顶两 long 型数值相除并将结果压入栈顶 |
| 0x6e | fdiv | 将栈顶两 float 型数值相除并将结果压入栈顶 |
| 0x6f | ddiv | 将栈顶两 double 型数值相除并将结果压入栈顶 |
| 0x70 | irem | 将栈顶两 int 型数值进行取模运算并将结果压入栈顶 |
| 0x71 | lrem | 将栈顶两 long 型数值进行取模运算并将结果压入栈顶 |
| 0x72 | frem | 将栈顶两 float 型数值进行取模运算并将结果压入栈顶 |
| 0x73 | drem | 将栈顶两 double 型数值进行取模运算并将结果压入栈顶 |
| 0x74 | ineg | 将栈顶 int 型数值取负并将结果压入栈顶 |
| 0x75 | lneg | 将栈顶 long 型数值取负并将结果压入栈顶 |
| 0x76 | fneg | 将栈顶 float 型数值取负并将结果压入栈顶 |
| 0x77 | dneg | 将栈顶 double 型数值取负并将结果压入栈顶 |
| 0x78 | ishl | 将 int 型数值左移指定位数并将结果压入栈顶 |
| 0x79 | lshl | 将 long 型数值左移指定位数并将结果压入栈顶 |
| 0x7a | ishr | 将 int 型数值右（带符号）移指定位数并将结果压入栈顶 |
| 0x7b | lshr | 将 long 型数值右（带符号）移指定位数并将结果压入栈顶 |
| 0x7c | iushr | 将 int 型数值右（无符号）移指定位数并将结果压入栈顶 |
| 0x7d | lushr | 将 long 型数值右（无符号）移指定位数并将结果压入栈顶 |

（续）

| 字节码 | 助记符 | 指令含义 |
|--------|--------|----------|
| 0x7e | iand | 将栈顶两 int 型数值进行"按位与"运算并将结果压入栈顶 |
| 0x7f | land | 将栈顶两 long 型数值进行"按位与"运算并将结果压入栈顶 |
| 0x80 | ior | 将栈顶两 int 型数值进行"按位或"运算并将结果压入栈顶 |
| 0x81 | lor | 将栈顶两 long 型数值进行"按位或"运算并将结果压入栈顶 |
| 0x82 | ixor | 将栈顶两 int 型数值进行"按位异或"运算并将结果压入栈顶 |
| 0x83 | lxor | 将栈顶两 long 型数值进行"按位异或"运算并将结果压入栈顶 |
| 0x84 | iinc | 将指定 int 型变量增加指定值（如 i++、i--、i+=2 等） |
| 0x85 | i2l | 将栈顶 int 型数值强制转换成 long 型数值并将结果压入栈顶 |
| 0x86 | i2f | 将栈顶 int 型数值强制转换成 float 型数值并将结果压入栈顶 |
| 0x87 | i2d | 将栈顶 int 型数值强制转换成 double 型数值并将结果压入栈顶 |
| 0x88 | l2i | 将栈顶 long 型数值强制转换成 int 型数值并将结果压入栈顶 |
| 0x89 | l2f | 将栈顶 long 型数值强制转换成 float 型数值并将结果压入栈顶 |
| 0x8a | l2d | 将栈顶 long 型数值强制转换成 double 型数值并将结果压入栈顶 |
| 0x8b | f2i | 将栈顶 float 型数值强制转换成 int 型数值并将结果压入栈顶 |
| 0x8c | f2l | 将栈顶 float 型数值强制转换成 long 型数值并将结果压入栈顶 |
| 0x8d | f2d | 将栈顶 float 型数值强制转换成 double 型数值并将结果压入栈顶 |
| 0x8e | d2i | 将栈顶 double 型数值强制转换成 int 型数值并将结果压入栈顶 |
| 0x8f | d2l | 将栈顶 double 型数值强制转换成 long 型数值并将结果压入栈顶 |
| 0x90 | d2f | 将栈顶 double 型数值强制转换成 float 型数值并将结果压入栈顶 |
| 0x91 | i2b | 将栈顶 int 型数值强制转换成 byte 型数值并将结果压入栈顶 |
| 0x92 | i2c | 将栈顶 int 型数值强制转换成 char 型数值并将结果压入栈顶 |
| 0x93 | i2s | 将栈顶 int 型数值强制转换成 short 型数值并将结果压入栈顶 |
| 0x94 | lcmp | 比较栈顶两 long 型数值的大小，并将结果（1、0 或 –1）压入栈顶 |
| 0x95 | fcmpl | 比较栈顶两 float 型数值的大小，并将结果（1、0 或 –1）压入栈顶；当其中一个数值为"NaN"时，将 –1 压入栈顶 |
| 0x96 | fcmpg | 比较栈顶两 float 型数值的大小，并将结果（1、0 或 –1）压入栈顶；当其中一个数值为"NaN"时，将 1 压入栈顶 |
| 0x97 | dcmpl | 比较栈顶两 double 型数值的大小，并将结果（1、0 或 –1）压入栈顶；当其中一个数值为"NaN"时，将 –1 压入栈顶 |
| 0x98 | dcmpg | 比较栈顶两 double 型数值的大小，并将结果（1、0 或 –1）压入栈顶；当其中一个数值为"NaN"时，将 1 压入栈顶 |
| 0x99 | ifeq | 当栈顶 int 型数值等于 0 时跳转 |
| 0x9a | ifne | 当栈顶 int 型数值不等于 0 时跳转 |
| 0x9b | iflt | 当栈顶 int 型数值小于 0 时跳转 |
| 0x9c | ifge | 当栈顶 int 型数值大于或等于 0 时跳转 |
| 0x9d | ifgt | 当栈顶 int 型数值大于 0 时跳转 |

（续）

| 字节码 | 助记符 | 指令含义 |
|---|---|---|
| 0x9e | ifle | 当栈顶 int 型数值小于或等于 0 时跳转 |
| 0x9f | if_icmpeq | 比较栈顶两 int 型数值的大小，当结果等于 0 时跳转 |
| 0xa0 | if_icmpne | 比较栈顶两 int 型数值的大小，当结果不等于 0 时跳转 |
| 0xa1 | if_icmplt | 比较栈顶两 int 型数值的大小，当结果小于 0 时跳转 |
| 0xa2 | if_icmpge | 比较栈顶两 int 型数值的大小，当结果大于等于 0 时跳转 |
| 0xa3 | if_icmpgt | 比较栈顶两 int 型数值的大小，当结果大于 0 时跳转 |
| 0xa4 | if_icmple | 比较栈顶两 int 型数值的大小，当结果小于或等于 0 时跳转 |
| 0xa5 | if_acmpeq | 比较栈顶两引用型数值，当结果相等时跳转 |
| 0xa6 | if_acmpne | 比较栈顶两引用型数值，当结果不相等时跳转 |
| 0xa7 | goto | 无条件跳转 |
| 0xa8 | jsr | 跳转至指定的 16 位 offset 位置，并将 jsr 的下一条指令地址压入栈顶 |
| 0xa9 | ret | 返回至本地变量指定的 index 的指令位置（一般与 jsr 或 jsr_w 联合使用） |
| 0xaa | tableswitch | 用于 switch 条件跳转，case 值连续（可变长度指令） |
| 0xab | lookupswitch | 用于 switch 条件跳转，case 值不连续（可变长度指令） |
| 0xac | ireturn | 从当前方法返回 int |
| 0xad | lreturn | 从当前方法返回 long |
| 0xae | freturn | 从当前方法返回 float |
| 0xaf | dreturn | 从当前方法返回 double |
| 0xb0 | areturn | 从当前方法返回对象引用 |
| 0xb1 | return | 从当前方法返回 void |
| 0xb2 | getstatic | 获取指定类的静态域，并将其值压入栈顶 |
| 0xb3 | putstatic | 为指定类的静态域赋值 |
| 0xb4 | getfield | 获取指定类的实例域，并将其值压入栈顶 |
| 0xb5 | putfield | 为指定类的实例域赋值 |
| 0xb6 | invokevirtual | 调用实例方法 |
| 0xb7 | invokespecial | 调用超类构造方法，实例初始化方法，私有方法 |
| 0xb8 | invokestatic | 调用静态方法 |
| 0xb9 | invokeinterface | 调用接口方法 |
| 0xba | invokedynamic | 调用动态方法 |
| 0xbb | new | 创建一个对象，并将其引用值压入栈顶 |
| 0xbc | newarray | 创建一个指定的原始类型（如 int、float、char 等）的数组，并将其引用值压入栈顶 |
| 0xbd | anewarray | 创建一个引用型（如类、接口、数组）的数组，并将其引用值压入栈顶 |

（续）

| 字节码 | 助记符 | 指令含义 |
|--------|--------|----------|
| 0xbe | arraylength | 获得数组的长度值并压入栈顶 |
| 0xbf | athrow | 将栈顶的异常抛出 |
| 0xc0 | checkcast | 检验类型转换，检验未通过将抛出 ClassCastException |
| 0xc1 | instanceof | 检验对象是否是指定类的实例，如果是将 1 压入栈顶，否则将 0 压入栈顶 |
| 0xc2 | monitorenter | 获得对象的锁，用于同步方法或同步块 |
| 0xc3 | monitorexit | 释放对象的锁，用于同步方法或同步块 |
| 0xc4 | wide | 扩展本地变量的宽度 |
| 0xc5 | multianewarray | 创建指定类型和指定维度的多维数组（执行该指令时，操作栈中必须包含各维度的长度值），并将其引用值压入栈顶 |
| 0xc6 | ifnull | 为 null 时跳转 |
| 0xc7 | ifnonnull | 不为 null 时跳转 |
| 0xc8 | goto_w | 无条件跳转（宽索引） |
| 0xc9 | jsr_w | 跳转至指定的 32 位 offset 位置，并将 jsr_w 的下一条指令地址压入栈顶 |

*Appendix D*　附录 D

# 对象查询语言 (OQL) 简介<sup>⊖</sup>

## D.1　SELECT 子句

SELECT 子句用于确定查询语句需要从堆转储快照中选择什么内容。如果需要显示堆转储快照中的对象，并且浏览这些对象的引用关系，可以使用"*"，这与传统 SQL 语句中的习惯是一致的，如：

```
SELECT * FROM java.lang.String
```

### 1. 选择特定的显示列

查询也可以选择特定的需要显示的字段，如：

```
SELECT toString(s), s.count, s.value FROM java.lang.String s
```

查询可以通过"@"符号来使用 Java 对象的内存属性访问器。MAT 提供了一系列的内置函数来获取与分析相关的信息，如：

```
SELECT toString(s), s.@usedHeapSize, s.@retainedHeapSize FROM java.lang.String s
```

关于对象属性访问器的具体内容，可以参见下文的"属性访问器"。

### 2. 使用列别名

可以使用 AS 关键字来对选择的列进行命名，如：

```
SELECT toString(s) AS Value,
    s.@usedHeapSize AS "Shallow Size",
```

---

⊖　本文翻译自 Eclipse Memory Analyzer Tool（MAT，Eclipse 出品的内存分析工具）的 OQL 帮助文档。

```
    s.@retainedHeapSize AS "Retained Size"
FROM java.lang.String s
```

可以使用 AS RETAINED SET 关键字来获得与选择对象相关联的对象集合，如：

```
SELECT AS RETAINED SET * FROM java.lang.String
```

### 3. 拼合成为一个对象列表选择项目

可以使用 OBJECTS 关键字把 SELECT 子句中查找出来的数据项目转换为对象，如：

```
SELECT OBJECTS dominators(s) FROM java.lang.String s
```

上面例子中，dominators() 函数将会返回一个对象数组，所以如果没有 OBJECTS 关键字，上面的查询将返回一组二维的对象数组的列表。通过使用关键字 OBJECTS，迫使 OQL 把查询结果缩减为一维的对象列表。

### 4. 排除重复对象

使用 DISTINCT 关键字可以排除结果集中的重复对象，如：

```
SELECT DISTINCT classof(s) FROM java.lang.String s
```

上面的例子中，classof() 函数的作用是返回对象所属的 Java 类，当然，所有字符串对象的所属类都是 java.lang.String，所以如果上面的查询中没有加入 DISTINCT 关键字，查询结果就会返回与快照中的字符串数量一样多的行记录，并且每行记录的内容都是 java.lang.String 类型。


## D.2　FROM 子句

### 1. FROM 子句指定需要查询的类

OQL 查询需要在 FROM 子句定义的查询范围内进行操作。FROM 子句可以接受的查询范围有下列几种描述方式：

（1）通过类名进行查询，如：

```
SELECT * FROM java.lang.String
```

（2）通过正则表达式匹配一组类名进行查询，如：

```
SELECT * FROM "java\.lang\..*"
```

（3）通过类对象在堆转储快照中的地址进行查询，如：

```
SELECT * FROM 0xe14a100
```

（4）通过对象在堆转储快照中的 ID 进行查询，如：

```
SELECT * FROM 3022
```

（5）在子查询中的结果集中进行查询，如：

```
SELECT * FROM (SELECT * FROM java.lang.Class c WHERE c implements org.eclipse.
    mat.snapshot.model.IClass)
```

上面的查询返回堆转储快照中所有实现了 org.eclipse.mat.snapshot.model.IClass 接口的类。下面的这句查询语句使用属性访问器达到了同样的效果，它直接调用了 ISnapshot 对象的方法：

```
SELECT * FROM $snapshot.getClasses()
```

### 2. 包含子类

使用 INSTANCEOF 关键字把指定类的子类列入查询结果集之中，如：

```
SELECT * FROM INSTANCEOF java.lang.ref.Reference
```

这个查询的结果集中将会包含 WeakReference、SoftReference 和 PhantomReference 类型的对象，因为它们都继承自 java.lang.ref.Reference。下面这句查询语句也有相同的结果：

```
SELECT * FROM $snapshot.getClassesByName("java.lang.ref.Reference", true)
```

### 3. 禁止查询类实例

在 FROM 子句中使用 OBJECTS 关键字可以禁止 OQL 把查询的范围解释为对象实例，如：

```
SELECT * FROM OBJECTS java.lang.String
```

这个查询的结果不是返回快照中所有的字符串，而是只有一个对象，也就是与 java.lang.String 类对应的 Class 对象。

## D.3　WHERE 子句

### 1. > = , <= , > , < , [ NOT ] LIKE , [ NOT ] IN（关系操作）
WHERE 子句用于指定搜索的条件，即从查询结果中删除不需要的数据，如：

```
SELECT * FROM java.lang.String s WHERE s.count >= 100
SELECT * FROM java.lang.String s WHERE toString(s) LIKE ".*day"
SELECT * FROM java.lang.String s WHERE s.value NOT IN dominators(s)
```

### 2.= , != （等于操作）

```
SELECT * FROM java.lang.String s WHERE toString(s) = "monday"
```

### 3. AND（条件与操作）

```
SELECT * FROM java.lang.String s WHERE s.count > 100 AND s.@retainedHeapSize > s.@
    usedHeapSize
```

### 4. OR（条件或操作）

"条件或操作"可以应用于表达式、常量文本和子查询之中，如：

```
SELECT * FROM java.lang.String s WHERE s.count > 1000 OR s.value.@length > 1000
```

### 5. 文字表达式

文字表达式包括了布尔值、字符串、整型、长整型和 null，如：

```
SELECT * FROM java.lang.String s
    WHERE ( s.count > 1000 ) = true
    WHERE toString(s) = "monday"
    WHERE dominators(s).size() = 0
    WHERE s.@retainedHeapSize > 1024L
    WHERE s.@GCRootInfo != null
```

## D.4　属性访问器

### 1. 访问堆转储快照中对象的字段

对象的内存属性可以通过传统的"点表示法"进行访问，格式为：

```
[<alias>.] <field>.<field>.<field>...
```

### 2. 访问 Java Bean 属性

格式为：

```
[<alias>.] @<attribute> ...
```

使用 @ 符号，OQL 可以访问底层 Java 对象的内存属性。下表列出了一些常用的 Java 属性。

| 目　标 | 接　口 | 属　性 | 含　义 |
|---|---|---|---|
| 任意堆中对象 | Iobject | objectId | 快照中对象的 ID |
| | | objectAddress | 快照中对象的地址 |
| | | Class | 对象所属的类 |
| | | usedHeapSize | 对象的 ShallowSize |
| | | retainedHeapSize | 对象的 RetainedSize |
| | | displayName | 对象的显示名称 |
| 类对象 | Iclass | classLoaderId | 类加载器的 ID |
| 任意数组 | Iarray | length | 数组的长度 |

### 3. 调用 OQL Java 方法
格式为：

```
[<alias>.]@<方法>([<表达式>, <表达式>])...
```

加 "()" 会将 MAT 解释为一个 OQL Java 方法调用。这个方法的调用是通过反射执行的。常见的 OQL Java 方法如下：

| 目 标 | 接 口 | 方 法 | 含 义 |
|---|---|---|---|
| $snapshot | Isnapshot | getClasses() | 获取所有类的集合 |
| | | getClassesByName(String name, boolean includeSubClasses) | 获取指定类的集合 |
| Class object | Iclass | hasSuperClass() | 如果对象有父类，则返回 true |
| | | isArrayType() | 如果 Class 是数组类型，则返回 true |

### 4. OQL 的内建函数
格式为：

```
<function>(<parameter>)
```

| 函数名称 | 作 用 |
|---|---|
| toHex( number ) | 以十六进制的形式打印数字 |
| toString( object ) | 返回对象的值，即用一个字符串表示对象的内容 |
| dominators( object ) | 返回直接持有指定对象的对象列表 |
| outbounds( object ) | 获取对象的外部引用 |
| inbounds( object ) | 获取对象的内部引用 |
| classof( object ) | 获取对象所属的类型对象 |
| dominatorof( object ) | 返回直接持有当前对象的对象列表，如果没有则返回 –1 |

## D.5　OQL 语言的 BNF 范式

| 目 标 | 接口 | 方 法 |
|---|---|---|
| SelectStatement | ::= | "SELECT" SelectList FromClause ( WhereClause )? ( UnionClause )? |
| SelectList | ::= | (( "DISTINCT" \| "AS RETAINED SET" )? ( "*" \| "OBJECTS" SelectItem \| SelectItem ( "," SelectItem )* )) |
| SelectItem | ::= | ( PathExpression \| EnvVarPathExpression ) ( "AS" ( \<STRING_LITERAL> \| \<IDENTIFIER> ) )?</IDENTIFIER></STRING_LITERAL> |
| PathExpression | ::= | ( ObjectFacet \| BuildInFunction ) ( "." ObjectFacet )* |
| EnvVarPathExpression | ::= | ( "$" \<IDENTIFIER> ) ( "." ObjectFacet )* |

（续）

| 目　标 | 接口 | 方　法 |
|---|---|---|
| ObjectFacet | ::= | ( ( "@" )? <IDENTIFIER> ( ParameterList )? ) |
| ParameterList | ::= | "(" ( ( PrimaryExpression ( "," PrimaryExpression )* ) )? ")" |
| FromClause | ::= | "FROM" ( "OBJECTS" )? ( "INSTANCEOF" )? ( FromItem \| "(" SelectStatement ")" ) ( <IDENTIFIER> )? |
| FromItem | ::= | ( ClassName \| <STRING_LITERAL> \| ObjectAddress ( "," ObjectAddress )* \| ObjectId ( "," ObjectId )* \| EnvVarPathExpression ) |
| ClassName | ::= | ( <IDENTIFIER> ( "." <IDENTIFIER> )* ( "[]" )* ) |
| ObjectAddress | ::= | <HEX_LITERAL> |
| ObjectId | ::= | <INTEGER_LITERAL> |
| WhereClause | ::= | "WHERE" ConditionalOrExpression |
| ConditionalOrExpression | ::= | ConditionalAndExpression ( "or" ConditionalAndExpression )* |
| ConditionalAndExpression | ::= | EqualityExpression ( "and" EqualityExpression )* |
| EqualityExpression | ::= | RelationalExpression ( ( "=" RelationalExpression \| "!=" RelationalExpression ) )* |
| RelationalExpression | ::= | ( PrimaryExpression ( ( "<" PrimaryExpression \| ">" PrimaryExpression \| "<=" PrimaryExpression \| ">=" PrimaryExpression \| ( LikeClause \| InClause ) \| "implements" ClassName ) )? ) |
| LikeClause | ::= | ( "NOT" )? "LIKE" <STRING_LITERAL> |
| InClause | ::= | ( "NOT" )? "IN" PrimaryExpression |
| PrimaryExpression | ::= | Literal |
| | \| | "(" ( ConditionalOrExpression \| SubQuery ) ")" |
| | \| | PathExpression |
| | \| | EnvVarPathExpression |
| SubQuery | ::= | SelectStatement |
| Function | ::= | ( ( "toHex" \| "toString" \| "dominators" \| "outbounds" \| "inbounds" \| "classof" \| "dominatorof" ) "(" ConditionalOrExpression ")" ) |
| Literal | ::= | ( <INTEGER_LITERAL> \| <LONG_LITERAL> \| <FLOATING_POINT_LITERAL> \| <CHARACTER_LITERAL> \| <STRING_LITERAL> \| BooleanLiteral \| NullLiteral ) |
| BooleanLiteral | ::= | "true" |
| | \| | "false" |
| NullLiteral | ::= | <NULL> |
| UnionClause | ::= | ( "UNION" "(" SelectStatement ")" )+ |

# JDK 历史版本轨迹

本附录列出了从 Java 诞生开始直到 2019 年 9 月发布的 JDK 13 为止的 Java 全部更新版本、发布日期和关键的更新内容。其中提及的绝大部分的 JDK 历史版本（JDK 1.1.6之后的版本），以及 JDK 所附带的各种工具的历史版本，都可以从 Oracle 公司的归档网站<sup>⊖</sup>上下载到。

| 主版本 | 子版本及虚拟机版本 | 发布日期 |
|---|---|---|
| JDK 1.0 | JDK 1.0 | 1996-01-23 |
| | JDK 1.0.1 | |
| | JDK 1.0.2 | |
| JDK 1.1 | JDK 1.1.0 | 1997-02-18 |
| | JDK 1.1.1 | |
| | JDK 1.1.2 | |
| | JDK 1.1.3 | |
| | JDK 1.1.4：工程代号 Sparkler | 1997-09-12 |
| | JDK 1.1.5：工程代号 Pumpkin | 1997-12-03 |
| | JDK 1.1.6：工程代号 Abigail | 1998-04-24 |
| | JDK 1.1.7：工程代号 Brutus | 1998-09-28 |
| | JDK 1.1.8：工程代号 Chelsea | 1999-04-08 |
| JDK 1.2 | JDK 1.2.0：工程代号 Playground | 1998-12-04 |
| | JDK 1.2.1 | 1999-03-30 |
| | JDK 1.2.2：工程代号 Cricket | 1999-07-08 |

⊖ 下载页面地址：http://www.oracle.com/technetwork/java/archive-139210.html

（续）

| 主版本 | 子版本及虚拟机版本 | 发布日期 |
|---|---|---|
| JDK 1.3 | JDK 1.3.0：工程代号 Kestrel（HotSpot 1.3.0-C） | 2000-05-08 |
| | JDK 1.3.0 Update 1（HotSpot 1.3.0_01） | |
| | JDK 1.3.0 Update 2（HotSpot 1.3.0_02） | |
| | JDK 1.3.0 Update 3（HotSpot 1.3.0_03） | |
| | JDK 1.3.0 Update 4（HotSpot 1.3.0_04） | |
| | JDK 1.3.0 Update 5（HotSpot 1.3.0_05） | |
| | JDK 1.3.1：工程代号 Ladybird（HotSpot 1.3.1） | 2001-05-17 |
| | JDK 1.3.1 Update 1（HotSpot 1.3.1_01） | |
| | JDK 1.3.1 Update 1a（HotSpot 1.3.1_01a） | |
| | JDK 1.3.1 Update 2（HotSpot 1.3.1_02） | |
| | JDK 1.3.1 Update 3（HotSpot 1.3.1_03） | |
| | JDK 1.3.1 Update 4（HotSpot 1.3.1_04） | |
| | JDK 1.3.1 Update 5（HotSpot 1.3.1_05） | |
| | JDK 1.3.1 Update 6（HotSpot 1.3.1_06） | |
| | JDK 1.3.1 Update 7（HotSpot 1.3.1_07） | |
| | JDK 1.3.1 Update 8（HotSpot 1.3.1_08） | |
| | JDK 1.3.1 Update 9（HotSpot 1.3.1_09） | |
| | JDK 1.3.1 Update 10（HotSpot 1.3.1_10） | |
| | JDK 1.3.1 Update 11（HotSpot 1.3.1_11） | |
| | JDK 1.3.1 Update 12（HotSpot 1.3.1_12） | |
| JDK 1.4 | JDK 1.4.0：工程代号 Merlin（HotSpot 1.4.0） | 2002-02-13 |
| | JDK 1.4.0 Update 1（HotSpot 1.4.0_01） | |
| | JDK 1.4.0 Update 2（HotSpot 1.4.0_02） | |
| | JDK 1.4.0 Update 3（HotSpot 1.4.0_03） | |
| | JDK 1.4.0 Update 4（HotSpot 1.4.0_04） | |
| | JDK 1.4.1：工程代号 Grasshopper（HotSpot 1.4.1） | 2002-09-16 |
| | JDK 1.4.1 Update 1（HotSpot 1.4.1_01） | |
| | JDK 1.4.1 Update 2（HotSpot 1.4.1_02） | |
| | JDK 1.4.1 Update 3（HotSpot 1.4.1_03） | |
| | JDK 1.4.1 Update 4（HotSpot 1.4.1_04） | |
| | JDK 1.4.1 Update 5（HotSpot 1.4.1_05） | |
| | JDK 1.4.1 Update 6（HotSpot 1.4.1_06） | |
| | JDK 1.4.1 Update 7（HotSpot 1.4.1_07） | |
| | JDK 1.4.2：工程代号 Mantis（HotSpot 1.4.2-b28） | 2003-06-26 |
| | JDK 1.4.2 Update 1（HotSpot 1.4.2_01） | |
| | JDK 1.4.2 Update 2（HotSpot 1.4.2_02） | |

（续）

| 主版本 | 子版本及虚拟机版本 | 发布日期 |
|---|---|---|
| JDK 1.4 | JDK 1.4.2 Update 3（HotSpot 1.4.2_03） | |
| | JDK 1.4.2 Update 4（HotSpot 1.4.2_04） | |
| | JDK 1.4.2 Update 5（HotSpot 1.4.2_05） | |
| | JDK 1.4.2 Update 6（HotSpot 1.4.2_06） | |
| | JDK 1.4.2 Update 7（HotSpot 1.4.2_07） | |
| | JDK 1.4.2 Update 8（HotSpot 1.4.2_08-b03） | |
| | JDK 1.4.2 Update 9（HotSpot 1.4.2_09-b05） | |
| | JDK 1.4.2 Update 10（HotSpot 1.4.2_10-b03） | |
| | JDK 1.4.2 Update 11（HotSpot 1.4.2_11-b06） | |
| | JDK 1.4.2 Update 12（HotSpot 1.4.2_12-b03） | |
| | JDK 1.4.2 Update 13（HotSpot 1.4.2_13-b03） | |
| | JDK 1.4.2 Update 14（HotSpot 1.4.2_14-b05） | |
| | JDK 1.4.2 Update 15（HotSpot 1.4.2_15-b02） | |
| | JDK 1.4.2 Update 16（HotSpot 1.4.2_16-b01） | |
| | JDK 1.4.2 Update 17（HotSpot 1.4.2_17-b06） | |
| | JDK 1.4.2 Update 18（HotSpot 1.4.2_18-b06） | |
| | JDK 1.4.2 Update 19（HotSpot 1.4.2_19-b04）<br>JDK 1.4 开放资源和安全性更新于 2008 年 10 月终止。Oracle 客户的付费的安全性更新也在 2013 年 2 月结束 | |
| JDK 5.0 | JDK 5.0：工程代号 Tiger（HotSpot 1.5.0-b64）<br>泛型支持、对基础类型自动封箱和自动解封箱、加强 for 循环、枚举的类型、静态类别导入、格式化 I/O、变长参数和新的并发工具库。改进启动时间和存储占用量。在多个正在运行的 Java 虚拟机之间共享类型数据；远程监控和管理；新的 Java 虚拟机配置 API；过程化的堆栈追踪；支持 XML 1.1 的名空间、SAX 2.0.2、DOM L3 与 XSLT 1.1、XLSTC 的编译器。支持 Unicode 4.0 | 2004-09-29 |
| | JDK 5.0 Update 1（HotSpot 1.5.0_01）<br>包括 50 个漏洞修复 | 2004-12-25 |
| | JDK 5.0 Update 2（HotSpot 1.5.0_02-b09）<br>包括一些中断问题的修复。日历漏洞修复和其他漏洞修复 | 2005-03-16 |
| | JDK 5.0 Update 3（HotSpot 1.5.0_03-b07）<br>修复了一些漏洞，包含 Linux Mozilla 外挂的中断性问题 | 2005-05-03 |
| | JDK 5.0 Update 4（HotSpot 1.5.0_04-b05）<br>支持 Windows Server 2003 x64 以 AMD64/EM64T 64 位模式运行 | 2005-07-04 |
| | JDK 5.0 Update 5（HotSpot 1.5.0_05-b05）<br>对 Windows 95 和 Windows NT 4.0 最后的更新 | 2005-09-18 |
| | JDK 5.0 Update 6（HotSpot 1.5.0_06-b05）<br>移除了 Java Applet 或应用程序自行选择运行的 JRE 版本的功能 | 2005-12-07 |
| | JDK 5.0 Update 7（HotSpot 1.5.0_07-b03） | 2006-05-29 |

（续）

| 主版本 | 子版本及虚拟机版本 | 发布日期 |
|---|---|---|
| JDK 5.0 | JDK 5.0 Update 8（HotSpot 1.5.0_08-b03） | 2006-08-13 |
| | JDK 5.0 Update 9（HotSpot 1.5.0_09-b03） | 2006-11-12 |
| | JDK 5.0 Update 10（HotSpot 1.5.0_10-b02）<br>添加了由 Linux 2.6 内核提供的 Epoll I/O 事件通知 | 2006-12-22 |
| | JDK 5.0 Update 11（HotSpot 1.5.0_11-b03） | 2007-03-08 |
| | JDK 5.0 Update 12（HotSpot 1.5.0_12-b04） | 2007-06-11 |
| | JDK 5.0 Update 13（HotSpot 1.5.0_13-b01）<br>修复多个 Java Web Start 中与本地文件访问相关的安全漏洞。修复了允许绕过网络进入限制的 JRE 中的安全漏洞。修复其他几个安全问题 | 2007-10-05 |
| | JDK 5.0 Update 14（HotSpot 1.5.0_14-b03） | |
| | JDK 5.0 Update 15（HotSpot 1.5.0_15-b04）<br>修复因缓冲堆溢出而导致的几个崩溃漏洞及一些其他小漏洞。来自 AOL、DigiCert 和 TrustCenter 的新的根证书已经被包含在内 JDK 内 | 2008-03-06 |
| | JDK 5.0 Update 16（HotSpot 1.5.0_16-b02）<br>修复了几个安全漏洞，例如 DoS 漏洞、缓冲器溢出和其他可能导致系统崩溃的漏洞。这些主要漏洞位于 Java Web Start、JMX 管理代理以及用于处理 XML 数据的函数中 | 2008-07-23 |
| | JDK 5.0 Update 17（HotSpot 1.5.0_17-b04）<br>更新了 UTF-8 字符集，实现以非最短形式处理 UTF-8 字节序列，从而引入了与以前版本不兼容的问题。添加了新的根证书 | 2008-12-03 |
| | JDK 5.0 Update 18（HotSpot 1.5.0_18-b02）<br>解决若干个安全问题。增加了在 LDAP 目录中访问 Java 对象的行为的 JNDI 功能。增加了 5 个新的根证书 | 2009-03-25 |
| | JDK 5.0 Update 19（HotSpot 1.5.0_19-b02）<br>为多个系统配置提供支持。增加了对服务标签（Service Tag）的支持 | 2009-05-29 |
| | JDK 5.0 Update 20（HotSpot 1.5.0_20-b02）<br>解决了几个安全漏洞，例如不受信任的小程序的潜在系统访问，以及图像处理和 Unpack200 中的整数溢出。添加了几个新的根证书 | 2009-08-06 |
| | JDK 5.0 Update 21（HotSpot 1.5.0_21-b01） | 2009-09-09 |
| | JDK 5.0 Update 22（HotSpot 1.5.0_22-b03）<br>标记 Java 5 的支持周期已经终结（End Of Service Life，EOSL），是其最终的公开版本。增加了两个新的根证书 | 2009-11-04 |
| | JDK 5.1：工程代号 Dragonfly | 取消发布 |
| JDK 6 | JDK 6：工程代号 Mustang（HotSpot 1.6.0-b105）<br>在 Web 服务、脚本和数据库、可插入的注解、安全性，以及质量、兼容性和稳定性等领域增强了许多功能。也正式支持 JConsole，增加对 Java DB 的支持<br>继 JDK 1.4 变成 JDK 5.0 修改了版本号后，从 JDK 5.0 到 JDK 6 也去掉了版本号中的 ".0" | 2006-12-11 |
| | JDK 6 Update 1（HotSpot 1.6.0_01-b06） | 2007-05-07 |

（续）

| 主版本 | 子版本及虚拟机版本 | 发布日期 |
|---|---|---|
| JDK 6 | JDK 6 Update 2 | 2007-07-03 |
| | JDK 6 Update 3 | 2007-10-03 |
| | JDK 6 Update 4（HotSpot 10.0-b19） | 2008-01-14 |
| | JDK 6 Update 5（HotSpot 10.0-b19）<br>消除了几个安全漏洞。包括来自 AOL、DigiCert 和 TrustCenter 的新的根证书 | 2008-03-05 |
| | JDK 6 Update 6<br>引入了对 Xlib/XCB 锁定断言问题的解决方法。修复了以 LoginContext 使用 Kerberos 认证时内存泄漏的问题 | 2008-04-16 |
| | JDK 6 Update 7（HotSpot 10.0-b23）<br>Java SE 6 Update 7 是在 Windows 9x 系列操作系统上正常工作的最后一个 Java 版本 | |
| | JDK 6 Update 10（HotSpot 11.0-b15） | 2008-10-15 |
| | JDK 6 Update 11 | 2008-12-03 |
| | JDK 6 Update 12<br>提供 64 位的 Java 插件；支持 Windows Server 2008；图形和 JavaFX 应用程序的性能改进 | 2008-12-12 |
| | JDK 6 Update 13（HotSpot 11.3-b02）<br>包括 7 个安全性漏洞修复，修改了 JNDI 访问 LDAP 中的 Java 对象，添加了 4 个新的根证书 | 2009-03-24 |
| | JDK 6 Update 14（HotSpot 14.0-b16）<br>此版本包括对 JIT 编译器的大量性能更新，支持用于 64 位机器的压缩指针，以及改进对 G1（Garbage First）低暂停的垃圾回收器的支持 | 2009-05-28 |
| | JDK 6 Update 15（HotSpot 14.1-b02）<br>加入了 Patch-In-Place 功能 | 2009-08-04 |
| | JDK 6 Update 16（HotSpot 14.2-b01）<br>修复了 Update 14 中导致调试器错过断点的问题 | 2009-08-11 |
| | JDK 6 Update 17（HotSpot 14.3-b01） | 2009-11-04 |
| | JDK 6 Update 18（HotSpot 16.0-b13）<br>支持 Ubuntu 8.04 LTS 桌面版、SLES 11、Windows 7、Red Hat Enterprise Linux 5.3、Firefox 3.6、Visual VM 1.2；更新了 Java DB；还包含许多性能改进 | 2010-01-13 |
| | JDK 6 Update 19（HotSpot 16.2-b04）<br>安全性漏洞修复；根证书的一系列改动：新加入 7 个，删除 3 个，5 个替换为更强的签署算法；对 TLS 重新谈判攻击的临时修补 | 2010-03-30 |
| | JDK 6 Update 20（HotSpot 16.3-b01） | 2010-04-15 |
| | JDK 6 Update 21（HotSpot 17.0-b17）<br>支持 Red Hat Enterprise Linux 5.4 和 5.5、Oracle Enterprise Linux 4.8, 5.4, 5.5、Google Chrome 4 与客制读取进度指示器（Customized Loading Progress Indicators）；Visual VM 1.2.2 | 2010-07-10 |
| | JDK 6 Update 22（HotSpot17.1-b03）<br>29 个安全性漏洞修补；支持 RFC 5746 | 2010-10-12 |

（续）

| 主版本 | 子版本及虚拟机版本 | 发布日期 |
|---|---|---|
| JDK 6 | JDK 6 Update 23（HotSpot 19.0-b09） | 2010-12-08 |
| | JDK 6 Update 24 | 2011-02-15 |
| | JDK 6 Update 25（HotSpot 20.0）<br>支持 Internet Explorer 9、Firefox 4 和 Chrome 10；改进了 BigDecimal；支持分层编译 | 2011-03-21 |
| | JDK 6 Update 26<br>包括 17 个新的安全性漏洞修补；最新的版本能够和 Windows Vista SP1 兼容 | 2011-06-07 |
| | JDK 6 Update 27<br>没有安全性漏洞修复；给 Firefox 5 提供新证书 | 2011-08-16 |
| | JDK 6 Update 29 | 2011-10-18 |
| | JDK 6 Update 30<br>没有安全性漏洞修复；支持 Red Hat Enterprise Linux 6 | 2011-12-12 |
| | JDK 6 Update 31 | 2012-02-14 |
| | JDK 6 Update 32 | 2012-04-26 |
| | JDK 6 Update 33<br>改善 Java 虚拟机配置文件的读取 | 2012-06-12 |
| | JDK 6 Update 34 | 2012-08-14 |
| | JDK 6 Update 35 | 2012-08-30 |
| | JDK 6 Update 37 | 2012-10-16 |
| | JDK 6 Update 38 | 2012-12-11 |
| | JDK 6 Update 39 | 2013-2-1 |
| | JDK 6 Update 41 | 2013-2-19 |
| | JDK 6 Update 43 | 2013-3-4 |
| | JDK 6 Update 45<br>这个补丁是 JDK 6 的最后一个公开更新，此后的更新包不能再从 Oracle 中下载获得 | 2013-4-16 |
| | JDK 6 Update 51<br>只能通过 Java SE Support 计划获取，或者在 Apple Update for OS X Snow Leopard、Lion 和 Mountain Lion 中提供；包含 40 个安全性漏洞修复 | 2013-6-18 |
| | JDK 6 Update 65 | 2013-10-15 |
| | JDK 6 Update 71 | 2014-1-14 |
| | JDK 6 Update 75<br>只能透过 Java SE Support 计划和 Solaris 10 的 Recommended Patch Set Cluster 提供；修复 25 个安全性漏洞 | 2014-4-15 |
| | JDK 6 Update 81 | 2014-7-15 |
| | JDK 6 Update 85 | 2014-10-16 |
| | JDK 6 Update 91 | 2015-1-21 |
| | JDK 6 Update 95 | 2015-4-14 |
| | JDK 6 Update 101 | 2015-7-15 |

（续）

| 主版本 | 子版本及虚拟机版本 | 发布日期 |
|---|---|---|
| JDK 6 | JDK 6 Update 105 | 2015-10-20 |
| | JDK 6 Update 111 | 2016-1-20 |
| | JDK 6 Update 113 | 2016-2-5 |
| | JDK 6 Update 115 | 2016-4-21 |
| | JDK 6 Update 121 | 2016-7-19 |
| | JDK 6 Update 131<br>Java 6 在 2016 年 10 月到了它生命周期的尾部，此时所有公开 / 非公开的更新计划（包括安全更新）都被停止 | 2016-10-18 |
| JDK 7 | JDK 7：工程代号 Dolphin（HotSpot 21） | 2011-07-28 |
| | JDK 7 Update 1<br>包含 20 个安全漏洞修补和其他漏洞修补 | 2011-10-18 |
| | JDK 7 Update 2（HotSpot 22）<br>可靠性和性能改进；支持 Solaris 11 和 Firefox 5 之后的版本；改善了网页部署的应用程序 | 2011-12-12 |
| | JDK 7 Update 3 | 2012-02-14 |
| | JDK 7 Update 4（HotSpot 23）<br>正式支持 Mac OS X | 2012-04-26 |
| | JDK 7 Update 5 | 2012-06-12 |
| | JDK 7 Update 6<br>JavaFX 和 Java Access Bridge 被包含在标准的 Java SE JDK 和 JRE 安装包里面，JavaFX 支持触屏和触摸板，JavaFX 支持 Linux，JDK 和 JRE 完全支持 Mac OS X，JDK 在 ARM 上支持 Linux 系统 | 2012-08-14 |
| | JDK 7 Update 7 | 2012-08-30 |
| | JDK 7 Update 9 | 2012-10-16 |
| | JDK 7 Update 10<br>包含新的安全性功能，如禁用任何 Java 应用程序在浏览器中运行的能力，以及当 JRE 处于不安全状况时发出警告的新对话框，另外也修复了一些漏洞 | 2012-11-20 |
| | JDK 7 Update 11<br>修复安装了 JavaFX 的独立版本的系统上的插件注册问题，Java Applet 和 Web 引导应用程序的默认安全级别已从"中"增加到"高" | 2013-1-13 |
| | JDK 7 Update 13 | 2013-2-1 |
| | JDK 7 Update 15 | 2013-2-19 |
| | JDK 7 Update 17 | 2013-3-4 |
| | JDK 7 Update 21<br>包括 42 个安全漏洞修补，新的不包含插件的服务器 JRE，以及以 ARM 架构运行的 Linux 上的 JDK | 2013-4-16 |
| | JDK 7 Update 25 | 2013-6-18 |
| | JDK 7 Update 40<br>包括 621 个漏洞修补；新的安全性功能，hardfloat ARM，发布 Java Mission Control 5.2 和提供 Retina Display 支持 | 2013-9-10 |

（续）

| 主版本 | 子版本及虚拟机版本 | 发布日期 |
|---|---|---|
| JDK 7 | JDK 7 Update 45<br>包括 51 个安全漏洞修补；防止 Java 应用程序在未经授权时的重新分发；恢复安全提示；JAXP 变化；TimeZone.setDefault 的修改 | 2013-10-15 |
| | JDK 7 Update 51<br>包括 36 个安全漏洞修补；屏蔽没有表明身份的 Java Applet | 2014-1-14 |
| | JDK 7 Update 55 | 2014-4-15 |
| | JDK 7 Update 60<br>发布 Java Mission Control 5.3 | 2014-5-28 |
| | JDK 7 Update 65 | 2014-7-15 |
| | JDK 7 Update 67 | 2014-8-4 |
| | JDK 7 Update 71 | 2014-10-14 |
| | JDK 7 Update 72<br>与 Update 71 相同的发布日期，作为与 Java SE 7 相对应的补丁集进行更新（Patch Set Update，PSU）；包含 36 个漏洞修补 | 2014-10-14 |
| | JDK 7 Update 75<br>SSLv3 默认为禁用 | 2015-1-20 |
| | JDK 7 Update 76<br>与 Update 75 相同的发布日期，作为与 Java SE 7 相对应的补丁集进行更新（Patch Set Update，PSU）；包含 97 个漏洞修补 | 2015-1-20 |
| | JDK 7 Update 79 | 2015-4-14 |
| | JDK 7 Update 80<br>Java 7 的最后一个公开版本；与 Update 79 相同的发布日期，作为与 Java SE 7 相对应的补丁集进行更新（Patch Set Update，PSU）；包含 104 个漏洞修补 | 2015-4-14 |
| | JDK 7 Update 85<br>此后的更新都不再公开，只能通过 Java SE Support 计划和 Solaris 10 的 Recommended Patch Set Cluster 提供 | 2015-7-15 |
| | JDK 7 Update 91 | 2015-10-20 |
| | JDK 7 Update 95 | 2016-1-19 |
| | JDK 7 Update 97 | 2016-2-5 |
| | JDK 7 Update 99 | 2016-3-23 |
| | JDK 7 Update 101 | 2016-4-18 |
| | JDK 7 Update 111 | 2016-7-19 |
| | JDK 7 Update 121 | 2016-10-18 |
| JDK 8 | JDK 8<br>官方声明 JDK 8 不再支持 Windows XP，但实际上 JDK 8 Update 25 前仍然可以在 Windows XP 上安装和运行 | 2014-3-18 |
| | JDK 8 Update 5 | 2014-4-15 |
| | JDK 8 Update 11<br>包含 Java 依赖性分析工具（Java Dependency Analysis Tool）；包含 18 个安全性漏洞修补和 15 个漏洞修补 | 2014-7-15 |

（续）

| 主版本 | 子版本及虚拟机版本 | 发布日期 |
|---|---|---|
| JDK 8 | JDK 8 Update 20<br>发布 Java Mission Control 5.4 | 2014-8-19 |
| | JDK 8 Update 25 | 2014-10-14 |
| | JDK 8 Update 31 | 2015-1-19 |
| | JDK 8 Update 40 | 2015-3-3 |
| | JDK 8 Update 45 | 2015-4-14 |
| | JDK 8 Update 51<br>增加对 Windows 平台的原生沙盒的支持（但默认为禁用） | 2015-7-14 |
| | JDK 8 Update 60 | 2015-8-18 |
| | JDK 8 Update 65 | 2015-10-20 |
| | JDK 8 Update 66 | 2015-11-16 |
| | JDK 8 Update 71 | 2016-1-19 |
| | JDK 8 Update 72 | 2016-1-19 |
| | JDK 8 Update 73 | 2016-2-3 |
| | JDK 8 Update 74 | 2016-2-3 |
| | JDK 8 Update 77 | 2016-3-23 |
| | JDK 8 Update 91 | 2016-4-19 |
| | JDK 8 Update 92 | 2016-4-19 |
| | JDK 8 Update 101 | 2016-7-19 |
| | JDK 8 Update 102 | 2016-7-19 |
| | JDK 8 Update 111 | 2016-10-18 |
| | JDK 8 Update 112 | 2016-10-18 |
| JDK 9 | JDK 9<br>JDK 9 的首个发布候选版于 2017 年 8 月 9 日发布，首个稳定版于 2017 年 9 月 21 日发布 | 2017-09-21 |
| | JDK 9.0.1<br>安全更新与严重漏洞修复 | 2017-10-17 |
| | JDK 9.0.4<br>JDK 9 的最终版本，安全更新与严重漏洞修复 | 2018-01-16 |
| JDK 10 | JDK 10 | 2018-03-20 |
| | JDK 10.0.1<br>安全更新及五个漏洞修复 | 2018-04-17 |
| | JDK 10.0.2 | 2018-07-17 |

（续）

| 主版本 | 子版本及虚拟机版本 | 发布日期 |
|---|---|---|
| JDK 11 | JDK 11 | 2018-09-25 |
| | JDK 11.0.1 | 2018-10-16 |
| | JDK 11.0.2 | 2019-01-15 |
| | JDK 11.0.3 | 2019-04-16 |
| | JDK 11.0.4<br>支持 Windows Server 2019 | 2019-07-16 |
| JDK 12 | JDK 12 | 2019-03-19 |
| | JDK 12.0.1 | 2019-04-16 |
| | JDK 12.0.2 | 2019-07-16 |
| JDK 13 | JDK 13 | 2019-09 |

# 推荐阅读